大秦岭蝶类志

Butterflies Fauna of the Great Qinling Mountains

第三卷

灰蝶科　弄蝶科

房丽君　编著

西安出版社

图书在版编目（CIP）数据

大秦岭蝶类志 . 3，灰蝶科　弄蝶科 / 房丽君编著 . — 西安：西安出版社，2023.8

ISBN 978-7-5541-5801-2

Ⅰ . ①大…　Ⅱ . ①房…　Ⅲ . ①秦岭—灰蝶科—昆虫志 ②秦岭—弄蝶科—昆虫志 Ⅳ . ① Q969.420.8

中国版本图书馆 CIP 数据核字 (2021) 第 248839 号

大秦岭蝶类志　第三卷　灰蝶科　弄蝶科

DA QINLING DIELEI ZHI DI SAN JUAN HUIDIEKE NONGDIEKE

房丽君　编著

出 版 人：屈炳耀
出版统筹：贺勇华　李宗保
项目策划：王　娟
责任编辑：韩一婷　程国艳
责任校对：赵梦媛　卜　源
责任印制：尹　苗
装帧设计：雅昌设计中心 · 北京
出版发行：西安出版社
社　　址：西安市曲江新区雁南五路 1868 号曲江影视大厦 11 层
电　　话：（029）85253740
邮政编码：710061
印　　刷：北京雅昌艺术印刷有限公司
开　　本：787mm × 1092mm　1/16
印　　张：81
插　　页：110
字　　数：2000 千
版　　次：2023 年 8 月第 1 版
印　　次：2023 年 12 月第 1 次印刷
书　　号：ISBN 978-7-5541-5801-2
定　　价：680.00 元（全三卷）

各论

Species Monograph

目录 Contents

灰蝶科 Lycaenidae Leach，1815

Lycaenidae Leach, 1815, Wang & Fan, 2002, *Butts. Faun. Sin.: Lycaenidae* : 1.

Lycaenidae (Lycaenoidea); Clench, 1965, *Mem. Amer. Ent. Soc.*, 19: 331; Chou, 1998, *Class. Ident. Chin. Butt.*: 185, 186.

Lycaenidae (Papilionoidea); van Nieukerken *et al.*, 2011, *Zootaxa*, 3148: 216; Korb & Bolshakov, 2011, *Eversmannia Suppl.*, 2: 68.

翅正面常呈红、橙、蓝、绿、紫、黑、褐及古铜等颜色；反面多为灰、白、黄、赭、褐等色；斑纹与颜色各有不同，变化很大。雌雄异型时，翅斑纹及色彩正面不同，反面多相同。

触角短或细长，锤状，每节多有白色环；复眼互相接近，光滑或有毛，周围有白毛；须通常细，前伸或略上举；前足退化，但可用来步行；雌性跗节 5 节，爪 2 个；雄性多数 1 节跗节，爪 1 个或无，极少分节。中后足各有 1 对胫距，有爪、中垫及侧垫。

前翅脉纹 10～11 条；R 脉多 3～4 条，少数 5 条；A 脉 1 条，有些种可见基部有 3A 脉并入。后翅多无肩脉；A 脉 2 条；尾突有 1 至多个或无。两翅中室多闭式，有细脉，开式少。雄性发香鳞常存在于前翅表面。

生活在森林中，少数种为害农作物，喜在日光下飞翔。

卵：圆球形、半球形或扁圆形等多种形状；精孔区凹陷；表面满布多角形雕纹。单产、散产或聚产在寄主植物上。

幼虫：蛞蝓形等多种形状，即身体椭圆形而扁，边缘薄而中部隆起；头小，缩在胸部内；体光滑或多细毛，或具小突起；足短；第 7 节背板上常有背腺开口，其分泌物为蚁所爱好，与蚁共栖。以各种虫态越冬。

蛹：缢蛹。椭圆形等多种形状；光滑或被细毛。有些种类化蛹在丝巢中，丝巢附着于植物上或地上。

寄主多为豆科 Fabaceae、壳斗科 Fagaceae、蔷薇科 Rosaceae、蒺藜科 Zygophyllaceae、紫金牛科 Myrsinaceae、酢浆草科 Oxalidaceae、苋科 Amaranthaceae、爵床科 Acanthaceae、马鞭草科 Verbenaceae、苦苣苔科 Gesneriaceae、山茱萸科 Cornaceae、五加科 Araliaceae、芸香科 Rutaceae、蓼科 Polygonaceae、省沽油科 Staphyleaceae、唇形科 Lamiaceae、茶科 Theaceae、槭树科 Aceraceae、金虎尾科 Malpighiaceae、无患子科 Sapindaceae、景天科 Crassulaceae、禾本科 Gramineae、十字花科 Brassicaceae 等植物，也有捕食性的，以蚜虫和介壳虫等为食。

全世界记载 6600 余种，分布于世界各地。中国记录 610 余种，大秦岭分布 243 种。

亚科检索表

1. 后翅肩角加厚，通常有肩脉……**蚬蝶亚科 Riodininae**

   后翅肩角不加厚，通常无肩脉……2

2. 中后足胫节无成对的端距……**云灰蝶亚科 Miletinae**

   中后足胫节有成对的端距……3

3. 触角第 3～4 节腹面有毛饰；R_5 脉终止于外缘；后翅无尾突；雄性无第二性征……**银灰蝶亚科 Curetinae**

   触角无毛饰；R_5 脉终止于前缘或顶角；后翅常有尾突；雄性常有第二性征……4

4. 触角棒状部圆柱形；后翅有 1 至多个尾突；臀角多有瓣；雄性发香鳞形成性标，并附有毛簇……**线灰蝶亚科 Theclinae**

   触角棒状部略扁，下面凹入；后翅有 1 个尾突或无尾突；雄性发香鳞不成性标，无毛簇……5

5. 前翅 R_5 脉与 M_1 脉的起点较接近，或有短的共柄；雄性无第二性征……**灰蝶亚科 Lycaeninae**

   前翅 R_5 脉与 M_1 脉分开，有时远离；雄性常有第二性征……**眼灰蝶亚科 Polyommatinae**

蚬蝶亚科 Riodininae Grote, 1895

Riodinidae Grote, 1895, Hall, 2003, *Syst. Ent.*, 28(1).

Riodinidae (Lycaenoidea); Clench, 1965, *Mem. Amer. Ent. Soc.*, 19: 401.

Riodinidae (Papilionoidea); Chou, 1998, *Class. Ident. Chin. Butt.*: 177; van Nieukerken *et al.*, 2011, *Zootaxa*, 3148: 216; Korb & Bolshakov, 2011, *Eversmannia Suppl.*, 2: 67.

Riodininae (Riodinidae); Lamas, 2004, *Atlas Neotrop. Lepid.*: 144.

与灰蝶很相似：雌性前足正常；雄性前足退化。有些特征又与喙蝶相似：无爪。前翅 R 脉 5 条，后 3 条共柄；A 脉 1 条，基部分叉。后翅肩角加厚，肩脉发达；A 脉 2 条；外缘齿状；尾突有或无，如有则在 M_3 脉处或 2A 脉处突出。两翅中室多为开式。

喜在阳光下活动，飞翔迅速，但飞翔距离不远。在叶面上休息时四翅半展开状，中名“蚬”由此而来。多在原始林旁边发现，单个活动。

全世界记载 1430 余种，多数种类分布在新北区和新热带区，其次为印澳区、古北区、东洋区及非洲区。中国已知 40 种，大秦岭分布 18 种。

族检索表

1. 后翅有肩室 …………………………………………………………………………………… **波蚬蝶族 Zemerini**
   后翅无肩室 …………………………………………………………………………………………………… 2
2. 后翅肩脉直或弧形 ………………………………………………………………………… **古蚬蝶族 Nemeobiini**
   后翅肩脉弯曲成角度 ……………………………………………………………………… **褐蚬蝶族 Abisarini**

古蚬蝶族 Nemeobiini Bates, [1868]

Nemeobiini Bates, [1868], *J. Linn. Soc. Lond. Zool.*, 9: 367-459.

Hamearinae (Riodinidae) Clench, 1955, *Ann. Carnegie Mus.*, 33: (261-274). **Type genus**: *Hamearis* Hübner, [1819].

Nemeobiini (Riodinidae, Nemeobiinae); Chou, 1998, *Class. Ident. Chin. Butt.*: 177, 178.

Nemeobiinae (Riodinidae); Vane-Wright & de Jong, 2003, *Zool. Verh. Leiden*, 343: 165.

黑褐色种类；斑纹多橙色、白色或黑色。后翅外缘圆整；肩脉直或弧形。

全世界记载 15 种，分布于古北区、东洋区及非洲区。中国记录 13 种，大秦岭分布 8 种。

属检索表

前翅中室短于前翅长 1/2，端脉 C 形凹入中室……………………………………… **豹蚬蝶属 *Takashia***
前翅中室长于前翅长 1/2，端脉微凹入中室 …………………………………………… **小蚬蝶属 *Polycaena***

豹蚬蝶属 *Takashia* Okano & Okano, 1985

Takashia Okano & Okano, 1985: 7. **Type species**: *Timelaea nana* Leech, 1893.

Takashia (Nemeobiini); Chou, 1998, *Class. Ident. Chin. Butt.*: 178, 179.

Takashia; Wu & Xu, 2017, *Butts. Chin.*: 1021.

从猫蛱蝶属 *Timelaea* 中分出，翅圆，斑纹似豹纹。前翅 R_2 脉从中室前缘近上端角处分出；R_3、R_4 与 R_5 脉同柄，R_5 脉到达翅外缘；M_1 脉与 R_5 脉有短的共柄。后翅 $Sc+R_1$ 脉短直；Rs 脉与 M_1 脉在中室外有共柄；M_2 脉分出点接近 M_1 脉分出点；中室短阔，闭式。

雄性外生殖器：背兜长，平坦；钩突小；囊突极短；抱器短阔，背端分为 2 瓣；阳茎极细长，约为抱器长度的 2 倍，末端尖。

全世界记载 1 种，分布于中国，大秦岭有分布。

豹蚬蝶 *Takashia nana* Leech, 1893（图版 2：1—2）

Takashia nana Leech, 1893.

Takashia nana; Chou, 1994, *Mon. Rhop. Sin*.: 604; Wu & Xu, 2017, *Butts. Chin*.: 1021, f. 1024: 1.

Takashia nana shaanxiensis Hanafusa, 1995, *Futao*, 18: 14.

形态 成虫：中小型蚬蝶。翅正面黄色，反面色稍淡；外缘齿状；翅面密布大小、形状不一的黑色豹纹。

生物学 成虫多见于 6 ~ 9 月。飞行缓慢，常在山地、林缘活动，有访花习性，嗜吸食菊科植物的花蜜。

分布 中国（辽宁、陕西、甘肃、青海、湖北、重庆、四川、贵州、云南）。

大秦岭分布 陕西（周至、蓝田、长安、鄠邑、华州、太白、凤县、南郑、洋县、西乡、留坝、佛坪、岚皋、宁陕、商州、商南、柞水）、甘肃（秦州、麦积、文县、徽县、两当、临潭、碌曲）、湖北（神农架）、重庆（城口）、四川（青川、都江堰）。

小蚬蝶属 *Polycaena* Staudinger, 1886

Polycaena Staudinger, 1886, *Stett. ent. Ztg*., 47(7-9): 227. **Type species**: *Polycaena tamerlana* Staudinger, 1886.

Hyporion Röber, 1903, *Stett. ent. Ztg*., 64(2): 357. **Type species**: *Emesis princeps* Oberthür, 1886.

Polycaena (Riodinidae, Nemeobiini); Chou, 1998, *Class. Ident. Chin. Butt*.: 178.

Polycaena (Riodinidae); Korb & Bolshakov, 2011, *Eversmannia Suppl*., 2: 68.

Polycaena; Wu & Xu, 2017, *Butts. Chin*.: 1018.

翅黑褐色或橙色；有橙色、黑色和白色的斑点和条纹；缘毛黑白相间。前翅中室长于前翅长度的 1/2；R_2 脉从中室前缘生出；R_3、R_4 与 R_5 脉梳状分支；M_1 脉与 R_5 脉从同一点分出，有短共柄。后翅 Sc+R_1 脉短；Rs 脉与 M_1 脉基部合并；中室闭式。

雄性外生殖器：背兜、钩突、颚突均发达；囊突极小；抱器阔三角形，末端钝，裂为 2 瓣；阳茎细长。

全世界记载 14 种，分布于古北区及东洋区。中国已知 13 种，大秦岭分布 7 种。

种检索表

1. 后翅反面 sc+r_1 室长条斑黑褐色 ·· **第一小蚬蝶 *P. princeps***

   后翅反面无上述长条斑 ·· 2

2. 翅反面脉纹暗橙红色 ································· **红脉小蚬蝶 *P. carmelita***

翅反面脉纹非暗橙红色 ································· 3

3. 后翅反面斑纹间紧密相连 ································· **密斑小蚬蝶 *P. matuta***

后翅反面斑纹不如上述 ································· 4

4. 后翅反面中室下缘内侧无长条斑 ································· **露娅小蚬蝶 *P. lua***

后翅反面中室下缘内侧有长条斑 ································· 5

5. 后翅反面前缘基部白色带纹宽 ································· **卧龙小蚬蝶 *P. wolongensis***

后翅反面前缘基部白色带纹窄 ································· 6

6. 后翅反面中室下缘内侧长条斑棒状 ································· **喇嘛小蚬蝶 *P. lama***

后翅反面中室下缘内侧长条斑细带形 ································· **甘肃小蚬蝶 *P. kansuensis***

露娅小蚬蝶 *Polycaena lua* Grum-Grshimailo, 1891（图版 2：3—4）

Polycaena lua Grum-Grshimailo, 1891, *Horae Soc. ent. Ross.*, 25(3-4): 454.

Polycaena lua; Lewis, 1974, *Butt. World*: pl. 207, f. 2; Chou, 1994, *Mon. Rhop. Sin.*: 603, 604; Wu & Xu, 2017, *Butts. Chin.*: 1018, f. 1020: 10-15.

形态 成虫：小型蚬蝶。两翅缘毛黑白相间。正面黑褐色；斑纹橙黄色及黑色。反面白色；斑纹黑色；外缘及亚缘斑列近平行排列；亚外缘斑列橙色。前翅正面顶角有 2 ~ 3 个白色前缘斑；外横斑列斑纹错位排列；中室端部有 2 个斑纹。反面有大片的橙黄色晕染；外横斑列扭曲；中室端部有 2 个圆斑；基部条斑放射状排列，其中后缘条斑伸达臀角。后翅反面中横斑列近 V 形；中室有 3 个圆形斑纹；cu_2 及 2a 室基半部有 2 个长条斑。

生物学 成虫多见于 7 ~ 8 月。常在高海拔山地活动。

分布 中国（陕西、甘肃、青海、四川、西藏）。

大秦岭分布 陕西（长安、眉县、太白）、甘肃（武山、文县、礼县、迭部、碌曲、漳县）。

第一小蚬蝶 *Polycaena princeps* (Oberthür, 1886)

Emesis princeps Oberthür, 1886b, *Étud. d'Ent.*, 11: 22, pl. 7, f. 57.

Polycaena princeps; Chou, 1994, *Mon. Rhop. Sin.*: 603; Wu & Xu, 2017, *Butts. Chin.*: 1018, f. 1020: 1-3.

形态 成虫：小型蚬蝶。两翅缘毛黑白相间；亚外缘斑列橙黄色。正面黑褐色；斑纹橙黄色或白色。反面白色；斑纹黑色；外缘及亚缘斑列近平行排列。前翅正面顶角有 2 ~ 3 个白色前缘斑；外横斑列近 V 形，橙色或白色；中室端部有 1 个斑纹。反面中室端脉外侧有 1 排紧密相连的斑纹；中室端部有 1 个斑纹；基半部条斑放射状排列，其中后缘条斑接近臀角。

后翅正面斑纹多为反面斑纹的透射。反面中横斑列近 V 形，下端仅达 Cu_2 脉；中室端部及肩区基部各有 1 个黑色斑纹；中室上缘、cu_2 及 2a 室各有 1 个长条斑。

生物学　成虫多见于 7 ~ 8 月。栖息于高山草甸环境。

分布　中国（甘肃、四川、云南）。

大秦岭分布　甘肃（武山、礼县、临潭、迭部、碌曲、漳县）。

喇嘛小蚬蝶 *Polycaena lama* Leech, 1893

Polycaena lama Leech, 1893, *Butts. Chin. Jap. Cor.*, (1): 294, pl. 28, f. 13, 15.

Polycaena lama; Chou, 1994, *Mon. Rhop. Sin.*: 603; Wu & Xu, 2017, *Butts. Chin.*: 1018, f. 1020: 8.

形态　成虫：小型蚬蝶。前翅橙色。正面外缘斑带与亚缘斑列近平行排列；黑褐色；外横斑列分成上下 2 段，下段内移；中室端斑、中部圆斑及翅基部黑褐色。反面外缘斑列斑纹黑白相间；其余斑纹同前翅正面。后翅正面黑褐色；亚缘斑列橙色，斑纹条形；外横斑列白色，下部斑纹内移。反面翅面及脉纹白色；外缘斑列与亚缘斑列近平行排列；亚外缘斑列橙色；中横斑列近 V 形；基半部长条斑放射状排列；中室有 2 个水滴状斑纹。

生物学　成虫多见于 7 月。喜访花，常活动于高山草甸环境。

分布　中国（甘肃、青海、四川、西藏）。

大秦岭分布　甘肃（武山、礼县、漳县）、四川（都江堰、松潘）。

甘肃小蚬蝶 *Polycaena kansuensis* Nordström, 1935

Polycaena kansuensis Nordström, 1935, *Ark. Zool.*, 27A(7): 29.

Polycaena kansuensis; Wu & Xu, 2017, *Butts. Chin.*: 1018, f. 1020: 4-7.

形态　成虫：小型蚬蝶。与喇嘛小蚬蝶 *P. lama* 近似，主要区别为：个体稍小。后翅反面中室下缘内侧长条斑细长。

生物学　成虫多见于 7 ~ 8 月。栖息于洼地草丛及林间草地。

分布　中国（甘肃、青海、四川）。

大秦岭分布　甘肃（碌曲）。

卧龙小蚬蝶 *Polycaena wolongensis* Huang & Bozano, 2019

Polycaena wolongensis Huang & Bozano, 2019, *Neue Ent. Nachr.*, 78: 210. **Type locality**: Wolong Nature Reserve, Wenchuan, Sichuan, China, 2300 m.

形态 成虫：小型蚬蝶。与喇嘛小蚬蝶 *P. lama* 近似，主要区别为：两翅亚外缘斑纹间完全相连，呈波带形，橙红色；外横斑带后半部斑纹间错位远离。后翅反面前缘基部白色带纹宽，长方形；2A 脉基半部附近无白色细带纹。

分布 中国（四川）。

大秦岭分布 四川（汶川）。

密斑小蚬蝶 *Polycaena matuta* Leech, 1893

Polycaena matuta Leech, 1893, *Butts. Chin. Jap. Cor*., (1): 294, pl. 28, f. 16.

Polycaena matuta; Chou, 1994, *Mon. Rhop. Sin*.: 603.

形态 成虫：小型蚬蝶。与喇嘛小蚬蝶 *P. lama* 近似，主要区别为：翅正面无黑色斑纹。后翅正面有橙红色外横斑列。反面斑纹相互连接在一起；前缘基部及外中域有白色带纹。

生物学 成虫多见于 7 月。

分布 中国（四川、西藏）。

大秦岭分布 四川（汶川）。

红脉小蚬蝶 *Polycaena carmelita* Oberthür, 1903

Polycaena carmelita Oberthür, 1903, *Bull. Soc. ent. Fr*., 1903: 268, 269.

Polycaena carmelita; Chou, 1994, *Mon. Rhop. Sin*.: 603, 604.

形态 成虫：小型蚬蝶。两翅黑褐色；亚外缘斑带及脉纹暗橙红色；正反面基半部均有暗橙红色晕染。前翅正面亚顶区 2 个前缘斑白色；外横斑带近 V 形，除端部 2 个斑白色外，其余斑带暗橙红色；中室端部有 1 个暗橙红色斑纹。反面中室端部斑纹及基部 2 个线纹白色；其余斑纹同前翅正面。后翅外横斑列正面暗橙红色，模糊；反面白色。

生物学 成虫多见于 7 月。

分布 中国（四川）。

大秦岭分布 四川（汶川）。

褐蚬蝶族 Abisarini Stichel, 1928

Abisarini Stichel, 1928, *Tierreich*, 51: xxxi+329pp. 197f.

Abisarini (Riodinidae, Nemeobiinae); Chou, 1998, *Class. Ident. Chin. Butt.*: 179.

后翅尾突有或无；肩脉弯曲成角度。中后足胫节有端距。

全世界记载 34 种，分布于古北区、东洋区及非洲区。中国记录 13 种，大秦岭分布 4 种。

属检索表

翅白色，端缘黑褐色 ………………………………………………………… **白蚬蝶属 *Stiboges***

翅色为褐色系列 …………………………………………………………… **褐蚬蝶属 *Abisara***

褐蚬蝶属 *Abisara* C. & R. Felder, 1860

Abisara C. & R. Felder, 1860, *Wien. ent. Monats.*, 4(12): 397. **Type species**: *Abisara kausambi* C. & R. Felder, 1860.

Sospita Hewitson, [1861], *Ill. exot. Butts.*, [4] (Sospita): [75]. **Type species**: *Taxila fylla* Westwood, 1851.

Abisara (Erycininae); Moore, [1881], *Lepid. Ceylon*, 1(2): 68.

Abisara (Driodinidae); Clench, 1965, *Mem. Amer. Ent. Soc.*, 19: 401.

Abisara (Abisarini); Chou, 1998, *Class. Ident. Chin. Butt.*: 179, 180.

Abisara; Callaghan, 2003, *Metamorphosis*, 14 (4): 122 (list); Wu & Xu, 2017, *Butts. Chin.*: 1021.

Abisara (Nemeobiinae); Vane-Wright & de Jong, 2003, *Zool. Verh. Leiden*, 343: 166.

翅正面黑褐色、褐色或红褐色；反面色稍淡。前翅常有淡色的中横带或斜带。后翅顶角区常有眼斑。前翅中室短，闭式；Sc 脉与 R_1 脉有接触；R_2 脉独立；R_3 脉与 R_5 脉同柄，从中室上端角分出，与 M_1 脉基部接近或同柄；M_3 脉从中室下端角分出；Cu_1 脉从中室下缘脉分出。后翅中室短，略闭式；Rs 与 M_1 脉同柄；M_2 脉从中室端脉中部分出；M_3 脉端部有齿突或短尾。

雄性外生殖器：背兜小，马鞍状；钩突比背兜长；囊突极小；抱器短阔；阳茎粗长，末端尖，端膜多小刺。

寄主为紫金牛科 Myrsinaceae 杜茎山属 *Maesa*、酸藤子属 *Embelia* 植物。

全世界记载 28 种，主要分布于东洋区及非洲区。中国已知 8 种，大秦岭分布 3 种。

种检索表

1. 前翅有从前缘到后缘的横斑列 ……………………………………………… **白点褐蚬蝶 *A. burnii***
   前翅有从前缘中部到臀角的淡色斜带 …………………………………………………………… 2
2. 前翅顶角有 2 ~ 3 个白色点斑；中斜带多黄色 …………………………… **黄带褐蚬蝶 *A. fylla***
   前翅顶角无白色点斑；中斜带白色 ……………………………………… **白带褐蚬蝶 *A. fylloides***

黄带褐蚬蝶 *Abisara fylla* (Westwood, 1851)（图版 3：5—6）

Taxila fylla Westwood, 1851, *Gen. diurn. Lep*., (2): pl. 69, f. 3, text: 422.

Abisara fylla; Lewis, 1974, *Butt. World*: pl. 182, f. 21; Chou, 1994, *Mon. Rhop. Sin*.: 604; Wu & Xu, 2017, *Butts. Chin*.: 1021, f. 1024: 5-7, 1025: 8-11.

形态 成虫：中型蚬蝶。两翅正面黑褐色至棕褐色；反面色稍淡。前翅顶角有 2 ~ 3 个白色点斑；中斜带多淡黄色至黄色，由前缘中部伸向后角；亚外缘细带模糊。后翅亚外缘斑列由 3 ~ 7 个近椭圆形眼斑组成，白色瞳点位于外侧，近顶角 2 个眼斑最大，黑色；中横带较窄，时有模糊或消失。雌性个体较大；翅色稍淡。

卵：半球形；表面有绒毛；初产时淡黄色，后变为黑色。

幼虫：5 龄期。黄绿色；前胸背部淡蓝色，有 1 对黑色圆形斑纹；体表密布瘤突和黑色及黄色毛簇；背中线黑蓝色；足基带深绿色。

蛹：淡黄色；头顶端 U 形凹入；体表密布绿色网状曲波纹；翅纵脉明显。

寄主 紫金牛科 Myrsinaceae 密腺杜茎山 *Maesa japonica*。

生物学 1 年多代，成虫多见于 4 ~ 10 月。栖息于阴湿的山谷灌丛、林中道旁和林缘地带，喜在阳光下活动，飞翔迅速，但飞翔距离不远，在叶面上休息时四翅呈半展开状。卵单产于寄主植物叶片背面。

分布 中国（河南、陕西、甘肃、安徽、浙江、福建、湖北、江西、广东、海南、广西、重庆、四川、贵州、云南、西藏），印度，尼泊尔，缅甸，泰国。

大秦岭分布 河南（西峡）、陕西（太白、凤县、西乡、岚皋、丹凤、商南、山阳、镇安）、甘肃（武都、文县）、湖北（南漳、神农架、竹山、郧西）、四川（都江堰）。

白带褐蚬蝶 *Abisara fylloides* (Moore, 1902)（图版 3：7）

Sospita fylloides Moore, 1902, *Lepid. Ind*., 5: 81. **Type locality**: W. China.

Abisara fylloides; Chou, 1994, *Mon. Rhop. Sin*.: 605; Wu & Xu, 2017, *Butts. Chin*.: 1022, f. 1025: 12-14.

形态 成虫：中型蚬蝶。与黄带褐蚬蝶 *A. fylla* 近似，主要区别为：前翅顶角无白色点斑；中斜带白色。

寄主 紫金牛科 Myrsinaceae 密腺杜茎山 *Maesa japonica*。

生物学 1 年多代，成虫多见于 5 ~ 9 月。成虫栖息于阴湿的山谷灌丛、林中道旁和林缘地带，喜在阳光充足时快速飞翔，但飞行距离不远，休息时翅膀展开。

分布 中国（陕西、甘肃、浙江、湖北、江西、福建、广东、海南、广西、重庆、四川、贵州、云南），印度，缅甸，越南，泰国，柬埔寨，老挝，马来西亚。

大秦岭分布 陕西（西乡、白河、岚皋、商州、山阳、镇安）、甘肃（文县）、湖北（神农架）、重庆（城口）、四川（宣汉、彭州）。

白点褐蚬蝶 *Abisara burnii* (de Nicéville, 1895)

Taxila burnii de Nicéville, 1895a, *J. Bombay nat. Hist. Soc.*, 9(3): 266, pl. N, f. 9. **Type locality**: Loi Maw, 5000 ft, Katha District, Upper Burma.

Abisara burnii; Chou, 1994, *Mon. Rhop. Sin.*: 605; Wu & Xu, 2017, *Butts. Chin.*: 1022, f. 1026: 20-23.

形态 成虫：中型蚬蝶。翅正面棕褐色至红褐色，反面色稍淡；斑纹白色或黑褐色。前翅正面亚外缘白色条斑列时有模糊；外横斑列上半部白色，下半部黑褐色，模糊。反面中横斑列白色；其余斑纹同前翅正面，但各斑列斑纹清晰，内侧均有黑褐色缘线相伴。后翅正面亚外缘条斑列白色，其中顶角有 2 个黑色瓜子形斑纹与白色条斑相连；外横斑列及中横斑列黑褐色，外侧缘线白色，模糊。反面中横斑列白色，内侧缘线黑色；其余斑纹同后翅正面，但均较清晰。

寄主 紫金牛科 Myrsinaceae 酸藤子属 *Embelia* spp.。

生物学 1 年多代，成虫多见于 4 ~ 9 月。

分布 中国（浙江、江西、福建、台湾、广东、海南、四川），印度，缅甸，越南，泰国。

大秦岭分布 四川（都江堰）。

白蚬蝶属 *Stiboges* Butler, 1876

Stiboges Butler, 1876, *Proc. zool. Soc. Lond.*, (2): 308. **Type species**: *Stiboges nymphidia* Butler, 1876.

Stiboges (Abisarini); Chou, 1998, *Class. Ident. Chin. Butt.*: 181; Wu & Xu, 2017, *Butts. Chin.*: 1023.

翅白色；端缘黑色至黑褐色。前翅中室短，稍短于前翅长度的 1/2，闭式；Sc 脉稍长于中室；R_1 脉及 R_2 脉独立；R_3 脉与 R_5 脉同柄，从中室上端角分出，与 M_1 脉基部接近或同柄；M_3 脉从中室下端角分出；Cu_1 脉从中室下缘脉分出。后翅中室短，略闭式；$Sc+R_1$ 脉极短；Rs 脉与 M_1 脉同柄；M_2 脉从中室端脉近上角处分出；M_3 脉从中室下角分出；Cu_1 脉从中室下缘脉近下角处分出。

雄性外生殖器：无背兜；钩突细长；囊突小；抱器阔三角形，端部圆；阳茎粗长，末端尖。

寄主为紫金牛科 Myrsinaceae 植物。

全世界记载 1 种，主要分布于东洋区。大秦岭有分布。

白蚬蝶 *Stiboges nymphidia* Butler, 1876

Stiboges nymphidia Butler, 1876, *Proc. zool. Soc. Lond.*, (2): 309, pl. 22, f. 1.

Stiboges nymphidia; Lewis, 1974, *Butt. World*: pl. 184, f. 3; Chou, 1994, *Mon. Rhop. Sin.*: 607; Wu & Xu, 2017, *Butts. Chin.*: 1023, f. 1027: 32-33.

形态 成虫：中小型蚬蝶。两翅白色。前翅前缘、顶角、亚顶区及端缘有宽的黑色至黑褐色带，内侧锯齿形；外缘有断续的白色条斑；亚顶区有 2 个白色前缘斑。后翅端缘黑色带宽，内侧锯齿形；外缘斑列白色，斑纹条形。雌性个体稍大；前缘及外缘弧形；两翅亚外缘线褐色，线上镶有断续的白色点斑。

卵：近鼓形，上窄下宽；黄色至白紫色。

幼虫：黄绿色；背面有白色纵带纹；体表有黄色瘤突和黑、黄 2 色刚毛；头部及前胸背面有 2 个黑色斑纹。

蛹：淡绿色；头顶略凹入；腹背面黄色，有绿色横线纹；两侧有黑色斑纹。

寄主 紫金牛科 Myrsinaceae 虎舌红 *Ardisia mamillata*、莲座紫金牛 *A. primulifolia*。

生物学 1 年多代，以成虫或幼虫越冬，成虫多见于 4 ~ 10 月。飞行力不强，常在林缘、林下溪流较阴暗处活动。卵单产于寄主植物叶片反面。

分布 中国（浙江、湖北、江西、福建、广东、广西、重庆、四川、贵州、云南），印度，不丹，缅甸，越南，老挝，泰国。

大秦岭分布 湖北（神农架）。

波蚬蝶族 Zemerini Stichel, 1928

Zemerini Stichel, 1928, *Tierreich*, 51: xxxi+329pp. 197f.

Zemerini (Rionidae, Nemeobiinae); Chou, 1998, *Class. Ident. Chin. Butt.*: 181.

中后足胫节无端距。后翅有肩室。

全世界记载 20 种，中国记录 15 种，大秦岭分布 6 种。

属检索表

后翅 M_3 脉端有角突；两翅密布白色点斑……………………………………………**波蚬蝶属 *Zemeros***
后翅 2A 脉端有尾突；两翅无密集的白色点斑 ………………………………………**尾蚬蝶属 *Dodona***

波蚬蝶属 *Zemeros* Boisduval, [1836]

Zemeros Boisduval, [1836], *Hist. nat. Ins., Spec. gén. Lépid.*, 1: pl. 21, f. 5. **Type species**: *Papilio allica* Fabricius, 1787.

Zemeros (Zemerini); Hall, 2003, *Syst. Ent.*, 28(1): 37.

Zemeros (Nemeobiinae); Vane-Wright & de Jong, 2003, *Zool. Verh. Leiden*, 343: 165.

Zemeros (Zemerini); Chou, 1998, *Class. Ident. Chin. Butt.*: 182; Hall, 2003, *Syst. Ent.*, 28 (1): 37.

Zemeros; Wu & Xu, 2017, *Butts. Chin.*: 1028.

翅短阔；红褐色；密布白色小点斑和黑色斑纹；中室短，闭式，长约为翅长的 2/5。前翅 Sc 脉短，稍长于中室；R_1 脉独立，与 Sc 脉有靠近；R_2 脉从中室上端角分出；R_3、R_4 及 R_5 脉与 M_1 脉同柄，从中室上端角分出；M_3 脉与 Cu_1 脉从中室下端角分出。后翅前缘弯曲；外缘波状；M_3 脉端角状外突；Rs 脉与 M_1 脉均从中室上端角分出，有时共柄。

雄性外生殖器：背兜长，平坦；钩突发达；颚突近 C 形弯曲；囊突极小；抱器短阔；阳茎极长，基部粗壮，有角状器。

寄主为紫金牛科 Myrsinaceae 及十字花科 Brassicaceae 植物。

全世界记载 2 种，分布于东洋区。中国已知 1 种，大秦岭有分布。

波蚬蝶 *Zemeros flegyas* (Cramer, [1780])

Papilio flegyas Cramer, [1780], *Uitl. Kapellen*, 3(23-24): 158, pl. 280, f. E, F. **Type locality**: China.

Zemeros flegyas; Moore, 1878, *Proc. zool. Soc. Lond.*, (4): 832; Lewis, 1974, *Butt. World*: pl. 184, f. 8; Chou, 1994, *Mon. Rhop. Sin.*: 608; Vane-Wright & de Jong, 2003, *Zool. Verh. Leiden*, 343: 166; Wu & Xu, 2017, *Butts. Chin.*: 1028, f. 1029: 1-2.

形态　成虫：中小型蚬蝶。两翅脉纹清晰；正面红褐色，反面色稍淡；外缘细齿形；翅面密布白色小点斑，每个点斑的内侧均伴有 1 个黑褐色拖尾条斑；亚外缘、中域和基部各有

1 列黑、白 2 色斑列；外横斑列有或消失；m_3 室基部有 1 个斑纹。前翅亚顶区前缘斑白色。后翅外缘在 M_3 脉端角状外突。有旱季和湿季型之分。

卵：淡黄绿色，孵化前色变深；扁圆形；表面密被细毛。

幼虫：淡黄绿色；背面有白色纵带纹；两侧基部锯齿状外突，密布白色刚毛。大龄幼虫背面有黑色斑纹。

蛹：黄绿色；体表密布绿色线纹；腹背面有 2 条绿色纵线纹。

寄主 紫金牛科 Myrsinaceae 密腺杜茎山 *Maesa japonica*、山地杜茎山 *M. montana*、鲫鱼胆 *M. perlarius*；十字花科 Brassicaceae 碎米荠 *Cardamine hirsute*。

生物学 1 年多代，以成虫越冬，成虫多见于 4 ~ 10 月。喜在阳光下活动，飞翔迅速，但飞翔距离短，休息时四翅半展开，有访花习性。卵多单产于寄主植物叶片反面。老熟幼虫化蛹于叶片反面。

分布 中国（陕西、甘肃、安徽、浙江、湖北、江西、福建、广东、海南、香港、广西、重庆、四川、贵州、云南、西藏），印度，缅甸，菲律宾，马来西亚，印度尼西亚。

大秦岭分布 陕西（西乡、镇巴、宁强、宁陕）、甘肃（文县）、湖北（神农架）、重庆（巫溪、城口）、四川（宣汉、都江堰、安州）。

尾蚬蝶属 *Dodona* Hewitson, 1861

Dodona Hewitson, 1861, *Ill. exot. Butts.*, [4] (Sospita): [75]. **Type species**: *Melitaea durga* Kollar, [1844].
Dodona (Zemerini); Chou, 1998, *Class. Ident. Chin. Butt.*: 182; Hall, 2003, *Syst. Ent.*, 28(1): 37.
Dodona; Wu & Xu, 2017, *Butts. Chin.*: 1028.

翅面有多条斜带纹或斑列。前翅短阔；顶角略尖；中室阔，长约为前翅长的 2/5；Sc 脉短，稍长于中室；R_1 脉独立；R_2 脉自中室上端角分出；R_3 及 R_4 脉从 R_5 脉分出；M_1 脉从中室上端角分出；M_3 脉与 Cu_1 脉从中室下端角分出。后翅顶角圆阔；臀角瓣状突出；有的有 1 个细尾突；中室长超过后翅长的 1/2，端脉斜；Rs 脉与 M_1 脉在中室外有共柄；M_3 脉从中室下端角分出；Cu_1 脉从中室下缘近下端角分出。

雄性外生殖器：背兜中等发达；钩突阔；颚突钩状；囊突短；阳茎粗壮，密布小刺毛。

寄主为紫金牛科 Myrsinaceae 及禾本科 Gramineae 植物。

全世界记载 18 种，分布于东洋区及澳洲区。中国已知 12 种，大秦岭分布 5 种。

种检索表

1. 后翅臀角尾突圆瓣状 ······ 2
   后翅臀角尾突非圆瓣状 ······ 4
2. 前翅有 3 列斜斑带 ······ **斜带缺尾蚬蝶 *D. ouida***
   前翅有 3 列以上斜斑带 ······ 3
3. 前翅斑纹黄色或橙黄色 ······ **无尾蚬蝶 *D. durga***
   前翅斑纹黄、白 2 色 ······ **秃尾蚬蝶 *D. dipoea***
4. 前翅斑纹多呈白色；后翅尾突锥状 ······ **银纹尾蚬蝶 *D. eugenes***
   前翅斑纹多呈橙黄色；后翅尾突指状 ······ **彩斑尾蚬蝶 *D. maculosa***

银纹尾蚬蝶 *Dodona eugenes* Bates, [1868]

Dodona eugenes Bates, [1868], *J. Linn. Soc.* (*Zool.*), 9(38): 371. **Type locality**: Nepal and Bhutan.

Dodona eugenes; Lewis, 1974, *Butt. World*: pl. 183, f. 8; Chou, 1994, *Mon. Rhop. Sin.*: 608; Wu & Xu, 2017, *Butts. Chin.*: 1030, f. 1032: 5-7.

形态 成虫：中型蚬蝶。两翅正面黑褐色或棕褐色；反面色稍淡。前翅顶角区有 2 个白色点斑；亚外缘区至基部正面有 4 排斜斑列，反面有 5 排斜斑列，其中外斜斑列仅达翅中部，颜色自上而下由白色渐变为黄色。后翅外缘有小齿突。正面前缘基部有 2 个白色斑纹；顶角区有 2 个黑色圆斑，圈纹白色；宽窄不一的带纹分别从顶角、前缘及翅基部生出，伸向臀角，多为淡黄色；臀角瓣状突出，黑色，圈纹白色，其上伸出黑色细尾突。反面色稍浅，斜带同后翅正面，但较清晰，呈白色、淡黄色或黑褐色；臀角有黑色大斑，覆有银灰色鳞片和白色条斑。雌性个体较大；翅形较圆。

卵：紫红色；扁圆形，顶部及底部中央凹入；中部密被细毛。

幼虫：5 龄期。1 龄幼虫黄绿色；密布刚毛；背部褐色，有 4 条黄褐色斑带；各腹节在气门处凸出。2 龄幼虫绿色；各腹节有深绿色斑点，背中线上的斑点最大。4 龄以后幼虫腹背面除背中线上的深绿色斑点外，其余斑点退化。

蛹：黄绿色；背中线蓝色；腹背两侧有蓝色斑列。

寄主 禾本科 Gramineae 青篱竹属 *Arundinaria* spp.；紫金牛科 Myrsinaceae 密花树 *Myrsine seguinii*、铁仔 *M. africana*。

生物学 1 年多代，以成虫越冬，成虫多见于 5 ~ 10 月。飞行距离短，雄性有吸水习性，常在林缘、山地及阳光充沛的灌木丛活动。卵单产于寄主植物叶片反面。幼虫不取食寄主时，栖息在寄主叶片反面。老熟幼虫常化蛹于寄主植物老叶的反面。

分布 中国（河南、陕西、甘肃、浙江、湖北、江西、福建、台湾、广东、海南、重庆、四川、贵州、云南、西藏），印度，不丹，尼泊尔，缅甸，越南，泰国，马来西亚。

大秦岭分布 河南（内乡）、陕西（眉县、太白、汉台、南郑、洋县、西乡、勉县、略阳、留坝、佛坪、汉滨、紫阳、汉阴、石泉、商南、山阳、镇安）、甘肃（文县、徽县、两当、礼县）、湖北（南漳、神农架、郧西）、重庆（巫溪）、四川（宣汉、剑阁、青川、都江堰、安州、平武）。

无尾蚬蝶 *Dodona durga* (Kollar, [1844])

Melitaea durga Kollar, [1844], *In*: Hügel, *Kasch. Reich Siek*, 4: 441, pl. 13, f. 3-4.

Dodona durga; Lewis, 1974, *Butt. World*: pl. 183, f. 5; Chou, 1994, *Mon. Rhop. Sin*.: 609; Wu & Xu, 2017, *Butts. Chin*.: 1031, f. 1216: 15-16.

形态 成虫：中型蚬蝶。与银纹尾蚬蝶 *D. eugenes* 相似，主要区别为：个体稍小。前翅斑纹较发达，斑纹为黄色或橙黄色；斜斑列均到达前缘。后翅斜带纹较窄；外横斜带断成3段；臀瓣小，圈纹橙黄色；无细尾突。

寄主 禾本科 Gramineae 水蔗草属 *Apluda* spp.、簕竹属 *Bambusa* spp.。

分布 中国（甘肃、广东、福建、重庆、四川、贵州、云南、西藏），印度，尼泊尔。

大秦岭分布 甘肃（武都、文县）、四川（都江堰）。

斜带缺尾蚬蝶 *Dodona ouida* Hewitson, 1866（图版 4：10）

Dodona ouida Hewitson, 1866a, *Exot. Butts*., 4(2): [80], pl. 41, f. 4-6. **Type locality**: East India (Darjeeling).

Dodona ouida; Lewis, 1974, *Butt. World*: pl. 183, f. 10-11; Chou, 1994, *Mon. Rhop. Sin*.: 610; Wu & Xu, 2017, *Butts. Chin*.: 1031, f. 1034: 21-25.

形态 成虫：中大型蚬蝶。雌雄异型。雄性：两翅正面黑褐色，反面栗褐色；斑纹多橙黄色。前翅正面有3条斜斑带，从前缘斜向臀角，外侧2条在臀角相连呈V形；顶角有2个白色点斑。反面亚顶区亚前缘斑白色；斜斑带端部均为白色；后缘棕灰色，上方有黑褐色晕染；其余斑纹同前翅正面。后翅黑色臀瓣突出，近正方形，圈纹白色。正面顶角有2个黑色圆斑，圈纹白色；前缘中部有1个白色斑纹；4条斜斑带从前缘伸向臀角，从外向内第3条弯曲，第4条模糊。反面前缘中部有1个黑、白2色斑纹；第2及第3条斜斑带内侧有黑色斑带相伴；第4条斜斑带灰白色；臀角银灰色，两侧有黑、白2色条斑；其余斑纹同后翅正面。雌性：色较淡；斑纹退化变窄。前翅中斜带宽；基斜带线状，白色；其余斜带变细或模糊。

卵：扁圆形；紫色；精孔凹入；孵化时透明，白紫色，可见卵里的黑色斑块；中部密被细毛。

幼虫：5 龄期。刚孵化幼虫头部黑色；体白色，透明。1 龄后期体黄色，中央绿色。2 ~ 3 龄幼虫黄色。4 ~ 5 龄幼虫黄色；背面蓝色；刚毛褐色。

蛹：淡黄绿色；头部有 1 对黄色突起；体背面及侧面有多条蓝色斑带；腹背两侧有蓝色瘤状突起。

寄主 紫金牛科 Myrsinaceae 密腺杜茎山 *Maesa japonica*、灰叶杜茎山 *M. densistriata*、罗伞树 *Ardisia quinquegona*、朱砂根 *A. crenata*、网脉酸藤子 *Embelia vestita*。

生物学 1 年多代，成虫多见于 6 ~ 7 月。常在林缘、地面、岩石上活动，飞翔较缓慢；喜湿地吸水。卵聚产于寄主植物叶片反面的边缘。5 龄后幼虫分散取食。老熟幼虫常化蛹于寄主植物老叶反面或周边落叶下。

分布 中国（陕西、甘肃、江西、福建、广东、重庆、四川、贵州、云南、西藏），印度，尼泊尔，缅甸，越南，老挝，泰国。

大秦岭分布 陕西（太白、凤县、汉台、南郑、洋县、商南）、甘肃（武都）、四川（安州、江油）。

秃尾蚬蝶 *Dodona dipoea* Hewitson, 1866

Dodona dipoea Hewitson, 1866a, *Ill. exot. Butts.*, [4]: [79], pl. [41], f. 3. **Type locality**: East India (Darjeeling).

Dodona dipoea nostia Fruhstorfer, 1912b, *Ent. Rundschau*, 29(3): 24. **Type locality**: Kaschmir.

Dodona dipoea nostia; Fujioka, 1970, *Spec. Bull. Lepid. Soc. Japan*, (4): 16.

Dodona dipoea; Lewis, 1974, *Butt. World*: pl. 183, f. 4; Chou, 1994, *Mon. Rhop. Sin.*: 609; Wu & Xu, 2017, *Butts. Chin.*: 1031, f. 1216: 17-20.

形态 成虫：中型蚬蝶。两翅正面黑褐色；反面红褐色。前翅顶角区有 2 个白色点斑，有时消失；亚顶区至基部正面有 4 排斜斑列，反面有 5 排斜斑列，其中外斜斑列仅达翅中部，颜色自前缘到后缘由白色渐变为黄色。后翅外缘波状。正面前缘基部有 2 个白色斑纹；顶角区 2 个圆斑黑色，圈纹白色；外缘带及亚外缘带棕黄色，从 M_3 脉伸达臀角；黑色臀角瓣近方形，圈纹白色；外斜斑列时有模糊。反面宽窄不一的带纹分别从顶角、前缘及翅基部生出，伸向臀角，多为白色至淡黄色，内侧多伴有黑色缘线；臀角黑色大斑覆有银灰色鳞片和白色条斑。雌性个体较大；翅形较圆。

寄主 禾本科 Gramineae。

生物学 多栖息于常绿阔叶林。

分布 中国（甘肃、湖南、广东、海南、四川、云南、西藏），印度，缅甸，越南。

大秦岭分布 甘肃（武都、文县）。

彩斑尾蚬蝶 *Dodona maculosa* Leech, 1890（图版 4：8—9）

Dodona maculosa Leech, 1890, *Entomologist*, 23: 44. **Type locality**: Changyang.

Dodona eugenes maculosa; Chou, 1994, *Mon. Rhop. Sin*.: 608.

Dodona maculosa phuongi Monastyrskii & Devyatkin, 2000, *Atalanta*, 31(3/4): 488, pl. XXIa, f. 3-4. **Type locality**: Ba Be National Park, Bac Can, N. Vietnam; Wu & Xu, 2017, *Butts. Chin*.: 1030, f. 1032: 1-4.

形态 中型蚬蝶。与银纹尾蚬蝶 *D. eugenes* 近似，主要区别为：前翅斑纹较大；仅顶角区及亚顶区斑纹为白色，其余斑纹多橙黄色。后翅正面带纹较窄而清晰；尾突端部较圆，呈指状。

寄主 紫金牛科 Myrsinaceae 铁仔属 *Myrsine* spp.。

生物学 多栖息于常绿阔叶林。

分布 中国（河南、湖北、江西、福建、广东、广西、重庆、四川、贵州、云南），越南。

大秦岭分布 四川（朝天、剑阁、青川）。

云灰蝶亚科 Miletinae Corbet, 1939

Gerydinae Doherty, 1886, *J. asiat. Soc. Bengal*, (2) 55(2): 110. **Type genus**: *Gerydus* Boisduval, 1836.

Miletinae Corbet, 1939, *Trans. R. ent. Soc. Lond*., 89(5) : 63. **Type genus**: *Miletus* Hübner, [1819].

Liphyridae (Lycaenoidea); Clench, 1965, *Mem. Amer. Ent. Soc*., 19: 320.

Liphyrinae (Liphyridae); Clench, 1965, *Mem. Amer. Ent. Soc*., 19: 320.

Gerydinae (Liphyridae); Clench, 1965, *Mem. Amer. Ent. Soc*., 19: 324.

Miletinae (Lycaenidae); Eliot, 1973, *Bull. Br. Mus. nat. Hist.* (Ent.), 28(6): 381, 426; Chou, 1998, *Class. Ident. Chin. Butt*.: 186; Vane-Wright & de Jong, 2003, *Zool. Verh. Leiden*, 343: 113; Wang & Fan, 2002, *Butts. Faun. Sin.: Lycaenidae*: 4.

Liphyrinae (Lycaenidae); Eliot, 1973, *Bull. Br. Mus. nat. Hist.* (Ent.), 28 (6): 381, 425.

眼光滑；触角圆柱形，棒状部膨大不明显；下唇须第 3 节光滑，偏扁，和第 2 节等长；足胫节末端无刺和距；跗节第 1 节很长；腹部比前翅后缘长，腹面有肛下毛刷。翅褐色或黑褐色；多狭长；有些种类前翅有白色斑带。前翅脉纹 11 条；Sc、R_1、R_2 脉独立；R_5 脉终止于前缘；无 R_3 脉。后翅圆；无尾突及臀瓣；有的种类外缘锯齿状。雄性前翅及腹部有第二性征。

全世界记载 190 余种，分布于亚洲南部及印澳区。中国记载 10 种，大秦岭分布 3 种。

族检索表

前翅 R_5 脉与 M_1 脉共柄……………………………………………………………**云灰蝶族 Miletini**

前翅 R_5 脉与 M_1 脉分别从中室上顶角分出…………………………………………**蚜灰蝶族 Tarakini**

云灰蝶族 Miletini Corbet, 1939

Miletini Corbet, 1939, *Trans. R. ent. Land.*, 89(5): 63.

Gerydini (Gerydinae); Clench, 1965, *Mem. Amer. Ent. Soc.*, 19: 325.

Miletinae (Lycaenidae); Eliot, 1973, *Bull. Br. Mus. nat. Hist.* (Ent.), 28(6): 381.

Miletini (Miletinae); Eliot, 1973, *Bull. Br. Mus. nat. Hist.* (Ent.), 28(6): 381; Chou, 1998, *Class. Ident. Chin. Butt.*: 186; Vane-Wright & de Jong, 2003, *Zool. Verh. Leiden*, 343: 114; Wang & Fan, 2002, *Butts. Faun. Sin.: Lycaenidae*: 5.

前翅 R_5 脉与 M_1 脉同柄；M_3 脉上的性标斑为一密布发香鳞的膨大区。触角棒状部细；下唇须不对称，基部有感觉毛组成的斑；雄性前足跗节 1 节，末端尖刺状；中后足不正常，细长或盘状或胫节下端膨大。

全世界记载 150 余种，分布于亚洲南部及印澳区。中国记录 7 种，大秦岭分布 1 种。

云灰蝶属 *Miletus* Hübner, [1819]

Miletus Hübner, [1819], *Verz. bek. Schmett.*, (5): 71. **Type species**: *Papilio symethus* Cramer, [1777].

Symetha Horsfield, [1828], *Descr. Cat. lep. Ins. Mus. East India Coy*, (1): pl. [2]. **Type species**: *Symetha pandu* Horsfield, [1829].

Simoetheus; Boisduval, 1832, *In*: d'Urville, *Voy. Astrolabe* (*Faune ent. Pacif.*), 1: 72 (missp.).

Gerydus Boisduval, [1836], *Hist. nat. Ins., Spec. gén. Lépid.*, 1: pl. 23, f. 2. **Type species**: *Papilio symethus* Cramer, [1777].

Archaeogerydus Fruhstorfer, 1915b, *In*: Seitz, *Gross-Schmett. Erde*, 9: 816. **Type species**: *Gerydys croton* Doherty, 1889.

Miletus; Eliot, 1961, *Bull. Raffles Mus*., 26: 154-177; Wu & Xu, 2017, *Butts. Chin*.: 1037.

Archaeogerydus (Section *Miletus*); Eliot, 1973, *Bull. Br. Mus. nat. Hist.* (Ent.) , 28(6): 426.

Miletus (Section *Miletus*); Eliot, 1973, *Bull. Br. Mus. nat. Hist.* (Ent.), 28(6): 426.

Miletus (Miletini); Eliot, 1986, *Bull. Br. Mus. nat. Hist.* (Ent.), 53(1): 75; Cassidy, 1995, *Trans. lepid. Soc. Jap.*, 46(1): 6; Chou, 1998, *Class. Ident. Chin. Butt*.: 186; Vane-Wright & de Jong, 2003, *Zool. Verh. Leiden*, 343: 116; Wang & Fan, 2002, *Butts. Faun. Sin.: Lycaenidae*: 6, 7.

本属显著特征为足的第1跗节呈刀片状。翅褐色或赭褐色；有不规则的白色或蓝灰色斑纹。前翅R脉4条，R_1脉与R_2脉独立；M_1脉与R_5脉同柄。后翅卵圆形；前缘平直；$Sc+R_1$脉长，与前缘略平行。两翅中室短，不及该翅长度的1/2，闭式，端脉平直。

雄性外生殖器：背兜与钩突愈合，极长阔，马鞍形；颚突细长，长钩状；无囊突；抱器极狭小；阳茎短细，末端尖，约和抱器等长。

幼虫肉食性，捕食多种半翅目Hemiptera蚜总科Aphidoidea昆虫，包括绣线菊蚜*Aphis citricola*和角倍蚜*Malaphis chinensis*等。

全世界记载27种，分布于东洋区和澳洲区。中国已知6种，大秦岭分布1种。

中华云灰蝶 *Miletus chinensis* Felder, 1862

Miletus chinensis Felder, 1862a, *Verh. zool.-bot. Ges. Wien.*, 12(1/2): 488, no. 146. **Type locality**: Hong Kong.

Miletus chinensis; Chou, 1994, *Mon. Rhop. Sin*.: 614; Eliot, 1961, *Bull. Raffles Mus*., 26: 154, 161; Eliot, 1986, *Bull. Br. Mus. nat. Hist.* (Ent.), 53(1): 4; Huang & Xue, 2004, *Neue Ent. Nachr*., 57: 156 (note), f. 6, 7e, pl. 12a, f. 5; Wang & Fan, 2002, *Butts. Faun. Sin.: Lycaenidae*: 7-9; Wu & Xu, 2017, *Butts. Chin*.: 1037, f. 1041: 10-13.

形态 成虫：中型灰蝶。两翅正面褐色至黑褐色；反面棕灰色；亚外缘点斑列黑灰色。前翅正面白色斑带从中室端脉经m_3室、cu_1室至亚缘的cu_2室，边界弥散形。反面前缘区、外中区上部及中室密布带有白色圈纹的淡褐色云纹斑；白色斑带较宽并延伸到达后缘。后翅正面无斑。反面外横云纹斑带近V形，淡褐色，缘线白色；中横云纹斑带弧形；基部有多个云纹斑。

卵：扁鼓形；初产淡黄色，后变成淡绿色；腰部有环形突起。

幼虫：蛞蝓形。1龄幼虫淡黄色；前胸有黑色斑纹；各腹节背中部均有褐色块斑。4龄幼虫绿色；密布褐色点斑；背中斑列栗褐色；腹端背面两侧有黑褐色块斑。老熟幼虫棕褐色；密布黑褐色和白色点斑。

蛹：近梭形；黑褐色，有光泽；翅区淡绿色。

寄主　幼虫肉食性，捕食多种半翅目 Hemiptera 蚜总科 Aphidoidea 昆虫，包括绣线菊蚜 *Aphis citricola* 和角倍蚜 *Malaphis chinensis* 等。

生物学　1 年多代，以幼虫或成虫越冬，成虫多见于 7 ~ 10 月。飞行迅速，活动于竹林、灌木丛等有蚜虫分布的区域，有吸食蚜虫蜜露的习性，常在灌木上长时间停留。卵单产于寄主植物嫩枝上。孵化后的幼虫直接取食蚜虫，并生活于蚜群中，同时利用其喜蚁器散发气味吸引蚂蚁共生，蚂蚁除取食蚜虫分泌的蜜露，还有保护该灰蝶幼虫的作用，蚜虫、蚂蚁与灰蝶幼虫三者形成了互惠共生的关系。老熟幼虫化蛹于附近的小树枝上。

分布　中国（安徽、江西、广东、海南、香港、广西、四川、贵州、云南），缅甸，泰国，越南，老挝，新加坡，马来西亚，印度尼西亚，巴布亚新几内亚。

大秦岭分布　四川（大巴山）。

蚜灰蝶族 Tarakini Eliot, 1973

Tarakini (Miletinae) Eliot, 1973, *Bull. Br. Mus. nat. Hist.* (Ent.), 28(6): 427. **Type genus**: *Taraka* Doherty, 1889.

Tarakini (Miletinae); Chou, 1998, *Class. Ident. Chin. Butt*.: 187.

Tarakini (Tarakinae); Wang & Fan, 2002, *Butts. Faun. Sin.: Lycaenidae*: 13.

触角锤部明显；下唇须不对称；中足胫节膨大。前翅 R_5 脉到达顶角，M_1 脉与之分离，从中室顶角分出。后翅 Rs 脉从近中室顶角分出；中室近三角形。无第二性征。

全世界记载 3 种，分布于古北区及东洋区。中国记录 2 种，大秦岭均有分布。

蚜灰蝶属 *Taraka* Doherty, 1889

Taraka Doherty, 1889b, *J. asiat. Soc. Bengal*, Pt.II 58 (4): 414.

Taraka de Nicéville, 1890a, *In*: Marshall & de Nicéville, *Butts. India Burmah Ceylon*, 3: 15, 57. **Type species**: *Miletus hamada* Druce, 1875; Chou, 1998, *Class. Ident. Chin. Butt*.: 187, 188; Wu & Xu, 2017, *Butts. Chin*.: 1038.

Taraka (Tarakini); Eliot, 1973, *Bull. Br. Mus. nat. Hist.* (Ent.), 28(6): 427; Wang & Fan, 2002, *Butts. Faun. Sin.: Lycaenidae*: 13, 14.

翅正面褐色或黑褐色；反面白色；多黑色斑点。前翅 Sc 脉短于中室；R_1 及 R_2 脉独立，从中室前缘端部分出；M_1 与 R_5 脉从中室上端角分出；R_5 脉到达顶角。后翅 Sc+R_1 脉到达顶角附近；Rs 脉从近中室上端角分出。无第二性征。

雄性外生殖器：钩突粗壮，长于背兜；无颚突；囊突细短；抱器长椭圆形；阳茎长，基部粗，端部尖细。

雌性外生殖器：囊导管细长，约等长于交配囊；交配囊大，近椭圆形；交配囊片长条形。

幼虫肉食性，多捕食以禾本科 Gramineae 植物为寄主的蚜虫。

全世界记载 3 种，分布于古北区、东洋区及澳洲区。中国记录 2 种，大秦岭均有分布。

种检索表

前翅中域中下部有大片白色无斑区 ………………………………… **白斑蚜灰蝶 *T. shiloi***

前翅中域中下部无上述无斑区 ……………………………………… **蚜灰蝶 *T. hamada***

蚜灰蝶 *Taraka hamada* (Druce, 1875)（图版 8：18—19）

Miletus hamada Druce, 1875, *Cistula ent.*, 1(12) : 361. **Type locality**: Japan.

Miletus hamada; de Nicéville, [1884], *J. asiat. Soc. Bengal*, Pt.II 52(2/4): 76, pl. 1, f. 16 ♂.

Taraka hamada; Druce, 1895, *Proc. zool. Soc. Lond.*, (3): 571; Fruhstorfer, 1918, *Tijdschr. Ent.*, 61(1/2): 23, pl. 5, f. 16; Kudrna, 1974, *Atalanta*, 5: 112; Lewis, 1974, *Butt. World*: pl. 206, f. 47; Chou, 1994, *Mon. Rhop. Sin.*: 615; Wang & Fan, 2002, *Butts. Faun. Sin.: Lycaenidae*: 14; Wu & Xu, 2017, *Butts. Chin.*: 1038, f. 1041: 19-21.

形态 成虫：小型灰蝶。两翅正面褐色或黑褐色，隐约可见反面的斑纹；反面白色；外缘有黑色细线，内侧连有黑色圆形斑列；翅面密布大小、形状不一的黑色斑纹。雌性颜色稍浅；体型较大。

卵：乳白色；扁鼓形；顶面布满圆形网状纹；周缘 1 圈白色小花瓣形纹脊。

幼虫：3 ~ 4 龄期。1 龄幼虫乳白色；头淡黄色；体表密布白色长毛。2 龄幼虫淡黄色。3 ~ 4 龄幼虫绿色；背部有 2 列白色瘤突；侧面各有 1 列绿色瘤突，其上着生成簇的白色长毛。4 龄幼虫的背中脊两侧有黑斑。

蛹：乳白色，半透明；翅区有黑褐色带纹；腹背面中上部拱形突起，橙黄色，其上中脊及两侧各有 1 个淡黄色条带，基部镶有褐色宽环。

寄主 肉食性，幼虫多捕食以禾本科 Gramineae 植物为寄主的蚜虫，主要为常蚜科 Aphididae 和扁蚜科 Hormaphididae 的蚜虫。

生物学 1年多代，以幼虫越冬，成虫多见于5~9月。飞行缓慢，有吸食蚜虫蜜露的习性，雄性有领域行为，栖息于有蚜虫的环境中，多见于竹林、阔叶林、溪流边，公园及庭院中亦可见。卵单产于寄主蚜虫中间。老熟幼虫化蛹于寄主附近的落叶、石块等物体上。

分布 中国（辽宁、山东、河南、陕西、甘肃、江苏、安徽、浙江、湖北、江西、福建、台湾、广东、海南、广西、重庆、四川、贵州），朝鲜，日本，印度，不丹，缅甸，越南，泰国，马来西亚，印度尼西亚。

大秦岭分布 河南（内乡、栾川）、陕西（临潼、鄠邑、周至、凤县、华州、汉台、南郑、城固、洋县、西乡、留坝、佛坪、商州、丹凤、商南）、甘肃（徽县、两当、文县）、湖北（谷城）、四川（宣汉、南江、昭化、青川、都江堰、江油、平武）。

白斑蚜灰蝶 *Taraka shiloi* Tamai & Guo, 2001

Taraka shiloi Tamai & Guo, 2001, *Futao*, (39): 12, pl. 2, f. 13-16. **Type locality**: Qingchenghoushan, Dujiangyan, Sichuan.

Taraka shiloi; Wu & Xu, 2017, *Butts. Chin*.: 1039, f. 1041: 22-23.

形态 成虫：小型灰蝶。与蚜灰蝶 *T. hamada* 极相似，主要区别为：前翅中域中下部有大片白色无斑区，翅正面较为明显；反面外缘有黑色细线，内侧相连的黑色圆形斑列退化或消失。

寄主 肉食性，幼虫多捕食以禾本科 Gramineae 植物为寄主的蚜虫。

生物学 1年多代，成虫多见于5~9月。栖息于有蚜虫的环境中，多见于竹林、阔叶林、溪流边。

分布 中国（陕西、四川）。

大秦岭分布 陕西（陈仓、佛坪）、四川（青川、都江堰）。

银灰蝶亚科 Curetinae Distant, 1884

Curetaria Distant, 1884, *Rhop. Malayana*: 196. **Type genus**: *Curetis* Hübner, [1819].

Curetinae (Lycaenidae); Eliot, 1973, *Bull. Br. Mus. nat. Hist.* (Ent.), 28(6): 381, 428; Chou, 1998, *Class. Ident. Chin. Butt.*: 189; Vane-Wright & de Jong, 2003, *Zool. Verh. Leiden*, 343: 119; Wang & Fan, 2002, *Butts. Faun. Sin.: Lycaenidae*: 15.

眼光滑；触角第 3 ~ 4 节腹面有毛饰；须光滑，下方无毛；中后足胫节有成对的端距。翅反面银白色。前翅 R 脉 4 条；Sc、R_1 脉及 R_2 脉分离；R_5 脉终止于外缘近顶角处，M_1 脉与之分离，从中室上角生出。后翅无尾突，圆形或多角形（M_3 脉端及臀角突出较明显）；Sc+R_1 脉基部强弯。

全世界记载 18 种，分布于古北区、东洋区及澳洲区。中国记录 4 种，大秦岭分布 1 种。

银灰蝶属 *Curetis* Hübner, [1819]

Curetis Hübner, [1819], *Verz. bek. Schmett.*, (7): 102. **Type species**: *Papilio aesopus* Fabricius, 1781.

Phaedra Horsfield, [1829], *Descr. Cat. lep. Ins. Mus. East India Coy*, (2): 123. **Type species**: *Phaedra terricola* Horsfield, [1829].

Anops Boisduval, [1836], *Hist. nat. Ins., Spec. gén. Lépid.*, 1: pl. 23(preocc. *Anops* Bell, 1833). **Type species**: *Papilio phaedrus* Fabricius, 1781.

Curetis (Lycaenidae); Moore, [1881], *Lepid. Ceylon*, 1(2): 73; Wu & Xu, 2017, *Butts. Chin.*: 1042.

Curetis (Curetinae); Eliot, 1973, *Bull. Br. Mus. nat. Hist.* (Ent.), 28(6): 428; Chou, 1998, *Class. Ident. Chin. Butt.*: 189, 190; Vane-Wright & de Jong, 2003, *Zool. Verh. Leiden*, 343: 120; Wang & Fan, 2002, *Butts. Faun. Sin.: Lycaenidae*: 15, 16.

雌雄异型。翅正面雄性有橙红色斑纹，雌性有青白色斑纹；反面均为银白色。翅脉特征同亚科。

雄性外生殖器：背兜胯形；钩突宽大，马鞍形，末端尖出；囊突小；抱器长，基半部宽，端半部窄长，抱器背发达；阳茎与抱器约等长，端部有角状器。

雌性外生殖器：有不对称的交配囊片。

寄主为豆科 Fabaceae 植物。

全世界记载 18 种，分布于古北区、东洋区及澳洲区。中国已知 4 种，大秦岭分布 1 种。

尖翅银灰蝶 *Curetis acuta* Moore, 1877（图版 5：11—12）

Curetis acuta Moore, 1877a, *Ann. Mag. nat. Hist*., (4) 20(115): 50. **Type locality**: Shanghai.

Curetis acuta; Chapman, 1915, *Novit. zool*., 22(1): 98; Lewis, 1974, *Butt. World*: pl. 205, f. 21, 22; Chou, 1994, *Mon. Rhop. Sin*.: 616; Eliot, 1990, *Tyô Ga*, 41(4): 224; Wang & Fan, 2002, *Butts. Faun. Sin.: Lycaenidae*: 16, 17; Wu & Xu, 2017, *Butts. Chin*.: 1042, f. 1044: 1-10.

形态 成虫：大型灰蝶。雌雄异型。雄性：两翅正面黑褐色。反面银白色，密布黑灰色小鳞片；亚外缘点斑列黑灰色。前翅顶角尖；翅中央至基部有 1 个橙黄色大斑；反面灰色斜带模糊，从前缘近顶角处斜至后缘距臀角 1/3 处。后翅外缘 M_3 脉端及臀角呈角状突出；正面有 1 个橙红色 C 形大斑，从前缘弯向中室端部；反面外中域至中域有 2 条灰色横带，未达后缘。雌性：翅正面多棕褐色。正面前翅中央大斑及后翅 C 形斑青白色。

卵：扁圆形；白色；表面有网状六边形凹刻。

幼虫：5 龄期。末龄幼虫前胸宽大；玫红色或绿色；后胸和第 1 腹节背部各有 1 对小突起；第 5 腹节两侧斜带白色；第 8 腹节背两侧有 1 对管状触手器；气孔呈黄褐色。老熟幼虫常呈深绿色，身体上的白斑消失。

蛹：绿色或绿褐色；近椭圆形；背部有白色点斑。

寄主 豆科 Fabaceae 野葛 *Pueraria thunbergiana*、狭叶槐 *Sophora angustifolia*、鸡血藤 *Millettia reticulata*、香花崖豆藤 *M. dielsiana*、紫藤 *Wisteria sinensis*、云实 *Caesalpinia decapetala*。

生物学 1 年多代，以成虫越冬，成虫多见于 6～10 月。飞行迅速，常在林缘、山地、溪沟旁活动，多在树叶、岩石和地面停息，雄性有领域行为，喜访花、湿地吸水、吸食动物粪便和腐果汁液。卵单产于寄主植物的花枝、花蕾或花瓣上。幼虫孵化后，取食寄主的花瓣和花蕾，并钻入花蕾中取食；幼虫在白天取食，将花蕾或花瓣食成网状，多在花茎或花枝近花朵的地方栖息。老熟幼虫化蛹于寄主的叶片上。

分布 中国（河南、陕西、甘肃、上海、安徽、浙江、湖北、江西、湖南、福建、台湾、广东、海南、香港、广西、重庆、四川、贵州、云南、西藏），日本，印度，缅甸，越南，老挝，泰国。

大秦岭分布 河南（内乡）、陕西（周至、太白、凤县、南郑、城固、洋县、西乡、勉县、留坝、佛坪、宁陕、岚皋、商南、镇安、柞水）、甘肃（武都、文县、碌曲）、湖北（神农架、郧西）、重庆（城口）、四川（安州、江油）。

线灰蝶亚科 Theclinae Swainson，1831

Theclinae Swainson, 1831, *Zool. Ill.*, (2): 85. **Type genus**: *Thecla* Fabricius, 1807.

Theclinae (Lycaenidae); Clench, 1965, *Mem. Amer. Ent. Soc.*, 19: 331.

Aphnaeinae (Lycaenidae); Clench, 1965, *Mem. Amer. Ent. Soc.*, 19: 357.

Theclinae (Lycaenidae); Eliot, 1973, *Bull. Br. Mus. nat. Hist.* (Ent.), 28(6): 381; Chou, 1998, *Class. Ident. Chin. Butt.*: 190, 191; Vane-Wright & de Jong, 2003, *Zool. Verh. Leiden*, 343: 120; Korb & Bolshakov, 2011, *Eversmannia Suppl.*, 2: 68; Wang & Fan, 2002, *Butts. Faun. Sin.: Lycaenidae*: 19-21.

触角节圆柱形，棒状部略膨大；中后足胫节有成对的距。前翅有 10 ~ 11 条或 12 条脉纹，如 10 条或 11 条脉纹，则 R_5 脉到达前缘或顶角；R_1 脉与 R_2 脉独立。后翅有 1 ~ 3 条尾突，生在 M_3 脉、Cu_1 脉或 Cu_2 脉上；无肩脉；臀角突出。雄性两翅通常有第二性征（发香鳞及竖立的毛刷）。

本亚科是灰蝶科中最大的亚科，全世界记载 2580 余种，分布于古北区、东洋区、非洲区、澳洲区及全北区。中国已知 300 余种，大秦岭分布 136 种。

族检索表

1. 后翅主要尾突或齿突在 Cu_2 脉上，或无尾突；前翅 10 ~ 11 条脉纹 ······ 2
   后翅主要尾突或齿突在 2A 脉上，或无尾突；前翅 12 条脉纹 ······ 5
2. 前翅有 10 条脉纹；后翅 2A 脉无尾突 ······ **美灰蝶族 Eumaeini**
   前翅有 11 条脉纹，如有 10 条脉纹则后翅 2A 脉有尾突 ······ 3
3. 前翅 R_4 与 R_5 脉同柄或接触；雄性无第二性征 ······ **线灰蝶族 Theclini**
   前翅 R_4 与 R_5 脉分开 ······ 4
4. 眼有毛；雄性后翅有发香鳞带 ······ **玳灰蝶族 Deudorigini**
   眼光滑；雄性后翅无发香鳞带 ······ **娆灰蝶族 Arhopalini**
5. 前翅反面有金色或银色的斑纹或条纹；无第二性征 ······ **富妮灰蝶族 Aphnaeini**
   前翅反面无上述斑纹或条纹；常有第二性征 ······ **瑶灰蝶族 Iolaini**

线灰蝶族 Theclini Swainson，1831

Theclanae Swainson, 1831, *Zool. Ill.*, (2): 85.

Theclini (Theclinae); Eliot, 1973, *Bull. Br. Mus. nat. Hist.* (Ent.), 28(6): 381, 429; Chou, 1998, *Class. Ident. Chin. Butt.*: 191; Korb & Bolshakov, 2011, *Eversmannia Suppl.*, 2: 68; Wang & Fan, 2002, *Butts. Faun. Sin.: Lycaenidae*: 21-24.

眼被毛或光滑无毛；触角棒状部圆柱形；下唇须第 2 节覆有毛状鳞。前翅 11 条脉纹；R_4 脉与 R_5 脉由中室顶角生出，互相接触或共柄；R_5 脉与 M_1 脉共柄或分离。后翅无尾突或仅 Cu_2 脉末端有 1 条尾突；无第二性征。

全世界记载 700 余种，分布于古北区、东洋区、非洲区、澳洲区及新北区。中国记录 130 余种，大秦岭分布 76 种。

属检索表

1. 后翅臀角指状延伸 …………………………………………… **丫灰蝶属 *Amblopala***
   后翅臀角不如上述 …………………………………………………………… 2
2. 后翅无尾突 ……………………………………………………… **精灰蝶属 *Artopoetes***
   后翅有 1 个发达的尾突 ………………………………………………………… 3
3. 翅反面鲜黄色至赭黄色 ………………………………………………………… 4
   翅反面非上述颜色 ……………………………………………………………… 10
4. 翅反面基半部有线纹 …………………………………………………………… 5
   翅反面基半部无线纹 …………………………………………………………… 7
5. 雄性翅正面棕褐色至黑褐色 …………………………………… **线灰蝶属 *Thecla***
   雄性翅正面橙黄色 ……………………………………………………………… 6
6. 前翅反面中域有 4 条白色线纹 ………………………………… **黄灰蝶属 *Japonica***
   前翅反面中域无上述线纹 ………………………………………… **诗灰蝶属 *Shirozua***
7. 翅反面有相同的端带纹 ………………………………………… **陕灰蝶属 *Shaanxiana***
   翅反面端带纹不相同 …………………………………………………………… 8
8. 翅正面雌雄斑纹相异 …………………………………………… **赭灰蝶属 *Ussuriana***
   翅正面雌雄斑纹类似 …………………………………………………………… 9
9. 雄性前足跗节仅 1 节，管状 …………………………………… **珂灰蝶属 *Cordelia***
   雄性前足跗节 5 节 ……………………………………………… **工灰蝶属 *Gonerilia***
10. 雌性正面斑纹类似 …………………………………………………………… 11
    雌性正面斑纹相异 …………………………………………………………… 14
11. 翅正面有金属闪光 ……………………………………………… **华灰蝶属 *Wagimo***
    翅正面无金属闪光 …………………………………………………………… 12
12. 后翅正面亚缘有白色斑纹 ……………………………………… **青灰蝶属 *Antigius***
    后翅正面亚缘多无明显的白色斑纹 ……………………………………………… 13
13. 前翅反面中室中部有 1 个黑斑 ………………………………… **癞灰蝶属 *Araragi***
    前翅反面中室中部无黑斑 ……………………………………… **祖灰蝶属 *Protantigius***
14. 两翅反面白色、灰白色或银灰色 ……………………………………………… 15
    两翅反面多非上述颜色 ………………………………………………………… 17

15. 翅半透明，正面斑纹多为反面斑纹的映射 ··· 16
翅不如上述 ···三枝灰蝶属 ***Saigusaozephyrus***
16. 雄性翅正面有紫色闪光 ··冷灰蝶属 ***Ravenna***
雄性翅正面有蓝色闪光 ···柴谷灰蝶属 ***Sibataniozephyrus***
17. 前翅反面有 1 列黑色近椭圆形亚外缘斑 ··珠灰蝶属 ***Iratsume***
前翅反面无上述斑纹 ·· 18
18. 雄性翅正面无金属光泽 ··铁灰蝶属 ***Teratozephyrus***
雄性翅正面有蓝绿色或紫色的金属光泽 ··· 19
19. 雄性前翅正面金属光泽未达亚顶区 ··何华灰蝶属 ***Howarthia***
雄性前翅正面金属光泽到达亚顶区 ·· 20
20. 前翅中室长等于或短于前翅长的 1/2 ·· 21
前翅中室长超过前翅长的 1/2 ·· 22
21. 翅反面斜带宽，褐色 ···江琦灰蝶属 ***Esakiozephyrus***
翅反面斜带窄，白色 ···翠灰蝶属 ***Neozephyrus***
22. 颚突短，端部直；囊突长 ···金灰蝶属 ***Chrysozephyrus***
颚突长，端部上弯；囊突短 ···艳灰蝶属 ***Favonius***

诗灰蝶属 *Shirozua* Sibatani & Ito, 1942

Shirozua Sibatani & Ito, 1942, *Tenthredo*, 3(4): 322. **Type species**: *Thecla jonasi* Janson, 1877.

Shirozua (Section *Thecla*); Eliot, 1973, *Bull. Br. Mus. nat. Hist.* (Ent.), 28(6): 430.

Japonica (Theclini); Chou, 1998, *Class. Ident. Chin. Butt.*: 197; Korb & Bolshakov, 2011, *Eversmannia Suppl.*, 2: 68.

Shirozua; Wang & Fan, 2002, *Butts. Faun. Sin.: Lycaenidae*: 24, 25; Wu & Xu, 2017, *Butts. Chin.*: 1043.

雄性前足跗节不分节。两翅橙黄色；中室短，不及翅长度的 1/2。前翅前缘弱弧形；外缘后部弱弧形外突；R_5 脉从中室上端角生出；R_4 脉从 R_5 脉中部分出；M_1 脉和 R_5 脉基部共柄短。后翅有尾突；臀角半圆形外突。反面有褐色横带纹；臀区有橙红色斑及 W 形纹。

雄性外生殖器：背兜与钩突愈合；颚突发达，钩状；囊突短；抱器近椭圆形，端部凹入；阳茎粗长，无角状突。

雌性外生殖器：交配囊导管膜质；交配囊大，卵圆形；交配囊片带状，有齿突。

低龄幼虫以壳斗科 Fagaceae 植物树芽为食，如蒙古栎 *Quercus mongolica*、麻栎 *Q. acutissima*、栓皮栎 *Q. variabilis* 等，3 龄后转食蚜虫及介壳虫。

全世界记载 2 种，分布于古北区及东洋区。中国均有记录，大秦岭分布 2 种。

种检索表

后翅反面 cu_1 室端部有完整的橙色眼斑 ……………………………………**媚诗灰蝶 *S. melpomene***
后翅反面 cu_1 室端部橙色眼斑退化 ……………………………………………………**诗灰蝶 *S. jonasi***

诗灰蝶 *Shirozua jonasi* (Janson, 1877)

Thecla jonasi Janson, 1877, *Cistula ent*., 2: 157. **Type locality**: Yokama river, Honshu, Japan.

Zephyrus jonasi Leech, [1893], *Butts. Chin. Jap. Cor*., 2: 385; Seitz(ed.), 1906, *Macrolep*., 1: 273; Matsumura, 1931, 6000 *Ill. Ins. Jap*.: 573, fig. 400; Uchida,1932, *Icon. Ins. Jap*.: 975, fig. 1921; Wu, 1938, *Cat. Ins. Sin*., 4: 936; Huang, 1943, *Notes drEnt. Chin*., 10(3):157.

Shirozua jonasi; Sibatani & Ito,1942, *Tenthredo*, 3(4): 322; Shirôzu & Yamamoto, 1956, *Sieboldia*, l(4): 352; Shirôzu, 1962, *Tyô Ga*, 12(4): 145, 151; Lee, 1982, *Butts. Kor*.: 18, pl. 15, figs. 39A-C; Bridges, 1988a, *Cat. Lyc. Rio*., 2: 98; D'Abrera, 1993, *Butts. Hol. Reg*., 3: 404, fig'd; Yang *et al*., 1994, *Beijing Butts*.: 47, pls.114-115, figs. 33-33a; Fujioka, 1994c, *Butterflies*, 9: 11, 17, pl. 6, figs. 17-19; Lewis, 1974, *Butt. World*: pl. 206, f. 33; Chou, 1994, *Mon. Rhop. Sin*.: 628, fig'd; Korb & Bolshakov, 2011, *Eversmannia Suppl*., 2: 68; Wang & Fan, 2002, *Butts. Faun. Sin.: Lycaenidae*: 25; Wu & Xu, 2017, *Butts. Chin*.: 1043, f. 1045: 15-16.

形态 成虫：中小型灰蝶。两翅正面橙黄色。反面色稍淡；褐色带纹粗细变化大；端缘暗黄色；白色亚外缘带前翅模糊，后翅清晰；褐色中室端斑条形。前翅正面顶角黑色区变异大，有时消失。反面外斜带褐色，未达后缘，外侧白色缘线多有模糊；后缘乳白色。后翅正面无斑；黑色尾突短；外缘从尾突至臀角有黑色细线纹。反面外缘线白色；外横带从前缘伸达 cu_1 室后 W 形弯曲折向后缘下部，外侧缘线白色；cu_1 室端部橙色眼斑退化，黑色瞳点下移至臀角端部；雌性顶角黑色带发达，沿外缘可达臀角附近。

寄主 低龄幼虫以壳斗科 Fagaceae 枹栎 *Quercus serrata*、柞栎 *Q. dentata*、麻栎 *Q. acutissima*、蒙古栎 *Q. mongolica*、栓皮栎 *Q. variabilis* 等植物树芽为食，3 龄后转食蚜虫及介壳虫。

生物学 1 年 1 代，以卵越冬，成虫多见于 7 ~ 8 月。

分布 中国（黑龙江、吉林、辽宁、北京、天津、河北、山西、陕西、四川），俄罗斯，朝鲜半岛，日本。

大秦岭分布 陕西（秦岭）、四川（平武）。

媚诗灰蝶 *Shirozua melpomene* (Leech, 1890)

Dipsas melpomene Leech, 1890, *Entomologist*, 23: 41. **Type locality**: Changyang, Hubei.

Zephyrus melpomene Leech, [1893], *Butts. Chin. Jap. Cor.*, 2: 386, pl. 28, fig. 14; Seitz(ed.), 1906, *Macrolep*., 1: 273, pl. 74e; Huang, 1943, *Notes drEnt. Chin*., 10(3): 158.

Shirozua melpomene; Bridges, 1988a, *Cat. Lyc. Rio*., 2: 98; Fujioka, 1994c, *Butterflies*, 9: 11, 17, pl. 6, figs. 21-22; Lewis, 1974, *Butt. World*: pl. 206, f. 33; Wang & Fan, 2002, *Butts. Faun. Sin.: Lycaenidae*: 26; Wu & Xu, 2017, *Butts. Chin*.: 1043, f. 1045: 17.

Shirozua jonasi melpomene; D'Abrera, 1993, *Butt. Hol. Reg*., 3: 404, fig'd.

形态 成虫：中小型灰蝶。与诗灰蝶 *S. jonasi* 相似，主要区别为：后翅反面 cu_1 室端部有 1 个完整的橙色眼斑，瞳点黑色；后缘端部有橙色带纹，并与臀角眼斑橙色眶纹相连。

寄主 低龄幼虫以壳斗科 Fagaceae 植物树芽为食，如蒙古栎 *Quercus mongolica*、麻栎 *Q. acutissima*、栓皮栎 *Q. variabilis* 等，3 龄后转食蚜虫及介壳虫。

生物学 1 年 1 代，以卵越冬，成虫多见于 7 ~ 8 月。

分布 中国（陕西、浙江、湖北、四川、云南）。

大秦岭分布 陕西（周至、凤县、佛坪）。

线灰蝶属 *Thecla* Fabricius, 1807

Thecla Fabricius, 1807, *Mag. f. Insektenk*., 6: 286. **Type species**: *Papilio betulae* Linnaeus, 1758.

Zephyrus Dalman, 1816, *K. svenska Vetensk Akad. Handl. Stockholm*, (1): 62, 63. **Type species**: *Papilio betulae* Linnaeus, 1758.

Aurotis Dalman, 1816, *K. svenska Vetensk Akad. Handl. Stockholm*, (1): 63, 90. **Type species**: *Papilio betulae* Linnaeus, 1758.

Zephyrius; Billberg, 1820, *Enum. Ins. Mus. Billb*.: 80. **Type species**: *Papilio betulae* Linnaeus, 1758(missp.).

Thecla; Godman & Salvin, [1887], *Biol. centr.-amer., Lep. Rhop*., 2: 8; Wu & Xu, 2017, *Butts. Chin*.: 1046.

Ruratis Tutt, 1906, *Ent. Rec. J. Var*., 18(5): 130. **Type species**: *Papilio betulae* Linnaeus, 1758.

Thecla (Section *Thecla*); Eliot, 1973, *Bull. Br. Mus. nat. Hist.* (Ent.), 28(6): 430.

Thecla (Theclini); Chou, 1998, *Class. Ident. Chin. Butt*.: 209; Wang & Fan, 2002, *Butts. Faun. Sin.: Lycaenidae*: 26-28; Korb & Bolshakov, 2011, *Eversmannia Suppl*., 2: 68.

雌雄异型。雄性前足跗节 1 节，管状。前翅短阔；中室长约为前翅长的 1/2；R_1 与 R_2 脉独立；R_4 脉从 R_5 脉中部分出，与 M_1 脉共柄短，均从中室上端角生出；R_5 脉到达顶角。后翅外缘平直或微波状；有 1 个短或长的尾突。

雄性外生殖器：背兜很大；颚突弯肘状；囊突短；抱器小，近椭圆形，端部角状外突；阳茎直，角状突小。

雌性外生殖器：交配囊导管细长；交配囊近球形；无交配囊片。

寄主为蔷薇科 Rosaceae、桦木科 Betulaceae 及忍冬科 Caprifoliaceae 植物。

全世界记载 3 种，分布于古北区。中国均有记录，大秦岭分布 2 种。

种检索表

后翅正面臀角有橙色斑纹 ……………………………………………………**线灰蝶 *T. betulae***

后翅正面臀角无橙色斑纹 ………………………………………………**桦小线灰蝶 *T. betulina***

线灰蝶 *Thecla betulae* (Linnaeus, 1758)（图版 6：15）

Papilio betulae Linnaeus, 1758, *Syst. Nat.* (Edn 10), 1: 482. **Type locality**: Sweden.

Thecla betulae; Gerhard, 1850, *Versuch Mon. europ. Schmett.*, (1): 3, pl. 1, f. 1a-c; Shirôzu, 1962, *Tyô Ga*, 12(4): 145; Lewis, 1974, *Butt. World*: pl. 11, f. 1-2; Chou, 1994, *Mon. Rhop. Sin.*: 629; Wang & Fan, 2002, *Butts. Faun. Sin.: Lycaenidae*: 28-30; Korb & Bolshakov, 2011, *Eversmannia Suppl.*, 2: 68.

Thecla spinosa Gerhard, 1853, *Versuch Mon. europ. Schmett.*: pl. 3, fig. 2.

Thecla betula [sic]; Wu & Xu, 2017, *Butts. Chin.*: 1046, f. 1047: 1-10, 1048: 11-15.

形态　成虫：中大型灰蝶。雌雄异型及雌性多型。雄性：两翅正面棕褐色至黑褐色；反面鲜黄色；外缘带橙色；亚外缘线白色，时有模糊。前翅正面中室端脉外侧斑纹多有退化或消失；反面外斜带及中室端斑淡褐色，缘线白色，外斜带未达臀角。后翅外缘锯齿形；正面尾突基部及臀角有橙色斑纹；反面中斜带宽，从前缘中部斜向臀角，两侧缘线黑、白 2 色，内侧缘线后半段时有消失；cu_2 室端部眼斑橙色，黑色瞳点小；臀角橙色眼斑瞳点下移至臀角端部，并呈半圆形外突；尾突短，黄色，缘线黑色。雌性：个体较大；橙黄色、棕黄色或黑褐色。橙黄色型：前翅正面顶角区及外缘区黑褐色。后翅正面基半部灰褐色；cu_1 室及 cu_2 室端部各有 1 个黑色斑。黑褐色型：前翅正面中室端脉外侧有橙色宽斜带，其余斑纹与雄性近似。

幼虫：淡绿色；纺锤形；密布灰白色毛；体两侧及背中线有黄色线纹；背面各节均有黄色斜纹。

蛹：粗短；褐色；密布黑色斑纹。

寄主　蔷薇科 Rosaceae 西梅 *Prunus domestica*、稠李 *P. padus*、李 *P. salicina*、紫叶稠李 *P. virginiana*、桃 *Amygdalus persica*、甘肃桃 *A. kansuensis*、山杏 *Armeniaca sibirica*、山楂属 *Crataegus* spp.、花楸属 *Sorbus* spp.；桦木科 Betulaceae 榛属 *Corylus* spp.；忍冬科 Caprifoliaceae 荚蒾属 *Viburnum* spp. 等。

生物学　1 年 1 代，以卵越冬，成虫多见于 7 ~ 10 月。常在林间活动，喜食花粉、花蜜及植物汁液。

分布 中国（黑龙江、吉林、辽宁、北京、河北、河南、陕西、甘肃、青海、新疆、浙江、四川），俄罗斯，朝鲜，亚洲，欧洲。

大秦岭分布 河南（内乡、西峡、陕州）、陕西（长安、鄠邑、周至、眉县、太白、凤县、汉台、西乡、商州、山阳、洛南）、甘肃（麦积、武都、迭部、碌曲、漳县）、四川（青川）。

桦小线灰蝶 *Thecla betulina* Staudinger, 1887（图版 6：13—14）

Thecla betulina Staudinger, 1887, *In*: Romanoff, *Mém. Lép.*, 3: 127, pl. 16, f. 6. **Type locality**: Razdol'naya river, S. Primorye.

Zephyrus betulina; Seitz (ed.), 1906, *Macrolep.*, 1: 274.

Zephyrus betulae gaimana Doi & Cho, 1931, *J. Chosen Nat. Hist. Soc.*, 12: 50.

Thecla betulina; Shirôzu & Yamamoto, 1956, *Sieboldia*, 1(4): 354; Shirôzu, 1962, *Tyô Ga*, 12(4): 145, 151; Lee, 1982, *Butts. Kor.*: 18, pl. 15, figs. 38A-B; Bridges, 1988a, *Cat. Lyc. Rio.*, 2: 104; D'Abrera,1993, *Butts. Hol. Reg.*, 3: 405, fig'd; Fujioka, 1994, *Butterflies*, 9: 9, pl. 6, figs. 14-15; Chou, 1994, *Mon. Rhop. Sin.*: 630; Koiwaya, 1996, *Stu. Chin. Butts.*, 3: 65, figs. 363-364; Korb & Bolshakov, 2011, *Eversmannia Suppl.*, 2: 68; Wu & Xu, 2017, *Butts. Chin.*: 1046, f. 1048: 17-20.

Iozephyrus betulinus; Wang & Fan, 2002, *Butts. Faun. Sin.: Lycaenidae*: 31, 32.

形态 成虫：中型灰蝶。与线灰蝶 *T. betulae* 近似，主要区别为：个体稍小。翅反面偏赭黄色。前翅正面中室端脉外侧无斑。后翅正面臀角无橙色斑纹。

卵：扁圆形；白色；顶部有突起；表面密布圆形凹刻。

幼虫：末龄幼虫淡黄绿色；体表密布白色细毛；体节处有白色环带；背部有白色及淡黄色斑纹；背中线绿色。

蛹：椭圆形；乳黄色至淡褐色；密布黑褐色至褐色斑纹。

寄主 蔷薇科 Rosaceae 樱桃 *Prunus pseudocerasus*、毛山荆子 *Malus mandshurica*、山荆子 *M. baccata* 等。

生物学 1 年 1 代，以卵越冬，成虫多见于 6 ~ 8 月。森林栖境种类，较稀少。

分布 中国（黑龙江、吉林、辽宁、河南、陕西、甘肃、青海、四川、云南），俄罗斯，朝鲜。

大秦岭分布 河南（内乡）、陕西（周至、凤县）、甘肃（麦积、康县、迭部、漳县）。

赭灰蝶属 *Ussuriana* Tutt, [1907]

Ussuriana Tutt, [1907], *Nat. Hist. Brit. Lepid.*, 9: 276. **Type species**: *Thecla michaelis* Oberthür, 1880.

Ussuriana (Section *Thecla*); Eliot, 1973, *Bull. Br. Mus. nat. Hist.* (Ent.), 28(6): 430.

Ussuriana (Theclini); Chou, 1998, *Class. Ident. Chin. Butt*.: 198; Wang & Fan, 2002, *Butts. Faun. Sin.: Lycaenidae*: 42, 43; Korb & Bolshakov, 2011, *Eversmannia Suppl*., 2: 68.

Ussuriana; Wu & Xu, 2017, *Butts. Chin*.: 1050.

雌雄异型。雌雄性跗节均 5 节。翅正面雄性黑褐色，雌性橙色；反面淡黄色。前翅短阔；中室长约为前翅长的 1/2；R_5 脉从中室上端角生出，与 M_1 脉有一段共柄；R_4 脉从 R_5 脉的中部分出。后翅臀区有黑点及橙色斑，无 W 形纹；臀角不外突。

雄性外生殖器：背兜发达，屋脊形；钩突与背兜愈合；颚突钩状；囊突粗；抱器三角形，末端钩状突出；阳茎短粗，无角状突。

雌性外生殖器：交配囊导管骨化；交配囊大，长圆形；交配囊片发达，成对。

寄主为木犀科 Oleaceae 植物。

全世界记载 5 种，分布于古北区和东洋区。中国已知 4 种，大秦岭分布 3 种。

种检索表

1. 后翅正面臀角处多有 1 条短的橙色带 ………………………… **范赭灰蝶 *U. fani***
   后翅正面臀角处多无橙色带 ………………………………………… 2
2. 后翅反面亚缘斑带浅弧形弯曲 ………………………………… **赭灰蝶 *U. michaelis***
   后翅反面亚缘斑带直 ……………………………………………… **藏宝赭灰蝶 *U. takarana***

赭灰蝶 *Ussuriana michaelis* (Oberthür, 1880)

Thecla michaelis Oberthür, 1880, *Étud. d'Ent*., 5: 19, pl. 5, f. 2. **Type locality**: Askold Island.

Ussuriana michaelis; Shirôzu, 1962, *Tyô Ga*, 12(4): 145; Lewis, 1974, *Butt. World*: pl. 206, f. 48; Chou, 1994, *Mon. Rhop. Sin*.: 630; Korb & Bolshakov, 2011, *Eversmannia Suppl*., 2: 68; Wang & Fan, 2002, *Butts. Faun. Sin.: Lycaenidae*: 44, 45; Wu & Xu, 2017, *Butts. Chin*.: 1050, f. 1055: 7-10, 1056: 11-20, 1057: 21.

形态 成虫：中大型灰蝶。雌雄异型。雄性：两翅正面黑褐色；反面淡黄色至黄色；亚外缘白色斑列模糊或消失；亚缘斑列橙色，内侧有白色新月形斑列相伴，缘线黑色。前翅正面中央至后缘有 1 个黄色豆瓣形斑纹；反面亚缘斑列末端有 1 个黑色斑纹。后翅正面外缘线黑色；cu_1 室端部及臀角各有 1 个黑色圆斑；反面外缘有黑、白 2 色线纹；亚缘斑列端部多有 2 个黑色斑纹，末端近臀角处有 2 个橙色眼斑，瞳点黑色，橙色眶纹未闭合；尾突细长，丝状，黑色。雌性：个体大。翅正面橙色；反面黄色。前翅正面前缘、顶端及外缘黑色至黑褐色；臀角大黑斑近圆形。后翅正面顶角有 1 个边界模糊的大黑斑；其余斑纹同雄性。

卵：灰白色；表面有网状粗刻纹和突起。

幼虫：末龄幼虫淡黄色或淡灰色；密被赭褐色及黑褐色点斑；背中上部及下部有紫褐色斑纹。

蛹：椭圆形；褐色或棕红色；翅区深褐色；背中央有黄色长椭圆形环纹。

寄主 木犀科 Oleaceae 白蜡树 *Fraxinus chinensis*、水曲柳 *F. mandshurica*、花曲柳 *F. rhynchophylla*、棉毛梣 *F. lanuginosa*、苦枥木 *F. insularis*、庐山梣 *F. mariesii* 等。

生物学 1 年 1 代，以卵越冬，成虫多见于 5 ~ 8 月。较稀少，多栖息于河流或溪流附近的阔叶林，喜食花粉、花蜜及植物汁液，常在林缘活动。卵聚产于寄主植物主干树皮裂缝中。初龄幼虫孵化后分散活动。

分布 中国（吉林、辽宁、河南、陕西、甘肃、安徽、浙江、江西、广东、重庆、四川、贵州），朝鲜。

大秦岭分布 河南（内乡、西峡、嵩县、灵宝）、陕西（长安、周至、华州、华阴、太白、汉台、南郑、留坝、商南、柞水）、甘肃（麦积、武都、文县、两当）。

范赭灰蝶 *Ussuriana fani* Koiwaya, 1993（图版 7：16—17）

Ussuriana fani Koiwaya, 1993, *Stu. Chin. Butts.*, 2: 47, pls. I-II, figs. 54-55, 62-63. **Type locality**: Changan, Shaanxi.

Ussuriana fani; Koiwaya, 1996, *Stu. Chin. Butts.*, 3: 28, figs. 138-139; Wang & Fan, 2002, *Butts. Faun. Sin.: Lycaenidae*: 43, 44; Wu & Xu, 2017, *Butts. Chin.*: 1050, f. 1057: 22-30, 1058: 31.

形态 成虫：中型灰蝶。与赭灰蝶 *U. michaelis* 极近似，主要区别为：个体较小。后翅反面亚缘斑列端部无黑色斑纹。雌性翅正面 cu_2 室端部黑斑多退化或消失。雄性后翅正面臀角处多有 1 条短的橙色带。

卵：半球形；白色；表面密布网状凹刻。

幼虫：末龄幼虫灰黄色；体表密被褐色点斑和白色细毛；背中线红褐色。预蛹前幼虫黄褐色或红褐色。

蛹：长椭圆形；红褐色；翅区褐色；气孔淡黄色。

寄主 木犀科 Oleaceae 白蜡树 *Fraxinus chinensis*、庐山梣 *F. mariesii*。

生物学 1 年 1 代，以卵越冬，成虫多见于 6 ~ 8 月。常在阔叶林的林缘活动。卵单产于寄主植物新枝上。

分布 中国（河南、陕西、甘肃、浙江、四川）。

大秦岭分布 河南（内乡）、陕西（长安、鄠邑、周至、陈仓、眉县、凤县、华阴、留坝、佛坪）、甘肃（麦积、秦州、康县）、四川（青川）。

藏宝赭灰蝶 *Ussuriana takarana* (Araki & Hirayama, 1941)

Coreana michaelis takarana Araki & Hirayama, 1941, *Mush. Sek*., 4(11/12): 1, 2, figs. 1, 2. **Type locality**: Taiwan.

Ussuriana takarana; Shirôzu, 1960, *Butts. Formosa*: 279, pl. 62, figs. 599-602; D'Abrera,1986, *Butts. Orient. Reg*., 3: 550, pl. 551, fig'd; Bridges, 1988a, *Cat. Lyc. Rio*., 2: 113.

Ussuriana takarana; Shirôzu, 1962, *Tyô Ga*, 12(4): 145; Chou, 1994, *Mon. Rhop. Sin*.: 630; Wang & Fan, 2002, *Butts. Faun. Sin.: Lycaenidae*: 45.

Ussuriana michaelis takarana; Fujioka, 1992, *Butterflies*, 2: 16, pl. 5, figs. 17-20; Yoshino, 2019, *Butt. Sci*., 15: 58.

形态 成虫：中型灰蝶。与赭灰蝶 *U. michaelis* 极近似，主要区别为：个体较小。后翅反面亚缘斑带直。

生物学 1 年 1 代，以卵越冬，成虫多见于 6 ~ 7 月。常在林区活动。

分布 中国（陕西、江西、湖南、福建、台湾、贵州）。

大秦岭分布 陕西（周至、留坝）。

精灰蝶属 *Artopoetes* Chapman, 1909

Artopoetes Chapman, 1909, *Proc. zool. Soc. Lond*., (2): 473. **Type species**: *Lycaena pryeri* Murray, 1873.

Artopoetes (Section *Thecla*); Eliot, 1973, *Bull. Br. Mus. nat. Hist*. (Ent.), 28(6): 430; Chou, 1998, *Class. Ident. Chin. Butt*.: 194.

Artopoetes (Theclini); Korb & Bolshakov, 2011, *Eversmannia Suppl*., 2: 68; Wang & Fan, 2002, *Butts. Faun. Sin.: Lycaenidae*: 48, 49.

Artopoetes; Wu & Xu, 2017, *Butts. Chin*.: 1049.

眼无毛；雄性前足跗节 5 节。翅正面黑灰色；中央至基部有豆瓣形青蓝色或紫蓝色大斑。反面银白色。前翅 M_1 脉与 R_5 脉有短的共柄，从中室上端角生出；R_4 脉从 R_5 脉中部分出；R_3 脉消失；中室不及前翅长的 1/2。后翅圆；无尾突和臀叶。

雄性外生殖器：背兜与钩突愈合；颚突镰刀形；囊突长；抱器短阔；阳茎粗长，角状突明显。

雌性外生殖器：交配囊导管粗短，骨化；交配囊长卵形；交配囊片成对。

寄主为木犀科 Oleaceae 植物。

全世界记载 2 种，分布于古北区。中国均有记录，大秦岭亦有分布。

种检索表

两翅反面银白色；端缘无橙色带纹 ……………………………………………………**精灰蝶 *A. pryeri***

两翅反面赭黄色；端缘有橙色带纹 ……………………………………………**璞精灰蝶 *A. praetextatus***

精灰蝶 *Artopoetes pryeri* (Murray, 1873)

Lycaena pryeri Murray, 1873, *Ent. mon. Mag*., 10: 126. **Type locality**: Japan [Honshu].

Lycaena pryeri; Elwes, 1881, *Proc. zool. Soc. Lond*.: 890; Pryer, 1888, *Rhop. Nihon*: 18, pl.5, fig. 16; Leech, [1893], *Butts. Chin. Jap. Cor*., 2: 313; Seitz (ed.), 1906, *Macrolep*., 1: 322, pl. 83e; Matsumura, 1931, 6000 *Ill. Ins. Jap*.: 558, fig. 338; Uchida, 1932, *Icon. Ins. Jap*.: 997, fig. 1965; Huang, 1943, *Notes d'Ent. Chin*., 10(3):123, 124.

Artopoetes pryeri; Chapman, 1909, *Proc. zool. Soc. Lond*.: 473; Shirôzu & Yamamoto,1956, *Sieboldia*, l(4): 356; Shirôzu, 1962, *Tyô Ga*, 12(4): 145, 150; Lewis, 1974, *Butt. World*: pl. 205, f. 13; Kudrna, 1974, *Atalanta*, 5: 109; Kawazoe & Wakabayashi, 1976, *Colour. Iil. Butts. Jap*.: 76, pl. 21,figs. 4a-i; Lee, 1982, *Butts. Kor*.: 16, pl.15, figs. 34A-D; Bridges, 1988a, *Cat. Lyc. Rio*., 2:16; D'Abrera, 1993, *Butts. Hol. Reg*., 3: 403, fig'd; Yang *et al*., 1994, *Beijing Butt*.: 48, pls. 114-115, figs. 36-36a; Chou, 1994, *Mon. Rhop. Sin*.: 619, fig'd; Koiwaya, 1996, *Stu. Chin. Butts*., 3: 68, fig. 388; Wang & Fan, 2002, *Butts. Faun. Sin.: Lycaenidae*: 49, 50; Korb & Bolshakov, 2011, *Eversmannia Suppl*., 2: 68; Wu & Xu, 2017, *Butts. Chin*.: 1049, f. 1055: 1-4.

形态 成虫：中大型灰蝶。两翅翅脉黑色；斑纹多黑灰色。正面黑灰色；中央青蓝色区域豆瓣形，端部青白色。反面银白色；亚外缘及亚缘斑列平行排列，亚外缘斑列斑纹成对；中室端斑条形。

卵：草帽形，中部圆形突出；精孔区凹入；外缘齿轮状；深红色至暗紫色，越冬卵红灰色。

幼虫：淡黄绿色。末龄幼虫梭形；头部有红褐色 Y 形斑纹；背中线绿色；胸背面中部有棕红色斑纹，周缘黄色。

蛹：绿色或褐色；背中线褐色；胸部及腹部背面均弓形隆起。

寄主 木犀科 Oleaceae 水蜡树 *Ligustrum obtusifolium*、山女贞 *L. tschonoskii*、卵叶女贞 *L. ovalifolium*、柳叶女贞 *L. salicinum*、蜡子树 *L. ibota*、日本女贞 *L. japonicum*、荷花丁香 *Syringa reticulata*、欧丁香 *S. vulgaris*、北京丁香 *S. pekinensis*。

生物学 1 年 1 代，以卵越冬，成虫多见于 7 ~ 8 月。

分布 中国（黑龙江、吉林、辽宁、内蒙古、北京、河南、陕西、甘肃），俄罗斯，朝鲜，日本。

大秦岭分布 陕西（太白）、甘肃（麦积、武山、礼县、迭部、漳县）。

璞精灰蝶 *Artopoetes praetextatus* (Fujioka, 1992)

Laeosopis praetextatus Fujioka, 1992, *Butterflies*, 2: 13, 14, 18, figs. 9, 10. **Type locality**: Shanxi.

Laeosopis hoenei D'Abrera, 1993, *Butts. Hol. Reg*., 3: 405, fig'd.

Laeosopis praetextata; Wang & Fan, 2002, *Butts. Faun. Sin.: Lycaenidae*: 50.

Artopoetes praetextatus; Wu & Xu, 2017, *Butts. Chin*.: 1049, f. 1055: 5-6.

形态 成虫：中型灰蝶。两翅正面黑灰色。反面赭黄色；外缘带黑色，中间镶有黄白色细带纹；亚外缘橙色带纹宽，镶有 1 列黑色眼斑，瞳点白色；亚缘斑列黑色，内侧缘线白色。前翅正面中基部紫蓝色区域近豆瓣形。后翅正面棕褐色，端缘黑褐色。

寄主 木犀科 Oleaceae 水蜡树 *Ligustrum obtusifolium*。

生物学 1 年 1 代，以卵越冬，成虫多见于 7 ~ 8 月。

分布 中国（河北、北京、山西、陕西、甘肃、四川）。

大秦岭分布 甘肃（迭部）、四川（九寨沟）。

工灰蝶属 *Gonerilia* Shirôzu & Yamamoto, 1956

Gonerilia Shirôzu & Yamamoto, 1956, *Sieboldia*, 1(4): 339, 348, errata 422. **Type species**: *Thecla seraphim* Oberthür, 1886.

Conerilia[sic, recte *Gonerilia*]; Hemming, 1967, *Bull. Br. Mus. nat. Hist.* (Ent.) Suppl., 9: 200.

Gonerilia (Section *Thecla*); Eliot, 1973, *Bull. Br. Mus. nat. Hist.* (Ent.), 28(6): 430.

Gonerilia (Theclini); Chou, 1998, *Class. Ident. Chin. Butt.*: 194; Wang & Fan, 2002, *Butts. Faun. Sin.: Lycaenidae*: 35, 36.

Gonerilia; Wu & Xu, 2017, *Butts. Chin*.: 1052.

眼光滑无毛；雌雄性前足跗节均为 5 节。两翅呈深浅不一的橙色。前翅中室短于前翅长的 1/2；R_4 脉从 R_5 脉中上部分出；R_5 及 M_1 脉不共柄，均从中室上端生出。后翅尾突细长；反面臀区有 W 或 V 形纹。

雄性外生殖器：背兜发达，屋脊形；颚突肘状或镰状；囊突短；抱器简单，瓢形；阳茎弓形，无角状突。

雌性外生殖器：交配囊导管长，骨化；交配囊长椭圆形或卵圆形；无交配囊片。

寄主为桦木科 Betulaceae 及壳斗科 Fagaceae 的栎类植物。

全世界记载 5 种，为中国特有种，大秦岭均有分布。

种检索表

1. 前翅反面无外横线 ………………………………………… **天使工灰蝶 *G. seraphim***
   前翅反面有外横线 ………………………………………… 2
2. 前翅正面顶角黑色带向下延伸至臀角 ………………………… 3
   前翅正面顶角黑色带未延伸至臀角 …………………………… 4
3. 前翅反面亚缘斑退化变短，相互远离 ………………… **菩萨工灰蝶 *G. buddha***
   前翅反面亚缘斑发达，斑纹间相接 …………………… **冈村工灰蝶 *G. okamurai***
4. 前翅正面前缘近顶角处黄色 ……………………………… **佩工灰蝶 *G. pesthis***
   前翅正面前缘近顶角处黑色 ……………………………… **银线工灰蝶 *G. thespis***

天使工灰蝶 *Gonerilia seraphim* (Oberthür, 1886)

Thecla seraphim Oberthür, 1886a, *Bull. Soc. ent. Fr.*, (6)6: 12. **Type locality**: Kangding, Sichuan.

Gonerilia seraphium[sic]; Shirôzu, 1962, *Tyô Ga*, 12(4): 145.

Gonerilia seraphim; Chou, 1994, *Mon. Rhop. Sin.*: 624; Wang & Fan, 2002, *Butts. Faun. Sin.: Lycaenidae*: 36-38; Wu & Xu, 2017, *Butts. Chin.*: 1052, f. 1058: 38-40.

形态　成虫：中小型灰蝶。两翅正面橙红色。反面色稍淡；外缘花边纹由黑、白2色带纹、锯齿纹和点斑组成；亚外缘带橙红色，镶有黑、白2色点斑列；亚缘斑列黑、白2色，首尾相连。前翅正面顶角黑色。反面外缘花边纹时有模糊；亚缘条斑列末段内移。后翅正面顶角及 cu_1 室端部各有1个黑色圆斑；外缘有黑、白2条细线纹。反面外缘花边纹较前翅清晰；亚缘斑列后半部波形。黑色尾突细长，端部白色。本种与属内其他种的主要区别为两翅反面无外横线。

幼虫：末龄幼虫淡绿色；蛞蝓形；密被淡色长毛；背中央有褐色细毛；背两侧密布淡黄色斜带；体侧基部波状；足基带乳黄色。

蛹：长椭圆形；淡褐色；腹背部有深褐色斜纹；气孔淡褐色。

寄主　桦木科 Betulaceae 榛 *Corylus heterophylla*、千金榆 *Carpinus cordata*、虎榛子 *Ostryopsis davidiana*。

生物学　1年1代，以卵越冬，成虫多见于6～7月。喜在阔叶林活动。

分布　中国（陕西、甘肃、浙江、湖北、重庆、四川、云南）。

大秦岭分布　陕西（周至、太白、凤县、南郑、留坝、佛坪、宁陕）、甘肃（麦积、武都、文县、徽县、两当）、湖北（神农架）、重庆（城口）、四川（平武）。

银线工灰蝶 *Gonerilia thespis* (Leech, 1890)

Dipsas thespis Leech, 1890, *Entomologist*, 23: 42. **Type locality**: Ichang, Hubei.

Gonerilia thespis; Chou, 1994, *Mon. Rhop. Sin*.: 623; Wang & Fan, 2002, *Butts. Faun. Sin.: Lycaenidae*: 38, 39; Wu & Xu, 2017, *Butts. Chin*.: 1052, f. 1058: 41-45.

形态 成虫：中小型灰蝶。两翅正面橙色。反面橙黄色；亚外缘带橙红色；亚缘斑列白色，首尾相连，缘线黑色；外横线白色，内侧缘线黑色。前翅正面顶角及外缘黑色；端半部有 2 条模糊的白色横线纹。后翅正面 cu_1 室端部有 1 个黑色圆斑；外缘有黑、白 2 条细线纹。反面外缘花边纹由黑、白 2 色带纹、锯齿纹和点斑组成，时有模糊或消失；外横线至臀角附近 V 形折向后缘端部；cu_1 室眼斑橙红色，瞳点黑色；臀角有 1 个黑色小圆斑。黑色尾突细长，端部白色。

寄主 壳斗科 Fagaceae 栎属 *Quercus* spp.; 桦木科 Betulaceae 鹅耳枥 *Carpinus turczaninowii*。

生物学 1 年 1 代，以卵越冬，成虫多见于 6 ~ 8 月。喜在树叶上停息。

分布 中国（辽宁、河南、陕西、甘肃、湖北、四川）。

大秦岭分布 河南（鲁山、内乡、栾川、灵宝）、陕西（长安、鄠邑、周至、太白、凤县、南郑、洋县、留坝、佛坪、宁陕、商南）、甘肃（麦积、秦州、武山、康县、徽县、两当、礼县、迭部）、湖北（当阳、兴山、神农架）。

冈村工灰蝶 *Gonerilia okamurai* Koiwaya, 1996

Gonerilia okamurai Koiwaya, 1996, *Stu. Butts. Chin*., 3: 269, 270, figs. 1275-1277, 1290-1292, 1393-1394. **Type locality**: Dabashan, Sichuan.

Gonerilia okamurai; Wang, 1998, *Entomotaxonomia*, 20(1) : 54; Wang & Fan, 2002, *Butts. Faun. Sin.: Lycaenidae*: 39, 40; Wu & Xu, 2017, *Butts. Chin*.: 1052, f. 1059: 48-50.

形态 成虫：中小型灰蝶。与银线工灰蝶 *G. thespis* 近似，主要区别为：翅正面橙黄色。前翅顶角区黑色带宽。后翅正面顶角区有 1 个黑色小圆斑。反面端缘花边纹较发达；亚缘斑纹两侧黑色缘线粗。

分布 中国（河南、陕西、四川）。

大秦岭分布 河南（内乡）、陕西（周至、太白、宁陕）、四川（大巴山）。

佩工灰蝶 *Gonerilia pesthis* Wang & Chou, 1998

Gonerilia pesthis Wang & Chou, 1998, *Entomotaxonomia*, 20(1): 54, fig.1. **Type locality**: Zhouzhi, Shaanxi.

Gonerilia pesthis; Wang & Fan, 2002, *Butts. Faun. Sin.: Lycaenidae*: 40.

形态 成虫：中小型灰蝶。与银线工灰蝶 *G. thespis* 近似，主要区别为：翅正面橙红色。前翅顶角及外缘黑带宽；翅面覆有黑色鳞粉；反面橙红色亚外缘带未达顶角。后翅反面赭黄色；外缘区密被蓝色鳞粉。

寄主 桦木科 Betulaceae 铁木 *Ostrya japonica*。

分布 中国（河南、陕西）。

大秦岭分布 河南（内乡、陕州）、陕西（周至、佛坪）。

菩萨工灰蝶 *Gonerilia buddha* Sugiyama, 1992

Gonerilia buddha Sugiyama, 1992, *Pallarge*, 1: 5-7, fig'd. **Type locality**: Mt. Siguniang.

Gonerilia buddha; D'Abrera, 1993, *Butt. Hol. Reg.*, 3: 403, fig'd; Koiwaya, 1993, *Stu. Chin. Butts.*, 2: 52, pls. 12-13, figs. 72,79; Wang, 1998, *Entomotaxonomia*, 20(1): 53; Wang & Fan, 2002, *Butts. Faun. Sin.: Lycaenidae*: 39; Wu & Xu, 2017, *Butts. Chin*.: 1052, f. 1058: 46, 1059: 47.

形态 成虫：小型灰蝶。与冈村工灰蝶 *G. okamurai* 极近似，主要区别为：两翅反面亚缘斑列及外横线的黑色缘线退化或消失。前翅反面亚缘斑纹退化变短，相互远离。后翅反面外缘花边纹中黑色线纹退化变少。

分布 中国（四川）。

大秦岭分布 四川（汶川）。

珂灰蝶属 *Cordelia* Shirôzu & Yamamoto, 1956

Cordelia Shirôzu & Yamamoto, 1956, *Sieboldia*, 1(4): 339, 349. **Type species**: *Dipsas comes* Leech, 1890.

Cordelia (Section *Thecla*); Eliot, 1973, *Bull. Br. Mus. nat. Hist.* (Ent.), 28(6): 430.

Cordelia (Theclini); Chou, 1998, *Class. Ident. Chin. Butt*.: 195; Wang & Fan, 2002, *Butts. Faun. Sin.: Lycaenidae*: 32, 33.

Cordelia; Wu & Xu, 2017, *Butts. Chin*.: 1053.

雄性前足跗节 1 节，管状。两翅橙黄色或橙红色。前翅正面顶角黑色；中室短于前翅长的 1/2；R_4 脉从 R_5 脉中上部分出；R_5 和 M_1 脉不共柄，均从中室上端角生出。后翅 $Sc+R_1$ 脉短，只到达前缘的中部；尾突细长。

雄性外生殖器：背兜屋脊状；无钩突；颚突钩状；囊突短；抱器卵圆形，端部缢缩变窄；阳茎粗大，无角状突。

雌性外生殖器：交配囊导管膜质；交配囊椭圆形；无交配囊片。

寄主为桦木科 Betulaceae 植物。

全世界记载 3 种，中国特有种，大秦岭亦有分布。

种检索表

1. 后翅正面 cu_1 室有 1 个黑色点斑 ················ **宓妮珂灰蝶 *C. minerva***
   后翅正面 cu_1 室无黑色点斑 ················ 2
2. 两翅色较淡，偏黄；反面亚缘线粗 ················ **北协珂灰蝶 *C. kitawakii***
   两翅色较深，偏红；反面亚缘线细 ················ **珂灰蝶 *C. comes***

珂灰蝶 *Cordelia comes* (Leech, 1890)

Dipsas comes Leech, 1890, *Entomologist*, 23: 41. **Type locality**: Changyang, Hubei.

Cordelia comes; Shirôzu, 1962, *Tyô Ga*, 12(4): 145; Lewis, 1974, *Butt. World*: pl. 205, f. 20; Chou, 1994, *Mon. Rhop. Sin*.: 624; Wang & Fan, 2002, *Butts. Faun. Sin.: Lycaenidae*: 33, 34; Wu & Xu, 2017, *Butts. Chin*.: 1053, f. 1059: 51-57.

形态 成虫：中小型灰蝶。两翅正面橙红色；反面橙黄色。前翅正面顶角黑斑沿外缘宽度递减至 m_3 室消失。反面外缘橙红色斑列多模糊或消失；白色亚外缘线仅在臀角附近有或无；白色亚缘线未达顶角。后翅外缘微锯齿形；外缘线极细，黑色。正面无斑。反面外缘区白色，有 1 条黑色细线纹；亚外缘斑列半圆形，橙红色，圈纹黑、白 2 色；rs、cu_1 室及臀角各有 1 个黑色圆斑；亚缘线细，白色，M_3 脉之后 W 形弯曲。尾突细长，黑色，末端白色。

幼虫：末龄幼虫黄绿色；背中线深蓝色；两侧背侧缘有淡蓝色纵带纹。预蛹期幼虫淡紫红色。

蛹：椭圆形；黄褐色；背部褐色，有深褐色斑驳纹；气孔黄色。

寄主 桦木科 Betulaceae 川上鹅耳枥 *Carpinus kawakamii*、云南鹅耳枥 *C. monbeigiana*、昌化鹅耳枥 *C. tschonoskii*。

生物学 1 年 1 代，以卵越冬，成虫多见于 5 ~ 7 月。常在树叶上停息，喜食花粉、花蜜及植物汁液。卵产于寄主植物细枝条上。

分布 中国（河南、陕西、甘肃、浙江、湖北、台湾、广东、重庆、四川、贵州）。

大秦岭分布 河南（南召）、陕西（周至、渭滨、太白、凤县、汉台、南郑、洋县、西乡、略阳、留坝、佛坪、宁陕、柞水、洛南）、甘肃（麦积、徽县、两当）、湖北（神农架）、重庆（城口）、四川（南江、青川）。

北协珂灰蝶 *Cordelia kitawakii* Koiwaya, 1993（图版 8：21）

Cordelia kitawakii Koiwaya,1993, *Stu. Chin. Butts.*, 2:51, pl.12-13, figs. 70, 77.

Cordelia kitawakii; Koiwaya, 1996, *Stu. Chin. Butt.*, 3: 39, figs. 200-201; Wang & Fan, 2002, *Butts. Faun. Sin.: Lycaenidae*: 34, 35.

Cordelia bitawaku [sic]; Wang (ed.), 1998, *Ins. Fauna Henan Butt.*: 152, pl.78, figs.11-12.

Pseudogonerilia kitawakii; Wu & Xu, 2017, *Butts. Chin.*: 1054, f. 1059: 59-62, 1060: 63-64.

形态 成虫：中型灰蝶。与珂灰蝶 *C. comes* 近似，主要区别为：个体较大。翅正面橙黄色；端部有时色偏橙红色。前翅反面亚外缘区有白色斑列，中心镶有黑色点斑，并延伸到近顶角处。后翅反面外缘有黑、白 2 色花边纹，未达顶角；亚外缘点斑列斑纹黑、白 2 色；rs、cu_1 室及臀角的黑色圆斑大；亚缘线较粗，在 M_3 脉之后 V 形弯曲。

幼虫：末龄幼虫似蛞蝓；淡黄色；背中线褐绿色，两侧有白、褐 2 色斜带纹；胸背部有 1 对伸向头部的突起；体侧有淡紫红色带纹。

蛹：近椭圆形；黄褐色；背中线黑褐色；两侧有褐色斜带纹。

寄主 桦木科 Betulaceae 千金榆 *Carpinus cordata*、鹅耳枥 *C. turczaninowii*、铁木 *Ostrya japonica*。

生物学 1 年 1 代，以卵越冬，成虫多见于 6～8 月。卵产于寄主植物细枝条上。

分布 中国（河南、陕西、甘肃、湖北、湖南、广东、四川、贵州）。

大秦岭分布 陕西（鄠邑、周至、太白、凤县、留坝、佛坪、宁陕、商州）、甘肃（麦积、康县、两当）、四川（南江、青川）。

宓妮珂灰蝶 *Cordelia minerva* (Leech, 1890)（图版 8：20）

Dipsas minerva Leech, 1890, *Entomologist*, 23: 40. **Type locality**: Ichang, Hubei.

Cordelia minerva; Chou, 1998, *Class. Ident. Chin. Butt.*: 195; Wang & Fan, 2002, *Butts. Faun. Sin.: Lycaenidae*: 34.

形态 成虫：中小型灰蝶。与珂灰蝶 *C. comes* 近似，主要区别为：后翅正面 cu_1 室有 1 个黑色点斑。

分布 中国（辽宁、陕西、湖北、重庆、贵州）。

大秦岭分布 陕西（周至、太白、留坝、汉台、南郑、洋县、商南）、湖北（远安）、重庆（巫溪）。

黄灰蝶属 *Japonica* Tutt, [1907]

Japonica Tutt, [1907], *Nat. Hist. Brit. Lepid.*, 9: 277. **Type species**: *Dipsas saepestriata* Hewitson, 1865.

Japonica (Section *Thecla*); Eliot, 1973, *Bull. Br. Mus. nat. Hist.* (Ent.), 28(6): 430.

Japonica (Theclini); Chou, 1998, *Class. Ident. Chin. Butt.*: 196, 197; Wang & Fan, 2002, *Butts. Faun. Sin.: Lycaenidae*: 50, 51; Korb & Bolshakov, 2011, *Eversmannia Suppl.*, 2: 68.

Japonica; Wu & Xu, 2017, *Butts. Chin.*: 1054.

雌雄性前足跗节均 5 节。翅黄色；反面有白色线纹和黑色斑纹。前翅中室短，长度不及前翅长的 1/2；R_1 脉与 R_2 脉独立；R_5 脉从中室上端角生出；R_4 脉从 R_5 脉中上部分出，与 M_1 脉有短共柄，同时从中室上端角分出。后翅尾突细长。

雄性外生殖器：背兜发达；无钩突；颚突细，钩状；囊突长；抱器狭长，端半部窄；阳茎长，端膜上有 1 个角状器。

雌性外生殖器：交配囊导管粗长，骨化；交配囊长卵圆形；交配囊片成对。

寄主为壳斗科 Fagaceae 植物。

全世界记载 6 种，分布于古北区和东洋区。中国记录 5 种，大秦岭分布 3 种。

种检索表

1. 翅反面密布规则排列的黑色横斑列 ………… **栅黄灰蝶 *J. saepestriata***
   翅反面无上述斑列 ………… 2
2. 翅正面深橙色；反面棕黄色；内移的外横带末段直 ………… **阿栅黄灰蝶 *J. adusta***
   翅正面淡黄色至橙黄色；反面赭绿色至赭黄色；内移的外横带末段浅 V 形弯曲 ………… **黄灰蝶 *J. lutea***

黄灰蝶 *Japonica lutea* (Hewitson, [1865])（图版 9：24）

Dipsas lutea Hewitson, [1865], *Ill. diurn. Lep. Lycaenidae*, (2): 67, pl. 26, f. 9-10. **Type locality**: Japan [Honshu].

Japonica lutea; Shirôzu, 1962, *Tyô Ga*, 12(4): 146; Kudrna, 1974, *Atalanta*, 5: 109; Chou, 1994, *Mon. Rhop. Sin.*: 626; Wang & Fan, 2002, *Butts. Faun. Sin.: Lycaenidae*: 52, 53; Korb & Bolshakov, 2011, *Eversmannia Suppl.*, 2: 69; Wu & Xu, 2017, *Butts. Chin.*: 1054, f. 1060: 65-76.

Shirozua lutea; Lewis, 1974, *Butt. World*: pl. 206, f. 33.

形态　成虫：中型灰蝶。两翅正面淡黄色至橙黄色；反面赭绿色至赭黄色。前翅正面顶角黑色，延伸至臀角附近，并逐渐变窄。反面端缘橙黄色；黑色外缘斑列时有退化或消失；

亚缘斑列黑、白 2 色，锯齿形；赭黄色外斜带宽，两侧缘线白色，带纹在 cu_2 室后变窄，并错位内移；赭黄色中室端斑宽，缘线白色。后翅正面同前翅正面；外缘有黑、白 2 条细线纹；臀角和 cu_2 室端部各有 1 个黑色圆斑，有时模糊或消失。反面端缘橙黄色，外侧缘线黑、白 2 色，中间镶有黑色外缘和亚外缘斑列，亚外缘斑列斑纹 cu_1 室端部及臀角的圆形斑纹较大；亚缘斑列斑纹半月形，黑、白 2 色；中斜带上宽下窄，赭黄色，从前缘中部斜向臀角，两侧缘线白色。尾突黑色。

卵：圆球形；灰白色；表面有圆形凹刻；常被有雌性的鳞毛。

幼虫：淡绿色；密布灰白色毛。低龄幼虫腹背部和体侧面桃红色。末龄幼虫背部弓形突起；黄绿色；背中部有 1 列棕褐色点斑；腹部末端两侧有黄色带纹；气孔棕褐色。老熟幼虫第 1 ~ 5 腹节边缘赤褐色。

蛹：近椭圆形；腹中部加宽；淡黄色至淡绿色；无明显斑纹。

寄主 壳斗科 Fagaceae 枹栎 *Quercus serrata*、麻栎 *Q. acutissima*、栓皮栎 *Q. variabilis*、蒙古栎 *Q. mongolica*、槲栎 *Q. aliena*、柞栎 *Q. dentata*、橿子栎 *Q. baronii*、滇青冈 *Q. glaucoides*、巴东栎 *Q. engleriana*、曼青冈 *Cyclobalanopsis oxyodon*、栗 *Castanea mollissima* 等。

生物学 1 年 1 代，以卵越冬，成虫多见于 5 ~ 7 月。常在阔叶林的林缘、山地活动。卵产于寄主植物细枝上和休眠芽基部。

分布 中国（黑龙江、吉林、辽宁、内蒙古、北京、河北、山西、河南、陕西、宁夏、甘肃、安徽、浙江、湖北、江西、台湾、四川、贵州），俄罗斯，朝鲜，日本。

大秦岭分布 河南（内乡、西峡、嵩县）、陕西（鄠邑、周至、渭滨、眉县、太白、凤县、汉台、南郑、洋县、留坝、汉阴）、甘肃（麦积、秦州、武山、文县、徽县、两当、礼县、临潭、迭部、碌曲）、湖北（神农架、武当山）、四川（九寨沟）。

栅黄灰蝶 *Japonica saepestriata* (Hewitson, 1865)

Dipsas saepestriata Hewitson, 1865, *Ill. diurn. Lep. Lycaenidae*, (2): 67, pl. 26, f. 7-8. **Type locality**: Japan [Honshu].

Japonica saepestriata; Shirôzu, 1962, *Tyô Ga*, 12(4): 146; Kudrna, 1974, *Atalanta*, 5: 109; Lewis, 1974, *Butt. World*: pl. 206, f. 2, 3; Chou, 1994, *Mon. Rhop. Sin*.: 627; Wang & Fan, 2002, *Butts. Faun. Sin.: Lycaenidae*: 51, 52; Korb & Bolshakov, 2011, *Eversmannia Suppl*., 2: 68; Wu & Xu, 2017, *Butts. Chin*.: 1061, f. 1063: 6-9.

形态 成虫：中型灰蝶。两翅正面橙红色；外缘线黑色；隐约可见透射的反面斑纹。反面黄色；外缘线黑色；从亚外缘区至翅基部有数列均匀分布的黑色斑列，斑纹长条形。后翅正面基部色稍淡；臀角有 1 个黑色圆斑；后缘区淡黄色。反面 cu_1 室及臀角 2 个橙红色眼斑相连，瞳点黑色，其中 cu_1 室眼斑橙色眶纹完整，臀角眼斑瞳点下移至臀角端部，并半圆形外突，眶纹未闭合；后缘端部橙色纹与臀角眼斑的橙色眶纹相连。黑色尾突细长，端部白色。

卵：灰白色。

幼虫：绿色；第 1 ~ 5 腹节背线赤褐色。

蛹：绿色；无斑纹。

寄主 壳斗科 Fagaceae 麻栎 *Quercus acutissima*、栓皮栎 *Q. variabilis*、枹栎 *Q. serrata*、槲栎 *Q. aliena*、蒙古栎 *Q. mongolica*、栗 *Castanea mollissima*。

生物学 1 年 1 代，以卵越冬，成虫多见于 5 ~ 6 月。常在阔叶林地及河川地区活动。卵产于寄主植物细枝条上和休眠芽基部。

分布 中国（黑龙江、吉林、辽宁、陕西、甘肃、浙江、湖北、江西、福建、四川、贵州），俄罗斯，朝鲜，日本。

大秦岭分布 陕西（鄠邑、周至、太白、汉台、南郑、城固、洋县、留坝、宁陕）、甘肃（麦积、文县）、湖北（神农架）。

阿栅黄灰蝶 *Japonica adusta* (Riley, 1939)

Thecla lutea adusta Riley, 1939, *Novit. zool.*, 41(4): 357. **Type locality**: Sichuan.

Japonica adusta; Korb & Bolshakov, 2011, *Eversmannia Suppl.*, 2: 69.

形态 成虫：中型灰蝶。与黄灰蝶 *J. lutea* 极相似，主要区别为：翅正面深橙色。反面棕黄色；内移的外横带末段直。

分布 中国（陕西、甘肃、四川、西藏）。

大秦岭分布 四川（九寨沟）。

陕灰蝶属 *Shaanxiana* Koiwaya, 1993

Shaanxiana Koiwaya, 1993, *Stu. Chin. Butts.*, 2: 44, 45. **Type species**: *Shaanxiana takashimai* Koiwaya, 1993.

Shaanxiana (Theclini); Chou, 1998, *Class. Ident. Chin. Butt.*: 195, 196; Wang & Fan, 2002, *Butts. Faun. Sin.: Lycaenidae*: 40, 41.

Shaanxiana; Wu & Xu, 2017, *Butts. Chin.*: 1051.

雄性前足跗节 5 节。两翅正面黑褐色；无斑。反面鲜黄色；端缘有黑、白、橙、蓝 4 色组成的花边纹。后翅外缘齿状；有尾突；反面无 W 形纹。前翅外缘较平直；中室长于前翅长的 1/2；R_1 脉及 R_2 脉独立；R_4 脉从 R_5 脉中部分出，与 M_1 脉同柄短。

雄性外生殖器：背兜短阔；钩突小，二分叉；颚突大；尾突宽；囊突短小；抱器小，内侧中部有 1 个突起；阳茎粗，末端分叉，角状突发达。

雌性外生殖器：交配囊导管粗短，上部骨化；交配囊椭圆形；交配囊片成对，密布小刺突。

寄主为木犀科 Oleaceae 植物。

全世界记载 1 种，分布于中国古北区与东洋区的过渡带，大秦岭有分布。

陕灰蝶 *Shaanxiana takashimai* Koiwaya, 1993（图版 9：22—23）

Shaanxiana takashimai Koiwaya, 1993, *Stu. Chin. Butts.*, 2: 46. **Type locality**: Shaanxi.

Shaanxiana takashimai; Chou, 1994, *Mon. Rhop. Sin.*: 630, 631; Koiwaya, 1996, *Stu. Chin. Butts.*, 3: 24, figs. 121-122; Wang & Fan, 2002, *Butts. Faun. Sin.: Lycaenidae*: 41; Wu & Xu, 2017, *Butts. Chin.*: 1051, f. 1058: 35-37.

形态 成虫：小型灰蝶。两翅正面黑褐色；无斑；外缘有小齿突。反面鲜黄色；端缘有黑、白、橙、蓝 4 色组成的花边纹。后翅尾突细长，黑色，端部白色；正面外缘白色，镶有黑色细线纹；尾突基部有 2 个眼斑，眶纹蓝白色，瞳点大，黑色。

幼虫：末龄幼虫淡黄色；头部黑色；体表密被淡色细毛；背中线淡蓝色。

蛹：近椭圆形；淡绿色；腹背部乳黄色，有红褐色山字形斑带。

寄主 木犀科 Oleaceae 白蜡树 *Fraxinus chinensis*。

生物学 1 年 1 代，以卵越冬，成虫多见于 5 ~ 8 月。多栖息于森林，数量稀少。

分布 中国（河南、陕西、甘肃、四川）。

大秦岭分布 河南（西峡、内乡）、陕西（鄠邑、周至、眉县、凤县、洋县、宁陕、商州）、甘肃（麦积、徽县）。

青灰蝶属 *Antigius* Sibatani & Ito, 1942

Antigius Sibatani & Ito, 1942, *Teruh. Kyoto*, 3(4): 318, 319. **Type species**: *Thecla attilia* Bremer, 1861.

Antigius (Section *Thecla*); Eliot, 1973, *Bull. Br. Mus. nat. Hist.* (Ent.), 28(6): 430.

Antigius (Theclini); Chou, 1998, *Class. Ident. Chin. Butt.*: 199; Wang & Fan, 2002, *Butts. Faun. Sin.: Lycaenidae*: 60, 61; Korb & Bolshakov, 2011, *Eversmannia Suppl.*, 2: 69.

Antigius; Wu & Xu, 2017, *Butts. Chin.*: 1066.

雄性前足跗节 1 节，管状。两翅正面褐色；反面白色或灰白色。前翅 R_4 脉与 R_5 脉共柄，并与 M_1 脉从中室上端角同点生出；中室不及前翅长的 1/2。后翅臀角明显；有尾突。

雄性外生殖器：背兜大；钩突 U 形分叉；颚突弯臂状；囊突粗短；抱器小，近长椭圆形；阳茎粗长，角状突刺状。

雌性外生殖器：交配囊导管骨化；交配囊大；无交配囊片。

寄主为壳斗科 Fagaceae 植物。

全世界记载 5 种，分布于古北区和东洋区。中国记录 4 种，大秦岭分布 3 种。

种检索表

1. 前翅反面中室基部有黑色斑纹 ······ **巴青灰蝶 *A. butleri***
   前翅反面中室基部无斑纹 ······ 2
2. 后翅中横带下段连续 ······ **青灰蝶 *A. attilia***
   后翅中横带下段断成多节 ······ **陈氏青灰蝶 *A. cheni***

青灰蝶 *Antigius attilia* (Bremer, 1861)

Thecla attilia Bremer, 1861, *Bull. Acad. Imp. Sci. St. Petersb.*, 3: 469. **Type locality**: Mountains of Bureya.

Dipsas attilia; Hewitson, 1869, *Ill. diurn. Lep. Lycaenidae*, (4): (Suppl.) 16.

Zephyrus neoattilia Sugitani, 1919, *Ent. Mag. Kyoto*, 3(3-4): 150.

Zephyrus sayamaensis Watari, 1936, *Zephy. Fukuoka*, 6: 189.

Antigius attilia; Shirôzu, 1962, *Tyô Ga*, 12(4): 146; Kudrna, 1974, *Atalanta*, 5: 109; Lewis, 1974, *Butt. World*: pl. 205, f. 11 (text); Chou, 1994, *Mon. Rhop. Sin.*: 618; Wang & Fan, 2002, *Butts. Faun. Sin.: Lycaenidae*: 61, 62; Korb & Bolshakov, 2011, *Eversmannia Suppl.*, 2: 69; Wu & Xu, 2017, *Butts. Chin.*: 1066, f. 1073: 1-7.

Thecla attilla (missp.); Hemming, 1967, *Bull. Br. Mus. nat. Hist.* (Ent.) Suppl.: 47.

形态 成虫：中小型灰蝶。两翅正面暗褐色至深褐色；反面白色或灰白色。前翅正面无斑纹。反面斑纹隐约可见；外缘带灰黑色；亚外缘及亚缘斑列近平行排列，亚缘斑列时有模糊或退化，未达后缘；外横带与外缘近平行；中室端斑长方形。后翅正面亚外缘斑列灰白色；尾突基部及臀角各有 1 个黑色模糊眼斑。反面翅端部斑带同前翅反面；中斜带从前缘中部斜向臀角后回折至后缘中下部，呈 L 形，中部与中室端斑重叠，褐色至黑褐色；臀角及尾突基部各有 1 个橙黄色眼斑，橙色外环未闭合，瞳点黑色。Cu_2 脉端有黑色细长尾突，周缘白色。

卵：扁平；表面有突起。

幼虫：4 龄期。绿色；背部弓形突起；背中线黄色，Y 形，密布毛簇，两侧密布淡黄色斜线纹；体节间黄色；足基带黄色。预蛹期幼虫棕褐色。

蛹：长椭圆形；紫褐色；胸背部有污白色块斑，覆有黄色毛簇；头部和腹背部棕褐色；翅区淡褐色，密布深褐色斑驳纹。

寄主 壳斗科 Fagaceae 枹栎 *Quercus serrata*、麻栎 *Q. acutissima*、栓皮栎 *Q. variabilis*、蒙古栎 *Q. mongolica*、柞栎 *Q. dentata*、槲栎 *Q. aliena* 等。

生物学 1 年 1 代，以卵越冬，成虫多见于 5 ~ 8 月。常在山地、林缘活动，喜采花蜜和在树叶上停息。卵多产于寄主植物枝干裂缝处及休眠芽基部。

分布 中国（辽宁、河南、陕西、甘肃、浙江、湖北、江西、台湾、四川、云南），俄罗斯，蒙古，朝鲜，日本，缅甸。

大秦岭分布 河南（鲁山、内乡、西峡、嵩县、灵宝）、陕西（周至、凤县、南郑、留坝、佛坪、汉台、宁陕）、甘肃（麦积、徽县、两当、礼县、迭部）、湖北（神农架、武当山）。

巴青灰蝶 *Antigius butleri* (Fenton, [1882])

Thecla butleri Fenton, [1882], *Proc. zool. Soc. Lond*., (4): 853. **Type locality**: top of the peak (1060 ft) above Hakodate, Hokkaido, Japan.

Zephyrus onomichianus Matsumura, 1919b, *Thous. Ins. Japan Addit*., 3: 735.

Zephyrus butleri souyoensis Doi, 1931, *J. Chosen Nat. Hist*., 12: 48.

Zephyrys melanochloe Watari, 1933, *Zephyrus*, 4: 236.

Zephyrys connexa Watari, 1933, *Zephyrus*, 4: 237.

Antigius butleri; Shirôzu, 1962, *Tyô Ga*, 12(4): 146; Kudrna, 1974, *Atalanta*, 5: 109; Lewis, 1974, *Butt. World*: pl. 205, f. 11, 12; Wang & Fan, 2002, *Butts. Faun. Sin.: Lycaenidae*: 62, 63; Korb & Bolshakov, 2011, *Eversmannia Suppl*., 2: 69; Wu & Xu, 2017, *Butts. Chin*.: 1067, f. 1073: 12-13.

形态 成虫：中小型灰蝶。与青灰蝶 *A. attilia* 近似，主要区别为：前翅反面中室基部有 1 个较大黑斑；亚缘区褐色或灰黑色，有 1 列黑色眼斑，眶纹白色，自前缘到后缘逐渐变大；外斜带仅达 Cu_2 脉；cu_2 室基部及中部各有 1 个黑色斑纹。后翅正面亚缘白色斑列更发达。反面端部斑带同前翅反面；中横带断成多段；基部有黑色基横斑列；cu_1 室端部眼斑大，橙色眶纹闭合并与臀角眼斑相连。尾突更长。

卵：圆形；密布斑点。

幼虫：绿色；两侧及中脊各有 1 条茶白色纵线。

蛹：红褐色。

寄主 壳斗科 Fagaceae 枹栎 *Quercus serrata*、麻栎 *Q. acutissima*、栓皮栎 *Q. variabilis*、蒙古栎 *Q. mongolica*、柞栎 *Q. dentata*、槲栎 *Q. aliena*、青冈 *Cyclobalanopsis glauca*。

生物学　1 年 1 代，以卵越冬，成虫多见于 6 ~ 7 月。卵单产于树皮缝隙间；老熟幼虫化蛹于树干上。

分布　中国（黑龙江、吉林、辽宁、陕西、浙江、江西、湖南、广东、广西、四川、贵州、云南），俄罗斯，朝鲜，日本。

大秦岭分布　陕西（秦岭）。

陈氏青灰蝶 *Antigius cheni* Koiwaya, 2004

Antigius cheni Koiwaya, 2004, *Gekkan-Mushi*, 405: 2-5.

Antigius cheni; Wu & Xu, 2017, *Butts. Chin*.: 1066, f. 1073: 9-11.

形态　成虫：中小型灰蝶。与青灰蝶 *A. attilia* 近似，主要区别为：前翅反面亚缘区 2 列斑纹错位排列，内侧 1 列斑纹呈三角形，并与加宽脉纹相连；中室端斑细。后翅反面亚缘区 2 列斑纹错位排列；中横带到达臀角附近断成多段并折向后缘中下部；cu_1 室端部眼斑大，橙色眶纹闭合并与臀角眼斑相连。尾突更长。

生物学　1 年 1 代，以卵越冬，成虫多见于 5 ~ 8 月。卵常产在寄主植物枝干裂缝处。

分布　中国（浙江、四川）。

大秦岭分布　四川（南江）。

癞灰蝶属 *Araragi* Sibatani & Ito, 1942

Araragi Sibatani & Ito, 1942, *Tenthredo*, 3(4): 318. **Type species**: *Thecla enthea* Janson, 1877.

Araragi (Section *Thecla*); Eliot, 1973, *Bull. Br. Mus. nat. Hist.* (Ent.), 28(6): 430.

Araragi (Theclini); Chou, 1998, *Class. Ident. Chin. Butt*.: 199, 200; Wang & Fan, 2002, *Butts. Faun. Sin.: Lycaenidae*: 55, 56; Korb & Bolshakov, 2011, *Eversmannia Suppl*., 2: 69.

Araragi; Wu & Xu, 2017, *Butts. Chin*.: 1064.

雄性前足跗节 1 节，管状。两翅正面褐色至黑褐色。反面银白色或乳白色；密布黑色至褐色斑纹。前翅前缘强弧形；中室长不及前翅长的 1/2；R_1 与 R_2 脉独立；R_3 脉消失；R_4 从 R_5 脉的中部分出；R_5 及 M_1 脉从中室上端角生出。后翅臀角明显；M_1 脉端部角状外突；Cu_2 脉端部有 1 个细长的尾突。

雄性外生殖器：背兜小；钩突长；颚突钩状；囊突短小；抱器圆阔，末端尖；阳茎粗长，无角状突。

雌性外生殖器：交配囊导管膜质；交配囊长椭圆形；交配囊片小，成对。

寄主为胡桃科 Juglandaceae 及壳斗科 Fagaceae 植物。

全世界记载 3 种，分布于古北区及东洋区。大秦岭均有分布。

种检索表

1. 前翅反面 cu_2 室基部有黑色楔形斑纹 ………………………………… **熊猫癞灰蝶 *A. panda***

   前翅反面 cu_2 室基部无斑或有黑色圆形斑纹 ………………………………………… 2

2. 前翅反面中室基部斑纹长方形 ………………………………………… **癞灰蝶 *A. enthea***

   前翅反面中室基部斑纹方形 ………………………………………… **杉山癞灰蝶 *A. sugiyamai***

癞灰蝶 *Araragi enthea* (Janson, 1877)

Thecla enthea Janson, 1877, *Cistula ent*., 2: 157. **Type locality**: Honshu, Yokawa river.

Araragi enthea; Shirôzu, 1962, *Tyô Ga*, 12(4): 146; Kudrna, 1974, *Atalanta*, 5: 109; Chou, 1994, *Mon. Rhop. Sin*.: 618; Wang & Fan, 2002, *Butts. Faun. Sin.: Lycaenidae*: 56, 57; Korb & Bolshakov, 2011, *Eversmannia Suppl*., 2: 69; Wu & Xu, 2017, *Butts. Chin*.: 1064, f. 1065: 1-6.

Antigius euthea[sic]; Lewis, 1974, *Butt. World*: pl. 205, f. 11 (text, missp.).

形态 成虫：中小型灰蝶。两翅正面褐色至黑褐色。反面灰白色或乳白色；斑纹隐约可见，多黑褐色；外缘线黑色；亚外缘带褐色至黑褐色。前翅正面中央有白色蝴蝶结形斑纹。反面亚缘斑列由上到下斑纹逐渐变大；中横斑列近 V 形；中室端部及中部各有 1 个斑纹；cu_2 室基部无斑或有圆形斑纹。后翅正面无斑。反面斑纹多有白色圈纹；亚缘至中域有 4 列深浅、大小不一的斑纹，至臀角后合并成 1 列折向后缘中部，黑色至棕褐色；基横斑列直；cu_1 室末端及臀角各有 1 个橙黄色眼斑，相连，瞳点黑色，橙色纹延伸至后缘中下部。尾突细长，黑褐色，末端白色。

卵：乳白色；圆形。

幼虫：绿色；两侧有白色纵线；每节有白色斜条纹。

蛹：褐红色。

寄主 胡桃科 Juglandaceae 核桃楸 *Juglans mandshurica*、山核桃 *Carya cathayensis*、水胡桃 *Pterocarya rhoifolia*；壳斗科 Fagaceae 麻栎 *Quercus acutissima*、青冈 *Cyclobalanopsis glauca*。

生物学 1 年1代，以卵越冬，成虫多见于 5 ~ 9 月。常在林区及山地活动。卵单产或连产于枝干上，最多可达 30 粒。老熟幼虫化蛹于落叶中。

分布 中国（黑龙江、吉林、辽宁、北京、天津、河南、陕西、甘肃、浙江、湖北、台湾、重庆、四川），俄罗斯，朝鲜，日本。

大秦岭分布 河南（鲁山、内乡、嵩县、卢氏）、陕西（周至、陈仓、眉县、太白、南郑、洋县、勉县、略阳、镇巴、留坝、佛坪、平利、宁陕）、甘肃（麦积、秦州、徽县、两当）、湖北（神农架、武当山、竹溪）、重庆（城口）、四川（青川、都江堰、平武）。

杉山癞灰蝶 *Araragi sugiyamai* Matsui, 1989

Araragi sugiyamai Matsui, 1989, *New Entomol*., 38(3,4): 32.

Araragi sugiyamai; Chou, 1994, *Mon. Rhop. Sin*.: 619; Wang & Fan, 2002, *Butts. Faun. Sin.: Lycaenidae*: 57, 58; Wu & Xu, 2017, *Butts. Chin*.: 1064, f. 1065: 7-11.

形态 成虫：中小型灰蝶。与癞灰蝶 *A. enthea* 近似，主要区别为：前翅反面中横斑列上半部斑纹紧密相连；中室中部斑纹圆形。后翅反面亚缘至中域的 4 列斑纹在臀角合并成 1 列折向后缘基部；中室端斑与其外侧的斑列距离较近；cu_1 室末端眼斑与臀角眼斑分离。

寄主 胡桃科 Juglandaceae 泡核桃 *Juglans sigillata*。

生物学 1 年 1 代，以卵越冬，成虫多见于 6 ~ 8 月。卵产于枝条叶痕上或分叉处。

分布 中国（陕西、甘肃、浙江、江西、四川）。

大秦岭分布 陕西（佛坪）、甘肃（康县）、四川（青川、都江堰、平武）。

熊猫癞灰蝶 *Araragi panda* Hsu & Chou, 2001

Araragi panda Hsu & Chou, 2001, *Insect Syst. & Evol.*, 32(2): 155.

Araragi panda; Wu & Xu, 2017, *Butts. Chin.*: 1064, f. 1065: 12-14.

形态 成虫：中型灰蝶。与癞灰蝶 *A. enthea* 近似，主要区别为：前翅正面中室端脉外侧至后缘近臀角间有 4 个白色斑纹 C 形排列。反面中横斑列及中室斑纹发达变大，方形或长方形；cu_2 室基部有黑色楔形斑纹。后翅正面亚缘有 1 列白色梭形斑。反面亚缘至外中域有 3 列斑纹，并在臀角合并成 1 列折向后缘基部；基横斑列斑纹紧密相连；cu_1 室末端及臀角无橙色眼斑；臀角有黑色圆斑。

寄主 胡桃科 Juglandaceae 泡核桃 *Juglans sigillata*、青钱柳 *Cyclocarya paliurus*。

生物学 1 年 1 代，以卵越冬，成虫多见于 6 ~ 7 月。卵产于枝条叶痕上或分叉处。

分布 中国（甘肃、四川、云南）。

大秦岭分布 甘肃（康县）、四川（彭州）。

三枝灰蝶属 *Saigusaozephyrus* Koiwaya, 1993

Saigusaozephyrus Koiwaya, 1993, *Stu. Chin. Butts*., 2: 62. **Type species**: *Zephyrus atabyrius* Oberthür, 1914.

Asibatania Fujioka, 1993, *Butterflies*, 4: 13. **Type species**: *Zephyrus atabyrius* Oberthür, 1914.

Saigusaozephyrus; Wang & Fan, 2002, *Butts. Faun. Sin.: Lycaenidae*: 89; Wu & Xu, 2017, *Butts. Chin*.: 1070.

雌雄异型。雄性前足跗节不分节。翅正面黑褐色至深褐色；反面银灰色。前翅中室长不及前翅长的 1/2；R_1 与 R_2 脉独立；R_3 脉消失；R_4 从 R_5 脉的中部分出；M_1 脉与 R_5 脉不共柄。后翅有 1 个长尾突；Cu_2 脉端角状外突。

雄性外生殖器：钩突发达，二叉型，极长，强度下弯；颚突弯臂形；囊突细长；抱器近 T 形；阳茎细长，无角状突。

寄主为壳斗科 Fagaceae 栎属 *Quercus* spp. 植物。

全世界记载 1 种，分布于东洋区及古北区与东洋区的过渡带。大秦岭有分布。

三枝灰蝶 *Saigusaozephyrus atabyrius* (Oberthür, 1914)

Zephyrus atabyrius Oberthür, 1914, *Étud. Lépid. Comp*., 9(2): 48, pl. 254, f. 2140. **Type locality**: Tatsienlou.

Zephyrus atalyrius [sic]; Seitz, 1932, *Macrolep*., 1 (Suppl.): 242; Wu, 1938, *Cat. Ins. Sin*., 4: 934; Shirôzu, 1961, *Tyô Ga*, 12(4): 149.

Teratozephyrus atabyrius; Murayama, 1976, *Ins. Nat*., 11(1): 5.

Chrysozephyrus atabyrius; Bridges, 1988a, *Cat. Lyc. Rio*., 2: 25.

Leucantigius atabyrius; D'Abrera, 1993, *Butts. Hol. Reg*., 3: 406, fig'd.

Saigusaozephyrus atabyrius; Koiwaya, 1993, *Stu. Chin. Butt*., 2: 62, fig'd.; Koiwaya, 1996, *Str. Chin. Butt*., 3: 57, figs. 312-315; Wang & Fan, 2002, *Butts. Faun. Sin.: Lycaenidae*: 89, 90; Wu & Xu, 2017, *Butts. Chin*.: 1070, f. 1076: 50-52.

Asibatania atabyrius; Fujioka, 1993, *Butterflies*, 4: 20.

形态 成虫：中型灰蝶。雌雄异型。雄性前足跗节不分节。雄性：两翅正面黑褐色至深褐色；无斑纹。反面银灰色；斑纹多棕褐色至黑褐色。前翅反面中室端斑条形。后翅反面外缘、亚外缘及亚缘各有 1 列条形斑纹，深褐色至褐色；中横斑列从前缘中部穿过中室端部，到达臀角后 W 形弯曲折向后缘中部；cu_2 室基部有 1 个黑色圆形斑纹；cu_1 室末端及臀角各有 1 个黑色眼斑，眶纹橙色。尾突细长。雌性：两翅正面深褐色。前翅正面中室端部外侧有斜向蝴蝶结形斑纹，白色，被翅脉分割。反面外缘带细；亚缘及亚外缘斑列近平行排列，亚缘斑列未达后缘；外横带与外缘近平行；中室端斑长条形。后翅正面亚外缘斑列灰白色；cu_2 室端部有 1 个黑色圆形斑纹。反面外缘线褐色；褐色亚外缘、亚缘斑列和中横带从前缘伸向臀角后 W 形回折至后缘中下部；cu_2 室基部斑纹及橙黄色眼斑和尾突同雄性。

寄主 壳斗科 Fagaceae 栎属 *Quercus* spp.。

生物学 1年1代，以卵越冬，成虫多见于6~7月。卵产于枝干裂缝处，并用胶状物覆盖。

分布 中国（陕西、甘肃、浙江、江西、湖南、重庆、四川、贵州）。

大秦岭分布 陕西（周至、太白、汉台、宁陕）、甘肃（康县）。

冷灰蝶属 *Ravenna* Shirôzu & Yamamoto, 1956

Ravenna Shirôzu & Yamamoto, 1956, *Sieboldia*, 1(4): 360. **Type species**: *Zephyrus niveus* Nire, 1920.

Ravenna (Section *Thecla*); Eliot, 1973, *Bull. Br. Mus. nat. Hist.* (Ent.), 28(6): 430.

Ravenna (Theclini); Chou, 1998, *Class. Ident. Chin. Butt*.: 200, 201; Wang & Fan, 2002, *Butts. Faun. Sin.: Lycaenidae*: 64, 65.

Ravenna; Wu & Xu, 2017, *Butts. Chin*.: 1068.

雌雄异型。雄性前足跗节1节。两翅正面雄性淡紫色，雌性青白色；反面白色或灰白色，密布褐色横带纹。后翅丝状尾突细长；反面臀角区有橙色眼斑及 W 形纹。前翅短阔；中室长不及前翅长的 1/2；R_5 脉从中室上端角分出，到达顶角；R_4 脉从 R_5 脉中部分出；M_1 脉从中室上端角分出，不与 R_5 脉同柄。后翅 M_1 脉及 Cu_1 脉端部微外突；臀角明显。

雄性外生殖器：背兜短；钩突长，弯曲，二分叉；颚突钩状；囊突极细长；抱器狭长，腹缘锯齿状，末端上弯；阳茎极细长，无角状突。

雌性外生殖器：交配囊导管部分骨化；交配囊卵圆形；无交配囊片。

寄主为壳斗科 Fagaceae 青冈属 *Cyclobalanopsis*、栎属 *Quercus* spp. 植物。

全世界记载 1 种，分布于东洋区。大秦岭有分布。

冷灰蝶 *Ravenna nivea* (Nire, 1920)

Zephyrus niveus Nire, 1920, *Zool. Mag. Tokyo*, 32: 375.

Leucantigius niveus; Shirôzu & Murayama, 1951, *Tyô Ga*, 2(3): 18.

Ravenna nivea; Shirôzu, 1962, *Tyô Ga*, 12(4): 145; Chou, 1994, *Mon. Rhop. Sin*.: 631; Wang & Fan, 2002, *Butts. Faun. Sin.: Lycaenidae*: 65, 66; Wu & Xu, 2017, *Butts. Chin*.: 1068, f. 1074: 29-33, 1075: 34-37.

形态 成虫：中大型灰蝶。雄性：两翅正面淡紫色；透射斑较清晰。反面灰白色；斑带多赭褐色；外缘斑列浅灰黑色，时有模糊或消失。前翅正面外中区中下部有白色条形斑纹，斑纹弥散，大小范围多变化，抑或消失。反面亚外缘斑列赭褐色，成对排列；亚缘带及外横带细，波状，仅达 Cu_2 脉；中室端斑浅灰黑色，两侧缘线赭褐色；cu_2 室中部有 2 个赭褐色圆斑。后翅正面外缘线白色；白色条带密布除前缘外的翅面，呈放射状排列，长短多变化，有时覆盖翅端部，常被反面透射纹横切；臀角有灰黑色圆斑。反面亚缘斑列斑纹成对排列；中域 2 条横带从前缘中部至臀角 W 形弯曲后折向后缘中部；基横斑列斑纹条形；cu_1 室端部及臀角各有 1 个橙色眼斑，瞳点黑色，眶纹未闭合。丝状尾突细长，黑色，端部白色。雌性：翅正面青白色；前缘、顶角及外缘黑褐色；带纹宽窄多变化；中室端斑黑褐色；其余斑纹同雄性。

卵：扁圆形；白色；表面有网状刻纹。

幼虫：4 龄期。低龄幼虫黄绿色。末龄幼虫红褐色；背部两侧有黄白色斜纹；第 4 ~ 6 腹节背部黄绿色。

蛹：近椭圆形；黄褐色、红褐色或深褐色；胸背部颜色较淡；腹部膨大；腹背部两侧有橙色斜线纹。

寄主 壳斗科 Fagaceae 青冈 *Cyclobalanopsis glauca* 及栎属 *Quercus* spp.。

生物学 1 年 1 代，以卵越冬，成虫多见于 5 ~ 7 月。飞行缓慢，栖息于森林的阔叶林中，雄性常在阳光充足的枝头栖息、吸食露水，有一定的领域性。卵多单产于植物顶芽或侧芽上，也会产于一些树皮的沟槽、疤迹处。各龄幼虫只取食寄主嫩叶，不取食老叶。老熟幼虫化蛹于寄主植物根部或落叶下。

分布 中国（浙江、江西、福建、台湾、广东、四川、贵州），越南。

大秦岭分布 四川（南江）。

翠灰蝶属 *Neozephyrus* Sibatani & Ito, 1942

Neozephyrus Sibatani & Ito, 1942, *Tenthredo*, 3(4): 324. **Type species**: *Dipsas japonica* Murray, 1875.

Neozephyrus (Section *Thecla*); Eliot, 1973, *Bull. Br. Mus. nat. Hist.* (Ent.), 28(6): 430.

Neozephyrus (Theclini); Chou, 1998, *Class. Ident. Chin. Butt.*: 203; Wang & Fan, 2002, *Butts. Faun. Sin.: Lycaenidae*: 90-92; Korb & Bolshakov, 2011, *Eversmannia Suppl.*, 2: 69.

Neozephyrus; Wu & Xu, 2017, *Butts. Chin.*: 1096.

雄性前足跗节 1 节，管状。翅正面绿色或蓝绿色，有金属闪光；雌性金蓝色或黑褐色，有橙色斑纹。反面棕色至深褐色；有典型白色线纹和后翅臀角的 W 形纹。前翅中室长约为前翅长的 1/2；R_5 脉从中室上端角生出；M_3 脉与 R_5 脉有短的同柄；R_4 脉与 R_5 脉有 1/3 同柄。后翅 M_1 脉、Cu_1 脉及臀角处突出；有尾突。

雄性外生殖器：背兜窄，钩突与之愈合；颚突钩状；囊突粗；抱器狭长；阳茎很长。

寄主为桦木科 Betulaceae 植物。

全世界记载 7 种，分布于古北区及东洋区。中国均有记录，大秦岭分布 2 种。

种检索表

翅反面棕色；臀角眼斑眶纹橙黄色……………………………………………**闪光翠灰蝶 *N. coruscans***

翅反面深褐色；臀角眼斑眶纹橙红色…………………………………………**海伦娜翠灰蝶 *N. helenae***

闪光翠灰蝶 *Neozephyrus coruscans* (Leech, 1894)

Zephyrus coruscans Leech, 1894, *Butts. Chin. Jap. Cor*., (1): 273, pl. 27, f. 7-8.

Neozephyrus coruscans; Howarth, 1957, *Bull. Br. Mus. nat. Hist*. (Ent.), 5(6): 263, f. 32; Shirôzu, 1962, *Tyô Ga*, 12(4): 147; Chou, 1994. *Mon. Rhop. Sin*.: 619; Wang & Fan, 2002, *Butts. Faun. Sin.: Lycaenidae*: 92; Wu & Xu, 2017, *Butts. Chin*.: 1099, f. 1102: 1-3.

形态　成虫：中型灰蝶。雄性：前翅正面绿色或蓝绿色，有金属闪光；反面棕色；线纹白色。前翅正面顶角区及外缘黑褐色。反面亚外缘线及亚缘线未达前缘，时有退化或消失；中室端线褐色，模糊；外斜线至臀角附近的 Cu_1 脉；臀角有 2 个黑褐色或褐色斑纹，位于亚外缘线和亚缘线之间。后翅正面周缘黑褐色。反面基部近前缘白色条斑有或无；外缘有 2 条白色细线；亚外缘线和亚缘线波状；中横线从前缘中部伸向臀角附近 W 形弯曲后折向后缘中部；臀角区有 2 个橙黄色眼斑，瞳点黑色；后缘端部橙黄色斑纹与眼斑橙黄色眶纹相连。尾突细长。雌性：两翅正面黑褐色。反面深褐色；白色外斜线和中横线较粗。前翅正面中室端脉外侧有 1 个橙黄色蝴蝶结形斑纹；其余斑纹同雄性。

寄主　桦木科 Betulaceae 桤木属 *Alnus* spp.。

生物学　1 年 1 代，以卵越冬，成虫多见于 7 ~ 8 月。

分布　中国（陕西、甘肃、四川）。

大秦岭分布　陕西（太白、留坝、商南）、甘肃（徽县）、四川（安州）。

海伦娜翠灰蝶 *Neozephyrus helenae* Howarth, 1957

Neozephyrus helenae Howarth, 1957, *Bull. Br. Mus. nat. Hist*. (Ent.), 5(6): 264, f. 33. **Type locality**: Sichuan.

Neozephyrus helenae; Shirôzu, 1962, *Tyô Ga*, 12(4): 147; Chou, 1994, *Mon. Rhop. Sin*.: 620; Wang & Fan, 2002, *Butts. Faun. Sin.: Lycaenidae*: 92, 93; Wu & Xu, 2017, *Butts. Chin*.: 1097, f. 1098: 7-12.

形态 成虫：中型灰蝶。与闪光翠灰蝶 *N. coruscans* 近似，主要区别为：翅反面深褐色。后翅反面基部近前缘有白色条斑；亚外缘线纹多呈弥散状，于臀角附近 W 形弯曲后多折向后缘的基部；臀角眼斑眶纹橙红色。

寄主 桦木科 Betulaceae 桤木 *Alnus cremastogyne*。

生物学 1 年 1 代，以卵越冬，成虫多见于 7 ~ 8 月。

分布 中国（江西、四川）。

大秦岭分布 四川（安州）。

金灰蝶属 *Chrysozephyrus* Shirôzu & Yamamoto, 1956

Chrysozephyrus Shirôzu & Yamamoto, 1956, *Sieboldia*, 1(4): 381. **Type species**: *Thecla smaragdina* Bremer, 1861.

Dipsas Westwood, [1851], *Gen. diurn. Lep*., (2): pl. 74, f. 7. **Type species**: *Dipsas ataxus* Westwood, 1851.

Chrysozephyrus (Section *Thecla*); Eliot, 1973, *Bull. Br. Mus. nat. Hist.* (Ent.), 28(6): 430.

Chrysozephyrus (Theclini); Chou, 1998, *Class. Ident. Chin. Butt*.: 203, 204; Wang & Fan, 2002, *Butts. Faun. Sin.: Lycaenidae*: 93, 94.

Chrysozephyrus; Wu & Xu, 2017, *Butts. Chin*.: 1099.

雌雄多异型。雄性前足跗节不分节，管状；复眼及下唇须腹面被长毛。翅正面绿色至蓝绿色，有金色闪光；雌性前翅正面多有橙色斑纹。后翅臀角区有典型的眼斑和 W 形线纹。前翅中室长约为前翅长的 1/2；R_5 脉从中室上端角生出，到达顶角；R_4 脉从 R_5 脉分出，并与 M_1 脉在基部共柄。后翅有尾突；M_1 脉、Cu_1 脉末端及臀角多突出。

雄性外生殖器：背兜短，钩突与之愈合；颚突肘状弯曲；囊突端部膨大；抱器瓢形，末端尖出；阳茎细长，有角状突。

雌性外生殖器：交配囊导管长，骨化或膜质；交配囊卵圆形；交配囊片成对。

寄主为蔷薇科 Rosaceae、杜鹃花科 Ericaceae、壳斗科 Fagaceae 及桦木科 Betulaceae 植物。

全世界记载 70 种，分布于古北区及东洋区。中国记录 37 种，有许多特有种，大秦岭分布 25 种。

种检索表

1. 雄性前翅正面黑色外缘带宽于中室端斑 2 倍及以上 …… 2

    雄性前翅正面黑色外缘带窄于中室端斑 2 倍以下 …… 11

2. 雄性后翅正面整个中室均为闪光区 …… 3

    雄性后翅正面中室前缘无闪光，黑褐色 …… 9

3. 雄性前翅正面黑色外缘带宽于中室端斑 3 倍以上 …… 4

    雄性前翅正面黑色外缘带窄于中室端斑 2 ~ 3 倍 …… 6

4. 后翅反面中横细带端部外弯 …… **萨金灰蝶 *C. sakura***

    后翅反面中横细带端部直或内弯 …… 5

5. 后翅反面中横细带端部内弯 …… **高氏金灰蝶 *C. gaoi***

    后翅反面中横细带端部直 …… **秦岭金灰蝶 *C. kimurai***

6. 雄性前翅正面外缘黑带顶角处不变宽 …… **宽缘金灰蝶 *C. marginatus***

    雄性前翅正面外缘黑带顶角处变宽 …… 7

7. 雌性前翅正面无蓝色闪光斑 …… **闪光金灰蝶 *C. scintillans***

    雌性前翅正面有蓝色闪光斑 …… 8

8. 后翅反面臀域 2 个眼斑的橙色纹相连 …… **苏金灰蝶 *C. souleana***

    后翅反面臀域 2 个眼斑的橙色纹分离 …… **瓦金灰蝶 *C. watsoni***

9. 雄性后翅正面闪光区窄于中室宽度 …… **幽斑金灰蝶 *C. zoa***

    雄性后翅正面闪光区远宽于中室宽度 …… 10

10. 后翅反面中横带直 …… **巴山金灰蝶 *C. fujiokai***

    后翅反面中横带曲波状 …… **林氏金灰蝶 *C. linae***

11. 雄性前翅正面外缘黑带顶角处不变宽 …… 12

    雄性前翅正面外缘黑带顶角处变宽 …… 15

12. 后翅反面臀域 2 个眼斑的橙色纹相连 …… **耀金灰蝶 *C. brillantinus***

    后翅反面臀域 2 个眼斑的橙色纹分离 …… 13

13. 前翅正面外缘黑带宽于反面中室端斑 …… **糊金灰蝶 *C. okamurai***

    前翅正面外缘黑带不如上述 …… 14

14. 翅反面黑褐色 …… **雷氏金灰蝶 *C. leii***

    翅反面淡灰棕色或淡棕色 …… **金灰蝶 *C. smaragdinus***

15. 后翅反面 $sc+r_1$ 室近基部无条斑 …… 16

    后翅反面 $sc+r_1$ 室近基部有条斑 …… 17

16. 后翅反面臀角白色线纹 W 形 …… **裂斑金灰蝶 *C. disparatus***

    后翅反面臀角白色线纹 V 形 …… **缪斯金灰蝶 *C. mushaellus***

17. 后翅反面亚外缘无白色霜纹带 …… 18

    后翅反面亚外缘有白色霜纹带 …… 20

18. 翅反面色淡，乳白色 ······ **雷公山金灰蝶 *C. leigongshanensis***

翅反面色深，非乳白色 ······ 19

19. 前翅反面端缘白色线纹上部可见 ······ **腰金灰蝶 *C. yoshikoae***

前翅反面端缘白色线纹上部模糊或消失 ······ **中华金灰蝶 *C. chinensis***

20. 后翅反面中横带与中室端斑相连 ······ **都金灰蝶 *C. duma***

后翅反面中横带与中室端斑不相连 ······ 21

21. 前翅反面端缘白色线纹上部可见 ······ 22

前翅反面端缘白色线纹上部模糊或消失 ······ 23

22. 后翅反面中横带中上部曲波状 ······ **庞金灰蝶 *C. giganteus***

后翅反面中横带端部直 ······ **袁氏金灰蝶 *C. yuani***

23. 前翅正面顶角黑色区窄，倒 V 形 ······ **江琦金灰蝶 *C. esakii***

前翅正面顶角黑色区宽，三角形 ······ 24

24. 前翅反面外斜带外侧缘线白色 ······ **康定金灰蝶 *C. tatsienluensis***

前翅反面外斜带外侧缘线黑、白 2 色 ······ **黑缘金灰蝶 *C. nigroapicalis***

金灰蝶 *Chrysozephyrus smaragdinus* (Bremer, 1861)

Thecla smaragdina Bremer, 1861, *Bull. Acad. Imp. Sci. St. Petersb*., 3: 470. **Type locality**: mouth of the Ussury river.

Thecla smaragdina; Bremer, 1864, *Mém. Acad. Sci. St. Pétersb*., (7) 8(1): 25.

Dipsas smaragdina; Hewitson, 1869, *Ill. diurn. Lep. Lycaenidae*, (4): (Suppl.) 15.

Thecla diamantina Oberthür, 1879, *Diagn. Lep. Askold*: 3. **Type locality**: Askold Is.

Neozephyrus smaragdinus; Howarth, 1957, *Bull. Br. Mus. nat. Hist*. (Ent.), 5(6): 254, f. 21; Korb & Bolshakov, 2011, *Eversmannia Suppl*., 2: 69.

Chrysozephyrus smaragdinus; Kudrna, 1974, *Atalanta*, 5: 110; Shirôzu, 1962, *Tyô Ga*, 12(4): 147; Yoshino, 2001, *Futao*, 38: 3, pl. 1, f. 5, 11; Wang & Fan, 2002, *Butts. Faun. Sin.: Lycaenidae*: 94, 95; Wu & Xu, 2017, *Butts. Chin*.: 1099, f. 1102: 8-12, 1103: 13-14.

形态 成虫：中型灰蝶。雌雄异型。雄性：正面绿色至蓝绿色，具金属光泽。反面淡棕色至灰棕色；斑带多灰黑色至褐色，缘线白色。前翅正面外缘黑带窄，线状。反面外缘线黑色；亚外缘带浅灰黑色；亚缘带下部带纹宽，黑灰色，中上部浅灰黑色，缘线白色；外斜带止于臀角附近的 Cu_2 脉，外侧缘线白色；中室端斑条形。后翅正面周缘黑褐色带纹较宽。反面外缘有 2 条白色线纹；亚外缘带较宽，弥散似霜纹；白色亚缘线波状；中横线上半部不直，稍有曲波，从前缘中部伸向臀角附近 W 形弯曲后折向后缘中部；$sc+r_1$ 室近基部有 1 个条斑；cu_1 室端部及臀角各有 1 个眼斑，橙色，其中 cu_1 室眼斑黑色瞳点大，橙色眶纹完整，臀角眼斑眶纹未闭合；后缘端部橙色纹与臀角眼斑的橙色眶纹相连。尾突细长。雌性：两翅正面黑褐色至棕褐色；反面棕褐色；斑带较发达。前翅正面中室端脉外侧有 1 个橙黄色蝴蝶结形斑纹。其余斑纹同雄性。

卵：扁圆形；白色；表面密布片状棱脊突。

幼虫：低龄幼虫淡黄色；背部密被白色斜带纹。末龄幼虫鲜黄色，节间乳白色；头部及气孔黑色。

蛹：近椭圆形；乳黄色；密布黑褐色斑驳纹；气孔淡褐色。

寄主 蔷薇科 Rosaceae 稠李 *Prunus padus*、樱桃属 *Cerasus* spp.；壳斗科 Fagaceae 栗 *Castanea mollissima*、柞栎 *Quercus dentata*；桦木科 Betulaceae 榛 *Corylus heterophylla*。

生物学 1 年 1 代，以卵越冬，成虫多见于 6 ~ 8 月。常在阔叶林区活动。卵产于寄主植物枝条上或休眠芽附近。

分布 中国（黑龙江、吉林、辽宁、河南、陕西、甘肃、湖南、四川、贵州），俄罗斯，朝鲜，日本。

大秦岭分布 河南（鲁山、内乡、西峡、嵩县）、陕西（周至、凤县、汉台、南郑、洋县、留坝、佛坪、宁陕）、甘肃（碌曲）。

裂斑金灰蝶 *Chrysozephyrus disparatus* (Howarth, 1957)

Neozephyrus disparatus Howarth, 1957, *Bull. Br. Mus. nat. Hist*. (Ent.), 5(6): 259, f. 26. **Type locality**: Yunnan.

Chrysozephyrus disparatus; Shirôzu, 1962, *Tyô Ga*, 12(4): 147; Chou, 1994, *Mon. Rhop. Sin*.: 621; Wang & Fan, 2002, *Butts. Faun. Sin.: Lycaenidae*: 106, 107; Wu & Xu, 2017, *Butts. Chin*.: 1112, f. 1117: 35-36, 1118: 37-40.

形态 成虫：中型灰蝶。雌雄异型。与金灰蝶 *C. smaragdinus* 近似，主要区别为：两翅反面中室端斑模糊；前翅外斜带及后翅中横带窄，线状。前翅反面端缘白色线纹消失；外斜带细，倾斜角度小，与外缘近平行。后翅反面 $sc+r_1$ 室基部无条斑；白色横带外移成外横带，从前缘近顶角处伸向臀角后 W 形弯曲到达后缘中下部，上半部直。雌性翅黑褐色。前翅中室端部外侧蝴蝶结形斑纹多有退化变小，或部分消失；中室及 cu_2 室有带金属光泽的蓝色或蓝紫色条斑，有时闪光斑和蝴蝶结形斑纹同时消失或分别消失。

寄主 壳斗科 Fagaceae 油叶柯 *Lithocarpus konishii*、齿叶柯 *L. kawakamii*、青冈属 *Cyclobalanopsis* spp.、栎属 *Quercus* spp.。

生物学 1 年 1 代，以卵越冬，成虫多见于 5 ~ 8 月。飞行较迅速，路线不规则，未见访花，活动于林缘及林下。卵产于寄主植物休眠芽附近。

分布 中国（陕西、甘肃、浙江、湖北、江西、福建、台湾、广东、四川、贵州、云南），印度，越南，老挝，泰国。

大秦岭分布 陕西（周至）、甘肃（文县、徽县）、湖北（神农架）、四川（青川）。

黑缘金灰蝶 *Chrysozephyrus nigroapicalis* (Howarth, 1957)

Neozephyrus nigroapicalis Howarth, 1957, *Bull. Br. Mus. nat. Hist*. (Ent.), 5(6): 242, f. 3. **Type locality**: Sichuan.

Chrysozephyrus nigroapicalis; Shirôzu, 1962, *Tyô Ga*, 12(4): 147; Murayama, 1976, *Ins. Nat*., 11(1): 6; Bridges, 1988a, *Cat. Lyc. Rio*., 2: 25; Chou, 1994, *Mon. Rhop. Sin*.: 622; Wang & Fan, 2002, *Butts. Faun. Sin.: Lycaenidae*: 97; Wu & Xu, 2017, *Butts. Chin*.: 1111, f. 1115: 1-5.

Neozephyrus nigroapicalis; D'Abrera, 1993, *Butts. Hol. Reg*., 3: 410, fig'd.

形态 成虫：中型灰蝶。雌雄异型。与金灰蝶 *C. smaragdinus* 近似，主要区别为：两翅反面色稍深。前翅正面顶角黑色区宽，三角形。后翅反面中横线上半部直。

寄主 壳斗科 Fagaceae 栎属 *Quercus* spp.、耳叶柯 *Lithocarpus grandifolius*。

生物学 1 年 1 代，以卵越冬，成虫多见于 5 ~ 8 月。卵产于寄主植物休眠芽附近。

分布 中国（陕西、甘肃、浙江、湖北、福建、广东、四川），越南，老挝。

大秦岭分布 陕西（长安、周至）、甘肃（麦积、文县）。

雷氏金灰蝶 *Chrysozephyrus leii* Chou, 1994

Chrysozephyrus leii Chou, 1994, *Mon. Rhop. Sin*.: 623, 768, f. 64-65. **Type locality**: Ningshan, 1100-1380 m.

形态 成虫：中型灰蝶。雌雄异型。与金灰蝶 *C. smaragdinus* 近似，主要区别为：两翅反面色较深。前翅正面前缘有黑色带纹。后翅反面亚外缘无白色霜纹带。

生物学 1 年 1 代，以卵越冬，成虫多见于 6 ~ 7 月。

分布 中国（河南、陕西、甘肃、重庆、四川、贵州）。

大秦岭分布 河南（鲁山）、陕西（鄠邑、周至、太白、留坝、宁陕、商南）、甘肃（麦积、两当）、重庆（城口）、四川（平武）。

耀金灰蝶 *Chrysozephyrus brillantinus* (Staudinger, 1887)（图版 10：25）

Thecla brillantina Staudinger, 1887, *In*: Romanoff, *Mém. Lép*., 3: 130, pl. 6, f. 3a-c. **Type locality**: Razdol'naya river, Askold Island, S. Primorye.

Neozephyrus aurorinus; Howarth, 1957, *Bull. Br. Mus. nat. Hist*. (Ent.), 5(6): 241, f. 1.

Chrysozephyrus aurorinus; Shirôzu, 1962, *Tyô Ga*, 12(4): 147.

Neozephyrus brillantinus; Korb & Bolshakov, 2011, *Eversmannia Suppl*., 2: 69.

Chrysozephyrus brillantinus; Wang & Fan, 2002, *Butts. Faun. Sin.: Lycaenidae*: 95; Wu & Xu, 2017, *Butts. Chin*.: 1106, f. 1109: 19-23.

形态 成虫：中型灰蝶。雌雄异型。与金灰蝶 *C. smaragdinus* 近似，主要区别为：前翅反面外斜带及中室端斑较细；亚外缘和亚缘白色线纹中上部消失。后翅反面亚外缘无白色霜纹带；cu_1 室端部眼斑与臀角的橙红色眼斑相连。

幼虫：浅黄色，中部略红。

蛹：红褐色；有黑色斑块。

寄主 壳斗科 Fagaceae 蒙古栎 *Quercus mongolica*、柞栎 *Q. dentata*、滇青冈 *Q. glaucoides*。

生物学 1 年 1 代，以卵越冬，成虫多见于 7 ~ 8 月。分布于中低海拔地区。卵散产于寄主植物顶芽的基部。

分布 中国（吉林、辽宁、河南、陕西、甘肃、安徽、湖北、四川），俄罗斯，朝鲜，日本。

大秦岭分布 河南（鲁山、内乡、嵩县）、陕西（周至、洋县、宁陕）、甘肃（康县）、四川（青川）。

缪斯金灰蝶 *Chrysozephyrus mushaellus* (Matsumura, 1938)

Zephyrus mushaellus Matsumura, 1938, *Ins. Matsum*., 13(1): 44. **Type locality**: "Formosa" [Taiwan, China].

Chrysozephyrus mushaellus; Shirôzu & Yamamoto, 1956, *Sieboldia*, 1(4): 388, 389; Shirôzu, 1962, *Tyô Ga*, 12(4): 147; Chou, 1994, *Mon. Rhop. Sin*.: 622; Koiwaya, 1996, *Stu. Chin. Butts.,* 3: 118, figs. 670-671; Wang & Fan, 2002, *Butts. Faun. Sin.: Lycaenidae*: 107, 108; Wu & Xu, 2017, *Butts. Chin*.: 1114, f. 1119: 58-62, 1120: 63-64.

Neozephyrus mushaellus; Howarth, 1957, *Bull. Br. Mus. nat. Hist.* (Ent.), 5(6): 261, f. 28; D'Abrera, 1986, *Butts. Orient. Reg*., 3: 552, fig'd.

形态 成虫：中型灰蝶。雌雄异型。前翅正面前缘有窄的黑色带；顶角及外缘黑色带纹宽。反面中室端斑模糊；外斜带细，倾斜角度小，与外缘近平行；亚缘斑带中上部退化消失，仅有臀角 2 个黑色斑纹大而清晰。后翅正面周缘黑色带纹宽。反面白色横带外移成外横带，从前缘近顶角处伸向臀角后 V 形弯曲到达后缘中下部；内侧相伴的深色带纹退化，几乎消失；$sc+r_1$ 室近基部无条斑；cu_1 室端部眼斑与臀角的橙红色眼斑较大，橙色眶纹鲜亮。雌性翅黑褐色。前翅中室端部外侧蝴蝶结形斑纹多有退化变小，或部分消失；中室及 cu_2 室有带金属光泽的蓝色或蓝紫色条斑。本种与裂斑金灰蝶 *C. disparatus* 极相似，主要区别为：前翅正面顶角及外缘黑色带纹宽。后翅反面外横带在臀角近 V 形弯曲。

卵：扁圆形；白色；表面密布小锥突。

幼虫：低龄幼虫黄绿色。末龄幼虫橙红色；有淡黄色斑点；头背面及腹背面末端有淡绿色块斑；背部棕绿色；背中线深绿色；2 条亚背线橙红色，两侧有橙色斜斑列；气孔黑色。

蛹：近椭圆形；淡褐色；背中带黑色；体表密布深褐色和黑色斑驳纹；翅区乳黄色；气孔淡褐色。

寄主 壳斗科 Fagaceae 齿叶柯 *Lithocarpus kawakamii*、台湾柯 *L. formosanus*、短尾柯 *L. brevicaudatus*、耳叶柯 *L. grandifolius*。

生物学 1 年 1 代，以卵越冬，成虫多见于 4 ~ 7 月。

分布 中国（河南、甘肃、青海、新疆、浙江、湖北、台湾、广东、重庆、四川、贵州、云南、西藏），缅甸，越南。

大秦岭分布 河南（鲁山、嵩县）、甘肃（康县、文县、徽县）、湖北（神农架）、重庆（城口）、四川（安州）。

闪光金灰蝶 *Chrysozephyrus scintillans* (Leech, 1894)

Zephyrus scintillans Leech, 1894, *Butts. Chin. Jap. Cor.*, (2): 376, (1): pl. 27, f. 10-11.

Neozephyrus scintillans; Howarth, 1957, *Bull. Br. Mus. nat. Hist*. (Ent.), 5(6): 245, f. 6.

Chrysozephyrus scintillans; Shirôzu, 1962, *Tyô Ga*, 12(4): 147; Wang & Fan, 2002, *Butts. Faun. Sin.: Lycaenidae*: 98, 99; Wu & Xu, 2017, *Butts. Chin*.: 1111, f. 1115: 7-12, 1116: 13-14.

形态 成虫：中型灰蝶。雌雄异型。雄性：正面绿色至蓝绿色，具金属光泽；反面棕褐色至灰棕色；斑带多灰黑色至褐色，缘线白色。前翅正面前缘黑带窄；顶角及外缘黑带较宽。反面外缘带黑褐色，缘线白色；亚缘带下部带纹宽，黑褐色，中上部色浅，带窄，缘线白色；白色外斜带止于臀角附近的 Cu_2 脉，内侧缘线褐色；中室端斑条形。后翅正面周缘黑褐色带纹宽。反面外缘有 2 条白色线纹；亚外缘带较宽，弥散似霜纹；白色亚缘线波状；白色中横线上半部直，从前缘中部伸向臀角附近 W 形弯曲折向后缘中部，内侧有褐色细带纹相伴；cu_1 室端部及臀角眼斑分离，橙色，其中 cu_1 室眼斑黑色瞳点大，橙色眶纹完整，臀角眼斑眶纹未闭合；后缘端部橙色纹与臀角眼斑的橙色眶纹相连。尾突细长。雌性：两翅正面黑褐色至棕褐色。反面棕褐色；斑带较发达。前翅正面中室端脉外侧橙黄色蝴蝶结形斑纹有或退化消失，如有，则由 2 个橙黄色斑纹组成。其余斑纹同雄性。

卵：扁圆形；白色；表面密布突起。

幼虫：低龄幼虫淡黄色；背部密被白色斜带纹。末龄幼虫背部淡蓝色；背中线蓝黑色；两侧密布蓝白色斜纹；气孔黑色；足基带黄色。

蛹：近椭圆形；淡黄色；密布黑褐色斑驳纹；背面白色，密布酱红色波状纹和深褐色斑纹。

寄主 壳斗科 Fagaceae 栗 *Castanea mollissima*、蒙古栎 *Quercus mongolica*；杜鹃花科 Ericaceae 毛果珍珠花 *Lyonia ovalifolia*。

生物学 1年1代，以卵越冬，成虫多见于6～7月。卵常产于寄主植物枝条上。

分布 中国（陕西、甘肃、浙江、湖北、江西、福建、台湾、广东、海南、广西、重庆、四川、贵州、云南），越南。

大秦岭分布 陕西（眉县、汉台）、甘肃（武都）、重庆（城口）。

瓦金灰蝶 *Chrysozephyrus watsoni* (Evans, 1927)

Thecla letha watsoni Evans, 1927, *Ind. Butts*., (ed. 1): 160.

Neozephyrus watsoni; Howarth, 1957, *Bull. Br. Mus. nat. Hist*. (Ent.), 5(6): 245, f. 7.

Chrysozephyrus watsoni; Shirôzu, 1962, *Tyô Ga*, 12(4): 147; Wang & Fan, 2002, *Butts. Faun. Sin.: Lycaenidae*: 106; Wu & Xu, 2017, *Butts. Chin*.: 1111, f. 1116: 15-22.

形态 成虫：中型灰蝶。雌雄异型。雄性与闪光金灰蝶 *C. scintillans* 极相似，主要区别为：前翅反面亚缘带中上部带纹及缘线多消失。雌性与闪光金灰蝶的区别主要为：前翅正面中室及 cu_2 室有具金属光泽的蓝色或蓝紫色条斑，中室条斑短，长度约为 cu_2 室条斑的 1/2；中室端脉外侧的橙黄色蝴蝶结形斑纹有或无。

寄主 杜鹃花科 Ericaceae 珍珠花属 *Lyonia* spp.。

生物学 1年1代，以卵越冬，成虫多见于6～7月。卵产于寄主植物枝条上或休眠芽附近。

分布 中国（广西、重庆、四川、贵州、云南），缅甸，越南，老挝。

大秦岭分布 四川（大巴山）。

宽缘金灰蝶 *Chrysozephyrus marginatus* (Howarth, 1957)

Neozephyrus marginatus Howarth, 1957, *Bull. Br. Mus. nat. Hist.* (Ent.), 5(6): 248, f. 10. **Type locality**: Mo Sy Mien, W. Sichuan.

Chrysozephyrus marginatus; Shirôzu, 1962, *Tyô Ga*, 12(4): 147; Yoshino, 2001, *Futao*, (38): 2, pl. 1, f. 1-3, 7-9; Wang & Fan, 2002, *Butts. Faun. Sin.: Lycaenidae*: 99, 100; Wu & Xu, 2017, *Butts. Chin*.: 1106, f. 1109: 15.

Chrysozephyrus linae Koiwaya, 1993, *Stu. Chin. Butts*., 2: 66, 67, f. 100-101, 108-109.

形态 成虫：中型灰蝶。雌雄异型。与闪光金灰蝶 *C. scintillans* 相似，主要区别为：前翅正面前缘无黑色带纹。反面无白色外缘线；亚缘带退化，中上部带纹及白色缘线多退化消失，下部带纹色较淡。后翅反面亚外缘霜纹稀疏；中横带上中部曲波状。雌性前翅正面中室端脉外侧有橙黄色蝴蝶结形斑纹。

寄主 蔷薇科 Rosaceae 李属 *Prunus* spp.。

生物学 1 年 1 代，以卵越冬，成虫多见于 6 ~ 8 月。

分布 中国（陕西、甘肃、四川、贵州）。

大秦岭分布 陕西（佛坪）、甘肃（迭部）。

腰金灰蝶 *Chrysozephyrus yoshikoae* Koiwaya, 1993

Chrysozephyrus yoshikoae Koiwaya, 1993, *Stu. Chin. Butts*., 2: 64, f. 98-99, 106. **Type locality**: Changan, Shaanxi.

Chrysozephyrus yoshikoae hunanensis Koiwaya, 1996, *Stu. Chin. Butts*., 3: 260, f. 1195-1196, 1207-1208.

Chrysozephyrus yoshikoae; Wang & Fan, 2002, *Butts. Faun. Sin.: Lycaenidae*: 103, 104; Wu & Xu, 2017, *Butts. Chin*.: 1106, f. 1109: 16-18.

形态 成虫：中型灰蝶。雌雄异型。与宽缘金灰蝶 *C. marginatus* 相似，主要区别为：前翅反面有白色外缘线；亚缘带及白色缘线清晰，下部带纹色深。后翅反面亚外缘带波状。

寄主 蔷薇科 Rosaceae 山荆子 *Malus baccata*、河南海棠 *M. honanensis*。

生物学 1 年 1 代，以卵越冬，成虫多见于 6 ~ 7 月。卵产于寄主植物细枝分叉处。

分布 中国（陕西、甘肃、湖南、四川、云南）。

大秦岭分布 陕西（长安、周至、凤县）、甘肃（迭部）。

康定金灰蝶 *Chrysozephyrus tatsienluensis* (Murayama, 1955)

Neozephyrus tatsienluensis Murayama, 1955, *Tyô Ga*, 6(1): 2, figs. 7-8. **Type locality**: Tatsienlou, W. Sichuan.

Chrysozephyrus tatsienluensis; Howarth, 1957, *Bull. Br. Mus. nat. Hist*. (Ent.), 5(6): 252, f. 18; Shirôzu, 1962, *Tyô Ga*, 12(4): 147; Koiwaya, 1993, *Stu. Chin. Butts*., 2: 65, f. 227; Yoshino, 2001, *Futao*, (38): 4, pl. 1, f. 6, 12; Wang & Fan, 2002, *Butts. Faun. Sin.: Lycaenidae*: 102, 103; Wu & Xu, 2017, *Butts. Chin*.: 1100, f. 1103: 18-21.

形态　成虫：中型灰蝶。雌雄异型。与闪光金灰蝶 *C. scintillans* 极相似，主要区别为：前翅正面顶角及外缘黑色带纹较窄；反面亚缘带中上部带纹及缘线多退化或消失。后翅反面 $sc+r_1$ 室近基部有 1 个白色条斑。雌性前翅正面中室端脉外侧有橙黄色蝴蝶结形斑纹。

寄主　壳斗科 Fagaceae。

生物学　1 年 1 代，以卵越冬，成虫多见于 6 ~ 7 月。卵常产于寄主植物枝条上或细枝分叉处。

分布　中国（甘肃、四川），缅甸。

大秦岭分布　甘肃（康县）。

糊金灰蝶 *Chrysozephyrus okamurai* Koiwaya, 2000

Chrysozephyrus okamurai Koiwaya, 2000.

Chrysozephyrus okamurai; Wu & Xu, 2017, *Butts. Chin*.: 1107, f. 1110: 27-28.

形态　成虫：中型灰蝶。雌雄异型。与闪光金灰蝶 *C. scintillans* 极相似，主要区别为：前翅正面顶角及外缘黑色带纹较窄。后翅反面 $sc+r_1$ 室近基部有 1 个白色条斑。雌性前翅正面中室端脉外侧蝴蝶结形斑纹由 3 个橙黄色斑组成。

寄主　蔷薇科 Rosaceae 花楸属 *Sorbus* spp.。

生物学　1 年 1 代，以卵越冬，成虫多见于 6 ~ 8 月。喜栖息于山地阔叶林。卵常产于寄主植物休眠芽基部。

分布　中国（陕西、四川、贵州）。

大秦岭分布　陕西（长安、宁陕）。

袁氏金灰蝶 *Chrysozephyrus yuani* Wang & Fan, 2002

Chrysozephyrus yuani Wang & Fan, 2002, *Butts. Faun. Sin.: Lycaenidae*: 111, figs. 8-13, 14.

形态　成虫：中型灰蝶。雌雄异型。与糊金灰蝶 *C. okamurai* 极相似，主要区别为：个体稍小。两翅反面色稍深。前翅反面外斜带弧形；亚缘带下部带纹颜色加深不明显。雌性前翅正面中室端脉外侧蝴蝶结形斑纹由 2 个橙黄色斑组成。

分布　中国（陕西、甘肃）。

大秦岭分布　陕西（凤县）、甘肃（两当）。

都金灰蝶 *Chrysozephyrus duma* (Hewitson, 1869)

Dipsas duma Hewitson, 1869, *Ill. diurn. Lep. Lycaenidae*, (4): (Suppl.) 15, (5): pl. 6, f. 15. **Type locality**: N. India.

Neozephyrus duma; Howarth, 1957, *Bull. Br. Mus. nat. Hist*. (Ent.), 5(6): 252, f. 17.

Chrysozephyrus duma; Shirôzu, 1962, *Tyô Ga*, 12(4): 147; Lewis, 1974, *Butt. World*: pl. 205, f. 19; Wang & Fan, 2002, *Butts. Faun. Sin.: Lycaenidae*: 102; Wu & Xu, 2017, *Butts. Chin*.: 1100, f. 1103: 24-27, 1104: 25-27.

形态 成虫：中型灰蝶。雌雄异型。雄性：正面金绿色至黄绿色，具金属光泽；反面棕褐色至灰棕色；斑带多深褐色至褐色，缘线白色。前翅正面外缘黑带稍宽。反面白色外缘线有或模糊消失；亚缘带下部稍宽，白色缘线多模糊；外斜带宽，止于臀角附近的 Cu_2 脉，外侧白色缘线细；中室端斑清晰。后翅正面周缘深色带纹宽。反面外缘有 2 条白色线纹；亚外缘带弥散似霜纹；深褐色亚缘带多上宽下窄；深褐色中横线上半部宽直，从前缘中部伸向臀角附近 W 形弯曲折向后缘中部，外侧缘线白色；cu_1 室端部眼斑与臀角眼斑分离，橙色，其中 cu_1 室眼斑黑色瞳点大，橙色眶纹完整，臀角眼斑眶纹未闭合；后缘端部橙色纹有或无。尾突细长。雌性：两翅正面黑褐色至棕褐色。反面褐色；斑带较发达。前翅正面中室端脉外侧橙黄色蝴蝶结形斑纹较发达；其余斑纹同雄性。

寄主 壳斗科 Fagaceae 曼青冈 *Cyclobalanopsis oxyodon*、滇青冈 *Quercus glaucoides*、巴东栎 *Q. engleriana*。

生物学 1年1代，以卵越冬，成虫多见于6~7月。卵常产于寄主植物枝条上和休眠芽附近。

分布 中国（四川、贵州、云南、西藏），印度，不丹，尼泊尔，缅甸，越南。

大秦岭分布 四川（都江堰、平武）。

庞金灰蝶 *Chrysozephyrus giganteus* Wang & Fan, 2002

Chrysozephyrus giganteus Wang & Fan, 2002, *Butts. Faun. Sin.: Lycaenidae*: 104, figs. 8-3,4.

形态 成虫：中型灰蝶。雌雄异型。与都金灰蝶 *C. duma* 相似，主要区别为：两翅反面白色缘线清晰。后翅反面中横带中上部窄。

分布 中国（陕西）。

大秦岭分布 陕西（凤县）。

雷公山金灰蝶 *Chrysozephyrus leigongshanensis* Chou & Li, 1994

Chrysozephyrus leigongshanensis Chou & Li, 1994, *In*: Chou, *Mon. Rhop. Sin*.: 768, 623, f. 63. **Type locality**: Mt. Leigongshan, 1650 m.

Chrysozephyrus leigongshanensis; Wang & Fan, 2002, *Butts. Faun. Sin.: Lycaenidae*: 110; Wu & Xu, 2017, *Butts. Chin*.: 1113, f. 1119: 56-57.

形态 成虫：中型灰蝶。雌雄异型。两翅正面金绿色，具金属光泽；反面乳白色；斑带褐色，缘线白色。前翅正面外缘黑带稍窄。反面亚缘带下部稍宽；外斜带较宽，止于臀角附近的 Cu_2 脉，边缘波状；中室端斑清晰。后翅正面周缘深色带纹前后缘宽，外缘较窄。反面外缘有褐、白 2 色线纹；亚缘带窄，波状；中横带端部弯曲，从前缘中部伸向臀角附近 W 形弯曲折向后缘中部，外侧缘线白色；cu_1 室端部眼斑与臀角眼斑分离，橙色，其中 cu_1 室眼斑黑色瞳点小，橙色眶纹完整，臀角眼斑眶纹未闭合；后缘端部橙色纹与臀角眼斑橙色纹相连。尾突较短。雌性：两翅正面深褐色；反面乳白色。前翅正面中室及 cu_2 室有带金属光泽的浅蓝色条斑；中室端脉外侧常有白色斑纹。后翅正面外缘多有淡蓝紫色斑列。

寄主 壳斗科 Fagaceae 栎属 *Quercus* spp.。

生物学 1 年 1 代，以卵越冬，成虫多见于 6 ~ 8 月。卵常产于寄主植物休眠芽基部。

分布 中国（安徽、浙江、四川、贵州）。

大秦岭分布 四川（大巴山）。

林氏金灰蝶 *Chrysozephyrus linae* Koiwaya, 1993

Chrysozephyrus linae Koiwaya, 1993, *Stu. Chin. Butts.*, 2: 66, 67, fig'd. **Type locality**: Zhouzhi, Shaanxi.

Chrysozephyrus linae; Koiwaya, 1996, *Stu. Chin. Butts.*, 3: 99, figs. 557-559; Wang & Fan, 2002, *Butts. Faun. Sin.: Lycaenidae*: 104; Wu & Xu, 2017, *Butts. Chin*.: 1115, f. 1108: 6-10.

形态 成虫：中型灰蝶。雌雄异型。两翅正面暗绿色或蓝绿色，具金属光泽；脉纹黑色加宽；反面棕褐色；斑带深褐色，缘线白色。前翅正面前缘及外缘黑色带宽。反面外缘线黑、白 2 色；亚缘带下部带纹宽，黑褐色，中上部色浅，带纹窄，缘线白色；深褐色外斜带宽，止于臀角附近的 Cu_2 脉，外侧缘线白色；中室端斑条形。后翅正面周缘黑褐色带纹极宽，可达中室内和外中区。反面外缘有黑、白 2 色线纹；亚外缘带较宽，弥散似霜纹；白色亚缘线波状；中横带从前缘中部伸向臀角附近 W 形弯曲折向后缘中部，外侧有白色纹相伴，端部稍内移；$sc+r_1$ 室近基部有 1 个褐、白 2 色条斑；cu_1 室端部眼斑与臀角眼斑橙色，其中 cu_1 室眼斑黑色瞳点大，橙色眶纹完整，臀角眼斑眶纹未闭合；后缘端部橙色纹与臀角眼斑的橙色眶纹相连。尾突细长。雌性：两翅正面黑褐色至棕褐色；反面棕褐色。前翅正面中室端脉外侧有黄色蝴蝶结形斑纹。其余斑纹同雄性。

幼虫：低龄幼虫淡棕褐色；背中线深红褐色；两侧乳白色，镶有红褐色斜斑列。末龄幼虫深绿色；背中线黑灰色；两侧淡绿色，镶有黑灰色斜斑列。

蛹：近椭圆形；深褐色；胸背部有白色菱形大斑，密布黑色点斑，中部镶有 2 个黑色斑纹；腹背部白色，密布褐色斑驳纹和黑色纵斑列，节间有褐色横带纹。

寄主 蔷薇科 Rosaceae 短梗稠李 *Prunus brachypoda*。

生物学 1 年 1 代，以卵越冬，成虫多见于 6 ~ 8 月。卵常产于寄主植物细枝上或休眠芽基部。幼虫有咬断寄主植物叶脉及做叶巢的习性，低龄幼虫有群聚习性。

分布 中国（陕西、甘肃、重庆、四川、贵州、云南）。

大秦岭分布 陕西（周至）、甘肃（康县）。

高氏金灰蝶 *Chrysozephyrus gaoi* Koiwaya, 1993

Chrysozephyrus gaoi Koiwaya, 1993, *Stu. Chin. Butts.*, 2: 68, f. 102, 110. **Type locality**: Zhouzhi, Shaanxi.

Chrysozephyrus minicus Sugiyama, 1994, *Pallarge*, 3: 10, f. 25-28.

Chrysozephyrus sakura; Yoshino, 2001, *Futao*, (38): 2, pl. 2, f. 17-19, 23-25.

Chrysozephyrus gaoi; Koiwaya, 1996, *Stu. Chin. Butts.*, 3: 93, figs. 527-528; Wang & Fan, 2002, *Butts. Faun. Sin.: Lycaenidae*: 104; Wu & Xu, 2017, *Butts. Chin.*: 1105, f. 1108: 3-5.

形态 成虫：中型灰蝶。雌雄异型。与林氏金灰蝶 *C. linae* 相似，主要区别为：两翅正面脉纹黑色，但不加宽；反面白色线纹较细。前翅正面前缘、顶角及外缘的黑带较窄。后翅周缘黑色带纹较窄，未伸入中室。

幼虫：拟态鸟粪；白色；背中线红褐色，两侧密布红褐色斜斑带。

蛹：近椭圆形；黑褐色；胸背部和腹背部有乳白色大斑，斑内镶有黑褐色斑驳纹。

寄主 蔷薇科 Rosaceae 多毛樱桃 *Cerasus polytricha*、刺毛樱桃 *Prunus pilosiuscula*。

生物学 1 年 1 代，以卵越冬，成虫多见于 6 ~ 8 月。卵常产于寄主植物细枝上或休眠芽基部。幼虫有咬断叶脉的习性，常栖息于寄主植物叶基部。

分布 中国（陕西、甘肃、四川、云南）。

大秦岭分布 陕西（周至、凤县）、四川（剑阁）。

萨金灰蝶 *Chrysozephyrus sakura* Sugiyama, 1992

Chrysozephyrus sakura Sugiyama, 1992, *Pallarge*, 1: 2. **Type locality**: SE. Minshan, N. Sichuan.

Chrysozephyrus minicus Sugiyama, 1994, *Pallarge*, 3: 10, f. 25-28.

Chrysozephyrus sakura; Yoshino, 2001, *Futao*, (38): 2, pl. 2, f. 17-19, 23-25; Wang & Fan, 2002, *Butts. Faun. Sin.: Lycaenidae*: 101; Wu & Xu, 2017, *Butts. Chin.*: 1105, f. 1108: 1-2.

形态 成虫：中型灰蝶。雌雄异型。与高氏金灰蝶 *C. gaoi* 相似，主要区别为：两翅正面脉纹不明显。后翅反面亚外缘霜带纹较稀疏。

生物学 1 年 1 代，以卵越冬，成虫多见于 6 ~ 8 月。

分布 中国（陕西、甘肃、重庆、四川）。

大秦岭分布 陕西（佛坪）、甘肃（迭部）、四川（松潘）。

巴山金灰蝶 *Chrysozephyrus fujiokai* Koiwaya, 2002

Chrysozephyrus fujiokai Koiwaya, 2002.

Chrysozephyrus fujiokai obscurus Hsu & Liu, 2002.

Chrysozephyrus fujiokai; Wu & Xu, 2017, *Butts. Chin.*: 1106, f. 1109: 24, 1110: 25-26.

形态 成虫：中型灰蝶。雌雄异型。与林氏金灰蝶 *C. linae* 相似，主要区别为：两翅正面脉纹加宽少，稍细；反面白色线纹细。前翅反面外缘带较窄而平滑；亚缘带中上部及白色缘线较模糊。雌性前翅正面中室端脉外侧蝴蝶结形斑纹由 2 ~ 3 个橙红色斑组成。

卵：扁圆形；白色；密布纵脊；顶部中央有圆形受精孔。

幼虫：4 龄期。蛞蝓形。1 龄幼虫灰白色；密布长毛；头黑色。2 龄幼虫乳白色；头部淡黄色。3 龄幼虫黄绿色；有淡黄褐色斑纹；密布短毛。末龄幼虫暗绿色；背部有黄色斑纹；前胸背面有 1 个鲜黄色大斑；腹末节背面有 1 个鲜黄色圆斑。

蛹：黑褐色；背面有淡黄色斑纹。

寄主 蔷薇科 Rosaceae 绒毛石楠 *Photinia schneideriana*。

生物学 1 年 1 代，以卵越冬，成虫多见于 6 ~ 8 月。卵聚产于寄主植物细枝上，偶尔产于小枝干或越冬芽上。

分布 中国（陕西、甘肃、湖南、四川、贵州）。

大秦岭分布 陕西（凤县、留坝、汉滨）、甘肃（麦积、康县）。

秦岭金灰蝶 *Chrysozephyrus kimurai* Koiwaya, 2002

Chrysozephyrus kimurai Koiwaya, 2002, *Gekkan-Mushi*.

Chrysozephyrus kimurai; Wu & Xu, 2017, *Butts. Chin.*: 1101, f. 1104: 31-33.

形态 成虫：中型灰蝶。雌雄异型。与高氏金灰蝶 *C. gaoi* 相似，主要区别为：两翅正面脉纹稍有加宽，清晰。后翅反面白色亚缘带较模糊。

分布 中国（陕西、重庆、四川）。

大秦岭分布 陕西（留坝）。

幽斑金灰蝶 *Chrysozephyrus zoa* (de Nicéville, 1889)

Zephyrus zoa de Nicéville, 1889b, *J. Bombay nat. Hist. Soc.*, 4(3): 167, pl. A, f. 3. **Type locality**: Sikkim.

Neozephyrus zoa; Howarth, 1957, *Bull. Br. Mus. nat. Hist*. (Ent.), 5(6): 248, f. 11.

Chrysozephyrus zoa; Shirôzu, 1962, *Tyô Ga*, 12(4): 147; Wang & Fan, 2002, *Butts. Faun. Sin.: Lycaenidae*: 101; Wu & Xu, 2017, *Butts. Chin.*: 1105, f. 1108: 11-12, 1109: 13-14.

形态 成虫：中型灰蝶。雌雄异型。与林氏金灰蝶 *C. linae* 相似，主要区别为：两翅反面白色线纹和中室端斑较退化，多模糊不清。前翅正面在各翅室的暗绿色纹均退化变短变细；前缘黑褐色带纹更宽。反面外缘线、亚缘带中上部及缘线退化模糊或消失；外斜带细。后翅正面深褐色；暗绿色带纹几乎消失，仅有中室和 cu_1 室基半部有时可见。反面白色亚缘带较模糊；中横带细。

寄主 蔷薇科 Rosaceae 绢毛稠李 *Prunus wilsonii*。

生物学 1 年 1 代，以卵越冬，成虫多见于 5 ~ 7 月。多栖息于常绿或落叶乔灌木混生林，雄性有领地行为。卵多产于寄主植物细枝或休眠芽基部。

分布 中国（陕西、甘肃、浙江、四川、贵州）。

大秦岭分布 甘肃（康县）、四川（都江堰）。

中华金灰蝶 *Chrysozephyrus chinensis* (Howarth, 1957)

Neozephyrus chinensis Howarth, 1957, *Bull. Br. Mus. nat. Hist*. (Ent.), 5(6): 256, f. 23, 72, 73, 82, 83. **Type locality**: Se-Pin-Lou-Chan, Ya Tcheou.

Chrysozephyrus chinensis; Shirôzu, 1962, *Tyô Ga*, 12(4): 147; Wang & Fan, 2002, *Butts. Faun. Sin.: Lycaenidae*: 105.

形态 成虫：中型灰蝶。雌雄异型。雄性：两翅正面金属绿色中略带古铜紫色，具金属光泽；反面棕褐色。前翅正面外缘带黑色；前缘黑色带纹窄。反面外缘带黑褐色；亚外缘带细，未达顶角；亚缘带下部带纹宽，黑褐色，中上部色浅，带纹窄，模糊；白色外斜带直，止于臀角附近的 Cu_2 脉，内侧缘线褐色；中室端斑条形，黑褐色，两侧有白色条斑相伴。后翅正面周缘黑褐色带纹宽。反面外缘有 2 条白色线纹；亚外缘带较宽，弥散似霜纹；白色亚缘细带波状；白色中横线上半部直，从前缘中部伸向臀角附近 W 形弯曲折向后缘中部，内侧有褐色细带纹相伴；cu_1 室端部眼斑与臀角眼斑分离，橙色，其中 cu_1 室眼斑黑色瞳点大，橙色眶纹完整，臀角眼斑眶纹未闭合；后缘端部橙色纹与臀角眼斑的橙色眶纹相连。尾突细长，黑色，尖端白色。雌性：两翅棕褐色；斑带较发达。前翅正面中室及 cu_2 室有具金属光泽的蓝色条斑，中室条斑宽短，长度约为 cu_2 室条斑的 1/2；中室端脉外侧有橙黄色蝴蝶结形斑纹；其余斑纹同雄性。

分布 中国（湖北、四川）。

大秦岭分布 四川（大巴山）。

江琦金灰蝶 *Chrysozephyrus esakii* (Sonan, 1940)

Zephyrus esakii Sonan, 1940, *Trans. nat. Hist. Soc. Formosa*, 30: 81 (preocc.).

Zephyrus teisoi Sonan, 1941, *Trans. nat. Hist. Soc. Formosa*, 31: 481.

Chrysozephyrus esakii; Shirôzu, 1962, *Tyô Ga*, 12(4): 147; Chou, 1994, *Mon. Rhop. Sin.*: 622; Wu & Xu, 2017, *Butts. Chin.*: 1107, f. 1110: 29-33.

Neozephyrus teisoi; Howarth, 1957, *Bull. Br. Mus. nat. Hist.* (Ent.), 5(6): 247, f. 8.

形态 中型灰蝶。雌雄异型。雄性：两翅蓝绿色，有强烈的金属光泽；前缘带窄，黑褐色；外缘带较前缘带稍宽。翅反面灰褐色至棕灰色；外缘细带深褐色，内侧缘线白色；亚缘带下部宽，深褐色，中上部窄，褐色；褐色外斜带止于臀角附近的 Cu_2 脉，外侧缘线白色；中室端斑条形，褐色，缘线白色。后翅正面周缘黑褐色带纹宽。反面外缘细带深褐色，缘线白色；白色亚外缘带较宽，弥散似霜纹；白色亚缘斑带细；中横带上半部直，从前缘中部伸向臀角附近 W 形弯曲折向后缘中部，外侧有白色细带纹相伴；cu_1 室端部眼斑与臀角眼斑分离，橙色，其中 cu_1 室橙色圈纹完整，臀角眼斑圈纹未闭合；中室端部及 $sc+r_1$ 室条斑褐色，内侧缘线白色；后缘端部橙色纹与臀角眼斑的橙色纹相连。尾突细长，黑色，尖端白色。雌性：两翅棕褐色至褐色。前翅正面翅端部色深；中室端脉外侧有橙黄色蝴蝶结形斑纹；其余斑纹同雄性。

寄主 壳斗科 Fagaceae 栎属 *Quercus* spp.。

生物学 1年1代，以卵越冬，成虫多见于5~8月。常活动于山地阔叶林中。卵产于寄主植物休眠芽基部的附近。

分布 中国（甘肃、湖北、台湾、重庆、四川、云南），越南。

大秦岭分布 甘肃（麦积、徽县）、湖北（神农架）。

苏金灰蝶 *Chrysozephyrus souleana* (Riley, 1939)

Thecla souleana Riley, 1939, *Novit. zool*., 41(4): 357. **Type locality**: Yarégong, Talu distr., Szechuan, W. China.

Neozephyrus souleana; Howarth, 1957, *Bull. Br. Mus. nat. Hist*. (Ent.), 5(6): 258, f. 24.

Chrysozephyrus souleana; Shirôzu, 1962, *Tyô Ga*, 12(4): 147; Wang & Fan, 2002, *Butts. Faun. Sin.: Lycaenidae*: 105, 106; Wu & Xu, 2017, *Butts. Chin*.: 1112, f. 1117: 32-34.

形态 成虫：中型灰蝶。雌雄异型。与瓦金灰蝶 *C. watsoni* 极相似，主要区别为：前翅正面顶角黑色区域宽。后翅反面亚外缘弥散霜纹带窄；臀域2个眼斑的橙色纹相连。

分布 中国（四川、云南、西藏），缅甸。

大秦岭分布 四川（大巴山）。

江琦灰蝶属 *Esakiozephyrus* Shirôzu & Yamamoto, 1956

Esakiozephyrus Shirôzu & Yamamoto, 1956, *Sieboldia*, 1(4): 376. **Type species**: *Dipsas icana* Moore, [1875].

Iwaseozephyrus Fujioka, 1994b, *Butterflies*, 8: 51, 54. **Type species**: *Thecla mandara* Doherty, 1886.

Esakiozephyrus (Section *Thecla*); Eliot, 1973, *Bull. Br. Mus. nat. Hist.* (Ent.), 28(6): 430.

Esakiozephyrus (Theclini); Chou, 1998, *Class. Ident. Chin. Butt*.: 205, 206; Wang & Fan, 2002, *Butts. Faun. Sin.: Lycaenidae*: 84, 85.

Esakiozephyrus; Wu & Xu, 2017, *Butts. Chin*.: 1091.

雌雄异型。后翅臀区多有W形纹。前翅中室长为前翅长的1/2；R_5脉从中室上端角生出，未到达顶角；R_4脉从R_5脉2/3处分出；M_1脉与R_5脉在基部共柄。后翅尾突短或长；臀角呈角度，多有瓣突。

雄性外生殖器：背兜发达；颚突钩状；钩突分叉；囊突长或短；抱器圆阔，端部叉状外伸；阳茎很长，多弯曲。

寄主为壳斗科 Fagaceae 植物。

全世界记载12种，分布于东洋区。中国已知9种，大秦岭分布2种。

种检索表

阿磐江琦灰蝶 *Esakiozephyrus ackeryi* (Fujioka, 1994)

Iwaseozephyrus ackeryi Fujioka, 1994b, *Butterflies*, 8: 51, 55, pl. 47, fig. 25. **Type locality**: Shaanxi (Mts. Qinling).

Esakiozephyrus ackeryi; Huang, 2001, *Neue Ent. Nachr.*, 51: 77.

Iwaseozephyrus ackeryi; Wang & Fan, 2002, *Butts. Faun. Sin.: Lycaenidae*: 88; Wu & Xu, 2017, *Butts. Chin.*: 1087, f. 1090: 41-42.

形态 成虫：中型灰蝶。雌雄异型。雄性：两翅正面暗紫色。反面棕褐色至黄褐色；中室端斑褐色，缘线白色。前翅正面黑褐色前缘带及后缘带窄；外缘带宽。反面亚外缘带褐色，较模糊；褐色外斜带窄，外侧缘线白色。后翅正面黑褐色周缘宽，达中室上下缘和亚缘区。反面外缘线黑、白2色；亚外缘带白色，波形；亚缘带黑褐色，多有橙色鳞片覆盖；中横带黑褐色，外侧缘线白色，从前缘中部伸向臀角后W形弯曲折向后缘中部，带纹被脉纹分割并稍有错位；cu_1室端部眼斑与臀角眼斑相连，橙色眶纹均未闭合，其中cu_1室眼斑瞳点大，黑色，臀角眼斑黑色瞳点上覆有蓝色鳞片斑；后缘端部橙色纹与臀角眼斑的橙色眶纹相连。尾突短。雌性：两翅正面黑褐色至棕褐色；反面棕色至棕黄色。前翅正面中室端脉外侧有黄色蝴蝶结形斑纹；中室及cu_2室有暗紫色条斑。

寄主 壳斗科 Fagaceae。

生物学 1年1代，以卵越冬，成虫多见于6～8月。

分布 中国（陕西、甘肃）。

大秦岭分布 陕西（周至、宁陕）、甘肃（迭部）。

奈斯江琦灰蝶 *Esakiozephyrus neis* (Oberthür, 1914)（图版10：26）

Zephyrus neis Oberthür, 1914, *Étud. Lépid. Comp.*, 9(2): 49, f. 2141. **Type locality**: Tatsienlou.

Teratozephyrus neis; Shirôzu, 1962, *Tyô Ga*, 12(4): 146.

Esakiozephyrus neis; Wang & Fan, 2002, *Butts. Faun. Sin.: Lycaenidae*: 86; Huang, 2003, *Neue Ent. Nachr.*, 55: 102, f. 162, pl. 8, f. 10.

Kameiozezephyrus neis; Wu & Xu, 2017, *Butts. Chin.*: 1092, f. 1093: 8-14.

形态 成虫：中型灰蝶。雌雄异型。与阿磐江琦灰蝶 *E. ackeryi* 相似，主要区别为：两翅正面暗绿色或蓝绿色。前翅正面黑褐色前缘带宽，约与中室端脉等宽；外缘带亦较宽。后翅尾突较长。

寄主 壳斗科 Fagaceae。

生物学 1 年 1 代，以卵越冬，成虫多见于 5 ~ 8 月。

分布 中国（陕西、甘肃、四川、云南），印度，尼泊尔，缅甸。

大秦岭分布 陕西（凤县、佛坪）。

艳灰蝶属 *Favonius* Sibatani & Ito, 1942

Favonius Sibatani & Ito, 1942, *Tenthredo*, 3(4): 327. **Type species**: *Dipsas orientalis* Murray, 1875.

Quercusia Verity, 1943, *Le Farfalle diurn. d'Italia*, 2: 343. **Type species**: *Papilio quercus* Linnaeus, 1758.

Quercusia (Section *Thecla*); Eliot, 1973, *Bull. Br. Mus. nat. Hist.* (Ent.), 28(6): 430.

Favonius (Section *Thecla*); Eliot, 1973, *Bull. Br. Mus. nat. Hist.* (Ent.), 28(6): 430.

Favonius (Theclini); Chou, 1998, *Class. Ident. Chin. Butt.*: 206; Wang & Fan, 2002, *Butts. Faun. Sin.: Lycaenidae*: 113, 114; Korb & Bolshakov, 2011, *Eversmannia Suppl.*, 2: 69.

Favonius; Wu & Xu, 2017, *Butts. Chin.*: 1121.

雌雄异型。后翅反面近臀角有橙黄色眼斑及 W 形纹。前翅中室长超过前翅长的 1/2；R_5 脉从中室上端角生出；R_4 脉从 R_5 脉中部分出；M_1 脉和 R_5 脉共柄短。后翅 Cu_1 脉端部齿状外突；Cu_2 脉端部有尾突。

雄性外生殖器：背兜头盔形；无钩突；颚突中部球形膨大，末端长指状；囊突短；抱器近长椭圆形，端部弯曲，有锯齿；阳茎长，后端有细刺。

雌性外生殖器：交配囊导管骨化；交配囊长卵圆形；无交配囊片。

寄主为豆科 Fabaceae 及壳斗科 Fagaceae 植物。

全世界记载 12 种，分布于古北区和东洋区。中国已知 7 种，大秦岭均有分布。

种检索表

1. 中室端斑无或极细 ······ 2
   中室端斑条形 ······ 5
2. 后翅正面 rs 室大部分灰黑色 ······ **翠艳灰蝶 *F. taxila***
   后翅正面 rs 室大部分翠绿色或翠蓝色 ······ 3
3. 后翅正面 rs 室翠绿色或翠蓝色鳞带与其他翅室平齐 ······ **考艳灰蝶 *F. korshunovi***
   后翅正面 rs 室翠绿色或翠蓝色鳞带短于其他翅室 ······ 4

4. 两翅反面有窄的灰黑色中室端斑，缘线白色 ························ **亲艳灰蝶 *F. cognatus***
两翅反面无中室端斑 ························ **超艳灰蝶 *F. ultramarinus***
5. 后翅正面 rs 室大部分灰黑色 ························ **萨艳灰蝶 *F. saphirinus***
后翅正面 rs 室大部分翠绿色或翠蓝色 ························ 6
6. 后翅反面中室端斑清晰 ························ **里奇艳灰蝶 *F. leechi***
后翅反面中室端斑模糊不清 ························ **艳灰蝶 *F. orientalis***

艳灰蝶 *Favonius orientalis* (Murray, 1875)

Dipsas orientalis Murray, 1875a, *Ent. mon. Mag.*, 11: 169. **Type locality**: [Yokohama, Honshu, Japan].

Favonius orientalis; Shirôzu, 1962, *Tyô Ga*, 12(4): 148; Kudrna, 1974, *Atalanta*, 5: 110; Lewis, 1974, *Butt. World*: pl. 205, f. 30; Chou, 1994, *Mon. Rhop. Sin.*: 625; Korb & Bolshakov, 2011, *Eversmannia Suppl.*, 2: 69; Wang & Fan, 2002, *Butts. Faun. Sin.: Lycaenidae*: 114; Wu & Xu, 2017, *Butts. Chin.*: 1121, f. 1123: 1-6.

形态 成虫：中型灰蝶。雌雄异型。两翅正面青绿色，具金属光泽。反面灰白色至棕灰色；带纹白色和灰黑色；外缘线黑、白 2 色。前翅正面无斑。反面亚外缘带下部带纹宽，黑褐色，中上部色浅，带纹窄，浅灰黑色；灰黑色外斜带较宽，止于臀角附近的 Cu_2 脉，外侧缘线白色；中室端斑条形，黑灰色，缘线白色。后翅正面前缘及后缘带宽，棕黑色；外缘近顶角和臀角处带纹稍宽；其余部分带纹极窄。反面白色亚外缘带及亚缘斑列直或微弯曲，斑列间浅灰黑色，斑纹被翅脉分割；外横带从前缘近顶角处伸向臀角附近 W 形弯曲折向后缘中下部，内侧有灰黑色缘带相伴；中室端斑模糊；cu_1 室端部眼斑及臀角眼斑橙色，其中 cu_1 室眼斑橙色眶纹完整，臀角眼斑眶纹未闭合；后缘端部橙色纹与臀角眼斑的橙色眶纹相连。黑色尾突细长，端部白色。雌性：两翅正面棕褐色；顶角及外缘黑褐色。反面灰白色。前翅正面中室端脉外侧有边界模糊的棕色斜斑，有时中室及 cu_1 室有蓝紫色斑纹。其余斑纹同雄性。

卵：扁圆形；初产白色，越冬后灰色；表面密布尖突。

幼虫：蛞蝓形；体两侧圆齿状；青灰色至褐色；2 条白紫色亚背线在背中部平行排列，但头尾部叉状分开，其两侧各有 1 列斜的白紫色条斑。

蛹：椭圆形；乳黄色；密布黑褐色斑驳纹。

寄主 壳斗科 Fagaceae 枹栎 *Quercus serrata*、蒙古栎 *Q. mongolica*、柞栎 *Q. dentata*、麻栎 *Q. acutissima*、栓皮栎 *Q. variabilis*、槲栎 *Q. aliena*、土耳其栎 *Q. cerris*、栗属 *Castanea* spp.。

生物学 1 年 1 代，以卵越冬，成虫常见于 6 ~ 8 月。多在林区活动，雄性间常嬉戏，飞行较快。卵产于寄主植物休眠芽基部。

分布 中国（黑龙江、吉林、辽宁、内蒙古、北京、天津、河北、山西、河南、陕西、宁夏、甘肃、安徽、湖北、江西、四川、贵州、云南），俄罗斯，朝鲜，日本。

大秦岭分布 陕西（周至、眉县、太白、汉台、南郑、宁强、石泉、宁陕）、甘肃（武都、迭部、碌曲）、四川（青川、平武）、湖北（武当山）。

里奇艳灰蝶 *Favonius leechi* (Riley, 1939)

Thecla leechi Riley, 1939, *Novit. zool*., 41: 355, 356.

Thecla coelestina Riley, 1939, *Novit. zool*., 41: 358.

Favonirzs suffusa leechi; Bridges, 1988a, *Cat. Lyc. Rio*., 2: 41.

Favonius leechi Fujioka, 1994a, *Butterflies*, 7: 14; Koiwaya, 1996, *Stu. Chin. Butts*., 3: 85, figs. 470-471; Wang & Fan, 2002, *Butts. Faun. Sin.: Lycaenidae*: 117; Wu & Xu, 2017, *Butts. Chin*.: 1121, f. 1123: 7-12.

形态 成虫：中型灰蝶。雌雄异型。与艳灰蝶 *F. orientalis* 近似，主要区别为：两翅正面青绿色金属光泽中有紫色闪光；反面带纹较清晰。后翅反面亚外缘带较宽，波状；中室端斑清晰；臀角橙色眼斑鲜艳。

卵：扁圆形；白色；表面密布锥状小突起；精孔区圆形凹入，周边有网状刻纹。

幼虫：红褐色；体表密布黑褐色小点；两侧圆齿状；背部 2 条白色亚背线端部叉状分开，两侧白色斜纹八字形排列；腹背面末端白色斑纹鸭蹼状；气孔黑褐色。

蛹：椭圆形；褐色；密布黑褐色斑驳纹；气孔淡黄色。

寄主 壳斗科 Fagaceae 栎属 *Quercus* spp. 及青冈属 *Cyclobalanopsis* spp.。

生物学 1 年 1 代，以卵越冬，成虫常见于 6~8 月。卵产于寄主植物细枝上或休眠芽附近。

分布 中国（陕西、甘肃、浙江、湖北、重庆、四川、云南）。

大秦岭分布 陕西（南郑）、甘肃（徽县）。

萨艳灰蝶 *Favonius saphirinus* (Staudinger, 1887)

Thecla saphirina Staudinger, 1887, *In*: Romanoff, *Mém. Lép*., 3: 155, pl. 16, f. 3-5. **Type locality**: Askold Island (S. Primorye).

Favonius saphirinus; Shirôzu, 1962, *Tyô Ga*, 12(4): 148; Kudrna, 1974, *Atalanta*, 5: 111; Lewis, 1974, *Butt. World*: pl. 205, f. 31; Wang & Fan, 2002, *Butts. Faun. Sin.: Lycaenidae*: 115, 116; Korb & Bolshakov, 2011, *Eversmannia Suppl*., 2: 69; Wu & Xu, 2017, *Butts. Chin*.: 1126, f. 1127: 1-4.

形态 成虫：中型灰蝶。雌雄异型。与里奇艳灰蝶 *F. leechi* 相似，主要区别为：翅形较圆；两翅外缘弧形；正面青蓝色；反面白色或灰白色。雄性后翅正面顶角、外缘及臀角黑色带较宽；rs 室绝大部分灰黑色。反面白色亚外缘带及亚缘带宽。雌性前翅中室端外有污白色斜斑。

寄主 壳斗科 Fagaceae 柞栎 *Quercus dentata*、槲栎 *Q. aliena*、蒙古栎 *Q. mongolica*、栓皮栎 *Q. variabilis*、麻栎 *Q. acutissima* 及青冈 *Cyclobalanopsis glauca*。

生物学 1 年 1 代，以卵越冬，成虫常见于 6 ~ 8 月。多在林缘山地活动。卵产于寄主植物细枝上或休眠芽附近。

分布 中国（黑龙江、辽宁、河南、陕西、甘肃、四川、贵州、云南），俄罗斯，朝鲜，日本。

大秦岭分布 河南（西峡）、陕西（陈仓、洋县、佛坪）。

翠艳灰蝶 *Favonius taxila* (Bremer, 1861)

Thecla taxila Bremer, 1861, *Bull. Acad. Imp. Sci. St. Petersb.*, 3: 470. **Type locality**: S. Primorye, Oberhalbe Ema.

Thecla taxila; Bremer, 1864, *Mém. Acad. Sci. St. Pétersb.*, (7) 8(1): 26, 95, pl. 3, f. 7.

Dipsas taxila; Hewitson, 1869, *Ill. diurn. Lep. Lycaenidae*, (4): (Suppl.) 16, (5): pl. 6, f. 16-17.

Zephyrus jozanus Matsumura, 1915, *Ent. Mag. Kyoto*, 1(2): 58.

Neozephyrus kawamotoi Murayama, 1956, *New Ent. Ueda*, 5(1-2): 28.

Neozephyrus taxila; Howarth, 1957, *Bull. Br. Mus. nat. Hist*. (Ent.), 5(6): 265, f. 35; Shirôzu, 1962, *Tyô Ga*, 12(4): 147; Lewis, 1974, *Butt. World*: pl. 206, f. 17.

Favonius taxila; Wang & Fan, 2002, *Butts. Faun. Sin.: Lycaenidae*: 115; Wu & Xu, 2017, *Butts. Chin.*: 1121, f. 1123: 13-15, 1124: 16-22.

形态 成虫：中型灰蝶。雌雄异型。与艳灰蝶 *F. orientalis* 近似，主要区别为：两翅外横带内侧缘线窄，色较浅；反面中室无端斑。后翅正面 rs 室大部分灰黑色。雌性正面中室端部外侧斑较小，蝴蝶结形，边界较清晰，色偏黄，与后缘近平行。

寄主 壳斗科 Fagaceae 枹栎 *Quercus serrata*、蒙古栎 *Q. mongolica*。

生物学 1 年 1 代，以卵越冬，成虫常见于 6 ~ 8 月。多在林缘活动。卵产于寄主植物休眠芽附近。

分布 中国（吉林、辽宁、北京、河北、山西、河南、陕西、甘肃、新疆、湖北、四川）。

大秦岭分布 河南（内乡、嵩县）、陕西（汉台、勉县、留坝）、甘肃（康县、迭部）。

考艳灰蝶 *Favonius korshunovi* (Dubatolov & Sergeev, 1982)

Neozephyrus korshunovi Dubatolov & Sergeev, 1982, *Ent. Obozr.*, 61(2): 375-381. **Type locality**: Vityaz' Bay, Gamov Peninsula, S. Primorye.

Favonius korshunovi; Bridges, 1988a, *Cat. Lyc. Rio.*, 2: 41; Koiwaya, 1996, *Siu. Chin. Butts.*, 3: 87, figs. 483-484; Wang & Fan, 2002, *Butts. Faun. Sin.: Lycaenidae*: 117; Korb & Bolshakov, 2011, *Eversmannia Suppl.*, 2: 69; Wu & Xu, 2017, *Butts. Chin.*: 1122, f. 1124: 23-30, 1125: 31-33.

形态 成虫：中型灰蝶。雌雄异型。与翠艳灰蝶 *F. taxila* 近似，主要区别为：后翅正面外缘黑带窄；有金属闪光的鳞片占满整个 rs 室。雌性正面中室端部外侧蝴蝶结形斑纹黄色。

卵：扁圆形；白色；表面密布细小突起；精孔区圆形凹入。

幼虫：蛞蝓形；两侧圆齿状。末龄幼虫灰褐色；体表密布细毛和乳白色斑驳纹；背中线黑色，两侧有脊骨状斑纹；腹背部末端有掌状淡色区；气孔黑色。

蛹：近椭圆形；乳黄色；密布黑褐色斑驳纹。

寄主 壳斗科 Fagaceae 蒙古栎 *Quercus mongolica*、槲栎 *Q. aliena*、巴东栎 *Q. engleriana* 及曼青冈 *Cyclobalanopsis oxyodon*。

生物学 1 年 1 代，以卵越冬，成虫常见于 6 ~ 8 月。卵产于寄主植物休眠芽附近。

分布 中国（吉林、辽宁、北京、河北、河南、陕西、甘肃、浙江、四川、云南），俄罗斯，朝鲜。

大秦岭分布 陕西（鄠邑、佛坪）、甘肃（迭部）。

亲艳灰蝶 *Favonius cognatus* (Staudinger, 1892)

Thecla orientalis var. *cognata* Staudinger, 1892, *In*: Romanoff, *Mém. Lép*., 6: 152.

Favonius lativittatus Shirôzu, 1955, *Sieboldia*, 1(3): 28 (nom. nud.).

Favonius cognatus; Shirôzu, 1962, *Tyô Ga*, 12 (4): 148; Kudrna, 1974, *Atalanta*, 5: 111; Lewis, 1974, *Butt. World*: pl. 205, f. 31 (text); Chou, 1994, *Mon. Rhop. Sin*.: 626; Wang & Fan, 2002, *Butts. Faun. Sin.: Lycaenidae*: 117; Korb & Bolshakov, 2011, *Eversmannia Suppl*., 2: 69; Wu & Xu, 2017, *Butts. Chin*.: 1122, f. 1125: 34-38.

形态 成虫：中型灰蝶。雌雄异型。与艳灰蝶 *F. orientalis* 近似，主要区别为：两翅反面中室端斑极细；cu_1 室端部眼斑与臀角眼斑的橙色眶纹相连或接近。雄性后翅正面顶角、外缘及臀角黑色带较宽；rs 室端部灰黑色。雌性前翅中室端外有污白色或淡黄色斑；中室及 cu_2 室有较少或无紫色闪光鳞片。

寄主 壳斗科 Fagaceae 蒙古栎 *Quercus mongolica*、枹栎 *Q. serrata*、柞栎 *Q. dentata*、麻栎 *Q. acutissima*、栓皮栎 *Q. variabilis*、槲栎 *Q. aliena* 及青冈 *Cyclobalanopsis glauca*。

生物学 1 年 1 代，以卵越冬，成虫常见于 6 ~ 8 月。卵产于寄主植物枝干上。

分布 中国（黑龙江、吉林、辽宁、内蒙古、北京、天津、山西、河南、陕西、甘肃、宁夏、青海、湖北、云南），俄罗斯，朝鲜，日本。

大秦岭分布 河南（登封、内乡、西峡、嵩县、栾川、陕州）、陕西（鄠邑、眉县、勉县、留坝）、甘肃（麦积、秦州、武山、文县、徽县、两当、礼县、迭部）。

超艳灰蝶 *Favonius ultramarinus* (Fixsen, 1887)

Thecla taxila var. *ultramarina* Fixsen, 1887, *In*: Romanoff, *Mém. Lép.*, 3: 278. **Type locality**: Pung-Tung, Korea.

Zephurus jozana Matsumura, 1931, 6000 *Illust. Ins. Jap. Empire*: 573.

Favonius ultramarinus; Shirôzu, 1962, *Tyô Ga*, 12(4): 148; Wang & Fan, 2002, *Butts. Faun. Sin.: Lycaenidae*: 116, 117; Korb & Bolshakov, 2011, *Eversmannia Suppl.*, 2: 69; Wu & Xu, 2017, *Butts. Chin.*: 1122, f. 1125: 41-42.

形态 成虫：中型灰蝶。雌雄异型。与亲艳灰蝶 *F. cognatus* 极相似，主要区别为：两翅反面中室端斑消失。雌性前翅中室端部外侧有污白色斜斑。

寄主 壳斗科 Fagaceae 柞栎 *Quercus dentata*、麻栎 *Q. acutissima*、枹栎 *Q. serrata*、蒙古栎 *Q. mongolica*、栓皮栎 *Q. variabilis*、槲栎 *Q. aliena* 及青冈 *Cyclobalanopsis glauca*。

生物学 1年1代，以卵越冬，成虫常见于6~8月。卵产于寄主植物细枝上或休眠芽附近。

分布 中国（辽宁、河南、陕西、甘肃、四川），俄罗斯，朝鲜，日本。

大秦岭分布 河南（登封、嵩县、西峡）、陕西（陈仓）。

何华灰蝶属 *Howarthia* Shirôzu & Yamamoto, 1956

Howarthia Shirôzu & Yamamoto, 1956, *Sieboldia*, 1(4): 371. **Type species**: *Thecla caelestis* Leech, 1890.

Howarthia (Section *Thecla*); Eliot, 1973, *Bull. Br. Mus. nat. Hist.* (Ent.), 28(6): 430.

Howarthia (Theclini); Chou, 1998, *Class. Ident. Chin. Butt.*: 207, 208; Wang & Fan, 2002, *Butts. Faun. Sin.: Lycaenidae*: 75, 76.

Howarthia; Wu & Xu, 2017, *Butts. Chin.*: 1072.

两翅正面有蓝色金属闪光。后翅反面臀区有橙色斑及 W 形白色纹。前翅短阔；中室长不及前翅长的 1/2；R_5 脉从中室上端角分出；R_4 脉从 R_5 脉中部分出；M_1 脉与 R_5 脉在基部有极短共柄。后翅外缘有小锯齿和长尾突；臀角明显。

雄性外生殖器：背兜窄；钩突尖长；颚突有或无；囊突小；抱器近三角形，端半部窄；阳茎粗长，末端尖。

雌性外生殖器：囊导管中等长，膜质；交配囊长圆形；交配囊片有或无。

寄主为杜鹃花科 Ericaceae 植物。

全世界记载 12 种，分布于东洋区。中国记录 8 种，大秦岭分布 2 种。

种检索表

前翅正面金属闪光区半圆形，蓝色 ………………………………………… **黑缘何华灰蝶 *H. nigricans***
前翅正面金属闪光区近三角形，紫色 ……………………………………………**苹果何华灰蝶 *H. melli***

苹果何华灰蝶 *Howarthia melli* (Forster, 1940)

Zephyrus melli Forster, 1940, *Mitt. Münch. Ent. Ges*., 30: 871, pl. 22-23, f. 4-3. **Type locality**: Tsha-yuen-shan, Kwangtung, China.

Howarthia melli; Chou, 1994, *Mon. Rhop. Sin*.: 628; Wang & Fan, 2002, *Butts. Faun. Sin.: Lycaenidae*: 78, 79; Wu & Xu, 2017, *Butts. Chin*.: 1072, f. 1076: 60-62.

形态 成虫：中型灰蝶。前翅正面黑褐色；基半部有近三角形紫色闪光区；外中区中部橙色斑纹有或无。反面棕褐色；白色亚外缘线及亚缘线被翅脉分割，内侧伴有黑褐色斑纹，自下而上黑褐色斑纹逐渐变小消失，亚外缘线未达前缘，亚缘线末端线纹内移；中室端斑褐色，缘线白色。后翅正面深褐色；无斑。反面外缘线和亚外缘线白色；亚缘斑列白色，缘线黑褐色；白色中横线从前缘中部伸向臀角附近 W 形弯曲后折向后缘中部；臀角区有 2 个橙色大眼斑，瞳点分别为白色和黑色。尾突细长。

卵：扁圆形；白色；表面密布细小凹刻和尖突。

幼虫：黄绿色；体表密布黄白色细毛；头部黑色；胸背部有红棕色斑纹；背中线黑色，两侧有黄白色斜纹和斑点；气孔黄色。

蛹：长椭圆形；头部顶端有 1 对小突起；头胸部背面褐色；腹背面淡褐色，有褐色颗粒状斑驳纹，两侧各有 1 列黑褐色斑纹；背中带黑褐色；气孔淡黄色。

寄主 杜鹃花科 Ericaceae 刺毛杜鹃 *Rhododendron championae*。

生物学 1 年 1 代，以卵越冬，成虫多见于 6 ~ 9 月。

分布 中国（甘肃、安徽、浙江、湖北、江西、福建、广东、广西）。

大秦岭分布 甘肃（武都）、湖北（神农架）。

黑缘何华灰蝶 *Howarthia nigricans* (Leech, 1893)

Thecla caelestis nigricans Leech, 1893, *Butts. Chin. Jap. Cor*., 2: 383. **Type locality**: Sichuan.

Zephyrus colestis [sic] *nigricans*; Seitz, 1906, *Macrolep*., 1: 271; Huang, 1943, *Notes d'Ent. Chin*., 10(3): 154.

Howarthia nigricans; Koiwaya, 1993, *Stu.Chin. Butts*., 2: 57, fig'd; Wang & Fan, 2002, *Butts. Faun. Sin.: Lycaenidae*: 78; Wu & Xu, 2017, *Butts. Chin*.: 1077, f. 1081: 6-12.

形态 成虫：中型灰蝶。两翅正面亮蓝色，有金属闪光；反面棕褐色至红褐色，线纹白色。前翅正面前缘、外缘、顶角区及亚顶区黑色至黑褐色；蓝色闪光区半圆形。反面白色亚外缘线被翅脉分割，未达前缘，下端内侧伴有黑褐色斑纹；外斜线止于臀角附近的 Cu_2 脉；中室端线白色。后翅正面周缘灰黑色，其余翅面亮蓝色；外缘线白色；亚外缘线亮蓝色，被翅脉分割。反面外缘线和亚外缘线白色；亚缘斑列白色，缘线黑色；白色中横线从前缘中部伸向臀角附近 W 形弯曲后折向后缘中部；中室端线白色；臀角区有 2 个橙色大眼斑，瞳点黑色；后缘下部橙色带纹与眼斑相连。尾突细长。

幼虫：蛞蝓形。1 龄幼虫淡绿色。2 龄幼虫乳白色至乳黄色。3 龄幼虫浅赭黄色，体侧淡紫色；背部有金黄色纵纹。末龄幼虫黄紫色，侧面淡紫色。

蛹：深红褐色；近梭形；头顶有 1 对角状突起；腹背面有大片近菱形的白色斑纹区。

寄主 杜鹃花科 Ericaceae 杜鹃花属 *Rhododendron* spp.。

生物学 1 年 1 代，以卵越冬，成虫常见于 6 ~ 9 月。多生活于 2000 m 以上的高海拔地带。卵产于寄主植物枝条或休眠芽基部。幼虫取食花和嫩芽。老熟幼虫化蛹于寄主植物枝条上。

分布 中国（陕西、四川）。

大秦岭分布 陕西（太白、凤县）。

柴谷灰蝶属 *Sibataniozephyrus* Inomata, 1986

Sibataniozephyrus Inomata, 1986, *Atlas Jap. Butt.*: 120. **Type species**: *Zephyrus fujisanus* Matsumura, 1910.

Sibataniozephyrus; Hsu & Lin, 1994, *J. Lep. Soc.*, 48(2): 128; Wang & Fan, 2002, *Butts. Faun. Sin.: Lycaenidae*: 112; Wu & Xu, 2017, *Butts. Chin.*: 1126.

雌雄异型。雄性前足跗节愈合。两翅正面隐约可见反面斑纹的透射。反面乳白色至灰白色；有黑褐色至深褐色横带纹。后翅反面有 V 形纹和橙色眼斑。前翅中室长约为前翅长的 1/2；R_5 脉从中室上端角生出；R_4 脉从 R_5 脉中部分出；M_1 脉和 R_5 脉共柄短。后翅 M_1 脉及 Cu_1 脉端部齿状外突；Cu_2 脉端部有丝状尾突。

寄主为壳斗科 Fagaceae 水青冈属 *Fagus* spp. 植物。

全世界记载 3 种，分布于东洋区。中国已知 2 种，大秦岭分布 1 种。

黎氏柴谷灰蝶 *Sibataniozephyrus lijinae* Hsu, 1995

Sibataniozephyrus lijinae Hsu, 1995, *Trop. Lep.*, 6(2):129, 130. **Type locality**: Guizhou.

Sibataniozephyrus lijinae; Wang & Fan, 2002, *Butts. Faun. Sin.: Lycaenidae*: 113; Wu & Xu, 2017, *Butts. Chin.*: 1126, f. 1127: 7-11.

形态 成虫：中型灰蝶。雌雄异型。雄性：翅形较圆。两翅正面淡蓝色，有金属光泽；外缘带黑褐色；透射斑蓝色加深。反面乳白色至灰白色。前翅反面外缘有 1 条深褐色细线纹；亚外缘带灰色；亚缘斑列从前缘到后缘斑纹逐渐变大，色彩逐渐加深，由褐色变为黑褐色，内侧中上部有 1 条褐色带纹相伴；外横带较粗，边缘不齐；黑色中室端斑宽。后翅正面外缘白色，有黑色细线纹。反面亚缘斑列未达前后缘；外横带及中横带近平行，达臀角后 V 形折向后缘中下部，中室端斑与中横带重叠；cu_1 室端部眼斑及臀角眼斑橙色，其中 cu_1 室眼斑橙色眶纹完整，臀角眼斑眶纹未闭合；后缘端部橙色纹与臀角眼斑的橙色眶纹相连。黑色尾突细长，端部白色。雌性：两翅正面褐色；端缘及透射纹黑褐色；其余斑纹同雄性。

卵：扁圆形；灰白色；密布凹凸刻纹。

幼虫：4 龄期。蛞蝓形。1 龄幼虫灰白色；头部黑色。4 龄幼虫黄褐色；背中线两侧有黄色斜带纹。

蛹：淡红褐色；近椭圆形；背部有黑褐色点斑列；背中线红褐色。

寄主 壳斗科 Fagaceae 巴山水青冈 *Fagus pashanica*、米心水青冈 *F. engleriana*、水青冈 *F. longipetiolata*。

生物学 1 年 1 代，以卵越冬，成虫多见于 6 月。栖息于中高海拔的常绿或落叶乔灌林中，成虫多在寄主植物周边活动。卵单产于寄主植物细枝分叉处或休眠芽基部。1 龄幼虫钻入休眠芽内取食；3 龄幼虫有咬断叶柄处主脉，使叶片下垂，并藏于其下的习性；4 龄幼虫有缀叶做丝巢化蛹习性。

分布 中国（陕西、湖南、广东、四川、贵州）。

大秦岭分布 四川（南江）。

铁灰蝶属 *Teratozephyrus* Sibatani, 1946

Teratozephyrus Sibatani, 1946, *Bull. lep. Soc. Jap.*, 1(3): 77. **Type species**: *Zephyrus arisanus* Wileman, 1909.

Teratozephyrus (Section *Thecla*); Eliot, 1973, *Bull. Br. Mus. nat. Hist.* (Ent.), 28(6): 430.

Teratozephyrus (Theclini); Chou, 1998, *Class. Ident. Chin. Butt.*: 209; Wang & Fan, 2002, *Butts. Faun. Sin.: Lycaenidae*: 79-81.

Teratozephyrus; Wu & Xu, 2017, *Butts. Chin.*: 1079.

雌雄异型。雄性跗节 1 节，管状。黑褐色种类。后翅反面臀区有橙色眼斑及 W 形纹。两翅中室长约等于翅长的 1/2。前翅 R_4 脉从 R_5 脉中部分出，与 M_1 脉有短的共柄，均从中室上端角生出。后翅尾突细长。

雄性外生殖器：背兜头盔状；钩突小，末端钝或中部稍凹入；颚突细长；囊突小；抱器豆瓣形，背端有 1 个矛状突出；阳茎弯曲，有角状器。

寄主为壳斗科 Fagaceae 植物。

全世界记载 10 种，分布于东洋区。中国已知 8 种，大秦岭分布 3 种。

种检索表

1. 翅反面白色 ……………………………………**阿里山铁灰蝶 *T. arisanus***
   翅反面非白色 ……………………………………………………2
2. 前翅反面 cu_2 室端部有 1 个白色条斑 ……………………**怒和铁灰蝶 *T. nuwai***
   前翅反面 cu_2 室端部无白色条斑 ………………………………**黑铁灰蝶 *T. hecale***

黑铁灰蝶 *Teratozephyrus hecale* (Leech, 1894)

Zephyrus hecale Leech, 1894, *Butts. Chin. Jap. Cor.*, (2): 379, (1): pl. 27, f. 1-2.

Teratozephyrus hecale; Shirôzu, 1962, *Tyô Ga*, 12(4): 146; Lewis, 1974, *Butt. World*: pl. 206, f. 41; Chou, 1994, *Mon. Rhop. Sin.*: 628; Wang & Fan, 2002, *Butts. Faun. Sin.: Lycaenidae*: 82, 83; Wu & Xu, 2017, *Butts. Chin.*: 1084, f. 1088: 1-5.

形态 成虫：中型灰蝶。两翅正面黑褐色；反面棕褐色。前翅正面中室端部外侧有 2 个水平排列的橙色斑纹，内侧斑纹时有模糊。反面外缘带深褐色；亚外缘线白色；亚缘斑列深褐色，基部 2 个斑纹大，端部斑纹时有模糊或消失；白色外斜带从前缘近顶角处斜向 Cu_2 脉端部，内侧缘线黑褐色；中室端斑条形，褐色，两侧缘线白色。后翅 Cu_2 脉端部角状外突；黑色尾突细长，端部白色。正面无斑。反面外缘带黑褐色，缘线白色；亚外缘带及亚缘带白色，波状；白色中横线波状，内侧缘线黑褐色，从前缘中部斜向臀角，到达 cu_2 室端部后 W 形弯曲折向后缘中部；cu_2 室端部及臀角各有 1 个橙红色眼斑，瞳点黑色，臀角眼斑瞳点下移至臀角端部，眶纹未闭合；后缘端部橙色纹与臀角眼斑的橙色眶纹相连。雌性前翅 2 个橙色斑纹较雄性大，多相连。

寄主 壳斗科 Fagaceae 台湾窄叶青冈 *Quercus stenophylloides* 及巴东栎 *Q. engleriana*。

生物学 1 年 1 代，以卵越冬，成虫多见于 5 ~ 8 月。卵产于寄主植物休眠芽基部。

分布 中国（陕西、甘肃、湖北、台湾、重庆、四川、云南）。

大秦岭分布 陕西（长安、蓝田、鄠邑、周至、眉县、凤县、洋县、留坝、宁陕、山阳）、甘肃（麦积）、湖北（神农架）。

怒和铁灰蝶 *Teratozephyrus nuwai* Koiwaya, 1996（图版 10：27）

Teratozephyrus nuwai Koiwaya, 1996, *Stu. Chin. Butts*., 3: 265, 266, fig'd.

Teratozephyrus nuwai; Wang & Fan, 2002, *Butts. Faun. Sin.: Lycaenidae*: 83; Wu & Xu, 2017, *Butts. Chin*.: 1084, f. 1088: 6-8.

形态 成虫：中型灰蝶。与黑铁灰蝶 *T. hecale* 相似，主要区别为：前翅反面 cu_2 室端部有 1 个白色条斑。

寄主 壳斗科 Fagaceae 刺叶高山栎 *Quercus spinosa*。

生物学 1 年 1 代，以卵越冬，成虫多见于 7 ~ 9 月。卵产于寄主植物休眠芽基部。

分布 中国（陕西、甘肃、重庆）。

大秦岭分布 陕西（周至、凤县）、甘肃（麦积）。

阿里山铁灰蝶 *Teratozephyrus arisanus* (Wileman, 1909)

Zephyrus arisanus Wileman, 1909, *Annot. zool. jap*., 7(2): 91-93.

Teratozephyrus arisanus; Shirôzu, 1962, *Tyô Ga*, 12(4): 146; Chou, 1994, *Mon. Rhop. Sin*.: 629; Wang & Fan, 2002, *Butts. Faun. Sin.: Lycaenidae*: 81; Wu & Xu, 2017, *Butts. Chin*.: 1079, f. 1083: 33-38.

形态 成虫：中型灰蝶。两翅正面黑褐色；反面白色；斑带多褐色或黑褐色。前翅正面中室端部外侧有 2 个水平排列的橙色斑纹，时有退化或消失。反面外缘带窄；亚外缘斑列深褐色；亚缘斑列不完整或消失；外横斑带未达后缘；中室端斑条形。后翅黑色尾突细长，端部白色。正面无斑。反面外缘细带黑褐色，缘线白色；亚外缘斑列及亚缘斑带相互靠近；中横线从前缘中部到达 cu_2 室端部后 W 形弯曲折向后缘中部；cu_2 室端部及臀角各有 1 个橙红色眼斑，瞳点黑色，臀角眼斑瞳点下移至臀角端部，圈纹未闭合；后缘端部橙色纹与臀角眼斑的橙色圈纹相连。雌性前翅 2 个橙色斑纹较雄性清晰。

寄主 壳斗科 Fagaceae 台湾窄叶青冈 *Quercus stenophylloides*。

生物学 1 年 1 代，以卵越冬，成虫多见于 6 ~ 8 月。喜栖息于山地阔叶林。卵产于寄主植物枝条上。

分布 中国（甘肃、浙江、湖北、江西、台湾、四川、云南），缅甸。

大秦岭分布 甘肃（武都、康县、徽县）、湖北（神农架）。

华灰蝶属 *Wagimo* Sibatani & Ito, 1942

Wagimo Sibatani & Ito, 1942, *Tenthredo*, 3(4): 319. **Type species**: *Thecla signata* Butler, [1882].

Wagimo (Section *Thecla*); Eliot, 1973, *Bull. Br. Mus. nat. Hist.* (Ent.), 28(6): 430.

Wagimo (Theclini); Chou, 1998, *Class. Ident. Chin. Butt.*: 202; Wang & Fan, 2002, *Butts. Faun. Sin.: Lycaenidae*: 66, 67; Korb & Bolshakov, 2011, *Eversmannia Suppl.*, 2: 69.

Wagimo; Wu & Xu, 2017, *Butts. Chin.*: 1067.

雄性前足跗节 1 节。两翅密布向臀角汇合的白色线纹；臀角有 V 形纹。前翅短阔；中室长不及前翅长的 1/2；R_5 脉从中室上端角生出，到达顶角；R_4 脉从 R_5 脉中部分出；M_1 脉从中室上端角生出，不与 R_5 脉共柄。后翅有尾突；反面臀角有橙色斑。

雄性外生殖器：背兜短；钩突二分叉；颚突发达，镰刀状；囊突中等长；抱器狭长，牛角状；阳茎极长，末端平截，角状突极弱。

雌性外生殖器：交配囊导管长，骨化；交配囊卵圆形；交配囊片发达。

寄主为壳斗科 Fagaceae 栎属 *Quercus* spp. 植物。

全世界记载 6 种，分布于古北区和东洋区。中国记录 5 种，大秦岭分布 2 种。

种检索表

后翅正面褐色 ………………………………………… **华灰蝶 *W. sulgeri***

后翅正面青蓝色 ………………………………………… **黑带华灰蝶 *W. signata***

华灰蝶 *Wagimo sulgeri* (Oberthür, 1908)（图版 11：29—30）

Thecla sulgeri Oberthür, 1908, *Ann. Soc. ent. Fr.*, 77: 312, 313, pl.5.

Zephyus sulgeri; Wu, 1938, *Cat. Ins. Sin.*, 4: 937; Huang, 1943, *Notes d'Ent. Chin.*, 10(3):164.

Thecla sulgeri; Shirôzu & Yamamoto, 1956, *Sieboldia*, 1(4): 366.

Wagimo sulgeri; Shirôzu, 1962, *Tyô Ga*, 12(4): 146; Bridges, 1988a, *Cat. Lyc. Rio.*, 2: 113; Chou, 1994, *Mon. Rhop. Sin.*: 632; Koiwaya,1996, *Stu. Chin. Butts.*, 3: 49, figs. 268-269; Wang & Fan, 2002, *Butts. Faun. Sin.: Lycaenidae*: 67, 68; Wu & Xu, 2017, *Butts. Chin.*: 1067, f. 1074: 20-22.

Wagimo sulgeri sulgeri; D'Abrera,1993, *Butts. Hol. Reg.*, 3: 406, fig'd; Chou, 1994, *Mon. Rhop. Sin.*: 632.

形态 成虫：中型灰蝶。两翅正面黑褐色或灰黑色；反面棕褐色至褐色。前翅正面基部至中域中下部有蓝紫色大斑，近豆瓣形。反面外缘线白色；亚缘斑列中上部斑纹模糊，下部 2 个黑色斑纹大，清晰，两侧有白色条斑列相伴；外斜带及中室端斑色稍深，两侧缘线白色。后翅正面深褐色；端缘色稍深；外缘线白色；cu_1 室端部及臀角各有 1 个黑色圆斑，时有模糊。反面外缘线白色，2 条；亚外缘带及亚缘带白色，波状；翅基部至中域有多条近 V 形线纹，大小不一，里外套叠，白色；cu_1 室端部及臀角各有 1 个橙色眼斑，瞳点黑色；M_1 脉末端及臀角稍有尖出。尾突细长，黑色，端部白色。

幼虫：末龄幼虫绿色；胸背中部红褐色；背中带宽，白色，Y 形，两侧有黄色斜带纹，末端斜带纹黄、白 2 色；第 8 腹节背部两侧具尖锐突起。

蛹：长椭圆形；淡褐色；表面密布灰白色短细毛和黑褐色斑驳纹。

寄主 壳斗科 Fagaceae 橿子栎 *Quercus baronii*。

生物学 1 年 1 代，以卵越冬，成虫多见于 6 ~ 7 月。飞翔缓慢。卵产于寄主植物休眠芽基部。幼虫常咬断寄主植物叶片的叶脉，并栖息于叶片反面。

分布 中国（河南、陕西、甘肃、安徽、浙江、湖北、江西、福建、四川）。

大秦岭分布 河南（登封、内乡、嵩县、栾川、灵宝）、陕西（长安、鄠邑、周至、眉县、凤县、商州）、甘肃（麦积、徽县、两当、迭部）、湖北（神农架）、四川（九寨沟）。

黑带华灰蝶 *Wagimo signata* (Butler, [1882])（图版 11：28）

Thecla signata Butler, [1882], *In*: Butler & Fenton, *Proc. zool. Soc. Lond.*, (4): 854. **Type locality**: Kuromatsunai, Hokkaido, Japan .

Wagimo signata; Shirôzu, 1962, *Tyô Ga*, 12(4): 146; Kudrna, 1974, *Atalanta*, 5: 110; Lewis, 1974, *Butt. World*: pl. 206, f. 51; Wang & Fan, 2002, *Butts. Faun. Sin.: Lycaenidae*: 68, 69; Korb & Bolshakov, 2011, *Eversmannia Suppl.*, 2: 69; Wu & Xu, 2017, *Butts. Chin.*: 1067, f. 1073: 14-18, 1074: 19.

形态 成虫：中型灰蝶。与华灰蝶 *W. sulgeri* 近似，主要区别为：前翅反面亚缘斑列中上部两侧缘线相距远。后翅正面有蓝紫色大斑；反面 cu_1 室端部眼斑与臀角眼斑相连，橙色眶纹宽。

卵：灰色。

幼虫：绿色；两边有白色纵带。

蛹：褐色；有黑色点斑列。

寄主 壳斗科 Fagaceae 巴东栎 *Quercus engleriana*、大叶栎 *Q. griffithii*、柞栎 *Q. dentata*、枹栎 *Q. serrata*、蒙古栎 *Q. mongolica*、麻栎 *Q. acutissima*、槲栎 *Q. aliena* 及栓皮栎 *Q. variabilis*。

生物学 1 年 1 代，以卵越冬，成虫多见于 6 ~ 7 月。卵单产或聚产于寄主植物顶芽基部。

分布 中国（黑龙江、辽宁、河北、河南、陕西、甘肃、浙江、四川），俄罗斯，朝鲜，韩国，日本。

大秦岭分布 河南（登封、内乡、嵩县、栾川、灵宝）、陕西（周至、眉县、汉台）、甘肃（迭部）。

丫灰蝶属 *Amblopala* Leech, 1893

Amblopala Leech, 1893, *Butts. Chin. Jap. Cor.*, (2): 341. **Type species**: *Amblypodina avidiena* Hewitson, 1877.

Amblopala (Section *Amblopala*); Eliot, 1973, *Bull. Br. Mus. nat. Hist.* (Ent.), 28(6): 430.

Amblopala (Theclini); Chou, 1998, *Class. Ident. Chin. Butt.*: 210; Wang & Fan, 2002, *Butts. Faun. Sin.: Lycaenidae*: 147, 148.

Amblopala; Wu & Xu, 2017, *Butts. Chin.*: 1139.

雄性前足跗节愈合成 1 节。翅形特殊，前翅顶角略呈截形。后翅前缘微凹；无尾突；臀角指状延伸外突；反面有 Y 形斑纹。前翅中室稍长于前翅长的 1/2；R_5 脉从中室上端角生出，到达翅的前缘；R_4 脉从 R_5 脉的 1/2 处分出；M_1 脉与 R_5 脉同点分出，不共柄。

雄性外生殖器：背兜短；钩突宽；颚突细钩状；抱器短阔；阳茎长，末端尖锐，角状突弱。

雌性外生殖器：交配囊导管长，膜质，顶端骨化；交配囊卵圆形；成对交配囊片发达，长条形。

寄主为含羞草科 Mimosaceae 植物。

全世界记载 1 种，分布于古北区及东洋区。大秦岭亦有分布。

丫灰蝶 *Amblopala avidiena*(Hewitson, 1877)（图版 12：31—32）

Amblypodia avidiena Hewitson, 1877, *Ent. mon. Mag.*, 14: 108. **Type locality**: China.

Amblypodia avidiena; Hewitson, 1878, *Ill. diurn. Lep. Lycaenidae*, (8): (Suppl.) 23, pl. 8, f. 72-73.

Amblopala avidiena; Chou, 1994, *Mon. Rhop. Sin.*: 632; Wang & Fan, 2002, *Butts. Faun. Sin.: Lycaenidae*: 148, 149; Huang & Xue, 2004, *Neue Ent. Nachr.*, 57: 194, f. 1 (m.gen), 14 (f.gen) ; Wu & Xu, 2017, *Butts. Chin.*: 1139, f. 1141: 18-21.

形态 成虫：中型灰蝶。前翅正面黑褐色；顶角尖，斜截；外缘弧形外突；翅中下部至基部有 1 个带金属光泽的蓝色大斑，该斑端上方有 1 个橙黄色斜斑与其相连。反面赭黄色；外缘带及顶角红褐色，内侧缘线白色。后翅正面深褐色至棕褐色；前缘微凹；外缘强弓形外突；顶角近直角形外突；翅中央蓝色大斑近三角形，多有退化或消失；臀角指状外突；后缘灰棕色。反面红褐色；亚缘带赭黄色，上半部弥散状；中域 Y 形带纹淡黄色，从前缘中基部伸达臀角，两侧缘线白色；臀角至后缘中部有 1 条白色线纹；中室下角外侧及臀角区有黑褐色晕染。

卵：扁圆形；白色。

幼虫：4 龄期。绿色；背中线深绿色；每节两侧有深绿色和白色斜带纹。老熟幼虫浅褐色；每节斜带纹变为墨绿色和粉白色；足基带乳白色。

蛹：长椭圆形；深褐色；背面有白色和黑色斑驳纹；腹背面红褐色。

寄主 含羞草科 Mimosaceae 山合欢 *Albizia kalkora* 及合欢 *A. julibrissin* 等。

生物学 1 年 1 代，以蛹越冬，成虫多见于 4 ~ 6 月。飞行迅速，常在林缘、山地和寄主周围活动，喜吸食叶面露水，有湿地吸水的习性。卵单产于寄主植物芽头、顶芽或枝条上。幼虫有吐丝做巢习性，不取食时栖息在虫巢里。老熟幼虫化蛹于寄主植物的根部、落叶下或疤迹处。

分布 中国（河南、陕西、甘肃、江苏、安徽、浙江、江西、福建、台湾、广东、四川、贵州），印度，尼泊尔。

大秦岭分布 河南（内乡、嵩县、栾川）、陕西（南郑、城固、勉县、留坝、汉阴、石泉、商州、镇安）、甘肃（徽县、两当）。

祖灰蝶属 *Protantigius* Shirôzu & Yamamoto, 1956

Protantigius Shirôzu & Yamamoto, 1956, *Sieboidia*, l(4): 339, 357, 358. **Type species**: *Drina superans* Oberthür, 1914.

Protantigius (Section *Thecla*); Eliot, 1973, *Bull. Br. Mus. nat. Hist.* (Ent.), 28(6): 430.

Protantigius (Theclini); Korb & Bolshakov, 2011, *Eversmannia Suppl*., 2: 68; Wang & Fan, 2002, *Butts. Faun. Sin.: Lycaenidae*: 58, 59.

Protantigius; Wu & Xu, 2017, *Butts. Chin*.: 1062.

雄性前足分节。翅正面褐色或黑褐色。反面白色；有黑褐色横带纹。前翅 R_5 脉与 M_1 脉不共柄。后翅尾突细长；臀叶较发达；反面 cu_1 室末端眼斑显著。

雄性外生殖器：背兜发达，较窄；钩突长，近 U 形分叉；颚突钩状，端部渐细；囊突短；抱器小，端半部舌状；阳茎宽扁，角状突弱。

寄主为杨柳科 Salicaceae 植物。

全世界记载 1 种，分布于古北区和东洋区。大秦岭有分布。

祖灰蝶 *Protantigius superans* (Oberthür, 1914)

Drina superans Oberthür, 1914, *Étud. Lépid. Comp*., 9(2): 54, pl. 255, figs. 2155, 2156. **Type locality**: Sichuan.

Protantigius superans; Shirôzu, 1962, *Tyô Ga*, 12(4): 145; Wang & Fan, 2002, *Butts. Faun. Sin.: Lycaenidae*: 59, 60; Korb & Bolshakov, 2011, *Eversmannia Suppl.*, 2: 68; Wu & Xu, 2017, *Butts. Chin.*: 1062, f. 1063: 10-11.

形态 成虫：中大型灰蝶。两翅正面褐色或黑褐色；反面白色；外缘线黑色；亚外缘线及亚缘线黑灰色；中室端斑黑色或黑褐色。前翅正面无斑；反面外横带黑色，波状。后翅尾突细长；Cu_1 脉末端角状尖出。正面 cu_1 及 cu_2 室端部各有 1 个黑色圆斑，圈纹白色，部分模糊。反面中横带细，从前缘中部斜向臀角后 W 形折向后缘中部；cu_1 室端部眼斑橙色，瞳点黑色；臀角橙色眼斑瞳点外移，瓣状突出。

寄主 杨柳科 Salicaceae 山杨 *Populus davidiana*。

生物学 1 年 1 代，以卵越冬，成虫多见于 6 ~ 8 月。常在林区活动，喜在地面停息。卵产于寄主植物休眠芽基部。

分布 中国（辽宁、陕西、甘肃、浙江、台湾、四川），俄罗斯，朝鲜。

大秦岭分布 陕西（太白、凤县、留坝、宁陕）。

珠灰蝶属 *Iratsume* Sibatani & Ito, 1942

Iratsume Sibatani & Ito, 1942, *Tenthredo*, 3(4): 328. **Type species**: *Thecla orsedice* Butler, [1882].

Iratsume (Section *Thecla*); Eliot, 1973, *Bull. Br. Mus. nat. Hist.* (Ent.), 28(6): 430.

Iratsume (Theclini); Chou, 1998, *Class. Ident. Chin. Butt.*: 207; Wang & Fan, 2002, *Butts. Faun. Sin.: Lycaenidae*: 71.

Iratsume; Wu & Xu, 2017, *Butts. Chin.*: 1094.

雄性前足跗节 1 节。雌雄异型。后翅臀区有橙色眼斑及 W 形线纹。前翅中室长约为前翅长的 1/2；R_4 脉从 R_5 脉中上部分出；M_1 脉与 R_5 脉有极短的共柄。后翅尾突细长。

雄性外生殖器：背兜窄；钩突分叉；颚突细长，L 形；囊突极短；抱器狭长，基部阔，端部长钩状外突；阳茎粗大，末端尖细，无角状突。

雌性外生殖器：交配囊导管膜质；交配囊卵圆形；交配囊片退化，仅留痕迹。

寄主为金缕梅科 Hamamelidaceae 植物。

全世界记载 1 种，分布于东洋区及古北区。大秦岭有分布。

珠灰蝶 *Iratsume orsedice* (Butler, [1882])

Thecla orsedice Butler, [1882], *Proc. zool. Soc. Lond.*, (4): 852. **Type locality**: Ibara pass, Dewa.

Iratsume orsedice; Shirôzu, 1962, *Tyô Ga*, 12(4): 146; Kudrna, 1974, *Atalanta*, 5: 110; Chou, 1994, *Mon. Rhop. Sin*.: 626; Wang & Fan, 2002, *Butts. Faun. Sin.: Lycaenidae*: 71, 72; Wu & Xu, 2017, *Butts. Chin*.: 1094, f. 1095: 1-4.

形态 成虫：中型灰蝶。雌雄异型。雄性：两翅正面青灰色；端缘灰黑色，弥散状向内侧扩散。反面褐色至赭黄色；外缘线白色。前翅正面黑褐色前缘带窄。反面亚外缘斑列斑纹近椭圆形，黑色，圈纹白色，斑纹从前缘至后缘逐渐变大，近后角 2 个斑纹相连；外横带窄，黑、白 2 色，末段断开并内移。后翅正面外缘有黑、白 2 色细线纹。反面亚外缘带白色，弥散状；白色亚缘斑列斑纹近 V 形；白色中横带细，从前缘端部斜向臀角后 W 形折向后缘中部，内侧线灰褐色；cu_1 室端部眼斑橙黄色，瞳点大，黑色；臀角橙色眼斑瞳点外移；臀瓣稍有外突。尾突细长，黑色。雌性：前翅正面顶角及端缘黑褐色，内侧白色脉纹放射状伸入，并被青白色鳞粉弥散状覆盖。后翅正面前缘棕褐色；端缘加宽的黑褐色脉纹放射状排列。其余斑纹同雄性。

寄主 金缕梅科 Hamamelidaceae 日本金缕梅 *Hamamelis japonica*、水丝梨 *Sycopsis sinensis*。

生物学 1 年 1 代，以卵越冬，成虫多见于 6 ~ 8 月。卵产于寄主植物细枝上。

分布 中国（陕西、甘肃、湖北、台湾、四川），日本。

大秦岭分布 陕西（岚皋、镇坪）、甘肃（舟曲）、湖北（神农架）。

玳灰蝶族 Deudorigini Doherty，1886

Deudorigini Doherty, 1886, *J. asiat. Soc. Bengal*, 55: 110. **Type genus**: *Deudorix* Hewitson, 1863.

Deudorigini; Chou, 1998, *Class. Ident. Chin. Butt*.: 225; Wang & Fan, 2002, *Butts. Faun. Sin.: Lycaenidae*: 196, 197.

雄性前足跗节愈合成 1 节。前翅脉纹多 11 条，有些属 Sc 脉与 R_1 脉接触或交叉。后翅 Cu_2 脉末端常有尾突，有时 Cu_1 脉末端也有尾突，但 2A 脉绝无尾突；臀角瓣状突出。常有第二性征，表现在雄性后翅正面基部的性标斑及与之相关的前翅后缘反面的毛刷。

全世界记载 220 余种，分布于东洋区、古北区及非洲区。中国记录 29 种，大秦岭分布 13 种。

属检索表

1. 翅反面赭黄色 ………………………………………………………… **秦灰蝶属 *Qinorapala***
   翅反面非赭黄色 ………………………………………………………………… 2

2. 雄性无第二性征 ………………………………………………………………………… **玳灰蝶属 *Deudorix***

雄性有显著的第二性征 ……………………………………………………………………………… 3

3. 后翅臀叶发达，极显著 ……………………………………………………………… **燕灰蝶属 *Rapala***

后翅臀叶小，不显著 ………………………………………………………………… **生灰蝶属 *Sinthusa***

燕灰蝶属 *Rapala* Moore, [1881]

Rapala Moore, [1881], *Lepid. Ceylon*, 1 (3): 105. **Type species**: *Thecla varuna* Horsfield, [1829].

Hysudra Moore, 1882, *Proc. zool. Soc. Lond.*, (1): 250. **Type species**: *Deudorix selira* Moore, 1874.

Nadisepa Moore, 1882, *Proc. zool. Soc. Lond.*, (1): 249. **Type species**: *Papilio iarbas* Fabricius, 1787.

Baspa Moore, 1882, *Proc. zool. Soc. Lond.*, (1): 250. **Type species**: *Papilio melampus* Stoll, [1781].

Bidaspa Moore, 1882, *Proc. zool. Soc. Lond.*, (1): 250. **Type species**: *Thecla nissa* Kollar, [1844].

Vadebra Moore, [1884], *Proc. zool. Soc. Lond.*, (4): 528 (preocc. *Vadebra* Moore). **Type species**: *Deudorix petosiris* Hewitson, 1863.

Atara Zhdanko, 1996, *Zool. zhurn*., 75: 783. **Type species**: *Thecla arata* Bremer, 1861.

Hysudra (Section *Deudorix*); Eliot, 1973, *Bull. Br. Mus. nat. Hist.* (Ent.), 28(6): 439.

Nadisepa (Section *Deudorix*); Eliot, 1973, *Bull. Br. Mus. nat. Hist.* (Ent.), 28(6): 439.

Baspa (Section *Deudorix*); Eliot, 1973, *Bull. Br. Mus. nat. Hist.* (Ent.), 28(6): 439.

Bidaspa (Section *Deudorix*); Eliot, 1973, *Bull. Br. Mus. nat. Hist.* (Ent.), 28(6): 439.

Rapala (Section *Deudorix*); Eliot, 1973, *Bull. Br. Mus. nat. Hist.* (Ent.), 28(6): 439.

Bidaspa (Deudorigini); Korb & Bolshakov, 2011, *Eversmannia Suppl*., 2: 70.

Atara (Deudorigini); Korb & Bolshakov, 2011, *Eversmannia Suppl*., 2: 69.

Rapala (Deudorigini); Chou, 1998, *Class. Ident. Chin. Butt*.: 227; Wang & Fan, 2002, *Butts. Faun. Sin.: Lycaenidae*: 202, 203; Vane-Wright & de Jong, 2003, *Zool. Verh. Leiden*, 343: 135.

Rapala; Wu & Xu, 2017, *Butts. Chin*.: 1172.

雄性前足跗节愈合。两翅反面有典型的中室端斑。后翅尾突细长；臀叶发达；cu_1 室端部与臀叶上各有 1 个黑色斑纹。前翅 M_1 脉与 R_5 脉在基部不共柄；中室长等于或短于前翅长的 1/2。第二性征为后翅正面在 $sc+r_1$ 室基部有圆形发香鳞区和前翅后缘反面有倒逆的毛。

雄性外生殖器：背兜发达；无钩突；颚突发达，弧形弯曲；囊突短；抱器结构简单；阳茎宽扁，有角状器。

雌性外生殖器：交配囊导管宽大，部分骨化；交配囊长圆形；成对的交配囊片条形，有刺突。

寄主为蔷薇科 Rosaceae、鼠李科 Rhamnaceae、豆科 Fabaceae、榆科 Ulmaceae、壳斗科 Fagaceae、五加科 Araliaceae 及虎耳草科 Saxifragaceae 植物。

全世界记载 55 种，分布于古北区、东洋区及澳洲区。中国已知 15 种，大秦岭分布 7 种。

种检索表

1. 后翅反面 cu_1 室及 cu_2 室端部各有 1 个橙黄色眼斑 ························ 2
   后翅反面仅 cu_1 室端部有 1 个橙色眼斑 ························ 3
2. 翅狭长，前翅正面雌雄性橙色斑均显著 ························ **彩燕灰蝶 *R. selira***
   翅宽，前翅正面橙色斑雄性较小，雌性无 ························ **蓝燕灰蝶 *R. caerulea***
3. 两翅反面暗色横带两侧均有白色线纹 ························ **白带燕灰蝶 *R. repercussa***
   两翅反面暗色横带仅外侧有白色线纹 ························ 4
4. 两翅反面暗色横带红褐色 ························ **霓纱燕灰蝶 *R. nissa***
   两翅反面暗色横带非红褐色 ························ 5
5. 前翅正面中央多有橙色斑纹 ························ **东亚燕灰蝶 *R. micans***
   前翅正面中央无橙色斑纹 ························ 6
6. 两翅正面有蓝紫色闪光；反面黄褐色 ························ **高沙子燕灰蝶 *R. takasagonis***
   两翅正面有深蓝色闪光；反面褐色 ························ **暗翅燕灰蝶 *R. subpurpurea***

霓纱燕灰蝶 *Rapala nissa* (Kollar, [1844])（图版 13：35）

Thecla nissa Kollar, [1844], *In*: Hügel, *Kasch. Reich Siek*, 4(2): 412, pl. 4, f. 3-4. **Type locality**: Mussoorie.

Rapala nissa; Fruhstorfer, 1912a, *Berl. ent. Zs*., 56(3/4): 257; Lewis, 1974, *Butt. World*: pl. 180, f. 31; Chou, 1994, *Mon. Rhop. Sin*.: 652; Wang & Fan, 2002, *Butts. Faun. Sin.: Lycaenidae*: 203, 204; Wu & Xu, 2017, *Butts. Chin*.: 1173, f. 1178: 40-41.

形态 成虫：中型灰蝶。两翅正面蓝黑色，前翅基半部和后翅的大部分有蓝紫色闪光；反面浅褐色至棕灰色。前翅正面中室端部外侧橙色横斑有或无。反面亚外缘带常间断或模糊不清；外斜带红褐色，从前缘近顶角 1/3 处斜向臀角，但未达臀角；中室端斑缘线红褐色。后翅正面臀角附近有白色外缘线。反面亚外缘带褐色；中横带从前缘中部伸向臀角后 W 形弯曲折向后缘中后部，外侧缘线白色；cu_1 室端部眼斑橙色，瞳点黑色；臀角区灰黑色；圆形臀瓣黑色，外环白色。尾突细长，黑色。雄性 rs 室基部有 1 个长椭圆形毛簇（性标斑）。本种翅色、斑纹常因季节或个体而有变化。

寄主 虎耳草科 Saxifragaceae 溪畔落新妇 *Astilbe rivularis*；蔷薇科 Rosaceae 蔷薇属 *Rosa* spp.；豆科 Fabaceae 长波叶山蚂蝗 *Desmodium sequax*。

生物学 1 年多代，以卵在土块或石块下越冬，成虫多见于 4～8 月，主要栖息在阔叶林。幼虫以多种植物为寄主。

分布 中国（黑龙江、天津、河北、山东、河南、陕西、甘肃、安徽、浙江、湖北、江西、台湾、广东、广西、重庆、四川、贵州、云南、西藏），印度，尼泊尔，泰国，马来西亚。

大秦岭分布 河南（登封、嵩县、陕州）、陕西（长安、鄠邑、周至、陈仓、太白、汉台、南郑、洋县、西乡、岚皋、石泉、宁陕、商州、丹凤、商南、山阳、镇安）、甘肃（麦积、徽县、两当）、湖北（神农架、武当山、郧西）、重庆（巫溪、城口）、四川（青川、都江堰、平武）。

高沙子燕灰蝶 *Rapala takasagonis* Matsumura, 1929

Rapala takasagonis Matsumura, 1929a, *Ins. Matsum*., 3(2/3): 96. **Type locality**: "Formosa" [Taiwan,China].

Rapala takasagonis; Shirôzu, 1960, *Butts. Formosa*: pl. 66, f. 697-700; D'Abrera,1986, *Butts. Orient. Reg*., 3: 629; Bridges, 1988a, *Cat. Lyc. Rio*., 2: 94; Li *et al*., 1992, *Atlas Chin. Butts*.: 147, 148, fig. 19; Chou, 1994, *Mon. Rhop. Sin*.: 653; Wang & Fan, 2002, *Butts. Faun. Sin.: Lycaenidae*: 204; Wu & Xu, 2017, *Butts. Chin*.: 1174, f. 1178: 42-43.

形态 成虫：中型灰蝶。与霓纱燕灰蝶 *R. nissa* 近似，主要区别为：两翅正面蓝紫色闪光较弱；反面暗色横带褐色至深褐色。前翅正面中央无橙色斑纹；反面亚外缘带模糊。

寄主 豆科 Fabaceae 美丽胡枝子 *Lespedeza formosa*。

生物学 1 年多代，成虫多见于 5 ~ 7 月。

分布 中国（陕西、安徽、湖北、江西、福建、台湾、重庆、贵州）。

大秦岭分布 陕西（太白、南郑、洋县、平利、镇坪、商南）、湖北（神农架）、重庆（巫溪、城口）。

东亚燕灰蝶 *Rapala micans* (Bremer & Grey, 1853)

Thecla micans Bremer & Grey, 1853, *Schmett. N. China*: 9.

Thecla micans; Ménétnés, 1855, *Cat. lep. Petersb*., 1: 55, pl. 4, f. 3.

Rapala micans cismona; Lewis, 1974, *Butt. World*: pl. 206, f. 29.

Dipsas micans; Hewitson, 1865, *Ill. diurn. Lep. Lycaenidae*, (2): 66.

Rapala micans; Fruhstorfer, 1912a, *Berl. ent. Zs*., 56(3/4): 258; Huang, 2001, *Neue Ent. Nachr*., 51: 81, f. 27, 53, 57, pl. 9, f. 74; Wu & Xu, 2017, *Butts. Chin*.: 1172, f. 1176: 15-21.

形态 成虫：中型灰蝶。与霓纱燕灰蝶 *R. nissa* 近似，主要区别为：两翅反面淡褐色；暗色横带灰褐色至深褐色。雄性正面有金属蓝色。

卵：扁圆形；蓝绿色；表面具白色细网纹和小突起。

幼虫：4 龄期。蛞蝓形。初孵幼虫墨绿色；头部黑色。2 龄后幼虫体色因取食寄主的部位不同，有 2 种色型，取食很小花蕾的幼虫呈绿色，而取食花瓣的幼虫有橙色条纹斑。末龄幼虫淡绿色，密布玫红色点斑；背中线绿色，两侧各有 1 列伸向外侧的锯齿形突起，齿突玫红色，边缘黄白色，齿尖有 2 根刚毛；体侧红褐色，密布黑色点斑，基部有 1 列淡黄色指状外突，外突基部玫红色。老熟幼虫橙色。

蛹：近椭圆形；黑褐色；体表密被细毛；背部被淡褐色斑驳纹；翅区黑色。

寄主 豆科 Fabaceae 香花崖豆藤 *Millettia dielsiana*、拟绿叶胡枝子 *Lespedeza maximowiczii*、美丽胡枝子 *L. formosa*、扁豆 *Lablab purpureus*、长波叶山蚂蝗 *Desmodium sequax*；榆科 Ulmaceae 山黄麻 *Trema tomentosa*；壳斗科 Fagaceae 高山栎 *Quercus semecarpifolia*；虎耳草科 Saxifragaceae 鼠刺 *Itea chinensis*、溪畔落新妇 *Astilbe rivularis*；五加科 Araliaceae 白锪木 *Aralia bipinnata*。

生物学 1 年多代，以成虫越冬，成虫多见于 5 ~ 8 月。飞行迅速，喜访花和吸食花蜜。卵单产于寄主植物的花序、花蕾和花托的缝隙中或小枝条交叉处。幼虫取食寄主植物的花或花蕾。老熟幼虫化蛹于寄主植物周边的落叶下。

分布 中国（北京、陕西、湖北、江西、福建、贵州、云南）。

大秦岭分布 陕西（佛坪、宁陕）。

白带燕灰蝶 *Rapala repercussa* Leech, 1890

Rapala repercussa Leech, 1890, *Entomologist*, 23: 42. **Type locality**: Changyang, Hubei.

Rapala repercussa; Leech, [1893], *Butts. Chin. Jap. Cor.*, 2: 414, pl. 29, figs. 10, 13; Seitz (ed.), 1906, *Macroplep.*, 1: 259, pl. 72a; Huang, 1943, *Notes d'Ent. Chin.*, 10(3): 183; Bridges, 1988a, *Cat. Lyc. Rio.*, 2: 94; D'Abrera, 1993, *Butts. Hol. Reg.*, 3: 429, fig'd; Wang & Fan, 2002, *Butts. Faun. Sin.: Lycaenidae*: 208.

形态 成虫：中型灰蝶。与霓纱燕灰蝶 *R. nissa* 近似，主要区别为：两翅反面暗色横带宽，棕褐色，两侧均有白色缘线。前翅正面中央无橙色斑纹。反面亚外缘带模糊或退化消失；雄性后缘中部有 1 个圆形黑斑。后翅反面 cu_1 室端部眼斑橙色眶纹完整，闭合。

生物学 1 年多代，成虫多见于 6 ~ 8 月。常栖息于阔叶林。

分布 中国（河南、陕西、湖北、四川）。

大秦岭分布 河南（西峡、栾川）、陕西（佛坪、宁陕）。

蓝燕灰蝶 *Rapala caerulea* (Bremer & Grey, 1852)（图版 13：33—34）

Thecla caerulea Bremer & Grey, 1852, *In*: Motschulsky, *Étud. d'Ent.*, 1: 60. **Type locality**: Peking environs.

Thecla betuloides Blanchard, 1871, *C. R. hebd. Seanc. Acad. Sci.*, 72: 810.

Thecla caerulea; Hewitson, 1877, *Ill. diurn. Lep. Lycaenidae*, (7): 186.

Rapala caerulea; Chou, 1994, *Mon. Rhop. Sin*.: 654; Wang & Fan, 2002, *Butts. Faun. Sin.: Lycaenidae*: 207; Huang, 2003, *Neue Ent. Nachr*., 55: 102 (note) ; Wu & Xu, 2017, *Butts. Chin.*: 1173, f. 1177: 31-34, 1178: 35-37.

Bidaspa caerulea; Korb & Bolshakov, 2011, *Eversmannia Suppl*., 2: 70.

形态 成虫：中型灰蝶。两翅正面蓝褐色，有蓝色闪光。反面赭黄色至棕灰色；有褐色的亚外缘带、亚缘带及外斜带；中室端斑条形。前翅正面中室端部外侧多有橙色斑纹。后翅正面臀角橙色斑带有或无。反面中横带从前缘近中部伸向臀角后 W 形弯曲折向后缘中后部；cu_1 室及 cu_2 室端部橙色眼斑相连，瞳点黑色；圆形臀角瓣黑色，外环白色。雄性前翅反面后缘有长毛及后翅正面基部处有灰色性标斑。

卵：扁圆形；绿色；有光泽；表面有白色小突起。

幼虫：4 龄期。蛞蝓形。幼虫体色因取食寄主的部位不同有 2 种色型，取食很小花蕾的幼虫呈绿色，而取食花瓣的幼虫有橙色条纹斑；取食花瓣的幼虫背中线深绿色，两侧各有 1 列伸向外侧的锯齿形突起，齿突边缘红、白 2 色，齿尖有刚毛。预蛹粉绿色。

蛹：椭圆形；褐色；密布深褐色及黑褐色斑驳纹和细毛。

寄主 蔷薇科 Rosaceae 野蔷薇 *Rosa multiflora*；鼠李科 Rhamnaceae 枣 *Ziziphus jujuba*、勾儿茶属 *Berchemia* spp.；豆科 Fabaceae 尖叶铁扫帚 *Lespedeza juncea*、拟绿叶胡枝子 *L. maximowiczii*、日本胡枝子 *L. thunbergii*、美丽胡枝子 *L. formosa*、扁豆 *Lablab purpureus*、黄檀 *Dalbergia hupeana*、河北木蓝 *Indigofera bungeana*、木蓝 *I. tinctoria*、深紫木蓝 *I. atropurpurea*。

生物学 1 年多代，以蛹在落叶中越冬，成虫多见于 4 ~ 8 月。常在林缘、林间空地活动，有访花和湿地吸水习性。卵多单产于寄主植物的花序上或叶片反面。幼虫只取食寄主植物的花蕾和花瓣，栖息于花序上。老熟幼虫化蛹于寄主植物根部的落叶下。

分布 中国（黑龙江、吉林、辽宁、内蒙古、北京、天津、河北、山东、河南、陕西、甘肃、江苏、安徽、浙江、江西、福建、台湾、重庆、四川、贵州），朝鲜。

大秦岭分布 河南（登封、西峡、南召、嵩县、洛宁）、陕西（长安、鄠邑、周至、华州、潼关、渭滨、眉县、太白、凤县、汉台、南郑、洋县、西乡、留坝、佛坪、宁陕、商州、丹凤、商南、山阳、镇安、柞水）、甘肃（麦积、文县、徽县）、重庆（巫溪、城口）、四川（江油、平武、九寨沟）。

彩燕灰蝶 *Rapala selira* (Moore, 1874)（图版 14：36—37）

Deudorix selira Moore, 1874, *Proc. zool. Soc. Lond*., (1): 272.

Rapala micans selira; Fruhstorfer, 1912a, *Berl. ent. Zs*., 56(3/4): 258.

Rapala selira roana Fruhstorfer, 1916b, *Ent. Rundschau*, 33(5): 25. **Type locality**: Bashahr, NW. Himalayas.

Rapala selira; Lewis, 1974, *Butt. World*: pl. 206, f. 30; Chou, 1994, *Mon. Rhop. Sin*.: 654.

形态 成虫：中型灰蝶。与蓝燕灰蝶 *R. caerulea* 近似，主要区别为：后翅臀角橙色条斑未被翅脉分割；性标斑位于 rs 室基部；臀叶较小。

寄主 蔷薇科 Rosaceae 野蔷薇 *Rosa multiflora*；鼠李科 Rhamnaceae 鼠李 *Rhamnus davurica*。

生物学 1 年多代，成虫多见于 4 ~ 8 月。常在中低海拔的林缘活动，喜访花和吸食花粉、花蜜及植物汁液。

分布 中国（黑龙江、辽宁、北京、天津、河南、陕西、甘肃、浙江、湖北、重庆、四川、贵州、云南、西藏），印度。

大秦岭分布 河南（登封、内乡、嵩县、栾川）、陕西（蓝田、长安、鄠邑、周至、太白、汉台、南郑、留坝、宁陕、商州、商南、山阳、镇安、柞水）、甘肃（麦积、文县、徽县、礼县、迭部、碌曲）、湖北（神农架、武当山）、重庆（巫溪、城口）、四川（九寨沟）。

暗翅燕灰蝶 *Rapala subpurpurea* Leech, 1890

Rapala subpurpurea Leech, 1890, *Entomologist*, 23: 42. **Type locality**: Changyang.

Rapala nissa subpurpurea; Fruhstorfer, 1912a, *Berl. ent. Zs*., 56 (3/4): 257.

Rapala subpurpurea; Huang, 2001, *Neue Ent. Nachr*., 51: 82, f. 26, 56, 60; Huang, 2003, *Neue Ent. Nachr*., 55: 102 (note).

形态 成虫：中型灰蝶。与高沙子燕灰蝶 *R. takasagonis* 极相似，主要区别为：翅正面色深，有深蓝色金属光泽；反面褐色。后翅反面外横带端部外移；cu_1 室端部眼斑橙色纹窄。臀角 2 个眼斑间斑纹黑灰色。雄性后翅正面前缘基部性标斑棕色。

生物学 栖息于阔叶林。

分布 中国（浙江、湖北、四川、贵州）。

大秦岭分布 四川（都江堰、九寨沟）。

秦灰蝶属 *Qinorapala* Chou &Wang, 1995

Qinorapala Chou & Wang, 1995, *Entomotaxonomia*, 17(2): 131. **Type species**: *Qinorapala qinlingana* Chou & Wang, 1995.

Qinorapala (Deudorigini); Chou, 1998, *Class. Ident. Chin. Butt*.: 228, 229; Wang & Fan, 2002, *Butts. Faun. Sin.: Lycaenidae*: 209.

雄性前足跗节愈合。本属与燕灰蝶属 *Rapala* 相近，但脉相及雄性外生殖器差异明显。翅正面黑褐色，具蓝色闪光斑；反面赭黄色；中室前翅长，后翅短。前翅反面后缘具毛刷，后翅正面有明显的性标斑。前翅 M_1 脉与 R_5 脉基部共柄；中室长为前翅长的 1/2；R_4 脉从 R_5 脉中上部分出；M_1 脉与 R_5 脉基部共柄。后翅尾突弱，仅 Cu_2 脉末端有 1 个短的突起。

雄性外生殖器：背兜宽大；无钩突及囊突；颚突钩状；抱器结构简单，近三角形；阳茎粗壮，角状突发达。

全世界记载 1 种，分布于陕西秦岭。

秦灰蝶 *Qinorapala qinlingana* Chou & Wang, 1995

Qinorapala qinlingana Chou & Wang, 1995, *Entomotaxonomia*, 17(2): 131-133, fig. I.

Qinorapala qinlingana; Wang & Fan, 2002, *Butts. Faun. Sin.: Lycaenidae*: 210; Wu & Xu, 2017, *Butts. Chin.*: 1215, f. 1216: 12.

形态 成虫：中型灰蝶。前翅正面黑褐色；中室下方至后缘被蓝色闪光鳞片覆盖。反面赭黄色；中域斜带宽，橙黄色，从前缘近顶角 1/3 处斜向后缘，但未达后角，两侧缘线黑色，缘线外侧各有 1 条银灰色条带相连；中室端部有 2 个银灰色条斑，其间夹有宽的橙黄色条斑及黑色缘线；中室下方至后缘灰色，后缘中部有 1 列长毛刷。后翅正面黑褐色；中域有蓝色闪光；外缘区近臀角处有 1 个橙黄色条斑。反面棕黄色；中域斜带从前缘中部斜向臀角，至 Cu_2 脉近端部处向内弯曲达后缘端部；其余斑纹均同前翅反面；外缘区近臀角处条斑橘黄色。尾突短。

分布 中国（陕西）。

大秦岭分布 陕西（周至、凤县）。

生灰蝶属 *Sinthusa* Moore, 1884

Sinthusa Moore, 1884a, *J. asiat. Soc. Bengal*, Pt.II 53(1): 33. **Type species**: *Thecla nasaka* Horsfield, [1829].

Pseudochliaria Tytler, 1915, *J. Bombay nat. Hist. Soc.*, 24(1): 139. **Type species**: *Pseudochliaria virgoides* Tytler, 1915.

Pseudochliaria (Section *Deudorix*); Eliot, 1973, *Bull. Br. Mus. nat. Hist.* (Ent.), 28(6): 439.

Sinthusa (Section *Deudorix*); Eliot, 1973, *Bull. Br. Mus. nat. Hist.* (Ent.), 28(6): 439.

Sinthusa (Deudorigini); Chou, 1998, *Class. Ident. Chin. Butt.*: 229; Wang & Fan, 2002, *Butts. Faun. Sin.: Lycaenidae*: 210, 211; Vane-Wright & de Jong, 2003, *Zool. Verh. Leiden*, 343: 138.

Sinthusa; Wu & Xu, 2017, *Butts. Chin.*: 1179.

雄性前足跗节愈合。前翅反面后缘中部有倒逆的毛簇。后翅臀瓣小；尾突细长；正面 $sc+r_1$ 室基部有性标斑。前翅脉纹 11 条；无 R_3 脉；Sc 脉与 R_1 脉独立，相向弯曲；R_4 脉短；M_1 脉与 R_5 脉不共柄；中室长为前翅长的 1/2。

雄性外生殖器：背兜发达；无侧突及钩突；颚突钩状；囊突短；抱器狭长，两端细；阳茎细长，角状突发达。

雌性外生殖器：交配囊导管长，全部或中部骨化；交配囊椭圆形；交配囊片三角形，成对。

寄主为蔷薇科 Rosaceae、无患子科 Sapindaceae 及大戟科 Euphorbiaceae 植物。

全世界记载 18 种，分布于东洋区。中国记录 6 种，大秦岭分布 2 种。

种检索表

前翅反面外斜带宽 …………………………………………………………………**生灰蝶 *S. chandrana***

前翅反面外斜带窄 ………………………………………………………………**拉生灰蝶 *S. rayata***

生灰蝶 *Sinthusa chandrana* (Moore, 1882)

Hypolycaena chandrana Moore, 1882, *Proc. zool. Soc. Lond*., (1): 249, pl. 11, f. 2, 2a. **Type locality**: N. India.

Hypolycaena chandrana; de Nicéville, [1884], *J. asiat. Soc. Bengal*, Pt.II 52 (2/4): 78, pl. 9, f. 1 ♀.

Sinthusa chandrana; Fruhstorfer, 1912a, *Berl. ent. Zs*., 56(3/4): 228; Lewis, 1974, *Butt. World*: pl. 180, f. 46; Chou, 1994, *Mon. Rhop. Sin*.: 655; Wang & Fan, 2002, *Butts. Faun. Sin.: Lycaenidae*: 211, 212; Huang & Xue, 2004, *Neue Ent. Nachr*., 57: 144 (note), f. 12 (f. gen) ; Wu & Xu, 2017, *Butts. Chin*.: 1179, f. 1182: 1-7.

形态 成虫：中小型灰蝶。两翅正面黑褐色，有蓝紫色光泽；无斑。反面青灰色或象牙白色；斑带多棕灰色，缘线白色；端缘绿褐色，镶有白色锯齿形亚外缘带；中室端斑条形。前翅反面外斜带断成上下 2 段，下段内移。后翅正面前缘及后缘棕褐色；rs 室基部有圆形性标斑。反面外缘线黑、白 2 色；中横斑列绿褐色，斑纹错位排列，两侧缘线黑、白 2 色；基横斑列 4 个黑色圆斑分上、中、下 3 组，时有消失；臀角和 cu_1 室端部各有 1 个橙黄色眼斑，瞳点黑色；臀角眼斑上方有 1 个橙黄色 V 形斑纹，伴有黑色缘线。尾突细长，黑褐色，端部白色。

卵：圆形；初产时淡绿色，后变为淡黄色；表面密布网状刻纹。

幼虫：4 龄期。1 龄幼虫棕黄色；密布长毛。2 ~ 3 龄幼虫绿色；密布褐色和白色长毛；背两侧有白色斜带纹。老熟幼虫褐色或深褐色；背中线黑褐色，两侧有白色纵带纹、斜带纹和 2 列黑色毛瘤突；体侧基部各有 1 列白色毛瘤突。

蛹：褐色；圆筒形；密被淡色毛；背面有黑褐色斑纹。

寄主 蔷薇科 Rosaceae 蛇泡勒 *Rubus refterus*、羽萼悬钩子 *R. alceifolius*、粗叶悬钩子 *R. alcsaegolius* 及台湾悬钩子 *R. formosensis*。

生物学 1 年多代，以蛹或成虫越冬，成虫多见于 4 ~ 9 月。飞行迅速，喜访花和在树冠层飞翔，多在开阔的林缘、路边的花丛、低海拔的灌木丛中活动，有领域性，喜占据植物突出枝条，追逐雌性或驱赶其他飞过的小型蝶类；吸食多种植物花蜜，如马樱丹 *Lantana camara*、咸丰草 *Railway beggerticks* 或蓟 *Cirsium japonicum* 等菊科 Asteraceae 植物。卵单产于寄主植物花苞或叶片反面。幼虫栖息于叶片反面或芽头包裹的叶片里。老熟幼虫化蛹于寄主植物老叶反面或落叶下。

分布 中国（河南、陕西、甘肃、安徽、浙江、江西、福建、台湾、广东、海南、广西、重庆、四川、贵州、云南、香港），印度，缅甸，越南，泰国，新加坡。

大秦岭分布 河南（栾川）、陕西（太白、眉县、南郑、西乡、佛坪、岚皋、宁陕）、甘肃（文县）、重庆（城口）、四川（青川、都江堰、江油）。

拉生灰蝶 *Sinthusa rayata* Riley, 1939（图版 14：38）

Sinthusa rayata Riley, 1939, *Novit. zool.*, 41: 360. **Type locality**: Tien-Tsuen, W. China.

Sinthusa rayata; Bridges, 1988a, *Cat. Lyc. Rio.*, 2: 98; D'Abrera, 1986, *Butts. Orient. Reg.*, 3: 432, fig'd; Wang & Fan, 2002, *Butts. Faun. Sin.: Lycaenidae*: 212, 213.

形态 成虫：中小型灰蝶。与生灰蝶 *S. chandrana* 近似，主要区别为：两翅反面端缘斑纹较模糊。前翅外斜带及后翅中横带细，赭黄色，黑色缘线粗。

分布 中国（河南、陕西、四川）。

大秦岭分布 陕西（周至、宁陕）。

玳灰蝶属 *Deudorix* Hewitson, 1863

Deudorix Hewitson, 1863, *Ill. diurn. Lep. Lycaenidae*, (1): 16. **Type species**: *Dipsas epijarbas* Moore, 1857.

Virachola Moore, [1881], *Lepid. Ceylon*, 1 (3): 104. **Type species**: *Deudorix perse* Hewitson, 1863.

Deudorix (Lycaenidae); Moore, [1881], *Lepid. Ceylon*, 1(3): 102; Stempffer, 1967, *Bull. Br. Mus. nat. Hist.* (Ent.) Suppl., 10: 98; Wu & Xu, 2017, *Butts. Chin.*: 1169.

Virachola (Lycaenidae); Moore, [1881], *Lepid. Ceylon*, 1(3): 104; Stempffer, 1967, *Bull. Br. Mus. nat. Hist.* (Ent.) Suppl., 10: 107.

Virachola (Section *Deudorix*); Eliot, 1973, *Bull. Br. Mus. nat. Hist.* (Ent.), 28(6): 439.

Deudorix (Theclinae); Clench, 1965, *Mem. Amer. Ent. Soc*., 19: 332.

Deudorix (Section *Deudorix*); Eliot, 1973, *Bull. Br. Mus. nat. Hist.* (Ent.), 28(6): 439.

Deudorix (Deudorigini); Chou, 1998, *Class. Ident. Chin. Butt*.: 226; Wang & Fan, 2002, *Butts. Faun. Sin.: Lycaenidae*: 197, 198; Vane-Wright & de Jong, 2003, *Zool. Verh. Leiden*, 343: 137.

雄性前足跗节愈合。雄性翅正面有鲜艳的红色或橙色斑纹，或呈深蓝色；无第二性征。前翅 M_1 脉与 R_5 脉不共柄；中室长等于或短于前翅长的 1/2。后翅臀瓣发达；Cu_2 脉端部有长尾突。

雄性外生殖器：背兜发达，宽大；无钩突；颚突钩状；囊突极短；抱器狭长，基部愈合，末端指状外突；阳茎细长，有角状突。

雌性外生殖器：交配囊导管骨化；交配囊近圆形；交配囊片发达，成对。

寄主为无患子科 Sapindaceae、山龙眼科 Proteaceae、柿树科 Ebenaceae、云实科 Caesalpiniaceae、山茶科 Theaceae 及七叶树科 Hippocastanaceae 植物。

全世界记载 62 种，分布于东洋区、古北区及非洲区。中国已知 7 种，大秦岭分布 3 种。

种检索表

1. 雄性前翅反面后缘中部有黑色斑纹 ……………………………………………**深山玳灰蝶 *D. sylvana***
   雄性前翅反面后缘中部无黑色斑纹 ……………………………………………………………………… 2
2. 雄性两翅正面有棕红色大斑 ………………………………………………………… **玳灰蝶 *D. epijarbas***
   雄性两翅正面无棕红色大斑 ……………………………………………………**淡黑玳灰蝶 *D. rapaloides***

玳灰蝶 *Deudorix epijarbas* (Moore, 1857)

Dipsas epijarbas Moore, 1857, *In*: Horsfield & Moore, *Cat. lep. Ins. Mus. East India Coy*, 1: 32. **Type locality**: Bengal.

Deudorix epijarbas; Hewitson, 1863, *Ill. diurn. Lep. Lycaenidae*, (1): 20, pl. 7, f. 16-18; Wood-Mason & de Nicéville, 1881, *J. asiat. Soc. Bengal*, Pt.II 49(4): 234; Moore, [1881], *Lepid. Ceylon*, 1(3): 103, pl. 39, f. 4, 4a; Druce, 1895, *Proc. zool. Soc. Lond*., (3): 620; Fruhstorfer, 1912a, *Berl. ent. Zs*., 56(3/4): 265; Holloway & Peters, 1976, *J. Nat. Hist*., 10: 308; Lewis, 1974, *Butt. World*: pl. 175, f. 47; Chou, 1994, *Mon. Rhop. Sin*.: 651; Wang & Fan, 2002, *Butts. Faun. Sin.: Lycaenidae*: 198; Vane-Wright & de Jong, 2003, *Zool. Verh. Leiden*, 343: 137; Tshikolovets, 2017, *Zootaxa*, 4358(1): 113; Wu & Xu, 2017, *Butts. Chin*.: 1169, f. 1170: 1-4.

形态 成虫：中大型灰蝶。雌雄异型。雄性：两翅正面黑褐色；反面棕褐色至褐色。前翅正面中室下方从基部至外中区朱红色。反面亚外缘线白色；外横带及中室端斑宽，深褐色，两侧缘线白色。后翅尾突丝状，黑色；臀瓣发达，黑色，外侧圈纹橙、褐 2 色。正面朱红色；前后缘棕色；中室黑褐色。反面外缘线及亚外缘线白色；外横斑列深褐色，从前缘中下部伸达臀角后 V 形弯曲折向后缘中下部，斑纹错位排列；cu_1 室端部有 1 个橙黄色眼斑，瞳点大，黑色；后缘端部至臀瓣上方有 1 个带纹，黄、黑、银白 3 色。雌性：正面黑褐色，中央至后缘棕褐色；无斑。反面斑纹同雄性反面。

卵：扁圆形；淡绿色；表面有刺突和方形网纹。

幼虫：淡黄色；末龄幼虫腹背部褐色至黑褐色；气孔黑色；体表密被淡褐色细毛。

蛹：长椭圆形；棕褐色至红褐色；密布黑褐色斑纹；有短细毛。

寄主 无患子科 Sapindaceae 三叶无患子 *Sapindus trifoliatus*、龙眼 *Dimocarpus longan*、荔枝 *Litchi chinensis*；山龙眼科 Proteaceae 山龙眼 *Helicia formosana*；柿树科 Ebenaceae 柿 *Diospyros kaki*、乌材 *D. eriantha*；云实科 Caesalpiniaceae 龙须藤 *Bauhinia championii*。

生物学 1 年多代，成虫多见于 4 ~ 10 月。栖息于阔叶林或果园。幼虫以多种植物果实为寄主，孵化后便钻入寄主植物果实内蛀食。

分布 中国（浙江、湖北、福建、台湾、广东、香港、广西、重庆、贵州），印度，尼泊尔，缅甸，越南，老挝，泰国，柬埔寨，菲律宾，马来西亚，印度尼西亚，新几内亚岛，澳大利亚。

大秦岭分布 湖北（神农架）。

淡黑玳灰蝶 *Deudorix rapaloides* (Naritomi, 1941)

Thecla rapaloides Naritomi, 1941，*Ent. World*, 9(91): 619，pl. 4, fig. 5. **Type locality**: Taiwan.

Deudorix rapaloides; Shirôzu, 1960, *Butts. Formosa*: 302, 303, pl. 65, f. 679-682; D'Abrera, 1986, *Butts. Orient. Reg*., 3: 631; Bridges, 1988a, *Cat. Lyc. Rio*., 2: 30; Chou, 1994, *Mon. Rhop. Sin*.: 651; Wang & Fan, 2002, *Butts. Faun. Sin.: Lycaenidae*: 198, 199; Wu & Xu, 2017, *Butts. Chin*.: 1169, f. 1170: 6-9.

Deudorix ralides[sic]; Tong (ed.)，1993, *Butts. Fauna Zhejiang*: 59.

形态 成虫：中型灰蝶。雌雄异型。雄性：两翅正面深褐色，有蓝紫色闪光。反面棕灰色至淡褐色；斑带色稍深。前翅反面外缘带、亚外缘带、外横带及中室端斑棕色，两侧缘线白色。后翅尾突丝状，黑色；臀瓣发达，黑色，外侧圈纹橙、褐 2 色。反面外缘及亚外缘斑带棕色至棕黄色，波状；外横斑列从前缘中下部伸达臀角后 V 形弯曲折向后缘中下部，斑纹错位排列；cu_1 室端部有 1 个橙黄色眼斑，瞳点大，黑色；后缘端部至臀瓣上方有 1 个带纹，黄、黑、银灰 3 色。雄性前翅反面后缘具长毛，后翅正面前缘基部有长毛和淡色性标斑。雌性：正面色稍淡；无性标斑。反面斑纹同雄性反面。

卵：扁圆形；淡黄色；表面有刺突和方形网纹。

幼虫：4 龄期。淡黄色。1 龄幼虫头尾部黑色，密布长刚毛。大龄幼虫有黑色及红褐色斑纹；腹末端特化成圆盘状；气孔黑色；体表密被淡褐色细毛。

蛹：长椭圆形；淡黄褐色；密布黑褐色斑纹；有短细毛；头部有较长的刚毛；头背面有 2 个黑褐色块斑。

寄主 山茶科 Theaceae 尖连蕊茶 *Camellia cuspidata*、大头茶 *Gordonia axillaris*。

生物学 1 年 2 至多代，以蛹在地面的空果实里越冬，成虫多见于 6 ~ 8 月。飞行迅速，多在常绿阔叶林活动，喜访花和停栖在树叶上。卵单产于寄主植物的嫩果实上。幼虫以山茶科植物的花苞和果实为寄主，孵化后直接进入果实里取食果肉，并用尾部特化的圆盘封住洞口。老熟幼虫化蛹于果实中。

分布 中国（陕西、安徽、湖北、江西、湖南、福建、台湾、广东、广西），越南，老挝。

大秦岭分布 湖北（神农架）。

深山玳灰蝶 *Deudorix sylvana* Oberthür, 1914

Deudorix sylvana Oberthür, 1914, *Étud. Lépid. Comp.*, 9(2): 54, pl. 255, f. 2154.

Deudorix sylvana; Wu & Xu, 2017, *Butts. Chin.*: 1171, f. 1175: 6-8.

形态 成虫：中大型灰蝶。与淡黑玳灰蝶 *D. rapaloides* 相似，主要区别为：两翅正面色较深，黑褐色。前翅正面中央多有橙色斑纹。反面端缘带纹多模糊或消失；雄性后缘中部有 1 个圆形黑斑。

生物学 1 年多代，成虫多见于 6 ~ 8 月。喜栖息于阔叶林。

分布 中国（河南、陕西、甘肃、浙江、湖北、重庆、云南）。

大秦岭分布 甘肃（康县）、湖北（神农架）。

美灰蝶族 Eumaeini Doubleday, 1847

Eumaeidae Doubleday, 1847, *List. Spec. Lep. Brit. Mus.*, 2: 20. **Type genus**: *Eurnaeus* Hübner, [1819].

Eumaeini (Theclinae); Eliot, 1973, *Bull. Br. Mus. nat. Hist.* (Ent.), 28(6): 382; Chou, 1998, *Class. Ident. Chin. Butt.*: 229; Korb & Bolshakov, 2011, *Eversmannia Suppl.*, 2: 70.

Eumaeini; Wang & Fan, 2002, *Butts. Faun. Sin.: Lycaenidae*: 214, 215.

前翅有 10 条脉纹；R 脉 3 条。后翅 Cu_1 及 Cu_2 脉末端有齿突或尾突。多有第二性征。雄性前足跗节常愈合。雄性外生殖器类似玳灰蝶族 Deudorigini。

本族是一个很大的类群，全世界记载约 1000 种，分布于古北区、东洋区、新北区及新热带区，其中新热带区包括种类多。中国分布 80 余种，大秦岭分布 38 种。

属检索表

1. 后翅多有尾突；反面臀域有 W 形斑纹……………………………………………**洒灰蝶属 *Satyrium***
   后翅无尾突；反面臀域无 W 形斑纹……………………………………………………………2
2. 两翅反面中域密布白色点斑 ……………………………………………………**新灰蝶属 *Neolycaena***
   两翅反面中域无上述点斑 ………………………………………………………………………3
3. 两翅反面红褐色 ………………………………………………………………**始灰蝶属 *Cissatsuma***
   两翅反面黄棕褐色至黑褐色 ……………………………………………………………………4
4. 后翅外缘齿突尖而小 …………………………………………………………**梳灰蝶属 *Ahlbergia***
   后翅外缘齿突圆而大 ……………………………………………………**齿轮灰蝶属 *Novosatsuma***

梳灰蝶属 *Ahlbergia* Bryk, 1946

Ahlbergia Bryk, 1946, *Ark. Zool.*, 38(3): 50 (repl. *Satsuma* Murray, 1874). **Type species**: *Lycaena ferrea* Butler, 1866.

Thecla; Lederer, 1855, *Verh. zool.-bot. Ges. Wien.*, 5: 100 (in part); Elwes, 1881, *Proc. zool. Soc. Lond.*: 887 (in part); Kirby, 1871, *Syn. Cat. diurn. Lep.*: 398 (in part); Pratt, 1892, *Tibet Chin.*: 254 (in part).

Lycaena; Butler, 1866, *J. Linn. Soc.*, 9: 27 (in part); de Nicéville, 1894, *J. asiat. Soc. Bengal*, (II) 63 (1): 353 (in part).

Satsuma Murray, 1874a, *Ent. mon. Mag.*, 11: 168 [preocc. *Satsuma* Adams, 1868 (Mollusca)]. **Type species**: *Lycaena ferrea* Butler, 1866; Elwes, 1881, *Proc. zool. Soc. Lond.*: 865; Eliot, 1973, *Bull. Br. Mus. nat. Hist.* (Ent.), 28(6): 440; Leech, 1894, *Butts. Chin. Jap. Cor.*, (2): 353 (in part); South, 1902, *Cat. coll. palearct. Rhopal. Leech*: 140 (in part); Okamoto, 1923, *Catal. Specim. Exhib. Ch.*: 68 (in part); Matsumura, 1929c, *Ill. Comm. Ins. Jap.*, 1 "Butterflies": 23 (in part); Doi, 1931, *J. Chosen Nat. Hist.*, 12: 46 (in part); Seok & Takacuka, 1932, *Zephyrus*, 4: 316 (in part); Sibatani, 1946, *Bull. lep. Soc. Jap.*, 1 (3): 64 (in part).

Ginzia Okano, 1941, *Tokyo Igaku Seihutug.*, 11: 239 (repl. *Satsuma* Murray, 1874). **Type species**: *Lycaena ferrea* Butler, 1866.

Incisalia; Brown, 1942, *Color. Coll. Gen. Ser.*: 233, *Studies Series* No. 33: 21 (in part); Gillham, 1956, *Psyche*, 62: 149 (in part).

Ginsia [sic]; Korschunov, 1972, *Review Ent. U.S.S.R.*, 51: 359.

Ahlbergia (Section *Eumaeus*); Eliot, 1973, *Bull. Br. Mus. nat. Hist.* (Ent.), 28(6): 440.

Ahlbergia (Eumaeini); Chou, 1998, *Class. Ident. Chin. Butt.*: 230; Wang & Fan, 2002, *Butts. Faun. Sin.: Lycaenidae*: 215; Korb & Bolshakov, 2011, *Eversmannia Suppl*., 2: 73.

Ahlbergia; Wu & Xu, 2017, *Butts. Chin*.: 1180.

两翅反面斑纹大理石状，横带不清晰。雄性前翅多有性标斑，点状或条状。前翅中室弧形；R_1 脉、R_2 脉与 R_5 脉基部靠近；M_1 脉从中室上端角直达外缘。后翅外缘齿突尖而小；臀瓣向内侧突出；无尾突。

雄性外生殖器：背兜发达；囊突长；抱器狭长；阳茎细长，有角状突，边缘锯齿形。

雌性外生殖器：交配囊导管较细长；交配囊袋形；交配囊片变化大，形态多样或无。

寄主为蔷薇科 Rosaceae、杜鹃花科 Ericaceae、豆科 Fabaceae 及忍冬科 Caprifoliaceae 等植物。

全世界记载 31 种，分布于古北区及东洋区。中国记录近 30 种，大秦岭分布 10 种。

种检索表

1. 后翅反面前后缘中部有淡色纹 ······ **浓蓝梳灰蝶 *A. prodiga***
   后翅反面前后缘中部无淡色纹 ······ 2
2. 两翅反面端半部密布弥散状蓝灰色鳞粉 ······ **金梳灰蝶 *A. chalcidis***
   两翅反面端半部无上述鳞粉 ······ 3
3. 后翅反面后缘中部有新月形斑纹 ······ **尼采梳灰蝶 *A. nicevillei***
   后翅反面后缘中部无新月形斑纹 ······ 4
4. 前翅反面端缘密布灰白色鳞粉 ······ 5
   前翅反面端缘无上述鳞粉 ······ 6
5. 后翅反面基半部色深 ······ **李氏梳灰蝶 *A. liyufei***
   后翅反面色泽较均匀一致 ······ **罗氏梳灰蝶 *A. luoliangi***
6. 后翅反面色泽均匀一致 ······ **徐氏梳灰蝶 *A. hsui***
   后翅反面基半部色深 ······ 7
7. 前翅正面蓝色闪光区较小，边界不整齐 ······ 8
   前翅正面蓝色闪光区较大，边界整齐 ······ 9
8. 前翅正面有较大的性标斑；反面外横带后半段斑纹相连不错位 ······ **华东梳灰蝶 *A. confusa***
   前翅正面有隐约的披针状性标斑；反面外横带后半段斑纹错位 ······ **东北梳灰蝶 *A. frivaldszkyi***
9. 翅反面端半部密布白色鳞片 ······ **李梳灰蝶 *A. leei***
   翅反面端半部白色鳞片稀疏 ······ **双斑梳灰蝶 *A. bimaculata***

尼采梳灰蝶 *Ahlbergia nicevillei* (Leech, 1893)（图版 16：43）

Satsuma nicevillei Leech, 1893, *Butts. Chin. Jap. Cor.*, 2: 355, 356, pl. 30, fig. 9. **Type locality**: Changyang, Hubei.

Satsuma nicevillei; Seitz, 1906, *Macrolep.*, 1: 264, pl. 72f; Wu, 1938, *Cat. Ins. Sin.*, 4: 911; Huang, 1943, *Notes d'Ent. Chin.*, 10(3): 87.

Ginzia nicevillei; Okano, 1941, *Tokyo Igaku Seihutug.*, 11: 239.

Ahlbergia nicevillei; Bryk, 1946, *Ark. Zool.*, 38: 50; Bridges, 1988a, *Cat. Lye. Rio.*, 2: 4; Johnson, 1992, *Neue Ent. Nach.*, 29: 53; Chou, 1994, *Mon. Rhop. Sin.*: 655; Wang & Fan, 2002, *Butts. Faun. Sin.: Lycaenidae*: 220; Wu & Xu, 2017, *Butts. Chin.*: 1180, f. 1183: 17-20.

Incisalia nicevillei; Gillham, 1956, *Psyche*, 62: 145-150.

形态 成虫：小型灰蝶。两翅正面青蓝色；反面棕褐色。前翅外缘较平滑；正面前缘、外缘及顶角有宽的黑灰色带；反面外横斑列白色，未达后缘，时有消失，斑纹细，线条状，内侧缘线黑色。后翅外缘较平滑。正面周缘有黑灰色宽带。反面基部黑褐色，散布稀疏的污白色线纹和点斑；外缘线白色；外横带色稍浅，模糊，内侧缘线波状，黑灰色；后缘中部有白色麻点状新月纹；臀角向内指状突出。雄性有条状性标斑。雌性蓝色闪光较雄性发达。

卵：扁圆形；绿色；表面密布细小刻纹；顶部中央精孔清晰。

幼虫：淡黄绿色至绿色；体表密布褐色细毛；背中部有 3 条白色纵带纹和 2 列绿色斜斑纹。

蛹：黑褐色；梨形，腹部膨大；表面有黑色短毛；背部和侧面有瘤突和棕褐色斑纹；气孔黄色。

寄主 忍冬科 Caprifoliaceae 忍冬 *Lonicera japonica*。

生物学 1 年 1 代，以蛹在落叶下越冬，成虫早春发生，多见于 3～5 月。多在中低海拔的阔叶林、溪谷活动，飞行较迅速，螺旋状飞行，喜访花及湿地吸水。卵单产在寄主植物花蕾、花芽和花瓣上，或花托间的缝隙里。幼虫多取食花朵。老熟幼虫化蛹在寄主植物周围的落叶下。

分布 中国（陕西、甘肃、江苏、安徽、浙江、湖北、湖南、福建、广东、贵州、云南）。

大秦岭分布 陕西（凤县、宁陕、商州）、甘肃（麦积）。

李氏梳灰蝶 *Ahlbergia liyufei* Huang & Zhou, 2014

Ahlbergia liyufei Huang & Zhou, 2014, *Atalanta*, 45(1-4): 135-150.

Ahlbergia liyufei; Wu & Xu, 2017, *Butts. Chin.*: 1181, f. 1181: 32-34.

形态 成虫：小型灰蝶。与尼采梳灰蝶 *A. nicevillei* 相似，主要区别为：两翅外缘有小齿突；反面端缘有宽的棕灰色带，内侧波状。后翅反面端缘镶有红褐色波状亚缘带。

寄主 忍冬科 Caprifoliaceae 盘叶忍冬 *Lonicera tragophylla*。

生物学 1 年 1 代，以蛹越冬，成虫多见于 4～5 月。常在中高海拔的阔叶林活动，飞行较迅速，喜访花和湿地吸水。

分布 中国（陕西）。

大秦岭分布 陕西（蓝田、长安、凤县、宁陕）。

东北梳灰蝶 *Ahlbergia frivaldszkyi* (Lederer, 1855)（图版 16：41—42）

Thecla frivaldszkyi Lederer, 1855, *Verh. zool.-bot. Ges. Wien.*, 5: 100, pl. 1, f. 1. **Type locality**: W. Altai, Ust'-Bukhtarminsk.

Thecla frivaldszkyi; Elwes, 1881, *Proc. zool. Soc. Lond.*: 887.

Satsuma frivaldskyi [sic]; de Nicéville, 1891, *J. Bombay nat. Hist. Soc.*, 6(3): 375; Seitz, 1921, *Macrolep. World*: 264, pl. 72, fig. f; Gillham, 1956, *Psyche*, 62: 149; Elwes, 1881, *Proc. zool. Soc. Lond.*: 865 (in part); Matsumura, 1929c, *Illust. Com. Ins. Jap.*, 1 "Butterflies": 23 (in part).

Ginzia frivaldskyi [sic]; Okano, 1941, *Tokyo Igaku Seihutug.*, 11: 239.

Incisalia frivaldskyi [sic]; Gillham, 1956, *Psyche*, 62: 149.

Callophrys frivaldszkyi; Ziegler, 1960, *J. Lep. Soc.*, 14 (1960): 21; Matsuda & Bae, 1998, *Trans. lepid. Soc. Jap.*, 49 (1): 54.

Ahlbergia frivaldszkyi; Bryk, 1946, *Ark. Zool.*, 38: 50; Bridges, 1988a, *Cat. Lyc. Rio.*, I: 138, II: 4, III: 82; Johnson, 1992, *Neue Ent. Nachr.*, 29: 39; Chou, 1994, *Mon. Rhop. Sin.*: 656; Wang & Fan, 2002, *Butts. Faun. Sin.: Lycaenidae*: 218, 219; Huang, Chen & Li, 2006, *Atalanta*, 37: 177; Korb & Bolshakov, 2011, *Eversmannia Suppl.*, 2: 73; Wu & Xu, 2017, *Butts. Chin.*: 1181, f. 1183: 21-23.

形态 成虫：小型灰蝶。两翅正面青蓝色，有金属闪光；外缘齿状外突。反面棕褐色；翅端部及基部有黑褐色斑驳纹，时有白色晕染；中室端斑黑色。前翅正面前缘带及顶角黑褐色；端缘黑褐色带宽；闪光区多集中于中室至后缘，边界模糊不齐。反面外缘线白色；外横带断成 3 段。后翅外缘齿轮形。正面后缘棕灰色。反面外缘线黑色；外横带宽，缘线黑色，锯齿形；臀角拇指状向内突出。雄性前翅前缘具披针状性标，隐约可见。雌性较雄性个体大，斑纹较清晰。

卵：扁圆形；青绿色；表面密布网状凹刻。

幼虫：6 龄期。淡绿色；背部有 2 列白色瘤状突起；瘤突表面密布褐色刺毛，顶部有玫红色圆斑；体两侧基部有 1 列白色半圆形突起，其上部亦有玫红色斑纹和褐色刺毛。

蛹：椭圆形；棕褐色；密布黑褐色斑驳纹和褐色短毛。

寄主 忍冬科 Caprifoliaceae 忍冬属 *Lonicera* spp.；蔷薇科 Rosaceae 绣线菊 *Spiraea salicifolia*、金丝桃叶绣线菊 *S. hypericifolia*、土庄绣线菊 *S. ouensanensis* 等植物的花、花蕾及果实。

生物学　1 年 1 代，以蛹越冬，成虫多见于 3 ~ 5 月。常在中低海拔阔叶林的林缘活动，成虫飞行路线不规则，喜访花与湿地吸水。卵单产在寄主叶的根部。幼虫喜食花蕾。

分布　中国（黑龙江、吉林、辽宁、内蒙古、北京、天津、河北、山西、河南、陕西、甘肃、浙江、云南），俄罗斯，朝鲜。

大秦岭分布　河南（栾川）、陕西（长安、鄠邑、周至、华州、渭滨、太白、凤县、南郑、勉县、佛坪、宁陕、商州、山阳）、甘肃（武山、徽县、两当）。

华东梳灰蝶 *Ahlbergia confusa* Huang, Chen & Li, 2006

Ahlbergia confusa Huang, Chen & Li, 2006, *Atalanta*, 37: 175, 179. **Type locality**: Jiangsu.

Ahlbergia confusa; Yoshino, 2016, *Butt. Sci*., 4: 18 (list).

形态　成虫：小型灰蝶。与东北梳灰蝶 *A. frivaldszkyi* 相似，主要区别为：两翅反面端缘白色鳞片稀疏。前翅正面有较大的性标斑；反面外横带后半段斑纹相连，不错位。后翅外缘区黑、白 2 色细带纹退化，几乎消失。

生物学　1 年 1 代，成虫多见于 4 ~ 5 月。

分布　中国（陕西、江苏、福建）。

大秦岭分布　陕西（长安）。

李梳灰蝶 *Ahlbergia leei* Johnson, 1992

Ahlbergia leei Johnson, 1992, *Neue Ent. Nachr*., 29: 25. **Type locality**: China and Russia.

Ahlbergia leei; Wang & Fan, 2002, *Butts. Faun. Sin.: Lycaenidae*: 216; Huang & Song, 2006, *Atalanta*, 37: 163; Wu & Xu, 2017, *Butts. Chin*.: 1181, f. 1183: 26-27.

Ahlbergia frivaldszkyi leei; Korb & Bolshakov, 2011, *Eversmannia Suppl*., 2: 74.

形态　成虫：小型灰蝶。与东北梳灰蝶 *A. frivaldszkyi* 相似，主要区别为：两翅正面闪光区较大，边界整齐。后翅反面基半部颜色较深。

分布　中国（黑龙江、吉林、辽宁、陕西），俄罗斯，朝鲜，日本。

大秦岭分布　陕西（长安、宁陕）。

浓蓝梳灰蝶 *Ahlbergia prodiga* Johnson, 1992

Ahlbergia prodiga Johnson, 1992, *Neue Ent. Nach*., 29: 48, 49, figs. 28-29, 72. **Type locality**: Wui-si (Weisi, Bahand), Yunnan.

Ahlbergia prodiga; Wang & Fan, 2002, *Butts. Faun. Sin.: Lycaenidae*: 219; Huang, 2003, *Neue Ent. Nachr.*, 55: 62, 103 (note), f. 165, pl. 8, f. 12; Huang & Chen, 2005, *Atalanta*, 36: 162; Wu & Xu, 2017, *Butts. Chin.*: 1181, f. 1183: 24-25.

形态 成虫：中小型灰蝶。两翅外缘小齿状外突；正面淡蓝色，有金属闪光。前翅正面前缘、顶角及端缘有宽的黑褐色带。反面褐色；端缘色较深；亚外缘斑列红褐色，斑纹近 V 形；外横带细短，仅达 Cu_1 脉，红褐色，端部外侧伴有白色缘线；翅基部黑灰色；中室端斑黑色。后翅正面周缘黑灰色；臀角拇指状内突。反面黑色；密布白色或淡黄色小点斑；顶角褐色；外横带曲波形，雄性较模糊，雌性清晰，红褐色；前缘中部及后缘中部各有 1 条白色或黄色细带纹。雄性前翅前缘具条状性标斑。雌性两翅正面淡蓝色闪光区发达，边界较清晰。

寄主 杜鹃花科 Ericaceae 杜鹃花属 *Rhododendron* spp.、马醉木属 *Pieris* spp.；蔷薇科 Rosaceae 苹果属 *Malus* spp.、梅属 *Cerasus* spp.。

生物学 1 年 1 代，以蛹越冬，成虫多见于 4 ~ 5 月。

分布 中国（河南、云南、贵州）。

大秦岭分布 河南（内乡）。

金梳灰蝶 *Ahlbergia chalcidis* Chou & Li, 1994

Ahlbergia chalcidis Chou & Li, 1994, *In*: Chou, *Mon. Rhop. Sin.*: 656, 770, f. 70. **Type locality**: Kunming, Yunnan.

Ahlbergia chalcidis; Wang & Fan, 2002, *Butts. Faun. Sin.: Lycaenidae*: 220; Huang, 2003, *Neue Ent. Nachr.*, 55: 62, 63 (note).

Ahlbergia chalcides[sic]; Yoshino, 2016, *Butt. Sci.*, 4: 18; Wu & Xu, 2017, *Butts. Chin.*: 1184, f. 1187: 5.

形态 成虫：小型灰蝶。与李氏梳灰蝶 *A. liyufei* 相似，主要区别为：两翅正面青蓝色区域较小，多集中于中室下方至后缘区域。反面密布白色点斑；前翅褐色，后翅黑褐色；端半部密布弥散状蓝灰色鳞粉。

生物学 1 年 1 代，以蛹越冬，成虫多见于 4 ~ 5 月。

分布 中国（陕西、甘肃、重庆、云南）。

大秦岭分布 陕西（鄠邑）、甘肃（徽县、礼县、迭部）、重庆（巫溪、城口）。

罗氏梳灰蝶 *Ahlbergia luoliangi* Huang & Song, 2006

Ahlbergia luoliangi Huang & Song, 2006, *Atalanta*, 37: 161. **Type locality**: Changan, Shaanxi.

Ahlbergia luoliangi; Huang, Chen & Li, 2006, *Atalanta*, 37: 180; Yoshino, 2016, *Butt. Sci*., 4: 18 (list).

形态 成虫：小型灰蝶。翅正面黑灰色，泛有蓝灰色调，端部色较深。反面灰褐色；外缘细带黑色，缘线白色。前翅反面端缘密布白色鳞片；亚缘斑列灰黑色，上下部较模糊；外横斑列灰黑色，近弧形排列，外侧缘线白色；中室端斑黑褐色。后翅外缘锯齿形；臀角瓣状外突。正面外缘细带白色，下部清晰，中上部模糊。反面端半部密布白色鳞片；外缘线黑色；亚缘斑列黑灰色，斑纹V形，缘线白色；中横细带波状，黑灰色，外侧缘线白色。雄性前翅正面梭形性标斑黑色，位于中室上端角外侧。

生物学 1年1代，成虫多见于4~5月。

分布 中国（陕西）。

大秦岭分布 陕西（长安）。

徐氏梳灰蝶 *Ahlbergia hsui* Johnson, 2000

Ahlbergia hsui Johnson, 2000, *Taxon. Rep*., 2(1): 1-4. **Type locality**: Kangxian, Yuzhong, S. Gansu.

Ahlbergia hsui; Huang & Song, 2006, *Atalanta*, 37: 163; Huang, Chen & Li, 2006, *Atalanta*, 37: 179.

形态 成虫：小型灰蝶。翅正面褐色，中央至基部蓝灰色。反面黄褐色；端缘白色鳞片稀少；褐色中室端斑条形。前翅反面外横斑列褐色，曲波状，未达后缘；中室端斑褐色。后翅外缘锯齿形；臀角瓣状外突；外缘细带黑色，缘线白色。反面亚缘锯齿纹褐色；中横细带波状，褐色；基横带模糊不清。雄性前翅正面无性标斑。

生物学 1年1代，成虫多见于5~7月。

分布 中国（甘肃）。

大秦岭分布 甘肃（康县）。

双斑梳灰蝶 *Ahlbergia bimaculata* Johnson, 1992

Ahlbergia bimaculata Johnson, 1992, *Neue Ent. Nachr*., 29: 18. **Type locality**: Tsekou, Szechwan, W. China.

Ahlbergia bimaculata; Wang & Fan, 2002, *Butts. Faun. Sin.: Lycaenidae*: 216.

形态 成虫：小型灰蝶。翅正面蓝灰色，有金属光泽。前翅前缘、顶角区及外缘深褐色。反面基半部黑褐色，端半部棕褐色；后缘淡黄棕色；中室端斑黑褐色；外横带黑褐色，未达后缘。后翅臀角向内突出；外缘钝齿状，有黑褐色缘毛。正面周缘棕褐色；中室端斑条形，黑褐色。反面基半部黑褐色，覆有黄色及棕色斑驳纹；端半部褐色，端缘覆有黑褐色斑驳纹。雄性前翅中室顶角外侧的椭圆形性标斑明显。雌性略大于雄性，翅正面带有金属光泽的蓝灰色区域发达。前翅形状略宽。后翅臀角比雄性发达，外突明显。

生物学 1年1代，成虫多见于4～5月。

分布 中国（陕西、四川、云南）。

大秦岭分布 陕西（宁陕）。

齿轮灰蝶属 *Novosatsuma* Johnson, 1992

Novosatsuma Johnson, 1992, *Neue Ent. Nach*., 29: 54. **Type species**: *Novosatsuma monstrabilia* Johnson, 1992.

Lycaena; de Nicéville, 1891, *J. Bombay nat. Hist. Soc*., 6 (3): 374 (in part).

Thecla; Pratt, 1892, *Tibet Chin*.: 254 (in part); Kirby, 1871, *Syn. Cat. diurn. Lep*.: 398 (in part).

Satsuma; Murray, 1874a, *Ent. mon. Mag*., 11: 168 (in part); Seitz, 1921, *Macrolepid. World*: 263 (in part); Okamoto, 1923, *Catal. Specim. Exhib. Chosen*: 68 (in part); Matsumura, 1929c, *Illust. Com. Ins. Jap*., 1 "Butterflies": 23 (in part); Seok, 1933, *Journ. Chos. Nat. Hist*., 15: 70 (in part); Seok, 1934, *Bull. Kag. Coll*.,25 Anniv. 1: 763 (in part); Seok, 1935, *Zephyrus*, 6: 99 (in part); Mori, Doi & Cho, 1934, *Color. butt. Korea*: 44 (in part); Seok & Nishimoto, 1935, *Zephyrus*, 6: 97 (in part); Haku, 1936, *Journ. Chos. Nat. Hist*., 21: 117 (in part); Esaki, 1939, *Ins. Japonic. illust*., 219 (in part).

Ginzia; Okano, 1941, *Tokyo Igaku Seihutug*., 11: 239 (in part); Korschunov, 1972, *Review Ent. U.S.S.R*., 51: 359 (in part).

Ahlbergia; Bryk, 1946, *Ark. Zool*., 38: 50 (in part); Kuroko, 1957, *Ennum. Ins. Montis Hikosan*: 98 (in part); Kim, 1961, *Jour. Kor. Colt. Res. Inst*., II 1: 278 (in part); Shirôzu & Hara, 1962, *Early stag. Jap. Butt. Color*., 2: 94 (in part).

Novosatsuma; Bridges, 1988a, *Cat. Lyc. Rio*., I: 281 (nom. nud.).

Novosatsuma (Eumaeini); Chou, 1998, *Class. Ident. Chin. Butt*.: 230; Wang & Fan, 2002, *Butts. Faun. Sin.: Lycaenidae*: 221.

Novosatsuma; Wu & Xu, 2017, *Butts. Chin*.: 1185.

与梳灰蝶属 *Ahlbergia* 非常近似。翅外缘齿轮形。前翅中室稍长于前翅长的1/2；R_1脉、R_2脉与R_5脉从中室前缘分别分出；R_5脉直达顶角；M_1脉从中室上端角分出，到达外缘。后翅外缘齿突圆而大；臀瓣向内突出。雄性在前翅中室上缘端部外侧有发香鳞带。

雄性外生殖器：背兜发达；囊突短小；抱器端部尖；阳茎细长。

雌性外生殖器：囊导管细长；交配囊袋形；交配囊片形态多样，有的种类无。

寄主为忍冬科 Caprifoliaceae 及杜鹃花科 Ericaceae 植物。

全世界记载 9 种，分布于古北区和东洋区。中国记录 8 种，大秦岭分布 3 种。

种检索表

1. 前翅反面脉间无白色鳞带 ………………………………………………………**巨齿轮灰蝶 *N. collosa***
   前翅反面脉间有白色鳞带 …………………………………………………………………………………… 2
2. 后翅反面前后缘的白色线纹模糊，中域无白色线纹 …………**璞齿轮灰蝶 *N. plumbagina***
   后翅反面前后缘及中域均有白色线纹 ……………………………………………**齿轮灰蝶 *N. pratti***

齿轮灰蝶 *Novosatsuma pratti* (Leech, 1889)（图版 17：45）

Thecla pratti Leech, 1889, *Trans. ent. Soc. Lond*., 37(1): 110, pl. 7, f. 4 (in part *plumbagina*). **Type locality**: Changyang, Hubei, China.

Satsuma pratti; Leech, 1893, *Butts. Chin. Jap. Cor*., (2): 354, 355, (in part *plumbagina*); South, 1902, *Cat. coll. palearct. Rhopal. Leech*: 140 (in part *plumbagina*); Seitz (ed.), 1906, *Macrolep*., 1: 264, pl. 72f; Wu, 1938, *Cat. Ins. Sin*., 4: 911; Huang, 1943, *Notes d'Ent. Chin*., 10 (3): 87.

Ginzia pratti; Okano, 1941, *Tokyo Igaku Seihutug*., 11: 239; D'Abrera,1993, *Butts. Hol. Reg*., 3: 436, fig'd.

Incisalia pratti; Gillham, 1956, *Psyche*, 62: 145, 159.

Satsuma pratti; Lewis, 1974, *Butt. World*: pl. 206, f. 32.

Novosatsuma pratti; Bridges, 1988a, *Cat. Lyc. Rio*., I: 281 (nom. nud. citation); Chou, 1994, *Mon. Rhop. Sin*.: 656; Wang & Fan, 2002, *Butts. Faun. Sin.: Lycaenidae*: 222; Wu & Xu, 2017, *Butts. Chin*.: 1185, f. 1188: 19-20.

Callophrys pratti; Bridges, 1988a, *Cat. Lyc. Rio*., 2: 19.

形态 成虫：小型灰蝶。两翅正面雄性深褐色，基半部有蓝色闪光；雌性蓝紫色，前缘、外缘及顶角黑灰色。反面前翅棕褐色；后翅黑褐色。前翅反面覆有白色鳞带；外缘带灰黑色；亚外缘带灰蓝色；中横带宽，红褐色，有黑、白 2 色缘线，未达后缘；中室端斑褐色。后翅外缘齿轮形；臀角向内缘指状突出。正面端缘黑色；镶有 1 条蓝色波状线纹。反面密布白色鳞片和黑色斑驳纹；基半部黑褐色；顶角区有红褐色块斑；后缘下半部黑褐色；中横线黑色，波形，并有间断的白色条斑相伴，其前后段清晰。雄性前翅中室端部上方有长条状性标斑。

寄主 忍冬科 Caprifoliaceae 荚蒾属 *Viburnum* spp.；杜鹃花科 Ericaceae 越橘 *Vaccinium vitis-idaea*。

生物学 1 年 1 代，成虫多见于 4 ~ 6 月。常在阔叶林活动，有访花习性，喜在树冠层枝条停栖和溪边吸水。

分布 中国（陕西、浙江、湖北、湖南、广东、重庆、四川、贵州、云南）。

大秦岭分布 陕西（长安、鄠邑、凤县、潼关、南郑、勉县、留坝、宁陕、洛南）、重庆（巫溪）。

璞齿轮灰蝶 *Novosatsuma plumbagina* Johnson, 1992（图版 17：46）

Novosatsuma plumbagina Johnson, 1992, *Neue Ent. Nachr.*, 29: 61, 62, figs. 39, 80. **Type locality**: N. Hupeh and S. Shensi.

Novosatsuma plumbagina; Wang & Fan, 2002, *Butts. Faun. Sin.: Lycaenidae*: 221, 222; Wu & Xu, 2017, *Butts. Chin.*: 1185, f. 1188: 21.

形态 成虫：小型灰蝶。与齿轮灰蝶 *N. pratti* 近似，主要区别为：两翅反面棕褐色。后翅反面中域横带宽，黑色，两侧锯齿状，散有白色鳞片；前后缘的白色线纹模糊；中域无白色线纹。

分布 中国（陕西、湖北）。

大秦岭分布 陕西（周至、凤县、宁陕）。

巨齿轮灰蝶 *Novosatsuma collosa* Johnson, 1992（图版 17：44）

Novosatsuma collosa Johnson, 1992, *Neue Ent. Nachr.*, 29: 58. **Type locality**: Saio-Hou (Siho), Kansu.

Novosatsuma collosa; Wang & Fan, 2002, *Butts. Faun. Sin.: Lycaenidae*: 221; Huang & Song, 2006, *Atalanta*, 37: 164.

形态 成虫：小型灰蝶。与齿轮灰蝶 *N. pratti* 近似，主要区别为：个体大。前翅反面脉间无白色鳞带。后翅 M_3 脉及 Rs 脉端部和臀角外突不明显；后缘下半部黄褐色；顶角赤褐色；反面有深棕色斑驳纹。

生物学 1 年 1 代，成虫多见于 4 ~ 5 月。

分布 中国（陕西、甘肃、湖北）。

大秦岭分布 陕西（长安）。

始灰蝶属 *Cissatsuma* Johnson, 1992

Cissatsuma Johnson, 1992, *Neue Ent. Nachr.*, 29: 69-71. **Type species**: *Satsuma albilinea* Riley, 1939.

Cissatsuma; Bridges, 1988a, *Cat. Lyc. Rio.*, I:11 (nom. nud. citation) ; Wang & Fan, 2002, *Butts. Faun. Sin.: Lycaenidae*: 222, 223; Wu & Xu, 2017, *Butts. Chin.*: 1186.

两翅外缘齿状；正面黑褐色，有蓝色闪光；反面红褐色。后翅中域、亚缘有线纹；臀瓣向内突起。前翅 M_1 脉与 R_5 脉在基部不共柄；中室长短于前翅长的 1/2。雄性前翅性标斑有或无。

雄性外生殖器：背兜发达；囊突较短；抱器基部宽，端部尖。

雌性外生殖器：囊导管细长，端部较粗；交配囊袋形；交配囊片多呈二分裂形，分叉较长。

寄主为蔷薇科 Rosaceae 植物。

全世界记载 7 种，主要分布于古北区和东洋区。中国记录 6 种，大秦岭分布 1 种。

周氏始灰蝶 *Cissatsuma zhoujingshuae* Huang & Chou, 2014

Cissatsuma zhoujingshuae Huang & Chou, 2014.

Cissatsuma zhoujingshuae; Wu & Xu, 2017, *Butts. Chin.*: 1186, f. 1188: 27.

形态 成虫：小型灰蝶。两翅正面黑褐色，中基部有蓝色金属闪光；反面红褐色。前翅正面中室下部至后缘淡蓝色。反面端部棕黄色，覆有灰白色鳞片；外横线红褐色。后翅外缘锯齿状。正面周缘有宽的黑褐色带纹，其余翅面淡蓝色。反面外缘线黑色；外横带宽，棕黄色，覆有红褐色晕染；基部黑红色；臀瓣向内突起。

寄主 蔷薇科 Rosaceae 华北绣线菊 *Spiraea fritschiana*。

生物学 1 年 1 代，成虫多见于 5 月。飞行迅速，喜栖息于乔灌木枝叶上，有吸水习性。

分布 中国（陕西）。

大秦岭分布 陕西（凤县）。

洒灰蝶属 *Satyrium* Scudder, 1876

Satyrium Scudder, 1876, *Bull. Buffalo Soc. nat. Sci.*, 3: 106. **Type species**: *Lycaena fuliginosa* Edwards, 1861.

Chrysophanus Hübner, 1818, *Zuträge Samml. exot. Schmett.*, 1: 24. **Type species**: *Chrysophanus mopsus* Hübner, 1818; Godman & Salvin, [1887], *Biol. centr.-amer. Lep. Rhop.*, 2: 101.

Argus Gerhard, 1850, *Versuch Mon. europ. Schmett.*, (1): 4 (preocc. *Argus* Bohadsch, 1761). **Type species**: *Lycaena ledereri* Boisduval, 1848.

Callipsyche Scudder, 1876, *Bull. Buffalo Soc. nat. Sci.*, 3: 106. **Type species**: *Thecla behrii* Edwards, 1870.

Fixsenia Tutt, [1907], *Nat. Hist. Brit. Lepid.*, 9: 142. **Type species**: *Thecla herzi* Fixsen, 1887.

Nordmannia Tutt, [1907], *Nat. Hist. Brit. Lepid.*, 9: 143. **Type species**: *Lycaena myrtale* Klug, 1834.

Leechia Tutt, [1907], *Nat. Hist. Brit. Lepid.*, 9: 142 (preocc. *Leechia* South, 1901). **Type species**: *Thecla thalia* Leech, [1893].

Edwardsia Tutt, [1907], *Nat. Hist. Brit. Lepid*., 9: 142 (preocc. *Edwardsia* Costa, 1838, *Edwardsia* Quatrefages, 1841). **Type species**: *Papilio w-album* Knoch, 1782.

Felderia Tutt, [1907], *Nat. Hist. Brit. Lepid*., 9: 142 (preocc. *Felderia* Walsingham, 1887). **Type species**: *Thecla w-album* var. *eximia* Fixsen.

Kollaria Tutt, [1907], *Nat. Hist. Brit. Lepid*., 9: 142 (preocc. *Kollaria* Tutt, [1907]). **Type species**: *Thecla sassanides* Kollar, [1849].

Erschoffia Tutt, [1907], *Nat. Hist. Brit. Lepid*., 9: 142 (preocc. *Erschoffia* Swinhoe, 1900). **Type species**: *Thecla lunulata* Erschoff, 1874.

Klugia Tutt, [1907], *Nat. Hist. Brit. Lepid*., 9: 142 (preocc. *Klugia* Robineau-Desvoidy, 1862). **Type species**: *Papilio spini* Denis & Schiffermüller, 1775.

Bakeria Tutt, [1907], *Nat. Hist. Brit. Lepid*., 9: 142 (preocc. *Bakeria* Kieffer, 1905). **Type species**: *Lycaena ledereri* Boisduval, 1848.

Chattendedia Tutt, [1908], *Ent. Rec. J. Var*., 20(6): 143, (repl. *Edwardsia* Tutt, [1907]). **Type species**: *Papilio w-album* Knoch, 1782.

Strymonidia Tutt, [1908], *Nat. Hist. Brit. Lepid*., 9: 483 (repl. *Leechia* Tutt, [1907]). **Type species**: *Thecla thalia* Leech, [1893]; Wang & Fan, 2002, *Butts. Faun. Sin.: Lycaenidae*: 224, 225.

Thecliolia Strand, 1910, *Ent. Rundsch*., 27(22): 162 (repl. *Felderia* Tutt, [1907]). **Type species**: *Thecla w-album* var. *eximia* Fixsen.

Superflua Strand, 1910, *Ent. Rundsch*., 27(22): 162 (repl. *Kollaria* Tutt, [1907]). **Type species**: *Thecla sassanides* Kollar, [1849].

Pseudothecla Strand, 1910, *Ent. Rundsch*., 27(22): 162 (repl. *Erschoffia* Tutt, [1907]). **Type species**: *Thecla lunulata* Erschoff, 1874.

Tuttiola Strand, 1910, *Ent. Rundsch*., 27(22): 162 (repl. *Klugia* Tutt, [1907]). **Type species**: *Papilio spini* Denis & Schiffermüller, 1775.

Necovatia Verity, 1951, *Rev. franç. Lépid., Suppl*.: 183. **Type species**: *Papilio acaciae* Fabricius, 1787.

Harkenclenus dos Passos, 1970, *J. Lep. Soc*., 24: 28 (repl. *Chrysophanus* Hübner, [1818]). **Type species**: *Chrysophanus mopsus* Hübner, 1818.

Armenia Dubatolov & Korshunov, 1984, *Insect. Helmint.*, 17: 53 (repl. *Argus* Gerhard, 1850). **Type species**: *Lycaena ledereri* Boisduval, 1848.

Fixsenia (Lycaenidae); Clench, 1978, *J. Lep. Soc*., 32(4): 278.

Satyrium (Lycaenidae); Clench, 1978, *J. Lep. Soc*., 32(4): 279; Wu & Xu, 2017, *Butts. Chin*.: 1189.

Satyrium (Eumaeini); Chou, 1998, *Class. Ident. Chin. Butt*.: 230.

Fixsenia (Eumaeini); Korb & Bolshakov, 2011, *Eversmannia Suppl*., 2: 70.

Nordmannia (Section *Eumaeus*); Eliot, 1973, *Bull. Br. Mus. nat. Hist.* (Ent.), 28(6): 440.

Satyrium (Section *Eumaeus*); Eliot, 1973, *Bull. Br. Mus. nat. Hist.* (Ent.), 28(6): 440.

雄性前足跗节 1 节。前翅正面橙色斑纹有或无；反面有白色的外横线或外斜线。后翅反面臀域有 W 形斑纹和橙色眼斑；尾突发达。前翅脉纹 10 条，各自独立；R_3 脉与 R_4 脉消失；

M_1 脉与 R_5 脉不共柄；中室长约为前翅长的 1/2。后翅 Cu_2 脉端部尾突细长；Cu_1 脉端部小角突有或无。

雄性外生殖器：背兜发达，背面有 X 形内骨；钩突缺；颚突钩状；囊突短小；抱器左右分离或基部愈合，半圆形或三角形，末端有长的延伸；阳茎细长，有角状器。

雌性外生殖器：交配囊导管粗壮，骨化；交配囊椭圆形；交配囊片成对，钝刺状。

寄主为鼠李科 Rhamnaceae、豆科 Fabaceae、蔷薇科 Rosaceae、壳斗科 Fagaceae、桦木科 Betulaceae、木犀科 Oleaceae、椴树科 Tiliaceae、忍冬科 Caprifoliaceae、槭树科 Aceraceae、榆科 Ulmaceae 及无患子科 Sapindaceae 植物。

全世界记载 79 种，分布于新北区、古北区及东洋区。中国记录 32 种，大秦岭分布 23 种。

种检索表

1. 翅反面中域有黑色斑列，无白色线带 ······ **塔洒灰蝶 *S. thalia***
   翅反面中域有白色线带 ······ 2
2. 两翅反面灰白色 ······ **白衬洒灰蝶 *S. tshikolovetsi***
   两翅反面非灰白色 ······ 3
3. 两翅正面淡蓝色 ······ **杨氏洒灰蝶 *S. yangi***
   两翅正面非淡蓝色 ······ 4
4. 两翅反面中室有端斑 ······ **南风洒灰蝶 *S. austrina***
   两翅反面中室无端斑 ······ 5
5. 雄性前翅有橙色斑 ······ 6
   雄性前翅无橙色斑 ······ 14
6. 前翅橙红色斑位于中室端部外侧 ······ 7
   前翅橙红色斑位于中室端部下方 ······ 8
7. 后翅反面亚外缘斑列模糊或消失；尾突短 ······ **幽洒灰蝶 *S. iyonis***
   后翅反面亚外缘斑列完整清晰；尾突长 ······ **维洒灰蝶 *S. v-album***
8. 前翅反面端缘无黑色斑列 ······ **普洒灰蝶 *S. prunoides***
   前翅反面端缘有黑色斑列 ······ 9
9. 前翅正面臀角区有橙色斑 ······ 10
   前翅正面臀角区无橙色斑 ······ 11
10. 前翅正面臀角区橙色斑大，延至后缘 ······ **礼洒灰蝶 *S. percomis***
    前翅正面臀角区橙色斑未达后缘 ······ **武大洒灰蝶 *S. watarii***
11. 前翅正面橙色斑纹延伸至基部和后缘 ······ **久保洒灰蝶 *S. kuboi***
    前翅正面橙色斑纹远离基部 ······ 12

12. 后翅反面有亚外缘和亚缘 2 列圆形斑纹 ………………………… **红斑洒灰蝶 *S. rubicundulum***

后翅反面仅有亚缘 1 列圆形斑纹 ……………………………………………………………………… 13

13. 前翅反面外横带末段错位内移 …………………………………………………… **饰洒灰蝶 *S. ornata***

前翅反面外横带末段不内移 ……………………………………………………… **拟饰洒灰蝶 *S. inflammata***

14. 前翅正面无性标斑 ……………………………………………………………………………………… 15

前翅正面有性标斑 ……………………………………………………………………………………… 16

15. 后翅反面外横带断裂成外横斑列 ……………………………………… **岷山洒灰蝶 *S. minshanicum***

后翅反面外横带连续，不断裂 ……………………………………………………… **德洒灰蝶 *S. dejeani***

16. 后翅反面臀角无橙红色斑纹 ……………………………………………………… **刺痣洒灰蝶 *S. spini***

后翅反面臀角有橙红色斑纹 ………………………………………………………………………… 17

17. 雄性前翅性标斑月牙形 …………………………………………………………… **苹果洒灰蝶 *S. pruni***

雄性前翅性标斑非月牙形 ……………………………………………………………………………… 18

18. 雄性前翅性标斑梭形 ………………………………………………………… **拟杏洒灰蝶 *S. pseudopruni***

雄性前翅性标斑非梭形 ………………………………………………………………………………… 19

19. 前翅反面外横带末段弯曲，明显内移 …………………………………………………………………… 20

前翅反面外横带末段直，未内移 ……………………………………………………………………… 21

20. 前翅反面端部无黑色斑列 …………………………………………………… **达洒灰蝶 *S. w-album***

前翅反面端部有黑色斑列 ……………………………………………………… **大洒灰蝶 *S. grandis***

21. 雄性前翅性标斑黑色 …………………………………………………………… **父洒灰蝶 *S. patrius***

雄性前翅性标斑污白色 ………………………………………………………………………………… 22

22. 雄性前翅性标斑小于臀角黑斑 …………………………………………………… **井上洒灰蝶 *S. inouei***

雄性前翅性标斑大于臀角黑斑 …………………………………………………… **优秀洒灰蝶 *S. eximia***

幽洒灰蝶 *Satyrium iyonis* (Oxta & Kusunoki, 1957)（图版 18：47—48）

Strymonidia iyonis Oxta & Kusunoki, 1957, *Trans. Shikoku Ent. Soc.*, 5: 101.

Strymonidia iyonis; Wang & Fan, 2002, *Butts. Faun. Sin.: Lycaenidae*: 225.

Satyrium iyonis; Chou, 1994, *Mon. Rhop. Sin.*: 658; Kudrna, 1974, *Atalanta*, 5: 112; Wu & Xu, 2017, *Butts. Chin.*: 1189, f. 1191: 6-8.

形态 成虫：中小型灰蝶。两翅正面棕褐色至黑褐色；反面棕色至褐色。前翅正面中室端部外侧斑纹橙色；中室顶角附近有长椭圆形性标斑，枯灰色。反面外横带细，白色。后翅反面外缘线黑、白 2 色；亚外缘斑列及亚缘斑列黑色，较模糊，缘线白色；中横带细，白色，从前缘至 Cu_2 脉端部 W 形弯曲折向后缘中部；cu_1 室端部和臀角各有 1 个橙色眼斑，瞳点大，黑色，橙色眶纹未闭合；cu_2 室覆有银灰色鳞片；Cu_1 脉端部角状外凸；Cu_2 脉端尾突细长，黑色，端部白色。

卵：灰色；扁圆形；有网状雕纹；精孔区脐状突起。

幼虫：蛞蝓形；深绿色。

蛹：深黑色。

寄主 鼠李科 Rhamnaceae 日本鼠李 *Rhamnus japonica*、长梗鼠李 *R. yoshinoi* 及圆叶鼠李 *R. globosa*。

生物学 1年1代，以卵越冬，成虫多见于5~8月。卵多单产于树的短枝基部，有时聚产。

分布 中国（吉林、北京、山西、河南、陕西、甘肃、青海、四川、贵州），日本。

大秦岭分布 陕西（长安、鄠邑、周至、渭滨、太白、华阴、汉台、南郑、洋县、勉县、宁强、留坝、汉阴、商州、山阳、柞水）、甘肃（麦积、秦州、武山、康县、文县、徽县、两当、礼县、迭部）、四川（平武、九寨沟）。

红斑洒灰蝶 *Satyrium rubicundulum* (Leech, 1890)

Thecla rubicundulum Leech, 1890, *Entomologist*, 23: 40. **Type locality**: Changyang, Hubei.

Thecla rubicundulum; Leech, [1893], *Butts. Chin. Jap. Cor*., 2: 363, pl. 29, fig. 8; Seitz (ed.), 1906, *MacroLep*., 1: 267, pl. 73d; Huang, 1943, *Notes d'Ent. Chin*., 10(3): 170; Wu, 1938, *Cat. Ins. Sin*., 4: 933.

Satyrium rubicundulum; Bridges, 1988a, *Cat. Lyc. Rio*., 2: 93; Chou, 1994, *Mon. Rhop. Sin*.: 658.

Strymonidia rubicundulum; Wang & Fan, 2002, *Butts. Faun. Sin.: Lycaenidae*: 225, 226.

形态 成虫：小型灰蝶。与幽洒灰蝶 *S. iyonis* 近似，主要区别为：个体稍小。雄性无性标斑。两翅反面色稍深。前翅正面橙色斑纹位于中室端部外侧下方，此斑个体间变化较大，少数无斑；反面外缘及亚外缘斑列黑褐色，时有模糊。后翅 Cu_1 脉端部角状外凸大；反面臀角橙色纹沿亚缘区向前稍有延长。

寄主 蔷薇科 Rosaceae 苹果 *Malus domestica*、山楂 *Crataegus pinnatifida* 等。

生物学 成虫多见于5~7月。常活动于林区及山地，喜在树叶上停息。

分布 中国（山西、河南、陕西、甘肃、湖北、四川）。

大秦岭分布 河南（嵩县、栾川）、陕西（蓝田、长安、周至、鄠邑、眉县、太白、华州、汉台、南郑、洋县、宁强、西乡、留坝、汉阴、宁陕、商州）、甘肃（麦积、礼县）、湖北（神农架）、四川（都江堰、安州）。

优秀洒灰蝶 *Satyrium eximia* (Fixsen, 1887)

Thecla w-album var. *eximia* Fixsen, 1887, *In*: Romanoff, *Mém. Lép*., 3: 271, pl. 13, f. 2. **Type locality**: Pung-Tung (the mountains at about 38° n.lat./ 128° e. long.), Korea.

Thecla affinis Staudinger, 1892, *In*: Romanoff, *Mém. Lép.*, 6: 148 (preocc.).

Thecla fixseni Leech, [1893], *Butts. Chin. Jap. Cor.*, (2): 360, f. 2-3.

Thecla eximia kanonis Matsumura, 1929a, *Ins. Matsum.*, 3(2/3): 102. **Type locality**: "Formosa" [Taiwan, China].

Strymonidia eximia; Lewis, 1974, *Butt. World*: pl. 10, f. 32 (text only); Wang & Fan, 2002, *Butts. Faun. Sin.: Lycaenidae*: 226-228.

Satyrium eximium; Chou, 1994, *Mon. Rhop. Sin.*: 660.

Satyrium eximia; Huang, 2001, *Neue Ent. Nachr.*, 51: 76 (note), f. 34-35, 37; Wu & Xu, 2017, *Butts. Chin.*: 1193, f. 1194: 1-8.

Fixsenia eximia; Korb & Bolshakov, 2011, *Eversmannia Suppl.*, 2: 70.

形态 成虫：中型灰蝶。与幽洒灰蝶 *S. iyonis* 近似，主要区别为：个体稍大。两翅正面色深，黑褐色；反面色稍深，斑纹较清晰。前翅正面雄性有暗紫色闪光，无橙色斑纹；雌性橙色斑纹大或无；雄性性标斑大，卵圆形。后翅 Cu_1 脉端部角状外凸大；正面雌性臀角有橙色斑带，大小变化大，雄性臀角有橙色斑纹；臀叶大，半圆形向内缘突出。

卵：扁圆形；灰白色；表面密布刺突和极细小刻纹。

幼虫：黄绿色；背部有乳白色斑带；气孔褐色；足基带淡黄色。

蛹：椭圆形；淡褐色；密被深褐色斑驳纹和白色短毛；气孔白色。

寄主 鼠李科 Rhamnaceae 金刚鼠李 *Rhamnus diamantiaca*、小叶鼠李 *R. parvifolia*、琉球鼠李 *R. liukiuensis*、鼠李 *R. davurica* 及冻绿 *R. utilis*。

生物学 1 年 1 代，成虫多见于 5 ~ 8 月。有访花习性，喜吸食花粉、花蜜、植物汁液。

分布 中国（黑龙江、吉林、辽宁、内蒙古、北京、天津、河北、山西、山东、河南、陕西、甘肃、江苏、安徽、浙江、福建、台湾、广东、海南、重庆、四川、贵州、云南），俄罗斯，朝鲜。

大秦岭分布 河南（登封、内乡、嵩县、栾川）、陕西（蓝田、长安、鄠邑、周至、太白、华州、潼关、汉台、南郑、西乡、留坝、紫阳、汉阴、宁陕、商州）、甘肃（麦积、文县、徽县、两当、迭部、碌曲）、重庆（城口）、四川（剑阁、青川、安州、平武、九寨沟）。

维洒灰蝶 *Satyrium v-album* (Oberthür, 1886)

Thecla v-album Oberthür, 1886b, *Étud. d'Ent.*, 11: 20, pl. 4, f. 23. **Type locality**: Tibet.

Thecla v-album; Leech, [1893], *Butts. Chin. Jap. Cor.*, 2: 365; Seitz (ed.), 1906, *Macrolep.*, 1: 266, pl. 73a; Wu, 1938, *Cat. Ins. Sin.*, 4: 934; Huang, 1943, *Notes d'Ent. Chin.*, 10(3): 172.

Strymonidia v-album; D'Abrera, 1993, *Butts. Hol. Reg.*, 3: 439, fig'd; Wang & Fan, 2002, *Butts. Faun. Sin.: Lycaenidae*: 237, 238.

Fixsenia v-album; Koiwaya,1996, *Stu. Chin. Butts*., 3:142, figs. 844-845.

Satyrium v-album; Bridges, 1988a, *Cat. Lyc. Rio*., 2: 96; Wu & Xu, 2017, *Butts. Chin*.: 1190, f. 1191: 16.

Strymon v-album; Lewis, 1974, *Butt. World*: pl. 206, f. 37.

形态 成虫：小型灰蝶。与幽洒灰蝶 *S. iyonis* 近似，主要区别为：后翅反面亚外缘斑列及亚缘斑列清晰；亚外缘斑列的斑纹大；m_3 室、cu_1 室及 cu_2 室端部和臀角各有 1 个橙色眼斑，瞳点大，黑色；Cu_1 脉端部角状外凸较明显；cu_2 室覆有蓝色鳞片；尾突长，丝状。

寄主 鼠李科 Rhamnaceae 鼠李 *Rhamnus davurica*。

生物学 1 年 1 代，成虫多见于 5 ~ 8 月。喜访花和湿地吸水。

分布 中国（河南、陕西、甘肃、湖北、四川、西藏）。

大秦岭分布 河南（鲁山）、陕西（蓝田、长安、周至、眉县、宁陕）、甘肃（麦积、武山）、湖北（武当山）、四川（九寨沟）。

普洒灰蝶 *Satyrium prunoides* (Staudinger, 1887)

Thecla prunoides Staudinger, 1887, *In*: Romanoff, *Mém. Lép*., 3: 129, pl. 6, figs. la-b. **Type locality**: Vladivostok and Ust'-Kamenogorsk.

Thecla fulva Fixsen, 1887, *In*: Romanoff, *Mém. Lép*., 3: 279.

Thecla fulvofenestrata Fixsen, 1887, *In*: Romanoff, *Mém. Lép*., 3: 279.

Thecla prunoides; Seitz (ed.), 1906, *Macrolep*., 1: 267, 268, pl. 73d; Wu, 1938, *Cat. Ins. Sin*., 4: 933; Huang, 1943, *Notes d'Ent. Chin*., 10(3): 169.

Satyrium prunoides; Bridges, 1988a, *Cat. Lyc. Rio*., 2: 96; Wu & Xu, 2017, *Butts. Chin*.: 1190, f. 1192: 22-28.

Strymonidia prunoides; D'Abrera, 1993, *Butts. Hol. Reg*., 3: 440, fig'd; Wang & Fan, 2002, *Butts. Faun. Sin.: Lycaenidae*: 232.

Fixsenia prunoides; Koiwaya, 1996, *Stu. Chin. Butts*., 3: 151, figs. 908-910; Lee, 1982, *Butts. Kor*.: 27, pl. 19, figs. 59A-D; Korb & Bolshakov, 2011, *Eversmannia Suppl*., 2: 70.

形态 成虫：小型灰蝶。与幽洒灰蝶 *S. iyonis* 近似，主要区别为：个体稍小。雄性前翅正面无性标斑。前翅正面橙色斑纹位于中室端部外侧的下方，此斑个体间变化较大，少数无斑。后翅反面臀角橙色纹沿亚外缘区向上延长至顶角附近。

卵：扁圆形；白色；表面密布细小刻纹。

幼虫：末龄幼虫绿色；背部密布淡黄色纵斑列和斜斑列；气孔灰白色。

蛹：近椭圆形；淡褐色；密布褐色斑驳纹和黄白色细毛。

寄主 蔷薇科 Rosaceae 欧亚绣线菊 *Spiraea media*。

生物学　1 年 1 代，以卵越冬，成虫多见于 5 ~ 7 月。飞行迅速，常活动于阔叶林带、高山及亚高山草甸，喜访花和湿地吸水。

分布　中国（黑龙江、吉林、辽宁、内蒙古、北京、河北、山西、河南、陕西、甘肃、湖北、四川），俄罗斯，蒙古，朝鲜。

大秦岭分布　陕西（凤县、华州、佛坪、镇坪、宁陕）、湖北（神农架）、四川（九寨沟）。

达洒灰蝶 *Satyrium w-album* (Knoch, 1872)

Papilio w-album Knoch, 1872, *Beitr. Insekteng*., 2: 85, pl. 6, f. 1-2. **Type locality**: Leipzig.

Papilio w-album; Leech, [1893], *Butts. Chin. Jap. Cor*., 2: 358, 359; Seitz (ed.), 1906, *Macrolep*., 1: 265, pl. 72h; Huang, 1943, *Notes d'Ent. Chin*., 10(3): 172, 173.

Fexsenia w-album; Koiwaya, 1996, *Stu. Chin. Butts*., 3: 138, figs. 803-806; Lee, 1982, *Butts. Kor*.: 24, pl. 19, figs. 57A-B.

Strymonidia w-album; Lewis, 1974, *Butt. World*: pl. 10, f. 32 (text only); D'Abrera, 1993, *Butts. Hol. Reg*., 3: 438, fig'd; Wang & Fan, 2002, *Butts. Faun. Sin.: Lycaenidae*: 238.

Satyrium w-album; Bridges, 1988a, *Cat. Lyc. Rio*., 2: 96; Wu & Xu, 2017, *Butts. Chin*.: 1189, f. 1191: 1-5.

Fixsenia w-album; Korb & Bolshakov, 2011, *Eversmannia Suppl*., 2: 70.

形态　成虫：小型灰蝶。与优秀洒灰蝶 *S. eximia* 近似，主要区别为：前翅正面雄性性标小，豆瓣形；雌性前翅正面中央无橙色斑。后翅正面臀角橙色纹多消失；反面端缘橙色斑列延伸至顶角附近。

卵：扁圆形；淡褐色；表面密布白色小突起。

幼虫：绿色，老熟时变深褐色；体表密布淡黄色细毛；背中线白色，两侧有黄绿色斜带纹和 2 列小突起。

蛹：近椭圆形；灰色；密布深褐色斑驳纹和淡色细毛。

寄主　榆科 Ulmaceae 榆树 *Ulmus pumila*、大叶榆 *U. laevis*；壳斗科 Fagaceae 栎属 *Quercus* spp.；桦木科 Betulaceae 桤木属 *Alnus* spp.；木犀科 Oleaceae 梣属 *Fraxinus* spp.；椴树科 Tiliaceae 椴树属 *Tilia* spp.；蔷薇科 Rosaceae 李属 *Prunus* spp.、苹果属 *Malus* spp.、稠李属 *Padus* spp.。

生物学　1 年 1 代，以卵越冬，成虫多见于 5 ~ 8 月。飞行迅速，常活动于高大乔木的树冠层，喜访花和湿地吸水，雄性有领域性。卵单产或聚产于寄主植物树枝上。

分布　中国（黑龙江、吉林、辽宁、内蒙古、北京、河北、山西、河南、陕西、甘肃、湖北），俄罗斯，朝鲜，日本，欧洲。

大秦岭分布　甘肃（麦积、徽县、两当）、湖北（武当山）。

井上洒灰蝶 *Satyrium inouei* (Shirôzu, 1959)

Strymonidia inouei Shirôzu, 1959, *Kontyû*, 27(1): 91, pl. 8, f. 9-10 ♀. **Type locality**: vicinity of Musha, "Formosa" [Taiwan, China].

Strymonidia inouei; Wang & Fan, 2002, *Butts. Faun. Sin.: Lycaenidae*: 230.

Satyrium inouei; Wu & Xu, 2017, *Butts. Chin.*: 1189, f. 1191: 12-15.

形态 成虫：小型灰蝶。与达洒灰蝶 *S. w-album* 近似，主要区别为：两翅反面色较深。前翅顶角尖。

寄主 壳斗科 Fagaceae 槲栎 *Quercus aliena*。

生物学 1 年 1 代，成虫多见于 6 ~ 7 月。常在阔叶林、溪流沿岸活动，喜访花和湿地吸水。

分布 中国（陕西、甘肃、台湾），蒙古。

大秦岭分布 陕西（凤县）。

刺痣洒灰蝶 *Satyrium spini* (Fabricius, 1787)

Papilio spini Fabricius, 1787, *Mant. Insect.*, 2: 68, nr. 651.

Papilio lynceus Esper, 1779, *Die Schmett. Th. I, Bd.*, 1(9): 356, (7): pl. 39, f. 3 (preocc.).

Papilio cerasi Herbst, 1804, *In*: Jablonsky, *Naturs. Schmett.*, 11: pl. 307, f. 8-9 (preocc.).

Strymon spini bofilli de Sagarra, 1924, *Butll. Inst. Catal. Hist. Nat.*, (2) 4(9): 200. **Type locality**: Albarracin (Aragó), 1100 m.

Strymonidia spini; Lewis, 1974, *Butt. World*: pl. 10, f. 31, 32; Wang & Fan, 2002, *Butts. Faun. Sin.: Lycaenidae*: 230, 231.

Satyrium spini; Chou, 1994, *Mon. Rhop. Sin.*: 660; Kudrna & Belicek, 2005, *Oedippus*, 23: 28.

Fixsenia spini; Korb & Bolshakov, 2011, *Eversmannia Suppl.*, 2: 70.

形态 成虫：小型灰蝶。与优秀洒灰蝶 *S. eximia* 近似，主要区别为：雄性前翅中室性标斑窄长，条形；反面外横线末段多 V 形弯曲并内移。后翅正面臀角橙色斑纹多消失。反面端缘橙色斑列长，但未达前缘和臀角；cu_2 室眼斑黑色，瞳点小。雌性前翅正面中央橙色斑较大或消失。

寄主 鼠李科 Rhamnaceae 鼠李属 *Rhamnus* spp.、欧鼠李 *Frangula alnus*；蔷薇科 Rosaceae 花楸属 *Sorbus* spp.、苹果属 *Malus* spp.、李属 *Prunus* spp.；榆科 Ulmaceae 榆树 *Ulmus pumila*。

生物学 成虫多见于 5 ~ 7 月。

分布 中国（黑龙江、吉林、辽宁、北京、河北、山西、山东、河南、陕西、甘肃、四川），朝鲜。

大秦岭分布 河南（登封、嵩县）、陕西（长安、周至、陈仓、太白、旬邑、勉县、留坝、紫阳、汉阴）、甘肃（武山、徽县、两当、礼县、漳县）、四川（平武）。

德洒灰蝶 *Satyrium dejeani* (Riley, 1939)

Strymon dejeani Riley, 1939, *Novit. zool*., 41(4): 360. **Type locality**: Sichuan.

Strymonidia dejeani; D'Abrera, 1993, *Butts. Hol. Reg*., 3: 440, fig'd; Wang & Fan, 2002, *Butts. Faun. Sin.: Lycaenidae*: 236, 237.

Satyrium dejeani; Bridges, 1988, *Cat. Lyc. Rio*., 2: 95.

形态 成虫：小型灰蝶。与优秀洒灰蝶 *S. eximia* 近似，主要区别为：雌性两翅反面端缘有 1 列橙红色 U 形眼斑，瞳点黑色并附有蓝灰色鳞片（cu_2 室端部瞳点无），缘线黑、白 2 色，此 U 形眼斑前翅瞳点多消失，雄性后翅端半部此斑多模糊或消失。前翅无性标斑。

生物学 成虫多见于 5 ~ 7 月。常在阔叶林林缘、溪沟旁活动。

分布 中国（陕西、甘肃、四川）。

大秦岭分布 陕西（蓝田、长安、鄠邑、华阴、宁强、宁陕）、甘肃（麦积、漳县）。

岷山洒灰蝶 *Satyrium minshanicum* Murayama, 1992

Satyrium minshanicum Murayama, 1992, *Nat. Ins*., 27(5): 39-41.

Satyrium minshanicum; Chou, 1994, *Mon. Rhop. Sin*.: 659; Wu & Xu, 2017, *Butts. Chin*.: 1189, f. 1191: 9-11.

形态 成虫：小型灰蝶。与德洒灰蝶 *S. dejeani* 近似，主要区别为：两翅反面色偏黄；端缘橙色带纹模糊，雄性多消失。后翅 Cu_2 脉端部尾突短；外横带断裂成外横斑列。

卵：扁圆形；灰白色；表面密布细小网状凹刻和突起。

幼虫：末龄幼虫绿色；背两侧有白色斜斑列；胸部和腹部末端粉红色；足基带白色。

蛹：近椭圆形；淡褐色；密布深褐色斑驳纹和白色细毛；腹背面乳黄色。

寄主 忍冬科 Caprifoliaceae 忍冬属 *Lonicera* spp. 及六道木属 *Abelia* spp.。

生物学 1 年 1 代，成虫多见于 6 ~ 7 月。飞行力不强，常在阔叶林活动，喜访花和湿地吸水。

分布 中国（北京、陕西、四川）。

大秦岭分布 四川（青川）。

父洒灰蝶 *Satyrium patrius* (Leech, 1891)

Thecla patrius Leech, 1891, *Entomologist*, 24 (Suppl.): 58. **Type locality**: Pu-tsu-fong, 10000 ft.

Thecla patrius; Leech, [1893], *Butts. Chin. Jap. Cor*., 2: 359, pl. 29,fig. 11; Seitz (ed.), 1906, *Macrolep*., 1: 265, pl. 72h; Huang, 1943, *Notes d'Ent. Chin*., 10(3): 168.

Strymonidia dejeani; D'Abrera, 1993, *Butts. Hol. Reg*., 3: 439, fig'd.

Strymonidia patrius; Lewis, 1974, *Butt. World*: pl. 10, f. 32 (text only); Wang & Fan, 2002, *Butts. Faun. Sin.: Lycaenidae*: 233, 234.

Satyrium patrius; Wu & Xu, 2017, *Butts. Chin*.: 1193, f. 1194: 17.

形态 成虫：小型灰蝶。与优秀洒灰蝶 *S. eximia* 近似，主要区别为：前翅正面中室性标斑黑色，豆瓣形；反面外斜带直，白色线纹从前缘端部斜向臀角。

生物学 1 年 1 代，成虫多见于 6 ~ 7 月。飞行迅速，活动于高海拔区域。

分布 中国（陕西、四川、甘肃）。

大秦岭分布 陕西（佛坪）、甘肃（舟曲）。

南风洒灰蝶 *Satyrium austrina* (Murayama, 1943)

Strymon austrina Murayama, 1943, *Zephyrus*, 9 (3): 171, fig. 2.

Satyrium austrinum; Chou, 1994, *Mon. Rhop. Sin*.: 661; Wu & Xu, 2017, *Butts. Chin*.: 1195, f. 1196: 14-16.

Strymonidia austrina; Wang & Fan, 2002, *Butts. Faun. Sin.: Lycaenidae*: 229, 230.

形态 成虫：小型灰蝶。两翅正面黑褐色至棕褐色。反面淡棕色至棕褐色，外缘线黑、白 2 色；中室端线白色，有时消失。前翅反面亚外缘斑列黑色，上半部斑纹多消失，两侧缘线白色；外斜带细，白色，内侧缘线淡褐色。后翅 Cu_2 脉端尾突细长，黑色，端部白色。正面外缘线黑、白 2 色，中上部白色线多消失。反面亚外缘斑列及亚缘斑列黑色，内侧缘线白色；中横带细，白色，内侧缘线褐色，从前缘至 Cu_2 脉端部 W 形弯曲折向后缘中部；cu_1 室及臀角各有 1 个橙色眼斑，瞳点大，黑色，橙色眶纹未闭合；臀角眼斑瞳点下移；cu_2 室覆有蓝色鳞粉；Cu_1 脉端部角状外凸不明显。雄性无性标斑。

幼虫：末龄幼虫玫红色；有黄绿色斑驳纹；背部有 2 列圆形肉棘突。

蛹：近椭圆形；胸背部黄绿色；翅区乳白色；腹背部奶黄色；体表密布细毛。

寄主 榆科 Ulmaceae 榉树 *Zelkova serrata*。

生物学 1 年 1 代，成虫多见于 5 ~ 6 月。常在阔叶林活动，喜访花和湿地吸水。

分布 中国（陕西、台湾）。

大秦岭分布 陕西（周至）。

苹果洒灰蝶 *Satyrium pruni* (Linnaeus, 1758)（图版 19：51）

Papilio pruni Linnaeus, 1758, *Syst. Nat*. (Edn 10), 1: 482. **Type locality**: Germany.

Papilio prorsa Hufnagel, 1766, *Berlin. Mag*., 2: 68.

Thecla pruni; Gerhard, 1850, *Versuch Mon. europ. Schmett*., (1): 3, pl. 1, f. 2a-c; Leech, [1893], *Butts. Chin. Jap. Cor*., 2: 361, 362; Seitz (ed.), 1906, *Macrolep*., 1: 267, pl. 73d; Huang, 1943, *Notes d'Ent. Chin*., 10(3): 169.

Strymonidia pruni; Lewis, 1974, *Butt. World*: pl. 10, f. 30; Higgins & Riley, 1983, *Butts. Brit. Europe*: 47, pl. 14, fig. 6; D'Abrera, 1993, *Butts. Hol. Reg*., 3: 441; Wang & Fan, 2002, *Butts. Faun. Sin.: Lycaenidae*: 231, 232.

Fixsenia pruni; Clench, 1978, *J. Lep. Soc*., 32(4): 279; Bridges, 1988a, *Cat. Lyc. Rio*., 2: 41; Chou, 1994, *Mon. Rhop. Sin*.: 657; Koiwaya, 1996, *Stu. Chin. Butts*., 3: 162, figs. 969-972; Korb & Bolshakov, 2011, *Eversmannia Suppl*., 2: 70.

Satyrium pruni; Wu & Xu, 2017, *Butts. Chin*.: 1190, f. 1192: 30-33.

形态 成虫：小型灰蝶。两翅正面褐色至黑褐色；反面黄褐色至褐色。前翅反面亚外缘斑列黑色，斑纹圆形，圈纹白色；外横条斑列白色，内侧缘线黑色。后翅正面臀角橙色条斑有或无。反面外缘斑列黑色，外侧有黑、白 2 色缘线；亚缘斑列黑色，斑纹圆形，内侧缘线白色；亚外缘带橙色，未达前缘；中横线白色，从前缘中部至 Cu_2 脉端部 W 形弯曲折向后缘中部；Cu_2 脉端部尾突细长；Cu_1 脉端部角状外凸不明显。雌性前翅正面亚缘区橙色斑纹有或无；后翅正面臀角区有橙色条斑。

卵：扁平；表面多棘状突起；初产赤色，后变为灰白色。

幼虫：黄绿色。

蛹：腹部背面有鸟巢形突起。

寄主 蔷薇科 Rosaceae 苹果 *Malus pumila*、李 *Prunus salicina*、稠李 *P. padus*、桃 *Amygdalus persica*、覆盆子 *Rubus idaeus*、刺毛樱桃 *Cerasus setulosa*、樱桃 *C. pseudocerasus*、花楸属 *Sorbus* spp.。

生物学 1 年 1 代，以卵越冬，成虫多见于 5 ~ 7 月。飞行迅速，常在阔叶林活动，喜访花和湿地吸水。

分布 中国（黑龙江、吉林、辽宁、内蒙古、山西、河南、陕西、甘肃、湖北、江西、四川），俄罗斯，蒙古，朝鲜，日本，哈萨克斯坦，欧洲。

大秦岭分布 河南（鲁山、内乡）、陕西（长安、鄠邑、周至、陈仓、太白、凤县、西乡、留坝、佛坪、宁陕）、甘肃（文县、漳县）、湖北（神农架）、四川（九寨沟）。

久保洒灰蝶 *Satyrium kuboi* Chou & Tong, 1994

Satyrium kuboi Chou & Tong, 1994, *In*: Chou,1994, *Mon. Rhop. Sin*.: 661, f. 72. **Type locality**: Hangzhou, Zhejiang.

Strymonidia kuboi; Wang & Fan, 2002, *Butts. Faun. Sin.: Lycaenidae*: 230.

形态 成虫：中大型灰蝶。与苹果洒灰蝶 *S. pruni* 近似，主要区别为：两翅反面色暗，黑褐色；亚缘斑列黑色，斑纹圆形，圈纹白色；外横线与外缘近平行。前翅正面橙色斑发达。

分布 中国（陕西、浙江、湖北、重庆、四川）。

大秦岭分布 陕西（留坝）、湖北（神农架）。

大洒灰蝶 *Satyrium grandis* (C. & R. Felder, 1862)

Thecla grandis C. & R. Felder, 1862a, *Wien. ent. Monats*., 6(1): 24. **Type locality**: Ningpo.

Thecla grandis; Elwes, 1881, *Proc. zool. Soc. Lond*.: 885; Leech, [1893], *Butts. Chin. Jap. Cor*., 2: 360, 361; Seitz (ed.), 1906, *Macrolep*., 1: 266, pl. 72i; Bowring, 1913, *List Wenchow Butts*.: 6; Wu, 1938, *Cat. Ins. Sin*., 4: 932; Huang, 1943, *Notes d'Ent. Chin*., 10(3): 166.

Strymonidia grandis; Lewis, 1974, *Butt. World*: pl. 10, f. 32 (text only); D'Abrera, 1993, *Butts. Hol. Reg*., 3: 441; Wang & Fan, 2002, *Butts. Faun. Sin.: Lycaenidae*: 226.

Satyrium grandis; Bridges, 1988a, *Cat. Lyc. Rio*., 2: 96; Chou, 1994, *Mon. Rhop. Sin*.: 658; Wu & Xu, 2017, *Butts. Chin*.: 1195, f. 1196: 9-10.

形态 成虫：中大型灰蝶。与苹果洒灰蝶 *S. pruni* 近似，主要区别为：个体较大。两翅反面棕色至褐色。前翅反面外横带末段多 V 形弯曲并内移。后翅 Cu_1 脉端部角状外凸明显。反面臀角橙色带加宽明显；cu_2 室覆有蓝色鳞粉。雄性前翅中室端有卵圆形性标斑。

卵：扁圆形；淡灰褐色；表面密布细小突起。

幼虫：蛞蝓形；绿色；背面淡绿色；背中线绿色，两侧密布白色斜带纹；足基带及气孔白色；进入预蛹期体色变为淡棕红色。

蛹：椭圆形；乳黄色；密布褐色斑驳纹及细毛；背中线深褐色；腹背部两侧有黑褐色斑列；翅区乳白色，散布褐色点斑。

寄主 豆科 Fabaceae 紫藤 *Wisteria sinensis*。

生物学 1 年 1 代，成虫多见于 5 ~ 7 月。飞行迅速。卵多产于寄主植物枝杈缝隙间。

分布 中国（黑龙江、河南、陕西、甘肃、江苏、安徽、浙江、江西、福建、广东、四川、贵州），俄罗斯，蒙古。

大秦岭分布 陕西（陈仓、汉台、城固、留坝、商州）、甘肃（麦积、礼县、碌曲）。

拟杏洒灰蝶 *Satyrium pseudopruni* Murayama, 1992

Satyrium pseudopruni Murayama, 1992, *Nature Ins*., 27(5): 39-41.

形态 成虫：小型灰蝶。与苹果洒灰蝶 *S. pruni* 近似，主要区别为：前翅顶角尖；雄性前翅性标斑黑色，梭形。

分布 中国（陕西、重庆）。

大秦岭分布 陕西（勉县、留坝）、重庆（巫溪）。

饰洒灰蝶 *Satyrium ornata* (Leech, 1890)（图版 18：49—50）

Thecla ornata Leech, 1890, *Entomologist*, 23: 40. **Type locality**: Changyang.

Thecla ornata; Leech, [1893], *Butts. Chin. Jap. Cor*., 2: 364, pl. 29, fig. 7; Seitz (ed.), 1906, *Macrolep*., 1: 266, pl. 72i; Seitz (ed.), 1929, *Macrolep*., 9: 969; Wu, 1938, *Cat. Ins. Sin*., 4: 933; Huang, 1943, *Notes d'Ent. Chin*., 10(3): 168.

Strymonidia ornata; Li *et al*., 1992, *Atlas Chin. Butts*.: 145, 146, fig. 20; D'Abrera, 1993, *Butts. Hol. Reg*., 3: 439, fig'd; Wang & Fan, 2002, *Butts. Faun. Sin.: Lycaenidae*: 232, 233.

Satyrium ornata; Bridges, 1988a, *Cat. Lyc. Rio*., 2: 96; Wu & Xu, 2017, *Butts. Chin*.: 1197, f. 1198: 1-5.

Fixsenia ornata; Harada & Tateishi, 1994, *Butterflies*, 10: 23, pl. 29, figs. 9-14; Koiwaya, 1996, *Stu. Chin. Butts*., 3: 148, figs. 887, 888.

Satyrium siguniangshanicum Murayama, 1992, *Ins. Nat*., 27(5): 39, 40, fig. 6. **Type locality**: Siguniangshan, Sichuan.

Strymon ornata; Lewis, 1974, *Butt. World*: pl. 206, f. 37.

形态 成虫：中小型灰蝶。两翅正面黑褐色。反面棕色至褐色；外缘线黑、白 2 色；亚外缘斑列灰黑色，多模糊不清。前翅正面中域中下部有 1 个橙色大块斑，此斑大小变化很大，少数个体无斑。反面亚缘斑列黑色至褐色，斑纹近圆形，圈纹白色；外横条斑列白色，与外缘近平行，内侧缘线黑色。后翅反面亚缘斑列黑色，缘线白色；外横斑列白色，从前缘端部伸达 Cu_2 脉端部后 W 形弯曲折向后缘端部，内侧缘线黑色；Cu_2 脉端部及臀角各有 1 个橙色眼斑，2 个眼斑间覆有银灰色鳞粉；Cu_2 脉端尾突细长，黑色，端部白色；Cu_1 脉端部突起长刺状。雄性无性标斑。

卵：扁圆形；灰白色；精孔圆形凹入；表面密布网状细小刻纹。

幼虫：末龄幼虫黄绿色；背中央有 3 列平行的白色条斑列；两侧密布白色斜带纹。进入预蛹期变为棕红色。

蛹：椭圆形；淡棕褐色；密布褐色斑驳纹；体表密布白色细毛；气孔灰白色。

寄主 蔷薇科 Rosaceae 绣线菊 *Spiraea salicifolia*、中华绣线菊 *S. chinensis*、毛樱桃 *Cerasus tomentosa*。

生物学 1 年 1 代，成虫多见于 7～8 月。

分布 中国（北京、山西、河南、陕西、甘肃、湖北、四川、贵州）。

大秦岭分布 河南（荥阳、巩义、内乡、西峡、嵩县、灵宝、卢氏）、陕西（长安、周至、凤县、汉台、勉县、留坝、宁陕）、甘肃（康县）、四川（汶川、九寨沟）。

拟饰洒灰蝶 *Satyrium inflammata* (Alphéraky, 1889)

Thecla inflammata Alphéraky 1889, *In*: Romanoff, *Mém. Lép.*, 9: 90-123.

Satyrium inflammata; Wu & Xu, 2017, *Butts. Chin.*: 1197, f. 1198: 6.

形态 成虫：中小型灰蝶。与饰洒灰蝶 *S. ornata* 近似，主要区别为：个体稍小。前翅反面外横带末段不内移。

生物学 1 年 1 代，成虫多见于 6～7 月。

分布 中国（甘肃、四川）。

大秦岭分布 甘肃（康县）。

礼洒灰蝶 *Satyrium percomis* (Leech, 1894)（图版 19：52—53）

Thecla percomis Leech, 1894, *Butts. Chin. Jap. Cor.*, (2): 366, pl. 29, f. 5. **Type locality**: Mt. Emei, Sichuan; Seitz (ed.), 1906, *Macrolep.*, 1: 266, pl. 73a; Wu, 1938, *Cat. Ins. Sin.*, 4: 933; Huang, 1943, *Notes d'Ent. Chin.*, 10(3): 169.

Strymonidia percomis; Li *et al.*, 1992, *Atlas Chin. Butts.*: 145, 146, figs. 6-7; D'Abrera, 1993, *Butts. Hol. Reg.*, 3: 439, fig'd; Wang & Fan, 2002, *Butts. Faun. Sin.: Lycaenidae*: 234.

Satyrium percomis; Bridges, 1988a, *Cat. Lyc. Rio.*, 2: 96; Wu & Xu, 2017, *Butts. Chin.*: 1195, f. 1196: 1-4.

Fixsenia percomis; Koiwaya, 1996, *Stu. Chin. Butts.*, 3: 165, figs. 990-991.

形态 成虫：中大型灰蝶。与饰洒灰蝶 *S. ornata* 近似，主要区别为：个体较大。两翅正面橙色斑发达；反面色较深。前翅反面亚外缘斑列完整而清晰，内侧缘线明显；外横条斑列向内倾斜，不与外缘平行。后翅 Cu_1 脉端部角状突小，不明显；正面臀角有橙色斑列，大小变化多；反面横带纹内移成中横带。雄性前翅正面中室端部有豆瓣形性标斑。

幼虫：乳白色；背面由胸部的淡黄色渐变至腹部末端的淡绿色；背中线棕红色；体表有淡褐色细毛；腹背部上中部弓形隆起。

蛹：乳白色；腹背端中部隆起；胸腹部背面两侧及腹背部红褐色；体表密布淡褐色细毛。

寄主 蔷薇科 Rosaceae 稠李 *Prunus padus*、山荆子 *Malus baccata*、灰栒子 *Cotoneaster acutifolius*。

生物学 1年1代，成虫多见于5~7月。飞行迅速，常在阔叶林活动，喜访花和湿地吸水。

分布 中国（河南、陕西、甘肃、四川）。

大秦岭分布 陕西（长安、鄠邑、周至、凤县、宁陕）、甘肃（麦积、两当、临潭）、四川（九寨沟）。

塔洒灰蝶 *Satyrium thalia* (Leech, [1893])（图版 19：54）

Thecla thalia Leech, [1893], *Butts. Chin. Jap. Cor.*, (2): 367, pl. 30, f. 15. **Type locality**: Changyang, Hubei.

Thecla thalia; Seitz (ed.), 1906, *Macrolep.*, 1: 268, pl. 73e; Wu, 1938, *Cat. Ins. sin.*, 4: 933; Huang, 1943, *Notes d'Ent. Chin.*, 10(3): 172.

Fixsenia thalia; Clench, 1978, *J. Lep. Soc.*, 32(4): 279; Bridges, 1988a, *Cat. Lyc. Rio.*, 2: 41; Koiwaya, 1996, *Stu. Chin. Butts.*, 3: 156, figs. 937-940.

Strymonidia thalia; D'Abrera, 1993, *Butts. Hol. Reg.*, 3: 404, fig'd; Wang & Fan, 2002, *Butts. Faun. Sin.: Lycaenidae*: 235, 236.

Strymon thalia; Lewis, 1974, *Butt. World*: pl. 206, f. 35 (text).

Satyrium thalia; Wu & Xu, 2017, *Butts. Chin.*: 1199, f. 1202: 4-9.

形态 成虫：中小型灰蝶。两翅正面黑褐色。反面棕灰色；黑色斑纹多圆形，圈纹白色；亚外缘斑带灰褐色，时有模糊；亚缘斑列黑色；中室端斑条形，黑褐色。前翅正面臀角区橙色斑纹有或无；反面外横斑列黑色，分成3组，逐级内移。后翅 Cu_2 脉端部尾突短，黑色。反面外缘有黑、白2色细线纹；中横斑列黑色，斑纹错位排列；cu_1、cu_2 及 2a 室各有1个橙色眼斑；cu_2 室覆有银白色鳞粉。前翅正面中室前缘端部有豆瓣形性标斑。

寄主 蔷薇科 Rosaceae 山楂属 *Crataegus* spp.、山荆子 *Malus baccata*、河南海棠 *M. honanensis*；鼠李科 Rhamnaceae 圆叶鼠李 *Rhamnus globosa*。

生物学 1年1代，成虫多见于4~7月。飞行迅速，常在阔叶林活动，喜访花和湿地吸水。

分布 中国（北京、河北、河南、陕西、甘肃、湖北、四川）。

大秦岭分布 陕西（周至、太白、凤县、洋县、勉县、佛坪）、甘肃（麦积）、四川（九寨沟）。

杨氏洒灰蝶 *Satyrium yangi* (Riley, 1939)

Thecla yangi Riley, 1939, *Novit. zool.*, 41(4): 358. **Type locality**: Foochow, China.

Satyrium yangi; Chou, 1994, *Mon. Rhop. Sin*.: 661; Wu & Xu, 2017, *Butts. Chin*.: 1195, f. 1196: 6-8.

Strymonidia yangi; Wang & Fan, 2002, *Butts. Faun. Sin.: Lycaenidae*: 228, 229.

形态 成虫：中型灰蝶。两翅正面淡蓝色。反面赭黄色；外缘线黑、白 2 色。前翅顶角尖。正面前缘、顶角及外缘黑褐色。反面亚缘斑列近圆形，黑色，圈纹白色；外横带细，白色，黑色缘线细。后翅正面外缘线黑色；亚外缘斑带及顶角区黑灰色。反面亚外缘带橙色，外侧常有黑色小点斑列相伴；亚缘斑列黑色，斑纹半圆形，内侧缘线白色；中横带白色，从前缘中部伸达 Cu_2 脉端部后 W 形弯曲折向后缘中部，黑色缘线细；Cu_2 脉端部及臀角各有 1 个橙色眼斑，2 个眼斑间覆有银灰色鳞粉；Cu_2 脉端尾突细长，黑色，端部白色；Cu_1 脉端部突起明显。雄性前翅有性标斑。

卵：扁圆形；褐色；表面有六边形网状刻纹和小突起；精孔区黑褐色，明显凹入。

幼虫：绿色；每节背中部有棱脊状隆起；背中央有 2 条由黄、白及暗红色 3 色组成的纵带纹，两侧密布黄白色斜带纹。

蛹：椭圆形；黑褐色；胸背部有白色大块斑；腹背部圆形隆起，密布瘤突。

寄主 蔷薇科 Rosaceae 李属 *Prunus* spp.。

生物学 1 年 1 代，成虫多见于 4 ~ 7 月。飞行迅速，常在阔叶林活动，喜访花和湿地吸水。

分布 中国（陕西、浙江、福建、广东、湖南、江西、重庆）。

大秦岭分布 陕西（汉台、佛坪）、重庆（城口）。

白衬洒灰蝶 *Satyrium tshikolovetsi* Bozano, 2014

Satyrium tshikolovetsi Bozano, 2014, *Nachr. Ent. Ver. Apollo NF*, 35(3): 141.

Satyrium tshikolovetsi; Wu & Xu, 2017, *Butts. Chin*.: 1190, f. 1191: 17.

形态 成虫：小型灰蝶。两翅正面黑褐色。反面灰白色；亚外缘斑列黑色，圆形，时有模糊或消失。前翅外缘弧形；反面外横线黑灰色。后翅反面外横带黑灰色，外侧缘线白色，从前缘端部伸达 Cu_2 脉端部后 W 形弯曲折向后缘端部；Cu_2 脉端部及臀角各有 1 个橙黄色眼斑，2 个眼斑间覆有银灰色鳞粉；Cu_2 脉端部尾突细长，黑色；Cu_1 脉端部不突出。雄性前翅有细小的棒状性标斑。

生物学 1 年 1 代，成虫多见于 6 ~ 7 月。飞行迅速，常在阔叶林活动，喜访花和湿地吸水。

分布 中国（甘肃、四川、贵州）。

大秦岭分布 甘肃（康县）。

武大洒灰蝶 *Satyrium watarii* (Matsumura, 1927)

Thecla eximia watarii Matsumura, 1927a, *Ins. Matsum.*, 2(2): 117, pl. 3, f. 3. **Type locality**: "Formosa" [Taiwan, China].

Satyrium watarii; Chou, 1994, *Mon. Rhop. Sin.*: 657; Wu & Xu, 2017, *Butts. Chin.*: 1197, f. 1198: 7.

Strymonidia watarii; Wang & Fan, 2002, *Butts. Faun. Sin.: Lycaenidae*: 225.

形态 成虫：中型灰蝶。与饰洒灰蝶 *S. ornata* 近似，主要区别为：两翅正面均有橙色斑纹，尤其后翅正面臀域橙色斑纹大而显著；反面色淡，棕灰色。前翅反面外横线末段内移，条斑 V 形弯曲。

寄主 蔷薇科 Rosaceae 绣线菊属 *Spiraea* spp.。

生物学 1 年 1 代，成虫多见于 4 ~ 7 月。

分布 中国（台湾、重庆）。

大秦岭分布 重庆（城口）。

新灰蝶属 *Neolycaena* de Nicéville, 1890

Neolycaena de Nicéville, 1890a, *Butts. India Burmah Ceylon*, 3: 15, 64. **Type species**: *Lycaena sinensis* Alphéraky, 1881.

Satyrium; Clench, 1978, *J. Lep. Soc.*, 32(4): 279; Pelham, 2008, *J. Res. Lepid.*, 40: 202.

Neolycaena (Section *Eumaeus*); Eliot, 1973, *Bull. Br. Mus. nat. Hist.* (Ent.), 28(6): 440.

Neolycaena; Lukhtanov, 1993, *Atalanta*, 24(1/2): 62; Wu & Xu, 2017, *Butts. Chin.*: 1199.

Neolycaena (Eumaeini); Chou, 1998, *Class. Ident. Chin. Butt.*: 233; Korb & Bolshakov, 2011, *Eversmannia Suppl.*, 2: 71; Wang & Fan, 2002, *Butts. Faun. Sin.: Lycaenidae*: 239.

从洒灰蝶属 *Satyrium* 中分出。两翅正面黑褐色至灰褐色；无斑纹。反面多白色小斑。后翅无尾突。前翅脉纹 10 条，均独立从中室分出；无 R_3 脉和 R_4 脉；R_5 脉与 M_1 脉均从中室上角分出。

雄性外生殖器：背兜极大，方形；颚突细；囊突小；抱器狭三角形；阳茎细长，基部三角形，末端膨大。

寄主为豆科 Fabaceae 植物。

全世界记载 30 种，主要分布于古北区。中国已知 8 种，大秦岭分布 1 种。

白斑新灰蝶 *Neolycaena tengstroemi* (Erschoff, 1874)

Lycaena tengstroemi Erschoff, 1874, *In*: Fedschenko, *Trav. Turkestan*., 2(5): 11, pl. 1, f. 8.

Lycaena tengstroemi; Grum-Grshimailo, 1890, *In*: Romanoff, *Mém. Lép*., 4: 387.

Neolycaena tengstroemi; Lewis, 1974, *Butt. World*: pl. 206, f. 16; Chou, 1994, *Mon. Rhop. Sin*.: 661; Wang & Fan, 2002, *Butts. Faun. Sin.: Lycaenidae*: 240.

Neolycaena (*Rhymnaria*) *tengstroemi*; Lukhtanov, 1993, *Atalanta*, 24 (1/2): 63; Lukhtanov, 1999, *Atalanta*, 30 (1/4): 130; Korb & Bolshakov, 2011, *Eversmannia Suppl*., 2: 72.

形态 成虫：小型灰蝶。两翅正面黑褐色至灰褐色；无斑纹。反面浅黄褐色；外缘及亚外缘各有 1 列黑色圆形斑纹，圈纹黄色。前翅反面亚缘斑列白色，仅达 Cu_2 脉，斑纹错位排列；中室端斑白色，条形。后翅无尾突。反面亚外缘斑带橙色；外横斑列白色，斑纹错位排列；前缘中部有 2 个白色小斑；白色中室端斑 V 形。

寄主 豆科 Fabaceae 柠条锦鸡儿 *Caragana korshinskii*。

生物学 1 年 1 代，以卵越冬，成虫多见于 5 ~ 7 月。飞行力强，常在寄主植物附近停落或访花。幼虫取食寄主叶芽和花器，是危害柠条锦鸡儿的主要害虫。老熟幼虫在寄主根茎周围的枯枝落叶层下化蛹。

分布 中国（河北、宁夏、甘肃、新疆、四川），吉尔吉斯斯坦。

大秦岭分布 甘肃（麦积、两当、迭部）。

娆灰蝶族 Arhopalini Bingham, 1907

Arhopaline Bingham, 1907, *Fauna Brit. Ind. Butt*., 2: 284. **Type genus**: *Arhopala* Boisduval, 1832.

Arhopalini (Theclinae); Eliot, 1973, *Bull. Br. Mus. nat. Hist.* (Ent.), 28(6): 381; Chou, 1998, *Class. Ident. Chin. Butt*.: 210; Vane-Wright & de Jong, 2003, *Zool. Verh. Leiden*, 343: 121; Wang & Fan, 2002, *Butts. Faun. Sin.: Lycaenidae*: 118, 119.

雄性前足跗节愈合成 1 节。前翅脉纹 11 条；R_4 脉与 R_5 脉分开，R_5 脉从中室末端前分出。后翅无尾突或有 1 ~ 3 条尾突，以 Cu_2 脉的尾突最长。无明显的第二性征。

全世界记载 240 种，主要分布于东洋区和澳洲区，少数分布于古北区东南部。中国记录 33 种，大秦岭分布 4 种。

属检索表

1. 后翅顶角角状上突 ……………………………………………………………… 玛灰蝶属 ***Mahathala***
   后翅顶角圆，不上突 ………………………………………………………………………………… 2
2. 翅反面斑纹白色 ……………………………………………………………………… 花灰蝶属 ***Flos***
   翅反面斑纹褐色至黑褐色 ………………………………………………………… 娆灰蝶属 ***Arhopala***

娆灰蝶属 *Arhopala* Boisduval, 1832

Arhopala Boisduval, 1832, *In*: d'Urville, *Voy. Astrolabe* (*Faune ent. Pacif.*), 1: 75. **Type species**: *Arhopala phryxus* Boisduval, 1832.

Narathura Moore, 1878, *Proc. zool. Soc. Lond.*, (4): 835. **Type species**: *Amblypodia hypomuta* Hewitson, 1862; Evans, 1957, *Bull. Br. Mus. nat. Hist.* (Ent.), 5 (3): 88.

Nilasera (Lycaenidae) Moore, [1881], *Lepid. Ceylon*, 1(3): 114. **Type species**: *Papilio centaurus* Fabricius, 1775.

Panchala Moore, 1882, *Proc. zool. Soc. Lond.*, (1): 251. **Type species**: *Amblypodia ganesa* Moore, [1858].

Satadra Moore, 1884a, *J. asiat. Soc. Bengal*, Pt.II 53 (1): 38. **Type species**: *Amblypodia atrax* Hewitson, 1862.

Acesina Moore, 1884a, *J. asiat. Soc. Bengal*, Pt.II 53 (1): 41. **Type species**: *Amblypodia paraganesa* de Nicéville, 1882.

Darasana Moore, 1884a, *J. asiat. Soc. Bengal*, Pt.II 53 (1): 42. **Type species**: *Amblypodia perimuta* Moore, [1858].

Iois Doherty, 1889b, *J. asiat. Soc. Bengal*, Pt.II 58(4): 411. **Type species**: *Amblypodia inornata* C. & R. Felder, 1860.

Aurea Evans, 1957, *Bull. Br. Mus. nat. Hist.* (Ent.), 5 (3): 88, 126. **Type species**: *Amblypodia aurea* Hewitson, 1862.

Arhopala; Bethune-Baker, 1903, *Trans. zool. Soc. Lond.*, 17(1): 25; Evans, 1957, *Bull. Br. Mus. nat. Hist.* (Ent.), 5(3): 127; Wang & Fan, 2002, *Butts. Faun. Sin.: Lycaenidae*: 119-121; Wu & Xu, 2017, *Butts. Chin.*: 1128.

Nilasera (Section *Arhopala*); Eliot, 1973, *Bull. Br. Mus. nat. Hist.* (Ent.), 28(6): 431.

Panchala (Section *Arhopala*); Eliot, 1973, *Bull. Br. Mus. nat. Hist.* (Ent.), 28(6): 431; Chou, 1998, *Class. Ident. Chin. Butt.*: 212.

Satadra (Section *Arhopala*); Eliot, 1973, *Bull. Br. Mus. nat. Hist.* (Ent.), 28(6): 431.

Darasana (Section *Arhopala*); Eliot, 1973, *Bull. Br. Mus. nat. Hist.* (Ent.), 28 (6): 431.

Acesina (Section *Arhopala*); Eliot, 1973, *Bull. Br. Mus. nat. Hist.* (Ent.), 28 (6): 431.

Aurea (Section *Arhopala*); Eliot, 1973, *Bull. Br. Mus. nat. Hist.* (Ent.), 28 (6): 431.

Arhopala (Section *Arhopala*); Eliot, 1973, *Bull. Br. Mus. nat. Hist.* (Ent.), 28 (6): 431; Chou, 1998, *Class. Ident. Chin. Butt.*: 210.

Panchala (Arhopalini); Vane-Wright & de Jong, 2003, *Zool. Verh. Leiden*, 343: 122.

本属是灰蝶科中大属之一，包括很多的种。19 世纪曾被划分为很多属，近年来不少属又被重新合并。

翅反面斑纹在翅基部较多，褐色、黑褐色或白色；常有外横斑列。前翅 M_2 脉的基部接近 M_1 脉而远离 M_3 脉；R_4 脉的起点在 R_2 脉终点的前面；反面有中室端斑，常有中室中斑及基斑。后翅多有尾突或齿突。种间翅斑纹差异小，较难区分。

雄性外生殖器：背兜短阔，头盔形；无钩突；颚突锥状，端尖；囊突短或长；抱器长阔；阳茎长直，末端上弯，斜截形。

寄主为壳斗科 Fagaceae、千屈菜科 Lythraceae、龙脑香科 Dipterocarpaceae、桃金娘科 Myrtaceae 等植物。

全世界记载约 210 种，主要分布于东洋区和澳洲区，少数分布于古北区东南部。中国已知近 20 种，大秦岭分布 2 种。

种检索表

后翅无尾突 ………………………………………………………… **蓝娆灰蝶 *A. ganesa***

后翅有尾突 ………………………………………………………… **黑娆灰蝶 *A. paraganesa***

蓝娆灰蝶 *Arhopala ganesa* (Moore, 1857)

Amblypodia ganesa Moore, 1857, *In*: Horsfield & Moore, *Cat. lep. Ins. Mus. East India Coy*, (1): 44, pl. 1a, f. 9. **Type locality**: N. India.

Amblypodia ganesa; Hewitson, 1862, *Spec. Cat. Lep. Lyc. B. M.*: 13, pl. 7, f. 72; Hewitson, 1863, *Ill. diurn. Lep. Lycaenidae*, (1): 10.

Arhopala ganesa; Bethune-Baker, 1903, *Trans. zool. Soc. Lond.*, 17(1): 146, pl. 4, f. 24, 24a; Wu & Xu, 2017, *Butts. Chin.*: 1131, f. 1133: 16-19.

Narathura ganesa; Lewis, 1974, *Butt. World*: pl. 179, f. 8 (text).

Panchala ganesa; Evans, 1957, *Bull. Br. Mus. nat. Hist.* (Ent.), 5(3): 128; Lewis, 1974, *Butt. World*: pl. 206, f. 21; Chou, 1994, *Mon. Rhop. Sin.*: 636.

形态　成虫：中小型灰蝶。两翅正面黑褐色；反面灰白色，覆有淡褐色晕染。前翅正面除前缘区、外缘区和顶角区外，其余翅面淡蓝色，有青蓝色金属光泽；外缘弧形；顶角尖；

后角圆。反面外缘斑列及亚外缘带深褐色；亚缘斑列棕褐色，斑纹大，紧密相连；中室内棕色条斑大小不一，共 3 个；中室上下缘外侧排列有大小、形状不一的斑纹。后翅顶角斜截；前缘端部微凹入；外缘强弧形弯曲；无尾突。正面中央至基部淡蓝色，有青蓝色金属光泽。反面外缘斑列黑褐色；锯齿形亚外缘带褐色；外横斑列弧形，斑纹淡褐色；其余翅面布满淡褐色块斑，缘线褐色。

寄主 壳斗科 Fagaceae 通麦栎 *Quercus incana*、白背栎 *Q. salicina*、赤皮青冈 *Cyclobalanopsis gilva*、毛果青冈 *C. pachyloma*。

生物学 成虫多见于 5 ~ 6 月。飞行迅速，常在阔叶林活动。

分布 中国（陕西、湖北、江西、台湾、海南、四川），日本，印度，尼泊尔，缅甸，泰国。

大秦岭分布 陕西（汉台、城固）。

黑娆灰蝶 *Arhopala paraganesa* (de Nicéville, 1882)

Amblypodia paraganesa de Nicéville, 1882, *J. asiat. Soc. Bengal*, Pt.II 51 (2-3): 63 (repl. *ganesa* Hewitson nec Moore).

Panchala paraganesa; Moore, [1884], *Proc. zool. Soc. Lond.*, (4): 530.

Amblypodia paraganesa; Wynter-Blyth, 1957, *Butt. Ind. Reg.* (1982 Reprint): 322.

Panchala paraganesa; Evans, 1957, *Bull. Br. Mus. nat. Hist.* (Ent.), 5(3): 129; Lewis, 1974, *Butt. World*: pl. 180, f. 4; Chou, 1994, *Mon. Rhop. Sin.*: 636; Wang & Fan, 2002, *Butts. Faun. Sin.: Lycaenidae*: 138.

Arhopala paraganesa; Bethune-Baker, 1903, *Trans. zool. Soc. Lond.*, 17(1): 144, pl. 4, f. 23, 23a.

形态 成虫：中小型灰蝶。与蓝娆灰蝶 *A. ganesa* 近似，主要区别为：个体较小。翅反面黑褐色。前翅反面中域后半部有 1 个淡棕色 V 形斑。后翅有细尾突。

生物学 成虫多见于 5 ~ 6 月。飞行迅速，常在阔叶林活动。

分布 中国（陕西、福建、台湾、香港），印度，尼泊尔，缅甸，泰国，菲律宾，马来西亚，婆罗洲。

大秦岭分布 陕西（商南）。

花灰蝶属 *Flos* Doherty, 1889

Flos Doherty, 1889, *J. asiat. Soc. Bengal*, Pt.II 58(4): 412. **Type species**: *Papilio apidanus* Cramer, [1777].

Flos; Evans, 1957, *Bull. Br. Mus. nat. Hist.* (Ent.), 5(3): 130; Wu & Xu, 2017, *Butts. Chin.*: 1134.

Flos (Section *Arhopala*); Eliot, 1973, *Bull. Br. Mus. nat. Hist.* (Ent.), 28(6): 431; Chou, 1998, *Class. Ident. Chin. Butt.*: 213.

Flos (Arhopalini); Vane-Wright & de Jong, 2003, *Zool. Verh. Leiden*, 343: 124; Wang & Fan, 2002, *Butts. Faun. Sin.: Lycaenidae*: 139-141.

本属和娆灰蝶属 *Arhopala* 非常近似，成虫的习性也相同，有的学者将其并入娆灰蝶属。翅正面有蓝紫色金属光泽，周缘黑色、褐色或黑褐色；反面褐色至黑褐色。前翅顶角多尖出；反面有斑带；R_4 脉很短或完全消失。后翅尾突有或无。

雄性外生殖器：钩突极发达，分瓣；抱器末端三分叉；囊突较短；阳茎粗壮，角状器发达。

雌性外生殖器：交配囊导管长；交配囊宽袋状；无交配囊片。

寄主为壳斗科 Fagaceae 植物。

全世界记载 14 种，主要分布于东洋区。中国已知 6 种，大秦岭分布 1 种。

中华花灰蝶 *Flos chinensis* (C. & R. Felder, [1865])

Arhopala chinensis C. & R. Felder, [1865], *Re. Freg. Nov.*, Bd 2(Abth. 2)(2): 231, pl. 29, f. 10. **Type locality**: Shanghai.

Amblypodia chinensis; Hewitson, 1869, *Ill. diurn. Lep. Lycaenidae*, (4): 14g.

Nilasera moelleri de Nicéville, [1884], *J. asiat. Soc. Bengal*, Pt.II 52 (2/4): 80, pl. 9, f. 4 ♂, 4a ♀. **Type locality**: Sikkim, Sibsagar, Upper Assam.

Satadra lazula Moore, 1884a, *J. asiat. Soc. Bengal*, Pt.II 53(1): 40. **Type locality**: Sikkim.

Arhopala chinensis; Bethune-Baker, 1903, *Trans. zool. Soc. Lond.*, 17(1): 118, pl. 3, f. 1, pl. 5, f. 19, 19a.

Flos chinensis; Evans, 1957, *Bull. Br. Mus. nat. Hist.* (Ent.), 5(3): 132; Chou, 1994, *Mon. Rhop. Sin.*: 636; Wang & Fan, 2002, *Butts. Faun. Sin.: Lycaenidae*: 141; Wu & Xu, 2017, *Butts. Chin.*: 1134, f. 1136: 2.

形态　成虫：中大型灰蝶。翅形较圆。雄性翅正面紫蓝色，有紫色闪光，周缘褐色至黑褐色；反面褐色。前翅反面外缘斑列污白色；亚外缘带上宽下窄，未达后缘；外斜斑带淡黄色；中室有 2~3 个淡黄色斑纹，端部条斑宽大；cu_2 室基半部淡黄色斑纹钩状；后缘带淡黄色。后翅有短尾突和小齿突。反面端缘污白色；中间镶有 1 条黑褐色波状线纹；其余翅面有波浪形花纹；基部及顶角区色较深。雌性翅正面周缘深色带宽。

寄主　壳斗科 Fagaceae。

生物学　1 年 1~2 代，成虫多见于 5~8 月。

分布　中国（河南、上海、浙江、江西、福建、广东、海南、广西、云南），印度，不丹，缅甸，越南，老挝，泰国。

大秦岭分布　河南（内乡）。

玛灰蝶属 *Mahathala* Moore, 1878

Mahathala Moore, 1878, *Proc. zool. Soc. Lond.*, (3): 702. **Type species**: *Amblypodia ameria* Hewitson, 1862.

Mahathala; Bethune-Baker, 1903, *Trans. zool. Soc. Lond.*, 17(1): 20; Wu & Xu, 2017, *Butts. Chin.*: 1137.

Mahathala (Section *Arhopala*); Eliot, 1973, *Bull. Br. Mus. nat. Hist.* (Ent.), 28(6): 431.

Mahathala (Arhopalini); Chou, 1998, *Class. Ident. Chin. Butt.*: 213, 214; Wang & Fan, 2002, *Butts. Faun. Sin.: Lycaenidae*: 133, 134.

后翅顶角角状上突；前缘凹入；尾突呈匙状，为其显著特征。前翅 M_1 脉与 R_5 脉不共柄；M_1 脉从中室上端角分出；中室长约为前翅长的 1/2。后翅 $Sc+R_1$ 脉到达外缘的端部。

雄性外生殖器：背兜宽大；侧突宽条状，极长；无钩突；颚突发达，基部宽大；囊突短；抱器近方形，末端 U 形内凹；阳茎粗壮，无角状突。

雌性外生殖器：交配囊导管长；交配囊短小；无交配囊片。

寄主为大戟科 Euphorbiaceae 植物。

全世界记载 2 种，分布于东洋区。中国均有分布，大秦岭分布 1 种。

玛灰蝶 *Mahathala ameria* (Hewitson, 1862)

Amblypodia ameria Hewitson, 1862, *Spec. Cat. Lep. Lyc. Brit. Mus.*: 14, pl. 8, f. 85-86. **Type locality**: Khasi Hills.

Amblypodia ameria; Hewitson, 1863, *Ill. diurn. Lep. Lycaenidae*, (1): 11.

Amblypodia arzgulata Leech, 1890, *Entonologist*, 23: 44.

Mahathala ameria; Bethune-Baker, 1903, *Trans. zool. Soc. Lond.*, 17(1): 22, pl. 4, f. 4, 4a; Lewis, 1974, *Butt. World*: pl. 178, f. 21; Chou, 1994, *Mon. Rhop. Sin.*: 637; Wang & Fan, 2002, *Butts. Faun. Sin.: Lycaenidae*: 134, 135; Huang & Xue, 2004, *Neue Ent. Nachr.*, 57: 194, f. 8 (f.gen); Wu & Xu, 2017, *Butts. Chin.*: 1137, f. 1140: 1-7.

形态 成虫：中大型灰蝶。两翅正面黑褐色，有蓝紫色闪光，不同季节的个体闪光面积大小变化很大，闪光从仅有翅基部到整个翅面均有；反面褐色。前翅前缘弧形；外缘中上部微凹入，后端斜截。反面亚外缘斑列黑褐色，缘线淡黄色；亚缘带宽，端部向内弯曲，两侧锯齿形，缘线淡黄色；中室有 1 排灰白色细纹，从中室基部到端脉逐渐变长；cu_1 室及 cu_2 室中部和后缘淡黄色。后翅前缘微凹入；顶角角状上突；外缘弓形；臀角向内突出；尾突末端圆形膨大；反面密布黄色和黑褐色不规则云状纹，形状、大小和色彩变化多样。

卵：扁圆形；白色；表面密布方形网纹和刺毛状突起。

幼虫：4 龄期。黄绿色。末龄幼虫蛞蝓形，身体扁平；绿色；密布白色细毛；背中部淡黄色，背中线绿色；腹部背面两侧有白色点斑列。预蛹前幼虫变为棕红色。

蛹：深褐色；长椭圆形；背中部色稍淡，有褐色斑纹；腹背部两侧有黄色斑列；翅区、腹部末端及胸背部密被黑色斑驳纹。

寄主 大戟科 Euphorbiaceae 石岩枫 *Mallotus repandus*。

生物学 1 年 1 ~ 3 代，以成虫越冬，成虫多见于 6 ~ 7 月。飞行迅速，喜在较开阔的林缘、林下活动，有访花和吸食露水的习性。卵单产于寄主植物叶片的反面或枝条上。幼虫栖息于寄主植物叶片的反面近主脉处。3 龄幼虫吐丝将寄主的叶片对折成虫巢，白天栖息在虫巢中。各龄幼虫均与蚂蚁共生，蚂蚁起到了很好的保护幼虫的作用。老熟幼虫多化蛹于寄主植物附近落叶下。

分布 中国（陕西、甘肃、安徽、浙江、江西、福建、台湾、广东、海南、广西、重庆、贵州、云南），印度，缅甸，马来西亚，印度尼西亚。

大秦岭分布 陕西（西乡）、甘肃（文县）。

富妮灰蝶族 Aphnaeini Distant, 1884

Aphnaeini Distant, 1884, *Rhopal. Malay*:196. **Type genus**: *Aphnaeus* Hübner, [1819].

Section *Pseudaletis* (Aphnaeini); Eliot, 1973, *Bull. Br. Mus. nat. Hist*. (Ent.), 28(6): 436.

Section *Aphnaeus* (Aphnaeini); Eliot, 1973, *Bull. Br. Mus. nat. Hist.* (Ent.), 28(6): 436.

Aphnaeini (Theclinae); Eliot, 1973, *Bull. Br. Mus. nat. Hist.* (Ent.), 28(6): 381, 435; Heath, 1997, *Metamorphosis Occ. Suppl*., 2: 9; Vane-Wright & de Jong, 2003, *Zool. Verh. Leiden*, 343: 130; Chou, 1998, *Class. Ident. Chin. Butt*.: 219; Wang & Fan, 2002, *Butts. Faun. Sin.: Lycaenidae*: 165, 166.

Aphnaeinae (Lycaenidae); Korb & Bolshakov, 2011, *Eversmannia* Suppl., 2: 68; Boyle *et al*., 2015, *Syst. Ent*., 40: 177.

雄性前足愈合成 1 节。前翅有 10 ~ 12 条脉纹；R_5 脉与 M_1 脉在中室末端接触或同柄。后翅多有尾突，2A 脉末端有 1 个长尾突，Cu_2 脉末端有 1 个短尾突；反面有典型的斑纹和银色或金色细线；无第二性征。

全世界记载近 300 种，绝大多数分布于非洲区，极少数分布于东洋区、古北区及澳洲区。中国记录 9 种，大秦岭分布 3 种。

银线灰蝶属 *Spindasis* Wallengren, 1857

Spindasis Wallengren, 1857, *K. svenska Vetensk Akad. Handl. Stockholm*, 2(4): 45. **Type species**: *Spindasis masilikazi* Wallengren, 1857.

Spindasis Wallengren, 1858, *Öfvers. Vet. Akad. Förh.*, 15: 81. **Type species**: *Spindasis masilikazi* Wallengren, 1857.

Cigaritis Donzel, 1847, *Ann. Soc. ent. Fr.*, (2) 5: 528. **Type species**: *Cigaritis zohra* Donzel, 1847; Butler, 1899, *Entomologist*, 32: 77.

Zerythis Lucas, 1849, *Explor. Sci. Algérie* (zool.), 3: *Lép*. pl. 1. **Type species**: *Zerythis syphax*[sic] Lucas, 1849.

Apharitis Riley, 1925, *Novit. zool.*, 32: 70, 78. **Type species**: *Polyommatus epargyros* Eversmann, 1854.

Spindasis (Aphnaeinae); Clench, 1965, *Mem. Amer. Ent. Soc.*, 19: 359.

Spindasis (Lycaenidae); Stempffer, 1967, *Bull. Br. Mus. nat. Hist.* (Ent.) Suppl., 10: 157; Wu & Xu, 2017, *Butts. Chin.*: 1150.

Spindasis (Section *Aphnaeus*); Eliot, 1973, *Bull. Br. Mus. nat. Hist.* (Ent.), 28(6): 436.

Spindasis (Aphnaeini); Heath, 1997, *Metamorphosis Occ. Suppl.*, 2: 22; Chou, 1998, *Class. Ident. Chin. Butt.*: 219, 220; Wang & Fan, 2002, *Butts. Faun. Sin.: Lycaenidae*: 168, 169; Vane-Wright & de Jong, 2003, *Zool. Verh. Leiden*, 343: 130.

翅褐色或黑褐色，雄性有蓝色或紫色闪光。后翅臀角有橙色斑；翅面带纹多向臀角汇合，带内镶有银色的细线。前翅外缘与后缘等长；Sc 脉与 R_1 脉交叉；R_3 脉消失；R_5 脉从中室上端角分出，到达翅的顶角；R_4 脉从 R_5 脉近顶角处分出；M_1 脉与 R_5 脉有短共柄；中室长于前翅长的 1/2。后翅尾突发达，Cu_2 脉及 2A 脉末端各有 1 个细长的尾突。

雄性外生殖器：背兜宽大；无钩突；颚突长；囊突短阔；抱器长阔，端部指状尖出；阳茎粗壮，多有角状突。

寄主为蔷薇科 Rosaceae、山茶科 Theaceae、薯蓣科 Dioscoreaceae、桃金娘科 Myrtaceae、马鞭草科 Verbenaceae、榆科 Ulmaceae、菊科 Asteraceae、大戟科 Euphorbiaceae、金缕梅科 Hamamelidaceae 及使君子科 Combretaceae 植物。

全世界记载近 50 种，分布于东洋区、古北区及非洲区。中国记录 8 种，大秦岭分布 3 种。

种检索表

1. 后翅反面基斜带断裂成 3 个斑纹 ······ **豆粒银线灰蝶 *S. syama***
   后翅反面基斜带不如上述 ······ 2
2. 后翅反面基斜带端部裂开并独立成斑 ······ **里奇银线灰蝶 *S. leechi***
   后翅反面基斜带端部未裂开 ······ **银线灰蝶 *S. lohita***

豆粒银线灰蝶 *Spindasis syama* (Horsfield, [1829])

Amblypodia syama Horsfield, [1829], *Descr. Cat. lep. Ins. Mus. East India Coy*, (2): 107. **Type locality**: Java.

Spindasis syama; Lewis, 1974, *Butt. World*: pl. 181, f. 6, 7; Chou, 1994, *Mon. Rhop. Sin*.: 642; Wang & Fan, 2002, *Butts. Faun. Sin.: Lycaenidae*: 169, 170; Wu & Xu, 2017, *Butts. Chin*.: 1151, f. 1153: 11-13.

Aphnaeus leechi (Strand, 1922), *Ent. Zs*., 36(5): 19. **Type locality**: "Formosa" [Taiwan, China].

Aphnaeus syama; Hewitson, 1865, *Ill. diurn. Lep. Lycaenidae*, (2): 61, pl. 25, f. 10-11; Druce, 1895, *Proc. zool. Soc. Lond*., (3): 598.

Aphaneus syama; Fruhstorfer, 1912a, *Berl. ent. Zs*., 56(3/4): 216.

形态 成虫：中小型灰蝶。两翅正面褐色，有蓝紫色光泽；隐约可见反面斑纹。反面淡黄色至白色；布满长短不一的黑褐色条带，多排列成V形，条带内镶有银白色线纹。前翅近三角形。反面外缘带黑褐色；亚外缘至中室端脉间有2个套叠的V形斑纹，开口于前缘，底部到达后缘的臀角附近，内部的小V形斑纹由条斑组成；中室中下部各有1个横斑，并上延至前缘；基部有1个V形斑纹；后缘区乳白色。后翅近卵圆形；臀角有2条丝状尾突，黑色，端部白色。正面臀角区大眼斑橙红色，有2个黑色瞳点，下移至臀角处。反面多条黑褐色带纹从前缘和后缘向臀角汇集；基斜斑列斑纹相互分离；臀角橙色大斑较正面大。

卵：扁圆形；蓝褐色；表面密布网状刻纹。

幼虫：黄色；体表密布白色细毛和黑色点斑；背部有橙红色横带纹；背中线白色，两侧伴有黑灰色斑纹；背两侧各有1列灰黑色块斑列，块斑中部镶有白色斜条斑；头尾部均为灰黑色。

蛹：深绿色；长椭圆形；背中部淡黄色，有橙色斑驳纹。

寄主 蔷薇科 Rosaceae 梨属 *Pyrus* spp.、枇杷 *Eriobotrya japonica*；山茶科 Theaceae 茶 *Camellia sinensis*；薯蓣科 Dioscoreaceae 薯蓣 *Dioscorea batatus*；桃金娘科 Myrtaceae 番石榴 *Psidium guajava*、石榴 *Punica granatum*；马鞭草科 Verbenaceae 大青 *Clerodendrum cyrtophyllum*、黄荆 *Vitex negundo*、牡荆 *V. negundo* var. *cannabifolia*；榆科 Ulmaceae 山黄麻 *Trema tomentosa*、朴树 *Celtis sinensis*；菊科 Asteraceae 鬼针草 *Bidens pilosa*；大戟科 Euphorbiaceae 细叶馒头果 *Glochidion ruburm*；金缕梅科 Hamamelidaceae 檵木 *Loropetalum chinense*。

生物学 1年1代，成虫多见于5～8月。常在林缘、山地活动，飞翔敏捷，喜访花。

分布 中国（辽宁、河南、陕西、湖北、江西、福建、台湾、广东、海南、香港、广西、重庆、四川、贵州、云南），印度，缅甸，菲律宾，马来西亚，印度尼西亚。

大秦岭分布 河南（鲁山、内乡、西峡）、陕西（南郑、洋县、留坝、汉滨）、湖北（当阳、神农架）、四川（宣汉、安州）。

银线灰蝶 *Spindasis lohita* (Horsfield, [1829])

Amblypodia lohita Horsfield, [1829], *Descr. Cat. lep. Ins. Mus. East India Coy*, (2): 106. **Type locality**: Java.

Aphnaeus lohita; Hewitson, 1865, *Ill. diurn. Lep. Lycaenidae*, (2): 61, pl. 25, f. 10-11; Druce, 1895, *Proc. zool. Soc. Lond.*, (3): 599; Fruhstorfer, 1912a, *Berl. ent. Zs.*, 56(3/4): 2180.

Aphnaeus zoilus Moore, 1877c, *Proc. zool. Soc. Lond.*, (3): 588; Fruhstorfer, 1912a, *Berl. ent. Zs.*, 56(3/4): 217.

Spindasis lohita; Lewis, 1974, *Butt. World*: pl. 181, f. 4; Chou, 1994, *Mon. Rhop. Sin.*: 642; Wang & Fan, 2002, *Butts. Faun. Sin.: Lycaenidae*: 170, 171; Wu & Xu, 2017, *Butts. Chin.*: 1150, f. 1153: 2-10.

形态 成虫：中小型灰蝶。与豆粒银线灰蝶 *S. syama* 相似，主要区别为：两翅正面褐色至黑褐色。后翅反面基部斜斑列斑纹相互连接。

卵：扁圆形；赭黄色；表面密布网状刻纹。

幼虫：黑褐色；体表密布白色细毛和红褐色点斑；背中线白色，两侧有橙红色横条斑和白色斜条斑相间排列；腹末端两侧各有 1 个红褐色细柱状突起。

蛹：深褐色；长椭圆形；表面光滑；翅区红褐色。

寄主 马鞭草科 Verbenaceae 黄荆 *Vitex negundo*、牡荆 *V. negundo* var. *cannabifolia*；大戟科 Euphorbiaceae 白楸 *Mallotus paniculatus*；使君子科 Combretaceae 榄仁树属 *Terminalia* spp.；薯蓣科 Dioscoreaceae 五叶薯蓣 *Dioscorea pentaphylla*、薯蓣 *D. batatus*；桃金娘科 Myrtaceae 番石榴 *Psidium guajava*。

生物学 1 年 1 代，成虫多见于 5 ~ 8 月。飞翔敏捷，多在林缘和灌丛活动，喜欢停留在植物上，受骚扰后会快速飞走，但飞行距离不远，喜访花。幼虫与蚂蚁共栖，幼虫利用尾部细柱内的腺体分泌蜜露吸引蚂蚁，蚂蚁将其老熟幼虫移入卷曲的白楸 *Mallotus paniclatus* 叶片内，由蚂蚁搬运木屑，再由幼虫吐丝混合，将叶卷的缺口封闭，形成一个小型蚁巢，小灰蝶幼虫化蛹于其内。幼虫聚居，其离群进食的往返途中均有数只蚂蚁追随保护。

分布 中国（辽宁、河南、陕西、甘肃、浙江、湖北、江西、福建、台湾、广东、海南、香港、广西、重庆、四川、贵州、云南），印度，缅甸，越南，斯里兰卡。

大秦岭分布 河南（西峡）、陕西（太白、勉县、留坝）、甘肃（康县、徽县）、湖北（神农架）。

里奇银线灰蝶 *Spindasis leechi* (Swinhoe, 1912)

Aphnaeus leechi Swinhoe, 1912, *In*: Moore, *Lepid. Ind.*, 9: 184. **Type locality**: Moupin; Ichang, China.

Spindasis leechi; Wu & Xu, 2017, *Butts. Chin.*: 1152, f. 1154: 19.

形态 成虫：中小型灰蝶。两翅正面褐色，有蓝紫色光泽；隐约可见反面斑纹。反面淡黄色至白色；布满长短不一的黑褐色条带，多排列成 V 形，条带内镶有银白色线纹。前翅近三角形。反面外缘带及亚缘带黑褐色，中间镶有银白色线纹；中斜带稍弯曲；亚顶区有 1 个由条斑组成的 V 形斑纹，开口于前缘；基斜带未达后缘；基部有 1 个三角形斑纹；后缘区乳白色。后翅近卵圆形；臀角有 2 条丝状尾突，黑色，端部白色。正面臀角区大眼斑橙红色，有黑色瞳点，下移至臀角处。反面多条黑褐色带纹从前缘和后缘向臀角汇集；基斜带端部裂开并独立成斑；臀角橙色大斑较正面大，镶有多个黑色斑纹。

生物学 1 年 1 代，成虫多见于 7 ~ 8 月。栖息于阔叶林。

分布 中国（陕西、湖北、四川、云南）。

大秦岭分布 陕西（洋县）、四川（九寨沟）。

瑶灰蝶族 Iolaini Riley，1956

Iolaini Riley, 1956, *Proc. 10th Int. Congr. Ent.*, 1: 285. **Type genus**: *Iolaus* Hübner, [1819].

Iolaini (Theclinae); Eliot, 1973, *Bull. Br. Mus. nat. Hist.* (Ent.), 28(6): 381, 436; Chou, 1998, *Class. Ident. Chin. Butt.*: 220, 221; Wang & Fan, 2002, *Butts. Faun. Sin.: Lycaenidae*: 172-174; Vane-Wright & de Jong, 2003, *Zool. Verh. Leiden*, 343: 130.

前翅脉纹 10 或 11 条，少数雄性有 12 条脉纹。后翅 Cu_2 脉及 2A 脉端部有尾突，偶或 Cu_1 脉端部也有尾突。通常有第二性征。

全世界记载 220 余种，分布于东洋区、非洲区和澳洲区。中国记录 18 种，大秦岭分布 2 种。

属检索表

后翅 2 个尾突约等长，有第二性征 ……………………………… **珀灰蝶属 *Pratapa***

后翅 2 个尾突 1 长 1 短，无第二性征 ……………………………… **双尾灰蝶属 *Tajuria***

珀灰蝶属 *Pratapa* Moore, [1881]

Pratapa (Lycaenidae) Moore, [1881], *Lepid. Ceylon*, 1(3): 108. **Type species**: *Amblypodia deva* Moore, [1858].

Pratapa (Section *Iolaus*); Eliot, 1973, *Bull. Br. Mus. nat. Hist.* (Ent.), 28(6): 437.

Pratapa (Iolaini); Chou, 1998, *Class. Ident. Chin. Butt*.: 221; Wang & Fan, 2002, *Butts. Faun. Sin.: Lycaenidae*: 180, 181; Vane-Wright & de Jong, 2003, *Zool. Verh. Leiden*, 343: 131.

Pratapa; Wu & Xu, 2017, *Butts. Chin*.: 1157.

两翅正面有蓝色大斑。前翅近三角形；雄性后缘中段凸出明显；脉纹 11 条；无 R_3 脉；R_5 脉从中室上角分出，到达顶角；R_4 脉从 R_5 脉近端部分出；M_1 脉与 R_5 脉同点分出；M_2 脉近 M_1 脉而远离 M_3 脉。后翅短阔，近方形；Cu_2 脉与 2A 脉端部各有 1 个尾突，约等长。雄性有第二性征：前翅反面后缘有向上弯曲的毛簇，后翅正面基部有发香鳞带。

雄性外生殖器：背兜发达；无钩突及囊突；颚突近 L 形；抱器狭长；阳茎长，末端有角状器。

寄主为桑寄生科 Loranthaceae 植物。

全世界记载 6 种，分布于东洋区。中国已知 2 种，大秦岭分布 1 种。

小珀灰蝶 *Pratapa icetas* (Hewitson, 1865)

Iolaus icetas Hewitson, 1865, *Ill. diurn. Lep. Lycaenidae*, (2): 44, pl. 18, f. 6-7. **Type locality**: India.

Iolaus contractus Leech, 1890, *Entomologist*, 23: 39.

Camena icetas; Lewis, 1974, *Butt. World*: pl. 205, f. 15.

Pratapa icetas; Chou, 1994, *Mon. Rhop. Sin*.: 644; Yoshino, 2001, *Futao*, (38): 11 (note), pl. 4, f. 32, 36; Wang & Fan, 2002, *Butts. Faun. Sin.: Lycaenidae*: 181, 182; Wu & Xu, 2017, *Butts. Chin*.: 1157, f. 1160: 27-31.

形态 成虫：中型灰蝶。两翅正面黑褐色。反面灰白色；中室端斑白色。前翅正面中室至后缘有 1 个蓝色豆瓣形斑纹，有金属光泽。反面亚外缘带棕色，模糊；外横线褐色。后翅 Cu_2 脉与 2A 脉端部各有 1 个尾突，约等长，黑色。正面中室端部至外缘区中后部有三角形的蓝色闪光大斑；臀瓣橙色。反面外缘带及亚缘带棕褐色；外横条斑列褐色，从前缘端部伸达臀角 W 形弯曲后折向后缘端部；cu_1 室端部及臀角各有 1 个橙色眼斑，黑色瞳点大，臀角眼斑瞳点下移。雄性第二性征为前翅反面后缘有向上弯曲的毛簇，后翅正面在 $Sc+R_1$ 脉及 Rs 脉基部有发香鳞带。雌性前翅蓝斑色淡，后翅蓝斑退化。

寄主 桑寄生科 Loranthaceae 广寄生 *Taxillus chinensis*、杜鹃桑寄生 *T. rhododendricolius*。

生物学 成虫多见于 3 ~ 6 月。飞行迅速，有访花习性，喜活动于树冠层。

分布 中国（陕西、湖北、福建、广东、海南、香港、广西、重庆、四川、云南），印度，尼泊尔，缅甸，泰国，斯里兰卡，马来半岛，印度尼西亚。

大秦岭分布 陕西（汉滨、宁陕）、四川（大巴山）。

双尾灰蝶属 *Tajuria* Moore, [1881]

Tajuria (Lycaenidae) Moore, [1881], *Lepid. Ceylon*, 1(3): 108. **Type species**: *Hesperia longinus* Fabricius, 1798.

Ops de Nicéville, 1895a, *J. Bombay nat. Hist. Soc.*, 9(3): 296. **Type species**: *Ops ogyges* de Nicéville, 1895.

Cophanta Moore, 1884a, *J. asiat. Soc. Bengal*, Pt.II 53 (1): 35 (preocc. *Cophanta* Walker, 1864). **Type species**: *Iolaus illurgis* Hewitson, 1869.

Remelana Distant, 1884, *Rhop. Malayana*: 224, 246 (invalid, *Remelana* Moore, 1884).

Creusa de Nicéville, [1896], *J. Bombay nat. Hist. Soc.*, 10(2): 176 (preocc. *Creusa* Zittel, Schenk & Scudder, 1875). **Type species**: *Creusa culta* de Nicéville, [1896].

Cophanta (Section *Iolaus*); Eliot, 1973, *Bull. Br. Mus. nat. Hist.* (Ent.), 28(6): 437.

Ops (Section *Iolaus*); Eliot, 1973, *Bull. Br. Mus. nat. Hist.* (Ent.), 28(6): 437.

Tajuria (Section *Iolaus*); Eliot, 1973, *Bull. Br. Mus. nat. Hist.* (Ent.), 28(6): 437.

Tajuria (Iolaini); Chou, 1998, *Class. Ident. Chin. Butt.*: 222; Wang & Fan, 2002, *Butts. Faun. Sin.: Lycaenidae*: 174, 175; Vane-Wright & de Jong, 2003, *Zool. Verh. Leiden*, 343: 131.

Tajuria (Theclinae); Schröder, 2006, *Nachr. Ent. Ver. Apollo NF*, 27(3): 97; Wu & Xu, 2017, *Butts. Chin.*: 1155.

雄性前足跗节愈合成1节。翅正面黑褐色，有天蓝色、淡紫色或淡蓝色金属闪光区；反面灰白色或白色；有1对尾突。雌性颜色较淡。翅脉特征同珀灰蝶属 *Pratapa*，但 M_1 脉不与 R_5 脉同点分出。雄性无第二性征。

雄性外生殖器：背兜头盔状；颚突近L形；无钩突及囊突；抱器多变化，常呈豆瓣状；阳茎短或长，多弯曲。

寄主为桑寄生科 Loranthaceae 植物。

全世界记载36种，主要分布于东洋区。中国已知9种，大秦岭分布1种。

灿烂双尾灰蝶 *Tajuria luculenta* (Leech, 1890)

Iolaus luculentus Leech, 1890, *Entomologist*, 23: 38. **Type locality**: Changyang, Hubei.

Tajuria luculentus; Fruhstorfer, 1912a, *Berl. ent. Zs.*, 56(3/4): 211.

Tajuria luculenta; Chou, 1994, *Mon. Rhop. Sin.*: 645; Wang & Fan, 2002, *Butts. Faun. Sin.: Lycaenidae*: 177, 178.

形态 成虫：中型灰蝶。两翅蓝色大斑有金属光泽。反面灰白色；斑带多褐色。前翅正面黑褐色；中央至后缘有1个蓝色三角形斑纹，有金属光泽。反面外缘线、亚缘线及外横线褐色；中室端斑黑褐色。后翅 Cu_2 脉与 2A 脉端部各有 1 个尾突，1 长 1 短，中间黑色，周缘白色。正面有三角形蓝色大斑；前缘灰黑色；后缘白色；臀角有 2 个黑色小斑纹。反面外缘带黑褐色；亚外缘带棕褐色；亚缘斑列黑褐色，斑纹圆形；外横条斑列黑褐色，从前缘中下部伸达臀角 W 形弯曲后折向后缘中下部；cu_1 室端部有 1 个橙色眼斑，黑色瞳点大；臀角斑黑色。雄性无第二性征。

寄主 桑寄生科 Loranthaceae。

生物学 成虫多见于 4 ~ 6 月。飞行迅速，有访花习性，喜活动于阳光下和树冠层，雄性领域性强，在树冠层互相追逐。

分布 中国（陕西、湖北、湖南），印度，马来西亚。

大秦岭分布 陕西（太白）。

灰蝶亚科 Lycaeninae Leach, [1815]

Lycaeninae Leach, [1815], *In*: Brewster, *Edin. Ency*., 9: 129. **Type genus**: *Lycaena* Fabricius, 1807.

Lycaeninae (Lycaenidae); Eliot, 1973, *Bull. Br. Mus. nat. Hist.* (Ent.), 28(6): 381, 441; Chou, 1998, *Class. Ident. Chin. Butt.*: 234; Wang & Fan, 2002, *Butts. Faun. Sin.: Lycaenidae*: 242, 243; Korb & Bolshakov, 2011, *Eversmannia Suppl*., 2: 74.

眼光滑；触角棒状部明显，下方略扁平；须被毛或毛状鳞；雄性前足跗节愈合成 1 节，末端尖或圆。前翅脉纹 11 条；R 脉与 M_1 脉多在基部靠近，有时接触或共柄。后翅 Cu_2 脉端部尾突有或无；臀角圆或有瓣。雄性无第二性征。

本亚科多为低海拔地区常见种，全世界记载近 120 种，可分为 2 属组，分布于古北区、东洋区、澳洲区、新北区和非洲区。中国记录近 40 种，大秦岭分布 16 种。

属组检索表

雄性前足跗节末端尖锐，向下弯曲；后翅反面多有黑色小斑点 ………………………………………………………………………………………… **灰蝶属组 *Lycaena* Section**

雄性前足跗节末端圆钝；后翅反面有鲜艳的缘带 ……… **彩灰蝶属组 *Heliophorus* Section**

灰蝶属组 *Lycaena* Section

Section *Lycaena* (Lycaeninae); Eliot, 1973, *Bull. Br. Mus. nat. Hist.* (Ent.), 28(6): 441.

Section *Lycaena*; Sibatani, 1974, *Aust. ent. Soc.*, (13): 95, 109; Chou, 1998, *Class. Ident. Chin. Butt.*: 222; Wang & Fan, 2002, *Butts. Faun. Sin.: Lycaenidae*: 243.

翅多为红色或橙色。后翅反面多有黑色小斑点。与眼灰蝶亚科 Polyommatinae 相似，雄性前足跗节末端尖，向下弯曲。

全世界记载约60种，分布于除南美洲以外的世界各地。中国已知25种，大秦岭分布10种。

属检索表

1. 雄性前翅正面外横斑列分成 3 组并上下斜向排列 ······ **灰蝶属 *Lycaena***
   雄性前翅正面外横斑列不如上述 ······ 2
2. 前翅正面仅有中室端斑 ······ **古灰蝶属 *Palaeochrysophanus***
   前翅正面斑纹不如上述 ······ 3
3. 前翅正面褐色或橙色，如为橙色，则后翅反面有黑、白 2 色点斑列 ······ **貉灰蝶属 *Heodes***
   翅色及斑纹不如上述 ······ 4
4. 后翅反面中室端斑条形 ······ **呃灰蝶属 *Athamanthia***
   后翅反面中室端斑不如上述 ······ **昙灰蝶属 *Thersamonia***

灰蝶属 *Lycaena* Fabricius, 1807

Lycaena Fabricius, 1807, *Mag. f. Insektenk*. (Illiger), 6: 285. **Type species**: *Papilio phlaeas* Linnaeus, 1761.

Heodes Dalman, 1816, *K. svenska Vetensk Akad. Handl. Stockholm*, (1): 63. **Type species**: *Papilio virgaureae* Linnaeus, 1758.

Chysoptera Zincken, 1817, *Allgem. Lit. Ztg. Halle*, (3): 75. **Type species**: *Papilio virgaureae* Linnaeus, 1758.

Lycia Sodoffsky, 1837, *Bull. Soc. imp. Nat. Moscou*, 10(6): 81. **Type species**: *Papilio phlaeas* Linnaeus, 1761.

Migonitis Sodoffsky, 1837, *Bull. Soc. imp. Nat. Moscou*, 10(6): 82. **Type species**: *Papilio phlaeas* Linnaeus, 1761.

Tharsalea Scudder, 1876, *Bull. Buffalo Soc. nat. Sci.*, 3: 125. **Type species**: *Polyommatus arota* Boisduval, 1852.

Gaeides Scudder, 1876, *Bull. Buffalo Soc. nat. Sci*., 3: 126. **Type species**: *Chrysophanus dione* Scudder, 1868.

Chalceria Scudder, 1876, *Bull. Buffalo Soc. nat. Sci*., 3: 125. **Type species**: *Chrysophanus rubidus* Behr, 1866.

Epidemia Scudder, 1876, *Bull. Buffalo Soc. nat. Sci*., 3: 127. **Type species**: *Polyommatus epixanthe* Boisduval & Le Conte, [1835].

Lycaena (Lycaenidae); Godman & Salvin, [1887], *Biol. centr.-amer. Lep. Rhop*., 2: 102; Stempffer, 1967, *Bull. Br. Mus. nat. Hist.* (Ent.) Suppl., 10: 263.

Rumicia Tutt, 1906, *Ent. Rec. J. Var*., 18(5): 131. **Type species**: *Papilio phlaeas* Linnaeus, 1761.

Hyrcanana Bethune-Baker, 1914b, *Ent. Rec*., 26: 135. **Type species**: *Polyommatus caspius* Lederer, 1869.

Thersamonia Verity, 1919, *Ent. Rec. J. Var.*, 31: 28. **Type species**: *Papilio thersamon* Esper, 1784.

Helleia Verity, 1943, *Le Farfalle diurn. d'Italia*, 2: 20, 48. **Type species**: *Papilio helle* Denis & Schiffermüller, 1775.

Sarthusia Verity, 1943, *Le Farfalle diurn. d'Italia*, 2: 20. **Type species**: *Polyommatus sarthus* Staudinger, 1886.

Disparia Verity, 1943, *Le Farfalle diurn. d'Italia*, 2: 21, 58 (preocc. Nagano, 1916). **Type species**: *Papilio dispar* Haworth, 1802.

Phoenicurusia Verity, 1943, *Le Farfalle diurn. d'Italia*, 2: 21. **Type species**: *Polyommatus margelanica* Staudinger, 1881.

Thersamolycaena Verity, 1957, *Ent. Rec. J. Var*., 69: 225. **Type species**: *Papilio dispar* Haworth, 1802.

Lycaena (Section *Lycaena*); Eliot, 1973, *Bull. Br. Mus. nat. Hist*. (Ent.), 28 (6): 441; Sibatani, 1974, *Aust. ent. Soc*., (13): 109; Wang & Fan, 2002, *Butts. Faun. Sin.: Lycaenidae*: 244, 245.

Lycaena (*Lycaena*); Sibatani, 1974, *Aust. ent. Soc*., (13): 109; Pelham, 2008, *J. Res. Lepid*., 40: 188; Korb & Bolshakov, 2011, *Eversmannia Suppl*., 2: 74.

Lycaena (Lycaeninae); Chou, 1998, *Class. Ident. Chin. Butt*.: 235; Korb & Bolshakov, 2011, *Eversmannia Suppl*., 2: 74; Wu & Xu, 2017, *Butts. Chin*.: 1201.

Lycaena (Lycaenini); Pelham, 2008, *J. Res. Lepid*., 40: 188.

前翅有黑色斑纹；正面橙色；反面色较淡。后翅正面深褐色；端缘有橙色带纹。反面灰棕色至灰白色；密布黑色点斑。前翅中室长约为前翅长的 1/2；脉纹 11 条；R_3 脉消失；R_4 脉从 R_5 脉中部分出；M_1 脉从中室上端角与 R_5 脉同点分出。后翅 Cu_2 脉端部角状尖出。

雄性外生殖器：背兜退化；钩突细指状；颚突发达；囊突细长；抱器狭长，末端圆阔；阳茎细长，端部尖。

寄主为蓼科 Polygonaceae 植物。

全世界记载5种，分布于古北区、东洋区、新北区和非洲区。中国已知2种，大秦岭分布2种。

种检索表

后翅反面橙色亚外缘带宽 ……………………………………………………………………**红灰蝶 *L. phlaeas***
后翅反面橙色亚外缘带模糊 ……………………………………………………………**四川红灰蝶 *L. sichuanica***

红灰蝶 *Lycaena phlaeas* (Linnaeus, 1761)（图版 19：55—56）

Papilio phlaeas Linnaeus, 1761, *Faun. Suecica* (Edn 2): 285. **Type locality**: C. Sweden.

Papilio virgaureae Scopoli, 1763, *Ent. Carniolica*: 180.

Polyommatus melanophlaeas Guenée & Villiers, 1835, *Tabl. Synop*., 1: 36.

Lycaena phlaeas vernus Zeller, 1847, *Isis von Oken*, (2): 158.

Lycaena phlaeas aestivus Zeller, 1847, *Isis von Oken*, (2): 158.

Chrysophanus phlaeas fasciatus Cockerell, 1889, *Entomologist*, 22: 99.

Polyommatus phlaeas schmidtii; Oberthür, 1896, *Étud. d'Ent*., 20: pl. 5, f. 70-71.

Polyommatus phlaeas; Grum-Grshimailo, 1890, *In*: Romanoff, *Mém. Lép*., 4: 365.

Lycaena phlaeas; Lewis, 1974, *Butt. World*: pl. 9, f. 39, 40; Chou, 1994, *Mon. Rhop. Sin*.: 663; Wang & Fan, 2002, *Butts. Faun. Sin.: Lycaenidae*: 245, 246; Yakovlev, 2012, *Nota lepid*., 35(1): 67; Wu & Xu, 2017, *Butts. Chin*.: 1201, f. 1203: 22-27.

Lycaena (*Lycaena*) *phlaeas*; Sibatani, 1974, *Aust. ent. Soc*., (13): 109; Pelham, 2008, *J. Res. Lepid*., 40: 188; Korb & Bolshakov, 2011, *Eversmannia Suppl*., 2: 74.

形态 成虫：中型灰蝶。前翅正面橙色，周缘有黑色带；中室有 2 ~ 3 个黑色斑纹；外横斑列自前到后有 3、2、2 三组黑斑。反面外缘带棕色；亚外缘斑列黑色，未达前缘；中室基部黑斑较正面清晰；外横斑列的斑纹及中室斑纹均有淡黄色眶纹。后翅外缘 Cu_1 脉至臀角间微凹入，Cu_1 脉端部有微小尾突。正面黑褐色；亚外缘带橙色，外侧镶有 1 列圆形黑斑。反面棕黄色或棕灰色；亚外缘带外侧黑色斑列退化；外横黑色斑列斑纹错位排列，端部斑纹内移明显；基半部 2 组黑色点斑近平行排列，内侧 1 组点斑 2 个，外侧 1 组 3 个；中室端斑浅 V 形，黑灰色。

卵：扁圆形；灰白色；表面有六角形凹刻。

幼虫：4 龄期。末龄幼虫蛞蝓形；淡绿色；体表密布细毛；背中线深绿色。老熟幼虫分有红斑和无红斑 2 种型。

蛹：椭圆形；淡褐色至褐色；体表密布细毛；两侧有深褐色斑带；腹背面端部有褐色宽横带。

寄主 蓼科 Polygonaceae 皱叶酸模 *Rumex crispus*、酸模 *R. acetosa*、长叶酸模 *R. longifolius*、尼泊尔酸模 *R. nepalensis*、小酸模 *R. acetosella*、巴天酸模 *R. patientia*、羊蹄 *R. japonicus*、山蓼 *Oxyria digyna*、何首乌 *Fallopia multiflora* 等。

生物学 1年2至多代，以幼虫越冬，成虫多见于5～10月。在中低海拔区及丘陵地区广泛发生，多近地面飞行，种群数量较多。飞行迅速，喜访花，常在林地的开阔灌草丛中活动。卵散产于寄主植物叶片及茎秆上。老熟幼虫化蛹于寄主植物枯叶或周边枯草中。

分布 中国（黑龙江、吉林、辽宁、北京、天津、河北、河南、陕西、甘肃、新疆、江苏、安徽、浙江、湖北、江西、福建、重庆、四川、贵州、西藏），朝鲜，日本，欧洲，北非。

大秦岭分布 河南（内乡、西峡、南召、嵩县）、陕西（临潼、蓝田、长安、周至、鄠邑、陈仓、眉县、太白、华州、南郑、洋县、西乡、留坝、佛坪、汉滨、石泉、宁陕、商州、丹凤、商南、山阳、镇安、洛南）、甘肃（麦积、秦州、两当、舟曲、碌曲、漳县）、湖北（神农架、武当山、茅箭、郧阳、房县、竹山、竹溪、郧西）。

四川红灰蝶 *Lycaena sichuanica* Bozano & Weidenhoffer, 2001

Lycaena sichuanica Bozano & Weidenhoffer, 2001. **Type locality**: near Barkham, Sichuan, China.

Lycaena sichuanica; Yoshino, 2019, *Butterflies*, 80: 18 (note).

形态 成虫：中型灰蝶。与红灰蝶 *L. phlaeas* 相似，主要区别为：前翅色较深，周缘黑色带宽。反面外缘带棕褐色；外横斑列的斑纹及中室斑纹的眶纹均为黄色。后翅 Cu_1 脉端部尾突稍长。反面棕灰色；橙色亚外缘带及外侧黑色斑列退化。

寄主 蓼科 Polygonaceae 拳参 *Bistorta officinalis*、酸模属 *Rumex* spp.。

生物学 栖息于山坡草地、山顶草甸。

分布 中国（四川）。

大秦岭分布 四川（九寨沟）。

昙灰蝶属 *Thersamonia* Verity, 1919

Thersamonia Verity, 1919, *Ent. Rec. J. Var.*, 31: 28. **Type species**: *Papilio thersamon* Esper, 1784.

Thersamonia (Section *Lycaena*); Eliot, 1973, *Bull. Br. Mus. nat. Hist.* (Ent.), 28(6): 441; Wang & Fan, 2002, *Butts. Faun. Sin.: Lycaenidae*: 246, 247.

Thersamonia (*Lycaena*); Sibatani, 1974, *Aust. ent. Soc.*, (13): 109; Korb & Bolshakov, 2011, *Eversmannia Suppl.*, 2: 75.

Thersamonia; Wu & Xu, 2017, *Butts. Chin.*: 1201.

翅正面橙色至黑褐色；斑纹黑色。反面前翅淡橙黄色，后翅棕灰色至棕黄色；有黑色斑纹和橙色斑带。前翅中室长约为前翅长的1/2；脉纹11条；R_3 脉消失；R_4 脉从 R_5 脉中部分出；M_1 脉从中室上端角与 R_5 脉同点分出。后翅无尾突。

雄性外生殖器：背兜退化；钩突及颚突发达；囊突细长；抱器狭长，末端阔；阳茎细长，端尖。

雌性外生殖器：囊导管细长；交配囊袋状；有交配囊片。

寄主为蓼科 Polygonaceae 及白花丹科 Plumbaginaceae 植物。

全世界记载 14 种，分布于古北区、东洋区和非洲区。中国已知 7 种，大秦岭分布 2 种。

种检索表

前翅反面亚缘斑列仅端部有 3 个黑色小圆斑 ………………………………… **梭尔昙灰蝶 *T. solskyi***

前翅反面亚缘斑列完整，到达后缘附近 ……………………………………………… **橙昙灰蝶 *T. dispar***

橙昙灰蝶 *Thersamonia dispar* (Haworth, 1802)（图版 15：39—40）

Papilio dispar Haworth, 1802, *Prodr. Lep. Brit*.: 3, nota. **Type locality**: England.

Papilio hippothoe Denis & Schiffermüller, 1775, *Ank. syst. Schmett. Wien*.: 181; Esper, 1778, *Die Schmett*. *Th. I, Bd*., 1(9): 350, (7): pl. 38, f. 1a-b.

Chrysophanus batavus (Oberthür, 1923), *Étud. Lépid. Comp*., 21: 73. **Type locality**: Holland.

Chrysophanus posticeoatrata (Mezger, 1931), *Lambillionea*, 31: 22.

Chrysophanus obscurior (Pionneau, 1937), *Echange*, 53: 3. **Type locality**: France.

Thersamonia depuncta (Beuret, 1954), *Lycaen. Schweiz*, 1: 77.

Thersamonia decolorata (Beuret, 1954), *Lycaen. Schweiz*, 1: 79.

Lycaena (*Rapsidia*) *dispar*; Sibatani, 1974, *Aust. ent. Soc*., (13): 109.

Lycaena dispar; Lewis, 1974, *Butt. World*: pl. 9, f. 36, 38; Chou, 1994, *Mon. Rhop. Sin*.: 663.

Lycaena (*Thersamolycaena*) *dispar*; Korb & Bolshakov, 2011, *Eversmannia Suppl*., 2: 75.

Thersamonia dispar; Wang & Fan, 2002, *Butts. Faun. Sin.: Lycaenidae*: 247-249; Wu & Xu, 2017, *Butts. Chin*.: 1201, f. 1203: 28-31.

形态　成虫：中型灰蝶。雌雄异型。雄性两翅正面橙黄色或朱红色，有金属光泽；外缘带窄，黑褐色。反面斑纹多有白色或淡黄色圈纹。前翅正面无斑。反面淡橙色；外缘带棕灰色；亚外缘带橙红色，外侧镶有黑褐色斑列，斑纹外侧缘线灰色；亚缘斑列弧形，斑纹黑色，眶纹淡黄色；中室 3 个斑纹黑色，眶纹淡黄色，其中端部斑纹条形，中基部 2 个斑纹圆形。后翅正面后缘棕褐色；外缘斑列黑色。反面棕灰色至棕黄色；外缘带灰白色；亚外缘带橙红色，两侧各镶有 1 列黑褐色圆斑；外横斑列黑色，斑纹错位排列，端部 2 个斑纹内移明显；基半部 2 组黑色点斑列近平行排列，内侧 1 组点斑 2 ~ 3 个，外侧 1 组点斑 3 个；中室端斑浅 V 形，黑灰色；基部有蓝灰色晕染。雌性翅正面近似红灰蝶 *L. phlaeas*，但前翅正面亚缘斑列弧形排列；中室仅有 2 个斑纹。反面的亚缘黑斑到达后缘；其余斑纹同雄性。

卵：扁圆形；灰白色；表面有 6 列放射状排列的圆形深凹刻。

幼虫：末龄幼虫蛞蝓形；淡绿色；体表密布细毛；背中线深绿色。

蛹：椭圆形；黑褐色；背中线黑褐色，两侧有黄褐色宽带相伴。

寄主 蓼科 Polygonaceae 巴天酸模 *Rumex patientia*、水酸模 *R. hydrolapathum*、水生酸模 *R. aquaticus*、酸模 *R. acetosa*。

生物学 1 年 2 代，以幼虫越冬，成虫多见于 6 ~ 9 月。飞行迅速，多在高山林缘活动，喜访花，雄性常静栖于草叶上，翅微展，其他时间则在花间取食或快速地互相追逐嬉戏。雌性活动范围较小，嗜食花蜜。卵散产于寄主叶、茎秆和花蕾上，特别是嫩叶上，在盛夏酸模枯萎的时候，卵还会产在果穗甚至是枯叶上。低龄幼虫仅食叶肉，留下表皮；4 龄以后，食量大增，啃食叶肉，剩下主叶脉，栖息于丝垫上，爬行缓慢，对震动敏感，稍有刺激便坠落地表。老熟幼虫化蛹于酸模的枯叶或周围的杂草落叶中。

分布 中国（黑龙江、吉林、辽宁、内蒙古、河南、陕西、甘肃、四川、西藏），俄罗斯，朝鲜，欧洲。

大秦岭分布 陕西（太白、凤县、勉县、商州），甘肃（麦积、秦州、文县、徽县、两当、碌曲）。

梭尔昙灰蝶 *Thersamonia solskyi* (Erschoff, 1874)

Lycaena solskyi Erschoff, 1874, *In*: Fedschenko, *Trav. Turk*., 2(5): 8, pl. 1, f. 7. **Type locality**: Maracanda [Uzbekistan].

Polyommatus solskyi; Grum-Grshimailo, 1890, *In*: Romanoff, *Mém. Lép*., 4: 358.

Heodes solskyi; Lewis, 1974, *Butt. World*: pl. 205, f. 34, pl. 206, f. 1.

Lycaena solskyi; Chou, 1994, *Mon. Rhop. Sin*.: 664.

Thersamonia solskyi; Schurian & Hofmann, 1982, *Nachr. Ent. Ver. Apollo Suppl*., 2: 38; Wang & Fan, 2002, *Butts. Faun. Sin.: Lycaenidae*: 249; Wu & Xu, 2017, *Butts. Chin*.: 1204, f. 1207: 7.

Lycaena (*Thersamonia*) *solskyi*; Sibatani, 1974, *Aust. ent. Soc*., (13): 109; Korb & Bolshakov, 2011, *Eversmannia Suppl*., 2: 75.

形态 成虫：中型灰蝶。两翅正面雄性橙红色。前翅顶角及外缘黑色。反面色稍淡；外缘及亚外缘各有 1 列黑色点斑；亚顶区有 3 个圆斑呈弧形排列；中室有 3 个黑色斑纹，从中室端部到基部依次变短。后翅正面外缘斑列及后缘区黑色。反面棕灰色；亚外缘斑列黑色，斑纹圆形；亚缘斑列橙、黑 2 色；其余翅面均匀散布黑色小斑。

寄主 白花丹科 Plumbaginaceae 彩花属 *Acantholimon* spp.。

生物学 成虫多见于 7 月。飞行迅速，喜访花，常栖息于低海拔草丛至亚高山草甸。

分布 中国（甘肃、新疆），塔吉克斯坦，乌兹别克斯坦。

大秦岭分布 甘肃（漳县）。

貉灰蝶属 *Heodes* Dalman, 1816

Heodes Dalman, 1816, *K. VetenskAcad. Handl.*, (1): 63. **Type species**: *Papilio virgaureae* Linnaeus, 1758.

Chysoptera Zincken, 1817, *Allgem. Literaturzeitung*: 75. **Type species**: *Papilio virgaureae* Linnaeus, 1758.

Loweia Tutt, 1906, *Nat. Hist. Brid. Lepid.*, 8: 314. **Type species**: *Papilio dorilis* Hufnagel, 1766.

Palaeoloweia Verity, 1934, *Ent. Rec. J. Var.* (Suppl.), 46: 13 (repl. *Loweia* Tutt, 1906). **Type species**: *Papilio dorilis* Hufnagel, 1766.

Palaeochrysophanus Verity, 1934, *Ent. Rec. J. Var.* (Suppl.): (13) nota [invalid].

Palaeochrysophanus Verity, 1943, *Le Farfalle diurn. d'Italia*, 2: 23, 64. **Type species**: *Papilio hippothoe* Linnaeus, 1761.

Lycaena; Stempffer, 1967, *Bull. Br. Mus. nat. Hist.* (Ent.) Suppl., 10: 263.

Palaeochrysophanus (Section *Lycaena*); Eliot, 1973, *Bull. Br. Mus. nat. Hist.* (Ent.), 28(6): 441; Sibatani, 1974, *Aust. ent. Soc.*, (13): 109.

Loweia (Section *Lycaena*); Eliot, 1973, *Bull. Br. Mus. nat. Hist.* (Ent.), 28(6): 441.

Heodes (Section *Lycaena*); Eliot, 1973, *Bull. Br. Mus. nat. Hist.* (Ent.), 28(6): 441; Wang & Fan, 2002, *Butts. Faun. Sin.: Lycaenidae*: 250.

Subgenus *Heodes* (*Lycaena*); Sibatani, 1974, *Aust. ent. Soc.*, (13): 109; Korb & Bolshakov, 2011, *Eversmannia Suppl.*, 2: 76.

Heodes; Wu & Xu, 2017, *Butts. Chin.*: 1204.

翅正面橙色或黑褐色；雌性翅面有黑色斑纹，反面有黑色圆斑，有的具白色线纹。前翅中室长约为前翅长的 1/2；脉纹 11 条；R_3 脉消失；R_4 脉从 R_5 脉中部分出；M_1 脉从中室上端角与 R_5 脉同点分出。尾突有或无。

寄主为蓼科 Polygonaceae 及豆科 Fabaceae 植物。

全世界记载 7 种，分布于古北区和东洋区。中国记录 5 种，大秦岭分布 1 种。

貉灰蝶 *Heodes virgaureae* (Linnaeus, 1758)

Papilio virgaureae Linnaeus, 1758, *Syst. Nat.* (Edn 10), 1: 484. **Type locality**: Sweden.

Chrysophanus lunulata (Courvoisier, 1903), *Mitt. schweiz. ent. Ges.*, 11: 23.

Chrysophanus parallela (Courvoisier, 1907), *Zs. wiss. Insektenbiol.*, 3(2): 36.

Chrysophanus punctifera (Courvoisier, 1911), *Ent. Zs.*, 24(42): 233.

Chrysophanus paucipuncta (Courvoisier, 1911), *Ent. Zs.*, 24(42): 236.

Chrysophanus pleuripuncta (Courvoisier, 1911), *Ent. Zs.*, 24(42): 236.

Chrysophanus emilianus (Turati, 1923), *Atti Soc. ital. sci. nat.*, 62: 42. **Type locality**: Apennines.

Chrysophanus quercii (Turati, 1923), *Atti Soc. ital. sci. nat.*, 62: 42. **Type locality**: Apennines.

Chrysophanus alba (Schoenfeld, 1924), *Int. ent. Zs.*, 18: 40. **Type locality**: Bavaria.

Heodes virgaureae gravesi Verity, 1929b, *Bull. Soc. ent. Fr.*, 34(7): 129.

Heodes virgaureae gravesica Verity, 1929b, *Bull. Soc. ent. Fr.*, 34(7): 129. **Type locality**: Lozere.

Heodes virgaureae mediomontana Verity, 1929b, *Bull. Soc. ent. Fr.*, 34(7): 131. **Type locality**: Basses-Alpes.

Heodes virgaureae pyrenemontana Verity, 1929b, *Bull. Soc. ent. Fr.*, 34(7): 131. **Type locality**: Pyrenees Orientales.

Chrysophanus delicata (Higgins, 1930), *Entomologist*, 63: 99. **Type locality**: Piedmont.

Chrysophanus multipunctata (Warnecke, 1942), *Dt. ent. Z. Iris*, 56: 103.

Chrysophanus rhehana (Heydemann, 1953), *Dt. ent. Z. Iris*, 55: 99.

Heodes costipuncta (Beuret, 1954), *Lycaen. Schweiz*, 1: 11.

Heodes pseudomiegi (Beuret, 1954), *Lycaen. Schweiz*, 1: 11.

Heodes quadrilunulata (Beuret, 1954), *Lycaen. Schweiz*, 1: 11.

Heodes suprabasielongata (Beuret, 1954), *Lycaen. Schweiz*, 1: 12.

Heodes supracentroelongata (Beuret, 1954), *Lycaen. Schweiz*, 1: 12.

Heodes ultraseriata (Beuret, 1954), *Lycaen. Schweiz*, 1: 12.

Heodes subtusdiscoelongata (Beuret, 1954), *Lycaen. Schweiz*, 1: 13.

Polyommatus virgaureae virginalis; Oberthür, 1910, *Étud. Lépid. Comp.*, 4: 135, 667, pl. 37, f. 244.

Chrysophanus virgaureae; Vorbrodt & Müller-Rutz, 1911, *Die Schmett. Schweiz*, 1: 111; Fruhstorfer, 1917b, *Dt. ent. Z. Iris*, 31(1/2): 31.

Heodes virgaureae; Yakovlev, 2012, *Nota lepid.*, 35(1): 68; Lewis, 1974, *Butt. World*: pl. 9, f. 26, 28, 29; Wang & Fan, 2002, *Butts. Faun. Sin.: Lycaenidae*: 250, 251; Wu & Xu, 2017, *Butts. Chin.*: 1204, f. 1207: 8-10.

Lycaena virgaureae; Chou, 1994, *Mon. Rhop. Sin.*: 664.

Lycaena (*Heodes*) *virgaureae*; Sibatani, 1974, *Aust. ent. Soc.*, (13): 109; Cassulo, Mensi & Balletto, 1989, *Nota Lepid. Suppl.*, 1: 25; Korb & Bolshakov, 2011, *Eversmannia Suppl.*, 2: 76.

形态 成虫：中小型灰蝶。雄性翅正面橙色。前翅前缘黑色带细；外缘带黑色。反面橙黄色；前缘带及外缘带赭黄色；亚外缘斑列模糊；外横斑列黑色，斑纹错位排列；黑色中室端斑条形，中基部各有 1 个黑色圆形斑纹。后翅正面外缘斑列黑色，圆形。反面赭黄色；亚外缘眼斑列橙色，模糊，瞳点黑色；外横斑列黑白色；基横斑列由 3 个黑色圆形斑纹组成；sc+r_1 室基部有 1 个黑色点斑。雌性翅正面橙红色；反面斑纹同雄性。前翅亚外缘斑列黑色，斑纹方形；黑色亚外缘斑列斑纹弧形排列；中室端部有 2 个圆形黑斑。后翅正面有黑褐色晕染；斑纹黑色；外缘斑列斑纹圆形；亚缘斑列斑纹近长方形；中室有 1 个黑色斑纹；后缘棕灰色。

寄主 蓼科 Polygonaceae 小酸模 *Rumex acetosella*、酸模 *R. acetosa* 和豆科 Fabaceae。

生物学 1 年 1 代，成虫多见于 7 月。飞行迅速，喜访花，生活于亚高山草甸及河谷地带。

分布 中国（黑龙江、吉林、内蒙古、河北、甘肃、新疆），俄罗斯，蒙古，朝鲜，日本，土耳其，西班牙，瑞典。

大秦岭分布 甘肃（武都）。

呃灰蝶属 *Athamanthia* Zhdanko, 1983

Athamanthia Zhdanko, 1983, *Ent. Obozr.*, 62 (1): 1139. **Type species**: *Polyommatus athamantis* Eversmann, 1854.

Athamanthia (Lycaeninae); Wang & Fan, 2002, *Butts. Faun. Sin.: Lycaenidae*: 252, 253; Korb & Bolshakov, 2011, *Eversmannia Suppl.*, 2: 76; Wu & Xu, 2017, *Butts. Chin.*: 1205.

正面前翅多橙色，后翅多褐色或黑褐色；反面多有黑色点斑；雄性翅面常有紫色金属光泽。前翅中室长约为前翅长的 1/2；脉纹 11 条；R_3 脉消失；R_4 脉从 R_5 脉分出；M_1 脉从中室上端角与 R_5 脉同点分出。后翅尾突有或无。

雄性外生殖器：背兜退化；钩突细指状；颚突发达；囊突短；抱器方阔；阳茎细长，端部尖。

全世界记载 15 种，分布于古北区。中国记录 8 种，大秦岭分布 4 种。

种检索表

1. 后翅反面白色外横带外侧有长刺突 ………… **庞呃灰蝶 *A. pang***
   后翅反面无白色外横带和长刺突 ………… 2
2. 后翅反面有 2 列近平行的黑、白 2 色横斑列 ………… **陈呃灰蝶 *A. tseng***
   后翅反面无上述斑列 ………… 3
3. 后翅有小尾突 ………… **华山呃灰蝶 *A. svenhedini***
   后翅无尾突 ………… **斯坦呃灰蝶 *A. standfussi***

华山呃灰蝶 *Athamanthia svenhedini* (Nordström, 1935)（图版 20：57—58）

Chrysophanus svenhedini Nordström, 1935, *Ark. Zool.*, 27A(7): 30, pl. 2, figs. 9, 19. **Type locality**: S. Kansu.

Lycaena svenhedini; Bridges, 1988a, *Cat. Lyc. Rio*., 2: 62; D'Abrera, 1993, *Butts. Hol. Reg*., 3: 462, fig'd.
Athamanthia svenhedini; Wang & Fan, 2002, *Butts. Faun. Sin.: Lycaenidae*: 253, 254; Wu & Xu, 2017, *Butts. Chin*.: 1206, f. 1208: 19-23.

形态 成虫：中小型灰蝶。前翅橙色。正面外缘带宽，黑褐色；中室有 3 个黑色斑纹；外横斑列近 V 形。反面外缘斑列斑纹较小；亚外缘斑列黑色，斑纹较大，近圆形；后缘基部有 1 个黑色斑纹；其余斑纹同前翅正面。后翅外缘 Cu_1 脉至臀角间微凹入；Cu_1 脉端有小尾突；臀角角状外突。正面黑褐色至褐色；亚外缘带较宽，橙色，未达顶角，两侧锯齿形。反面棕黄色或棕灰色；斑纹黑色，均有灰白色圈纹；外缘及亚外缘斑列近平行排列；cu_1 室及臀角有橙色斑纹；外横斑列近 V 形，斑纹大小、形状不一；2 列基横斑列平行排列；中室端斑条形。

生物学 成虫多见于 5 ~ 7 月。喜访花，多在林中溪谷和道路两旁活动。

分布 中国（河南、陕西、甘肃、四川）。

大秦岭分布 河南（登封、嵩县、灵宝）、陕西（华州、华阴）、甘肃（迭部）、四川（九寨沟）。

斯坦呃灰蝶 *Athamanthia standfussi* (Grum-Grshimailo, 1891)

Polyommatus standfussi Grum-Grshimailo, 1891, *Horae Soc. ent. Ross*., 25(3-4): 450. **Type locality**: Tibet.
Lycaena (*Rapsidia*) *standfussi*; Sibatani, 1974, *Aust. ent. Soc*., (13): 109 (name).
Lycaena standfussi; Lewis, 1974, *Butt. World*: pl. 206, f. 8.
Athamanthia standfussi; Wang & Fan, 2002, *Butts. Faun. Sin.: Lycaenidae*: 255, 256; Wu & Xu, 2017, *Butts. Chin*.: 1206, f. 1208: 29-35.

形态 成虫：小型灰蝶。前翅正面红褐色至黄褐色，有紫色闪光；外缘带宽，黑褐色；中室黑斑 2 个；外横斑列近 V 形。反面黄褐色至棕灰色；斑纹黑色；外缘带灰色；亚外缘斑列斑纹条形；中室有 2 ~ 3 个斑纹；其余斑纹同前翅正面。后翅无尾突。正面黑褐色至褐色；橙色外缘斑列时有模糊或消失。反面棕黄色或灰黄色；斑纹褐色，较模糊，缘线灰白色；亚外缘及外横斑列近平行排列；2 列基横斑列模糊；中室端斑条形。

生物学 1 年 1 代，成虫多见于 7 月。喜访花，多在草甸的岩石上停栖。

分布 中国（甘肃、青海、四川、西藏）。

大秦岭分布 甘肃（迭部、玛曲）。

陈呃灰蝶 *Athamanthia tseng* (Oberthür, 1886)

Chrysophanus tseng Oberthür, 1886a, *Bull. Soc. ent. Fr.*, (6)6: xiii. **Type locality**: Kouy-Tchéou.

Chrysophanus tseng; Oberthür, 1886b, *Étud. d'Ent.*, 11: 19, pl. 5, figs. 35; Leech, [1893], *Butts. Chin. Jap. Cor.*, 2: 403; Seitz (ed.), 1906, *Macrolep.*, 1: 288，pl.77e; Wu, 1938, *Cal. Ins. Sin.*, 4: 931; Huang, 1943, *Notes d'Ent. Chin.*, 10 (3): 133.

Chrysophanus mandersi Elwes, 1890, *Trans. Ent. Soc. Lond.*, 1890: 531. **Type locality**: Banzam, 3400 ft; Bridges, 1994, *Cat. Rio. Lyc.*, (VIII): 280.

Helleia tseng; Sibatani, 1974, *Aust. ent. Soc.*, (13): 109 (name) ; Bridges, 1988, *Cat. Lyc. Rio.*, 2: 45.

Lycaena tseng; Lewis, 1974, *Butt. World*: pl. 206, f. 10; D'Abrera, 1993, *Butts. Hol. Reg.*, 3: 461, fig'd.

Athamanthia tseng; Wang & Fan, 2002, *Butts. Faun. Sin.: Lycaenidae*: 255; Wu & Xu, 2017, *Butts. Chin.*: 1205, f. 1207: 15-16, 1208: 1-2.

形态 成虫：中小型灰蝶。雌雄异型。雄性：两翅正面紫红色，有紫色金属闪光；反面前翅鲜锈红色，后翅锈红色；斑纹黑色，缘线或圈纹蓝白色。前翅正面外缘橙色斑带仅达外缘中部；外横斑列近 V 形，模糊，黑灰色；中室端部有 1 大 1 小 2 个黑色斑纹。反面亚外缘斑列未达前缘；其余斑纹同前翅正面。后翅 Cu_1 脉端有小尾突；外缘 Cu_1 脉至臀角间微凹入；臀角角状外突。正面端缘黑色，镶有 1 条橙色曲波带。反面亚缘斑列及外横斑列近平行排列；基横斑列由 3 个小圆斑组成；中室端斑条形，模糊。雌性：两翅正面黑褐色。前翅正面亚缘斑列橙红色，未达后缘；中室端脉外侧有 1 个橙红色长方形块斑；亚缘区、外中域及中室有青蓝色斑驳纹。后翅正面亚缘带及外横带紫蓝色，未达前后缘，时有退化或消失；中室端斑黑蓝色，模糊。反面外缘斑列模糊，斑纹圆形；其余斑纹同雄性。

生物学 成虫多见于 5~8 月。喜访花，栖息于干热河谷。

分布 中国（甘肃、四川、贵州、云南）。

大秦岭分布 四川（大巴山）。

庞呃灰蝶 *Athamanthia pang* (Oberthür, 1886)

Chrysophanus pang Oberthür, 1886a, *Bull. Soc. ent. Fr.*, (6)6: 12. **Type locality**: Tatsienlou, Sichuan.

Chrysophanus pang; Oberthür, 1886b, *Étud. d'Ent.*, 11: 19, pl. 5, figs. 36; Leech, [1893], *Butts. Chin. Jap. Cor.*, 2: 403; Seitz (ed.), 1906, *Macrolep.*, 1: 288，pl.77f; Wu, 1938, *Cal. Ins. Sin.*, 4: 930; Huang, 1943, *Notes d'Ent. Chin.*, 10 (3): 130.

Heodes pang; Watkins, 1927, *Ann. Mag. nat. Hist.*, 19: 331.

Helleia pang; Sibatani, 1974, *Aust. ent. Soc.*, (13): 109; Bridges, 1988a, *Cat. Lyc. Rio.*, 2: 45.

Lycaena pang; Lewis, 1974, *Butt. World*: pl. 206, f. 9; D'Abrera, 1993, *Butts. Hol. Reg.*, 3: 461, fig'd.

Athamanthia pang; Wang & Fan, 2002, *Butts. Faun. Sin.: Lycaenidae*: 254; Wu & Xu, 2017, *Butts. Chin.*: 1206, f. 1208: 24-28.

形态 成虫：小型灰蝶。与陈呃灰蝶 *A. tseng* 相似，主要区别为：前翅正面亚外缘斑列斑纹蓝、黑 2 色，雌性蓝色更明显；外横斑列斑纹有错位。后翅反面密布黑色麻点纹；脉纹污白色至棕色；亚外缘斑列淡褐色，斑纹三角形；外横带白色，缘线黑色，外侧有长刺状突起；中横线曲波状，棕褐色；中室有 2 个圆形斑纹；$sc+r_1$ 室及 cu_2 室各有 1 个圆形小点斑。雌性翅正面橙色。

生物学 成虫多见于 5 ~ 7 月。喜访花和在林下溪边吸水，栖息于草甸生境。

分布 中国（甘肃、青海、四川、贵州、云南、西藏）。

大秦岭分布 甘肃（碌曲）。

古灰蝶属 *Palaeochrysophanus* Verity, 1943

Palaeochrysophanus Verity, 1943, *Le Farfalle diurn. d'Italia*, 2: 23, 64. **Type species**: *Papilio hippothoe* Linnaeus, 1761.

Palaeochrysophanus (Lycaeninae); Chou, 1998, *Class. Ident. Chin. Butt*.: 235; Wang & Fan, 2002, *Butts. Faun. Sin.: Lycaenidae*: 256, 257; Wu & Xu, 2017, *Butts. Chin*.: 1209.

与灰蝶属 *Lycaena* 近似，两翅正面雄性朱红色，雌性棕褐色；反面灰棕色；翅端部及中室有圆形黑斑，圈纹白色。

雄性外生殖器：与灰蝶属 *Lycaena* 近似，但抱器端部有 1 长 1 短 2 个锥形尖突。

寄主为蓼科 Polygonaceae、豆科 Fabaceae 植物。

全世界记载 1 种，分布于古北区。大秦岭有分布。

古灰蝶 *Palaeochrysophanus hippothoe* (Linnaeus, 1761)

Papilio hippothoe Linnaeus, 1761, *Faun. Suecica* (Edn 2): 274. **Type locality**: Sweden.

Palaeochrysophanus hippothoe; Lewis, 1974, *Butt. World*: pl. 10, f. 9, 10; Chou, 1994, *Mon. Rhop. Sin*.: 664; Sibatani, 1974, *Aust. ent. Soc*., (13): 109; Wang & Fan, 2002, *Butts. Faun. Sin.: Lycaenidae*: 257; Wu & Xu, 2017, *Butts. Chin*.: 1209, f. 1212: 1-2.

Heodes hippothoe; Yakovlev, 2012, *Nota lepid*., 35(1): 67.

Lycaena (*Heodes*) *hippothoe*; Korb & Bolshakov, 2011, *Eversmannia Suppl*., 2: 76.

形态 成虫：小型灰蝶。雌雄异型。两翅正面雄性朱红色。反面灰棕色；斑纹多有白色圈纹。前翅正面前缘带及外缘带黑褐色，外缘带内侧有尖齿突；端部翅脉及中室端斑黑褐色。反面翅端部有 3 列黑色缘斑列，从外向内斑纹变大；中室有 3 个黑色斑纹，其中基部为点斑，端部为条斑；翅面中后部有橙色晕染。后翅正面有彩虹紫色闪光；周缘黑褐色；亚外缘黑色斑列模糊。反面外缘带橙色，镶有1列黑色圆斑，外侧缘线黑、白2色；亚外缘斑列及亚缘斑列黑色，与外缘斑列近平行排列；中室端部3个点斑呈品字形排列；基部灰黑色，稀疏散布黑色点斑。雌性正面棕褐色，隐约可见反面斑纹的透射；反面翅色及斑纹同雄性。后翅正面外缘眼斑列橙色，瞳点黑色；亚外缘有黑褐色点斑列。

寄主 蓼科 Polygonaceae 酸模属 *Rumex* spp.、蓼属 *Persicaria* spp. 和豆科 Fabaceae。

生物学 1年1代，成虫多见于7月。喜访花，栖息于亚高山草甸环境。

分布 中国（黑龙江、吉林、内蒙古、北京、河北、甘肃），俄罗斯，蒙古，朝鲜，欧洲。

大秦岭分布 甘肃（漳县）。

彩灰蝶属组 *Heliophorus* Section

Section *Heliophorus* (Lycaeninae); Eliot, 1973, *Bull. Br. Mus. nat. Hist*. (Ent.), 28(6): 441.

Section *Heliophorus* (Lycaeninae); Sibatani, 1974, *Aust. ent. Soc*., (13): 110; Wang & Fan, 2002, *Butts. Faun. Sin.: Lycaenidae*: 257.

外形和线灰蝶亚科 Theclinae 的种类相似，但臀域无典型的W形带纹。翅正面黑褐色，常有蓝紫色大斑及金属光泽；反面黄色。后翅有红色的端带。

全世界记载29种，主要分布于东洋区。中国记录14种，大秦岭分布6种。

彩灰蝶属 *Heliophorus* Geyer, [1832]

Heliophorus Geyer, [1832], *In*: Hübner, *Zuträge Samml. exot. Schmett*., 4: 40. **Type species**: *Heliophorus belenus* Geyer, [1832].

Ilerda Doubleday, 1847, *List Spec. lep. Ins. B. M*., 2: 25. **Type species**: *Polyommatus epicles* Godart, [1824].

Nesa Zhdanko, 1995, *Ent. Obozr*., 74(3): 654. **Type species**: *Polyommatus sena* Kollar, [1844].

Kulua Zhdanko, 1995, *Ent. Obozr*., 74(3): 657. **Type species**: *Polyommatus tamu* Kollar, [1844].

Heliophorus (Section *Heliophorus*); Eliot, 1973, *Bull. Br. Mus. nat. Hist*. (Ent.), 28(6): 441; Sibatani, 1974, *Aust. ent. Soc*., (13): 110.

Heliophorus (Lycaeninae); Chou, 1998, *Class. Ident. Chin. Butt*.: 236; Wang & Fan, 2002, *Butts. Faun. Sin.: Lycaenidae*: 257; Schröder, 2006, *Nachr. Ent. Ver. Apollo NF*, 27(3): 98; Wu & Xu, 2017, *Butts. Chin*.: 1209.

雌雄异型。翅正面黑褐色；有蓝色、绿色、橙色或紫褐色大斑；有黑色的顶角和宽缘。后翅端部有红带。雌性前翅常有1个橙红色大斑；反面黄色。前翅翅脉11条；中室长约为前翅长的 1/2；R_3 脉消失；R_4 脉在 R_2 脉终点下方从 R_5 脉分出；M_1 脉与 R_5 脉从中室上端角同点分出，不共柄；M_2 脉与 M_1 脉及 M_3 脉距离相等。后翅 Cu_2 脉端有尾突；M_1 脉端略突出；臀角明显。

雄性外生殖器：背兜窄，带状；侧突细长，与背兜愈合；囊突细长；抱器近三角形，端部鱼尾状外突；阳茎极细长，端部尖。

寄主为蓼科 Polygonaceae 植物。

全世界记载 26 种，分布于东洋区。中国已知 14 种，大秦岭分布 6 种。

种检索表

1. 翅正面的彩斑铜绿色或红铜色 ………… **古铜彩灰蝶 *H. brahma***
   翅正面的彩斑非上述颜色 ………… 2
2. 雄性前翅正面中央有橙色斜斑 ………… **彩灰蝶 *H. epicles***
   雄性前翅正面中央无橙色斜斑 ………… 3
3. 雌性前翅橙色斑半圆形 ………… **美丽彩灰蝶 *H. pulcher***
   雌性前翅橙色斑非半圆形 ………… 4
4. 前翅反面臀角黑斑圆形 ………… **莎菲彩灰蝶 *H. saphir***
   前翅反面臀角黑斑长条形 ………… 5
5. 雄性翅正面彩斑亮蓝绿色；反面端缘橙色带窄 ………… **美男彩灰蝶 *H. androcles***
   雄性翅正面彩斑暗紫蓝色；反面端缘橙色带宽 ………… **浓紫彩灰蝶 *H. ila***

浓紫彩灰蝶 *Heliophorus ila* (de Nicéville & Martin, [1896])

Ilerda ila de Nicéville & Martin, [1896], *J. asiat. Soc. Bengal*, Pt.II 64(3): 472. **Type locality**: Mts. Battack, NE. Sumatra.

Heliophorus epicles nila[sic, recte *ila*]; Fruhstorfer, 1918, *Tijdschr. Ent*., 61(1/2): 48, pl. 6, f. 7.

Heliophorus ila; Riley, 1929, *J. Bombay nat. Hist. Soc*., 33(2): 390; Lewis, 1974, *Butt. World*: pl. 176, f. 18; Chou, 1994, *Mon. Rhop. Sin*.: 666; Wang & Fan, 2002, *Butts. Faun. Sin.: Lycaenidae*: 260, 261; Wu & Xu, 2017, *Butts. Chin*.: 1209, f. 1212: 3-9.

Heliophorus (*Heliophorus*) *ila*; Sibatani, 1974, *Aust. ent. Soc*., (13): 110.

Heliophorus (group *epicles*) *ila*; Yago, Saigusa & Nakanishi, 2000, *Ent. Sci*., 3(1): 99 (note).

形态 成虫：中型灰蝶。雄性两翅正面黑褐色；反面鲜黄色。前翅正面基半部中后域暗紫蓝色，有金属光泽。反面外缘带橙红色，缘线黑、白 2 色，时有消失；外斜斑列多消失或不完整；臀角有黑色条斑，缘线黑、白 2 色。后翅正面中室下半部向外至外中域，向下至 2A 脉有暗紫蓝色大斑；外缘中下部有橙红色波状纹。反面橙红色端带宽，波状缘线黑、白 2 色，外侧镶有三角形黑斑，并有弥散状白色环纹；外斜斑列模糊或消失；基横斑列由黑色小点斑组成。Cu_2 脉端尾突细长，黑色，端部白色。雌性翅面黑褐色；中室端外侧有橙红色条斑。后翅正面外缘线白色；橙红色端带波浪形；其余斑纹同雄性。

卵：扁圆形；白色；表面密布大小不等的圆形凹刻。

幼虫：末龄幼虫蛞蝓形；黄绿色；体表密布细毛；背中线深绿色；胴体有淡色细横纹。

蛹：椭圆形；黄绿色；背面有黑褐色至红褐色点斑列和斑带；气孔淡黄色。

寄主 蓼科 Polygonaceae 火炭母 *Persicaria chinensis*、羊蹄 *Rumex japonicus*。

生物学 1 年多代，以幼虫在寄主的根部越冬，成虫多见于 5 ~ 8 月。飞行迅速，喜访花、吸食动物尸体和排泄物，雄性具领域行为。卵单产在寄主植物叶片反面。幼虫栖息和取食均在寄主植物的叶片反面。

分布 中国（河南、陕西、甘肃、安徽、江西、福建、台湾、广东、海南、广西、重庆、四川、贵州、云南），印度，不丹，缅甸，马来西亚，印度尼西亚。

大秦岭分布 河南（嵩县、栾川）、陕西（宁陕）、甘肃（麦积、秦州、徽县）、重庆（城口）、四川（宣汉、都江堰、安州）。

美丽彩灰蝶 *Heliophorus pulcher* Chou, 1994

Heliophorus pulcher Chou, 1994, *Mon. Rhop. Sin.*: 665, 771, fig'd. **Type locality**: Miyi 1900 m, Sichuan.

Heliophorus (group *tamu*) *pulcher*; Yago, Saigusa & Nakanishi, 2000, *Ent. Sci.*, 3(1): 99 (note); Yago, 2002, *Tijdschr. Ent.*, 145(2): 148.

Heliophorus pulcher; Wang & Fan, 2002, *Butts. Faun. Sin.: Lycaenidae*: 264.

形态 成虫：中型灰蝶。与浓紫彩灰蝶 *H. ila* 相似，主要区别为：两翅反面橙色端带窄，缘线仅白色，无黑色缘线和斑纹。雄性翅正面彩斑鲜艳，蓝绿色。雌性前翅正面橙色斑半圆形。后翅尾突短。

分布 中国（陕西、甘肃、重庆、四川、贵州）。

大秦岭分布 陕西（宁陕）、甘肃（麦积、徽县、两当）、重庆（巫溪）、四川（青川、都江堰、安州、平武）。

彩灰蝶 *Heliophorus epicles* (Godart, [1824])

Polyommatus epicles Godart, [1824], *Encycl. Méth.*, 9(2): 604, 646, no. 109. **Type locality**: E. Java.

Heliophorus belenus Geyer, [1832], *Zuträge Samml. exot. Schmett*, 4: 40, pl. [135], f. 785-786.

Ilerda epicles; Hewitson, 1865, *Ill. diurn. Lep. Lycaenidae*, (2): 58; Fruhstorfer, 1912, *Berl. ent. Zs.*, 56(3/4): 252.

Heliophorus epicles; Fruhstorfer, 1918, *Tijdschr. Ent.*, 61(1/2): 48; Riley, 1929, *J. Bombay nat. Hist. Soc.*, 33(2): 387; Lewis, 1974, *Butt. World*: pl. 176, f. 18 (text) ; Wang & Fan, 2002, *Butts. Faun. Sin.: Lycaenidae*: 261; Wu & Xu, 2017, *Butts. Chin.*: 1210, f. 1212: 10.

Heliophorus (*Heliophorus*) *epicles*; Sibatani, 1974, *Aust. ent. Soc.*, (13): 110.

Heliophorus (group *epicles*) *epicles*; Yago, Saigusa & Nakanishi, 2000, *Ent. Sci.*, 3(1): 99 (note).

形态 成虫：中型灰蝶。与浓紫彩灰蝶 *H. ila* 相似，主要区别为：雄性翅正面彩斑较鲜艳，清晰。前翅正面中室外侧有橙色斜斑。后翅正面橙色端带发达，到达前缘。雌性前翅正面橙红色斑纹较宽。

寄主 蓼科 Polygonaceae 火炭母 *Persicaria chinensis*。

分布 中国（河北、甘肃、浙江、湖北、广东、海南、广西、四川、云南），印度，不丹，尼泊尔，缅甸，老挝，泰国。

大秦岭分布 甘肃（文县）、湖北（神农架）、四川（都江堰）。

莎菲彩灰蝶 *Heliophorus saphir* (Blanchard, 1871)（图版 20：59—60）

Thecla saphir Blanchard, 1871, *C. R. hebd. Seanc. Acad. Sci.*, 72: 811.

Heliophorus saphir; Fruhstorfer, 1918, *Tijdschr. Ent.*, 61(1/2): 50, pl. 6, f. 2; Riley, 1929, *J. Bombay nat. Hist. Soc.*, 33(2): 400; Sibatani, 1974, *Aust. ent. Soc.*, (13): 110 (name) ; Wang & Fan, 2002, *Butts. Faun. Sin.: Lycaenidae*: 258, 259; Wu & Xu, 2017, *Butts. Chin.*: 1210, f. 1213: 21-23.

Heliophorus moorei saphir; Chou, 1994, *Mon. Rhop. Sin.*: 665.

Heliophorus (group *saphir*) *saphir*; Yago, Saigusa & Nakanishi, 2000, *Ent. Sci.*, 3(1): 99 (note); Yago, 2002, *Tijdschr. Ent.*, 145(2): 167, 148(list).

形态 成虫：中型灰蝶。雄性前翅正面除前缘、外缘、顶角及亚顶区外均为金属蓝色。反面臀角有圆形黑斑，缘线黑、白 2 色；中室端斑线状，褐色；后缘白色。后翅正面从翅基部经中室和 cu_2 室至亚外缘区有 1 个窄的三角形大蓝斑，有金属光泽；外缘中下部有橙红色波状纹。反面橙红色端带到达前缘，波状缘线黑、白 2 色，端带外侧镶有扁圆形黑斑，多覆有弥散状白色鳞片；棕褐色外横线未达后缘；中室有 1 个黑褐色小点斑。Cu_2 脉端有黑色细尾突，端部白色。雌性翅面黑褐色；中室端外侧有橙红色条斑。后翅正面橙红色端带波浪形，到达前缘；其余斑纹同雄性。

卵：扁圆形；白色；表面密布大小不等的圆形凹刻。

幼虫：末龄幼虫蛞蝓形；绿色；体表密布细毛；胴体有淡色细横纹。

蛹：近椭圆形；黄绿色；背侧有黑褐色点斑列和斑带。

寄主 蓼科 Polygonaceae 火炭母 *Persicaria chinensis*、金荞麦 *Fagopyrum dibotrys*。

生物学 1年多代，以幼虫在寄主的根部越冬，成虫多见于4~10月。飞行迅速，常在中低海拔的林缘、山地、溪沟活动，喜访花吸蜜。卵单产在寄主植物叶片反面。幼虫栖息和取食均在寄主植物叶片反面。老熟幼虫化蛹于寄主植物近地面的叶片反面。

分布 中国（河南、陕西、甘肃、安徽、浙江、湖北、江西、湖南、广东、重庆、四川、贵州、云南）。

大秦岭分布 河南（鲁山、内乡、西峡、嵩县、栾川、卢氏）、陕西（临潼、蓝田、长安、鄠邑、周至、渭滨、陈仓、眉县、太白、凤县、汉台、南郑、城固、洋县、西乡、勉县、留坝、佛坪、汉滨、平利、镇坪、岚皋、紫阳、汉阴、石泉、宁陕、商州、丹凤、商南、山阳、柞水）、甘肃（麦积、秦州、文县、徽县、两当、舟曲）、湖北（南漳、谷城、神农架）、重庆（巫溪）、四川（青川、都江堰、绵竹、江油、平武、汶川）。

美男彩灰蝶 *Heliophorus androcles* (Westwood, 1851)

Ilerda androcles Westwood, 1851, *Gen. diurn. Lep*., (2): 487, (2): pl. 75, f. 2. **Type locality**: Sylhet, Assam.

Heliophorus androcles; Fruhstorfer, 1918, *Tijdschr. Ent*., 61(1/2): 51; Riley, 1929, *J. Bombay nat. Hist. Soc*., 33(2): 395; Sibatani, 1974, *Aust. ent. Soc*., (13): 110; Lewis, 1974, *Butt. World*: pl. 176, f. 14; Chou, 1994, *Mon. Rhop. Sin*.: 665; Wang & Fan, 2002, *Butts. Faun. Sin.: Lycaenidae*: 258; Wu & Xu, 2017, *Butts. Chin*.: 1210, f. 1213: 24.

Heliophorus (group *tamu*) *androcles*; Yago, Saigusa & Nakanishi, 2000, *Ent. Sci*., 3(1): 99 (note); Yago, 2002, *Tijdschr. Ent*., 145(2): 158, 147 (list).

形态 成虫：中型灰蝶。与莎菲彩灰蝶 *H. saphir* 相似，主要区别为：前翅反面有褐色外斜线；臀角黑色斑长条形。雄性翅正面彩斑亮蓝绿色，较窄。

生物学 成虫多见于6~8月。

分布 中国（甘肃、湖北、广东、海南、四川、贵州、云南），印度，缅甸，泰国。

大秦岭分布 甘肃（礼县）、湖北（神农架）、四川（都江堰）。

古铜彩灰蝶 *Heliophorus brahma* (Moore, [1858])

Ilerda brahma Moore, [1858], *In*: Horsfield & Moore, *Cat. lep. Ins. Mus. East India Coy*, 1: 29, pl. 1a, f. 4. **Type locality**: Darjeeling.

Heliophorus brahma major Evans, 1932b, *Ind. Butts*. (Edn 2): 246. **Type locality**: Assam.

Ilerda brahma; Hewitson, 1865, *Ill. diurn. Lep. Lycaenidae*, (2): 57.

Heliophorus brahma; Fruhstorfer, 1918, *Tijdschr. Ent.*, 61(1/2): 50, pl. 6, f. 3; Riley, 1929, *J. Bombay nat. Hist. Soc.*, 33(2): 393; Lewis, 1974, *Butt. World*: pl. 176, f. 17; Wang & Fan, 2002, *Butts. Faun. Sin.: Lycaenidae*: 262; Wu & Xu, 2017, *Butts. Chin.*: 1210, f. 1212: 14-17, 1213: 18.

Heliophorus (group *tamu*) *brahma*; Yago, Saigusa & Nakanishi, 2000, *Ent. Sci.*, 3(1): 99 (note); Yago, 2002, *Tijdschr. Ent.*, 145(2): 156, 147 (list).

形态 成虫：中型灰蝶。与美男彩灰蝶 *H. androcles* 相似，主要区别为：雄性翅正面彩斑铜绿色或红铜色。后翅橙色端带发达，到达前缘。

寄主 蓼科 Polygonaceae 火炭母 *Persicaria chinensis*。

生物学 1 年多代，成虫多见于 6 ~ 9 月。

分布 中国（浙江、福建、四川、云南、西藏），印度，缅甸，越南，老挝，泰国。

大秦岭分布 四川（都江堰）。

眼灰蝶亚科 Polyommatinae Swainson, 1827

Polyommatinae Swainson, 1827, *Phil. Mag.*, (2) 1(3): 187. **Type genus**: *Polyommatus* Latreille, 1804.

Plebejinae (Lycaenidae); Clench, 1965, *Mem. Amer. Ent. Soc.*, 19: 364.

Polyommatinae (Lycaenidae); Eliot, 1973, *Bull. Br. Mus. nat. Hist.* (Ent.), 28(6): 381, 441; Chou, 1998, *Class. Ident. Chin. Butt.*: 237; Vane-Wright & de Jong, 2003, *Zool. Verh. Leiden*, 343: 138; Pelham, 2008, *J. Res. Lepid.*, 40: 236; Korb & Bolshakov, 2011, *Eversmannia Suppl.*, 2: 78; Wang & Fan, 2002, *Butts. Faun. Sin.: Lycaenidae*: 265, 266.

雄性跗节愈合成 1 节。前翅脉纹 11 条；R_5 脉与 M_1 脉同点分出。后翅臀角圆，臀叶不发达；无尾突或只 Cu_2 脉末端有 1 条线状纤细尾突。

全世界记载 1500 余种，分布于世界各地。中国记录 190 种，大秦岭分布 69 种。

族检索表

触角两性异型：雌性的棒状部细长，圆柱形 ………………………………………… **黑灰蝶族 Niphandini**

触角两性同型：棒状部粗壮，下方凹入 ……………………………………………… **眼灰蝶族 Polyommatini**

黑灰蝶族 Niphandini Eliot, 1973

Niphandini Eliot, 1973, *Bull. Br. Mus. nat. Hist.* (Ent.), 28(6): 442. **Type genus**: *Niphanda* Moore, [1875].

Niphandini (Polyommatinae) Eliot, 1973, *Bull. Br. Mus. nat. Hist.* (Ent.), 28(6): 382, 442. **Type genus**: *Niphanda* Moore, [1875]; Chou, 1998, *Class. Ident. Chin. Butt.*: 237; Korb & Bolshakov, 2011, *Eversmannia Suppl.*, 2: 78; Wang & Fan, 2002, *Butts. Faun. Sin.: Lycaenidae*: 266.

Niphandina (Polyommatini); Stradomsky, 2016, *Caucasian Ent. Bull.*, 12(1): 148.

触角两性异型：雄性棒状部突然膨大，下面凹入；雌性棒状部细长，圆柱形。前翅 Sc 脉与 R_1 脉分离。后翅无尾突。翅正面暗褐色。

全世界记载 6 种，分布于东洋区、古北区及澳洲区。中国记录 4 种，大秦岭分布 1 种。

黑灰蝶属 *Niphanda* Moore, [1875]

Niphanda Moore, [1875], *Proc. zool. Soc. Lond.*, (4): 572. **Type species**: *Niphanda tessellata* Moore, [1875].

Niphanda (Niphandini); Eliot, 1973, *Bull. Br. Mus. nat. Hist.* (Ent.), 28(6): 443; Chou, 1998, *Class. Ident. Chin. Butt.*: 237, 238; Korb & Bolshakov, 2011, *Eversmannia Suppl.*, 2: 78; Wang & Fan, 2002, *Butts. Faun. Sin.: Lycaenidae*: 266, 267.

Niphanda (Niphandina); Stradomsky, 2016, *Caucasian Ent. Bull.*, 12(1): 148.

Niphanda; Wu & Xu, 2017, *Butts. Chin.*: 1214.

翅正面暗褐色；反面灰白色；多有黑色和白色方形斑纹及蓝色或紫色闪光。翅脉特征同族。前翅 Sc 脉与 R_1 脉分离；无 R_3 脉；R_4 脉与 R_5 脉在中部分叉；M_1 脉与 R_5 脉分出点接近；中室长短于前翅长的 1/2。后翅无尾突。雄性有第二性征。

雄性外生殖器：背兜小，侧观三角形；无钩突；颚突发达，弯臂形；无囊突；抱器狭长，末端钝；阳茎粗壮，管状，末端下方有 1 个尖刺。

雌性外生殖器：交配囊导管粗长；交配囊长；无交配囊片。

寄主为壳斗科 Fagaceae 植物及蚜虫和木虱分泌液。

全世界记载 6 种，分布于东洋区、古北区及澳洲区。中国已知 4 种，大秦岭分布 1 种。

黑灰蝶 *Niphanda fusca* (Bremer & Grey, 1853)（图版 21：61—62）

Thecla fusca Bremer & Grey, 1853, *Schmett. N. China*: 9, pl. 2, f. 5. **Type locality**: Peking.

Niphanda fusca; Leech, [1893], *Butts. Chin. Jap. Cor.*, 2: 340, 341, pl.31, fig. 17; Seitz, 1906, *Macrolep.*, 1: 262, pl.72e; Fruhstorfer, 1919, *Archiv Naturg.*, 83A(1): 71; Seitz, 1929, *Macrolep.*, 9: 900, 901;

Seitz,1932, *Macrolep*., 1 (Suppl.): 240; Wu, 1938, *Cat. Ins. Sin*., 4: 910; Huang, 1943, *Notes d'Ent. Chin*., 10(3): 84; Bridges,1988a, *Cat. Lyc. Rio*., 2: 77; D'Abrera, 1993, *Butts. Hol. Reg*., 3: 469, fig'd; Lewis, 1974, *Butt. World*: pl. 206, f. 18; Chou, 1994, *Mon. Rhop. Sin*.: 667; Wang & Fan, 2002, *Butts. Faun. Sin.: Lycaenidae*: 267, 268; Korb & Bolshakov, 2011, *Eversmannia Suppl*., 2: 78; Wu & Xu, 2017, *Butts. Chin*.: 1214, f. 1216: 1-4.

Niphanda fusca f. *formosensis* Matsumura, 1929a, *Ins. Matsum*., 3(2/3): 103. **Type locality**: "Formosa" [Taiwan, China].

形态 成虫：中型灰蝶。雌雄异型。两翅正面暗褐色，有紫蓝色闪光；反面斑纹褐色至黑褐色，多有白色圈纹。雄性：两翅正面无斑。前翅反面亚外缘及亚缘斑带白色；从基部至外中区常有扇形的灰白色区域；外横斑列黑褐色，斑纹近方形，下部斑纹内移；中室端部有2个并列条斑；cu_2室及2a室基部有1个黑褐色大斑。后翅无尾突。反面外缘斑列褐色，斑纹近圆形，白色圈纹宽；亚缘斑列白色；中横斑列近V形，斑纹圆形并错位排列；基横斑列斑纹黑褐色，圆形；中室端斑条形。雌性：个体较大。前翅正面中央至基部有白紫色大斑，有紫蓝色闪光，斑纹从端部至基部颜色由白色渐变为蓝紫色，豆瓣形或三角形，有些个体此大斑消失；亚缘斑列白色，时有退化或消失；外横斑带及中室端斑褐色。后翅正面外缘眼斑列与亚缘白色斑列近平行；中央至基部有蓝紫色大斑；其余斑纹同雄性。

卵：初产青白色，后变白色，孵化前灰白色。

幼虫：黄褐色或土黄色。

蛹：黑褐色。

寄主 壳斗科 Fagaceae 栗 *Castanea mollissima* 及蚜虫和木虱分泌液。

生物学 1年1代，以幼虫越冬，成虫多见于5~8月。飞行迅速，常在林缘活动，有访花习性。幼虫常与蚜虫共栖，蚂蚁喜食其幼虫分泌液，幼虫2龄以后被蚂蚁运进巢内喂养并越冬，以蚂蚁幼虫为食；来年雄性5龄、雌性6龄时被运回到寄主植物上，化蛹于地表面或下垂于寄主根部。

分布 中国（黑龙江、吉林、辽宁、北京、天津、河北、山西、山东、河南、陕西、甘肃、青海、安徽、浙江、湖北、江西、湖南、福建、台湾、广东、重庆、四川、贵州），朝鲜，日本。

大秦岭分布 河南（内乡、西峡、嵩县）、陕西（长安、鄠邑、周至、华州、眉县、太白、凤县、汉台、南郑、西乡、洋县、留坝、佛坪、宁陕、商州、商南、山阳）、甘肃（麦积、秦州、文县、徽县、两当、迭部、碌曲）、湖北（当阳、兴山、神农架、武当山）、重庆（巫溪、城口）、四川（九寨沟）。

眼灰蝶族 Polyommatini Swainson, 1827

Polyommatinae Swainson, 1827, *Phil. Mag.*, (2) 1(3): 187. **Type genus**: *Polyommatus* Latreille, 1804.

Everini (Plebejinae); Clench, 1965, *Mem. Amer. Ent. Soc.*, 19: 395.

Plebejini (Plebejinae); Clench, 1965, *Mem. Amer. Ent. Soc.*, 19: 397.

Zizeerini (Plebejinae); Clench, 1965, *Mem. Amer. Ent. Soc.*, 19: 399.

Polyommatini (Polyommatinae); Eliot, 1973, *Bull. Br. Mus. nat. Hist.* (Ent.), 28(6): 382, 443; Hirowatari, 1992, *Bull. Univ. Osaka Prefect.*, (B)44: 1-102; Chou, 1998, *Class. Ident. Chin. Butt.*: 238, 239; Wang & Fan, 2002, *Butts. Faun. Sin.: Lycaenidae*: 271-273; Vane-Wright & de Jong, 2003, *Zool. Verh. Leiden*, 343: 140; Pelham, 2008, *J. Res. Lepid.*, 40: 236; Korb & Bolshakov, 2011, *Eversmannia Suppl.*, 2: 83.

触角两性同型，棒状部膨大，下面凹入。翅面有各种不同的颜色与图案。前翅 Sc 脉与 R_1 脉分离、接触或交叉；少数种类 R_1 脉从 R_2 脉分出；有的 Sc 脉与 R_1 脉之间连有横脉。后翅尾突有或无。

此族为本亚科中最大的族，全世界记载 1370 余种，分布于世界各地。中国记录近 190 种，大秦岭分布 68 种。

属组检索表

1. 前翅 R_1 脉与 Sc 脉有关联……2
   前翅 R_1 脉独立，不与 Sc 脉接触……6
2. 后翅臀角有长缘毛……**纯灰蝶属组 *Una* Section**
   后翅臀角不如上述……3
3. 雄性外生殖器无钩突……**雅灰蝶属组 *Jamides* Section**
   雄性外生殖器多有钩突……4
4. 后翅反面基半部无斑；近顶角处有 1 个黑色丸子形大圆斑……**丸灰蝶属组 *Pithecops* Section**
   后翅反面基半部有斑；近顶角处无上述斑纹……5
5. 雄性钩突不分裂……**蓝灰蝶属组 *Everes* Section**
   雄性钩突分裂……**吉灰蝶属组 *Zizeeria* Section**
6. 发香鳞为子弹形……**亮灰蝶属组 *Lampides* Section**
   发香鳞如有，为片状……7
7. 雄性阳茎无端膜……**利灰蝶属组 *Lycaenopsis* Section**
   雄性阳茎有端膜……8

8. 雄性抱器细长，毛笔形 ……………………………………………棕灰蝶属组 ***Euchrysops*** **Section**

雄性抱器不如上述 …………………………………………………………………………………… 9

9. 雄性钩突指状，平行 ……………………………………………眼灰蝶属组 ***Polyommatus*** **Section**

雄性钩突不如上述 ……………………………………………甜灰蝶属组 ***Glaucopsyche*** **Section**

纯灰蝶属组 *Una* Section

Section *Una* (Polyommatini); Eliot, 1973, *Bull. Br. Mus. nat. Hist.* (Ent.), 28(6): 443; Hirowatari, 1992, *Bull. Univ. Osaka Prefect*., (B)44: 14; Chou, 1998, *Class. Ident. Chin. Butt*.: 239; Wang & Fan, 2002, *Butts. Faun. Sin.: Lycaenidae*: 274.

Azanina (Polyommatini); Stradomsky, 2016, *Caucasian Ent. Bull*., 12(1): 151.

前翅脉纹 11 条；R_1 脉与 Sc 脉交叉。后翅无尾突；臀角有长缘毛。无第二性征。

中国记录 5 种，大秦岭分布 3 种。

锯灰蝶属 *Orthomiella* de Nicéville, 1890

Orthomiella de Nicéville, 1890a, *In*: Marshal & de Nicéville, *Butts. India Burmah Ceylon*, 3: 15, 125. **Type species**: *Chilades pontis* Elwes, 1887.

Orthomiella (Polyommatini); Eliot, 1973, *Bull. Br. Mus. nat. Hist.* (Ent.), 28(6): 443.

Orthomiella (Section *Una*); Hirowatari, 1992, *Bull. Univ. Osaka Prefect*., (B)44: 15; Eliot, 1973, *Bull. Br. Mus. nat. Hist.* (Ent.), 28(6): 443; Chou, 1998, *Class. Ident. Chin. Butt.*: 240; Wang & Fan, 2002, *Butts. Faun. Sin.: Lycaenidae*: 274, 275.

Orthomiella (Polyommatinae); Schröder, 2006, *Nachr. Ent. Ver. Apollo NF*, 27(3): 98.

Orthomiella (Azanina); Stradomsky, 2016, *Caucasian Ent. Bull*., 12(1): 151.

Orthomiella; Wu & Xu, 2017, *Butts. Chin*.: 1215.

翅正面黑褐色至深蓝色，有蓝紫色闪光；有的种类有蓝色带纹。反面棕褐色或棕灰色。后翅反面基半部有暗色斑。前翅 Sc 脉与 R_1 脉有一段愈合。后翅前缘较平直；$Sc+R_1$ 脉长，到达顶角；无尾突。雄性无第二性征。

雄性外生殖器：背兜微小；无钩突；颚突尖形；囊突圆球形；抱器近长方形，端部平截，有锯齿，上角尖出；阳茎管状，末端尖，有阳茎端膜。

雌性外生殖器：交配囊导管粗长；交配囊大，卵圆形；无交配囊片。

寄主为壳斗科 Fagaceae 植物。

全世界记载 6 种，主要分布于东洋区。中国记录 4 种，大秦岭分布 3 种。

种检索表

1. 雄性后翅正面前缘淡蓝色 …………………………………………………… **峦太锯灰蝶 *O. rantaizana***
   雄性后翅正面前缘黑褐色 ……………………………………………………………………………………… 2
2. 前翅正面外缘带及后翅反面中横带黑褐色 ………………………………… **中华锯灰蝶 *O. sinensis***
   前翅正面无黑褐色外缘带；后翅反面中横带棕灰色 ………………………… **锯灰蝶 *O. pontis***

锯灰蝶 *Orthomiella pontis* (Elwes, 1887)（图版 21：64）

Chilades pontis Elwes, 1887, *Proc. zool. Soc. Lond.*: 446. **Type locality**: Sikkim.

Orthomiella pontis; Forster, 1941, *Mitt. münchn. ent. Ges.*, 31 (2): 624; Lewis, 1974, *Butt. World*: pl. 206, f. 19; Chou, 1994, *Mon. Rhop. Sin.*: 668; Hirowatari, 1992, *Bull. Univ. Osaka Prefect.*, (B)44: 15; Wang & Fan, 2002, *Butts. Faun. Sin.: Lycaenidae*: 275, 276; Wu & Xu, 2017, *Butts. Chin.*: 1215, f. 1216: 12; Yoshino, 2018, *Butterflies*, (77): 34 (name).

形态 成虫：小型灰蝶。两翅缘毛黑白相间。正面黑褐色，有蓝紫色光泽；无斑纹。反面棕灰色，覆有白色晕染；亚缘带白色；中室端斑棕色。前翅反面外横斑列及基横斑列棕色，缘线白色。后翅反面外缘斑列褐色，较模糊；中横斑列褐色，斑纹较方圆，错位排列；基部散布多个褐色圆形斑纹。雌性有很宽的前缘带与外缘带。

寄主 壳斗科 Fagaceae 栗 *Castanea mollissima*。

生物学 1 年 1 代，成虫多见于 3 ~ 6 月。常在山区林缘、山地、溪边活动。

分布 中国（河南、陕西、甘肃、江苏、安徽、浙江、湖北、福建、广东、重庆、四川、贵州、云南），印度。

大秦岭分布 河南（内乡、嵩县）、陕西（蓝田、长安、鄠邑、周至、渭滨、陈仓、眉县、太白、凤县、华州、华阴、洋县、略阳、留坝、佛坪、汉阴、石泉、宁陕、岚皋、紫阳、平利、镇坪、商州、山阳、镇安、柞水、洛南）、甘肃（麦积、徽县、两当）、湖北（神农架）、重庆（巫溪）、四川（青川、平武）。

中华锯灰蝶 *Orthomiella sinensis* (Elwes, 1887)（图版 21：63）

Chilades sinensis Elwes, 1887, *Proc. zool. Soc. Lond.*: 446. **Type locality**: Ningpo.

Una pontis sinensis; Fruhstorfer, 1918, *Tijdschr. Ent.*, 61(1/2): 55.

Orthomiella sinensis; Forster, 1941, *Mitt. münchn. ent. Ges.*, 31(2): 626; Chou, 1994, *Mon. Rhop. Sin.*: 668; Hirowatari, 1992, *Bull. Univ. Osaka Prefect.*, (B)44: 15; Wang & Fan, 2002, *Butts. Faun. Sin.: Lycaenidae*: 276, 277; Wu & Xu, 2017, *Butts. Chin.*: 1215, f. 1216: 18-19; Yoshino, 2018, *Butterflies*, (77): 34 (name).

形态　成虫：小型灰蝶。与锯灰蝶 *O. pontis* 相似，主要区别为：翅色较深，正面黑褐色，反面棕褐色至褐色。前翅正面外缘带宽，黑褐色。反面亚外缘斑列模糊；外横斑列退化，仅剩 3 个相互远离的斑纹。后翅反面外缘上半部有褐色圆斑，下半部有黑褐色点斑列；中横斑列近 V 形，斑纹多愈合成不规则块斑；基横斑列黑褐色，模糊。雄性后翅正面无淡青色金属光泽。

寄主　壳斗科 Fagaceae 栗 *Castanea mollissima*。

生物学　1 年 1 代，成虫多见于 3 ~ 6 月。常在山区林缘、山地、溪边活动，喜群居，多在溪边湿地聚集。

分布　中国（河南、陕西、甘肃、江苏、安徽、浙江、湖北、江西、福建、重庆、四川、贵州）。

大秦岭分布　河南（鲁山、西峡、嵩县、栾川）、陕西（蓝田、长安、鄠邑、周至、渭滨、眉县、华州、洋县、略阳、留坝、佛坪、石泉、宁陕、山阳）、甘肃（文县、徽县、两当）、湖北（神农架）、重庆（巫溪）、四川（青川）。

峦太锯灰蝶 *Orthomiella rantaizana* Wileman, 1910

Orthomiella rantaizana Wileman, 1910, *Entomologist*, 43(562): 93. **Type locality**: "Formosa" [Taiwan, China].

Orthomiella rantaizana; Forster, 1941, *Mitt. münchn. ent. Ges*., 31(2): 627; Chou, 1994, *Mon. Rhop. Sin*.: 668; Hirowatari, 1992, *Bull. Univ. Osaka Prefect*., (B)44: 15; Wang & Fan, 2002, *Butts. Faun. Sin.: Lycaenidae*: 277, 278; Wu & Xu, 2017, *Butts. Chin*.: 1215, f. 1216: 13-17; Yoshino, 2018, *Butterflies*, (77): 34 (name).

形态　成虫：小型灰蝶。两翅正面黑褐色至褐色；端缘黑色。反面棕褐色；斑纹褐色，多有模糊或消失。前翅正面黑色端缘窄。反面外缘有 1 列小斑纹；亚外缘斑带锯齿形；外横斑列、基横斑列及中室端斑浅褐色。后翅正面雄性前缘有宽的淡蓝色带纹，有金属光泽；反面斑纹与中华锯灰蝶 *O. sinensis* 后翅反面相同。

卵：扁圆形；淡绿色；精孔深绿色；表面密布网状刻纹。

幼虫：4 龄期。1 龄幼虫绿色；扁平；背部色较淡。2 ~ 3 龄幼虫淡绿色；前胸背部有褐色斑纹；体两侧基部波状。4 龄幼虫分褐色型和淡黄绿色型；腹背部拱起。

蛹：褐色；体背部密布黄色纵斑列。

寄主　壳斗科 Fagaceae 栗 *Castanea mollissima*。

生物学　1 年 1 代，以蛹越冬，成虫多见于 3 ~ 5 月。飞行缓慢，常在阴暗的湿地、小溪边及山崖渗水处吸水。卵单产于寄主植物的嫩芽或刚萌发的花序上。幼虫以花蕾或花瓣为食，低龄幼虫常在花序茎根部栖息，大龄幼虫栖息于花中。老熟幼虫化蛹于寄主植物树干的疤迹、裂缝处或落叶下。

分布 中国（甘肃、浙江、福建、台湾、广东、海南、贵州、云南），缅甸，泰国，老挝。

大秦岭分布 甘肃（麦积、徽县）。

雅灰蝶属组 *Jamides* Section

Section *Jamides* (Polyommatini); Eliot, 1973, *Bull. Br. Mus. nat. Hist.* (Ent.), 28(6): 445.

Section *Jamides* (Polyommatini); Hirowatari, 1992, *Bull. Univ. Osaka Prefect*., (B)44: 43; Chou, 1998, *Class. Ident. Chin. Butt*.: 244; Wang & Fan, 2002, *Butts. Faun. Sin.: Lycaenidae*: 299.

前翅脉纹 11 条；Sc 脉与 R_1 脉间有 1 条短的横脉相连。后翅有尾突或齿突；反面密布细斑带；臀角有眼斑和黑色点斑。雄性有发香鳞。

全世界记载 75 种，分布于东洋区及澳洲区。中国记录 5 种，大秦岭分布 1 种。

雅灰蝶属 *Jamides* Hübner, [1819]

Jamides Hübner, [1819], *Verz. bek. Schmett*., (5): 71. **Type species**: *Papilio bochus* Stoll, [1782].

Jamides (Lycaenidae); Moore, [1881], *Lepid. Ceylon*, 1(3): 86; Wu & Xu, 2017, *Butts. Chin*.: 1226.

Jamides (Section *Jamides*); Eliot, 1973, *Bull. Br. Mus. nat. Hist*. (Ent.), 28(6): 445; Hirowatari, 1992, *Bull. Univ. Osaka Prefect*., (B)44: 43; Chou, 1998, *Class. Ident. Chin. Butt*.: 244, 245; Wang & Fan, 2002, *Butts. Faun. Sin.: Lycaenidae*: 299, 300.

Jamides (Polyommatini); Vane-Wright & de Jong, 2003, *Zool. Verh. Leiden*, 343: 148.

Jamides (Jamidina); Stradomsky, 2016, *Caucasian Ent. Bull*., 12(1): 151.

脉纹特征见雅灰蝶属组 *Jamides* Section。雄性翅正面蓝色，有金属光泽。反面密布细斑带；臀角有眼斑和黑色点斑。

雄性外生殖器：背兜发达，头盔形；无钩突及囊突；颚突细长，弯臂状；抱器近梯形，背缘有小指突；阳茎粗长，基端圆，末端尖。

雌性外生殖器：囊导管细长；交配囊椭圆形；小交配囊片成对。

寄主为豆科 Fabaceae 植物。

全世界记载 69 种，分布于东洋区及澳洲区。中国已知 5 种，大秦岭分布 1 种。

雅灰蝶 *Jamides bochus* (Stoll, [1782])

Papilio bochus Stoll, [1782], *In*: Cramer, *Uitl. Kapellen*, 4(32-33): 210, pl. 391, f. C, D. **Type locality**: Coromandel coast, S. India.

Lampides bochus; Fruhstorfer, 1916a, *Archiv Naturg*., 81 A(6): 36.

Jamides bochus; Hübner, [1819], *Verz. bek. Schmett*., (5): 71; Moore, [1881], *Lepid. Ceylon*, 1(3): 86, (2): pl. 36, f. 8, 8a; Druce, 1895, *Proc. zool. Soc. Lond*., (3): 580; Lewis, 1974, *Butt. World*: pl. 177, f. 35; Chou, 1994, *Mon. Rhop. Sin*.: 672; Hirowatari, 1992, *Bull. Univ. Osaka Prefect*., (B)44: 44; Wang & Fan, 2002, *Butts. Faun. Sin.: Lycaenidae*: 300, 301; Vane-Wright & de Jong, 2003, *Zool. Verh. Leiden*, 343: 149; Wu & Xu, 2017, *Butts. Chin*.: 1226, f. 1227: 12-17.

Jamides (group *bochus*) *bochus*; Schrder *et al*., 2014, *Nachr. Ent. Ver. Apollo NF*, 35(1/2): 8.

形态 成虫：中小型灰蝶。雌雄异型。雄性：两翅正面蓝色，有金属闪光；反面棕褐色至褐色。前翅正面前缘、顶角及外缘有宽的黑褐色带纹；反面端半部密布白色细带纹和条斑。后翅正面周缘黑褐色。反面外缘有黑、白 2 色线纹；其余翅面密布白色条纹和 V 形纹；cu_1 室端部有 1 个橙色眼斑，黑色瞳点大；臀角眼斑橙色纹多退化，双瞳黑色。Cu_2 脉端尾突丝状，黑色，端部白色。

卵：扁圆形；白色至淡白绿色；表面密布网状刻纹和小突起。

幼虫：4 龄期。末龄幼虫蛞蝓形；淡黄褐色至黄褐色；背中斑列褐色，两侧各有 2 列由褐色点斑构成的纵斑带；气孔深褐色。

蛹：长椭圆形；乳黄褐色；密被黑色或深褐色斑驳纹；气孔白色。

寄主 豆科 Fabaceae 野葛 *Pueraria lobata*、厚果崖豆藤 *Millettia pachycarpa*、香花崖豆藤 *M. dielsiana*、紫藤 *Wisteria sinensis*、猪屎豆 *Crotalaria pallida*、滨豇豆 *Vigna marina*、豇豆 *V. unguiculata*、贼小豆 *V. minima*、扁豆 *Lablab purpureus*、狭刀豆 *Canavalia lineata*。

生物学 1 年多代，成虫多见于 5 ~ 9 月。飞行迅速，喜访花。卵单产或聚产，表面覆有泡沫状液体保护物。幼虫傍晚取食花瓣和花蕾，白天栖息于花朵中。老熟幼虫常化蛹于寄主植物的根部、枯萎的花瓣和叶片、老叶上及落叶下。

分布 中国（陕西、甘肃、浙江、湖北、江西、湖南、福建、台湾、广东、海南、香港、广西、重庆、四川、贵州、云南），缅甸，泰国，老挝，越南，印度。

大秦岭分布 陕西（岚皋）、甘肃（文县）、湖北（神农架）、重庆（城口）、四川（彭州、绵竹）。

亮灰蝶属组 *Lampides* Section

Section *Lampides* (Polyommatini); Eliot, 1973, *Bull. Br. Mus. nat. Hist.* (Ent.), 28(6): 445; Hirowatari, 1992, *Bull. Univ. Osaka Prefect.*, (B) 44: 51; Chou, 1998, *Class. Ident. Chin. Butt.*: 245; Wang & Fan, 2002, *Butts. Faun. Sin.: Lycaenidae*: 306.

Lampidini (Polyommatinae); Korb & Bolshakov, 2011, *Eversmannia Suppl.*, 2: 78.

Lampidina (Polyommatini); Stradomsky, 2016, *Caucasian Ent. Bull.*, 12 (1): 151.

前翅 Sc 脉与 R_1 脉分离；R_5 脉与 M_1 脉分离。后翅有尾突。

全世界记载 1 种，世界广布。大秦岭亦有分布。

亮灰蝶属 *Lampides* Hübner, [1819]

Lampides Hübner, [1819], *Verz. bek. Schmett.*, (5): 70. **Type species**: *Papilio boeticus* Linnaeus, 1767.

Cosmolyce Toxopeus, 1927, *Tijdschr. Ent.*, 70(3/4): 268 nota. **Type species**: *Papilio boeticus* Linnaeus, 1767.

Lampidella Hemming, 1933, *Entomologist*, 66: 224. **Type species**: *Papilio boeticus* Linnaeus, 1767.

Lampides (Lycaenidae); Moore, [1881], *Lepid. Ceylon*, 1(3): 94; Stempffer, 1967, *Bull. Br. Mus. nat. Hist.* (Ent.) Suppl., 10: 217; Wu & Xu, 2017, *Butts. Chin.*: 1229.

Lampides (Lampidini); Clench, 1965, *Mem. Amer. Ent. Soc.*, 19: 383.

Lampides (Section *Lampides*); Eliot, 1973, *Bull. Br. Mus. nat. Hist.* (Ent.), 28(6): 445; Hirowatari, 1992, *Bull. Univ. Osaka Prefect.*, (B)44: 52; Wang & Fan, 2002, *Butts. Faun. Sin.: Lycaenidae*: 306, 307.

Lampides (Polyommatini); Chou, 1998, *Class. Ident. Chin. Butt.*: 244; Vane-Wright & de Jong, 2003, *Zool. Verh. Leiden*, 343: 153; Pelham, 2008, *J. Res. Lepid.*, 40: 236.

Lampides (Lampidina); Stradomsky, 2016, *Caucasian Ent. Bull.*, 12(1): 151.

雄性翅正面被毛状鳞，呈霜雾状，有蓝紫色闪光；反面赭黄色，有平行的横带纹。前翅 Sc 脉与 R_1 脉完全分离；M_1 脉与 R_5 脉从中室上端角同点分出，不共柄。后翅有丝状尾突。

雄性外生殖器：背兜窄；无囊突；颚突细短；抱器棒状，基部膨大，端部较狭，末端截形，端缘锯齿状，向下突出；阳茎极大，末端膨大，有粗齿和发达的角状器。

雌性外生殖器：囊导管长；交配囊椭圆形；无交配囊片。

寄主为豆科 Fabaceae 植物。

全世界记载 1 种，分布于东洋区、古北区、非洲区及澳洲区。大秦岭有分布。

亮灰蝶 *Lampides boeticus* (Linnaeus, 1767)

Papilio boeticus Linnaeus, 1767, *Syst. Nat*., (Edn 12)1(2): 789. **Type locality**: Algeria.

Papilio damoetes Fabricius, 1775, *Syst. Ent.*: 526. **Type locality**: Java.

Papilio coluteae Fuessly, 1775, *Verz. bekannt. schweiz. Ins*.: 31, f. 2. **Type locality**: Switzerland.

Papilio archias Cramer, [1777], *Uitl. Kapellen*, 2(9-16): 129, pl. 181, f. C. **Type locality**: Surinam.

Papilio pisorum Fourcroy, 1785, *Ent. Paris*., 2: 242. **Type locality**: France.

Papilio boetica Fabricius, 1793, *Ent. Syst*., 3(1): 280.

Lampides armeniensis Gerhard, 1882, *Berl. ent. Z*., 26: 125.

Polyommatus bagus Distant, 1886, *Ann. Mag. nat. Hist*., (5)17(102): 532. **Type locality**: Malay Peninsula.

Lampides grisescens Tutt, [1907], *Nat. Hist. Brit. Lepid*., 9: 335.

Lampides caerulea Tutt, [1907], *Nat. Hist. Brit. Lepid*., 9: 336.

Lampides fusca Tutt, [1907], *Nat. Hist. Brit. Lepid*., 9: 336.

Lampides minor Tutt, [1907], *Nat. Hist. Brit. Lepid*., 9: 337.

Lampides typicafasciata Tutt, [1907], *Nat. Hist. Brit. Lepid*., 9: 337.

Polyommatus yanagawensis Hori, 1923, *Ins. World*, 27: 233. **Type locality**: Japan.

Lampides obsoleta Evans, [1925], *J. Bombay nat. Hist. Soc*., 30(2): 351. **Type locality**: Andamans.

Lampides infuscata Querci, 1932, *Treb. Mus. Cienc. nat. Barcelona*: 166.

Lampides anamariae Gómez Bustillo, 1973, *Revta Lep*., 1(1-2): 30.

Lycaena boetica; Grum-Grshimailo, 1890, *In*: Romanoff, *Mém. Lép*., 4: 366; Rothschild, 1915, *Novit. zool*., 22(3): 387.

Polyommatus boeticus; Druce, 1895, *Proc. zool. Soc. Lond*., (3): 587; Rothschild, 1915, *Novit. zool*., 22(1): 138.

Lampides boeticus; Shirôzu, 1960, *Butts. Formosa*: 324, 325, pl. 68, figs. 757; Stempffer, 1967, *Bull. Br. Mus. nat. Hist.* (Ent.) Suppl., 10: 217; Lewis, 1974, *Butt. World*: pl. 9, f. 34; Holloway & Peters, 1976, *J. Nat. Hist*., 10: 311; D'Abrera, 1986, *Butts. Orient. Reg*., 3: 646; Bridges, 1988a, *Cat. Lyc. Rio*., 2: 54; Hirowatari, 1992, *Bull. Univ. Osaka Prefect*., (B)44: 52; Bálint, 1992, *Linn. Belg*., 13(8): 400; D'Abrera,1993, *Butts. Hol. Reg*., 3: 469, fig'd; Chou, 1994, *Mon. Rhop. Sin*.: 673; Wang & Fan, 2002, *Butts. Faun. Sin.: Lycaenidae*: 307; Vane-Wright & de Jong, 2003, *Zool. Verh. Leiden*, 343: 153; Pelham, 2008, *J. Res. Lepid*., 40: 236; Korb & Bolshakov, 2011, *Eversmannia Suppl*., 2: 78; Wu & Xu, 2017, *Butts. Chin*.: 1229, f. 1231: 13-16, 1232: 17-18.

形态 成虫：中型灰蝶。两翅正面褐色，有蓝紫色闪光。反面赭黄色；端缘色稍深，中间镶有白色斑列，斑纹新月形；白色宽亚缘带横贯两翅。前翅正面前缘及外缘褐色。反面褐色外横斑带宽，中间镶有长短不一的白色带纹，从前缘至后缘逐级错位内移，两侧缘线白色；中室端部及中部各有 1 个褐色和白色相间的条形对斑。后翅正面外缘斑列黑色，其中臀角 2 个圆斑黑色，圈纹白色；亚缘斑列白色，时有模糊。反面从基部至亚缘密布褐色宽水波纹，两侧缘线白色；白色亚缘带宽于前翅；cu_1 及 cu_2 室端部眼斑橙色，黑色瞳点下部嵌有蓝绿色线纹。尾突细长，从臀角黑斑间伸出。

卵：扁圆形；初产时淡蓝色，后变为淡绿色，孵化时黑色；顶部中央精孔凹陷；表面密布圆形小突起和网状纹。

幼虫：4 ~ 5 龄期。刚孵化幼虫浅褐色，透明；头部黑色。末龄幼虫蛞蝓形；绿褐色；体表密布黑色点斑和细毛；背中线黑褐色，两侧有黄、褐 2 色斜斑列；气孔黑色；足基带淡黄色。

蛹：长椭圆形；淡褐色；密布黑褐色斑纹；背中线褐色；两侧各有 2 列黑色圆斑列。

寄主　豆科 Fabaceae 扁豆 *Lablab purpureus*、豌豆 *Pisum sativum*、蚕豆 *Vicia faba*、赤豆 *Vigna angularis*、豇豆 *V. unguiculata*、贼小豆 *V. minima*、野百合 *Crotalaria sessiliflora*、黄野百合 *C. pallida*、大猪屎豆 *C. assamica*、滨刀豆 *Canavalia lineata*、圆叶野扁豆 *Dunbaria rotundifolia*、紫藤 *Wisteria sinensis*、葛藤 *Pueraria lobata*、越南葛藤 *P. montana*、香花崖豆藤 *Millettia dielsiana*、田菁 *Sesbania cannabina*、香豌豆 *Lathyrus odoratus*、菜豆 *Phaseolus vulgaris*、金雀花 *Cytisus scoparius*、苜蓿 *Medicago sativa*。

生物学　1 年多代，以成虫或蛹越冬，成虫多见于 3 ~ 10 月。飞行迅速，常在山地、林缘活动，喜访花和湿地吸水，常见于阳光充足和开阔的地方，较疏的林地、有寄主植物的菜园、花圃和稻田，雌性多在寄主植物的周围活动，有时在路边的灌木丛、草丛上栖息，据记载本种有迁飞习性。卵单产于寄主植物的花、花蕾、果荚或花枝上。幼虫傍晚取食花瓣、花蕾或果荚，白天藏身于花朵或豆荚中。老熟幼虫常化蛹于寄主植物的枯萎叶片、花瓣、老叶上或寄主根部和落叶下。

分布　中国（河南、陕西、甘肃、江苏、安徽、浙江、江西、福建、台湾、广东、香港、重庆、四川、贵州、云南），亚洲南部，南太平洋诸岛，欧洲中南部，澳洲，非洲。

大秦岭分布　河南（上街）、陕西（南郑、洋县、西乡、平利、商州）、甘肃（文县）、四川（青川、都江堰、什邡、绵竹、江油、平武、茂县）。

吉灰蝶属组 *Zizeeria* Section

Section *Zizeeria* (Polyommatini); Eliot, 1973, *Bull. Br. Mus. nat. Hist.* (Ent.), 28(6): 447.

Section *Zizeeria* (Polyommatini); Chou, 1998, *Class. Ident. Chin. Butt.*: 246; Wang & Fan, 2002, *Butts. Faun. Sin.: Lycaenidae*: 308, 309.

Zizeeriina (Polyommatini); Stradomsky, 2016, *Caucasian Ent. Bull.*, 12(1): 151.

前翅 Sc 脉与 R_1 脉相接触或接近。后翅无尾突；发香鳞片状，长方形，前端凹入。

全世界记载 8 种，主要分布于东洋区、非洲区和澳洲区。中国记录 4 种，大秦岭分布 3 种。

属检索表

1. 眼有毛 ………………………………………………………………………… **毛眼灰蝶属 *Zizina***
   眼光滑 ………………………………………………………………………………………… 2
2. 前翅 Sc 脉与 R_1 脉相接触 ………………………………………………… **吉灰蝶属 *Zizeeria***
   前翅 Sc 脉与 R_1 脉基部接近，但未接触 …………………………… **酢浆灰蝶属 *Pseudozizeeria***

吉灰蝶属 *Zizeeria* Chapman, 1910

Zizeeria Chapman, 1910, *Trans. ent. Soc. Lond.*, (4): 480, 482. **Type species**: *Polyommatus karsandra* Moore, 1865.

Zizeeria (Zizeerini); Clench, 1965, *Mem. Amer. Ent. Soc.*, 19: 399.

Zizeeria (Lycaenidae); Stempffer, 1967, *Bull. Br. Mus. nat. Hist.* (Ent.) Suppl., 10: 256; Wu & Xu, 2017, *Butts. Chin.*: 1230.

Zizeeria (Section *Zizeeria*); Chou, 1998, *Class. Ident. Chin. Butt.*: 246; Eliot, 1973, *Bull. Br. Mus. nat. Hist.* (Ent.) ,28(6): 447; Wang & Fan, 2002, *Butts. Faun. Sin.: Lycaenidae*: 310.

Zizeeria (Polyommatini); Vane-Wright & de Jong, 2003, *Zool. Verh. Leiden*, 343: 156.

Zizeeria (Zizeeriina); Stradomsky, 2016, *Caucasian Ent. Bull.*, 12(1): 151.

眼光滑。翅正面雄性蓝紫色，雌性褐色；反面棕色至棕褐色，有点斑。前翅 Sc 脉与 R_1 脉接触。后翅无尾突。

雄性外生殖器：背兜小；颚突钩状；无囊突；抱器狭，上弯，末端截形；阳茎基部很膨大，端部细，生有尖刺。

雌性外生殖器：囊导管细长；交配囊近圆形；无交配囊片。

寄主为蒺藜科 Zygophyllaceae、紫金牛科 Myrsinaceae、酢浆草科 Oxalidaceae、苋科 Amaranthaceae、蓼科 Polygonaceae 及豆科 Fabaceae 植物。

全世界记载 2 种，分布于东洋区。中国已知 1 种，大秦岭有分布。

吉灰蝶 *Zizeeria karsandra* (Moore, 1865)

Polyommatus karsandra Moore, 1865, *Proc. zool. Soc. Lond.*, (2): 505, pl. 31, f. 7. **Type locality**: India.

Lycaena conformis Butler, 1877, *Proc. zool. Soc. Lond.*, (3): 469. **Type locality**: Cape Yoork.

Zizera ishigakiana Matsumura, 1929a, *Ins. Matsum.*, 3(2/3): 105. **Type locality**: Ishigakijima, Okinawa.

Lampides neis Walker, 1870, *Entomologist*, 5(76): 54. **Type locality**: Wady Genneh, Arabia.

Zizera karsandra; Moore, [1881], *Lepid. Ceylon*, 1(2): 78, pl. 35, f. 6, 6a; Butler, 1900a, *Proc. zool. Soc. Lond.*: 109.

Zizeeria karsandra; Stempffer, 1967, *Bull. Br. Mus. nat. Hist.* (Ent.) Suppl., 10: 258; Chou, 1994, *Mon. Rhop. Sin.*: 674; Bálint, 1992, *Linn. Belg.*, 13(8): 400; Wang & Fan, 2002, *Butts. Faun. Sin.: Lycaenidae*: 311; Vane-Wright & de Jong, 2003, *Zool. Verh. Leiden*, 343: 156; Wu & Xu, 2017, *Butts. Chin.*: 1230, f. 1232: 32-34.

形态 成虫：小型灰蝶。两翅正面褐色至黑褐色，雄性有蓝色闪光，端缘色深。反面棕色至棕褐色；斑纹均有白色圈纹；外缘及亚外缘斑列褐色；中室端斑近 V 形，褐色至黑褐色。前翅反面外横斑列黑色，斑纹圆形；中室中上部有 1 个圆形小斑。后翅反面中横斑列及基横斑列黑褐色，斑纹圆点状，中横斑列近 V 形。

卵：扁圆形；白色；顶部中央精孔凹陷；表面密布白色网状刻纹。

幼虫：淡黄褐色；体表密布黄色长毛和白色絮状物；背中线黄褐色。

蛹：长椭圆形；淡黄绿色；密布淡黄色毛；翅区乳白色。

寄主 蒺藜科 Zygophyllaceae 大花蒺藜 *Tribulus cistoides*、刺蒺藜 *T. terrestris*；紫金牛科 Myrsinaceae 铁仔 *Myrsine africana*；酢浆草科 Oxalidaceae 酢浆草 *Oxalis corniculata*；苋科 Amaranthaceae 皱果苋 *Amaranthus viridis*、刺苋 *A. spinosus*、苋 *A. tricolor*；蓼科 Polygonaceae 习见萹蓄 *Polygonum plebeium*；豆科 Fabaceae 丁葵草 *Zornia diphylla*、印度草木犀 *Melilotus indica*、苜蓿 *Medicago sativa*。

生物学 1 年多代，成虫多见于 5 ~ 10 月。栖息于林缘、草地及农田等环境，飞行迅速，喜访花。

分布 中国（甘肃、湖北、福建、台湾、广东、海南、香港、广西、四川、云南），日本，印度，澳洲及非洲北部。

大秦岭分布 甘肃（徽县）、湖北（神农架）、四川（青川、平武）。

毛眼灰蝶属 *Zizina* Chapman, 1910

Zizina Chapman, 1910, *Trans. ent. Soc. Lond.*, (4): 482. **Type species**: *Polyommatus labradus* Godart, [1824].

Zizina (Zizeerini); Clench, 1965, *Mem. Amer. Ent. Soc.*, 19: 399.

Zizina (Lycaenidae); Stempffer, 1967, *Bull. Br. Mus. nat. Hist.* (Ent.) Suppl., 10: 258; Wu & Xu, 2017, *Butts. Chin.*: 1233.

Zizina (Section *Zizeeria*); Eliot, 1973, *Bull. Br. Mus. nat. Hist.* (Ent.), 28(6): 447; Wang & Fan, 2002, *Butts. Faun. Sin.: Lycaenidae*: 309.

Zizina (Polyommatini); Chou, 1998, *Class. Ident. Chin. Butt.*: 247; Vane-Wright & de Jong, 2003, *Zool. Verh. Leiden*, 343: 156.

Zizina (Zizeeriina); Stradomsky, 2016, *Caucasian Ent. Bull.*, 12(1): 151.

与吉灰蝶属 *Zizeeria* 非常近似，但复眼有毛。雄性有发香鳞。

雄性外生殖器：背兜向下弯曲；颚突弯臂状；无囊突；抱器狭长，末端长指状向上弯曲，腹缘有长毛；阳茎长阔。

雌性外生殖器：囊导管细长；交配囊卵圆形；有成对的圆形交配囊片。

寄主为爵床科 Acanthaceae、马鞭草科 Verbenaceae 及豆科 Fabaceae 植物。

全世界记载 4 种，分布于东洋区。中国已知 2 种，大秦岭分布 1 种。

毛眼灰蝶 *Zizina otis* (Fabricius, 1787)

Papilio otis Fabricius, 1787, *Mant. Insect.*, 2: 73, no. 689. **Type locality**: China.

Zizera sylvia Nakahara, 1922, *Entomologist*, 55: 124. **Type locality**: Kusakimura, Harima, Japan.

Zizera otis; Druce, 1895, *Proc. zool. Soc. Lond.*, (3): 576; Butler, 1900a, *Proc. zool. Soc. Lond.*, 1900: 111.

Zizina otis; Lewis, 1974, *Butt. World*: pl. 182, f. 11; Chou, 1994, *Mon. Rhop. Sin.*: 674; Wang & Fan, 2002, *Butts. Faun. Sin.: Lycaenidae*: 309, 310; Vane-Wright & de Jong, 2003, *Zool. Verh. Leiden*, 343: 156; Yago *et al.*, 2008, *Zootaxa*: 31; Wu & Xu, 2017, *Butts. Chin.*: 1233, f. 1237: 1-5.

形态 成虫：小型灰蝶。两翅正面褐色至黑褐色，有蓝色闪光，端缘色深。反面棕色至棕褐色；外缘及亚外缘斑列褐色，多模糊；中室端斑近 V 形，褐色至黑褐色，圈纹白色。前翅反面外横斑列弧形，黑色，斑纹圆形。后翅反面中横斑列及基横斑列黑褐色，斑纹圆点状，中横斑列近 V 形。雌性正面闪光面积较小。

卵：扁圆形；淡绿色；顶部中央精孔凹陷；表面密布白色网状刻纹。

幼虫：绿色；体表密布黄色和黑褐色细毛和白色瘤突；背中线深绿色。

蛹：长椭圆形；淡黄绿色；有稀疏淡黄色毛；背两侧有黑色斑纹。

寄主 爵床科 Acanthaceae 大安水蓑衣 *Hygrophila pogonocalyx*、赛山蓝 *Ruellia blechum*；马鞭草科 Verbenaceae 马缨丹 *Lantana camara*；豆科 Fabaceae 鸡眼草 *Kummerowia striata*、穗花木蓝 *Indigofera spicata*。

生物学 1 年多代，成虫多见于 3~10 月。飞行力较弱，常栖息于林缘、草地及农田等环境，喜访花。

分布 中国（甘肃、安徽、湖北、江西、福建、台湾、广东、海南、香港、广西、重庆、四川、云南），日本，印度，缅甸，越南，泰国，马来西亚，新加坡，澳洲及非洲北部。

大秦岭分布 甘肃（麦积、文县、徽县）、湖北（神农架）、四川（都江堰）。

酢浆灰蝶属 *Pseudozizeeria* Beuret, 1955

Pseudozizeeria Beuret, 1955, *Mitt. ent. Ges. Basel*, (n.f.) 5(9): 125. **Type species**: *Lycaena maha* Kollar, [1844].

Pseudozizeeria (Section *Zizeeria*); Eliot, 1973, *Bull. Br. Mus. nat. Hist.* (Ent.), 28(6): 447; Wang & Fan, 2002, *Butts. Faun. Sin.: Lycaenidae*: 311, 312.

Pseudozizeeria (Zizeeriina); Stradomsky, 2016, *Caucasian Ent. Bull.*, 12(1): 151.

和吉灰蝶属 *Zizeeria* 近似，翅正面雄性淡蓝色，有金属闪光；雌性色较深，棕蓝色至黑褐色。反面淡棕色，密布褐色小点斑。前翅 Sc 脉与 R_1 脉互相接近，但未接触；M_1 脉与 R_5 脉相距较远。后翅无尾突。

雄性外生殖器：与吉灰蝶属 *Zizeeria* 近似，抱器狭长，基半部宽，端半部极窄，有梳齿；阳茎圆阔，末端锥状延伸，有 1 个尖刺。

雌性外生殖器：囊导管短于交配囊；交配囊椭圆形；无交配囊片。

寄主为酢浆草科 Oxalidaceae 植物。

全世界记载 1 种，分布于东洋区及古北区。大秦岭有分布。

酢浆灰蝶 *Pseudozizeeria maha* (Kollar, [1844])（图版 22：65—66）

Lycaena maha Kollar, [1844], *In*: Hügel, *Kasch. Reich Siek*, 4(2): 422. **Type locality**: Mussoorie.

Polyommatus chandala Moore, 1865, *Proc. zool. Soc. Lond.*, (2): 504, pl. 31, f. 5.

Lycaena opalina Poujade, 1885, *Bull. Soc. ent. Fr.*, (6)5: 143.

Lycaena marginata Poujade, 1885, *Bull. Soc. ent. Fr.*, (6)5: 151.

Plebeius albocoeruleus Röber, 1886, *Corr.-Bl. Ent. Ver. Iris*, 1(3): 59, pl. 4, f. 7.

Lycaena argia Ménétnés, 1857, *Cat. lep. Petersb.*, 2: 125, pl. 10, f. 7.

Lycaena japonica Murray, 1874a, *Ent. mon. Mag.*, 11: 167.

Lycaena alope Fenton, [1882], *In*: Butler & Fenton, *Proc. zool. Soc. Lond.*, (4): 851.

Zizera opalina; Butler, 1900a, *Proc. zool. Soc. Lond.*: 107, pl. 11, f. 5-6.

Zizera argia; Butler, 1900a, *Proc. zool. Soc. Lond.*: 108, pl. 11, f. 7-8.

Zizera maha; Butler, 1900a, *Proc. zool. Soc. Lond.*: 106, pl. 11, f. 1-2.

Zizeeria maha; Forster, 1940, *Mitt. Münch. Ent. Ges.*, 30: 872, pl. 22-23, f. 10-11; Lewis, 1974, *Butt. World*: pl. 206, f. 52, 53; Wu & Xu, 2017, *Butts. Chin.*: 1230, f. 1232: 24-30.

Pseudozizeeria maha; Chou, 1994, *Mon. Rhop. Sin.*: 674; Bálint, 1992, *Linn. Belg.*, 13(8): 401; Wang & Fan, 2002, *Butts. Faun. Sin.: Lycaenidae*: 312, 313.

形态 成虫：小型灰蝶。雄性两翅正面淡蓝色，有金属闪光。反面淡棕色；斑纹棕褐色至黑褐色，圈纹白色；端部有平行排列的 2 列斑纹；中室端斑条形。前翅正面外缘带黑褐色；反面外横斑列与端部斑列近平行。后翅正面外缘斑列斑纹点状。反面中横斑列近 V 形；基横斑列有 3 个点斑。雌性正面色较深，棕蓝色至黑褐色，基部有青色鳞片。

卵：扁圆形；白色至淡绿色；表面密布网状纹。

幼虫：4 龄期。绿色。末龄幼虫体色呈黄绿色至绿色；背部有白色细纹；体表密布细毛。

蛹：长椭圆形；有黄绿色和淡褐色型。黄绿色型背中线黑色，两侧有黑色斑纹；气孔白色。

寄主 酢浆草科 Oxalidaceae 酢浆草 *Oxalis corniculata*、黄花酢浆草 *O. pes-caprae*、红花酢浆草 *O. corymbosa*。

生物学 1 年多代，以各种虫态越冬，成虫多见于 4~10 月。飞行缓慢，喜低飞和访花，在丘陵或平原，阳光充足的草地或矮小花草上常见。卵单产于寄主植物叶片反面。老熟幼虫常化蛹于寄主植物的老叶或枯叶下。

分布 中国（黑龙江、山东、河南、陕西、甘肃、江苏、安徽、浙江、湖北、江西、福建、台湾、广东、海南、广西、重庆、四川、贵州），朝鲜，日本，巴基斯坦，印度，尼泊尔，缅甸，泰国，马来西亚。

大秦岭分布 河南（新密、荥阳、宝丰、镇平、西峡、南召、伊川、嵩县、渑池、卢氏）、陕西（临潼、蓝田、长安、周至、渭滨、陈仓、眉县、太白、凤县、临渭、华州、潼关、汉台、南郑、勉县、佛坪、洋县、西乡、镇巴、宁强、略阳、留坝、汉滨、平利、镇坪、岚皋、紫阳、石泉、宁陕、商州、丹凤、商南、山阳、镇安、柞水）、甘肃（麦积、文县、徽县、两当）、湖北（兴山、保康、神农架、竹山）、重庆（巫溪、城口）、四川（宣汉、万源、南江、利州、旺苍、青川、都江堰、什邡、绵竹、江油、北川、平武、汶川）。

蓝灰蝶属组 *Everes* Section

Section *Everes*; Eliot, 1973, *Bull. Br. Mus. nat. Hist.* (Ent.), 28(6): 448.

Section *Everes*; Chou, 1998, *Class. Ident. Chin. Butt.*: 248; Wang & Fan, 2002, *Butts. Faun. Sin.: Lycaenidae*: 315.

Everina (Polyommatini); Stradomsky, 2016, *Caucasian Ent. Bull.*, 12(1): 152.

眼光滑。前翅 Sc 脉与 R_1 脉有短距离愈合。后翅尾突有或无。

全世界记载近 50 种，主要分布于古北区、东洋区、澳洲区、新热带区及新北区。中国记录 24 种，大秦岭分布 11 种。

属检索表

1. 后翅有尾突 ··· 2
   后翅无尾突 ··· 3
2. 雄性有发香鳞 ··· **蓝灰蝶属 *Everes***
   雄性无发香鳞 ··· **玄灰蝶属 *Tongeia***
3. 两翅反面端缘无斑列 ·· **枯灰蝶属 *Cupido***
   两翅反面端缘有斑列 ·· 4
4. 前翅反面外横斑列排列不整齐 ··· **山灰蝶属 *Shijimia***
   前翅反面外横斑列整齐排列成弧形 ·· **驳灰蝶属 *Bothrinia***

枯灰蝶属 *Cupido* Schrank, 1801

Cupido Schrank, 1801, *Faun. Boica*, 2(1): 153, 206. **Type species**: *Papilio minimus* Füessly, 1775.

Everes Hübner, [1819], *Verz. bek. Schmett.*, (5): 69. **Type species**: *Papilio amyntas* Denis & Schiffermüller, 1775.

Zizera Moore, [1881], *Lepid. Ceylon*, 1(2): 78. **Type species**: *Papilio alsus* Denis & Schiffermüller, 1775.

Binghamia Tutt, [1908], *Nat. Hist. Brit. Butts.*, 3: 41, 43. **Type species**: *Hesperia parrhasius* Fabricius, 1793.

Tiora Evans, 1912, *J. Bombay nat. Hist. Soc.*, 21(3): 984. **Type species**: *Papilio sebrus* Hübner, [1823-1824].

Ununcula van Eecke, 1915, *Zool. Meded. Leiden*, 1(3):29. **Type species**: *Papilio argiades* Pallas, 1771.

Cupido (Polyommatini); Chou, 1998, *Class. Ident. Chin. Butt.*: 249; Pelham, 2008, *J. Res. Lepid.*, 40: 239; Wang & Fan, 2002, *Butts. Faun. Sin.: Lycaenidae*: 315, 316.

Everes (Section *Everes*); Eliot, 1973, *Bull. Br. Mus. nat. Hist.* (Ent.), 28(6): 448.

Cupido (Lampidini); Korb & Bolshakov, 2011, *Eversmannia Suppl.*, 2: 78.

Cupido (Everina); Stradomsky, 2016, *Caucasian Ent. Bull.*, 12(1): 152.

Cupido; Wu & Xu, 2017, *Butts. Chin.*: 1235.

翅正面雄性多蓝色，无斑纹；雌性褐色。反面棕灰色，有点斑列。无尾突。前翅 Sc 脉与 R_1 脉交叉。

雄性外生殖器：钩突末端平截；颚突向末端渐尖；抱器基部愈合，有前缘及端刺。

寄主为豆科 Fabaceae 植物。

全世界记载约 15 种，分布于古北区、东洋区、新热带区及澳洲区。中国已知 3 种，大秦岭分布 1 种。

枯灰蝶 *Cupido minimus* (Fuessly, 1775)（图版 23：69）

Papilio minimus Fuessly, 1775, *Verz. bekannt. schweiz. Ins.*: 31. **Type locality**: Switzerland.

Papilio minimus; Esper, 1777, *Die Schmett. Th. I, Bd.*, 1(9): 338, (6): pl. 34, f. 3.

Papilio puer Schrank, 1801, *Faun. Boica*, 2(1): 215.

Papilio alsus Denis & Schiffermüller, 1775, *Ank. syst. Schmett. Wien.*: 184; Fabricius, 1787, *Mant. Insect.*, 2: 73.

Lycaena happensis Matsumura, 1927b, *Ins. Matsum.*, 1: 168. **Type locality**: Korea.

Zizera minima; Butler, 1900a, *Proc. zool. Soc. Lond.*: 110.

Cupido minimus; Chou, 1994, *Mon. Rhop. Sin.*: 675; Wang & Fan, 2002, *Butts. Faun. Sin.: Lycaenidae*: 316; Yakovlev, 2012, *Nota lepid.*, 35(1): 71; Wu & Xu, 2017, *Butts. Chin.*: 1235, f. 1237: 15-16.

形态 成虫：小型灰蝶。两翅正面雄性多蓝色，雌性褐色；无斑纹。反面棕灰色；斑纹黑色，圈纹白色；中室端斑条形。前翅反面外横斑列斑纹圆形，未达前缘。后翅反面中横斑列分成上、中、下 3 组；基部有 2 ~ 3 个圆形点斑。

寄主 豆科 Fabaceae 高山黄耆 *Astragalus alpinus*、甜叶黄芪 *A. glycyphyllos*、鹰咀黄芪 *A. cicer*、百脉根 *Lotus corniculatus*、疗伤绒毛花 *Anthyllis vulneraria*、利尻紫云英 *Oxytropis campestris*。

生物学 成虫多见于 6 ~ 8 月。

分布 中国（吉林、辽宁、内蒙古、河北、河南、陕西、甘肃、青海、四川），俄罗斯，朝鲜。

大秦岭分布 陕西（太白）、甘肃（麦积、文县、迭部、碌曲）。

蓝灰蝶属 *Everes* Hübner, [1819]

Everes Hübner, [1819], *Verz. bek. Schmett.*, (5): 69. **Type species**: *Papilio argiades* Denis & Schiffermüller, 1775.

Everes (Lycaenidae); Moore, [1881], *Lepid. Ceylon*, 1(3): 85; Wu & Xu, 2017, *Butts. Chin.*: 1235.

Everes (Section *Everes*); Chou, 1998, *Class. Ident. Chin. Butt.*: 248, 249; Eliot, 1973, *Bull. Br. Mus. nat. Hist.* (Ent.), 28(6): 448; Wang & Fan, 2002, *Butts. Faun. Sin.: Lycaenidae*: 318.

Everes (Polyommatini); Vane-Wright & de Jong, 2003, *Zool. Verh. Leiden*, 343: 157.

翅正面雄性淡蓝色至深蓝色，有蓝紫色闪光；雌性深褐色。反面白色或灰白色；有点斑列。前翅 Sc 脉与 R_1 脉有一段愈合；R_5 脉从中室前缘分出；M_1 脉平直，分出点与 R_5 脉远离；中室长约为前翅长的 1/2；端脉平直。后翅 Cu_2 脉有尾突；反面臀角有橙色眼斑。雄性有发香鳞。

雄性外生殖器：背兜狭；钩突与颚突小；无囊突；抱器长阔，末端二分叉；阳茎短于抱器，末端平，角状器小齿状。

寄主为豆科 Fabaceae、酢浆草科 Oxalidaceae 及大麻科 Cannabaceae 植物。

全世界记载 9 种，分布于古北区、东洋区及澳洲区。中国已知 2 种，大秦岭均有分布。

种检索表

后翅反面点斑黑色 ······························· **蓝灰蝶 *E. argiades***

后翅反面前后缘 3 个和中室 1 个点斑为黑色，其余点斑褐色 ········ **长尾蓝灰蝶 *E. lacturnus***

蓝灰蝶 *Everes argiades* (Pallas, 1771)（图版 22：67—68）

Papilio argiades Pallas, 1771, *Reise Russ. Reich*., 1: 472. **Type locality**: Samara city.

Papilio amyntas Denis & Schiffermüller, 1775, *Ank. syst. Schmett. Wien*.: 185 (preocc. *Papilio amyntas* Poda, 1761); Fabricius, 1775, *Syst. Ent*.: 533.

Papilio tiresias Rottemburg, 1775, *Der Naturforscher*, 6: 23; Esper, 1777, *Die Schmett. Th. I, Bd*., 1(9): 337, (6): pl. 34, f. 2.

Papilio polysperchon Bergsträsser, [1779], *Nomen. Ins*., 2: pl. 44, f. 3-5.

Papilio idmon Hübner, [1823-1824], *Samml. eur. Schmett*., [1]: pl. 165, f. 820-821.

Lycaena argiades; Grum-Grshimailo, 1890, *In*: Romanoff, *Mém. Lép*., 4: 367.

Everes mureisana (Matsumura, 1939), *Bull. biogeogr. Soc. Japan*, 9(20): 357.

Everes argiades nuditurca Lorkovic, 1943, *Mitt. Münch. Ent. Ges*., 33(2): 443, pl. 24, f. 10. **Type locality**: Kuldscha.

Everes argiades postnuditurca Lorkovic, 1943, *Mitt. Münch. Ent. Ges*., 33(2): 443. **Type locality**: Dscharkent.

Everes ultramarina (Beuret, 1964), *Die Lyc. Schweiz*, (2): 131.

Everes argiades; Druce, 1895, *Proc. zool. Soc. Lond*., (3): 577; Lewis, 1974, *Butt. World*: pl. 9, f. 18, 20; Chou, 1994, *Mon. Rhop. Sin*.: 675; Wang & Fan, 2002, *Butts. Faun. Sin.: Lycaenidae*: 319; Korb & Bolshakov, 2011, *Eversmannia Suppl*., 2: 79; Yakovlev, 2012, *Nota lepid*., 35(1): 68; Wu & Xu, 2017, *Butts. Chin*.: 1235, f. 1237: 17-22.

形态 成虫：小型灰蝶。两翅正面雄性淡蓝色至深蓝色，有蓝紫色闪光，雌性褐色；黑色至褐色斑纹点状，多有白色圈纹；前翅外缘、后翅前缘与外缘暗褐色。反面灰白色；中室端斑条形；外缘及亚缘各有 1 列斑纹，时有模糊或消失；橙黄色亚外缘带时有退化或消失。前翅反面外横斑列端部内弯。后翅反面基部有 2～3 个黑色点斑；外横斑列斑纹错位排列，时有断续，其中 m_1 室斑位于 rs 室斑内侧；近臀角有 2 个橙色眼斑，瞳点黑色；尾突细小，白色，端部黑色。

卵：扁圆形；白色至淡绿色；表面密布网状刻纹和小突起。

幼虫：4 龄期。刚孵化幼虫黄褐色；头部黑色。末龄幼虫绿色；背中线墨绿色，两侧有淡黄色斜带纹。

蛹：长椭圆形；绿色、白色至淡粉色；密布淡色长毛；背部两侧各有 1 列黑色点斑；翅区有褐色小斑纹。

寄主 豆科 Fabaceae 牛角 *Lotus corniculatus*、苜蓿 *Medicago sativa*、豌豆 *Pisum sativum*、羽扇豆 *Lupinus perennis*、紫云英 *Astragalus sinicus*、黄芪 *A. membranaceus*、红花苜蓿 *Trifolium pratense*、白车轴草 *T. repens*、截叶铁扫帚 *Lespedeza cuneata*、鸡眼草 *Kummerowia stipulacea*、野豌豆属 *Vicia* spp.、救荒野豌豆 *V. sativa*、大豆属 *Glycine* spp.、米口袋属 *Gueldenstaedtia* spp.；酢浆草科 Oxalidaceae 酢浆草 *Oxalis corniculata*；大麻科 Cannabaceae 葎草 *Humulus scandens*。

生物学 1 年多代，以幼虫或成虫越冬，成虫多见于 4 ~ 10 月。飞行迅速，常栖息于开阔的草地、林缘、路旁，喜访花。卵单产于寄主植物嫩叶反面或顶部芽苞里。幼虫只取食嫩叶，仅在蜕皮或栖息时，才出现在老叶上。幼虫与蚂蚁形成非专一性共生关系。老熟幼虫常化蛹于寄主植物的老叶、石块或土缝中。

分布 中国（黑龙江、吉林、辽宁、内蒙古、北京、天津、河北、山东、河南、陕西、甘肃、安徽、浙江、湖北、江西、福建、台湾、广东、海南、重庆、四川、贵州、云南、西藏），朝鲜，日本，欧洲，北美洲等。

大秦岭分布 河南（荥阳、新密、登封、巩义、郏县、镇平、西峡、南召、伊川、汝阳、嵩县、洛宁、卢氏）、陕西（临潼、蓝田、长安、鄠邑、周至、渭滨、陈仓、眉县、太白、凤县、华州、华阴、潼关、南郑、洋县、西乡、镇巴、略阳、留坝、佛坪、汉滨、旬阳、平利、镇坪、岚皋、紫阳、汉阴、石泉、宁陕、商州、丹凤、商南、山阳、镇安、柞水、洛南）、甘肃（麦积、文县、宕昌、成县、徽县、两当、迭部、碌曲）、湖北（南漳、保康、神农架、武当山、郧阳、房县、竹溪、郧西）、重庆（巫溪、城口）、四川（南江、利州、朝天、剑阁、青川、都江堰、绵竹、安州、江油、平武、九寨沟）。

长尾蓝灰蝶 *Everes lacturnus* (Godart, [1824])

Polyommatus lacturnus Godart, [1824], *Encycl. Méth.*, 9(2): 608, 660, no. 148.

Plebejus polysperchinus Kheil, 1884, *Die Rhop. Insel Nias*: 29, pl. 5, f. 36.

Everes tuarana Riley, 1923, *Entomologist*, 56(2): 37.

Everes argiades yerta Seitz, [1923], *In*: Seitz, *Gross-Schmett. Erde*, 9: 923, pl. 153i.

Everes polysperchinus ottobonus Seitz, [1923], *In*: Seitz, *Gross-Schmett. Erde*, 9: 924.

Everes pila Evans, [1925], *J. Bombay nat. Hist. Soc*., 30(2): 340.

Everes syntala Cantlie, 1963, *Lyc. Butts. Revised*: 38.

Everes okinawanus Fujioka, 1975, *Butts. Japan*, 1: 282.

Everes lacturnus; Lewis, 1974, *Butt. World*: pl. 176, f. 7; Chou, 1994, *Mon. Rhop. Sin*.: 676; Wang & Fan, 2002, *Butts. Faun. Sin.: Lycaenidae*: 319, 320; Wu & Xu, 2017, *Butts. Chin*.: 1235, f. 1237: 23-26.

形态 成虫：小型灰蝶。与蓝灰蝶 *E. argiades* 相似，主要区别是：尾突长。前翅反面斑纹淡褐色。后翅反面只前缘 2 个、后缘 1 个和中室 1 个点斑为黑色，其余点斑淡褐色；m_1 室淡褐色斑位于 rs 室黑色斑外侧。

卵：扁圆形；淡白绿色；表面密布白色网状刻纹。

幼虫：黄绿色；体表密布黄色刺毛和黑色点斑；气孔黑色。

蛹：长椭圆形；淡绿色；密布淡色长毛；腹背部鲜黄色，中线红褐色。

寄主 豆科 Fabaceae 假地豆 *Desmodium heterocarpon*、灰色山蚂蝗 *D. canum*。

生物学 1 年 1 代，以幼虫越冬，成虫多见于 4 ~ 10 月。飞行缓慢，常栖息于林缘，多活动于灌草丛及荒地，喜访花和贴地飞行，有群集吸水习性。

分布 中国（陕西、甘肃、安徽、浙江、湖北、江西、福建、台湾、广东、海南、香港、广西、重庆、四川、贵州、云南），印度，泰国，巴布亚新几内亚，澳大利亚。

大秦岭分布 陕西（蓝田、长安、周至、陈仓、眉县、太白、华州、华阴、汉台、南郑、宁强、留坝、佛坪、镇坪、石泉、宁陕、商州、丹凤、商南、山阳、镇安、柞水）、甘肃（麦积、徽县、两当、礼县）、湖北（郧阳、郧西）、重庆（巫溪）、四川（青川、都江堰、平武）。

山灰蝶属 *Shijimia* Matsumura, 1919

Shijimia Matsumura, 1919b, *Thous. Ins. Japan Addit*., 3: 656. **Type species**: *Lycaena moorei* Leech, 1889.

Shijimia (Section *Everes*); Eliot, 1973, *Bull. Br. Mus. nat. Hist.* (Ent.), 28(6): 448; Chou, 1998, *Class. Ident. Chin. Butt*.: 249; Wang & Fan, 2002, *Butts. Faun. Sin.: Lycaenidae*: 321.

Shijimia (Everina); Stradomsky, 2016, *Caucasian Ent. Bull*., 12(1): 152.

Shijimia; Wu & Xu, 2017, *Butts. Chin*.: 1236, f. 1237: 27-29.

和蓝灰蝶属 *Everes* 非常相似，但无尾突。两翅正面无斑纹；反面外横带斑纹错位排列。前翅 Sc 脉与 R_1 脉中段愈合；R_5 脉与 M_1 脉从不同点分出；中室长不及前翅长的 1/2，中室端脉细弱。后翅无尾突。

雄性外生殖器：与蓝灰蝶属 *Everes* 近似；背兜较发达；抱器狭长，末端有长指状外突；阳茎粗壮，无角状器。

寄主为唇形科 Lamiaceae 及苦苣苔科 Gesneriaceae 植物。

全世界记载 2 种，高山种类，均分布于中国。大秦岭分布 1 种。

山灰蝶 *Shijimia moorei* (Leech, 1889)

Lycaena moorei Leech, 1889, *Trans. ent. Soc. Lond.*, (1): 109, pl. 7, f. 3 [nec 4].

Shijimia moorei; Forster, 1940, *Mitt. Münch. Ent. Ges.*, 30: 878, pl. 23-24, f. 8-9; Chou, 1994, *Mon. Rhop. Sin.*: 676; Wang & Fan, 2002, *Butts. Faun. Sin.: Lycaenidae*: 321, 322; Wu & Xu, 2017, *Butts. Chin.*: 1236, f. 1237: 27-29.

形态 成虫：小型灰蝶。雄性两翅正面黑褐色至褐色。反面白色至灰白色；斑纹黑色至黑褐色，有白色圈纹；中室端斑条形；外缘及亚缘各有 1 列黑褐色斑纹；外横斑列斑纹错位排列。后翅反面前缘中部有 1 个黑色大圆斑；基横斑列斑纹大小不一；cu_1 室端部有 1 个橙色眼斑，瞳点黑色；无尾突。

卵：扁圆形；初产时白绿色，孵化时白色；有网状刻纹。

幼虫：4 龄期。大龄幼虫有粉色和淡绿色 2 种体色，常取食花瓣的幼虫为粉红色，取食较小花蕾的幼虫为淡绿色，老熟幼虫绿色。

蛹：绿色；密布淡色毛；背中线深绿色；腹背部淡黄绿色，两侧有黑色点斑列。

寄主 唇形科 Lamiaceae 阿里山鼠尾草 *Salvia hayatae*、药鼠尾草 *S. officinalis*；苦苣苔科 Gesneriaceae 石吊兰 *Lysionotus pauciflorus*。

生物学 1 年 1 代，以蛹越冬，成虫多见于 6 ~ 8 月。飞行缓慢，生活在中低海拔山区，喜访花吸蜜和湿地吸水。卵单产于寄主植物的花蕾、花托上。老熟幼虫化蛹于寄主植物叶片反面。

分布 中国（安徽、浙江、湖北、江西、台湾、重庆、四川、贵州），日本，印度。

大秦岭分布 重庆（城口）。

玄灰蝶属 *Tongeia* Tutt, [1908]

Tongeia Tutt, [1908], *Nat. Hist. Brit. Lepid.*, 10: 41, 43. **Type species**: *Lycaena fischeri* Eversmann, 1843.

Tongeia (Section *Everes*); Eliot, 1973, *Bull. Br. Mus. nat. Hist.* (Ent.), 28(6): 448; Chou, 1998, *Class. Ident. Chin. Butt.*: 250; Wang & Fan, 2002, *Butts. Faun. Sin.: Lycaenidae*: 322, 323.

Tongeia (Lampidini); Korb & Bolshakov, 2011, *Eversmannia Suppl.*, 2: 79.

Tongeia (Everina); Stradomsky, 2016, *Caucasian Ent. Bull.*, 12(1): 152.

Tongeia; Wu & Xu, 2017, *Butts. Chin.*: 1238.

从蓝灰蝶属 *Everes* 中分出。两翅正面棕褐色至黑褐色。反面灰白色至棕灰色；斑纹多点状，多有白色圈纹；翅端部斑纹排列较集中。前翅 Sc 脉与 R_1 脉有一段愈合；R_4 脉从 R_5 脉中部分出；R_5 脉从中室前缘分出，到达翅前缘，并与 M_1 脉分出点有距离；中室长短于前翅长的 1/2。后翅有 1 个尾突。雄性无发香鳞。

雄性外生殖器：背兜窄；钩突及颚突较发达；无囊突；抱器长阔；阳茎长，弯曲。

寄主为景天科 Crassulaceae 及苦苣苔科 Gesneriaceae 植物。

全世界记载 17 种，分布于古北区及东洋区。中国记录 14 种，大秦岭分布 6 种。

种检索表

1. 前翅反面中室有黑色点斑 …… 2
   前翅反面中室无斑 …… 3
2. 前翅反面外横带末段内移并向基部倾斜 …… **点玄灰蝶 *T. filicaudis***
   前翅反面外横带末段仅内移不倾斜 …… **大卫玄灰蝶 *T. davidi***
3. 前翅反面亚缘斑相互愈合成亚缘带 …… **波太玄灰蝶 *T. potanini***
   前翅反面亚缘斑列斑纹分离 …… 4
4. 后翅反面基部有 2 个淡棕色斑纹 …… **淡纹玄灰蝶 *T. ion***
   后翅反面基部有 4 个斑纹 …… 5
5. 前翅反面亚外缘斑近 V 形 …… **竹都玄灰蝶 *T. zuthus***
   前翅反面亚外缘斑方形 …… **玄灰蝶 *T. fischeri***

玄灰蝶 *Tongeia fischeri* (Eversmann, 1843)（图版 23：73）

Lycaena fischeri Eversmann, 1843, *Bull. Soc. imp. Nat. Moscou*, 16(3): 537. **Type locality**: S. Ural, Spassk.

Everes fischeri; Leech, [1893], *Butts. Chin. Jap. Cor.*, 2: 330; Lewis, 1974, *Butt. World*: pl. 205, f. 28; D'Abrera, 1993, *Bruts. Hol. Reg.*, 3: 472, fig'd; Seitz, 1906, *Macrolep.*, 1: 298, pl. 78b, c; Seitz, 1929, *Macrolep.*, 9: 924, pl. 153h.

Tongeia fischeri; Kudrna, 1974, *Atalanta*, 5: 114; Bridges, 1988a, *Cat. Lyc. Rio.*, 2:111; Chou, 1994, *Mon. Rhop. Sin.*: 677; Wang & Fan, 2002, *Butts. Faun. Sin.: Lycaenidae*: 323; Korb & Bolshakov, 2011, *Eversmannia Suppl.*, 2: 79; Yakovlev, 2012, *Nota lepid.*, 35(1): 69; Wu & Xu, 2017, *Butts. Chin.*: 1238, f. 1241: 10-11.

形态 成虫：小型灰蝶。两翅正面黑褐色；无斑纹。反面灰白色至棕灰色；斑纹黑色至黑褐色，多有白色圈纹；中室端斑条形。前翅反面外缘及亚外缘各有 1 列黑褐色斑纹；外横斑列下段斑纹内移。后翅反面外缘斑列及亚缘斑列近平行排列；亚外缘带橙色；外横斑列分成 3 段，近 V 形排列；外横斑列与亚缘斑列间白色；基横斑列由 4 个斑纹组成；cu_1 室端部尾突细小。

卵：淡蓝白色；扁圆形。

幼虫：4 龄期。绿色；背线两侧有红紫色带。

蛹：分绿色型和淡褐色型；有黑色细纹及白色刺毛。

寄主 景天科 Crassulaceae 瓦松 *Orostachys fimbriata*、晚红瓦松 *O. erudescens*、黄花瓦松 *O. spinosa*、多肉凤凰 *O. iwarenge*、滨景天 *Sedum sordidum*、圆叶景天 *S. makinoi*、高岭景天 *S. tricarpum*。

生物学 1 年多代，成虫多见于 4 ~ 10 月。常在山地、林缘活动，喜访花。卵单产于叶表、茎上或花轴、花苞上。幼虫取食叶肉。老熟幼虫钻出叶片，多在叶片下侧或基部化蛹。

分布 中国（黑龙江、吉林、辽宁、天津、河北、山西、山东、河南、陕西、甘肃、安徽、湖北、江西、福建、台湾、重庆、四川），俄罗斯，朝鲜，日本，欧洲。

大秦岭分布 河南（登封、巩义、鲁山、西峡、嵩县、栾川、灵宝）、陕西（临潼、蓝田、长安、鄠邑、周至、渭滨、陈仓、眉县、太白、凤县、华州、华阴、汉台、洋县、勉县、西乡、略阳、留坝、佛坪、平利、镇坪、宁陕、商州、商南、山阳、镇安）、甘肃（麦积、秦州、徽县、两当、碌曲）、湖北（南漳、保康、神农架）、四川（青川、都江堰、平武）。

点玄灰蝶 *Tongeia filicaudis* (Pryer, 1877)（图版 23：70—71）

Lampides filicaudis Pryer, 1877, *Cistula ent*., 2: 231. **Type locality**: N. China.

Everes filicaudis; Lewis, 1974, *Butt. World*: pl. 205, f. 29 (text).

Tongeia filicaudis; Chou, 1994, *Mon. Rhop. Sin*.: 676; Wang & Fan, 2002, *Butts. Faun. Sin.: Lycaenidae*: 324, 325; Wu & Xu, 2017, *Butts. Chin*.: 1238, f. 1241: 1-6.

形态 成虫：小型灰蝶。与玄灰蝶 *T. fischeri* 近似，主要区别为：翅正面色稍淡；反面灰白色。前翅反面中室中部和 cu_2 室基部各有 1 个黑色点斑。

卵：扁圆形；白色至蓝白色；表面密布网状纹。

幼虫：3 ~ 4 龄期。初孵幼虫乳白色。大龄幼虫黄绿色；气孔褐色。

蛹：椭圆形；绿色至淡绿色；体表有稀疏的白色细毛；腹部黄白色；第 1 腹节背面两侧各有 1 个黑色斑点。

寄主 景天科 Crassulaceae 倒吊莲 *Kalanchoe spathulata*、落地生根 *Bryophyllum pinnatum*、垂盆草 *Sedum sarmentosum*、凹叶景天 *S. emarginatum*、圆叶景天 *S. makinoi*、星果佛甲草 *S. actinocarpum*、繁缕景天 *S. stellariifolium*、观音莲 *Sempervivum tectorum*、瓦松 *Orostachys fimbriata*。

生物学 1 年多代，以蛹越冬，成虫多见于 5 ~ 10 月。飞行缓慢，常在林缘活动，有采食花蜜的习性，喜访花、湿地吸水和吸食动物排泄物。卵单产于寄主植物叶片反面或叶柄上。幼虫取食景天科植物叶肉，留下表皮。老熟幼虫化蛹于寄主植物叶片反面或附近的枯叶、枝干下。

分布 中国（黑龙江、山西、山东、河南、陕西、甘肃、安徽、浙江、湖北、江西、湖南、福建、台湾、广东、重庆、四川、贵州）。

大秦岭分布 河南（荥阳、巩义、内乡、西峡、伊川、宜阳、栾川、洛宁、渑池）、陕西（临潼、蓝田、长安、鄠邑、周至、渭滨、陈仓、眉县、太白、凤县、华州、华阴、潼关、汉台、南郑、洋县、西乡、镇巴、勉县、略阳、留坝、佛坪、汉滨、平利、镇坪、岚皋、紫阳、汉阴、宁陕、商州、丹凤、商南、山阳、柞水、镇安、洛南）、甘肃（麦积、康县、文县、徽县、两当）、湖北（神农架、郧阳、房县、竹山、竹溪）、重庆（巫溪、城口）、四川（万源、青川、绵竹、安州、江油、北川、平武）。

波太玄灰蝶 *Tongeia potanini* (Alphéraky, 1889)（图版 23：72）

Lycaena potanini Alphéraky, 1889, *In*: Romanoff, *Mém. Lép.*, 5: 104, no. 28, pl. 5, f. 4. **Type locality**: N. China.

Everes potanini; Lewis, 1974, *Butt. World*: pl. 205, f. 29.

Tongeia potanini; Chou, 1994, *Mon. Rhop. Sin.*: 677; Wang & Fan, 2002, *Butts. Faun. Sin.: Lycaenidae*: 325, 326; Wu & Xu, 2017, *Butts. Chin.*: 1239, f. 1241: 12-13.

形态 成虫：小型灰蝶。与玄灰蝶 *T. fischeri* 近似，主要区别为：两翅反面亚缘区及外横区斑纹愈合形成带纹。后翅反面臀角眼斑橙黄色，瞳点黑色，其内银白色鳞区有蓝绿色闪光；基部有 3 个黑色斑纹；尾突细长。

卵：扁圆形；初产淡绿色，孵化时白色；表面有网状刻纹。

幼虫：4 龄期。刚孵化幼虫淡黄色；头部黑色。大龄幼虫红褐色；背中线两侧各有 1 条白色带纹。老熟幼虫绿色。

蛹：淡绿色；密布长毛和黑色点斑；背中线黑色；头背面及胸侧面各有 2 个黑色斑纹；腹背部两侧各有 2 个黑色斑纹。

寄主 苦苣苔科 Gesneriaceae 长蒴苣苔属 *Didymocarpus* spp.、苦苣苔 *Conandron ramondioides*、窄叶马铃苣苔 *Oreocharis argyreia* var. *angustifolia*、长瓣马铃苣苔 *O. auricula*、华南半蒴苣苔 *Hemiboea follicularis*。

生物学 1 年多代，以蛹越冬，成虫多见于 5 ~ 8 月。飞行缓慢，常栖息于林缘、山地，道旁及草灌丛，喜访花吸蜜、湿地吸水和贴地面飞行。卵单产于寄主植物的花、花茎或花蕾上。幼虫孵化后钻入花朵中取食花蕊。大龄幼虫除取食花蕊外，还取食花瓣和嫩果，但不取食叶片。老熟幼虫化蛹于寄主植物叶片反面。

分布 中国（河南、陕西、甘肃、浙江、江西、湖南、四川、贵州、云南），印度，老挝，泰国。

大秦岭分布 河南（内乡）、陕西（周至、留坝、佛坪、旬阳、丹凤、山阳）、甘肃（麦积、徽县、两当）、四川（平武）。

淡纹玄灰蝶 *Tongeia ion* (Leech, 1891)

Lycaena ion Leech, 1891, *Entomologist*, 24 (Suppl.): 58. **Type locality**: W. China.

Tongeia ion; Leech, [1893], *Butts. Chin. Jap. Cor.*, 2: 331, pl. 31, f. 4; Seitz, 1906, *Macrolep.*, 1: 298, pl. 78b; Seitz, 1929, *Macrolep.*, 9: 924; Wu, 1938, *Cat. Ins. Sin.*, 4: 915; D'Abrera, 1993, *Butts. Hol. Reg.*, 3: 472, fig'd; Huang, 1998, *Neue Ent. Nachr.*, 41: 219 (note), f. 6b (m.gen.), pl. 4, f. 4h; Chou, 1994, *Mon. Rhop. Sin.*: 677; Wang & Fan, 2002, *Butts. Faun. Sin.: Lycaenidae*: 326, 327; Wu & Xu, 2017, *Butts. Chin.*: 1239, f. 1241: 14.

形态 成虫：小型灰蝶。与玄灰蝶 *T. fischeri* 近似，主要区别为：前翅反面外横斑列连续，未断开内移。后翅反面斑带深棕色；亚外缘斑列及外横斑列近 V 形。

生物学 成虫多见于 5 ~ 8 月。

分布 中国（陕西、甘肃、四川、贵州、云南、西藏），泰国。

大秦岭分布 甘肃（武都）。

大卫玄灰蝶 *Tongeia davidi* (Poujade, 1884)

Lycaena davidi Poujade, 1884, *Bull. Soc. ent. Fr.*, (6)4: 135. **Type locality**: Sichuan.

Everes davidi Leech, [1893], *Butts. Chin. Jap. Cor.*, 2: 332, pl. 31, fig.3; Seitz, 1906, *Macrolep.*,1: 298, pl. 78b; Lewis, 1974, *Butt. World*: pl. 205, f. 29 (text).

Tongeia davidi; Huang, 2001, *Neue Ent. Nachr.*, 51: 70 (note); Wang & Fan, 2002, *Butts. Faun. Sin.: Lycaenidae*: 327, 328; Huang & Chen, 2006, *Atalanta*, 37(1/2): 186 (list).

形态 成虫：小型灰蝶。与点玄灰蝶 *T. filicaudis* 较近似，主要区别为：两翅反面端缘斑纹较小。前翅反面外横带末段仅内移不倾斜。

生物学 成虫多见于 5 ~ 7 月。

分布 中国（陕西、甘肃、湖南、海南、四川、贵州）。

大秦岭分布 陕西（长安、周至、太白、华州、华阴、佛坪、商州）、甘肃（麦积）。

竹都玄灰蝶 *Tongeia zuthus* (Leech, [1893])

Everes zuthus Leech, [1893], *Butts. Chin. Jap. Cor.*, (2): 330, pl. 31, f. 7.

Tongeia zuthus; Huang, 1998, *Neue Ent. Nachr.*, 41: 218 (note), f. 6c (m.gen.), pl. 4, f. 4g; Chou, 1994, *Mon. Rhop. Sin.*: 677; Wang & Fan, 2002, *Butts. Faun. Sin.: Lycaenidae*: 325; Huang & Chen, 2006, *Atalanta*, 37 (1/2): 187 (list); Wu & Xu, 2017, *Butts. Chin.*: 1238, f. 1241: 7.

形态　成虫：小型灰蝶。与玄灰蝶 *T. fischeri* 近似，主要区别为：所有斑纹均有宽的白色圈纹。前翅反面亚外缘斑近 V 形；外横斑列末段仅内移，不向基部倾斜。后翅反面亚外缘斑列 V 形排列；臀角橙色眼斑大，瞳点黑色，其下方有淡蓝色线纹。

生物学　成虫多见于 6~8 月。常生活在森林中，喜在阳光下飞行。

分布　中国（陕西、甘肃、四川、贵州）。

大秦岭分布　陕西（华州、商州）、甘肃（文县、两当）。

驳灰蝶属 *Bothrinia* Chapman, 1909

Bothrinia Chapman, 1909, *Proc. zool. Soc. Lond.*: 473 (repl. for. *Bothria* Chapman, 1908). **Type species**: *Cyaniris chennellii* de Nicéville, [1884].

Bothria Chapman, 1908, *Proc. zool. Soc. Lond.*: 677 (preocc. *Bothria* Rondani, 1856). **Type species**: *Cyaniris chennellii* de Nicéville, [1884].

Bothrinia (Section *Everes*); Eliot, 1973, *Bull. Br. Mus. nat. Hist.* (Ent.), 28(6): 448; Chou, 1998, *Class. Ident. Chin. Butt.*: 250; Wang & Fan, 2002, *Butts. Faun. Sin.: Lycaenidae*: 328, 329.

Bothrinia (Everina); Stradomsky, 2016, *Caucasian Ent. Bull.*, 12(1): 152.

Bothrinia; Wu & Xu, 2017, *Butts. Chin.*: 1242.

本属种类较相似于蓝灰蝶属 *Everes*。翅反面外横斑前翅弧形排列，后翅分 3 组。前翅 Sc 脉与 R_1 脉有一段愈合；R_4 脉从 R_5 脉中部分出；R_5 脉从中室前缘分出，到达翅顶角附近；R_5 脉与 M_1 脉分出点有距离；中室长于前翅长的 1/2。后翅无尾突；反面近臀角无橙色斑；雄性无发香鳞。

雄性外生殖器：背兜不发达；无钩突及囊突；颚突极退化；抱器狭，端部尖，末端有小齿，内侧有长突起；阳茎中等大小，基部较膨大。

全世界记载 2 种，分布于古北区及东洋区。中国已知 1 种，大秦岭有分布。

雾驳灰蝶 *Bothrinia nebulosa* (Leech, 1890)

Cyaniris nebulosa Leech, 1890, *Entomologist*, 23: 43. **Type locality**: Changyang, Hubei.

Bothrinia nebulosa; Chapman, 1909, *Proc. zool. Soc. Lond*., (2): 473; Lewis, 1974, *Butt. World*: pl. 175, f. 25 (text); Chou, 1994, *Mon. Rhop. Sin*.: 678; Wang & Fan, 2002, *Butts. Faun. Sin.: Lycaenidae*: 329, 330; Wu & Xu, 2017, *Butts. Chin*.: 1242, f. 1244: 1-4.

Cyaniris nebulosa; Fruhstorfer, 1910a, *Stett. ent. Ztg*., 71(2): 303.

Lycaenopsis nebulosa; Fruhstorfer, 1917a, *Archiv Naturg*., 82 A(1): 40.

形态 成虫：中型灰蝶。两翅正面黑褐色，中央有豆瓣形蓝紫色大斑。反面淡灰棕色或灰白色；中室端斑细条形；外缘斑列斑纹模糊，灰黑色；亚外缘斑列斑纹近 V 形，灰褐色。前翅反面外横点斑列黑褐色，清晰。后翅反面中横斑列近 V 形；基横斑列 3 个黑色点斑排成直线。雌性后翅正面外缘青蓝色眼斑列时有模糊或消失，瞳点黑色。

生物学 成虫多见于 5 ~ 9 月。常在山地、林缘活动，喜访花和湿地吸水。

分布 中国（黑龙江、吉林、河南、陕西、宁夏、甘肃、湖北、四川、贵州、云南）。

大秦岭分布 河南（鲁山、内乡、嵩县、栾川、灵宝）、陕西（长安、周至、眉县、太白、华州、汉台、南郑、洋县、镇巴、留坝、佛坪、宁陕、商州、山阳、镇安）、甘肃（麦积、徽县、两当）、四川（青川、平武）。

丸灰蝶属组 *Pithecops* Section

Section *Pithecops* (Polyommatini); Eliot, 1973, *Bull. Br. Mus. nat. Hist.* (Ent.), 28(6): 448; Hirowatari, 1992, *Bull. Univ. Osaka Prefect*., (B) 44: 56; Chou, 1998, *Class. Ident. Chin. Butt*.: 251; Wang & Fan, 2002, *Butts. Faun. Sin.: Lycaenidae*: 330.

Pithecopina (Polyommatini); Stradomsky, 2016, *Caucasian Ent. Bull*., 12(1): 148.

眼光滑。须有毛。前翅端部圆，Sc 脉与 R_1 脉有一段愈合。后翅无尾突和发香鳞。

全世界记载 5 种，主要分布于古北区、东洋区和澳洲区。中国记录 2 种，大秦岭分布 1 种。

丸灰蝶属 *Pithecops* Horsfield, [1828]

Pithecops Horsfield, [1828], *Descr. Cat. lep. Ins. Mus. East India Coy*, (1): 66. **Type species**: *Pithecops hylax* Horsfield, [1828].

Eupsychellus Röber, 1891, *Tijdschr. Ent*., 34: 316. **Type species**: *Lycaena dionisius* Boisduval, [1832].

Pithecops (Lycaenidae); Moore, [1881], *Lepid. Ceylon*, 1(2): 72; Wu & Xu, 2017, *Butts. Chin*.: 1240.

Eupsychellus (Section *Pithecops*); Eliot, 1973, *Bull. Br. Mus. nat. Hist.* (Ent.), 28(6): 448.

Pithecops (Section *Pithecops*); Eliot, 1973, *Bull. Br. Mus. nat. Hist.* (Ent.), 28(6): 448; Hirowatari, 1992, *Bull. Univ. Osaka Prefect*., (B)44: 56; Wang & Fan, 2002, *Butts. Faun. Sin.: Lycaenidae*: 330, 331.

Pithecops (Polyommatini); Vane-Wright & de Jong, 2003, *Zool. Verh. Leiden*, 343: 155.

Pithecops (Pithecopina); Stradomsky, 2016,*Caucasian Ent. Bull*., 12(1): 148.

翅正面黑褐色至褐色，有的种类雄性有蓝紫色闪光；反面白色。前翅反面前缘有 2 个黑色点斑。后翅顶角区有 1 个大型黑色圆斑。前翅 Sc 脉与 R_1 脉有一段愈合；中室长于前翅长的 1/2，端脉发达。后翅前缘平直；$Sc+R_1$ 脉与 Rs 脉平行。

雄性外生殖器：背兜宽；钩突宽短；无囊突；抱器长条形，末端分叉，钩状下弯；阳茎细长。

寄主为豆科 Fabaceae 植物。

全世界记载 5 种，分布于古北区、东洋区和澳洲区。中国记录 2 种，大秦岭分布 1 种。

黑丸灰蝶 *Pithecops corvus* Fruhstorfer, 1919

Pithecops hylax corvus Fruhstorfer, 1919, *Archiv Naturg*., 83 A(1): 79, f. 1. **Type locality**: N. Borneo.

Pithecops corvus; Lewis, 1974, *Butt. World*: pl. 180, f. 8; Hirowatari, 1992, *Bull. Univ. Osaka Prefect*., (B) 44: 57; Chou, 1994, *Mon. Rhop. Sin*.: 678; Wang & Fan, 2002, *Butts. Faun. Sin.: Lycaenidae*: 331; Vane-Wright & de Jong, 2003, *Zool. Verh. Leiden*, 343: 155; Wu & Xu, 2017, *Butts. Chin*.: 1240, f. 1241: 20-23.

形态 成虫：小型灰蝶。两翅正面黑褐色至褐色。反面白色；外缘斑列黑褐色；亚缘带波状，黄褐色。前翅正面前缘及外缘色较深；反面前缘中部有 2 个黑色点斑。后翅反面顶角区有 1 个大型黑色圆斑；亚缘斑列黄褐色，斑纹时有退化或消失。

寄主 豆科 Fabaceae 山蚂蝗属 *Desmodium* spp.。

生物学 1 年多代，成虫多见于 6 ~ 10 月。飞行能力较弱，多沿地面低飞，但会持续飞行，喜访花，成虫栖息于林下环境。

分布 中国（浙江、湖北、江西、福建、广东、香港、广西），越南，老挝，马来西亚，印度尼西亚。

大秦岭分布 湖北（神农架）。

利灰蝶属组 *Lycaenopsis* Section

Section *Lycaenopsis*; Eliot, 1973, *Bull. Br. Mus. nat. Hist.* (Ent.), 28(6): 449; Chou, 1998, *Class. Ident. Chin. Butt*.: 251, 252.

Section *Eicochrysops* (Polyommatini); Eliot, 1973, *Bull. Br. Mus. nat. Hist.* (Ent.), 28(6): 448.

Lycaenopsina (Polyommatini); Stradomsky, 2016, *Caucasian Ent. Bull.*, 12(1): 151.

Section *Lycaenopsis*; Wang & Fan, 2002, *Butts. Faun. Sin.: Lycaenidae*: 332, 333.

眼光滑或有毛。两翅正面通常蓝色；翅中央白色斑纹有或无。前翅 Sc 脉与 R_1 脉分离。后翅无尾突。发香鳞片状。

全世界记载 140 余种，分布于古北区、东洋区、新北区及澳洲区。中国记录 20 种，大秦岭分布 11 种。

属检索表

1. 复眼光滑 …………………………………… **一点灰蝶属 *Neopithecops***
   复眼有毛 …………………………………… 2
2. 前翅反面外横斑列斑纹错位排列 …………………………………… **韫玉灰蝶属 *Celatoxia***
   前翅反面外横斑列如有，则排列整齐 …………………………………… 3
3. 雄性抱器瓣端部钝 …………………………………… **妩灰蝶属 *Udara***
   雄性抱器瓣端部尖 …………………………………… **璃灰蝶属 *Celastrina***

璃灰蝶属 *Celastrina* Tutt, 1906

Celastrina Tutt, 1906, *Ent. Rec. J. Var.*, 18: 131. **Type species**: *Papilio argiolus* Linnaeus, 1758.

Cyaniroides Matsumura, 1919b, *Thous. Ins. Japan Addit.*, 3: 736 (preocc. de Nicéville, 1890). **Type species**: *Lycaena ogasawaraensis* Pryer, 1881.

Celastrina (Polyommatini); Eliot, 1973, *Bull. Br. Mus. nat. Hist.* (Ent.), 28(6) : 449; Vane-Wright & de Jong, 2003, *Zool. Verh. Leiden*, 343: 162; Pelham, 2008, *J. Res. Lepid.*, 40: 241.

Celastrina (Section *Lycaenopsis*); Eliot, 1973, *Bull. Br. Mus. nat. Hist.* (Ent.), 28(6): 449; Chou, 1998, *Class. Ident. Chin. Butt.*: 253; Wang & Fan, 2002, *Butts. Faun. Sin.: Lycaenidae*: 338.

Maslowskia Kurenzov, 1974, *Zoogeogr. Far East*: 92. **Type species**: *Celastrina filipjevi* Riley, 1937; Omelko & Omelko, 1984, *Fauna Ekol. Ins. Far East*: 25. **Type species**: *Lycaenopsis filipjevi* Riley, 1937.

Maslowskia (Lampidini); Korb & Bolshakov, 2011, *Eversmannia Suppl.*, 2: 79.

Celastrina (Lampidini); Korb & Bolshakov, 2011, *Eversmannia Suppl.*, 2: 79.

Celastrina (Lycaenopsina); Stradomsky, 2016, *Caucasian Ent. Bull.*, 12(1): 151.

Celastrina; Wu & Xu, 2017, *Butts. Chin.*: 1246.

眼有毛。雄性有片状发香鳞。两翅正面蓝色、蓝紫色或棕蓝色，周缘有不同宽度的黑褐色缘带；翅中央时有豆瓣形白色斑纹。反面白色或灰白色；点斑清晰或模糊。雌性带纹较雄性宽。前翅 Sc 脉短于中室；中室长于前翅长的 1/2；R_5 脉从中室前缘近上端角处分出；M_1 脉从中室上端角分出。后翅无尾突。

雄性外生殖器：背兜阔；无囊突；抱器近长方形，端部有指状突起；阳茎短于抱器，端部尖。

寄主为豆科 Fabaceae、山茱萸科 Cornaceae、五加科 Araliaceae、芸香科 Rutaceae、蔷薇科 Rosaceae、蓼科 Polygonaceae、壳斗科 Fagaceae、省沽油科 Staphyleaceae、唇形科 Lamiaceae、茶科 Theaceae、槭树科 Aceraceae、金虎尾科 Malpighiaceae、虎耳草科 Saxifragaceae 及无患子科 Sapindaceae 植物。

全世界记载 26 种，分布于古北区、东洋区、新北区及澳洲区。中国已知 10 种，大秦岭分布 7 种。

种检索表

1. 前翅反面无外横斑列 …………………………………………………………**巨大璃灰蝶 *C. gigas***
   前翅反面有外横斑列 ………………………………………………………………………… 2
2. 前翅反面外横斑列有 6 个黑色斑纹 ……………………………**熏衣璃灰蝶 *C. lavendularis***
   前翅反面外横斑列有 4 个黑色斑纹 ………………………………………………………… 3
3. 两翅反面斑纹均清晰 ………………………………………………………………………… 4
   两翅反面斑纹色淡，不太明显 ……………………………………………………………… 6
4. 后翅反面中室端脉外侧有 4 个斑纹 ………………………………………………………… 5
   后翅反面中室端脉外侧有 2 个斑纹 ………………………………**杉谷璃灰蝶 *C. sugitanii***
5. 翅外缘黑灰色带纹窄 ………………………………………………………**大紫璃灰蝶 *C. oreas***
   翅外缘黑灰色带纹宽 ……………………………………………………**宽缘璃灰蝶 *C. perplexa***
6. 翅正面淡蓝色，雌性有宽的黑边 …………………………………………………**璃灰蝶 *C. argiola***
   翅正面雄性淡紫色，雌性白色，有狭的黑边 ………………………**华西璃灰蝶 *C. hersilia***

璃灰蝶 *Celastrina argiola* (Linnaeus, 1758)（图版 23：74）

Papilio argiolus Linnaeus, 1758, *Syst. Nat*. (Edn 10), 1: 483. **Type locality**: England.

Papilio cleobis Sulzer, 1776, *Gesch. Ins. nach linn. Syst*.: pl. 18, f. 13-14.

Papilio argyphontes Bergsträsser, [1779], *Nomen. Ins*., 2: 15, pl. 58, f. 5-6.

Papilio thersanon Bergsträsser, [1779], *Nomen. Ins*., 3: 4, pl. 49, f. 5-6.

Papilio marginatus Retzius, 1783, *Gen. Spec. Ins*.: 30.

Papilio acis Fabricius, 1787, *Mant. Insect*., 2: 73, n. 687.

Lycaena argiolus; Grum-Grshimailo, 1890, *In*: Romanoff, *Mém. Lép*., 4: 414.

Cyaniris substusradiata (Blachier, 1909), *Bull. Soc. Lep. Genève*, 1: 381.

Lycaenopsis argiolus; Chapman, 1909, *Proc. zool. Soc. Lond.*, (2): 443; Fruhstorfer, 1917a, *Archiv Naturg.*, 82 A(1): 27.

Cyaniris argiolus; Fruhstorfer, 1910a, *Stett. ent. Ztg.*, 71(2): 304.

Cyaniris microdes (Cabeau, 1925), *Rev. mens. Soc. ent. Namur.*, 25: 7.

Lycaenopsis anteatrata (Mezger, 1934), *Lambillionea*, 34: 151.

Cyaniris expansa (Pionneau, 1937), *Echange*, 53: 3. **Type locality**: France.

Celastrina argiolus; Forster, 1941, *Mitt. münchn. ent. Ges.*, 31(2): 613; Lewis, 1974, *Butt. World*: pl. 9, f. 13-14; Korb & Bolshakov, 2011, *Eversmannia Suppl.*, 2: 79; Yakovlev, 2012, *Nota lepid.*, 35(1): 71.

Celastrina argiola; Chou, 1994, *Mon. Rhop. Sin.*: 680; Wang & Fan, 2002, *Butts. Faun. Sin.: Lycaenidae*: 339, 340; Wu & Xu, 2017, *Butts. Chin.*: 1246, f. 1247: 14-18.

形态 成虫：中小型灰蝶。翅正面淡蓝色，有珍珠光泽。反面白色，斑纹多灰褐色；中室端斑细条形，黑褐色至褐色；外缘斑列斑纹点状；亚外缘斑列斑纹近V形。前翅正面前缘带、外缘带雌性较雄性宽，黑灰色至黑褐色；反面外横斑列近L形，前端1个斑纹内移。后翅正面前缘、顶角及外缘灰黑色；外缘斑列灰黑色。反面中横斑列点斑分成3组，从上至下各有2个、4个及3个点斑；基横斑列有3个点斑。雄性翅正面，尤其后翅具有特殊构造的发香鳞散布于普通鳞片之中。

卵：扁圆形；淡绿色；表面密布细小突起和网状纹。

幼虫：4龄期。由于取食的寄主花的颜色和发育期不同，幼虫有绿色和粉紫色2种色型。背中线墨绿色或紫红色，两侧有淡黄色或白色斜带纹；气孔及足基带淡黄色或白色。

蛹：长椭圆形；淡褐色；表面散布褐色斑驳纹；背中线黑褐色。

寄主 豆科 Fabaceae 苦参 *Sophora flavescens*、槐 *S. japonica*、山蚂蝗 *Desmodium oxyphyllum*、救荒野豌豆 *Vicia sativa*、野葛 *Pueraria lobata*、胡枝子 *Lespedeza bicolor*、美丽胡枝子 *L. formosa*、日本胡枝子 *L. thunbergii*、多花紫藤 *Wisteria floribunda*、多花木蓝 *Indigofera amblyantha*、华东木蓝 *I. fortunei*、马棘 *I. pseudotinctoria*、笐子梢 *Campylotropis macrocarpa*、香花崖豆藤 *Millettia dielsiana*、刺槐 *Robinia pseudoacacia*、扁豆 *Lablab purpureus*、米口袋属 *Gueldenstaedtia* spp.；山茱萸科 Cornaceae 灯台树 *Cornus controversa*；五加科 Araliaceae 辽东楤木 *Aralia elata*；芸香科 Rutaceae 楝叶吴萸 *Tetradium glabrifolium*；蔷薇科 Rosaceae 苹果 *Malus pumila*、李 *Prunus salicina*、珍珠梅 *Sorbaria sorbifolia*；蓼科 Polygonaceae 虎杖 *Reynoutria japonica*；壳斗科 Fagaceae 槲栎 *Quercus aliena*；省沽油科 Staphyleaceae 省沽油 *Staphylea bumalda*；虎耳草科 Saxifragaceae 黑穗醋栗 *Ribes nigrum*、红茶藨子 *R. rubrum*；唇形科 Lamiaceae 紫苏 *Perilla frutescens*。

生物学 1年多代，以蛹越冬，成虫多见于4～10月。飞行缓慢，常在山地、林缘活动，喜访花及在溪边、湿地群集吸水，数量较多。卵单产于寄主植物的花序上。幼虫孵化后取食花蕾。老熟幼虫化蛹于寄主植物叶片上。

分布 中国（黑龙江、吉林、辽宁、天津、河北、山西、山东、河南、陕西、甘肃、青海、安徽、浙江、湖北、江西、湖南、福建、台湾、广东、海南、广西、重庆、四川、贵州、云南、西藏），欧洲。

大秦岭分布 河南（荥阳、内乡、西峡、嵩县、陕州）、陕西（临潼、蓝田、长安、鄠邑、周至、渭滨、陈仓、眉县、太白、凤县、华州、汉台、南郑、洋县、西乡、略阳、留坝、佛坪、镇坪、岚皋、石泉、宁陕、商州、丹凤、商南、山阳、镇安、柞水）、甘肃（麦积、文县、徽县、两当、迭部）、湖北（谷城、神农架、武当山、郧西）、重庆（巫溪、城口）、四川（朝天、青川、都江堰、平武、汶川、九寨沟）。

大紫璃灰蝶 *Celastrina oreas* (Leech, [1893])（图版24：75—77）

Cyaniris oreas Leech, [1893], *Butts. Chin. Jap. Cor.*, (2): 321, pl. 31, f. 12, 15. **Type locality**: Ta-chien-lu, China.

Lycaenopsis oreas; Chapman, 1909, *Proc. zool. Soc. Lond.*, (2): 434; Fruhstorfer, 1917a, *Archiv Naturg.*, 82 A (1): 29.

Cyaniris oreas; Fruhstorfer, 1910a, *Stett. ent. Ztg.*, 71(2): 303.

Celastrina huegelii oreas; Forster, 1941, *Mitt. münchn. ent. Ges.*, 31(2): 599.

Maslowskia oreas; Korb & Bolshakov, 2011, *Eversmannia Suppl.*, 2: 80.

Celastrina oreas; Chou, 1994, *Mon. Rhop. Sin.*: 681; Wang & Fan, 2002, *Butts. Faun. Sin.: Lycaenidae*: 341, 342; Wu & Xu, 2017, *Butts. Chin.*: 1248, f. 1250: 3-8.

形态 成虫：中型灰蝶。与璃灰蝶 *C. argiola* 近似，主要区别为：两翅正面色彩较深，雄性蓝紫色，雌性紫色。个体较大。后翅反面点斑黑褐色，均清晰。

寄主 茶科 Theaceae 粗木柃木 *Eurya strigillosa*、锐叶柃木 *E. acuminata*、冈柃 *E. groffii*；蔷薇科 Rosaceae 台湾扁核木 *Prinsepia scandens*、蕤核 *P. uniflora*、东北扁核木 *P. sinensis*、齿叶白鹃梅 *Exochorda serratifolia*。

生物学 1年多代，成虫多见于4～10月。在山地、林缘、溪边活动，喜在湿地群集吸水，常与璃灰蝶 *C. argiola* 混合发生，数量较多。

分布 中国（黑龙江、河南、陕西、甘肃、安徽、浙江、湖北、江西、台湾、广东、重庆、四川、贵州、云南、西藏），缅甸。

大秦岭分布 河南（荥阳、新密、西峡、南召、宜阳、渑池）、陕西（临潼、蓝田、长安、鄠邑、周至、渭滨、陈仓、岐山、眉县、太白、凤县、华州、华阴、潼关、汉台、南郑、洋县、西乡、勉县、宁强、略阳、留坝、佛坪、汉滨、平利、镇坪、岚皋、紫阳、汉阴、石泉、宁陕、商州、丹凤、商南、山阳、镇安、柞水、洛南）、甘肃（两当、徽县、迭部）、湖北（南漳、保康、神农架、郧阳、竹山、竹溪、郧西）、重庆（巫溪）、四川（青川、都江堰、平武、九寨沟）。

华西璃灰蝶 *Celastrina hersilia* (Leech, [1893])

Cyaniris hersilia Leech, [1893], *Butts. Chin. Jap. Cor.*, (2): 319, pl. 31, f. 16. **Type locality**: Changyang, Hubei.

Cyaniris hersilia; Fruhstorfer, 1910a, *Stett. ent. Ztg.*, 71(2): 303.

Celastrina hersilia; Forster, 1941, *Mitt. münchn. ent. Ges.*, 31(2): 606; Chou, 1994, *Mon. Rhop. Sin.*: 681; Wang & Fan, 2002, *Butts. Faun. Sin.: Lycaenidae*: 342, 343.

Lycaenopsis hersilia; Chapman, 1909, *Proc. zool. Soc. Lond.*, (2): 471.

形态 成虫：中型灰蝶。与璃灰蝶 *C. argiola* 近似，主要区别为：前翅正面外缘带窄。雄性翅正面淡紫色，雌性白色，基部覆有蓝紫色鳞片。

寄主 豆科 Fabaceae 葛 *Pueraria lobata*、胡枝子 *Lespedeza bicolor*、紫藤 *Wisteria sinensis*。

分布 中国（河南、陕西、甘肃、安徽、浙江、湖北、江西、福建、四川、贵州、云南、西藏），尼泊尔。

大秦岭分布 河南（鲁山）、甘肃（武都、两当）、四川（青川、平武）。

熏衣璃灰蝶 *Celastrina lavendularis* (Moore, 1877)

Polyommatus lavendularis Moore, 1877b, *Ann. Mag. nat. Hist.*, (4) 20(118): 341. **Type locality**: Sri Lanka.

Cyaniris lavendularis; Moore, [1881], *Lepid. Ceylon*, 1(2): 75, pl. 34, f. 6, 6a, 7.

Celastrina lavendularis; Lewis, 1974, *Butt. World*: pl. 175, f. 16; Chou, 1994, *Mon. Rhop. Sin.*: 681; Wang & Fan, 2002, *Butts. Faun. Sin.: Lycaenidae*: 340; Vane-Wright & de Jong, 2003, *Zool. Verh. Leiden*, 343: 162; Wu & Xu, 2017, *Butts. Chin.*: 1248, f. 1250: 1-2.

形态 成虫：中型灰蝶。与大紫璃灰蝶 *C. oreas* 近似，主要区别为：两翅反面青白色。雄性翅正面紫蓝色，无白斑，外缘黑带窄；雌性前翅正面前缘、外缘有很宽的黑褐色带，翅中央有白色豆瓣形斑纹，基部到后缘散布青色鳞片。后翅反面外缘下半部黑色斑纹较大，清晰；前缘中部黑斑大而醒目。

寄主 壳斗科 Fagaceae 柯属 *Lithocarpus* spp.；槭树科 Aceraceae 灰毛槭 *Acer hypoleucum*；金虎尾科 Malpighiaceae 风筝果 *Hiptage benghalensis*；无患子科 Sapindaceae 伞花木 *Eurycorymbus cavaleriei*；豆科 Fabaceae 鹿藿 *Rhynchosia volubilis*、柔毛山黑豆 *Dumasia villosa*。

生物学 1 年多代，成虫多见于 5 ~ 9 月。常在山地、溪沟活动。

分布 中国（陕西、甘肃、安徽、浙江、福建、台湾、广东、海南、香港、广西、重庆、四川、云南），印度，缅甸，斯里兰卡，菲律宾，马来西亚，印度尼西亚。

大秦岭分布 陕西（汉台、南郑、留坝）、甘肃（麦积）、重庆（城口）、四川（都江堰）。

杉谷璃灰蝶 *Celastrina sugitanii* (Matsumura, 1919)

Lycaena sugitanii Matsumura, 1919a, *Zool. Mag. Tokyo*, 31: 173. **Type locality**: Honshu.

Celastrina sugitanii; Forster, 1941, *Mitt. münchn. ent. Ges*., 31(2): 623; Kudrna, 1974, *Atalanta*, 5: 115; Wang & Fan, 2002, *Butts. Faun. Sin.: Lycaenidae*: 344, 345; Wu & Xu, 2017, *Butts. Chin*.: 1248, f. 1250: 9-10.

形态 成虫：中型灰蝶。与大紫璃灰蝶 *C. oreas* 近似，主要区别为：两翅正面雄性淡蓝紫色；雌性淡紫白色；雄性黑褐色外缘带窄；雌性前缘及外缘黑褐色带纹宽。后翅反面中横斑列斑纹较大，黑色，分成上、中、下 3 组，各组均有 2 个清晰的斑纹；基横斑列 3 个黑色斑纹较大。

寄主 五加科 Araliaceae 日本七叶树 *Aesculus turbinata*；山茱萸科 Cornaceae 灯台树 *Cornus controversa*；豆科 Fabaceae 庭藤 *Indigofera decora*。

生物学 1 年 1 代，以蛹越冬，成虫多见于 4 ~ 6 月。

分布 中国（陕西、台湾、广东），朝鲜半岛，日本。

大秦岭分布 陕西（蓝田、长安、眉县、宁陕）。

巨大璃灰蝶 *Celastrina gigas* (Hemming, 1928)

Lycaenopsis gigas Hemming, 1928, *Proc. Ent. Soc. Lond*., 3: 29.

Celastrina gigas; Forster, 1941, *Mitt. münchn. ent. Ges*., 31(2): 608; Chou, 1994, *Mon. Rhop. Sin*.: 682; Wang & Fan, 2002, *Butts. Faun. Sin.: Lycaenidae*: 343.

形态 成虫：中型灰蝶。雄性两翅正面淡蓝紫色；外缘及顶角有宽的深褐色带。反面淡蓝白色，有成列的外缘点斑及波状的亚外缘线；中室端斑淡褐色。前翅反面亚顶角区有 2 个黑色点斑。后翅前缘基部及后缘中部各有 1 个黑色点斑。

分布 中国（甘肃、福建），印度，尼泊尔。

大秦岭分布 甘肃（麦积）。

宽缘璃灰蝶 *Celastrina perplexa* Eliot & Kawazoé, 1983

Celastrina perplexa Eliot & Kawazoé, 1983, *Butts. Lycaenopsis group*: 242, f. 181, 342-343, 358-359, 538. **Type locality**: Tatsienlou, China.

形态 成虫：中小型灰蝶。与大紫璃灰蝶 *C. oreas* 相似，主要区别为：翅外缘黑灰色带纹宽。

分布 中国（四川）。

大秦岭分布 四川（九寨沟）。

妩灰蝶属 *Udara* Toxopeus, 1928

Udara Toxopeus, 1928, *Tijdschr. Ent.*, 71: 181, 219. **Type species**: *Polyommatus dilectus* Moore, 1879.

Akasinula Toxopeus, 1928, *Tijdschr. Ent.*, 71: 181, 194. **Type species**: *Polyommatus akasa* Horsfield, [1828].

Vaga Zimmerman, 1958, *Ins. Hawaii*, 7: 491. **Type species**: *Holochila blackburni* Tuely, 1878.

Perivaga Eliot & Kawazoé, 1983, *Butts. Lycaenopsis group*: 126. **Type species**: *Candalides meeki* Bethune-Baker, 1906.

Selmanix Eliot & Kawazoé, 1983, *Butts. Lycaenopsis group*: 138. **Type species**: *Cyaniris ceyx* de Nicéville, [1893].

Penudara Eliot & Kawazoé, 1983, *Butts. Lycaenopsis group*: 152. **Type species**: *Polyommatus albocaeruleus* Moore, 1879.

Akasinula (Section *Lycaenopsis*); Eliot, 1973, *Bull. Br. Mus. nat. Hist.* (Ent.), 28(6): 449.

Vaga (Section *Lycaenopsis*); Eliot, 1973, *Bull. Br. Mus. nat. Hist.* (Ent.), 28(6): 449.

Udara (Section *Lycaenopsis*); Eliot, 1973, *Bull. Br. Mus. nat. Hist.* (Ent.), 28(6): 449; Chou, 1998, *Class. Ident. Chin. Butt.*: 253; Wang & Fan, 2002, *Butts. Faun. Sin.: Lycaenidae*: 336.

Udara (Polyommatini); Vane-Wright & de Jong, 2003, *Zool. Verh. Leiden*, 343: 160; Pelham, 2008, *J. Res. Lepid.*, 40: 244.

Udara (Lycaenopsina); Stradomsky, 2016, *Caucasian Ent. Bull.*, 12 (1): 151.

Udara; Wu & Xu, 2017, *Butts. Chin.*: 1245.

从璃灰蝶属 *Celastrina* 中分出。翅正面雄性淡蓝紫色，有金属闪光，雌性黑褐色；翅中央多有豆瓣形白色斑纹。反面白色；有黑褐色或褐色斑纹。前翅 Sc 脉比中室短，与 R_1 脉分离；

R_5 脉从中室前缘分出，不与 M_1 脉同点分出；中室长于前翅长的 1/2。

雄性外生殖器：背兜阔，倾斜后突；无囊突；抱器长或短，端部向上弯曲；阳茎粗长，弯曲，末端下方有尖刺。

寄主为忍冬科 Caprifoliaceae 及壳斗科 Fagaceae 植物。

全世界记载 20 余种，分布于东洋区、古北区及澳洲区。中国已知 3 种，大秦岭分布 2 种。

种检索表

两翅反面有亚外缘斑列 ………………………………………………………………… **妩灰蝶 *U. dilecta***

两翅反面无亚外缘斑列 ………………………………………………………… **白斑妩灰蝶 *U. albocaerulea***

白斑妩灰蝶 *Udara albocaerulea* (Moore, 1879)

Polyommatus albocaeruleus Moore, 1879, *Proc. zool. Soc. Lond.*, (1): 139. **Type locality**: India.

Cyaniris albocaeruleus; de Nicéville, [1884], *J. asiat. Soc. Bengal*, Pt.II 52 (2/4): 72, pl. 1, f. 4 ♂, 4a ♀.

Lycaenopsis albocaerulea; Chapman, 1909, *Proc. zool. Soc. Lond.*, (2): 470.

Celastrina albocaerulea; Forster, 1941, *Mitt. münchn. ent. Ges.*, 31(2): 596.

Celastrina albocaeruleus; Lewis, 1974, *Butt. World*: pl. 175, f. 10.

Udara albocaerulea; Chou, 1994, *Mon. Rhop. Sin.*: 680; Wang & Fan, 2002, *Butts. Faun. Sin.: Lycaenidae*: 337, 338; Wu & Xu, 2017, *Butts. Chin.*: 1245, f. 1247: 6-9.

形态 成虫：小型灰蝶。雌雄异型。雄性：两翅正面淡蓝紫色，有金属光泽；前翅中域以及后翅大部分区域有白色大块斑。反面白色；中室端斑条形，淡褐色。前翅正面顶角及外缘有黑色至黑褐色带纹；反面外缘点斑列及亚缘条斑列黑色至褐色。后翅正面外缘点斑列清晰或模糊。反面外缘及基部有点斑列，黑褐色；中横斑列斑纹分成上、中、下 3 组，分别为 2 个、4 个和 2 ~ 3 个斑纹。雌性：翅正面黑褐色；中央有白斑纹；基部及中后缘有淡蓝紫色闪光。反面斑纹同雄性。

卵：扁圆形；淡绿色；表面密布白色圆形突起和网状刻纹。

幼虫：淡黄色；体表密布白色点斑；背中线红褐色，两侧有黑色斑列；体节圆环形，节间深凹。

蛹：长椭圆形；褐色；表面有淡色细毛；翅区黄褐色；气孔黑色。

寄主 忍冬科 Caprifoliaceae 法国冬青 *Viburnum odoratissinum*、吕宋荚蒾 *V. luzonicum*；壳斗科 Fagaceae 茅栗 *Castanea seguinii*。

生物学 1 年多代，成虫多见于 5 ~ 10 月。常在山地出现，栖息于林缘、溪谷等环境，喜访花及地面吸水。

分布 中国（陕西、安徽、浙江、湖北、江西、福建、台湾、广东、香港、广西、重庆、四川、贵州、云南、西藏），日本，印度，尼泊尔，缅甸，越南，老挝，马来西亚。

大秦岭分布 陕西（西乡）、湖北（神农架）、重庆（巫溪）、四川（都江堰、平武）。

妩灰蝶 *Udara dilecta* (Moore, 1879)

Polyommatus dilectus Moore, 1879, *Proc. zool. Soc. Lond.*, (1): 139. **Type locality**: Nepal.

Lycaenopsis dilecta; Chapman, 1909, *Proc. zool. Soc. Lond.*, (2): 453.

Cyaniris dilectus; Fruhstorfer, 1910a, *Stett. ent. Ztg.*, 71(2): 289.

Celastrina dilecta; Forster, 1941, *Mitt. münchn. ent. Ges*., 31(2): 594; Kudrna, 1974, *Atalanta*, 5: 115.

Celastrina dilectus; de Nicéville, [1884], *J. asiat. Soc. Bengal*, Pt.II 52 (2/4): 69, pl. 1, f. 5 ♂; Lewis, 1974, *Butt. World*: pl. 175, f. 15.

Udara dilecta; Chou, 1994, *Mon. Rhop. Sin*.: 680; Wang & Fan, 2002, *Butts. Faun. Sin.: Lycaenidae*: 336, 337; Wu & Xu, 2017, *Butts. Chin*.: 1245, f. 1247: 1-5.

Udara (*Udara*) *dilecta*; Vane-Wright & de Jong, 2003, *Zool. Verh. Leiden*, 343: 160.

形态 成虫：小型灰蝶。与白斑妩灰蝶 *U. albocaerulea* 近似，主要区别为：两翅正面白色块斑小，前翅位于翅中央，后翅位于顶角与中室端斑之间；反面有淡褐色亚外缘斑列，斑纹近V形。雄性前翅正面顶角及外缘黑带狭。雌性后翅正面有淡蓝紫色闪光区，多无白色块斑。

卵：扁圆形；淡绿色；表面密布白色圆形突起和网状刻纹。

幼虫：绿色；体表密布白色点斑；头部有粉紫色斑纹；背中线紫粉色，两侧有紫粉色斑列；体节圆环形，节间深凹；腹末端粉紫色。

蛹：长椭圆形；乳黄色；体表密布黑褐色斑驳纹和淡色细毛。

寄主 壳斗科 Fagaceae 甜槠 *Castanopsis eyrei*。

生物学 1年多代，成虫多见于5～10月。喜访花及地面吸水，栖息于林缘、溪谷等环境。

分布 中国（陕西、甘肃、安徽、浙江、江西、福建、台湾、广东、海南、香港、广西、重庆、四川、贵州、云南、西藏），印度，尼泊尔，缅甸，越南，老挝，泰国，马来西亚，印度尼西亚，新几内亚岛。

大秦岭分布 陕西（太白、汉台、留坝）、甘肃（徽县、两当）、重庆（巫溪）、四川（青川、都江堰、平武）。

韫玉灰蝶属 *Celatoxia* Eliot & Kawazoé, 1983

Celatoxia Eliot & Kawazoé, 1983, *Butts. Lycaenopsis group*: 198. **Type species**: *Cyaniris albidisca* Moore, 1884.

Celatoxia; Chou, 1998, *Class. Ident. Chin. Butt*.: 252; Wang & Fan, 2002, *Butts. Faun. Sin.: Lycaenidae*: 335; Wu & Xu, 2017, *Butts. Chin*.: 1243.

近似妩灰蝶属 *Udara*。两翅正面雄性深蓝色，有金属闪光；雌性黑色至黑褐色，有白色斑。反面灰白色；斑纹深褐色至黑色。前翅 Sc 脉短，不及中室长；M_1 脉与 R_5 脉从中室上角同点分出；中室短于前翅长的 1/2，端脉弱。后翅无尾突。

雄性外生殖器：背兜发达；有横沟；钩突尖刺状；无囊突；抱器狭长；阳茎基部膨大，端半部管状，有骨片状角状器和小齿。

寄主为壳斗科 Fagaceae 植物。

全世界记载 3 种，均分布于东洋区。中国已知 1 种，大秦岭有分布。

韫玉灰蝶 *Celatoxia marginata*(de Nicéville, [1884])

Cyaniris marginata de Nicéville, [1884], *J. asiat. Soc. Bengal*, Pt.II 52 (2/4): 70, pl. 1, f. 9 ♂. **Type locality**: Sikkim.

Cyaniris marginata; Fruhstorfer, 1910a, *Stett. ent. Ztg*., 71(2): 283.

Lycaenopsis marginata; Chapman, 1909, *Proc. zool. Soc. Lond*., (2): 447; Fruhstorfer, 1917a, *Archiv Naturg*., 82A(1): 33.

Celatoxia marginata; Chou, 1994, *Mon. Rhop. Sin*.: 679; Wang & Fan, 2002, *Butts. Faun. Sin.: Lycaenidae*: 335-336; Wu & Xu, 2017, *Butts. Chin*.: 1243, f. 1244: 9-13.

形态 成虫：小型灰蝶。雌雄异型。雄性：两翅正面深蓝色，有金属光泽。反面灰白色，斑纹褐色至黑灰色，圈纹白色；中室端斑 V 形，褐色；亚外缘斑列近 V 形。前翅正面前缘、顶角及外缘有黑色至黑褐色带纹；中央有白色不规则形斑纹，形状、大小变化大。反面外缘斑列斑纹近梭形；亚缘斑列斑纹错位排列，端部斑纹弧形内移。后翅正面外缘点斑列清晰或模糊；顶角与中室端斑之间有 1 个大白斑。反面外缘及基部有圆形斑列，黑褐色；中横斑列斑纹分成上、中、下 3 组，分别为 2 个、4 个和 2 ~ 3 个斑纹。雌性：两翅正面黑褐色；中央有白色豆瓣形斑纹；基部及中后缘有蓝紫色闪光；其余斑纹同雄性。

寄主 壳斗科 Fagaceae 大叶石栎 *Lithocarpus megalophyllus*、刺叶高山栎 *Quercus spinosa*。

生物学 1 年多代，成虫多见于 3 ~ 10 月。喜访花，栖息于林缘、溪谷等环境。

分布 中国（甘肃、重庆、台湾、海南、云南、西藏），印度，缅甸，越南，老挝，马来西亚。

大秦岭分布 甘肃（徽县）、重庆（城口）。

一点灰蝶属 *Neopithecops* Distant, 1884

Neopithecops Distant, 1884, *Rhop. Malayana*: 197, 209. **Type species**: *Pithecops dharma* Moore, [1881].

Parapithecops Moore, 1884a, *J. asiat. Soc. Bengal*, Pt.II 53 (1): 20. **Type species**: *Parapithecops gaura* Moore, 1884.

Papua Röber, [1892], *In*: Staudinger & Schatz, *Exot. Schmett*., 2(6): 273 (preocc. *Papua* Ragonot, 1889). **Type species**: *Plebeius lucifer* Röber, [1886].

Parapithecops (Section *Lycaenopsis*); Eliot, 1973, *Bull. Br. Mus. nat. Hist.* (Ent.), 28(6): 449.

Neopithecops (Section *Lycaenopsis*); Eliot, 1973, *Bull. Br. Mus. nat. Hist.* (Ent.), 28(6): 449; Chou, 1998, *Class. Ident. Chin. Butt.*: 255; Wang & Fan, 2002, *Butts. Faun. Sin.: Lycaenidae*: 348.

Neopithecops (Polyommatini); Vane-Wright & de Jong, 2003, *Zool. Verh. Leiden*, 343: 158.

Neopithecops (Lycaenopsina); Stradomsky, 2016, *Caucasian Ent. Bull*., 12(1): 151.

Neopithecops; Wu & Xu, 2017, *Butts. Chin*.: 1249.

两翅正面深褐色；反面白色至灰白色。后翅反面前缘有 1 个明显的黑褐色圆斑。前翅 Sc 脉和中室一样长，与 R_1 脉不接触；M_1 脉与 R_5 脉从不同点分出。

雄性外生殖器：背兜发达，向下弯曲，末端截形；无囊突；抱器管状，末端钝，向上弯曲；阳茎细长。

寄主为芸香科 Rutaceae 植物。

全世界记载 5 种，分布于东洋区。中国已知 1 种，大秦岭有分布。

一点灰蝶 *Neopithecops zalmora* (Butler, [1870])

Pithecops zalmora Butler, [1870]b, *Cat. diurn. Lep. Fabricius*: 161. **Type locality**: Moulmein, Burma.

Parapithecops gaura Moore, 1884a, *J. asiat. Soc. Bengal*, Pt.II 53 (1): 20. **Type locality**: Calcutta; Assam.

Pithecops todara (Fruhstorfer, 1922), *In*: Seitz, *Gross-Schmett. Erde*, 9: 880.

Neopithecops zalmora; Druce, 1895, *Proc. zool. Soc. Lond*., (3): 570; Druce, 1896, *Proc. zool. Soc. Lond*., (3): 655; Lewis, 1974, *Butt. World*: pl. 179, f. 23; Chou, 1994, *Mon. Rhop. Sin*.: 682; Wang & Fan, 2002, *Butts. Faun. Sin.: Lycaenidae*: 348-349; Wu & Xu, 2017, *Butts. Chin*.: 1249, f. 1250: 15-17.

Pithecops (*Neopithecops*) *zalmora*; Fruhstorfer, 1919, *Archiv Naturg*., 83 A(1): 83.

形态 成虫：中小型灰蝶。两翅正面深褐色。反面白色至灰白色；斑纹多褐色；外缘斑列斑纹近菱形；亚外缘线波状；中室端斑细。前翅正面中央有边界模糊的白色斑纹。反面前缘点斑列位于前缘中部；亚缘斑列斑纹条形。后翅反面前缘中部有 1 个显著的黑色圆斑；外横斑列弧形，淡褐色；基横斑列由 3 个黑色圆斑组成。

卵：扁圆形；淡绿色；表面密布白色圆形突起和网状刻纹。

幼虫：绿色；背中线墨绿色；节间有淡黄色线纹；体表有白色细毛和点斑。

蛹：长椭圆形；绿色；胸腹背面弧形突起，淡黄色，表面散布黑褐色斑驳纹。

寄主 芸香科 Rutaceae 山小橘 *Glycosmis pentaphylla*。

生物学 1 年多代，成虫多见于 4 ~ 9 月。飞行速度较慢，栖息于低海拔林间阴暗处，喜访花，偶见在地面吸水。

分布 中国（陕西、福建、台湾、广东、海南、香港、广西、贵州、云南），印度，缅甸，越南，老挝，泰国，斯里兰卡，孟加拉国，马来西亚。

大秦岭分布 陕西（岚皋）。

甜灰蝶属组 *Glaucopsyche* Section

Section *Glaucopsyche* (Polyommatini); Eliot, 1973, *Bull. Br. Mus. nat. Hist.* (Ent.), 28(6): 449; Chou, 1998, *Class. Ident. Chin. Butt.*: 255; Ugelvig *et al.*, 2011, *Molec. Phyl. Evol.*, 61: 238; Wang & Fan, 2002, *Butts. Faun. Sin.: Lycaenidae*: 350, 351.

Scolitantidina (Polyommatini); Stradomsky, 2016, *Caucasian Ent. Bull.*, 12(1): 151.

眼光滑或有毛。前翅 Sc 脉与 R_1 脉分离。后翅中室端脉中部略尖出；无尾突。发香鳞片状。

该属组全世界记载 85 种，分布于古北区、新北区、东洋区及非洲区。中国记录 21 种，大秦岭分布 12 种。

属检索表

1. 后翅反面端部有橙色带纹 ······ 2
   后翅反面端部无橙色带纹 ······ 4
2. 前翅反面中室中部无黑色斑纹 ······ **扫灰蝶属 *Subsulanoides***
   前翅反面中室中部有黑色斑纹 ······ 3
3. 后翅反面基部覆有淡蓝色鳞片 ······ **欣灰蝶属 *Shijimiaeoides***
   后翅反面基部无淡蓝色鳞片 ······ **珞灰蝶属 *Scolitantides***
4. 两翅白色；反面散布数列黑色斑纹 ······ **白灰蝶属 *Phengaris***
   两翅不如上述 ······ 5
5. 前翅反面亚缘 m_3 及 cu_1 室黑色斑极大 ······ **靛灰蝶属 *Caerulea***
   前翅反面亚缘 m_3 及 cu_1 室黑色斑正常 ······ 6
6. 两翅反面端缘无斑列 ······ **戈灰蝶属 *Glaucopsyche***
   两翅反面端缘有斑列 ······ **霾灰蝶属 *Maculinea***

靛灰蝶属 *Caerulea* Forster, 1938

Caerulea Forster, 1938, *Mitt. Münch. ent. Ges*., 28(2): 108. **Type species**: *Lycaena coeligena* var. *coelestis* Alphéraky, 1897.

Caerulea (Polyommatini); Eliot, 1973, *Bull. Br. Mus. nat. Hist.* (Ent.), 28(6): 449.

Caerulea (Section *Glaucopsyche*); Eliot, 1973, *Bull. Br. Mus. nat. Hist.* (Ent.), 28(6): 449; Chou, 1998, *Class. Ident. Chin. Butt*.: 256; Ugelvig *et al*., 2011, *Molec. Phyl. Evol*., 61: 238; Wang & Fan, 2002, *Butts. Faun. Sin.: Lycaenidae*: 355.

Caerulea (Polyommatinae); Schröder, 2006, *Nachr. Ent. Ver. Apollo NF*, 27(3): 99.

Caerulea (Scolitantidina); Stradomsky, 2016, *Caucasian Ent. Bull.*, 12 (1): 151.

Caerulea; Wu & Xu, 2017, *Butts. Chin*.: 1256.

两翅正面青蓝色，有金属光泽；反面灰褐色。前翅亚缘有 1 列黑色大斑，圈纹白色。后翅反面有模糊斑列。前翅外缘弧形；Sc 脉与 R_1 脉分离，和中室一样长；M_1 脉与 R_5 脉均从中室上端角分出。后翅中室端脉连接在 R_5 脉与 M_1 脉的分叉点。无尾突。

雄性外生殖器：背兜宽大，向后突出；颚突发达；囊突短；抱器阔，端背部有尖钩状突起；阳茎粗短，角状突发达。

寄主为龙胆科 Gentianaceae 植物。

全世界记载 3 种，分布于古北区及东洋区。中国均有记录，大秦岭分布 2 种。

种检索表

雄性前翅反面 m_2 室有黑色圆斑 ·· **扣靛灰蝶 *C. coelestis***

雄性前翅反面 m_2 室无黑色圆斑 ·· **靛灰蝶 *C. coeligena***

靛灰蝶 *Caerulea coeligena* (Oberthür, 1876)（图版 25：78—79）

Lycaena coeligena Oberthür, 1876, *Étud. d'Ent*., 2: 21, pl. 1, f. 3a-b.

Lycaena coeligena; Leech, [1893], *Butts. Chin. Jap. Cor*., 2: 312; Seitz, 1906, *Macrolep*., 1: 320; Wu, 1938, *Cat. Ins. Sin*., 4: 919.

Caerulea coeligena; Bridges, 1988a, *Cat. Lyc. Rio*., 2: 18; D'Abrera, 1993, *Butts. Hol. Reg*., 3: 482; Chou, 1994, *Mon. Rhop. Sin*.: 683; Wang & Fan, 2002, *Butts. Faun. Sin.: Lycaenidae*: 355, 356; Wu & Xu, 2017, *Butts. Chin*.: 1256, f. 1259: 1-2.

Maculinea coeligena; Huang, 1943, *Notes d'Ent. Chin*., 10(3): 126.

形态 成虫：中型灰蝶。雌雄异型。两翅正面青蓝色，有金属光泽。反面灰褐色；斑纹黑色，圈纹白色；中室端斑条形；亚外缘斑列褐色，时有模糊。雄性：前翅外缘弧形；顶角略尖；正面顶角和外缘黑色带窄；反面亚缘斑列斑纹仅达 m_3 室，m_3 与 cu_1 室 2 个斑最大。后翅正面前缘与后缘灰色。反面斑纹均较模糊；黑色中横斑列及基横斑列斑纹圆点状，错位排列；rs 室基部有 1 个点状斑纹。雌性：前翅正面前缘、外缘和后翅正面前缘有黑色宽带；前翅反面亚缘 m_1 与 m_2 室有黑色圆斑；其余斑纹同雄性。

寄主 龙胆科 Gentianaceae 笔龙胆 *Gentiana zollingeri*。

生物学 1 年 1 代，成虫多见于 4 ~ 7 月。

分布 中国（河南、陕西、甘肃、湖北、重庆、四川、云南），泰国。

大秦岭分布 河南（内乡）、陕西（长安、鄠邑、周至、太白、华州、华阴、潼关、汉台、洋县、留坝、平利、汉阴、宁陕、商州、镇安、柞水、洛南）、甘肃（麦积、徽县、两当）、湖北（神农架）、重庆（巫溪）、四川（平武）。

扣靛灰蝶 *Caerulea coelestis* (Alphéraky, 1897)

Lycaena coeligena var. *coelestis* Alphéraky, 1897, *In*: Romanoff, *Mém. Lép*., 9: 113.

Caerulea coelestis; Wang & Fan, 2002, *Butts. Faun. Sin.: Lycaenidae*: 356, 357; Wu & Xu, 2017, *Butts. Chin*.: 1256, f. 1259: 3; Huang & Cao, 2019, *Neue Ent. Nachr*., 78: 257.

形态 成虫：中型灰蝶。雌雄异型。与靛灰蝶 *C. coeligena* 相似，主要区别为：雄性翅正面几乎全为带有金属光泽的青蓝色；反面色较深，灰褐色。前翅反面 m_2 室有 1 个黑色圆斑。后翅反面中横斑列模糊不清。

生物学 1 年 1 代，成虫多见于 5 ~ 8 月。喜栖息于山地阔叶林。

分布 中国（河南、陕西、四川、云南、西藏）。

大秦岭分布 陕西（西乡）。

霾灰蝶属 *Maculinea* van Eecke, 1915

Maculinea van Eecke, 1915, *Zool. Meded. Leiden*, 1(3): 28. **Type species**: *Papilio alcon* Denis & Schiffermüller, 1775.

Maculinea (Polyommatini); Eliot, 1973, *Bull. Br. Mus. nat. Hist.* (Ent.), 28(6): 449.

Argus Boisduval, 1832, *In*: d'Urville, *Voy. Astrolabe* (*Faune ent. Pacif.*), 1: 49. **Type species**: *Papilio alcon* Denis & Schiffermüller, 1775.

Maculinea (Section *Glaucopsyche*); Eliot, 1973, *Bull. Br. Mus. nat. Hist.* (Ent.), 28(6): 449; Chou, 1998,

Class. Ident. Chin. Butt.: 256; Ugelvig *et al*., 2011, *Molec. Phyl. Evol*., 61: 238; Wang & Fan, 2002, *Butts. Faun. Sin.: Lycaenidae*: 351.

Maculinea (*Phengaris*); Korb & Bolshakov, 2011, *Eversmannia Suppl*., 2: 81.

Maculinea (Scolitantidina); Stradomsky, 2016, *Caucasian Ent. Bull*., 12 (1): 151.

Maculinea; Wu & Xu, 2017, *Butts. Chin*.: 1251.

复眼裸露。翅褐色，有蓝紫色闪光；反面有黑色点斑列。前翅 Sc 脉比中室长；Sc 脉与 R_1 脉分离；R_4 脉与 R_5 脉共柄，自中室末端分出；R_5 脉在中室上端角前分出。后翅中室端脉连接在 M_1 脉上。

雄性外生殖器：背兜大，向后突出；颚突发达；囊突短；抱器宽大，末端变细，端背部有突起；阳茎粗短，角状突发达。

寄主为唇形科 Lamiaceae 及蔷薇科 Rosaceae 植物。

全世界记载 8 种，主要分布于古北区。中国记录 6 种，大秦岭分布 5 种。

种检索表

1. 前翅反面外横斑列斑纹方形或长方形，多相连 …… 2
   前翅反面外横斑列斑纹圆形，分离 …… 3
2. 翅反面灰白色；前翅反面 cu_1 室斑长方形 …… **大斑霾灰蝶 *M. arionides***
   翅反面棕色；前翅反面 cu_1 室斑方形 …… **蓝底霾灰蝶 *M. cyanecula***
3. 前翅反面外横斑列近弧形排列 …… **胡麻霾灰蝶 *M. teleia***
   前翅反面外横斑列近问号形排列 …… 4
4. 前翅反面外横斑列中上部弱弧形 …… **斑霾灰蝶 *M. sinalcon***
   前翅反面外横斑列中上部强弧形 …… **嘎霾灰蝶 *M. arion***

胡麻霾灰蝶 *Maculinea teleia* (Bergsträsser, [1779])

Papilio teleius Bergsträsser, [1779], *Nomen. Ins*., 2: 71, pl. 43, f. 4. **Type locality**: Hanau-Munzberg, Germany.

Papilio diomedes Rottemburg, 1775, *Der Naturforscher*, 6: 26, n. 14 (preocc. Linnaeus).

Papilio telegonus Bergsträsser, [1779], *Nomen. Ins*., 2: 72, pl. 4, f. 1-2.

Papilio arctophylas Bergsträsser, [1779], *Nomen. Ins*., 3: pl. 51, f. 1-2.

Papilio arctophonus Bergsträsser, [1779], *Nomen. Ins*., 3: pl. 53, f. 7-8.

Papilio argiades Fabricius, 1787, *Mant. Insect*., 2: 76.

Papilio euphemus Hübner, 1800, *Samml. eur. Schmett*., [1]: pl. 54, f. 257-259.

Lycaena euphemus unicolor Vorbrodt & Müller-Rutz, 1911, *Die Schmett. Schweiz*, 1: 155.

Maculinea teleia; Chou, 1994, *Mon. Rhop. Sin*.: 684; Wang & Fan, 2002, *Butts. Faun. Sin.: Lycaenidae*: 353, 354; Wu & Xu, 2017, *Butts. Chin*.: 1252, f. 1253: 8-11.

Maculinea teleius; Sibatani, Saigusa & Hirowatari, 1994, *Tyô Ga*, 44(4): 202; Lewis, 1974, *Butt. World*: pl.10, f. 5.

Phengaris (*Maculinea*) *teleius*; Korb & Bolshakov, 2011, *Eversmannia Suppl*., 2: 81.

形态 成虫：中型灰蝶。翅色和斑纹多变化，斑纹有白色圈纹。两翅正面深褐色，雄性有蓝紫色闪光；斑纹多黑褐色，斑驳，多为反面斑纹的透射；外缘带黑褐色。反面棕色至淡棕色，端缘色稍深；外缘斑纹较模糊；亚外缘斑列与外横斑列近平行排列，黑褐色，斑纹点状；中室中部黑色圆斑有或无。

卵：初产青绿色。

幼虫：赤褐色；气门黑色。

蛹：淡褐色。

寄主 蔷薇科 Rosaceae 细叶地榆 *Sanguisorba tenuifolia*、地榆 *S. officinalis*、白山地榆 *S. hakusanensis*。

生物学 1年1代，以幼虫越冬，成虫多见于7~8月。卵常聚产于花穗中。幼虫与蚁共巢。

分布 中国（黑龙江、吉林、内蒙古、北京、河北、山西、山东、河南、陕西、甘肃、青海、四川），俄罗斯，朝鲜，日本，欧洲。

大秦岭分布 河南（灵宝）、陕西（太白、凤县、宁陕、商州）、甘肃（麦积、秦州、迭部、碌曲）、四川（九寨沟）。

斑霾灰蝶 *Maculinea sinalcon* Murayama, 1992

Maculinea sinalcon Murayama, 1992, *Nature Ins*., 27(5): 37.

Maculinea teleius sinalcon; Sibatani, Saigusa & Hirowatari, 1994, *Tyô Ga*, 44(4): 206.

Maculinea teleia sinalcon; Chou, 1994, *Mon. Rhop. Sin*.: 684; Wang & Fan, 2002, *Butts. Faun. Sin.: Lycaenidae*: 354.

形态 成虫：小型灰蝶。与胡麻霾灰蝶 *M. teleia* 近似，主要区别为：个体较小。翅色较深。前翅反面外横斑列近问号形排列。

分布 中国（黑龙江、甘肃、青海）。

大秦岭分布 甘肃（武山、漳县）。

嘎霾灰蝶 *Maculinea arion* (Linnaeus, 1758)

Papilio arion Linnaeus, 1758, *Syst. Nat.* (Edn 10): 1. **Type locality**: Nurnberg, Germany.

Papilio telegone Bergsträsser, [1779], *Nomen. Ins*., 3: 8, pl. 52, f. 5-6.

Lycaena arthurus Melvill, 1873, *Ent. mon. Mag*., 9: 263. **Type locality**: Chamounix.

Nomiades obsoleta (Frohawk, 1914), *Brit. Butts*.: pl. 54, f. 23.

Lycaena arion aglaophon Fruhstorfer, 1915a, *Soc. ent*., 30(12): 68. **Type locality**: Pyrenees.

Lycaena arion sosinomus Fruhstorfer, 1915a, *Soc. ent*., 30(12): 68. **Type locality**: Tian-Shan.

Lycaena vernetensis (Oberthür, 1916), *Étud. Lépid. Comp*., 12(1): 486.

Lycaena arion australpina Verity, 1924, *Ent. Rec. J. Var*., 36: 109.

Lycaena schmidti (Kardakoff, 1928), *Ent. Mitt*., 17(4): 272.

Lycaena arion sabinorum Dannehl, 1933, *Ent. Zs*., 46(23): 246.

Lycaena arion obscura; Fruhstorfer, 1917b, *Dt. ent. Z. Iris*, 31(1/2): 30.

Maculinea arion; Lewis, 1974, *Butt. World*: pl. 10, f. 4; Chou, 1994, *Mon. Rhop. Sin*.: 683; Sibatani, Saigusa & Hirowatari, 1994, *Tyô Ga*, 44(4): 179; Wang & Fan, 2002, *Butts. Faun. Sin.: Lycaenidae*: 351, 352; Wu & Xu, 2017, *Butts. Chin*.: 1252, f. 1253: 5-7.

Phengaris (*Maculinea*) *arion*; Korb & Bolshakov, 2011, *Eversmannia Suppl*., 2: 82.

形态　成虫：小型灰蝶。与胡麻霾灰蝶 *M. teleia* 近似，主要区别为：两翅反面端缘有 3 列清晰斑纹。雄性前翅正面外缘的黑褐色带极窄。反面外横斑列近问号形排列；中室中部有黑色点斑。

寄主　唇形科 Lamiaceae 百里香 *Thymus mongolicus*。

生物学　1 年 1 代，成虫多见于 7 ~ 8 月。栖息于林下草地和草甸环境。

分布　中国（黑龙江、内蒙古、甘肃、青海），俄罗斯，朝鲜，欧洲。

大秦岭分布　甘肃（武山、文县、迭部、碌曲、漳县）。

大斑霾灰蝶 *Maculinea arionides* (Staudinger, 1887)

Lycaena arionides Staudinger, 1887, *In*: Romanoff, *Mém. Lép*., 3: 141, pl. 7, f. 1a-c. **Type locality**: Vladivostok.

Maculinea arionides; Lewis, 1974, *Butt. World*: pl. 206, f. 14; Chou, 1994, *Mon. Rhop. Sin*.: 684; Sibatani, Saigusa & Hirowatari, 1994, *Tyô Ga*, 44(4): 192; Wang & Fan, 2002, *Butts. Faun. Sin.: Lycaenidae*: 352; Wu & Xu, 2017, *Butts. Chin*.: 1251, f. 1253: 2.

Phengaris (*Maculinea*) *arionides*; Korb & Bolshakov, 2011, *Eversmannia Suppl*., 2: 82.

形态　成虫：中型灰蝶。翅色和斑纹多变化，斑纹有白色圈纹。两翅斑纹多黑褐色。正面褐色，有淡紫蓝色闪光；外缘带黑褐色。反面灰白色；外缘斑列及亚外缘斑列近平行排列，斑纹点状。前翅正面外横斑带宽，斑纹近楔形，中上部斑纹紧密相连；中室端斑块状，中部有 1 个黑褐色斑纹。反面外横斑列斑纹稍小；其余斑纹同前翅正面。后翅正面外缘及亚外缘各有 1 列圆斑；中横斑列近 V 形，斑纹圆形；中室端斑近 V 形。反面基横斑列斑纹圆形；基部散布蓝色鳞片；其余斑纹同后翅正面，但斑纹较清晰。

寄主 唇形科 Lamiaceae 毛果香茶菜 *Isodon trichocarpus*、尾叶香茶菜 *I. excisa*、香茶菜 *I. japonicus*。

生物学 1 年 1 代，成虫多见于 6 ~ 7 月。喜访花。

分布 中国（黑龙江、吉林、辽宁、河南、甘肃、山西、四川），俄罗斯，朝鲜，日本。

大秦岭分布 甘肃（麦积、武山、碌曲、漳县）。

蓝底霾灰蝶 *Maculinea cyanecula* (Eversmann,1848)

Lycaena cyanecula Eversmann, 1848, *Bull. Soc. imp. Nat. Moscou*, 21(3): 207. **Type locality**: Kiachta im östlichen Sibirien [Kyakhta, Buryatia].

Lycaena arion cyanecula; Fruhstorfer, 1915a, *Soc. ent*., 30(12): 68.

Maculinea arion cyanecula; Chou, 1994, *Mon. Rhop. Sin*.: 683.

Phengaris (*Maculinea*) *cyanecula*; Korb & Bolshakov, 2011, *Eversmannia Suppl*., 2: 82.

Maculinea cyanecula; Wang & Fan, 2002, *Butts. Faun. Sin.: Lycaenidae*: 352, 353; Wu & Xu, 2017, *Butts. Chin*.: 1252, f. 1253: 3-4.

形态 成虫：小型灰蝶。与大斑霾灰蝶 *M. arionides* 近似，主要区别为：两翅正面有蓝紫色闪光。前翅反面外横斑列斑纹方形。

寄主 唇形科 Lamiaceae 岩青兰 *Dracocephalum rupestre*。

生物学 1 年 1 代，成虫多见于 7 月。喜访花。

分布 中国（北京、内蒙古、河北、甘肃、青海），蒙古。

大秦岭分布 甘肃（麦积、礼县）。

戈灰蝶属 *Glaucopsyche* Scudder, 1872

Glaucopsyche Scudder, 1872, *Ann. Rep. Peabody Acad. Sci*., (1871) 4th: 54. **Type species**: *Polyommatus lygdamus* Doubleday, 1841.

Glaucopsyche; Wu & Xu, 2017, *Butts. Chin*.: 1257.

Phaedrotes Scudder, 1876, *Bull. Buffalo Soc. nat. Sci*., 3: 115. **Type species**: *Lycaena catalina* Reakirt, 1866.

Apelles Hemming, 1931, *Trans. ent. Soc. Lond*., 79(2): 323.

Bajluana Korshunov & Ivonin, 1990, *Nov. Maloizv. Vid. Faun. Sib.*, 22: 69. **Type species**: *Lycaena argali* Elwes, 1899.

Bajluana (Lampidini); Korb & Bolshakov, 2011, *Eversmannia Suppl.*, 2: 81.

Phaedrotes (Section *Glaucopsyche*); Eliot, 1973, *Bull. Br. Mus. nat. Hist.* (Ent.), 28(6): 449.

Apelles (Section *Glaucopsyche*); Eliot, 1973, *Bull. Br. Mus. nat. Hist.* (Ent.), 28(6): 449.

Glaucopsyche (Section *Glaucopsyche*); Eliot, 1973, *Bull. Br. Mus. nat. Hist.* (Ent.), 28(6): 449; Ugelvig *et al.*, 2011, *Molec. Phyl. Evol.*, 61: 238; Wang & Fan, 2002, *Butts. Faun. Sin.: Lycaenidae*: 360, 361.

Glaucopsyche (Polyommatini); Pelham, 2008, *J. Res. Lepid.*, 40: 252.

Glaucopsyche (Lampidini); Korb & Bolshakov, 2011, *Eversmannia Suppl.*, 2: 80.

Glaucopsyche (Scolitantidina); Stradomsky, 2016, *Caucasian Ent. Bull.*, 12(1): 151.

眼被毛。翅正面雄性蓝紫色，雌性褐色；反面灰白色至棕灰色；缘斑退化或消失。前翅 Sc 脉与 R_1 脉分离；R_5 脉从中室前缘近顶角处分出，到达翅前缘近顶角处；M_1 脉从中室上端角分出，与 R_5 脉相距近。

雄性外生殖器：背兜宽大；囊突短小；抱器长阔，端背部有尖钩状突起；阳茎粗短，角状突发达。

寄主为豆科 Fabaceae 植物。

全世界记载 13 种，分布于古北区、东洋区、新北区及非洲区。中国记录 2 种，大秦岭分布 1 种。

黎戈灰蝶 *Glaucopsyche lycormas* (Butler, 1866)（图版 26：80—81）

Polyommatus lycormas Butler, 1866, *J. Linn. Soc. Zool. Lond.*, 9(34): 57. **Type locality**: Hakodate, Japan.

Glaucopsyche lycormas; Kudrna, 1974, *Atalanta*, 5: 113; Lewis, 1974, *Butt. World*: pl. 205, f. 32; Korb & Bolshakov, 2011, *Eversmannia Suppl.*, 2: 81; Wang & Fan, 2002, *Butts. Faun. Sin.: Lycaenidae*: 362; Wu & Xu, 2017, *Butts. Chin.*: 1257, f. 1259: 4-8.

形态　成虫：中小型灰蝶。两翅正面雄性蓝紫色，雌性褐色；端缘黑褐色。反面灰白色至棕灰色；斑纹多圆形，黑色，有白色圈纹；中室端斑浅 V 形；亚缘斑列前翅弱弧形排列，后翅近 V 形排列。后翅反面基部密被天蓝色鳞片；$sc+r_1$ 室基部有 1 个黑色圆形斑纹。

寄主　豆科 Fabaceae 野豌豆 *Vicia sepium*、蚕豆 *V. faba* 等。

生物学　1 年 1 代，成虫多见于 4 ~ 6 月。喜访花，常在林区活动。

分布　中国（黑龙江、吉林、内蒙古、北京、河南、陕西、宁夏、甘肃、青海、新疆、湖北、四川、贵州），日本，朝鲜。

大秦岭分布 陕西（周至、眉县、太白、南郑、城固、西乡、留坝、山阳、镇安）、甘肃（麦积、漳县）、湖北（武当山）、四川（九寨沟）。

白灰蝶属 *Phengaris* Doherty, 1891

Phengaris Doherty, 1891, *J. asiat. Soc. Bengal*, (2) 61(1): 36. **Type species**: *Lycaena aroguttata* Oberthür, 1876.

Phengaris (Section *Glaucopsyche*); Eliot, 1973, *Bull. Br. Mus. nat. Hist.* (Ent.), 28(6): 449; Chou, 1998, *Class. Ident. Chin. Butt.*: 256; Ugelvig, Vila, Pierce & Nash, 2011, *Molec. Phyl. Evol.*, 61: 238; Wang & Fan, 2002, *Butts. Faun. Sin.: Lycaenidae*: 358.

Phengaris (Lampidini); Korb & Bolshakov, 2011, *Eversmannia Suppl.*, 2: 81.

Phengaris (Scolitantidina); Stradomsky, 2016, *Caucasian Ent. Bull.*, 12(1): 151.

Phengaris; Wu & Xu, 2017, *Butts. Chin.*: 1254.

雌雄异型。翅白色；反面散布数列黑色斑纹；易于与其他属区别。前翅外缘弧形；Sc 脉比中室短；R_5 脉与 M_1 脉从中室上端角同点分出。后翅中室端脉连在 M_1 脉上。雄性翅正面有铲状发香鳞。

雄性外生殖器：背兜发达，畸形，向后突出；颚突小；无囊突；抱器大，长方形，端缘有刺突；阳茎粗壮，有角状器，末端有尖突。

寄主为唇形科 Lamiaceae 植物。

全世界记载 4 种，分布于东洋区。中国记录 3 种，大秦岭分布 1 种。

白灰蝶 *Phengaris atroguttata* (Oberthür, 1876)

Lycaena atroguttata Oberthür, 1876, *Étud. d'Ent.*, 2: 21, pl. 1, f. 4a-b.

Cupido hiemalis (Niepelt, 1934), *Int. Ent. Zs.*, 28(6): 54. **Type locality**: "Formosa" [Taiwan, China].

Phengaris atroguttata; Lewis, 1974, *Butt. World*: pl. 206, f. 22; Chou, 1994, *Mon. Rhop. Sin.*: 684; Wang & Settele, 2010, *ZooKeys*, 48: 25 (key) ; Wang & Fan, 2002, *Butts. Faun. Sin.: Lycaenidae*: 359, 360; Wu & Xu, 2017, *Butts. Chin.*: 1254, f. 1255: 1-5.

形态 成虫：中大型灰蝶。两翅缘毛黑白相间。正面白色，有淡青蓝色金属光泽；斑纹多为反面斑纹的透射。反面白色；斑纹黑色。前翅正面黑色外缘带宽，未达臀角；亚顶区有 2～3 个斑纹。反面外缘与亚外缘斑列未达后缘，亚外缘斑纹近方形；外横斑列问号形；中室端半部有 2 个斑纹。后翅正面外缘线黑色。反面端缘 2 列斑纹平行排列；中横斑列 V 形；基部有 4 个斑纹；中室端斑近半圆形。雌性两翅正面淡青蓝色金属光泽少。前翅正面中横斑列问号形。后翅正面端缘有 2 列斑纹近平行排列；中横斑列 V 形；其余斑纹同雄性。

寄主 唇形科 Lamiaceae 疏花风轮菜 *Clinopodium laxiflorum*。

生物学 1 年 1 代，成虫多见于 5 ~ 9 月。栖息于山区阔叶林。低龄幼虫植食性。高龄幼虫居于蚁巢，以蚂蚁幼虫为食。

分布 中国（河南、陕西、台湾、重庆、四川、贵州、云南），印度，缅甸。

大秦岭分布 河南（栾川）、陕西（商南）、重庆（巫溪）、四川（青川、平武、汶川）。

珞灰蝶属 *Scolitantides* Hübner, [1819]

Scolitantides Hübner, [1819], *Verz. bek. Schmett.*, (5): 68. **Type species**: *Papilio battus* Denis & Schiffermüller, 1775.

Scolitantides (Section *Glaucopsyche*); Eliot, 1973, *Bull. Br. Mus. nat. Hist.* (Ent.), 28(6): 449; Chou, 1998, *Class. Ident. Chin. Butt.*: 257, 258; Wang & Fan, 2002, *Butts. Faun. Sin.: Lycaenidae*: 363; Ugelvig *et al*., 2011, *Molec. Phyl. Evol.*, 61: 238.

Scolitantides (Lampidini); Korb & Bolshakov, 2011, *Eversmannia Suppl.*, 2: 80.

Scolitantides (Scolitantidina); Stradomsky, 2016, *Caucasian Ent. Bull.*, 12(1): 151.

Scolitantides; Wu & Xu, 2017, *Butts. Chin.*: 1257.

两翅缘毛黑白相间；正面黑褐色；反面灰白色，具清晰的黑斑。后翅反面端缘橙色斑带鲜艳。前翅外缘弧形；Sc 脉与中室等长；R_5 脉从中室前缘分出，到达翅前缘顶角附近；M_1 脉从中室上端角分出。后翅前缘平直；Sc+R_1 脉很长，到达后翅顶角附近；中室端脉连在 M_1 脉上。

雄性外生殖器：背兜向下倾斜；颚突小；无囊突；抱器长椭圆形，腹缘有细齿；阳茎粗短。

寄主为景天科 Crassulaceae 植物。

全世界记载 3 种，分布于古北区。中国已知 1 种，大秦岭有分布。

珞灰蝶 *Scolitantides orion* (Pallas, 1771)（图版 27：84—85）

Papilio orion Pallas, 1771, *Reise Russ. Reich.*, 1: 471. **Type locality**: [Krymza River, Syzransky Distr., Samara region, Russia].

Scolitantides orion; Lewis, 1974, *Butt. World*: pl. 10, f. 28-29; Chou, 1994, *Mon. Rhop. Sin.*: 685; Korb & Bolshakov, 2011, *Eversmannia Suppl.*, 2: 80; Yakovlev, 2012, *Nota lepid.*, 35(1): 71; Wang & Fan, 2002, *Butts. Faun. Sin.: Lycaenidae*: 364; Wu & Xu, 2017, *Butts. Chin.*: 1257, f. 1259: 9-11.

形态 成虫：中小型灰蝶。两翅缘毛黑白相间。正面黑褐色，有蓝紫色光泽；外缘眼斑列蓝色，黑色瞳点大，其余斑纹为反面斑纹的映射。反面灰白色；中室端斑大。前翅反面端缘有 2 列黑色斑纹，其中外侧 1 列斑纹圆形，内侧 1 列斑纹近方形；外横斑列近 S 形；中室中部及其下方各有 1 个黑色斑纹。后翅反面外缘及亚缘斑列黑色；亚外缘斑列由相连的橙色 U 形纹组成；中横斑列 V 形，与亚缘斑列极靠近；基横斑列由 4 个斑纹组成；翅基部及后缘基部各有 1 个黑色斑纹。

卵：扁平；表面有网状刻纹；初产黄绿色，后变为白色，孵化前灰白色。

幼虫：体色因环境而改变，老熟幼虫黑褐色或暗绿色。

蛹：黑褐色。

寄主 景天科 Crassulaceae 欧紫八宝 *Hylotelephium telephium*、黄花景天 *H. ewersii*、费菜 *Sedum aizoon*、紫景天 *S. telephium*、杂交景天 *S. hybridum*、瓦松 *Orostachys fimbriata*。

生物学 1 年 2 代，以蛹越冬，成虫多见于 4～9 月。飞行较缓慢，喜访花，常在林缘、溪边、草灌丛活动。

分布 中国（黑龙江、吉林、辽宁、北京、河北、山西、河南、陕西、甘肃、新疆、湖北、福建、四川、云南、西藏），俄罗斯，朝鲜，日本，欧洲西部。

大秦岭分布 河南（登封、内乡、西峡、嵩县、栾川、陕州）、陕西（蓝田、长安、鄠邑、周至、陈仓、眉县、太白、凤县、华州、华阴、汉台、洋县、宁强、镇巴、留坝、佛坪、岚皋、宁陕、商州、丹凤、山阳、镇安、柞水、洛南）、甘肃（麦积、秦州、两当、徽县、文县、礼县、迭部、碌曲）、湖北（神农架、武当山）、四川（青川、九寨沟）。

扫灰蝶属 *Subsulanoides* Koiwaya, 1989

Subsulanoides Koiwaya, 1989, *Stu. Chin. Butts*., 1: 208-210. **Type species**: *Subsulanoides nagata* Koiwaya, 1989.

Subsulanoides (Section *Glaucopsyche*); Ugelvig *et al*., 2011, *Molec. Phyl. Evol*., 61: 238; Wang & Fan, 2002, *Butts. Faun. Sin.: Lycaenidae*: 367.

Subsulanoides; Wu & Xu, 2017, *Butts. Chin*.: 1260.

雌雄异型。翅正面雄性淡蓝紫色，有金属光泽，雌性褐色。反面棕灰色；有白色横带和黑色斑列。前翅外缘弧形；Sc 脉约与中室等长；R_5 脉比 M_1 脉先分出，到达翅前缘近顶角处；M_1 脉从中室上端角分出。后翅前缘平直；$Sc+R_1$ 脉很长，到达后翅顶角附近；中室端脉连在 M_1 脉上。

寄主为桑科 Moraceae 植物。

全世界记载 1 种，分布于古北区。大秦岭有分布。

扫灰蝶 *Subsulanoides nagata* Koiwaya, 1989（图版 26：82）

Subsulanoides nagata Koiwaya, 1989, *Stu. Chin. Butts*., l: 210, figs. 270-271，284-285. **Type locality**: S. Gansu.

Subsulanoides nagata; Wang & Fan, 2002, *Butts. Faun. Sin.: Lycaenidae*: 367; Wu & Xu, 2017, *Butts. Chin*.: 1260, f. 1262: 4-7.

形态 成虫：小型灰蝶。两翅缘毛黑白相间。正面雄性淡蓝紫色，有金属闪光，雌性褐色；斑纹黑色至黑褐色，圈纹白色。反面棕灰色；中室端斑前翅条形，后翅近 V 形。前翅正面黑褐色外缘带较细；反面外缘及亚外缘斑列近平行排列。后翅无尾突。正面黑色外缘斑列及亚外缘斑列模糊。反面外缘斑列和亚缘斑列黑色，弧形排列；亚外缘斑列橙色；外横带较宽，白色；中横斑列 V 形；基横斑列斑纹错位排列。

寄主 桑科 Moraceae 啤酒花 *Humulus lupulus*。

生物学 1 年 2 代，以蛹越冬，成虫多见于 4～8 月。栖息于中高海拔山区的开阔林地，喜活动于林缘、农田，飞行缓慢，有访花习性。卵产于啤酒花 *Humulus lupulus* 嫩芽上；幼虫 4 龄期。

分布 中国（陕西、甘肃、青海）。

大秦岭分布 陕西（太白、凤县、留坝）、甘肃（麦积、徽县、两当）。

欣灰蝶属 *Shijimiaeoides* Beuret, 1958

Shijimiaeoides Beuret, 1958, *Mitt. ent. Ges. Basel*, (n.f.) 8(6): 100. **Type species**: *Lycaena barine* Leech, [1893].

Shijimiaeoides (Section *Glaucopsyche*); Eliot, 1973, *Bull. Br. Mus. nat. Hist.* (Ent.), 28(6): 449; Wang & Fan, 2002, *Butts. Faun. Sin.: Lycaenidae*: 366.

Shijimiaeoides (Lampidini); Korb & Bolshakov, 2011, *Eversmannia Suppl*., 2: 82.

Shijimiaeoides; Wu & Xu, 2017, *Butts. Chin*.: 1260.

雌雄异型。翅正面蓝紫色，有金属光泽；反面灰白色，有橙色带纹和黑色斑列。前翅外缘弧形；Sc 脉约与中室等长；R_5 脉比 M_1 脉先分出，到达翅前缘近顶角处；M_1 脉从中室上端角分出。后翅 $Sc+R_1$ 脉很长，到达顶角附近；中室端脉连在 M_1 脉上。

寄主为豆科 Fabaceae 植物。

全世界记载 1 种，分布于古北区。大秦岭有分布。

欣灰蝶 *Shijimiaeoides divina* (Fixsen, 1887)

Lycaena divina Fixsen, 1887, *In*: Romanoff, *Mém. Lép*., 3: 286, pl. 13, f. 5a-b. **Type locality**: Pung-Tung [N. Korea].

Lycaena iburiensis Pryer, 1888, *Rhop. Nihonica*, 2: 19, pl. 5, f. 5.

Lycaena barine Leech, [1893], *Butts. Chin. Jap. Cor*.: (text pt. 3) 304, (pl. pt. 3/4): pl. 31, f. 14.

Lycaena heijonis Matsumura, 1929b, *Ins. Matsum*., 3(4): 141. **Type locality**: Heijo, Korea.

Lycaena barine asonis Matsumura, 1929b, *Ins. Matsum*., 3(4): 141. **Type locality**: Mt. Aso, Kyushu.

Shijimiaeoides divina barine; Kudrna, 1974, *Atalanta*, 5: 113.

Shijimiaeoides divina; Korb & Bolshakov, 2011, *Eversmannia Suppl*., 2: 82; Wang & Fan, 2002, *Butts. Faun. Sin.: Lycaenidae*: 366; Wu & Xu, 2017, *Butts. Chin*.: 1260, f. 1262: 1-3.

形态 成虫：中型灰蝶。雌雄异型。雄性：两翅缘毛黑白相间；正面蓝紫色，端缘黑褐色；反面灰白色；斑纹黑色至黑褐色。前翅正面中室端斑新月形。反面外缘斑列斑纹近菱形；亚外缘斑列斑纹较大，末端 2 个斑纹外侧有橙色纹相伴；外横斑列近问号形；中室中部有 2 个斑纹。后翅正面前缘黑褐色带纹宽；外缘斑列斑纹圆形。反面端缘有 2 列黑色斑列，中间镶有橙色带纹；中横斑列 V 形；基横斑列斑纹错位排列；中室端斑近 V 形。雌性：两翅正面端缘黑色带较雄性宽，延至外中区。前翅正面中室端脉外侧有 4 个圆形黑斑。后翅正面前缘有极宽的黑灰色带纹；中室端脉外侧有 2 ~ 3 个黑色圆斑；臀角黑色圆斑有橙色眶纹；其余斑纹同雄性。

寄主 豆科 Fabaceae 苦参 *Sophora flavescens*。

生物学 1 年 1 代，成虫多见于 5 ~ 6 月。飞行迅速，栖息于中高海拔山区的开阔林地，喜活动于林缘、农田边、山地灌草丛，常在溪水边聚集，有访花、地面吸水和吸食动物排泄物习性。

分布 中国（辽宁、内蒙古、北京、河北、甘肃），俄罗斯，朝鲜，日本。

大秦岭分布 甘肃（秦州）。

棕灰蝶属组 *Euchrysops* Section

Section *Euchrysops* (Polyommatini); Eliot, 1973, *Bull. Br. Mus. nat. Hist.* (Ent.), 28(6): 449; Chou, 1998, *Class. Ident. Chin. Butt.*: 258.

Oboroniina (Polyommatini); Stradomsky, 2016, *Caucasian Ent. Bull*., 12(1): 151.

Section *Euchrysops* (Polyommatini); Wang & Fan, 2002, *Butts. Faun. Sin.: Lycaenidae*: 308.

眼光滑或有毛。前翅 Sc 脉与 R_1 脉分离；R_5 脉与 M_1 脉从不同点分出。后翅尾突有或无。发香鳞片状。

全世界记载 190 余种，绝大多数分布于非洲区，极少数分布于东洋区及澳洲区。中国仅记录 1 种，大秦岭有分布。

棕灰蝶属 *Euchrysops* Butler, 1900

Euchrysops Butler, 1900b, *Entomologist*, 33: 1. **Type species**: *Hesperia cnejus* Fabricius, 1798.

Euchrysops; Bethune-Baker, [1923], *Trans. ent. Soc. Lond.*, (3-4): 344.

Euchrysops (Lampidini); Clench, 1965, *Mem. Amer. Ent. Soc.*, 19: 388; Korb & Bolshakov, 2011, *Eversmannia Suppl.*, 2: 78.

Euchrysops (Lycaenidae); Stempffer, 1967, *Bull. Br. Mus. nat. Hist.* (Ent.) Suppl., 10: 233; Wu & Xu, 2017, *Butts. Chin.*: 1229.

Euchrysops (Section *Euchrysops*); Eliot, 1973, *Bull. Br. Mus. nat. Hist.* (Ent.), 28(6): 449; Chou, 1998, *Class. Ident. Chin. Butt.*: 258; Wang & Fan, 2002, *Butts. Faun. Sin.: Lycaenidae*: 308.

Euchrysops (Polyommatini); Vane-Wright & de Jong, 2003, *Zool. Verh. Leiden*, 343: 163.

Euchrysops (Oboroniina); Stradomsky, 2016, *Caucasian Ent. Bull.*, 12(1): 151.

两翅正面蓝紫色；翅脉黑色。后翅臀区有橙色眼斑；反面淡棕色；有褐色斑列和丝状短尾突。前翅外缘弧形；Sc 脉约与中室等长；R_5 脉比 M_1 脉先分出，到达翅前缘顶角处；M_1 脉从中室上端角分出。后翅 Sc+R_1 脉很长，到达顶角附近；中室端脉连在 M_1 脉上。

雄性外生殖器：背兜带状，末端连有曲折的附属突起；无囊突；抱器极狭长，基部较宽；阳茎长，末端近圆形膨大。

寄主为豆科 Fabaceae 植物。

全世界记载 28 种，分布于非洲区、东洋区及澳洲区。中国已知 1 种，大秦岭有分布。

棕灰蝶 *Euchrysops cnejus* (Fabricius, 1798)

Hesperia cnejus Fabricius, 1798, *Ent. Syst.* (Suppl.): 430, no. 100-101. **Type locality**: Tranquebar, S. India.

Lycaena pandia Kollar, [1844], *In*: Hügel, *Kasch. Reich Siek*, 4: 418. **Type locality**: Kashmir.

Lycaena patala Kollar, [1844], *In*: Hügel, *Kasch.Reich Siek*, 4: 419. **Type locality**: Kashmir.

Lycaena monica Reakirt, 1866, *Proc. Acad. nat. Sci. Philad.*, 18(3): 244. **Type locality**: California.

Lycaena samoa Herrich-Schäffer, 1869, *Stett. ent. Ztg.*, 30(1-3): 73, pl. 4, f. 18. **Type locality**: Samoa.

Cupido amazara Kirby, 1871, *Syn. Cat. diurn. Lep.*: 376 (repl. hypoleuca).

Catochrysops hapalina Butler, 1883a, *Proc. zool. Soc. Lond.*, (2): 148, pl. 24, f. 2-3. **Type locality**: Mhow, C. India.

Catochrysops trifracta Butler, 1884, *Ann. Mag. nat. Hist.*, (5) 13(75): 194. **Type locality**: Rat.

Catochrysops theseus Swinhoe, 1885, *Proc. zool. Soc. Lond.*: 131, pl. 9, f. 8. **Type locality**: Bombay.

Euchrysops suffusus Rothschild, 1915, *Novit. zool.*, 22(1): 137. **Type locality**: Bali.

Euchrysops suffusus; Bethune-Baker, 1922, *Trans. ent. Soc. Lond.*, (3-4): 346.

Everes monica; Dyar, 1903, *Bull. U.S. nat. Mus.*, 52: 45.

Catochrysops cnejus; Moore, [1881], *Lepid. Ceylon*, 1(3): 92; Druce, 1895, *Proc. zool. Soc. Lond.*, (3): 585.

Euchrysops cnejus; Rothschild, 1915, *Novit. zool.*, 22(3): 391; Kudrna, 1974, *Atalanta*, 5: 116; Holloway & Peters, 1976, *J. Nat. Hist.*, 10: 312; Lewis, 1974, *Butt. World*: pl. 176, f. 9, 10; Chou, 1994, *Mon. Rhop. Sin.*: 686; Wang & Fan, 2002, *Butts. Faun. Sin.: Lycaenidae*: 308; Vane-Wright & de Jong, 2003, *Zool. Verh. Leiden*, 343: 164; Korb & Bolshakov, 2011, *Eversmannia Suppl.*, 2: 78; Wu & Xu, 2017, *Butts. Chin.*: 1229, f. 1232: 19-23.

形态 成虫：中小型灰蝶。雌雄异型。两翅正面蓝紫色，脉纹黑色。雄性：外缘带黑褐色。反面淡棕色；斑纹多褐色至淡褐色；中室端斑近 V 形。前翅反面外缘及亚外缘条斑列平行排列；外横斑列斑纹有白色圈纹。后翅黑色短尾突丝状，端部白色。正面外缘眼斑列模糊；臀角有 2 个眼斑橙色，瞳点黑色。反面斑纹有白色圈纹；外缘斑列斑纹近圆形；亚外缘斑列斑纹 V 形；外横斑列斑纹错位排列；基横斑列斑纹黑色；前缘中部有 1 个黑色圆斑；臀角有 2 个橙色眼斑，瞳点黑色。雌性：两翅正面外缘及前缘黑褐色带纹宽。后翅正面臀角眼斑橙色眶纹宽；亚缘斑列白色。

卵：扁圆形；淡蓝绿色；表面密布白色圆形突起和网状刻纹。

幼虫：绿色；体表密布白色和黑色小瘤突和细毛；背中线绿色，两侧有淡黄色斜带纹。

蛹：长椭圆形；乳黄色；体表密布黑褐色斑驳纹；翅缘黄色。

寄主 豆科 Fabaceae 贼小豆 *Vigna minima*。

生物学 1 年多代，成虫多见于 5 ~ 10 月。喜栖息于开阔林地及荒地，有访花和晒日光浴习性。

分布 中国（江苏、湖北、江西、台湾、广东、广西、四川、贵州），印度，缅甸，泰国，马来西亚。

大秦岭分布 湖北（神农架、房县）。

眼灰蝶属组 *Polyommatus* Section

Section *Polyommatus* (Polyommatini); Eliot, 1973, *Bull. Br. Mus. nat. Hist.* (Ent.), 28(6): 449; Chou, 1998, *Class. Ident. Chin. Butt.*: 258; Wang & Fan, 2002, *Butts. Faun. Sin.: Lycaenidae*: 367, 368.

Polyommatina (Polyommatini); Talavera *et al.*, 2013, *Cladistics*, 29: 185; Stradomsky, 2016, *Caucasian Ent. Bull.*, 12(1): 152.

前翅 Sc 脉与 R_1 脉有靠近，不接触；R_5 脉与 M_1 脉较接近，从不同点分出；中室端脉向外突出。后翅尾突有或无。发香鳞片状。眼及须有变化。

全世界记载 530 余种，分布于世界各地。中国记录 78 种，大秦岭分布 24 种。

属检索表

1. 眼光滑无毛 …… 2
   眼有毛 …… 6
2. 雄性两翅正面黑褐色 …… 3
   雄性两翅正面非黑褐色 …… 4
3. 后翅反面中室有黑色圆斑 …… **爱灰蝶属 *Aricia***
   后翅反面中室无黑色圆斑 …… **埃灰蝶属 *Eumedonia***
4. 翅反面端缘无橙色斑带 …… **婀灰蝶属 *Albulina***
   翅反面端缘有橙色斑带 …… 5
5. 后翅反面基部密布蓝色鳞粉 …… **豆灰蝶属 *Plebejus***
   后翅反面基部不如上述 …… **红珠灰蝶属 *Lycaeides***
6. 前翅反面中室中部有点斑 …… **眼灰蝶属 *Polyommatus***
   前翅反面中室中部无点斑 …… 7
7. 雄性后翅正面臀角有橙色眼斑 …… **紫灰蝶属 *Chilades***
   雄性后翅正面臀角无橙色眼斑 …… 8
8. 后翅反面无外缘斑列 …… **酷灰蝶属 *Cyaniris***
   后翅反面有外缘斑列 …… **点灰蝶属 *Agrodiaetus***

婀灰蝶属 *Albulina* Tutt, 1909

Albulina Tutt, 1909, *Nat. Hist. Brit. Lepid*., 10: 154. **Type species**: *Papilio pheretes* Hübner, [1805-1806].

Albulina Tutt, 1909, *Ent. Rec. J. Var*., 21(5): 108. **Type species**: *Papilio pheretes* Hübner, [1805-1806]; Wu & Xu, 2017, *Butts. Chin*.: 1261.

Plebejus (*Albulina*); Pelham, 2008, *J. Res. Lepid*., 40: 268.

Albulina (*Agriades*); Korb & Bolshakov, 2011, *Eversmannia Suppl*., 2: 88.

Albulina (Section *Polyommatus*); Eliot, 1973, *Bull. Br. Mus. nat. Hist.* (Ent.), 28(6): 450; Chou, 1998, *Class. Ident. Chin. Butt*.: 259; Wang & Fan, 2002, *Butts. Faun. Sin.: Lycaenidae*: 368, 369.

Albulina (Polyommatina); Stradomsky, 2016, *Caucasian Ent. Bull*., 12(1): 152.

眼无毛。两翅正面雄性蓝紫色，雌性黑褐色至棕色；反面棕灰色至灰白色。前翅 Sc 脉与 R_1 脉有部分相互靠近，不接触；R_5 脉与 M_1 脉较接近，从不同点分出；中室端脉向外突出。

雄性外生殖器：背兜头盔形；钩突长或短；颚突基部粗壮，钩形；抱器阔三角形；阳茎短。

雌性外生殖器：囊导管长，膜质；交配囊椭圆形；1 对交配囊片小。

寄主为豆科 Fabaceae 及葱科 Alliaceae 植物。

中国记录 16 种，大秦岭分布 3 种。

种检索表

1. 后翅反面无白色斑纹 ······························ **菲婀灰蝶 *A. felicis***
   后翅反面有白色斑纹 ······························ 2
2. 前翅反面外横斑列问号形 ······························ **秦岭婀灰蝶 *A. qinlingensis***
   前翅反面外横斑列近倒 L 形 ······························ **婀灰蝶 *A. orbitulus***

婀灰蝶 *Albulina orbitulus* (de Prunner, 1798)

Papilio orbitulus de Prunner, 1798, *Lepid. Pedemont*.: 75. **Type locality**: Italian Alps, Piemonte.

Albulina orbitula; Chou, 1994, *Mon. Rhop. Sin*.: 686; Wu & Xu, 2017, *Butts. Chin*.: 1261, f. 1262: 8-13.

Albulina orbitulus; Lewis, 1974, *Butt. World*: pl. 9, f. 6-7; Yakovlev, 2012, *Nota lepid*., 35(1): 77.

Agriades (*Albulina*) *orbitulus*; Korb & Bolshakov, 2011, *Eversmannia Suppl*., 2: 88.

Agriades orbitulus; Talavera *et al*., 2013, *Cladistics*, 29: 187.

形态 成虫：小型灰蝶。雌雄异型。雄性：两翅正面蓝紫色；反面棕灰色至灰白色。前翅正面外缘带黑褐色。反面端缘有污白色；外横斑列近倒 L 形，斑纹圆形，黑色或白色；中室端斑白色或黑色。后翅正面前缘带黑褐色；外缘斑列黑褐色，斑纹圆形。反面端缘污白色；其余斑纹为白色；中横斑列近 V 形；中室端部有 1 个大块斑；sc+r_1 室基部有 1 个圆形斑纹。雌性：两翅正面褐色至棕色；反面色较雄性深。前翅反面端缘有宽的污白色带纹；其余斑纹同雄性。

寄主 豆科 Fabaceae 高山黄耆 *Astragalus alpinus*、广布黄耆 *A. frigidus*；葱科 Alliaceae 野葱 *Allium chrysanthum*。

生物学 成虫多见于 7 月。飞行缓慢，活动于高山或亚高山草甸环境，有访花习性。

分布 中国（内蒙古、陕西、甘肃、安徽、四川、云南、西藏），意大利。

大秦岭分布 陕西（凤县）、甘肃（麦积、武山、康县、文县、迭部、玛曲）。

秦岭婀灰蝶 *Albulina qinlingensis* Wang, 1995

Albulina orbitulus qinlingensis Wang, 1995, *Henan Sci*.: 63, 64, fig. Fd. **Type locality**: Henan.

Albulina qinlingensis; Wang, 1998, *Ins. Fauna Henan Butts.*: 146, 147, pl. 77, figs. 3-6; Wang & Fan, *Butt. Fauna Sin. Lycaenidae*: 370.

形态 成虫：小型灰蝶。与婀灰蝶 *A. orbitulus* 近似，主要区别为：前翅反面端缘白色带纹较窄；外横斑带近问号形。

生物学 成虫多见于 7 ~ 8 月，常活动于中高海拔地带。

分布 中国（河南）。

大秦岭分布 河南（灵宝）。

菲婀灰蝶 *Albulina felicis* (Oberthür, 1886)

Lycaena felicis Oberthür, 1886b, *Étud. d'Ent.*, 11: 21, pl. 7, f. 52. **Type locality**: Tatsienlou.

Albulina felicis; Bálint & Johnson, 1997, *Neue Ent. Nachr.*, 40: 17; Wang & Fan, 2002, *Butts. Faun. Sin.: Lycaenidae*: 372; Wu & Xu, 2017, *Butts. Chin.*: 1261, f. 1262: 18.

Patricius felicis; Talavera *et al.*, 2013, *Cladistics*, 29: 187.

形态 成虫：小型灰蝶。雌性两翅正面黑褐色。反面棕灰色；中室端斑黑色，近 V 形。前翅反面外横斑列直，未达前缘，斑纹黑色，圈纹白色。后翅反面覆有蓝绿色鳞粉。

分布 中国（甘肃、四川、西藏）。

大秦岭分布 甘肃（玛曲）。

爱灰蝶属 *Aricia* Reichenbach, 1817

Aricia Reichenbach, 1817, *Jena. Allgem. Lit. Ztg.*, 14(1): 280. **Type species**: *Papilio agestis* Denis & Schiffermüller, 1775.

Gymnomorphia Verity, 1929a, *Ann. Soc. ent. Fr.*, 98(3): 355. **Type species**: *Papilio agestis* Denis & Schiffermüller, 1775.

Eumedonia Forster, 1938, *Mitt. münch. ent. Ges.*, 28: 113. **Type species**: *Papilio eumedon* Esper, 1780.

Icaricia Nabokov, 1944, *Psyche*, 51: 104. **Type species**: *Lycaena icarioides* Boisduval, 1852.

Pseudoaricia Beuret, 1959, *Mitt. ent. Ges. Basel*, (n.f.) 9(4): 84. **Type species**: *Polyommatus nicias* Meigen, 1829.

Ultraaricia Beuret, 1959, *Mitt. ent. Ges. Basel*, (n.f.) 9(4): 84. **Type species**: *Lycaena anteros* Freyer, 1838.

Umpria Zhdanko, 1994, *Selevinia*, 2(2): 95. **Type species**: *Lycaena chinensis* Murray, 1874.

Aricia (Section *Polyommatus*); Eliot, 1973, *Bull. Br. Mus. nat. Hist.* (Ent.), 28(6): 450; Chou, 1998, *Class. Ident. Chin. Butt.*: 260; Wang & Fan, 2002, *Butts. Faun. Sin.: Lycaenidae*: 372, 373.

Aricia (Polyommatini); Korb & Bolshakov, 2011, *Eversmannia Suppl*., 2: 89; Sañudo-Restrepo, Dinca, Talavera & Vila, 2013, *Molec. Phyl. Evol*., 66: 369.

Aricia (Polyommatina); Talavera *et al*., 2013, *Cladistics*, 29: 187; Stradomsky, 2016, *Caucasian Ent. Bull*., 12(1): 152.

Aricia; Wu & Xu, 2017, *Butts. Chin*.: 1263.

眼无毛。两翅正面黑褐色。反面灰白色至浅驼色；多有成列的橙色斑纹和黑色圆斑列。前翅 Sc 脉短于中室；R_4 脉从 R_5 脉中下部分出；R_5 脉从中室前缘近上端角分出，到达翅顶角附近；中室端脉连在 M_1 脉上。后翅无尾突。

雄性外生殖器：背兜窄；钩突发达；无囊突；抱器两端尖，端部有钩状突起；阳茎细长。

雌性外生殖器：囊导管细长，膜质；交配囊袋状；无交配囊片。

寄主为牻牛儿苗科 Geraniaceae 植物。

全世界记载 17 种，分布于古北区。中国记录 3 种，大秦岭均有分布。

种检索表

1. 后翅反面端缘中部有白色斑纹 ·· 2
   后翅反面无上述斑纹 ······································ **华夏爱灰蝶 *A. chinensis***
2. 后翅反面端缘中部白色斑纹楔形 ·· **阿爱灰蝶 *A. allous***
   后翅反面端缘中部白色斑纹块状 ·· **爱灰蝶 *A. agestis***

华夏爱灰蝶 *Aricia chinensis* (Murray, 1874)

Lycaena chinensis Murray, 1874b, *Trans. ent. Soc. Lond*., 22(4): 523. **Type locality**: China, N. of Peking.

Lycaena chinensis; Leech, [1893], *Butts. Chin. Jap.Cor*., 2: 315; Seitz, 1906, *Macrolep*., 1: 309; Wu, 1938, *Cat. Ins. Sin*., 4: 918.

Lycaena chinensis chinensis; Huang, 1943, *Notes d'Ent. Chin*., 10(3): 113.

Aricia chinensis; Bridges, 1988a, *Cat. Lyc. Rio*., 2: 15; Li, 1992, *Atlas Chin. Butts*.: 143, figs. 26-27; D'Abrera, 1993, *Butts. Hol. Reg*., 3: 495; Wang & Fan, 2002, *Butts. Faun. Sin.: Lycaenidae*: 373, 374; Wu & Xu, 2017, *Butts. Chin*.: 1263, f. 1266: 3-6.

Aricia (*Aricia*) *chinensis*; Korb & Bolshakov, 2011, *Eversmannia Suppl*., 2: 89.

形态 成虫：小型灰蝶。两翅缘毛黑白相间；亚外缘斑带橙色。正面黑褐色。反面灰白色或浅驼色；斑纹黑色，有白色圈纹；外缘斑列与亚缘斑列近平行排列；中室端斑前翅较后翅宽。前翅反面外横斑列近问号形。后翅反面中横斑列近 V 形；基横斑列直，由 3 ~ 4 个圆形点斑组成。

寄主 牻牛儿苗科 Geraniaceae 尖喙牻牛儿苗 *Erodium oxyrhynchum*、老鹳草 *Geranium wilfordii*。

生物学 1 年多代，成虫多见于 4 ~ 9 月。喜访花和地面低飞。

分布 中国（黑龙江、吉林、辽宁、内蒙古、北京、天津、河北、河南、陕西、甘肃、新疆、湖北），俄罗斯，朝鲜。

大秦岭分布 河南（荥阳、上街、内乡、灵宝）、陕西（临潼、太白、汉台、南郑）、甘肃（麦积、徽县、文县、碌曲）、湖北（郧阳、郧西）。

爱灰蝶 *Aricia agestis* (Denis & Schiffermüller, 1775)

Papilio agestis Denis & Schiffermüller, 1775, *Ank. syst. Schmett. Wien*.: 184, No. N.13. **Type locality**: Vienna.

Papilio alexis Scopoli, 1763, *Ent. Carniolica*: 179 (preocc.).

Papilio medon Hufnagel, 1766, *Berlin. Mag*., 2: 78 (preocc.).

Papilio astrarche Bergsträsser, [1779], *Nomen. Ins*., 3: pl. 49, f. 7-8.

Lycaena astrarche; Grum-Grshimailo, 1890, *In*: Romanoff, *Mém. Lép*., 4: 392.

Aricia agestis; Lewis, 1974, *Butt. World*: pl. 9, f. 8; Wang & Fan, 2002, *Butts. Faun. Sin.: Lycaenidae*: 374; Sañudo-Restrepo *et al*., 2013, *Molec. Phyl. Evol*., 66: 377; Yakovlev, 2012, *Nota lepid*., 35 (1): 76; Talavera *et al*., 2013, *Cladistics*, 29: 187.

Aricia (*Aricia*) *agestis*; Korb & Bolshakov, 2011, *Eversmannia Suppl*., 2: 89.

形态 成虫：小型灰蝶。两翅缘毛白色。正面黑褐色；亚外缘斑列橙色。反面灰白色或浅驼色；斑纹黑色，有白色圈纹；外缘斑列黑色；亚外缘斑列橙色，斑纹内侧有黑色缘线；中室端斑前翅较后翅宽。前翅反面外横斑列近问号形。后翅反面端缘中部有不规则形白色块斑；中横斑列近 V 形，端部 2 个斑纹与其后斑纹距离较远；基横斑列由 3 ~ 4 个圆形点斑组成，上部 3 个斑纹排列成直线。

寄主 牻牛儿苗科 Geraniaceae 丘陵老鹳草 *Geranium collinum*、叉枝老鹳草 *G. divaricatum*。

分布 中国（黑龙江、吉林、内蒙古、甘肃、新疆），欧洲。

大秦岭分布 甘肃（武山）。

阿爱灰蝶 *Aricia allous* (Geyer, [1836])

Papilio allous Geyer, [1836], *Samml. eur. Schmett*., [1]: pl. 200, f. 988-992.

Lycaena delphica (Wnukowsky, 1929), *Zool. Anz*., 83(9/10): 221 (repl. *alpina* Staudinger, 1871).

Aricia allous; Lewis, 1974, *Butt. World*: pl. 9, f. 8 (text only); Wang & Fan, 2002, *Butts. Faun. Sin.:*

Lycaenidae: 374, 375; Wu & Xu, 2017, *Butts. Chin*.: 1263, f. 1266: 7-8.

Aricia artaxerxes allous; Sañudo-Restrepo *et al*., 2013, *Molec. Phyl. Evol*., 66: 377.

形态 成虫：小型灰蝶。与爱灰蝶 *A. agestis* 相似，主要区别为：翅色稍淡。后翅反面端缘中部白色斑纹楔形。

寄主 牻牛儿苗科 Geraniaceae 老鹳草属 *Geranium* spp.。

生物学 1 年 2 代，成虫多见于 5 ~ 8 月。常在高山或亚高山草甸环境活动。

分布 中国（辽宁、北京、河北、黑龙江、内蒙古、甘肃），俄罗斯，朝鲜，欧洲。

大秦岭分布 甘肃（武山、武都）。

紫灰蝶属 *Chilades* Moore, [1881]

Chilades Moore, [1881], *Lepid. Ceylon*, 1(2): 76. **Type species**: *Papilio laius* Stol, [1780].

Luthrodes Druce, 1895, *Proc. zool. Soc. Lond*., (3): 576. **Type species**: *Polyommatus cleotas* Guérin-Méneville, [1831].

Binghamia Tutt, [1908], *Nat. Hist. Br. Lepid*., 10: 41, 43. **Type species**: *Hesperia parrhasius* Fabricius, 1793.

Edales Swinhoe, [1910], *In*: Moore, *Lepid. Ind*., 8(86): 37. **Type species**: *Lycaena pandava* Horsfield, [1829].

Freyeria Courvoisier, 1920, *Dt. ent. Z. Iris*, 34: 234. **Type species**: *Lycaena trochylus* Freyer, 1845.

Lachides Nekrutenko, 1984, *Vestnik zool*., (3): 30. **Type species**: *Lycaena galba* Lederer, 1855.

Binghamia (Section *Everes*); Eliot, 1973, *Bull. Br. Mus. nat. Hist.* (Ent.), 28(6): 448.

Chilades (Plebejini); Clench, 1965, *Mem. Amer. Ent. Soc*., 19: 398.

Chilades (Section *Polyommatus*); Eliot, 1973, *Bull. Br. Mus. nat. Hist.* (Ent.), 28(6): 450; Chou, 1998, *Class. Ident. Chin. Butt.*: 260; Wang & Fan, 2002, *Butts. Faun. Sin.: Lycaenidae*: 376.

Chilades (Polyommatini); Vane-Wright & de Jong, 2003, *Zool. Verh. Leiden*, 343: 164.

Chilades; Wu & Xu, 2017, *Butts. Chin*.: 1264.

眼有毛。两翅正面紫色、紫蓝色或褐色，有紫色光泽；反面棕黄色至淡棕色；斑纹多棕色。后翅端缘有 1 列缘点；臀角眼斑橙色。前翅 Sc 脉短于中室；R_4 脉从 R_5 脉中部分出；R_5 脉从中室前缘近上端角分出，到达顶角附近；中室端脉连在 M_1 脉上。后翅尾突有或无。具季节型。

雄性外生殖器：背兜平，后侧尖形伸出；无囊突；抱器宽大，端部钩状突出；阳茎短。

寄主为苏铁科 Cycadaceae、芸香科 Rutaceae 及豆科 Fabaceae 植物。

全世界记载 12 种，分布于东洋区、非洲区和澳洲区。中国已知 4 种，大秦岭分布 2 种。

种检索表

后翅有细长尾突；反面 m_2 室斑纹方形 ………………………………………**曲纹紫灰蝶 *C. pandava***
后翅无尾突；反面 m_2 室斑纹长圆形 …………………………………………………**紫灰蝶 *C. lajus***

曲纹紫灰蝶 *Chilades pandava* (Horsfield, [1829])

Lycaena pandava Horsfield, [1829], *Descr. Cat. lep. Ins. Mus. East India Coy*, (2): 84. **Type locality**: Java.

Lampides pandava; Wood-Mason & de Nicéville, 1881, *J. asiat. Soc. Bengal*, Pt.II 49 (4): 230.

Catochrysops pandava; Moore, [1881], *Lepid. Ceylon*, 1(3): 92, pl. 37, f. 1, 1a-b; Druce, 1895, *Proc. zool. Soc. Lond.*, (3): 585.

Catochrysops nicola Swinhoe, 1885, *Proc. zool. Soc. Lond.*: 132. **Type locality**: Poona.

Catochrysops bengalia de Nicéville, 1885, *J. asiat. Soc. Bengal*, 54(2): 47. **Type locality**: Calcutta.

Euchrysops insularis (Riley, 1945), *Trans. R. ent. Soc. Lond.*, 94(2): 257.

Euchrysops pandava; Lewis, 1974, *Butt. World* : pl. 176, f. 9 (text).

Chilades pandava; Chou, 1994, *Mon. Rhop. Sin.*: 687; Wang & Fan, 2002, *Butts. Faun. Sin.: Lycaenidae*: 377, 378; Wu & Xu, 2017, *Butts. Chin.*: 1265, f. 1266: 13-20.

Luthrodes pandava; Talavera *et al*., 2013, *Cladistics*, 29: 188.

形态 成虫：小型灰蝶。两翅正面雄性紫色，雌性蓝紫色，有蓝紫色光泽；外缘带褐色。反面棕黄色或淡棕色；外缘及亚外缘斑带褐色，两侧缘线白色；中室端斑淡褐色。前翅反面外横斑带下部斑纹内移。后翅正面外缘区有 1 列圆形斑纹，圈纹白色。反面亚缘带白色，波状；中横斑列斑纹错位排列；前缘中部有 1 个黑色圆斑；基横斑列有 3～4 个黑色圆斑；cu_1 室末端及臀角各有 1 个橙色眼斑。尾突细长，黑色，端部白色。雌性翅正面前缘及外缘有褐色至黑褐色宽带。旱、湿季型的区别主要表现在翅反面斑纹的变化。

卵：扁圆形；初产时浅蓝绿色，后变为白色，孵化时灰褐色；表面密布细小突起和网状纹。

幼虫：4 龄期。扁椭圆形。低龄幼虫黄绿色；体表有白色细斑带。大龄幼虫多有 2 种色型：黄绿色型和红色型。

蛹：长椭圆形；蛹体有淡褐色、暗绿色、绿色等多种色型；气孔白色。

寄主 苏铁科 Cycadaceae 苏铁 *Cycas revoluta*、台湾苏铁 *C. taiwaniana*、叉叶苏铁 *C. mlcholit*、云南苏铁 *C. siameasi*；豆科 Fabaceae 扁豆 *Lablab purpureus*、葛藤 *Pueraria lobata*。

生物学 1 年多代，各虫态均可越冬，成虫多见于 7～10 月。飞行较迅速，常在山地、河川和城市园林地带活动，喜访花吸蜜。卵单产于寄主植物的嫩芽和嫩叶上。幼虫常群集在嫩叶或叶脉上。老熟幼虫化蛹于寄主植物的芽盘、小叶片或复叶基部。

分布 中国（陕西、江西、福建、台湾、广东、海南、香港、广西、贵州），印度，缅甸，越南，老挝，泰国，斯里兰卡，马来西亚，印度尼西亚。

大秦岭分布 陕西（长安、汉台、南郑、城固）。

紫灰蝶 *Chilades lajus* (Stoll, [1780])

Papilio lajus Stoll, [1780], *In*: Cramer, *Uitl. Kapellen*, 4 (26b-28): 62, pl. 319, f. D, E. **Type locality**: Coromandel coast, India.

Polyommatus varunana Moore, [1866], *Proc. zool. Soc. Lond.*, (3): 772, pl. 41, f. 6. **Type locality**: Bengal.

Hesperia cajus Fabricius, 1793, *Ent. Syst.*, 3(1): 296.

Chilades lajus; Wang & Fan, 2002, *Butts. Faun. Sin.: Lycaenidae*: 376, 377; Wu & Xu, 2017, *Butts. Chin.*: 1264, f. 1266: 10-12.

形态 成虫：小型灰蝶。两翅正面雄性紫色，雌性褐色，有紫色光泽；外缘斑列圆形，但雄性前翅无。反面棕黄色至淡棕色；斑纹淡褐色和黑色，缘线及圈纹白色；外缘斑列黑褐色至黑色，斑纹近圆形；亚外缘斑带褐色，圈纹或缘线白色；中室端斑褐色。前翅正面外缘带褐色；反面外横斑列下部斑纹斜置。后翅无尾突。反面中横斑列斑纹分成 3 组，中间 1 组斑纹外移；基横斑列有 3 ~ 4 个黑色圆斑。有季节型，旱季型后翅有大片模糊褐色纹与圆形斑重叠；湿季型反面颜色较浅，黑色斑纹明显。

寄主 芸香科 Rutaceae 酒饼簕属 *Atalantia* spp.。

生物学 1 年多代，成虫多见于 8 ~ 10 月。喜访花、低飞和在阳光下活动。

分布 中国（湖北、福建、台湾、广东、海南、香港），印度，缅甸，越南，老挝，泰国。

大秦岭分布 湖北（神农架）。

豆灰蝶属 *Plebejus* Kluk, 1780

Plebejus Kluk, 1780, *Hist. nat. pocz. gospod.*, 4: 89. **Type species**: *Papilio argus* Linnaeus, 1758.

Plebeius Kirby, 1871, *Syn. Cat. diurn. Lep.*: 653. **Type species**: *Papilio argus* Linnaeus, 1758.

Rusticus Hübner, [1806], *Tentam. determ. Digest.*: [1] (suppr. ICZN Op. 278). **Type species**: *Papilio argus* Linnaeus, 1758.

Lycaeides Hübner, [1819], *Verz. bek. Schmett.*, (5): 69. **Type species**: *Papilio argyrognomon* Bergsträsser, [1779].

Lycoena Nicholl, 1901, *Trans. ent. Soc. Lond.*, (1): 92. **Type species**: *Papilio argus* Linnaeus, 1758.

Plebulina Nabokov, 1944, *Psyche*, 51: 104. **Type species**: *Lycaena emigdionis* Grinnel, 1905.

Plebeius; Bálint *et al*., 2001, *Folia ent. hung*., 62:177.

Lycaeides (Section *Polyommatus*); Eliot, 1973, *Bull. Br. Mus. nat. Hist.* (Ent.), 28(6): 450.

Plebejus (Section *Polyommatus*); Chou, 1998, *Class. Ident. Chin. Butt*.: 261; Wang & Fan, 2002, *Butts. Faun. Sin.: Lycaenidae*: 379, 380.

Plebeius (Polyommatini); Korb & Bolshakov, 2011, *Eversmannia Suppl*., 2: 83; Pelham, 2008, *J. Res. Lepid*., 40: 257.

Plebejus (Polyommatina); Talavera *et al*., 2013, *Cladistics*, 29: 187; Wu & Xu, 2017, *Butts. Chin*.: 1265.

翅正面雄性淡蓝色至蓝紫色，有蓝紫色光泽；雌性棕褐色至黑褐色。反面灰白色至棕褐色；有黑色点斑列和橙色斑带。翅脉特征见眼灰蝶属组 *Polyommatus* Section。

雄性外生殖器：背兜倾斜；颚突钩状弯曲；无囊突；抱器阔，基部尖，末端裂开，有锯齿；阳茎短于抱器。

雌性外生殖器：囊导管细长，膜质；交配囊袋状；无交配囊片。

寄主为豆科 Fabaceae、菊科 Asteraceae、桑寄生科 Loranthaceae、蓼科 Polygonaceae 及杜鹃花科 Ericaceae 植物。

全世界记载 50 余种，分布于古北区。中国已知 9 种，大秦岭分布 3 种。

种检索表

1. 前翅反面外横斑列斑纹连续排列，不内移 ········· **华西豆灰蝶 *P. biton***
   前翅反面外横斑列中下部斑纹内移 ········· 2
2. 两翅反面端缘黑色斑纹大，圆形和 V 形 ········· **豆灰蝶 *P. argus***
   两翅反面端缘黑色斑纹小，圆形和半月形 ········· **克豆灰蝶 *P. christophi***

豆灰蝶 *Plebejus argus* (Linnaeus, 1758)（图版 27：86）

Papilio argus Linnaeus, 1758, *Syst. Nat*. (Edn 10), 1: 483. **Type locality**: S. Sweden.

Papilio alsus Esper, 1789, *Die Schmett., Suppl. Th.*, 1(3-4): 46, pl. 101, f. 3-4.

Papilio aegidion Meisner, 1818, *Anz. Germ. Mag. Ent*., 4: 394.

Polyommatus alcippe Stephens, 1829, *Syst. Cat. Br. Insects* (Haustellata): 25 (Kirby MSS).

Polyommatus maritimus Stephens, 1829, *Syst. Cat. Br. Insects* (Haustellata): 25 (Haworth MSS).

Lycaena valesiana (Meyer-Dür, 1852), *Verz. Schmett. Schweiz*, 1: 67.

Lycaena hypochiona Rambur, 1858, *Cat. syst. Lépid. Andalousie*, (1): 35.

Lycaena argus; Grum-Grshimailo, 1890, *In*: Romanoff, *Mém. Lép*., 4: 372; Forster, 1936, *Mitt. Münch. Ent. Ges*., 26(2): 109.

Lycaena caerulescens (Petersen, 1902), *Beitr. Kunde Est.Liv- Kurlands*, 1902: 36.

Plebeius obsoletajuncta (Tutt, 1909), *Nat. Hist. Br. Lepid.*, 10: 178.

Lycaena rufolunulata (Reverdin, 1909), *Bull. Soc. Lép. Genève*, 1: 373.

Lycaena aegon plouharnelensis Oberthür, 1910, *Étud. Lépid. Comp.*, 4: 186, pl. 38, f. 252-253. **Type locality**: Plouharnel, France.

Lycaena albomarginata (Ebert, 1911), *Festschr. Ver. Casell*, 3: 315.

Lycaena caeruleocuneata (Ebert, 1911), *Festschr. Ver. Casell*, 3: 315.

Lycaena caeruleomarginata (Lange, 1924), *Dt. ent. Z. Iris*, 38: 134.

Lycaena lepontoisi (Glais, 1926), *Encyc. ent. B.3 Lep.*, 1: 116.

Lycaena crassipuncta (Glais, 1926), *Encyc. ent. B.3 Lep.*, 1: 119.

Lycaena joannisi (Glais, 1926), *Encyc. ent. B.3 Lep.*, 1: 119.

Lycaena argus sirentina Dannehl, 1927, *Mitt. Münch. Ent. Ges.*, 17 (1-6): 6.

Plebeius argus montsiaei de Sagarra, 1930, *Butll. Inst. Catal. Hist. Nat.*, (2)10(7): 116.

Lycaeides argus orientaloides Verity, 1931, *Dt. ent. Z. Iris*, 45: 48. **Type locality**: Hyrcana, N. Persia.

Lycaeides argus altaegidon Verity, 1931, *Dt. ent. Z. Iris*, 45: 59 (unavail., repl. *Lycaena alpina* Courvoisier, 1911). **Type locality**: Route du Simplon, Valais.

Lycaena tadeshinensis (Wakabayashi, 1940), *Ent. World*, 8: 154.

Plebejus argus; Lewis, 1974, *Butt. World*: pl. 10, f. 21; Chou, 1994, *Mon. Rhop. Sin.*: 689; Wang & Fan, 2002, *Butts. Faun. Sin.: Lycaenidae*: 380; Yakovlev, 2012, *Nota lepid.*, 35(1): 71; Talavera *et al.*, 2013, *Cladistics*, 29: 187; Wu & Xu, 2017, *Butts. Chin.*: 1265, f. 1266: 24.

Plebeius (*Plebeius*) *argus*; Korb & Bolshakov, 2011, *Eversmannia Suppl.*, 2: 83.

形态 成虫：小型灰蝶。雌雄异型。两翅正面雄性青蓝色；外缘带黑褐色；雌性棕褐色。反面灰白色至棕灰色；斑纹黑褐色，圈纹白色；端缘有孔雀翎状眼斑列，瞳点黑色，覆有蓝色鳞粉，眼斑圈纹包括橙、白、黑 3 色；中室端斑半月形或近 V 形。前翅反面端缘孔雀翎状眼斑列常退化；外横斑列末端 2 个斑纹内移。后翅反面中横斑列近 C 形；基部覆有淡蓝色鳞粉；基横斑列由 3 ~ 4 个圆斑组成。

卵：白色；有网状花纹。

幼虫：5 龄期。绿色；背线粗，黑色，两侧黄色缘线细。

蛹：绿色或褐色。

寄主 豆科 Fabaceae 大豆 *Glycine max*、豇豆 *Vigna unguiculata*、绿豆 *V. radiata*、苜蓿 *Medicago sativa*、沙打旺 *Astragalus adsurgens*、紫云英 *A. sinicus*、黄芪 *A. membranaceus*、拟蚕豆岩黄蓍 *Hedysarum vzcioides*；菊科 Asteraceae 大蓟 *Cirsium japonicum*、山地蒿 *Artemisia montana*；蓼科 Polygonaceae 虎杖 *Reynoutria japonica*；桑寄生科 Loranthaceae 桑寄生属 *Loranthus* spp.；杜鹃花科 Ericaceae 笃斯越橘 *Vaccinium uliginosum*。

生物学 1 年多代，以卵或蛹越冬，成虫多见于 4 ~ 9 月。喜访花。卵多散产于寄主植物叶背、叶柄、嫩茎上。幼虫有相互残杀习性，常与蚂蚁共生。老熟幼虫在浅土层中、寄主根部、枯叶茎及小石块上化蛹。

分布 中国（黑龙江、吉林、辽宁、河北、山东、山西、河南、陕西、甘肃、青海、新疆、湖北、湖南、四川、贵州），俄罗斯，蒙古，朝鲜，日本，欧洲。

大秦岭分布 河南（荥阳、内乡）、陕西（临潼、蓝田、周至、眉县、太白、华州、汉台、留坝、宁陕、商州、商南）、甘肃（麦积、秦州、徽县、两当、武都、文县、碌曲）、湖北（郧阳、郧西）。

克豆灰蝶 *Plebejus christophi* (Staudinger, 1874)

Lycaena christophi Staudinger, 1874, *Stett. ent. Ztg.*, 35 (1-3): 87. **Type locality**: Schachrud [NE. Iran].

Lycaena bracteata Butler, 1880, *Proc. zool. Soc. Lond.*, (3): 407, pl. 39, f. 4. **Type locality**: Kandahar, Afghanistan.

Lycaena christophi; Grum-Grshimailo, 1890, *In*: Romanoff, *Mém. Lép.*, 4: 376; Forster, 1936, *Mitt. Münch. Ent. Ges.*, 26(2): 82; Lewis, 1974, *Butt. World*: pl. 206, f. 11.

Plebeius (*Lycaeides*) *christophi*; Korb & Bolshakov, 2011, *Eversmannia Suppl.*, 2: 85.

Plebejus chrystophi [sic, recte *christophi*]; Yakovlev, 2012, *Nota lepid.*, 35 (1): 74.

Plebejus christophi; Wang & Fan, 2002, *Butts. Faun. Sin.: Lycaenidae*: 380, 381; Talavera *et al.*, 2013, *Cladistics*, 29: 187.

形态 成虫：小型灰蝶。与豆灰蝶 *P. argus* 近似，主要区别为：两翅反面斑纹不发达，较小，端缘孔雀翎状眼斑中最内侧的黑斑半月形。

分布 中国（甘肃、新疆），中亚地区。

大秦岭分布 甘肃（武山、漳县）。

华西豆灰蝶 *Plebejus biton* (Bremer, 1861)

Lycaena biton Bremer, 1861, *Bull. Acad. Imp. Sci. St. Petersb.*, 3: 472.

Plebejus biton (Section *Polyommatus*); Chou, 1998, *Class. Ident. Chin. Butt.*: 261; Wang & Fan, 2002, *Butts. Faun. Sin.: Lycaenidae*: 382.

形态 成虫：小型灰蝶。与豆灰蝶 *P. argus* 近似，主要区别为：两翅反面斑纹不发达，较小，橙色纹多退化或消失；端缘孔雀翎状眼斑最内侧黑斑条形或新月形。前翅反面外横斑列下段斑纹不错位内移。

分布 中国（黑龙江、内蒙古、甘肃），俄罗斯。

大秦岭分布 甘肃（武山、礼县、漳县）。

红珠灰蝶属 *Lycaeides* Hübner, [1819]

Lycaeides Hübner, [1819], *Verz. bek. Schmett.*, (5): 69. **Type species**: *Papilio argyrognomon* Bergsträsser, [1779].

Plebejus (*Lycaeides*); Pelham, 2008, *J. Res. Lepid.*, 40: 257.

Lycaeides (*Plebeius*); Korb & Bolshakov, 2011, *Eversmannia Suppl.*, 2: 83.

Lycaeides (Section *Polyommatus*); Eliot, 1973, *Bull. Br. Mus. nat. Hist.* (Ent.), 28(6): 450; Chou, 1998, *Class. Ident. Chin. Butt.*: 261; Wang & Fan, 2002, *Butts. Faun. Sin.: Lycaenidae*: 386, 387.

Lycaeides; Wu & Xu, 2017, *Butts. Chin.*: 1268.

眼无毛。两翅正面雄性有蓝紫色闪光，雌性褐色至黑褐色；反面驼色、浅驼色或灰白色，有成列的黑色圆斑。前翅外横斑列较直，cu_1 室的斑长。翅脉特征见眼灰蝶属组 *Polyommatus* Section。

雄性外生殖器：背兜向后突出，有 2 对突起；尾突管状，基部粗阔，末端尖；颚突弯曲；无囊突；抱器长卵形，末端有钩；阳茎细短，末端尖。

雌性外生殖器：囊导管细长，膜质；交配囊袋状；无交配囊片。

寄主为豆科 Fabaceae 及白花丹科 Plumbaginaceae 植物。

全世界记载 7 种，分布于古北区。中国已知 4 种，大秦岭均有分布。

种检索表

1. 翅正面深蓝紫色；黑褐色外缘带窄 ······ **红珠灰蝶 *L. argyrognomon***
   翅正面非蓝紫色；黑褐色外缘带宽 ······ 2
2. 翅正面深蓝色 ······ **索红珠灰蝶 *L. subsolanus***
   翅正面非深蓝色 ······ 3
3. 前翅反面外横斑列 cu_1 室斑长茄形 ······ **茄纹红珠灰蝶 *L. cleobis***
   前翅反面外横斑列 cu_1 室斑椭圆形 ······ **青海红珠灰蝶 *L. qinghaiensis***

红珠灰蝶 *Lycaeides argyrognomon* (Bergsträsser, [1779])（图版 27：87）

Papilio argyrognomon Bergsträsser, [1779], *Nomen. Ins.*, 2: 76, pl. 46, f. 1-2. **Type locality**: Hanau-Munzberg, Germany.

Hesperia amphion Fabricius, 1793, *Ent. Syst.*, 3(1): 301.

Argus vulgaris (Lamarck, 1835), *Anim. sans. Vert.*, 4: 244.

Lycaena radiata (Blachier, 1909), *Bull. Soc. Lép. Genève*, 1: 380.

Plebeius aegus Chapman, 1917, *Étud. Lép. comp.*, 14: 42, pl. 7, f. 19-20, pl. 8, f. 22-24, pl. 13, f. 39.

Lycaena elegans (Metzner, 1926), *Ent. Anz*., 6: 19. **Type locality**: Austria.

Lycaeides gazeli (Beuret, 1934), *Lambillionea*, 34: 108.

Lycaeides rauraca (Beuret, 1934), *Lambillionea*, 34: 119.

Lycaena argyrognomon; Forster, 1936, *Mitt. Münch. Ent. Ges*., 26(2): 64.

Lycaeides argyrognomon; Lewis, 1974, *Butt. World*: pl. 9, f. 35; Chou, 1994, *Mon. Rhop. Sin*.: 688; Li, 1992, *Atlas Chin. Butts*.: 143, 144, figs. 2-3; Wang & Fan, 2002, *Butts. Faun. Sin.: Lycaenidae*: 387, 388; Wu & Xu, 2017, *Butts. Chin*.: 1268, f. 1269: 9-10.

Plebeius (*Lycaeides*) *argyrognomon*; Korb & Bolshakov, 2011, *Eversmannia Suppl*., 2: 85.

Plebejus argyrognomon; Yakovlev, 2012, *Nota lepid*., 35 (1): 71; Talavera *et al*., 2013, *Cladistics*, 29: 187.

形态 成虫：小型灰蝶。雌雄异型。两翅正面雄性深蓝紫色，雌性黑褐色。反面棕灰色或驼红色；斑纹黑褐色，圈纹白色；端缘有孔雀翎状眼斑列，瞳点黑色，覆有蓝色鳞粉，眼斑圈纹橙、黑、白 3 色。前翅正面外缘黑带窄。反面外横斑列较直，cu_1 室的斑长，茄形；中室端斑长圆形。后翅正面雄性外缘斑列斑纹圆形，黑色；雌性外缘斑内侧有橙色线纹环绕。反面中横斑列近 C 形；中室端斑半月形；基横斑列由 4 个圆斑组成。

卵：初产绿色，后变白色。

幼虫：老熟幼虫有绿色型和红色型 2 种。

蛹：绿色；有斑纹。

寄主 豆科 Fabaceae 冷黄芪 *Astragalus glycyphyllos*、草木犀状黄芪 *A. melilotoides*、大花野豌豆 *Vicia bungei*、救荒野豌豆 *V. sativa*、花木蓝 *Indigofera kirilowii*、绣球小冠花 *Coronilla varia*、苜蓿 *Medicago sativa*、草木犀 *Melilotus officinalis*、白三叶 *Trifolium repens*、百脉根 *Lotus corniculatus*、红豆草 *Onobrychis viciifolia*、米口袋属 *Gueldenstaedtia* spp.；白花丹科 Plumbaginaceae 二色补血草 *Limonium bicolor*。

生物学 1 年多代，以卵越冬，成虫多见于 4 ~ 10 月。飞行缓慢，喜访花，取食花粉、花蜜及植物汁液。

分布 中国（黑龙江、吉林、辽宁、河北、山西、山东、河南、陕西、甘肃、青海、新疆、四川），俄罗斯，朝鲜，日本，欧洲。

大秦岭分布 河南（荥阳、上街、登封、嵩县、灵宝、卢氏）、陕西（临潼、蓝田、周至、渭滨、陈仓、眉县、太白、凤县、汉滨、南郑、勉县、宁陕、商州、丹凤）、甘肃（麦积、秦州、徽县、两当、文县、迭部、碌曲）。

茄纹红珠灰蝶 *Lycaeides cleobis* (Bremer, 1861)

Lycaena cleobis Bremer, 1861, *Bull. Acad. Imp. Sci. St. Petersb*., 3: 472. **Type locality**: Nordseite Baikal.

Lycaena aegonides Bremer, 1864, *Mém. Acad. Sci. St. Pétersb.*, (7)8(1): 28, n. 128, pl. 3, f. 8 (unnec. repl. *Lycaena cleobis* Bremer, 1861).

Lycaeides cleobis; Chou, 1994, *Mon. Rhop. Sin.*: 688; Lewis, 1974, *Butt. World*: pl. 206, f. 12, 13.

Lycaena cleobis; Forster, 1936, *Mitt. Münch. Ent. Ges.*, 26(2): 107.

Plebejus cleobis; Talavera *et al.*, 2013, *Cladistics*, 29: 187.

形态 成虫：小型灰蝶。与红珠灰蝶 *L. argyrognomon* 极近似，主要区别为：雄性翅正面青灰蓝色，黑褐色的外缘向翅内放射状扩散；雌性翅正面褐色；反面驼黄色。前翅反面 cu_1 室黑斑长茄形，接近中室端斑。后翅反面端缘眼斑下部 4 个斑的黑色瞳点上有蓝色闪光鳞片。

分布 中国（河北、陕西、甘肃），朝鲜，日本。

大秦岭分布 陕西（长安、鄠邑）、甘肃（麦积、徽县、两当、舟曲）。

索红珠灰蝶 *Lycaeides subsolanus* (Eversmann, 1851)

Lycaena subsolanus Eversmann, 1851, *Bull. Soc. imp. Nat. Moscou*, 24(2): 620. **Type locality**: Irkutsk.

Plebeius (*Lycaeides*) *subsolanus*; Korb & Bolshakov, 2011, *Eversmannia Suppl.*, 2: 84.

Plebejus subsolanus; Talavera *et al.*, 2013, *Cladistics*, 29: 187.

Lycaeides subsolanus; Wang & Fan, 2002, *Butts. Faun. Sin.: Lycaenidae*: 388, 389; Wu & Xu, 2017, *Butts. Chin.*: 1268, f. 1269: 11.

形态 成虫：小型灰蝶。与红珠灰蝶 *L. argyrognomon* 极近似，主要区别为：雄性翅正面深蓝色；黑褐色外缘带宽。前翅反面 cu_1 室黑斑椭圆形。后翅反面端缘眼斑黑色瞳点上的蓝色闪光鳞片少。

寄主 豆科 Fabaceae 歪头菜 *Vicia unijuga*。

分布 中国（吉林、辽宁、内蒙古、北京、河北、陕西、甘肃、新疆），俄罗斯，朝鲜，日本。

大秦岭分布 甘肃（麦积、徽县、两当）。

青海红珠灰蝶 *Lycaeides qinghaiensis* Murayama, 1992

Lycaeides qinghaiensis Murayama, 1992, *Ins. Nat.*, 27(5): 37, figs.1-2. **Type locality**: Huangzhong, Qinghai.

Plebejus qinghaiensis; Talavera *et al.*, 2013, *Cladistics*, 29: 187.

Lycaeides qinghaiensis; Murayama, 1994, *Entomotaxonomia*, 5(4): 307; Chou, 1994, *Mon. Rhop. Sin.*: 688; Wang & Fan, 2002, *Butts. Faun. Sin.: Lycaenidae*: 388.

形态 成虫：小型灰蝶。与红珠灰蝶 *L. argyrognomon* 极近似，主要区别为：雄性翅正面紫蓝色，外缘黑褐色。后翅反面基横斑列上部 3 个黑色圆斑排成直线。

分布 中国（甘肃、青海）。

大秦岭分布 甘肃（武山、两当、漳县）。

点灰蝶属 *Agrodiaetus* Hübner, 1822

Agrodiaetus Hübner, 1822, *Syst. Alph. Verz*.: 1. **Type species**: *Papilio damon* Denis & Schiffermüller, 1775.

Agrodiaetus (Section *Polyommatus*); Eliot, 1973, *Bull. Br. Mus. nat. Hist.* (Ent.), 28(6): 450; Wang & Fan, 2002, *Butts. Faun. Sin.: Lycaenidae*: 389.

Agrodiaetus; Wu & Xu, 2017, *Butts. Chin*.: 1268.

雌雄异型。两翅正面雄性淡蓝色，雌性多为棕褐色至褐色。反面多为灰白色至棕灰色；有黑色小圆斑组成的外横斑列。后翅反面端缘有橙色眼斑列。翅脉特征见眼灰蝶属组 *Polyommatus* Section。

寄主为豆科 Fabaceae 植物。

主要分布于古北区、东洋区。中国记录 5 种，大秦岭分布 1 种。

阿点灰蝶 *Agrodiaetus amandus* (Schneider, 1792)（图版 26：83）

Papilio amandus Schneider, 1792, *Neuest. Mag. Lieb. Ent*., 1(4): 428. **Type locality**: S. Sweden.

Papilio icarius Esper, 1789, *Die Schmett., Suppl. Th.*, 1(3-4): 35, pl. 99, f. 4.

Polyommatus agathon Godart, [1824], *Encycl. Méth*., 9(2): 695.

Lycaena icarius libisonis Fruhstorfer, 1911b, *Soc. ent*., 25(24): 96. **Type locality**: South Tyrol.

Agriades amdandus bruttia Verity, 1921, *Ent. Rec. J. Var*., 33: 190. **Type locality**: San Fili.

Lysandra praelibisonis (Verity, 1943), *Le Farfalle diurn. d'Italia*, 2: 278.

Plebejus villarrubiai (Agenjo, 1970), *Graellsia*, 26: 26.

Plebicula ludovicana (Betti, 1977), *Alexanor*, 10(2): 90. **Type locality**: France.

Plebicula achaiana (Brown, 1977), *Ent. Gaz*., 28(3): 166. **Type locality**: Greece.

Plebicula amanda; Lewis, 1974, *Butt. World*: pl. 10, f. 15, 18.

Polyommatus (*Neolysandra*) *amandus*; Wiemers, Stradomsky & Vodolazhsky, 2010, *Eur. J. Ent.*, 107(3): 335.

Polyommatus amandus; Yakovlev, 2012, *Nota lepid*., 35(1): 77; Talavera *et al*., 2013, *Cladistics*, 29: 185; Tshikolovets, 2017, *Zootaxa*, 4358(1): 115.

Agrodiaetus amandus; Wang & Fan, 2002, *Butts. Faun. Sin.: Lycaenidae*: 389, 390; Wu & Xu, 2017, *Butts. Chin*.: 1268, f. 1269: 12-16.

形态 成虫：中型灰蝶。雌雄异型。两翅正面雄性淡蓝色，有金属光泽，雌性褐色；外缘带窄，黑褐色，黑色区域向内侧渗透。反面驼色；斑纹多黑色，圈纹白色；中室端斑半月形。前翅反面端缘眼斑列退化，较模糊；外横斑列弧形，止于 cu_1 室。后翅正面外缘雄性有黑色缘斑列，雌性有橙色眼斑列。反面端缘有孔雀翎形眼斑列，瞳点黑色，环纹橙、黑、白 3 色；外横斑列近 V 形；基横斑列由 2～3 个点斑组成；翅基部覆有灰蓝色鳞粉。

寄主 豆科 Fabaceae 广布野豌豆 *Vicia cracca*、大叶野豌豆 *V. kokanica*、新疆野豌豆 *V. costata*、牧地山黧豆 *Lathyrus pratensis*、罗马苜蓿 *Medicago romanica*。

生物学 成虫多见于 6～8 月。飞行较缓慢，有访花习性，常栖息于山地阔叶林。

分布 中国（辽宁、内蒙古、陕西、甘肃、四川、新疆），俄罗斯，欧洲。

大秦岭分布 陕西（太白、凤县）、甘肃（麦积、武山、漳县）、四川（九寨沟）。

埃灰蝶属 *Eumedonia* Forster, 1938

Eumedonia Forster, 1938, *Mitt. Münch. Ent. Ges*., 28(2): 113. **Type species**: *Papilio eumedon* Esper, [1780].

Eumedonia (Section *Polyommatus*); Eliot, 1973, *Bull. Br. Mus. nat. Hist.* (Ent.), 28(6): 450; Wang & Fan, 2002, *Butts. Faun. Sin.: Lycaenidae*: 375.

Eumedonia (Polyommatini); Korb & Bolshakov, 2011, *Eversmannia Suppl*., 2: 89.

Eumedonia (Polyommatina); Talavera *et al*., 2013, *Cladistics*, 29: 187; Stradomsky, 2016, *Caucasian Ent. Bull*., 12(1): 152.

Eumedonia; Wu & Xu, 2017, *Butts. Chin*.: 1264.

两翅正面黑褐色；反面棕色，有黑色点斑列。后翅反面端缘有橙色眼斑列。翅脉特征见眼灰蝶属组 *Polyommatus* Section。

寄主为牻牛儿苗科 Geraniaceae 植物。

全世界记载 7 种，分布于古北区和东洋区。中国记录 1 种，大秦岭有分布。

埃灰蝶 *Eumedonia eumedon* (Esper, 1780)

Papilio eumedon Esper, 1780, *Die Schmett. Th. I, Bd*., 2(1): 16, pl. 52, f. 2-3. **Type locality**: Erlangen, Germany.

Papilio chiron Rottemburg, 1775, *Der Naturforscher*, 6: 27 (preocc. *Papilio chiron* Fabricius, 1775).

Papilio belinus de Prunner, 1798, *Lepid. Pedemont*.: 77.

Cupido fylgia Spangberg, 1876, *Stett. ent. Ztg*., 37(1-3): 91.

Aricia chiron bolivariensis de Sagarra, 1930, *Butll. Inst. Catal. Hist. Nat*., (2) 10(7): 117.

Polyommatus grisea (Opheim, 1945), *Norsk. Ent. Tidskr*., 6: 190.

Polyommatus praticola (Burrau, 1953), *Opusc. ent*., 18: 116. **Type locality**: Sweden.

Eumedonia eumedon; Lewis, 1974, *Butt. World*: pl. 9, f. 19; Wang & Fan, 2002, *Butts. Faun. Sin.: Lycaenidae*: 375, 376; Korb & Bolshakov, 2011, *Eversmannia Suppl*., 2: 89; Yakovlev, 2012, *Nota lepid*., 35(1): 76; Talavera *et al*., 2013, *Cladistics*, 29: 187; Wu & Xu, 2017, *Butts. Chin*.: 1134, f. 1136.

形态 成虫：小型灰蝶。两翅正面黑褐色；无斑；基部黑灰色。反面棕色；黑色斑纹圆形，圈纹白色。前翅反面端缘孔雀翎状眼斑列模糊；亚缘斑列微弧形；中室端斑半月形。后翅反面基部覆有灰蓝色鳞粉；端缘有孔雀翎状眼斑列，黑色瞳点小，眼斑外侧白色，内侧橙色斑三角形，内侧有黑色点斑和白色缘线；外横斑列 V 形，斑纹圆点状；中室端斑三角形；基横斑列由小点斑组成。

寄主 牻牛儿苗科 Geraniaceae 银叶老鹳草 *Geranium sylvaticum*、草地老鹳草 *G. pratense*、岩生老鹳草 *G. saxatile*、丘陵老鹳草 *G. collinum*。

生物学 1 年 1 代，成虫多见于 7 月。喜访花，常在河边、湿地附近活动。

分布 中国（黑龙江、内蒙古、甘肃、青海、四川），蒙古，欧洲。

大秦岭分布 甘肃（武山、漳县）、四川（九寨沟）。

酷灰蝶属 *Cyaniris* Dalman, 1816

Cyaniris Dalman, 1816, *K. VetenskAcad. Handl*., (1): 63. **Type species**: *Papilio semiargus* Rottemburg, 1775.

Nomiades Hübner, [1819], *Verz. bek. Schmett*., (5): 67. **Type species**: *Papilio acis* Denis & Schiffermüller, 1775.

Glaucolinea; Yoshino, 2003, *Futao*, (43): 8.

Nomiades (Section *Polyommatus*); Eliot, 1973, *Bull. Br. Mus. nat. Hist.* (Ent.), 28(6): 450.

Cyaniris (Lycaenidae); Moore, [1881], *Lepid. Ceylon*, 1(2): 74.

Cyaniris (Section *Polyommatus*); Eliot, 1973, *Bull. Br. Mus. nat. Hist.* (Ent.), 28(6): 450; Wang & Fan, 2002, *Butts. Faun. Sin.: Lycaenidae*: 390, 391.

Cyaniris (Polyommatini); Korb & Bolshakov, 2011, *Eversmannia Suppl*., 2: 90.

Cyaniris (Polyommatina); Talavera *et al*., 2013, *Cladistics*, 29: 187; Stradomsky, 2016, *Caucasian Ent. Bull*., 12 (1): 152.

眼有毛。两翅正面雄性青蓝色，有金属光泽，雌性暗褐色至棕褐色；反面中域有黑色斑列。前翅 Sc 脉与 R_1 脉有部分相互靠近，不接触；R_5 脉与 M_1 脉较接近，从不同点分出；中室端脉稍外突。

寄主为豆科 Fabaceae 植物。

全世界记载 4 种，分布于古北区、东洋区和非洲区。中国记录 3 种，大秦岭分布 1 种。

酷灰蝶 *Cyaniris semiargus* (Rottemburg, 1775)

Papilio semiargus Rottemburg, 1775, *Der Naturforscher*, 6: 20. **Type locality**: Saxonia, Germany.

Papilio acis Denis & Schiffermüller, 1775, *Ank. syst. Schmett. Wien*.: 182 (preocc.).

Papilio cimon Lewin, 1795, *Pap. Gr. Britain*: 80, pl. 38, f. 6-7.

Cyaniris argianus Dalman, 1816, *K. VetenskAcad. Handl*., (1): 95.

Lycaena semiargus salassorum Fruhstorfer, 1910, *Soc. ent*., 25(12): 48. **Type locality**: Cogne.

Lycaena semiargus radiata Oberthür, 1918, *Étud. Lépid. Comp*., 16: 380, pl. 500, f. 4167.

Cyaniris semiargus porrecta Verity, 1919, *Ent. Rec. J. Var*., 31: 45.

Lycaena semiargus augusta Stauder, 1923, *Zs. Wiss. InsekBiol*., 18(10/11): 192.

Lycaena semiargus transiens Stauder, 1925, *Ent. Anz*., 5(10): 74 (preocc.).

Glaucolinea xingana; Yoshino, 2003, *Futao*, (43): 8.

Lycaena semiargus; Grum-Grshimailo, 1890, *In*: Romanoff, *Mém. Lép*., 4: 415.

Cyaniris semiargus; Lewis, 1974, *Butt. World*: pl. 9, f. 17; Wang & Fan, 2002, *Butts. Faun. Sin.: Lycaenidae*: 391, 392; Korb & Bolshakov, 2011, *Eversmannia Suppl*., 2: 90; Talavera, Lukhtanov, Pierce & Vila, 2013, *Cladistics*, 29: 187.

形态 成虫：中小型灰蝶。雌雄异型。两翅正面雄性青蓝色，雌性暗褐色；外缘带深褐色。反面驼色；基部黑色，覆有蓝灰色鳞粉；黑色斑纹多圆形，圈纹白色；中室端斑 V 形。前翅反面外横斑列未达前后缘，弧形排列。后翅反面中横斑列近 V 形，端部 2 个圆斑与其后圆斑间隔大；$sc+r_1$ 室基部有 1 个黑色圆斑。

寄主 豆科 Fabaceae 广布野豌豆 *Vicia cracca*、草木犀属 *Melilotus* spp.。

分布 中国（黑龙江、内蒙古、甘肃、新疆），蒙古，摩洛哥，欧洲。

大秦岭分布 甘肃（武山）。

眼灰蝶属 *Polyommatus* Latreille, 1804

Polyommatus Latreille, 1804, *Nouv. Dict. Hist. nat*., 24(6): 185, 200. **Type species**: *Papilio icarus* Rottemburg, 1775.

Cyaniris Dalman, 1816, *K. svenska Vetensk Akad. Handl. Stockholm*, 37: 63. **Type species**: *Cyaniris argianus* Dahlman, 1816.

Nomiades Hübner, [1819], *Verz. bek. Schmett*., (5): 67. **Type species**: *Papilio acis* Denis & Schiffermüller, 1775.

Agrodiaetus Hübner, 1822, *Syst.-alph. Verz.*: 1-10. **Type species**: *Papilio damon* Denis & Schiffermüller, 1775.

Hirsutina Tutt, 1909, *Nat. Hist. Br. Lepid.*, 10: 154. **Type species**: *Papilio damon* Denis & Schiffermüller, 1775.

Bryna Evans, 1912, *J. Bombay nat. Hist. Soc.*, 21(2): 559, (3): 984. **Type species**: *Lycaena stoliczkana* C. & R. Felder, [1865].

Meleageria de Sagarra, 1925, *Butll. Inst. Catal. Hist. Nat.*, (2) 5(9): 271. **Type species**: *Papilio meleager* Esper, 1778.

Uranops Hemming, 1929, *Ann. Mag. nat. Hist.*, (10) 3: 243 (preocc. *Uranops* Fitzinger, 1843). **Type species**: *Papilio coridon* Poda, 1761.

Lysandra Hemming, 1933, *Entomologist*, 66: 277. **Type species**: *Papilio coridon* Poda, 1761.

Kretania Beuret, 1959, *Mitt. ent. Ges. Basel*, (n.f.) 9: 83. **Type species**: *Lycaena psylorita* Freyer, 1845.

Plebicula Higgins, 1969, *Entomologist*, 102: 67. **Type species**: *Papilio argester* Bergsträsser, [1779].

Paragrodiaetus Rose & Schurian, 1977, *J. ent. Soc. Iran*, 4(1/2): 68. **Type species**: *Lycaena glaucias* Lederer, [1870].

Sublysandra Koçak, 1977, *Atalanta*, 8(1): 52. **Type species**: *Polyommatus candalus* Herrich-Schäffer, [1852].

Cyaniris; Yoshino, 2003, *Futao*, 43: 8.

Polyommatus (Section *Polyommatus*); Eliot, 1973, *Bull. Br. Mus. nat. Hist.* (Ent.), 28(6): 450; Chou, 1998, *Class. Ident. Chin. Butt.*: 261, 262; Wang & Fan, 2002, *Butts. Faun. Sin.: Lycaenidae*: 393.

Polyommatus; Wiemers, Stradomsky & Vodolazhsky, 2010, *Eur. J. Ent.*, 107(3): 334; Wu & Xu, 2017, *Butts. Chin.*: 1270.

Polyommatus (Polyommatini); Korb & Bolshakov, 2011, *Eversmannia Suppl.*, 2: 90.

Polyommatus (Polyommatina); Talavera *et al.*, 2013, *Cladistics*, 29: 185; Stradomsky, 2016, *Caucasian Ent. Bull.*, 12(1): 152.

眼有毛。两翅正面雄性蓝色，有金属光泽，雌性棕褐色至暗褐色；反面端缘有橙色眼斑，瞳点黑色。翅脉特征见红珠灰蝶属 *Lycaeides*。

雄性外生殖器：背兜较斜窄，有 2 对突起；无囊突；抱器长三角形，基部窄，端部钳状分叉；阳茎短。

寄主为豆科 Fabaceae 植物。

全世界记载 200 余种，分布于古北区。中国记录 20 余种，大秦岭分布 6 种。

种检索表

1. 前翅反面中室中部下方有黑色点斑 ··············· **多眼灰蝶 *P. eros***
   前翅反面中室中部下方无黑色点斑 ··············· 2
2. 前翅反面端缘斑列发达，清晰 ··············· 3
   前翅反面端缘斑列退化，模糊 ··············· 4

3. 后翅反面亚缘有白色斑列 ……………………………………………………………**爱慕眼灰蝶 *P. amorata***

后翅反面亚缘仅中部有 1 个白色块斑 ………………………………………………**新眼灰蝶 *P. sinina***

4. 后翅反面端缘橙色斑大而完整 ……………………………………………………**维纳斯眼灰蝶 *P. venus***

后翅反面端缘橙色斑退化，不完整 ……………………………………………………………………………… 5

5. 翅正面色浅，蓝灰色 ……………………………………………………………………**仪眼灰蝶 *P. icadius***

翅正面色深，蓝紫色 ……………………………………………………………………**伊眼灰蝶 *P. icarus***

多眼灰蝶 *Polyommatus eros* (Ochsenheimer, 1808)

Papilio eros Ochsenheimer, 1808, *Schmett. Europa*, 1(2): 42 (repl. *Papilio tithonus* Hübner, [1803-1804]).

Papilio tithonus Hübner, [1803-1804], *Samml. eur. Schmett.*, [1]: pl. 108, f. 555-556 (preocc. *Papilio tithonus* Linnaeus, 1771).

Lycaena tithonus italica Oberthür, 1910, *Étud. Lépid. Comp.*, 4: 232.

Lycaena tithonus epodes Fruhstorfer, 1916b, *Ent. Rundschau*, 33 (4): 19. **Type locality**: Chingan.

Lycaena tithonus tatsienluica Fruhstorfer, 1916b, *Ent. Rundschau*, 33(4): 19 (Oberthür). **Type locality**: Sichuan.

Polyommatus eros; Lewis, 1974, *Butt. World*: pl. 10, f. 23; Chou, 1994, *Mon. Rhop. Sin.*: 689; Vodolazhsky & Stradomsky, 2010, *Vetnik Mok. Univ. Biol.*, (4): 33, *Mosc. Univ. Biol. Sci. Bull.*, 65(4): 158; Wiemers, Stradomsky & Vodolazhsky, 2010, *Eur. J. Ent.*, 107(3): 334; Korb & Bolshakov, 2011, *Eversmannia Suppl.*, 2: 91; Talavera *et al.*, 2013, *Cladistics*, 29: 186; Wu & Xu, 2017, *Butts. Chin.*: 1270, f. 1271: 1-3.

Polyommatus (group *eros*) *eros*; Vodolazhsky, Stradomsky & Yakovlev, 2012, *Caucasian Ent. Bull.*, 8(2): 264 (note).

Polyommatus erotides; Wang & Fan, 2002, *Butts. Faun. Sin.: Lycaenidae*: 393, 394.

形态 成虫：中小型灰蝶。雌雄异型。两翅正面雄性淡蓝色，雌性暗褐色。反面驼色或灰白色；黑色斑纹多圆形，圈纹白色；端缘有孔雀翎状眼斑列，瞳点黑色，眼斑环纹橙、黑、白 3 色；中室端斑三角形。前翅正面外缘带黑褐色。反面外横斑列问号形；中室中部至后缘有 2～3 个点斑。后翅正面外缘斑列斑纹圆形，模糊。反面端缘眼斑列中部内侧白色纹延伸并与中横斑相连；中横斑列近 V 形；基横斑列由 3 个点斑组成。

寄主 豆科 Fabaceae 米口袋属 *Gueldenstaedtia* spp.。

生物学 成虫多见于 5～9 月。常在林缘、草地活动，喜访花。

分布 中国（黑龙江、吉林、辽宁、内蒙古、河北、山东、河南、陕西、宁夏、甘肃、青海、新疆、四川、西藏），俄罗斯，蒙古，朝鲜，日本，欧洲西部。

大秦岭分布 河南（上街、登封、镇平、嵩县）、陕西（蓝田、周至、渭滨、陈仓、眉县、太白、凤县、南郑、勉县、洋县、宁强、略阳、留坝、佛坪、宁陕、商州、丹凤、山阳、镇安)、甘肃(麦积、秦州、康县、文县、宕昌、徽县、两当、礼县、迭部)、四川(都江堰)。

维纳斯眼灰蝶 *Polyommatus venus* (Staudinger, 1886)

Lycaena venus Staudinger, 1886, *Stett. Ent. Ztg*., 47(4-6): 211. **Type locality**: [Zaalaisky Mts., Kirghizia].

Lycaena venus; Grum-Grshimailo, 1890, *In*: Romanoff, *Mém. Lép*., 4: 393, pl. 8, f. 3a-b.

Polyommatus venus; Bálint, 1992, *Linn. Belg*., 13(8): 410; Chou, 1994, *Mon. Rhop. Sin*.: 690; Wang & Fan, 2002, *Butts. Faun. Sin.: Lycaenidae*: 394, 395; Vodolazhsky & Stradomsky, 2010, *Vetnik Mok. Univ. Biol*., (4):33, *Mosc. Univ. Biol. Sci. Bull*., 65(4): 160; Talavera *et al*., 2013, *Cladistics*, 29: 186.

Polyommatus (*Polyommatus*) *venus*; Wiemers, Stradomsky & Vodolazhsky, 2010, *Eur. J. Ent*., 107(3): 334; Korb & Bolshakov, 2011, *Eversmannia Suppl*., 2: 91.

形态 成虫:小型灰蝶。与多眼灰蝶 *P. eros* 极近似,主要区别为:两翅正面雄性淡蓝色,雌性暗褐色。反面驼色;端缘孔雀翎状眼斑退化,黑色瞳点小,橙色斑变小,相互分离。前翅反面中室中部下方无黑色点斑。

分布 中国(黑龙江、内蒙古、甘肃、青海、新疆、四川、西藏),俄罗斯,蒙古,朝鲜,日本,欧洲。

大秦岭分布 甘肃(麦积、武山、迭部、碌曲、漳县)。

爱慕眼灰蝶 *Polyommatus amorata* (Alphéraky, 1897)

Lycaena eros var. *amorata* Alphéraky, 1897, *In*: Romanoff, *Mém. Lép*., 9: 113.

Polyommatus eros sichuanicus Murayama, 1983, *Entomotaxonomia*, 5: 281-288.

Polyommatus erotides sichuanicus; Huang, 1998, *Neue Ent. Nachr*., 41: 266 (note).

Polyommatus eros sichuanicus; Chou, 1994, *Mon. Rhop. Sin*.: 689.

Polyommatus amorata; Vodolazhsky, Wiemers & Stradomsky, 2009, *Caucasian Ent. Bull*., 5(1): 117; Vodolazhsky & Stradomsky, 2010, *Vetnik Mok. Univ. Biol*., (4):33, *Mosc. Univ. Biol. Sci. Bull*., 65(4): 158; Vodolazhsky, Stradomsky & Yakovlev, 2012, *Caucasian Ent. Bull*., 8(2): 264 (note) ; Wu & Xu, 2017, *Butts. Chin*.: 1270, f. 1271: 8.

Polyommatus (*Polyommatus*) *amorata*; Wiemers, Stradomsky & Vodolazhsky, 2010, *Eur. J. Ent*., 107(3):334; Korb & Bolshakov, 2011, *Eversmannia Suppl*., 2: 91.

形态 成虫:小型灰蝶。与多眼灰蝶 *P. eros* 极近似,主要区别为:两翅反面色较淡,灰白色。前翅反面中室中部下方无斑。后翅反面亚缘区白色斑纹内延并与中横斑列相接。

生物学 成虫多见于 6 ~ 7 月。喜访花和在草地活动。

分布 中国（黑龙江、甘肃、四川），韩国。

大秦岭分布 甘肃（迭部）、四川（九寨沟）。

伊眼灰蝶 *Polyommatus icarus* (Rottemburg, 1775)

Papilio icarus Rottemburg, 1775, *Der Naturforscher*, 6: 21. **Type locality**: Berlin.

Papilio alexis Scopoli, 1763, *Ent. Carniolica*: 179 (preocc.).

Papilio thetis Esper, 1777, *Die Schmett. Th. I, Bd.*, 1(9): 332, (6): pl. 32, f. 2 (preocc.).

Papilio polyphemus Esper, 1779, *Die Schmett. Th. I, Bd.*, 1(9): 387, pl. 50, f. 5.

Papilio fusciolus Fourcroy, 1785, *Ent. Paris.*, 2: 245.

Papilio argus (Berk, 1795), *Syn. Nat. Hist.*, 1: 129.

Lycaena alexis (Herrich-Schäffer, [1844]), *Syst. Bearb. Schmett. Europ.*, 1(7): f. 246.

Lycaena melanotoxa Marott, 1882, *Giorn. Sci. Palermo*, 14: 54, pl. 3, f. 14-15. **Type locality**: Sicily.

Lycaena icarus nigromaculata Cockerell, 1889, *Entomologist*, 22: 99.

Lycaena icarus minor Cockerell, 1889, *Entomologist*, 22: 176.

Lycaena icarus tutti Oberthür, 1910, *Étud. Lépid. Comp.*, 4: 238.

Lycaena icarus impunctata Oberthür, 1910, *Étud. Lépid. Comp.*, 4: 240, 670, pl. 43, f. 322.

Lycaena icarus caeca Oberthür, 1910, *Étud. Lépid. Comp.*, 4: 240, 670, pl. 43, f. 323.

Lycaena duesseldorfensis (Strand, 1925), *Archiv Naturg.*, 91 A (12): 282 (repl. *Caeca* Oberthür, 1910).

Lycaena albocuneata (Derenne, 1926), *Lambillionea*, 26: 90.

Lycaena icarus rufoprivata Verity, 1926, *Ent. Rec. J. Var.*, 38: 106.

Polyommatus andronicus Coutsis & Ghavalas, 1995, *Phegea*, 23(3): 147. **Type locality**: Mt. Falakró, 1700 m, Dráma District, Macedonia, Greece.

Polyommatus neglectus Stradomsky & Arzanov, 1999, *Kharkov Ent. Soc. Gaz.*, 7(2): 17. **Type locality**: Lower Don (Ciscaucasus).

Polyommatus icarus; Lewis, 1974, *Butt. World*: pl. 10, f. 24-25; Yakovlev, 2012, *Nota lepid.*, 35(1): 77; Wang & Fan, 2002, *Butts. Faun. Sin.: Lycaenidae*: 395; Vodolazhsky & Stradomsky, 2010, *Vetnik Mok. Univ. Biol.*, (4):33, *Mosc. Univ. Biol. Sci. Bull.*, 65(4): 158; Talavera *et al.*, 2013, *Cladistics*, 29: 186.

Polyommatus (*Polyommatus*) *icarus*; Wiemers, Stradomsky & Vodolazhsky, 2010, *Eur. J. Ent.*, 107(3): 334; Korb & Bolshakov, 2011, *Eversmannia Suppl.*, 2: 90.

形态 成虫：小型灰蝶。与多眼灰蝶 *P. eros* 极近似，主要区别为：两翅正面雄性蓝紫色；外缘无黑灰色带纹。反面色较淡，灰白色；端缘孔雀翎状眼斑退化，黑色瞳点小，橙色斑及内侧黑色斑变小，相互分离。

寄主 豆科 Fabaceae 广布野豌豆 *Vicia cracca*、棘豆 *Oxytropis campestris*、百脉根 *Lotus* *corniculatus*、红花三叶草 *Trifolium pratense*、白三叶草 *T. repens*、黄芪 *Astragalus aristatus*、罗马苜蓿 *Medicago romanica*、野苜蓿 *M. falcata*。

分布 中国（陕西、甘肃、新疆），欧洲。

大秦岭分布 陕西（山阳）、甘肃（武山、漳县）。

仪眼灰蝶 *Polyommatus icadius* (Grum-Grshimailo, 1890)

Lycaena icarus var. *icadius* Grum-Grshimailo, 1890, *In*: Romanoff, *Mém. Lép*., 4: 402. **Type locality**: Hindu Kush or Pamir, Beik.

Polyommatus (*Polyommatus*) *icadius*; Wiemers, Stradomsky & Vodolazhsky, 2010, *Eur. J. Ent*., 107(3): 334; Korb & Bolshakov, 2011, *Eversmannia Suppl*., 2: 90.

Polyommatus icadius; Wang & Fan, 2002, *Butts. Faun. Sin.: Lycaenidae*: 396; Vodolazhsky & Stradomsky, 2010, *Vetnik Mok. Univ. Biol*., (4):33, *Mosc. Univ. Biol. Sci. Bull*., 65(4): 158; Talavera *et al*., 2013, *Cladistics*, 29: 186.

形态 成虫：小型灰蝶。与伊眼灰蝶 *P. icarus* 极近似，主要区别为：个体稍大。翅正面色淡，蓝灰色；反面端缘孔雀翎状眼斑较发达。后翅反面基部黑灰色；中横斑列斑纹较大，清晰。

寄主 豆科 Fabaceae 鹰嘴豆属 *Cicer* spp.。

分布 中国（黑龙江、甘肃、新疆）。

大秦岭分布 甘肃（武山、漳县）。

新眼灰蝶 *Polyommatus sinina* (Grum-Grshimailo, 1891)

Lycaena venus var. *sinina* Grum-Grshimailo, 1891, *Horae Soc. ent. Ross*., 25(3-4): 453. **Type locality**: Kuku-Noor, China.

Polyommatus venus sinica; Chou, 1994, *Mon. Rhop. Sin*.: 690.

Polyommatus sinina; Wu & Xu, 2017, *Butts. Chin*.: 1270, f. 1271: 9-11.

形态 成虫：小型灰蝶。与多眼灰蝶 *P. eros* 极近似，主要区别为：雄性两翅正面蓝色深；反面色深，棕褐色至深褐色。前翅较狭长。后翅反面亚缘区中部有白色块斑；中室端斑白色圈纹钉形。雌性两翅正面棕褐色，有蓝紫色闪光；端缘有橙色眼斑列。前翅正面外缘黑褐色带纹宽。

生物学 成虫多见于 7 月。喜访花，栖息于高海拔草地环境。

分布 中国（青海、甘肃）。

大秦岭分布 甘肃（迭部、玛曲）。

弄蝶科 Hesperiidae Latreille, 1809

Hesperiidae Latreille, 1809, *Gen. Crust. Ins.*, 4: 187, 207. **Type genus**: *Hesperia* Fabricius, 1793.

Hesperiidae; Distant, 1886, *Rhop. Malayana*: 366; Evans, 1949, *Cat. Hesp. Eur. Asia Aus.*: 1; Bridges, 1994, *Cat. Hesp. World*, II: 1; Chou, 1998, *Class. Ident. Chin. Butt.*: 264; Warren *et al.*, 2008, *Cladistics*, 24: 3; Warren *et al.*, 2009, *Syst. Entom.*, 34: 467; Yuan, Yuan & Xue, 2015, *Fauna Sin. Ins. Lep. Hesperiidae*, 55: 81.

Hesperiidae (Papilionoidea); van Nieukerken *et al.*, 2011, *Zootaxa*, 3148: 216; Korb & Bolshakov, 2011, *Eversmannia Suppl.*, 2: 8.

体粗壮，颜色深暗，黑色、褐色或棕色，少数为黄色、绿色或白色，多有淡色或透明斑纹。

头大，常宽于胸部。触角基部互相远离，并常有黑色毛块，端部略粗，钩状弯曲，末端多尖细，是本科显著的特征。眼前方有长睫毛，表面常光滑，少数种类密生细毛；复眼有眼环。下唇须由 3 节组成，第 2 节粗壮，第 3 节短。前足发达，有步行能力，胫节腹面有 1 对距（净角器）；中足胫节常有 1 对端距；后足有 2 对距；足端有成对的侧垫、爪及 1 个中垫。

两翅脉纹均直接从中室分出，并独立伸达翅外缘，不合并或分叉；中室开或闭式。前翅三角形，顶角尖，外缘完整；R 脉 5 条；A 脉 1 ~ 2 条，如 2 条则离开基部后又合并。后翅近圆形；正面 R 脉基部有特殊鳞片；A 脉 2 ~ 3 条。

成虫多在白天活动，有些种类早晚活动，飞翔迅速，跳跃翻转，喜在花丛中穿插取食花蜜，并为植物授粉。

卵圆形、半圆球形、扁圆球形、弹头形或头盔形；有不规则的雕纹，或有不规则的纵横脊。多散产。

幼虫一般 5 龄期。头大，色浓。体纺锤形、长梭形或筒形，光滑或有短毛，并常覆有白色蜡粉。前胸细瘦呈颈状。腹部末端有 1 个梳齿状骨片；腹足趾钩 2 序或 3 序，排成环式。常吐丝缀叶形成叶苞，藏在里面取食，多在夜间频繁活动，有的种类是水稻、粟类、香蕉及竹子等农林作物的主要害虫。

蛹纺锤形、近纺锤形或长椭圆形，表面光滑，无突起；上唇分为 3 瓣；喙长，远长于翅芽。化蛹于幼虫叶苞中或吐丝做茧化蛹。

寄主为五加科 Araliaceae、紫金牛科 Myrsinaceae、肉豆蔻科 Myristicaceae、豆科 Fabaceae、芸香科 Rutaceae、金虎尾科 Malpighiaceae、清风藤科 Sabiaceae、马鞭草科 Verbenaceae、禾本科

Gramineae、莎草科 Cyperaceae、樟科 Lauraceae、姜科 Zingiberaceae、须叶藤科 Flagellariaceae、芭蕉科 Musaceae、美人蕉科 Cannaceae、棕榈科 Palmae、使君子科 Combretaceae、防己科 Menispermaceae 及菝葜科 Smilacaceae 等植物。

全世界记载近 4000 种，分布于世界各地。中国记录约 370 种，大秦岭分布 156 种。

亚科检索表

1. 前翅 M_2 与 M_1 脉靠近，距 M_3 脉远；幼虫主要取食双子叶植物 ························ 2
   前翅 M_2 与 M_3 脉靠近，距 M_1 脉远；幼虫主要取食单子叶植物 ························ 3
2. 无前毛隆及睫毛；休息时翅竖立 ························ **竖翅弄蝶亚科 Coeliadinae**
   有前毛隆及睫毛；休息时翅多平展 ························ **花弄蝶亚科 Pyrginae**
3. 后翅中室等于或长于后翅长的 1/2；成虫晒太阳时四翅均平展 ························
   ························ **链弄蝶亚科 Heteropterinae**
   后翅中室短于后翅长的 1/2；成虫晒太阳时后翅平展，前翅斜立 ························
   ························ **弄蝶亚科 Hesperiinae**

竖翅弄蝶亚科 Coeliadinae Evans, 1937

Ismeninae Mabille, 1879, *Ann. Soc. Ent. Belg*., 21: 12. **Type genus**: *Ismene* Swainson, 1820.

Rhopalocamptinae Evans, 1934, *Entomologist*, 67: 33. **Type genus**: *Rhopalocampta* Wallengren, 1857; Bridges, 1994, *Cat. Hesp. World*, II: 1.

Coeliadinae Evans, 1937b, *Cat. Afr. Hesp*.: 212. **Type genus**: *Coeliades* Hübner, 1818; Evans, 1949, *Cat. Hesp. Eur. Asia Aus*.: 5, 7; Eliot, 1992, *Butt. Malay Pen*. (4th ed.): 331; Chou, 1998, *Class. Ident. Chin. Butt*.: 265; de Jong, 2007, *Butt. World* (Suppl.), 15: 6; Warren *et al*., 2008, *Cladistics*, 24: 3; Warren *et al*., 2009, *Syst. Entom*., 34: 481; Chiba, 2009, *Bull. Kitakyushu Mus. Nat. Hist. Hum. Hist., Ser. A*, 7: 1; Korb & Bolshakov, 2011, *Eversmannia Suppl*., 2: 8; Yuan, Yuan & Xue, 2015, *Fauna Sin. Ins. Lep. Hesperiidae*, 55: 82.

腹部短于后翅后缘。后翅臀角多延伸成瓣状。休息时翅竖立，晒太阳时四翅平展。前翅 M_2 脉的着生点在 M_1 脉与 M_3 脉的着生点之间，或较接近 M_1 脉的着生点。

全世界记载 90 种，分布于古北区、东洋区、非洲区及澳洲区。中国已知 24 种，大秦岭分布 11 种。

属检索表

1. 前翅中室等于或长于前翅后缘 ………………………………………… 绿弄蝶属 ***Choaspes***
   前翅中室短于前翅后缘 ………………………………………………………………… 2
2. 前翅正面通常无斑；2A 脉略弯曲 …………………………………… **伞弄蝶属 *Bibasis***
   前翅正面通常有斑；2A 脉基部强度弯曲 ……………………………… **趾弄蝶属 *Hasora***

伞弄蝶属 *Bibasis* Moore, 1881

Bibasis Moore, 1881, *Lep. Ceylon*, 1(4): 160. **Type species**: *Goniloba sena* Moore, [1866].

Ismene Swainson, 1820, *Zool. Illustr.*, 1: pl. 16. **Type species**: *Ismene oedipodea* Swainson, 1820. Homonymized by Savinny, 1816; Moore, [1881], *Lepid. Ceylon*, 1(4): 157.

Bibasis; Watson, 1893, *Proc. zool. Soc. Lond.*, (1): 128; Evans, 1949, *Cat. Hesp. Eur. Asia Aus.*: 45; Bridges, 1994, *Cat. Hesp. World*, II: 7, IV: 5; Eliot, 1992, *Butt. Malay Pen*. (4th ed.): 331; Chou, 1998, *Class. Ident. Chin. Butt.*: 265, 266; de Jong, 2007, *Butt. World* (Suppl.),15: 6; Chiba, 2009, *Bull. Kitakyushu Mus. Nat. Hist. Hum. Hist., Ser. A*, 7: 14; Yuan, Yuan & Xue, 2015, *Fauna Sin. Ins. Lep. Hesperiidae*, 55: 82, 83.

Burara; Swinhoe, 1893, *Trans. Ent. Soc. Lond.*, 41(3): 329. **Type species**: *Ismene vasutana* Moore, 1866; Wu & Xu, 2017, *Butts. Chin.*: 1272.

Sartora Swinhae, 1912, *In*: Moore, *Lep. Ind.*, 9(106): 229. **Type species**: *Ismene ionis* de Nicéville, 1895. Synonymized by Evans, 1949: 45.

Tothrix Swinhoe, 1912, *In*: Moore, *Lep. Ind.*, 9(106): 233. **Type species**: *Ismene mahintha* Moore, [1875]. Synonymized by Evans, 1949: 45.

Gecana swinhoe, 1912, *In*: Moore, *Lep. Ind.*, 9(106): 230. **Type species**: *Ismene fergusonii* de Nicéville, [1893]. Synonymized by Bridges, 1994, VI: 12.

Zehala Swinhoe, 1912, *In*: Moore, *Lep. Ind.*, 9(106): 229. **Type species**: *Ismene striata* Hewitson, 1867. Synonymized by Bridges, 1994, VI: 26.

Pola Swinhoe, 1912, *In*: Moore, *Lep. Ind.*, 9(106). **Type species**: *Ismene ataphus* Watson, 1893. Synonymized by Bridges, 1994, VI: 35.

Burara (Coeliadinae); Vane-Wright & de Jong, 2003, *Zool. Verh. Leiden*, 343: 54.

Bibasis (Coeliadinae); Vane-Wright & de Jong, 2003, *Zool. Verh. Leiden*, 343: 56; Korb & Bolshakov, 2011, *Eversmannia Suppl.*, 2: 8.

翅多黑褐色、灰褐色、暗褐色、黄褐色或绿色。前翅顶角尖；翅面多无透明斑；中室较翅后缘短；A 脉基部不弯曲或稍弯曲；R_1 脉先于 Cu_1 脉分出。后翅反面脉纹较明显；Cu_1 脉先于 Rs 脉分出。雄性后足胫节外侧有褐色长毛簇。部分种类的雄性有由细毛组成的性标。

雄性外生殖器：背兜头盔形；钩突发达，末端凹入；颚突发达，端部密生小刺；囊突短或中等长；抱器狭长，末端尖；阳茎长或短。

雌性外生殖器：交配囊及囊导管长；交配囊片发达，长条形，密生钩状刺突。

寄主为五加科 Araliaceae、紫金牛科 Myrsinaceae 及肉豆蔻科 Myristicaceae 植物。

全世界记载 20 种，分布于古北区、东洋区和澳洲区。中国已知 12 种，大秦岭分布 4 种。

种检索表

1. 后翅反面无放射状条纹，前缘基部无黑色小点 ……………………… **雕形伞弄蝶 *B. aquilina***
   后翅反面有放射状条纹，前缘基部有 1 个黑色小点 ……………………………………………… 2
2. 后翅反面有白色宽纵带 ……………………………………………………… **白伞弄蝶 *B. gomata***
   后翅反面无白色宽纵带 ………………………………………………………………………………… 3
3. 后翅反面臀角黑色；雄性前翅正面无性标斑 ……………………………… **大伞弄蝶 *B. miracula***
   后翅反面臀角非黑色；雄性前翅正面 2A 脉、Cu_1 脉及 Cu_2 脉基部有条状性标斑 ………
   ……………………………………………………………………………………… **绿伞弄蝶 *B. striata***

雕形伞弄蝶 *Bibasis aquilina* (Speyer, 1879)

Ismene aquilina Speyer, 1879, *Stett. Ent. Ztg*., 40(7-9): 346. **Type locality**: Vladivostok and Askold.

Ismene jankowskii Oberthür, 1880, *Étud. d'Ent*., 5: 23. **Type locality**: Askold. Synonymized by Evans, 1949: 51.

Bibasis aquilina; Evans, 1949, *Cat. Hesp. Eur. Asia Aus*.: 51; Bridges, 1988b, *Cat. Hesp*.: I. 14; Chou, 1994, *Mon. Rhop. Sin*.: 693; Tuzov *et al*., 1997, *Guide Butt. Russia*, 1: 105; Korb & Bolshakov, 2011, *Eversmannia Suppl*., 2: 8; Yuan, Yuan & Xue, 2015, *Fauna Sin. Ins. Lep. Hesperiidae*, 55: 87-89.

Burara aquilina; Bridges, 1994, *Cat. Hesp. World*, VIII: 16; Chiba, 2009, *Bull. Kitakyushu Mus. Nat. Hist. Hum. Hist., Ser. A*, 7: 13; Wu & Xu, 2017, *Butts. Chin*.: 1272, f. 1274: 3-6.

形态 成虫：中大型弄蝶。雌雄异型。雄性：两翅褐色至黑褐色；脉纹清晰；顶角及外缘色稍深。前翅前缘基半部棕黄色；中室端脉黑褐色；反面从 m_3 室基部至后缘淡黄色。后翅无斑；基半部被毛。雌性：翅棕黄色。前翅顶角、外缘及中室色深；外横斑列倒 L 形，止于 cu_1 室，淡黄色；中室端部斑纹水滴状，淡黄色；其余斑纹同雄性。

卵：扁圆球形；初产黄色，后渐变褐色；有纵脊。

幼虫：老熟幼虫紫灰褐色；头乳褐色；体表有白色纵横纹。

蛹：红褐色；表面有蜡状白粉；头部有 1 个短的突起。

寄主 五加科 Araliaceae 刺楸 *Kalopanax septemlobus* 及琵刺楸 *K. pictus*。

生物学 1年1代，以低龄幼虫越冬，成虫多见于6~9月。常在林缘、山地活动，喜在地面停息。卵聚产，块状平铺。

分布 中国（黑龙江、吉林、辽宁、陕西、甘肃、重庆、四川），俄罗斯，朝鲜，日本。

大秦岭分布 陕西（长安、周至、凤县、南郑、留坝、宁陕）、甘肃（麦积、秦州、康县、徽县、两当、礼县、舟曲）、四川（青川、安州）。

白伞弄蝶 *Bibasis gomata* (Moore, 1865)

Ismene gomata Moore, 1865, *Proc. zool. Soc. Lond.*, (3): 783. **Type locality**: Bengal.

Choaspes gomata; de Nicéville, 1883, *J. asiat. Soc. Bengal*, Pt. II 52(2/4): 83, pl. 10, f. 7 ♀; Elwes, 1888, *Tran. Ent. Soc. Lond.*, 36(3): 439.

Ismene gomata; Leech, 1894, *Butt. Chin. Jap. Cor.*: 634; Piepers & Snellen, 1910, *Rhop. Java*, [2]: 20, pl. 7, f. 26a-d.

Bibasis gomata; Evans, 1949, *Cat. Hesp. Eur. Asia Aus.*: 50; Lewis, 1974, *Butt. World*: pl. 185, f. 15; Bridges, 1988b, *Cat. Hesp.*: I. 77; Chou, 1994, *Mon. Rhop. Sin.*: 695; de Jong, 2007, *Butt. World* (Suppl.),15: 7.

Burara gomata; Bridges, 1994, *Cat. Hesp. World*, VIII: 92; Vane-Wright & de Jong, 2003, *Zool. Verh. Leiden*, 343: 55; Chiba, 2009, *Bull. Kitakyushu Mus. Nat. Hist. Hum. Hist., Ser. A*, 7: 11; Yuan, Yuan & Xue, 2015, *Fauna Sin. Ins. Lep. Hesperiidae*, 55: 96-100; Wu & Xu, 2017, *Butts. Chin.*: 1276, f. 1277: 1-4.

形态 成虫：中大型弄蝶。雌雄异型。雄性：两翅正面灰褐色，有深紫色光泽；脉纹深褐色；各翅室均有纵贯翅室的乳白色纵条纹，放射状排列。反面蓝绿色；脉纹暗褐色；纵贯翅室的乳白色纵条纹两侧均有蓝褐色缘线。前翅反面中室至后缘乳白色；中室有纵贯翅室的褐色Y形纹。后翅外缘中下部微凹入。正面前缘乳白色；叉状宽纵带从基部经中室到达外缘中上部。反面带纹较正面清晰。雌性：两翅正面紫黑色，基部灰蓝色；纵贯各翅室的放射纹较模糊。反面有深绿色晕染。前翅正面基半部蓝紫色，端半部黑紫色；m_3室基部、cu_1室中部各有1个灰白色斑纹，时有模糊。反面除m_3、cu_1室斑与正面相对外，cu_2室有灰白色宽带纹；中室下方黑褐色。后翅反面深色带纹宽；其余斑纹同雄性。

卵：弹头形；淡黄色至白色；中部有橙红色斑驳纹组成的环带；表面有白色纵脊线。

幼虫：5龄期。初孵幼虫黄绿色。末龄幼虫黑色；头部橙色，有黑色横斑列和弧形排列的斑纹；胸部及腹侧密布乳白色带纹交织组成的网格纹；腹背面网格纹黄色。

蛹：黄色；纺锤形；表面覆有白色蜡质层；头胸部及腹背两侧有黑色斑纹；腹部乳黄色；气孔淡褐色。

寄主 五加科 Araliaceae 鹅掌柴 *Schefflera octophylla*、星毛鸭脚木 *S. minutistellata*、鹅掌藤 *S. arboricola*、露鹅掌柴 *S. lurida*、刺通草 *Trevesia palmate*、苏刺通草 *T. sundaica*、常春藤 *Hedera nepalensis*；紫金牛科 Myrsinaceae 酸藤子 *Embelia laeta*；肉豆蔻科 Myristicaceae 风吹楠 *Horsfieldia glabra*。

生物学 1 年多代，以蛹越冬，成虫多见于 4 ~ 10 月。飞行迅速，喜傍晚及阴天在寄主或地面附近活动，栖息于叶片反面，有访花、吸食动物排泄物和积水的习性。卵聚产于寄主植物叶片反面。幼虫孵化后分开活动，有筑巢习性，傍晚开始取食，不取食时栖息在虫巢里。老熟幼虫化蛹于虫巢中。

分布 中国（陕西、甘肃、浙江、湖北、江西、福建、广东、海南、香港、广西、四川、贵州、云南），印度，孟加拉国，缅甸，越南，老挝，菲律宾，马来西亚，印度尼西亚。

大秦岭分布 陕西（太白、南郑、洋县、留坝、宁陕）、甘肃（武都）、湖北（神农架）、四川（南江）。

绿伞弄蝶 *Bibasis striata* (Hewitson, 1867)

Ismene striata Hewitson, 1867, *Illustr. Exot. Butt.*, 4: 102, pl. 54, f. 6-7. **Type locality**: China.

Ismene septentrionis C. & R. Felder, 1867, *Re. Freg. Nov.*, Bd 2 (Abth. 2) (3): 525, pl. 73, f. 3. **Type locality**: Shanghai. Synonymized by Evans, 1949: 49.

Bibasis striata; Evans, 1949, *Cat. Hesp. Eur. Asia Aus.*: 49; Bridges, 1988b, *Cat. Hesp.*: I. 178; Chou, 1994, *Mon. Rhop. Sin.*: 693.

Bibasis septentrionis; Lewis, 1974, *Butt. World*: pl. 207, f. 17.

Burara striata; Bridges, 1994, *Cat. Hesp. World*, VIII: 214; Chiba, 2009, *Bull. Kitakyushu Mus. Nat. Hist. Hum. Hist., Ser. A*, 7: 13; Yuan, Yuan & Xue, 2015, *Fauna Sin. Ins. Lep. Hesperiidae*, 55: 95, 96; Wu & Xu, 2017, *Butts. Chin.*: 1276, f. 1277: 5-6.

形态 成虫：中大型弄蝶。两翅缘毛鲜黄色；脉纹黑色。正面暗褐色；黄褐色长毛密被前翅基半部和后翅大部分翅面。反面翅面密布绿色与紫褐色相间的纵线纹，放射状排列。前翅反面中后部深褐色；后缘灰白色。后翅外缘中下部微凹入。雄性前翅正面中室下缘及 Cu_1 脉、Cu_2 脉和 2A 脉基部有黑色条纹状性标斑。

生物学 1 年 1 代，成虫多见于 6 ~ 9 月。

分布 中国（河南、甘肃、江苏、上海、浙江、江西、重庆、四川、云南），朝鲜。

大秦岭分布 河南（内乡）、甘肃（文县）、四川（宣汉）。

大伞弄蝶 *Bibasis miracula* Evans, 1949

Bibasis miracula Evans, 1949, *Cat. Hesp. Eur. Asia Aus*.: 49. **Type locality**: Kuatun, Fujian.

Bibasis miracula; Bridges, 1988b, *Cat. Hesp*.: I. 121; Chou, 1994, *Mon. Rhop. Sin*.: 694.

Burara miracula; Bridges, 1994, *Cat. Hesp. World*, VIII: 145; Chiba, 2009, *Bull. Kitakyushu Mus. Nat. Hist. Hum. Hist., Ser. A*, 7: 13; Yuan, Yuan & Xue, 2015, *Fauna Sin. Ins. Lep. Hesperiidae*, 55: 94, 95; Wu & Xu, 2017, *Butts. Chin*.: 1276, f. 1278: 7-10.

形态 成虫：大型弄蝶。两翅脉纹黑色。正面暗褐色；基半部密被黄褐色长毛。反面翅面密布蓝绿色与黑色相间的纵线纹，放射状排列。前翅反面中后部深紫褐色；端半部镶有灰白色条斑；后缘灰白色。后翅外缘中下部微凹入；臀角黑色，其附近鲜黄色缘毛宽。

卵：弹头形；初产时淡黄色，后变成橙红色；表面有白色纵脊线。

幼虫：6 龄期。初孵幼虫黄褐色；头部黄、黑 2 色。末龄幼虫淡黄色；头部橙红色，有 6 个黑色圆斑近梅花形排列；中后胸白色；背中线黑色，两侧各有 3 排黑色纵斑列；第 8 腹节背两侧各有 1 个黑色大块斑。

蛹：黄色；密布黑色横斑带和黑色斑纹；表面覆有白色蜡质层。

寄主 五加科 Araliaceae 树参 *Dendropanax dentiger*。

生物学 1 年 1 代，以成虫越冬，成虫多见于 6～9 月。飞行迅速，常在林缘开阔地出现，多在傍晚、清晨或阴天活动，有访花习性，雄性喜聚集吸食动物排泄物。卵单产于寄主植物叶片正面。幼虫傍晚和清晨取食，有做巢习性，受惊时快速爬入虫巢。老熟幼虫化蛹于虫巢中。

分布 中国（浙江、福建、江西、广东、广西、重庆、四川、贵州），越南。

大秦岭分布 四川（安州）。

趾弄蝶属 *Hasora* Moore, [1881]

Hasora Moore, [1881], *Lep. Ceylon*, 1(4): 159. **Type species**: *Goniloba badra* Moore, [1858].

Parata Moore, [1881], *Lep. Ceylon*, 1(4): 160. **Type species**: *Papilio chromus* Cramer, [1780]. Synonymized by Evans, 1949: 55.

Hasora; Distant, 1886, *Rhop. Malayana*: 374; Watson, 1893, *Proc. zool. Soc. Lond*., (1): 127; Evans, 1949, *Cat. Hesp. Eur. Asia Aus*.: 55; Eliot, 1992, *Butt. Malay Pen*. (4th ed.): 333; Bridges, 1994, *Cat. Hesp. World*, IV: 14; Chou, 1998, *Class. Ident. Chin. Butt*.: 266, 267; Braby, 2000, *Butt. Aus*., 1: 79; de Jong, 2007, *Butt. World* (Suppl.),15: 8; Chiba, 2009, *Bull. Kitakyushu Mus. Nat. Hist. Hum. Hist., Ser. A*, 7: 18; Yuan, Yuan & Xue, 2015, *Fauna Sin. Ins. Lep. Hesperiidae*, 55: 100-102; Wu & Xu, 2017, *Butts. Chin*.: 1279.

Hasora (Coeliadinae); Vane-Wright & de Jong, 2003, *Zool. Verh. Leiden*, 343: 56.

两翅正面暗褐色至黑褐色；反面色稍淡。前翅顶角尖；中室比前翅的后缘短；2A 脉基部弯曲。后翅臀角明显外延。雌性前翅常有半透明的斑点。部分种类雄性前翅正面有性标。

雄性外生殖器：背兜头盔形；钩突较短，末端圆钝；颚突宽大；囊突小；抱器阔，端瓣及背瓣端部有浅裂和小锯齿；阳茎短直。

雌性外生殖器：囊导管膜质，细长，约为交配囊的 2 倍；交配囊长袋状，有指纹状褶皱；无交配囊片。

寄主为豆科 Fabaceae 及芸香科 Rutaceae 植物。

全世界记载 39 种，分布于东洋区及澳洲区。中国记录 8 种，大秦岭分布 4 种。

种检索表

1. 两翅均无斑 ………………………………………………………… **无斑趾弄蝶 *H. danda***
   两翅有斑 ………………………………………………………………………… 2
2. 后翅臀角微突出；反面臀角棕褐色 ……………………………… **无趾弄蝶 *H. anura***
   后翅臀角瓣状突出；反面臀角黑褐色 ………………………………………… 3
3. 后翅反面中室有 1 个白色斑纹 …………………………………… **三斑趾弄蝶 *H. badra***
   后翅反面中室无白色斑纹 ………………………………………… **双斑趾弄蝶 *H. chromus***

无趾弄蝶 *Hasora anura* de Nicéville, 1889

Hasora anura de Nicéville, 1889b, *J. Bombay nat. Hist. Soc*., 4(3): 170, pl. B, f. 1, 5. **Type locality**: Khasi Hills, Sikkim.

Hasora anura; Evans, 1949, *Cat. Hesp. Eur. Asia Aus*.: 57; Lewis, 1974, *Butt. World*: pl. 208, f. 10; Bridges, 1994, *Cat. Hesp. World*, VIII: 16; Chou, 1994, *Mon. Rhop. Sin*.: 695; Hus, Tsukiyama & Chiba, 2005, *Zool. Stud*: 200; Chiba, 2009, *Bull. Kitakyushu Mus. Nat. Hist. Hum. Hist., Ser. A*, 7: 22; Yuan, Yuan & Xue, 2015, *Fauna Sin. Ins. Lep. Hesperiidae*, 55: 102-104; Wu & Xu, 2017, *Butts. Chin*.: 1279, f. 1280: 1-10, 1281: 11.

形态 成虫：大型弄蝶。雌雄异型。雄性：两翅正面黑褐色。反面色稍淡；基部黑褐色。前翅端部及后翅上半部多有青紫色或蓝绿色斑驳纹。前翅 r_5 室基部有 1 ~ 2 个白色点斑。反面周缘棕褐色；臀角附近及后缘淡黄色。后翅正面端缘色稍深；无斑。反面外横带宽，棕灰色，边界弥散；中室中部白色圆斑有或无；cu_2 室近端部有 1 个灰白色斑纹；臀角钝圆，微突出。雌性：前翅亚顶区 r_3-r_5 室有 3 个小白斑，彼此分离，排成斜列；中室中部、m_3 室基部和 cu_1 室中部各有 1 个近长方形斑纹，浅黄色，倒品字形排列；其余斑纹同雄性。

卵：半圆球形；淡红色；表面有纵脊线。

幼虫：5 龄期。初孵幼虫褐黄色；头部黑色。大龄幼虫黑色；头部橙红色；体表密被淡色长毛；背中部及体侧密布黄色纵带纹。

蛹：淡绿色；体表有厚的白色蜡质层；头顶部有 1 个指状突起；腹末端锥状外突。

寄主 豆科 Fabaceae 密花豆 *Spatholobus suberectus*、亮叶鸡血藤 *Callerya nitida*、风庆南五味子 *Kadsura interior*、光叶红豆 *Ormosia glaberrima*、台湾红豆 *O. formosana*、水黄皮 *Pongamia pinnata*、网络崖豆藤 *Millettia reticulata*。

生物学 1 年 1 代，以成虫越冬，成虫多见于 4 ~ 10 月。喜访花和吸食动物排泄物，栖息于山地阔叶林，常在黄昏活动。卵单产于寄主植物老叶正面。幼虫有筑虫巢并栖息其中的习性。老熟幼虫化蛹于虫巢中。

分布 中国（河南、陕西、甘肃、浙江、湖北、江西、湖南、福建、台湾、广东、海南、香港、广西、重庆、四川、贵州、云南），印度，缅甸，越南，老挝，泰国。

大秦岭分布 陕西（略阳、留坝）、甘肃（文县）、湖北（神农架）、四川（安州、宣汉）。

双斑趾弄蝶 *Hasora chromus* (Cramer, [1780])

Papilio chromus Cramer, [1780], *Uitl. Kapellen*, 3(23-24): 163, pl. 284, f. E. **Type locality**: Coromandel; Java.

Papilio alexis Fabricius, 1775, *Syst. Ent.*: 533 (preocc.).

Parata alexis; Moore, [1881], *Lepid. Ceylon*, 1(4): 161, pl. 65, f. 2a-b.

Ismene chromus; Wood-Mason & de Nicéville, 1881, *J. asiat. Soc. Bengal*, Pt.II 49 (4): 240.

Parata chromus; Moore, [1881], *Lepid. Ceylon*, 1(4): 161, pl. 65, f. 1a-b.

Ismene contempta Plötz, [1883], *Stett. ent. Ztg*., 45(1-3): 56. **Type locality**: Cape York. Synonymized by Evans, 1949: 61.

Ismene lucescens Lucas, 1900, *Proc. R. Soc. Qd*, 15: 138. **Type locality**: S. Queensland. Synonymized by Evans, 1949: 61.

Hasora attenuata Mabille, 1904, *In*: Wytsman, *Genera Insectorum*,17(B): 86 (preocc.).

Hasora alexis; Piepers & Snellen, 1910, *Rhop. Java*, [2]: 15, pl. 6, f. 19.

Hasora chromus; Piepers & Snellen, 1910, *Rhop. Java*, [2]: 14, pl. 6 [not 4], f. 18a-c; Lewis, 1974, *Butt. World*: pl. 186, f. 37; Chou, 1994, *Mon. Rhop. Sin*.: 696; Vane-Wright & de Jong, 2003, *Zool. Verh. Leiden*, 343: 57; Yuan, Yuan & Xue, 2015, *Fauna Sin. Ins. Lep. Hesperiidae*, 55: 106, 107; Wu & Xu, 2017, *Butts. Chin*.: 1279, f. 1281: 17-20.

Hasora alexis ganapata Fruhstorfer, 1911a, *Dt. ent. Z. Iris*, 25(5): 72. **Type locality**: Dutch New Guinea. Synonymized by Evans, 1949: 61.

Hasora malayana acacra Fruhstorfer, 1911a, *Dt. ent. Z. Iris*, 25(6): 73. **Type locality**: Sula.

形态 成虫：大型弄蝶。雌雄异型。与无趾弄蝶 *H. anura* 相似，主要区别为：前翅较狭长；r_5 室基部斑多退化消失。后翅臀角瓣状外突。反面有窄而直的灰白色外斜带；臀角有黑褐色大块斑；中室及 cu_2 室近端部无斑纹；基部无黑褐色鳞。雌性前翅 m_3 室基部和 cu_1 室中部各有 1 个非长方形的小斑纹，浅黄色；亚顶区小白斑多退化，无或有 1 ~ 2 个。

卵：半圆球形；红色，有光泽；表面有白色纵横脊。

幼虫：5 龄期。头部橙黄色，前缘褐色；体褐色，密布白色点斑；背中部有 3 条白色纵线纹，两侧各有 1 列黑褐色圆斑；各体节有白色横线纹；气门上线及下线白色。

蛹：近纺锤形；浅橄榄色；表面密布短刺毛；头顶有 1 个瘤状短突；中胸背侧稍隆起；腹部黄绿色。

寄主 豆科 Fabaceae 水黄皮 *Pongamia pinnata*、新水黄皮 *P. glabra*、台湾崖豆藤 *Millettia taiwaniana*；芸香科 Rutaceae 假黄皮 *Clausena excavata* 。

生物学 1 年多代，成虫多见于 4 ~ 10 月。成虫黄昏活动，喜访花。卵单产于寄主植物托叶上。幼虫栖息于叶巢中，取食寄主植物的新芽、幼叶；低龄幼虫将叶片切开对折做巢，高龄幼虫将多个叶片连缀成巢。

分布 中国（江苏、上海、湖北、江西、福建、台湾、广东、海南、香港、贵州、云南），印度，缅甸，越南，老挝，泰国，菲律宾，巴布亚新几内亚，澳大利亚，斐济。

大秦岭分布 湖北（武当山）。

三斑趾弄蝶 *Hasora badra* (Moore, [1858])

Goniloba badra Moore, [1858], *In*: Horsfield & Moore, *Cat. lep. Ins. Mus. East India Coy*, 1: 245, pl. 7, f. 3, 3a. **Type locality**: Java.

Hasora badra; Moore, [1881], *Lepid. Ceylon*, 1(4): 159, pl. 63, f. 4a-b; Piepers & Snellen, 1910, *Rhop. Java*, [2]: 12, pl. 6, f. 15a-c; Lewis, 1974, *Butt. World*: pl. 186, f. 34; Chou, 1994, *Mon. Rhop. Sin*.: 697; Vane-Wright & de Jong, 2003, *Zool. Verh. Leiden*, 343: 57; Yuan, Yuan & Xue, 2015, *Fauna Sin. Ins. Lep. Hesperiidae*, 55: 104-106; Wu & Xu, 2017, *Butts. Chin*.: 1279, f. 1281: 12-16.

Hasora godana; Fruhstorfer, 1911a, *Dt. ent. Z. Iris*, 25(5): 65. **Type locality**: "Formosa" [Taiwan, China]. Synonymized by Evans, 1949: 66.

形态 成虫：中型弄蝶。雌雄异型。与无趾弄蝶 *H. anura* 相似，主要区别为：个体稍小。后翅臀角瓣状外突。反面臀角有黑褐色大块斑；中室近端部有斑纹。雄性前翅 r_5 室基部无斑。

卵：半圆球形；体淡黄色；表面有纵脊。

幼虫：末龄幼虫黑色；密被白色长毛；头部枣红色；背中部有 4 条淡黄色带纹；胸腹部间断密被淡黄色横线纹。

蛹：淡绿色；体表有厚的白色蜡质层；头顶部有 1 个指状突起；胸背部有 3 个横向排列的黑色圆斑；腹末端锥状外突；气门黑色。

寄主 豆科 Fabaceae 厚果崖豆藤 *Millettia pachycarpa*、疏花鱼藤 *Derris laxiflora*、鱼藤木 *D. uliginosa*。

生物学 1 年多代，成虫多见于 4～10 月。多黄昏活动，喜访花，栖息于阔叶林或田园。卵单产于寄主植物新芽上。幼虫栖息于叶巢中。

分布 中国（湖北、江西、福建、台湾、广东、海南、香港、广西、贵州、云南），日本，印度，不丹，尼泊尔，缅甸，越南，老挝，泰国，斯里兰卡，菲律宾，马来西亚，印度尼西亚。

大秦岭分布 湖北（神农架）。

无斑趾弄蝶 *Hasora danda* Evans, 1949

Hasora danda Evans, 1949, *Cat. Hesp. Europe Asia Australia Brit. Mus.*: 58. **Type locality**: S. Shan States, Burma.

Hasora danda; Lewis, 1974, *Butt. World*: pl. 208, f. 10 (text); Chou, 1994, *Mon. Rhop. Sin.*: 696.

形态 成虫：中型弄蝶。与无趾弄蝶 *H. anura* 近似，主要区别为：两翅均无斑；深棕褐色，有紫色光泽。后翅臀角有瓣。

生物学 成虫多见于 5～8 月。常活动于灌木丛，喜访花。

分布 中国（湖北、江西、贵州），缅甸，越南，老挝，泰国，马来西亚。

大秦岭分布 湖北（神农架）。

绿弄蝶属 *Choaspes* Moore, 1881

Choaspes Moore, 1881, *Lep. Ceylon*, 1(4): 158. **Type species**: *Hesperia benjaminii* Guérin-Méneville, 1843.

Choaspes; Distant, 1886, *Rhop. Malayana*: 372; Evans, 1949, *Cat. Hesp. Eur. Asia Aus.*: 73; Eliot, 1992, *Butt. Malay Pen*. (4th ed.): 336; Bridges, 1994, *Cat. Hesp. World*, IV: 7; Chou, 1998, *Class. Ident. Chin. Butt.*: 268; de Jong, 2007, *Butt. World* (Suppl.), 15: 13; Chiba, 2009, *Bull. Kitakyushu Mus. Nat. Hist. Hum. Hist., Ser. A*, 7: 38; Noriyuki *et al*., 2009, *Butterflies*, 51: 18; Yuan, Yuan & Xue, 2015, *Fauna Sin. Ins. Lep. Hesperiidae*, 55: 117; Wu & Xu, 2017, *Butts. Chin.*: 1286.

Choaspes (Coeliadinae); Vane-Wright & de Jong, 2003, *Zool. Verh. Leiden*, 343: 59.

翅黑色、褐色或黄色，多有蓝绿色或灰绿色的鳞，具金属光泽；脉纹黑色，清晰。前翅顶角尖；中室长等于或长于前翅后缘。后翅臀角瓣状突出，橙色，镶有黑色斑纹。雄性后足胫节有 2 组毛簇；部分种类前翅正面有性标。

雄性外生殖器：背兜发达，背面有窗膜区；钩突指状外突；颚突极发达，左右愈合，向前弯成钩状，侧缘有锯齿；囊突短；抱器阔，抱器铗尖出；阳茎短直。

雌性外生殖器：囊导管长，膜质；交配囊圆形；无囊突。

寄主为清风藤科 Sabiaceae、豆科 Fabaceae、防己科 Menispermaceae 及菝葜科 Smilacaceae 植物。

全世界记载 8 种，分布于东洋区、澳洲区及非洲区。中国已知 4 种，大秦岭分布 3 种。

种检索表

1. 翅正面有蓝绿色的鳞 ………………………………………… **绿弄蝶 *C. benjaminii***
   翅正面无蓝绿色的鳞 ………………………………………………………… 2
2. 雄性翅基部密布灰绿色鳞 ……………………………… **半黄绿弄蝶 *C. hemixanthus***
   雄性翅基部无灰绿色鳞 ………………………………… **黄毛绿弄蝶 *C. xanthopogon***

绿弄蝶 *Choaspes benjaminii* (Guérin-Méneville, 1843)（图版 28：88）

Hesperia benjaminii Guérin-Méneville, 1843, *In*: Delessert, *Souvenirs Voy. Inde*., (2): 79, pl. 22, f. 2. **Type locality**: Nilgiris, India.

Ismene benjamini; Moore, 1878, *Proc. zool. Soc. Lond*., (4): 841.

Choaspes benjamini; Moore, [1881], *Lepid. Ceylon*, 1(4): 159, pl. 64, f. 1a-b; Elwes, 1888, *Tran. Ent. Soc. Lond*., 36(3): 439.

Choaspes benjaminii; Evans, 1949, *Cat. Hesp. Eur. Asia Aus*.: 74; Lewis, 1974, *Butt. World*: pl. 186, f. 7; Bridges, 1994, *Cat. Hesp. World*, VIII: 29; Chou, 1994, *Mon. Rhop. Sin*.: 698; Chiba, 2009, *Bull. Kitakyushu Mus. Nat. Hist. Hum. Hist., Ser. A*, 7: 39; Yuan, Yuan & Xue, 2015, *Fauna Sin. Ins. Lep. Hesperiidae*, 55: 117-119; Wu & Xu, 2017, *Butts. Chin*.: 1286, f. 1287: 1-7.

形态 成虫：大中型弄蝶。两翅有金属光泽。正面有蓝绿色鳞；基部有蓝绿色毛。反面蓝绿色；脉纹黑色，清晰。前翅反面后缘区棕灰色至棕褐色。后翅臀角瓣状外突。正面臀角外缘橙红色。反面中室有从基部到端脉的黑色线纹；臀角有大小不一的黑色斑纹，镶有橙红色缘带。雌性个体较大。

卵：半圆球形；白色至乳黄色；表面被白色纵脊。

幼虫：5 龄期。末龄幼虫黑褐色；头部橙红色，正面有 4 个黑色斑纹；背部黑色及黄色环带纹相间排列，两侧各有 1 列蓝色点斑；足及腹末端锈红色。

蛹：近纺锤形；淡黄色；表面覆有厚的白色蜡质层和稀疏的黑色斑纹；头顶中央有 1 个短的锥突；腹末端锥状；气孔黑色。

寄主 清风藤科 Sabiaceae 钟花清风藤 *Sabia campanulata*、清风藤 *S. japonica*、云南泡花树 *Meliosma yunnanensis*、漆叶泡花树 *M. rhoifolia*、笔罗子 *M. rigida*、绿樟 *M. squamulata*、羽叶泡花树 *M. oldhamii*、细花泡花树 *M. parviflora*、硬刺泡花树 *M. pungens*、香皮树 *M. fordii*、翁泡花树 *M. ungens*、异色泡花树 *M. myriantha*、泰泡花树 *M. temus*、丈八岛泡花树 *M. hachijoensis*、腺毛泡花树 *M. glandulosa*；豆科 Fabaceae 含羞草 *Mimosa pudica*。

生物学 1 年多代，以蛹或成虫越冬，成虫多见于 4 ~ 8 月。飞行迅速，常在林缘、山地栖息，喜访花和吸食动物排泄物，活动于晨昏或阴天，阳光强烈时停留于植物叶片下。卵单产于寄主植物的嫩叶及叶片下面。幼虫叶巢竖立，透气孔圆形，休息时栖息于虫巢中，傍晚爬出虫巢开始取食。

分布 中国（河南、陕西、甘肃、安徽、浙江、江西、湖北、福建、台湾、广东、海南、香港、广西、重庆、四川、贵州、云南），朝鲜，日本，印度，尼泊尔，缅甸，越南，泰国，斯里兰卡，菲律宾，马来西亚，印度尼西亚。

大秦岭分布 河南（商城）、陕西（长安、周至、太白、华州、汉台、南郑、洋县、西乡、佛坪、岚皋、商州、镇安）、甘肃（康县、徽县、两当）、湖北（神农架）、重庆（巫溪、城口）、四川（青川、安州、平武）。

半黄绿弄蝶 *Choaspes hemixanthus* Rothschild & Jordan, 1903

Choaspes hemixanthus Rothschild & Jordan, 1903, *Novit. zool.*, 10(3): 482. **Type locality**: Upper Aroa R., British New Guinea.

Choaspes hemixanthus; Evans, 1949, *Cat. Hesp. Eur. Asia Aus.*: 76; Lewis, 1974, *Butt. World*: pl. 186, f. 9; Bridges, 1994, *Cat. Hesp. World*, VIII: 98; Vane-Wright & de Jong, 2003, *Zool. Verh. Leiden*, 343: 60; Chiba, 2009, *Bull. Kitakyushu Mus. Nat. Hist. Hum. Hist., Ser. A*, 7: 42; Wu & Xu, 2017, *Butts. Chin.*: 1286, f. 1287: 8, 1288: 9-11.

Choaspes hemixantha; Chou, 1994, *Mon. Rhop. Sin.*: 698; Yuan, Yuan & Xue, 2015, *Fauna Sin. Ins. Lep. Hesperiidae*, 55: 119-121.

形态 成虫：大中型弄蝶。与绿弄蝶 *C. benjaminii* 极近似，主要区别为：两翅正面黄色或褐色。反面色较淡，淡蓝绿色；臀角有橙黄色至黄色带纹。雄性两翅正面色较淡，土褐色；基部被绿色长毛。雌性反面前翅基部灰蓝色至灰蓝黄色。

卵：半圆球形；黄绿色；表面被白色纵脊。

幼虫：5 龄期。低龄幼虫黄色，透明。大龄幼虫黑色；头部橙红色，有 6 个黑色斑纹；胸部斑纹白色；腹背中央有黄色块斑列，两侧各有 1 列淡蓝色小斑纹；体侧有黄色块斑列，斑纹近长方形，斑中间镶有黑色气门。

蛹：近纺锤形；淡褐色；表面覆有厚的白色蜡粉层；头顶中央有 1 个短的锥突；翅区近后缘有 1 个黑色斑纹；腹末端锥状。

寄主 清风藤科 Sabiaceae 革叶清风藤 *Sabia coriacea*、清风藤 *S. japonica*、白背清风藤 *S. discolor*、鄂西清风藤 *S. campanulata*、柠檬清风藤 *S. limoniacea*、笔罗子 *Meliosma rigida*、羽叶泡花树 *M. oldhamii*；防己科 Menispermaceae 密花藤 *Pycnarrhena lucida*；菝葜科 Smilacaceae 牛尾菜 *Smilax riparia*、异叶菝葜 *S. heterophylla*。

生物学 1 年多代，以成虫或蛹越冬，成虫多见于 6 ~ 9 月。飞行迅速，喜访花和吸食动物排泄物，休息时停在树叶反面。卵单产于寄主植物的嫩叶或叶片下面。幼虫叶巢竖立，有圆形透气孔，傍晚爬出虫巢开始取食，不取食时栖息于虫巢里。老熟幼虫化蛹于虫巢中。

分布 中国（甘肃、安徽、浙江、江西、广东、海南、香港、广西、四川、贵州、云南），印度，尼泊尔，缅甸，越南，老挝，泰国，菲律宾，新加坡，马来西亚，印度尼西亚，新几内亚岛，苏门答腊岛。

大秦岭分布 甘肃（康县、文县）。

黄毛绿弄蝶 *Choaspes xanthopogon* (Kollar, [1844])

Hesperia xanthopogon Kollar, [1844], *In*: Hügel, *Kasch. Reich Siek*, 4(2): 453, pl. 18. **Type locality**: Himalaya.

Choaspe similis Evans, 1932a, *Ident. Indian Butt*. (Edn 2): 320, 321. **Type locality**: Assam.

Choaspes xanthopogon; Evans, 1949, *Cat. Hesp. Eur. Asia Aus*.: 76; Lewis, 1974, *Butt. World*: pl. 186, f. 7 (text); Bridges, 1994, *Cat. Hesp. World*, VIII: 242; Chou, 1949, *Mon. Rhop. Sin*.: 698; Chiba, 2009, *Bull. Kitakyushu Mus. Nat. Hist. Hum. Hist., Ser. A*, 7: 41; Yuan, Yuan & Xue, 2015, *Fauna Sin. Ins. Lep. Hesperiidae*, 55: 122, 123; Wu & Xu, 2017, *Butts. Chin*.: 1286, f. 1288: 14-16.

形态 成虫：大中型弄蝶。与绿弄蝶 *C. benjaminii* 极近似，主要区别为：两翅正面暗褐色；基部无蓝绿色毛。

寄主 清风藤科 Sabiaceae 尖叶清风藤 *Sabia swinhoei*。

生物学 1 年多代，成虫多见于 5 ~ 8 月。飞行迅速，栖息于常绿阔叶林，多于黄昏或阴天活动，阳光强烈时停留于植物叶片下。

分布 中国（甘肃、台湾、四川、云南），印度，尼泊尔，缅甸，越南，老挝，泰国，菲律宾，印度尼西亚。

大秦岭分布 甘肃（康县）。

花弄蝶亚科 Pyrginae Burmeister, 1878

Pyrginae Burmeister, 1878, *Descr. Phys. Rèp. Argentine*, 5(1): 24. **Type genus**: *Pyrgus* Hübner, 1819.

Eudamidae Burmeister, 1878, *Descr. Phys. Rèp. Argentine*, 5(Lép) (1). **Type genus**: *Eudamus* Swainson, 1831.

Telegonidae Burmeister, 1878, *Descr. Phys. Rèp. Argentine*, 5(Lép) (1). **Type genus**: *Telegonus* Hübner, 1806.

Thymelidae Burmeister, 1878, *Descr. Phys. Rèp. Argentine*, 5(Lép) (1). **Type genus**: *Thymele* Faricius, 1807.

Tagiadini Mabille, 1878b, *Ann. Soc. Ent. Belg.*: 21. **Type genus**: *Tagiades* Hübner, [1819].

Achlyodidae Burmeister, 1878, *Descr. Phys. Rèp. Argentine*, 5(Lép) (1). **Type genus**: *Achlyodes* Hübner, 1819.

Achalarinae Swinhoe, 1912, *In*: Mooree, *Lep. Ind.*, 9: 153. **Type genus**: *Achalarus* Scudder, 1872.

Erynnidae Swinhoe, 1913, *In*: Mooree, *Lep. Ind.*, 10: 239. **Type genus**: *Erinnus* Schrank, 1801.

Pyrginae; Evans, 1949, *Cat. Hesp. Eur. Asia Aus.*: 5; Eliot, 1992, *Butt. Malay Pen*. (4th ed.): 337; Chou, 1998, *Class. Ident. Chin. Butt.*: 265, 266; de Jong, 2007, *Butt. World* (Suppl.), 15: 15; Warren *et al.*, 2008, *Cladistics*, 24: 3; Warren *et al.*, 2009, *Syst. Entom.*, 34: 484.

Urbanini Orfila, 1949, *Acta zool. Iilloana*, 8: 583. **Type genus**: *Unbanus* Hübner, 1806.

Pyrginae (Hesperiidae); Korb & Bolshakov, 2011, *Eversmannia Suppl*., 2: 8; Yuan, Yuan & Xue, 2015, *Fauna Sin. Ins. Lep. Hesperiidae*, 55: 124.

雄性后足胫节有毛簇，能放入胸部的袋内；腹部末端不超过后翅的臀角；臀角无外伸的瓣。雄性有的种类前翅有前缘褶；雌性有的种类腹末有刷状毛簇和肛突棘。翅上白色斑点多。前翅 Cu_2 脉起点靠近翅基部；M_2 脉靠近 M_1 脉，离 M_3 脉较远。大多数种类后翅中室等于或长于后翅长的 1/2。多数种类休息时翅平展。

世界性分布。中国记录 110 余种，大秦岭分布 37 种。

族检索表

1. 后翅 M_2 脉位于 M_1 脉与 M_3 脉之间，仅基部弯向 M_3 脉；腹部与后翅后缘等长 ·········· 2
   后翅 M_2 脉斜直，基部近 M_1 脉，端部近 M_3 脉；腹部短于后翅后缘 ···························· 3
2. 成虫休息时翅多平展；中室弯曲 ··· **珠弄蝶族 Erynnini**
   成虫休息时翅多竖立；中室不弯曲 ··· **花弄蝶族 Pyrgini**
3. 下唇须第 3 节短粗，锥形；前翅中室长 ······························· **星弄蝶族 Celaenorrhinini**
   下唇须第 3 节长；前翅中室短 ·· **裙弄蝶族 Tagiadini**

星弄蝶族 Celaenorrhinini Swinhoe, 1912

Celaenorrhinae Swinhoe, 1912, *In*: Moore, *Lep. Ind*., 10: 1. **Type genus**: *Celaenorrhinus* Hübner, [1819].

Celaenorrhinus group Evans, 1949, *Cat. Hesp. Eur. Asia Aus*.: 5.

Celaenorrhinini; Chou, 1998, *Class. Ident. Chin. Butt*.: 269; Warren *et al*., 2008, *Cladistics*, 24: 3; Warren *et al*., 2009, *Syst. Entom*., 34: 486; Yuan, Yuan & Xue, 2015, *Fauna Sin. Ins. Lep. Hesperiidae*, 55: 125.

下唇须第 2 节细而竖立，第 3 节短粗；腹部多伸过后翅后缘。翅阔，休息时平展。前翅多有白色斑点或斜斑带；中室长；M_2 脉在 M_1 脉与 M_3 脉之间。后翅 M_2 脉直而斜，基部接近 M_1 脉而端部接近 M_3 脉。雄性有些种有第二性征。

世界性分布。中国记录 40 种，大秦岭分布 13 种。

属检索表

1. 大型种类；雄性后足胫节膨大 …………………… **大弄蝶属 *Capila***
   中型种类；雄性后足胫节不膨大 …………………… 2
2. 雄性前翅有前缘褶；后足胫节无毛刷 …………………… **带弄蝶属 *Lobocla***
   雄性前翅无前缘褶；后足胫节有毛刷 …………………… **星弄蝶属 *Celaenorrhinus***

大弄蝶属 *Capila* Moore, [1866]

Capila Moore, [1866], *Proc. zool. Soc. Lond*., (3): 785. **Type species**: *Capila jayadeva* Moore, [1866].

Capila; Watson, 1893, *Proc. zool. Soc. Lond*., (1): 30; Evans, 1949, *Cat. Hesp. Eur. Asia Aus*.: 84; Bridges, 1994, *Cat. Hesp. World Rhop*., IV: 6; Chou, 1998, *Class. Ident. Chin. Butt*.: 269, 270; Fan & Wang, 2004a, *Act. Zootax. Sin*., 29(1): 153; Yuan, Yuan & Xue, 2015, *Fauna Sin. Ins. Lep. Hesperiidae*, 55: 125, 126; Wu & Xu, 2017, *Butts. Chin*.: 1289.

Pisola Moore, [1866], *Proc. zool. Soc. Lond*., (3): 785. **Type species**: *Pisola zennara* Moore, [1866].

Calliana Moore, 1878, *Proc. zool. Soc. Lond*., (3): 686. **Type species**: *Calliana pieridoides* Moore, 1878.

Crossiura de Nicéville, [1893], *J. Bombay nat. Hist. Soc*., 7(3): 350. **Type species**: *Crossiura penicillatum* de Nicéville, 1893.

Pteroxys Watson, 1893, *Proc. zool. Soc. Lond*., (1): 18, 29 (preocc. *Pteroxys* Hampson, 1893). **Type species**: *Eudamus phanaeus* Hewitson, 1867.

Orthophoetus Watson, 1895, *J. Bombay nat. Hist. Soc*., 9(4): 419 (repl. *Preroxys* Watson, 1893). **Type species**: *Eudamus phanaeus* Hewitson, 1867.

Orthophaetus [sic, recte *Orthophoetus*] Watson, 1895, *J. Bombay nat. Hist. Soc*., 9(4): 422.

Orthopaetus [sic, recte *Orthophoetus*]; Evans, 1927, *Indian Butt*., (ed. 1): 197, 211, 296.

后足胫节略膨大，背面有毛簇。多数种类黑褐色或暗褐色（仅 1 种白色）。前翅有白色透明的斑或斜带；有的有条纹；Cu_1 脉在 M_3 脉与 Cu_2 脉之间；少数种的雄性有前缘褶；有 1 种前翅 A 脉的末端有毛簇；中室短于或等于后缘。后翅外缘略呈方形。

雄性外生殖器：背兜发达，盔状；钩突短粗；颚突弯臂状，端部膨大，左右愈合；囊突细；抱器方阔，端部三分叉；阳茎直长，有细刺状角状器。

雌性外生殖器：交配囊导管长，膜质；交配囊近梨形；无交配囊片。

寄主为樟科 Lauraceae 植物。

全世界记载 14 种，分布于东洋区及澳洲区。中国已知 11 种，大秦岭分布 2 种。

种检索表

前翅中域斑纹连接成斜带 ……………………………………**海南大弄蝶 *C. hainana***

前翅中域斑纹分离，未连接成斜带 ……………………………**峨眉大弄蝶 *C. omeia***

峨眉大弄蝶 *Capila omeia* (Leech, 1894)

Celonorrhinus omeia Leech, 1894, *Butt. Chin. Jap. Cor.*: 572. **Type locality**: Omeishan, Sichuan.

Capila omeia; Evans, 1949, *Cat. Hesp. Eur. Asia Aus.*: 86; Lewis, 1974, *Butt. World*: pl. 207, f. 22; Bridges, 1994, *Cat. Hesp.World*, VIII: 163; Chou, 1994, *Mon. Rhop. Sin.*: 699; Fan & Wang, 2004a, *Act. Zootax. Sin.*, 29(1): 153; Yuan, Yuan & Xue, 2015, *Fauna Sin. Ins. Lep. Hesperiidae*, 55: 133, 134; Wu & Xu, 2017, *Butts. Chin.*: 1289, f. 1292: 8.

形态 成虫：大型弄蝶。两翅正面暗褐色，基部褐色；反面色稍淡。前翅正面亚顶区 r_3-r_5 室斑排成斜列，分离；中央有 3 个白色透明斑，排成品字形；cu_2 室中端部有 1 个小白斑，位于品字斑下方。反面斑纹同正面。后翅亚缘斑列黑褐色，未达后缘，翅正面此斑列较清晰，反面多模糊；前缘直；外缘近 V 形；臀角圆。

寄主 樟科 Lauraceae 樟 *Cinnamomum camphora*。

生物学 1 年 1 代，成虫多见于 6~8 月。飞行迅速，路线不规则，喜活动于林下较阴暗处，停栖于叶片反面。

分布 中国（陕西、甘肃、重庆、四川、贵州）。

大秦岭分布 陕西（宁陕）、甘肃（文县）、四川（都江堰、安州）。

海南大弄蝶 *Capila hainana* Crowley, 1900

Capila hainana Crowley, 1900, *Proc. zool. Soc. Lond.*, 1900 (3): 510. **Type locality**: Hainan.

Capila hainana; Lewis, 1974, *Butt. World*: pl. 207, f. 19 (text); Chou, 1994, *Mon. Rhop. Sin*.: 700; Yuan, Yuan & Xue, 2015, *Fauna Sin. Ins. Lep. Hesperiidae*, 55: 126, 127.

形态 成虫：大型弄蝶。雄性正面黑褐色；基部被橙黄色长毛。前翅无前缘褶；中斜带白色，两端细窄。后翅黑褐色；无斑纹。雌性前翅深褐色。

生物学 1 年 1 代，成虫多见于 5 ~ 8 月。飞行迅速，常活动于林缘及灌木丛，喜访花。

分布 中国（湖北、江西、福建、广东、海南），缅甸，泰国，马来西亚。

大秦岭分布 湖北（神农架）。

带弄蝶属 *Lobocla* Moore, 1884

Lobocla Moore, 1884a, *J. asiat. Soc. Bengal*, Pt.II 53(1): 51. **Type species**: *Plesioneura liliana* Atkinson, 1871.

Lobocla; Watson, 1891, *Hesp. Ind*.: 157; Mabille, 1909, *In*: Seitz, *Macrolep. Paleac. Reg*., 1: 332; Evans, 1949, *Cat. Hesp. Eur. Asia Aus*.: 11, 88; Bridges, 1994, *Cat. Hesp. World*, IV: 16; Chou, 1998, *Class. Ident. Chin. Butt*.: 270; Fan & Wang, 2004b, *Act. Zootax. Sin*., 29(3): 523; Yuan, Yuan & Xue, 2015, *Fauna Sin. Ins. Lep. Hesperiidae*, 55: 136, 137; Wu & Xu, 2017, *Butts. Chin*.: 1294.

Lobocla (Pyrginae); Korb & Bolshakov, 2011, *Eversmannia Suppl*., 2: 8.

翅褐色。前翅斑纹多半透明；亚顶区有小白斑；中域有白色或黄色的斑纹，斜向排列。后翅反面有黑褐色斑纹。雄性前翅有前缘褶；后足胫节无毛刷。

雄性外生殖器：背兜头盔形；钩突阔，背中线隆起；颚突发达，直；囊突细，上弯；抱器近长方形，末端裂为上下 2 片，下片向背面弯成钩状；阳茎短粗，角状器梳状。

雌性外生殖器：囊导管粗长，膜质；交配囊长袋形；无交配囊片。

寄主为豆科 Fabaceae、壳斗科 Fagaceae、姜科 Zingiberaceae、百合科 Liliaceae 及禾本科 Gramineae 植物。

全世界记载 7 种，分布于古北区和东洋区。中国均有记录，大秦岭分布 5 种。

种检索表

1. 下唇须腹面褐色；前翅亚顶区 r_2-r_5 室有 4 个白色小斑纹…………**简纹带弄蝶 *L. simplex***
   下唇须腹面灰白色；前翅亚顶区 r_3-r_5 室有 3 个白色小斑纹……………………………… 2
2. 前翅中斜斑列连成宽带，伸达 2A 脉附近 ……………………………**黄带弄蝶 *L. liliana***
   前翅中斜斑彼此分离，不伸过 cu_2 室中间 ……………………………………………… 3

3. 前翅 m_3 室斑多半嵌入 cu_1 室和中室斑之间 ·································· **嵌带弄蝶 *L. proxima***

前翅 m_3 室斑不如上述 ·· 4

4. 前翅 m_3 室斑与 cu_1 室相连 ·· **双带弄蝶 *L. bifasciatus***

前翅 m_3 室斑与 cu_1 室不相连 ··· **束带弄蝶 *L. contractus***

双带弄蝶 *Lobocla bifasciatus* (Bremer & Grey, 1853)（图版 29：90—91）

Eudamus bifasciatus Bremer & Grey, 1853, *In*: Motschulsky, *Étud. d'Ent*., 1: 60. **Type locality**: Beijing, China.

Plesioneura bifasciata; Butler, 1883b, *Ann. Mag. nat. Hist*., 5(11): 114; Leech, 1887, *Proc. zool. Soc. Lond*., (3): 428.

Lobocla bifasciatus; Mabille, 1909, *In*: Seitz, *Macrolep. Palearc. Reg*., 1: 332; Evans, 1949, *Cat. Hesp. Asia Aus*.: 89; Lewis, 1974, *Butt. World*: pl. 187, f. 24.

Lobocla kodairai Sonan, 1936, *Zephyrus*, 6(3/4): 209. **Type locality**: "Formosa" [Taiwan, China]. Synonymized by Evans, 1949: 89.

Lobocla bifasciata; Chou, 1994, *Mon. Rhop. Sin*.: 701; Tuzov, 1997, *Guid. Butt. Russia*, 1: 105; Wang, 1999, *Mon. Orig. Colored & Size Butt. China's N. E*.: 270; Huang, 2003, *Neue Ent. Nachr*., 55: 67; Fan & Wang, 2004b, *Act. Zootax. Sin*., 29(1): 523; Korb & Bolshakov, 2011, *Eversmannia Suppl*., 2: 8; Yuan, Yuan & Xue, 2015, *Fauna Sin. Ins. Lep. Hesperiidae*, 55: 137-139; Wu & Xu, 2017, *Butts. Chin*.: 1294, f. 1295: 1-8.

Lobocla bifasciata disparalis Murayama, 1995, *Ins. Nat*., 30(14): 32-35. **Type locality**: Dali, Yunnan.

Lobocla quadripunctata Fan & Wang, 2004b, *Act. Zootax. Sin*., 29(1): 524. **Type locality**: Shennongjia, Hubei.

形态 成虫：中型弄蝶。两翅缘毛白色与褐色相间。正面褐色至黑褐色；斑纹白色。反面褐色。前翅正面亚顶区 r_3-r_5 室有 3 个斜向排列的小点斑，附近 m_1 与 m_2 室小斑有或无；中斜斑列从前缘中部斜向 cu_2 室上半部，斑纹大小、形状各异，m_3 室斑外移，但靠近 cu_1 室斑，与中室端斑有距离。反面近顶角处沿外缘有灰白色鳞带；后缘灰白色；斑纹同前翅正面。后翅正面无斑；反面密布灰白色鳞带，并与深褐色横斑带相间排列。

卵：半圆球形；初产时绿色，后变为褐色；表面密布白色纵脊。

幼虫：5 龄期。低龄幼虫绿色；头部黑色。大龄幼虫淡黄色；头部褐色；颊部有 2 个橙色块斑；气门黄色。

蛹：近纺锤形；褐色；体密被白色蜡粉。

寄主 豆科 Fabaceae 脉叶木蓝 *Indigofera venulosa*、多花木蓝 *I. amblyantha*、美丽胡枝子 *Lespedeza formosa*；壳斗科 Fagaceae 栎属 *Quercus* spp.、柞栎 *Q. dentata*、橡树 *Q. palustris*；姜科 Zingiberaceae 郁金 *Curcuma aromatica*、姜黄 *C. longa*、月桃 *Alpinia speciosa*。

生物学 成虫多见于5～8月。喜访花和湿地吸水，多在山地林缘活动。卵单产于寄主植物叶片反面。幼虫有做虫巢习性，傍晚取食，休息时栖息于虫巢内。老熟幼虫化蛹于虫巢中。

分布 中国（黑龙江、吉林、辽宁、北京、天津、河北、山西、山东、河南、陕西、甘肃、安徽、浙江、湖北、江西、福建、台湾、广东、重庆、四川、贵州、云南、西藏），俄罗斯，蒙古，朝鲜。

大秦岭分布 河南（荥阳、禹州、鲁山、镇平、内乡、西峡、嵩县、栾川、灵宝、卢氏）、陕西（临潼、蓝田、长安、鄠邑、周至、陈仓、眉县、太白、凤县、华州、华阴、汉台、城固、洋县、西乡、留坝、佛坪、石泉、宁陕、商州、丹凤、商南、山阳、镇安、柞水）、甘肃（麦积、武都、文县、徽县、两当、礼县）、湖北（神农架、武当山）、重庆（巫溪、城口）、四川（青川、安州、平武）。

束带弄蝶 *Lobocla contractus* (Leech, 1894)

Achakarus contractus Leech, 1894, *Butt. Chin. Jap. Cor.*: 560. **Type locality**: Wa Ssu Kow, Sichuan.

Lobocla contractus Evans, 1949, *Cat. Hesp. Eur. Asia Aus.*: 90; Bridges, 1994, *Cat. Hesp. World*, VI: 54.

Lobocla contracta; Chou, 1994, *Mon. Rhop. Sin.*: 702; Fan & Wang. 2004, *Act. Zootax. Sin.*, 29(1): 524; Yuan, Yuan & Xue, 2015, *Fauna Sin. Ins. Lep. Hesperiidae*, 55: 139.

形态 成虫：中型弄蝶。与双带弄蝶 *L. bifasciatus* 相似，主要区别为：前翅正面 m_3 室斑与 cu_1 室斑不相连；反面沿外缘有窄的灰白色鳞带，并向臀角延伸。

分布 中国（北京、湖北、四川）。

大秦岭分布 湖北（神农架）、四川（朝天）。

黄带弄蝶 *Lobocla liliana* (Atkinson, 1871)

Plesioneura liliana Atkinson, 1871, *Proc. zool. Soc. Lond.*: 216, pl. 12, f. 2. **Type locality**: W. Yunnan, China.

Lobocla liliana; Moore, 1884a, *J. asiat. Soc. Bengal*, Pt.II 53(1): 36, 37; Watson, 1891, *Hesp. Ind.*: 157; Elwes, 1892, *Proc. zool. Soc. Lond.*, (4): 664; Mabille, 1909, *In*: Seitz, *Macrolep. Palearc. Reg.*, 1: 331; Evans, 1949, *Cat. Hesp. Eur. Asia Aus.*: 88; Lewis, 1974, *Butt. World*: pl. 187, f. 25; Pinratana, 1985, *Butt. Thail.*, 5: 26; Chou, 1994, *Mon. Rhop. Sin.*: 701; Fan & Wang, 2004a, *Act. Zootax. Sin.*, 29(1): 524; Yuan, Yuan & Xue, 2015, *Fauna Sin. Ins. Lep. Hesperiidae*, 55: 141, 142; Wu & Xu, 2017, *Butts. Chin.*: 1294, f. 1296: 11-12.

形态 成虫：中型弄蝶。与双带弄蝶 *L. bifasciatus* 相似，主要区别为：前翅中斜斑列连成宽带，伸达2A脉附近，其中 m_3 室斑插入 cu_1 室斑与中室端斑之间。

寄主 姜科 Zingiberaceae 姜黄 *Curcuma longa*；百合科 Liliaceae；禾本科 Gramineae。

分布 中国（陕西、安徽、江西、四川、贵州、云南），印度，缅甸，越南，老挝，泰国。

大秦岭分布 陕西（城固）。

嵌带弄蝶 *Lobocla proxima* (Leech, 1891)

Eudamus proximus Leech, 1891, *Entomologist*, 24 (Suppl.): 58. **Type locality**: Pu Tsu Fong, W. China.

Eudamus frater Oberthür, 1891, *Étud. d'Ent*., 15: 18. **Type locality**: Yunnan. Synonymized by Evans, 1949: 91.

Achalarus proximus; Leech, 1893, *Butt. Chin. Jap. Cor*.: 560.

Lobocla proximus; Mabille, 1909, *In*: Seitz, *Macrolep. Palearc. Reg*., 1: 332; Evans, 1949, *Cat. Hesp. Eur. Aisa Aus*.: 91.

Lobocla proxima; Lewis, 1974, *Butt. World*: pl. 187, f. 24 (text); Chou, 1994, *Mon. Rhop. Sin*.: 702; Fan & Wang, 2004a, *Act. Zootax. Sin*., 2g(1): 524; Yuan, Yuan & Xue, 2015, *Fauna Sin. Ins. Lep. Hesperiidae*, 55: 143; Wu & Xu, 2017, *Butts. Chin*.: 1294, f. 1296: 17.

形态 成虫：中型弄蝶。与双带弄蝶 *L. bifasciatus* 相似，主要区别为：前翅亚顶区 m_1 与 m_2 室白色小点斑外移，较靠近外缘；中斜斑列 m_3 室斑多半嵌入 cu_1 室斑与中室端斑之间。

寄主 壳斗科 Fagaceae 柞栎 *Quercus dentata*。

生物学 成虫多见于 5～6 月。常在林缘活动，栖息于土坡和岩壁上，喜湿地吸水和停息于树叶上。

分布 中国（陕西、甘肃、湖北、重庆、四川、贵州、云南）。

大秦岭分布 陕西（长安、南郑、洋县）、甘肃（麦积、文县）、湖北（神农架）、重庆（城口）、四川（青川）。

简纹带弄蝶 *Lobocla simplex* (Leech, 1891)

Eudamus simplex Leech, 1891, *Entomologist*, 24 (Suppl.): 58. **Type locality**: Ta Tsien Lou, Sichuan.

Eudamus gener Oberthür, 1891, *Étud. d'Ent*., 15: 18. **Type locality**: Yunnan. Synonymized by Evans, 1949: 91.

Achalarus simplex; Leech, 1894, *Butt. Chin. Jap. Cor*.: 561.

Lobocla simplex; Mabille, 1909, *Macrolep. Palearct. Reg*., 1: 332; Evans, 1949, *Cat. Hesp. Eur. Asia Aus*.: 91; Bridges, 1994, *Cat. Hesp. World*, VII: 208; Chou, 1994, *Mon. Rhop. Sin*.: 702; Fan *et* Wang, 2004a, *Act. Zootax. Sin*., 29(1): 526; Yuan, Yuan & Xue, 2015, *Fauna Sin. Ins. Lep. Hesperiidae*, 55: 144, 145; Wu & Xu, 2017, *Butts. Chin*.: 1294, f. 1296: 18.

形态 成虫：两翅正面深褐色，端半部红褐色；斑纹白色。反面棕褐色。前翅正面有前缘褶；亚顶区 r_2-r_5 室有 4 个斜向排成直列的小点斑；中斜斑列从前缘中部斜向臀角，斑纹大小、形状各异，m_3 室斑外移，但不与 cu_1 室斑相接。反面后缘灰白色；斑纹同前翅正面。后翅正面无斑；反面有灰绿色鳞。

分布 中国（辽宁、湖北、四川、云南、西藏）。

大秦岭分布 湖北（神农架）。

星弄蝶属 *Celaenorrhinus* Hübner, [1819]

Celaenorrhinus Hübner, [1819], *Verz. bek. Schmett.*, (7): 106. **Type species**: *Papilio eligius* Stoll, [1781].

Ancistrocampta C. & R. Felder, 1862b, *Wien. ent. Monats.*, 6(6): 183. **Type species**: *Ancistrocampta syllius* C. & R. Felder, 1862. Synonymized by Evans, 1949: 92.

Hantana Moore, [1881], *Lepid. Ceylon*, 1(4): 179. **Type species**: *Eudamus infernus* Felder, 1868. Synonymized by Evans, 1949: 92.

Gehlota Doherty, 1889a, *J. asiat. Soc. Bengal*, (2) 58(1): 131. **Type species**: *Plesioneura sumitra* Moore, [1866]. Synonymized by Evans, 1949: 92.

Narga Mabille, 1891, *Bull. C. R. Soc. Ent. Belg.*, 35(16): lxx. **Type species**: *Narga chiriquensis* Mabille, 1891. Synonymized by Bridges, 1988b, IV: 92.

Celaenorrhinus; Watson, 1893, *Proc. zool. Soc. Lond.*, (1): 49; Godman & Salvin, [1894], *Biol. centr.-amer., Lep. Rhop.*, 2: 381; Evans, 1949, *Cat. Hesp. Eur. Asia Aus.*: 92; Bridges, 1994, *Cat. Hesp. World*, IV: 7; Chou, 1998, *Class. Ident. Chin. Butt.*: 271; de Jong, 2007, *Butt. World* (Suppl.),15: 16; Yuan, Yuan & Xue, 2015, *Fauna Sin. Ins. Lep. Hesperiidae*, 55: 145-148; Wu & Xu, 2017, *Butts. Chin.*: 1297.

Orneates Godman & Salvin, [1894], *Biol. centr.-amer., Lep. Rhop.*, 2: 345. **Type species**: *Eudamus aegiochus* Hewitson, 1876.

Charmion de Nicéville, 1894, *J. asiat. Soc. Bengal*, (II) 63(1): 48. **Type species**: *Hesperia ficulnea* Hewitson, 1868. Synonymized by de Jong, 1982: 695.

Apallaga Strand, 1911, *Ent. Rundsch.*, 28: 143. **Type species**: *Apallaga separata* Strand, 1911. Synonymized by Evans, 1949: 92.

翅黑褐色、暗褐色、褐色或红褐色。前翅有透明的白色斑或中斜带。后翅多密布黄色斑纹。雄性前翅多无前缘褶；后足胫节有竖立的毛刷。

雄性外生殖器：背兜宽大，不隆起；钩突发达，端部分叉；颚突粗壮；囊突细长；抱器近长方形，端部多 U 形分叉，少数种类端部钩状或平截；阳茎棒状，有角状器。

雌性外生殖器：部分种类有交配囊片。

寄主为荨麻科 Urticaceae、木犀科 Oleaceae 及爵床科 Acanthaceae 植物。

全世界记载 119 种，世界性分布。中国已知 23 种，大秦岭分布 6 种。

种检索表

1. 前翅 cu_1 室大斑下方仅有 1 个小白斑 ……………………………………**黄星弄蝶 *C. pero***

   前翅 cu_1 室大斑下方有 2 个小白斑 …………………………………………………… 2
2. 两翅反面基部有黄色或黄褐色放射纹 …………………………………………………… 3

   两翅反面基部无上述斑纹 ……………………………………………………………… 5
3. 前翅亚顶区近前缘 3 个斑纹呈品字形排列 ……………………**黄射纹星弄蝶 *C. oscula***

   前翅亚顶区近前缘 3 个斑纹呈直线排列 …………………………………………………… 4
4. 后翅反面中室中部有 1 个块斑 ……………………………………………**疏星弄蝶 *C. aspersa***

   后翅反面中室中部有 2 个块斑 …………………………………………**斑星弄蝶 *C. maculosus***
5. 后翅正面亚缘斑列后半段大而清晰，黄绿色 ……………………………**小星弄蝶 *C. ratna***

   后翅正面亚缘斑列后半段退化呈点斑或部分消失，色调偏白 ……………………………………

   ……………………………………………………………………**同宗星弄蝶 *C. consanguinea***

斑星弄蝶 *Celaenorrhinus maculosus* (C. & R. Felder, [1867])

Pterygospidea maculosa C. & R. Felder, [1867], *Re. Freg. Nov.*, Bd 2 (Abth. 2)(3): 528, pl. 73, f. 7. **Type locality**: Shanghai, China.

Celaenorrhinus maculosa; de Nicéville, 1889b, *Bomb. Nat. Hist. J.*, 4: 180; Leech, 1892, *Butt. Chin. Jap. Cor.*: 569; Evans, 1949, *Cat. Hesp. Eur. Asia Aus.*: 93; Bridges, 1994, *Cat. Hesp. World*, VIII: 132; Lewis, 1974, *Butt. World*: pl. 207, f. 29; Devyatkin, 2000, *Atalanta*, 31(1/2): pl. XVb, f. 3-4.

Celaenorrhinus refulgens Oberthür, 1896, *Étud. d'Ent.*, 20: pl. 6. **Type locality**: Sichuan. Synonymized by Evans, 1949: 93.

Celaenorrhinus maculosus; Chou, 1994, *Mon. Rhop. Sin.*: 703; Jiang *et al.*, 2001, *In*: Huang (Ed.), *Fauna Ins. Fujian*, 4: 133; Yuan, Yuan & Xue, 2015, *Fauna Sin. Ins. Lep. Hesperiidae*, 55: 149, 150; Wu & Xu, 2017, *Butts. Chin.*: 1297, f. 1298: 1-5.

形态 成虫：中型弄蝶。两翅黑褐色，基部放射状排列的黄色条纹反面较正面清晰。前翅斑纹白色；亚顶区 r_3-r_5 室斑排成斜列，其外侧下方 m_1-m_2 室有 2 个稍大斑纹；中室端斑与 cu_1 室斑相对排列，中室端斑外侧凹入；cu_1 室斑外侧有 1 个、下方有 2 个斑纹；cu_2 室基部有 1 个圆斑；反面后缘区灰白色。后翅缘毛黑、黄 2 色相间排列；翅面密布黄色块斑；反面后缘区条斑宽，从基部直达臀角。

卵：头盔形；乳白色；表面有白色纵脊。

幼虫：黄绿色，半透明；头部黑色；背部有黄色横带纹，两侧各有 1 条白色线纹。

蛹：纺锤形；乳黄绿色；头顶部中央有 1 个黑色短指状突起；胸背部两侧各有 1 个黑色圆斑；翅区乳白色。

寄主 爵床科 Acanthaceae 兰嵌马蓝 *Strobilanthes rankanensis*；荨麻科 Urticaceae 透茎冷水花 *Pilea pumila*。

生物学 1 年 1 代，成虫多见于 6 ~ 8 月。常在林缘、山地活动，有访花习性。卵产于寄主植物根部周边枯枝上。

分布 中国（河南、陕西、甘肃、江苏、上海、安徽、浙江、湖北、江西、湖南、福建、台湾、广东、重庆、四川、贵州），蒙古，老挝。

大秦岭分布 河南（内乡、嵩县）、陕西（南郑、洋县）、甘肃（康县、文县、徽县）、湖北（神农架）、重庆（城口）、四川（都江堰、汶川）。

黄射纹星弄蝶 *Celaenorrhinus oscula* Evans, 1949

Celaenorrhinus oscula Evans, 1949, *Cat. Hesp. Eur. Asia Aus*.: 94. **Type locality**: Tien Tsuen, Sichuan.

Celaenorrhinus oscula; Bridges, 1994, *Cat. Hesp. World*, VIII: 166; Chou, 1994, *Mon. Rhop. Sin*.: 703; Jiang *et al*., 2001, *In*: Huang (Ed.), *Fauna Ins. Fujian*, 4: 133; Devyatkin, 2000, *Atalanta*, 31(1/2): pl. XVb, f. 9-10; Yuan, Yuan & Xue, 2015, *Fauna Sin. Ins. Lep. Hesperiidae*, 55: 151; Wu & Xu, 2017, *Butts. Chin*.: 1299, f. 1301: 12.

形态 成虫：中型弄蝶。与斑星弄蝶 *C. maculosus* 相似，主要区别为：两翅正面基部放射状排列的黄色条斑清晰。前翅亚顶区 r_3-r_5 室斑列中 r_4 室斑变小并内移；中室斑窄而规整，条形。

寄主 荨麻科 Urticaceae 冷水花 *Pilea notata*；爵床科 Acanthaceae 兰嵌马蓝 *Strobilanthes rankanensis*。

生物学 1 年 1 代，成虫多见于 6 ~ 7 月。常栖息于溪流附近的常绿阔叶林中。

分布 中国（陕西、安徽、江西、台湾、广东、重庆、四川、贵州），越南。

大秦岭分布 陕西（南郑）、四川（平武）。

小星弄蝶 *Celaenorrhinus ratna* Fruhstorfer, 1908

Celaenorrhinus sumitra ratna Fruhstorfer, 1908, *Ent. Zs*., 22(12): 49. **Type locality**: Kagi, "Formosa" [Taiwan, China].

Celaenorrhinus ratna; Evans, 1949, *Cat. Hesp. Eur. Asia Aus*.: 95; Bridges, 1994, *Cat. Hesp. World*, VIII: 192; Chou, 1994, *Mon. Rhop. Sin*.: 703; Jiang *et al*., 2001, *In*: Huang (Ed.), *Fauna Ins.*

Fujian, 4: 133; Yuan, Yuan & Xue, 2015, *Fauna Sin. Ins. Lep. Hesperiidae*, 55: 157, 158; Wu & Xu, 2017, *Butts. Chin*.: 1299, f. 1301: 5-6.

Celaenorrhinus clio Mabille, 1914, *Supplta Ent*., 3: 41. **Type locality**: "Formosa" [Taiwan, China]. Synonymized by Evans, 1949: 95.

形态 成虫：中型弄蝶。与斑星弄蝶 *C. maculosus* 相似，主要区别为：两翅斑纹均退化变小；反面基部放射纹多模糊或消失。前翅亚顶区 r_3-r_5 室斑列中 r_4 室斑变小并内移；外缘 m_1-m_2 室 2 个斑纹极小，呈点状。后翅斑纹黄绿色；正面基半部黄绿色斑纹多退化消失；反面部分斑纹消失。

寄主 爵床科 Acanthaceae 兰嵌马蓝 *Strobilanthes rankanensis*。

生物学 1 年 1 代，成虫多见于 6 ~ 7 月。常栖息于溪流附近的常绿阔叶林中。

分布 中国（河南、安徽、江西、福建、台湾、广东、重庆、四川、贵州、云南、西藏），印度。

大秦岭分布 河南（内乡）、四川（平武、汶川）。

同宗星弄蝶 *Celaenorrhinus consanguinea* Leech, 1891

Celaenorrhinus consanguinea Leech, 1891, *Entomologist*, 24 (Suppl.): 61. **Type locality**: Moupin, Omei-Shan, WaShan.

Celaenorrhinus consanguinea; Evans, 1949, *Cat. Hesp. Eur. Asia Aus*.: 94; Bridges, 1994, *Cat. Hesp. World*, VIII: 54; Lee *et al*., 1995, *Yunnan Butt*.: 146.

Celaenorrhinus consanguinea; Lewis, 1974, *Butt. World*: pl. 185, f. 31 (text).

Celaenorrhinus consanguineus; Chou, 1994, *Mon. Rhop. Sin*.: 703; Yuan, Yuan & Xue, 2015, *Fauna Sin. Ins. Lep. Hesperiidae*, 55: 153, 154; Wu & Xu, 2017, *Butts. Chin*.: 1299, f. 1301: 7-9.

形态 成虫：中型弄蝶。与斑星弄蝶 *C. maculosus* 相似，主要区别为：两翅色偏黑；基部放射纹近消失。前翅中斜带的大斑较发达。后翅斑纹均退化变小，尤其翅正面斑纹多变成点斑或消失，斑纹色多偏白。

寄主 爵床科 Acanthaceae。

生物学 1 年 1 代，成虫多见于 5 ~ 7 月。成虫栖息于溪流附近的常绿阔叶林中。

分布 中国（陕西、甘肃、安徽、浙江、湖北、湖南、广东、广西、四川、贵州、云南）。

大秦岭分布 陕西（留坝）、甘肃（文县）、四川（剑阁）。

黄星弄蝶 *Celaenorrhinus pero* de Nicéville, 1889

Celaenorrhinus pero de Nicéville, 1889b, *J. Bombay nat. Hist. Soc*.,4(3): 183, pl. B, f. 12. **Type locality**: India.

Celaenorrhinus pero; Chou, 1994, *Mon. Rhop. Sin*.: 704; Yuan, Yuan & Xue, 2015, *Fauna Sin. Ins. Lep. Hesperiidae*, 55: 154; Wu & Xu, 2017, *Butts. Chin*.: 1303, f. 1304: 1.

形态 成虫：中型弄蝶。翅正面暗褐色；反面色稍淡。前翅正面基半部覆有棕褐色长毛；亚顶区有 5 个近方形白斑排成 1 列，倒数第 2 个斑稍外移；中斜带由 2 大 2 小 4 个白色斑纹和近前缘的淡黄斑组成，2 个小斑分别位于 cu_1 室大斑外侧的上、下方，此带未达臀角；cu_2 室基部有 1 个小白斑。反面后缘色较淡；其余斑纹同前翅正面。后翅缘毛黄、褐 2 色相间；黄色的亚缘斑列和中横斑列在近前缘处汇合；基横斑列仅有上段的 2 个斑纹。

寄主 爵床科 Acanthaceae。

生物学 1 年 1 代，成虫多见于 6 ~ 8 月。成虫栖息于溪流附近的常绿阔叶林中。

分布 中国（甘肃、广西、四川、西藏），印度，尼泊尔，泰国。

大秦岭分布 甘肃（文县）、四川（都江堰）。

疏星弄蝶 *Celaenorrhinus aspersa* Leech, 1891

Celaenorrhinus aspersa Leech, 1891, *Entomologist*, 24 (Suppl.): 61. **Type locality**: Chia Kou Ho, China.

Celaenorrhinus aspersa; Leech, 1892, *Butt. Chin. Jap. Cor*.: 570; Evans, 1949, *Cat. Hesp. Eur. Asia Aus*.: 93; Eliot, 1992, *Butt. Malay Pen*. (4th ed.): 338; Bridges, 1994, *Cat. Hesp. World*, VIII: 120; Lee *et al*., 1995, *Yunnan Butt*.: 146.

Celaenorrhinus clitus de Nicéville, 1889b, *J. Bombay nat. Hist. Soc*., 6(3): 378. **Type locality**: Nagas. Synonymized by Evans, 1949: 93.

Celaenorrhinus aspersus; Chou, 1994, *Mon. Rhop. Sin*.: 702; Yuan, Yuan & Xue, 2015, *Fauna Sin. Ins. Lep. Hesperiidae*, 55: 148; Wu & Xu, 2017, *Butts. Chin*.: 1303, f. 1304: 2-4.

Celaenorrhinus aspersa; Lewis, 1974, *Butt. World*: pl. 207, f. 29 (text).

形态 成虫：中型弄蝶。翅正面黑褐色。反面色稍淡；基部有黄色至黄褐色的放射纹，时有模糊。前翅斑纹白色；亚顶区有 5 个小斑分成 2 组，前 3 个斑斜向排成直线，后 2 个斑上下相对排列；中斜斑列由 2 大 1 小 3 个斑组成；m_3 室中部有 1 个斜置的条斑；cu_2 室中域有 2 个斑纹。后翅顶角附近缘毛黑褐色，其余部分鲜黄色；散布鲜黄色块斑，臀域斑纹较密集；反面后缘黄色带纹长，靠近臀角。

寄主 木犀科 Oleaceae。

生物学 1年1代，成虫多见于6~8月。栖息于溪流附近的常绿阔叶林中。

分布 中国（陕西、甘肃、江西、福建、广东、海南、四川），印度，缅甸，越南，老挝，泰国。

大秦岭分布 陕西（西乡）、甘肃（武都）。

珠弄蝶族 Erynnini Swinhoe, 1913

Erynninae Swinhoe, 1913, *In*: Moore, *Lep. Ind*., 10: 239. **Type genus**: *Erynnis* Schrank, 1801.

Erynnini; Chou, 1998, *Class. Iden. Chin. Butt*.: 272; Warren *et al*., 2008, *Cladistics*, 24: 3; Warren *et al*., 2009, *Syst. Entom*., 34: 488; Yuan, Yuan & Xue, 2015, *Fauna Sin. Ins. Lep. Hesperiidae*, 55: 167.

触角短，棒状部扁平，末端尖。须第3节短粗，略向下弯曲。足有毛。翅黑褐色至暗褐色。前翅 M_2 脉起点位于 M_1 脉和 M_3 脉中间；前缘基部多强度弯曲；部分雄性前翅有前缘褶。后翅端缘有成列的黄色斑纹。

分布于古北区、东洋区、新北区及新热带区。中国已知4种，大秦岭分布3种。

珠弄蝶属 *Erynnis* Schrank, 1801

Erynnis Schrank, 1801, *Fauna Boic*., 2(1): 152, 157. **Type species**: *Papilio tages* Linnaeus, 1758.

Thymele Fabricius, 1807, *Mag. f. Insektenk*., 6: 287. **Type species**: *Papilio tages* Linnaeus, 1758.

Thymale Oken, 1815, *Lehrb. Naturgesch*., 3(*Zool*.) (1): 757, 758 (unavail.). **Type species**: *Papilio tages* Linnaeus, 1758. Synonymized by Evans, 1949: 164.

Astycus Hübner, 1822, *Syst.-alph. Verz*.: 1, 3, 5, 6, 8-10. **Type species**: *Papilio tages* Linnaeus, 1758. Synonymized by Evans, 1949: 164.

Thanaos Boisduval, [1834], *Icon. hist. Lépid. Eur*., 1(23-24): 240. **Type species**: *Papilio tages* Linnaeus, 1758; Godman & Salvin, [1899], *Biol. centr.-amer., Lep. Rhop*., 2: 455.

Thanatos Dunning & Pickard, 1858, *Accent. List Brit. Lep*.: 6 (unjust. emend.).

Erynnis; Watson, 1893, *Proc. zool. Soc. Lond*., (1): 99; Evans, 1949, *Cat. Hesp. Eur. Asia Aus*.: 164; Bridges, 1994, *Cat. Hesp. World*, IV: 11; Chou, 1998, *Class. Iden. Chin. Butt*.: 272; Devyatkin, 1996, *Atalanta*, 27(3/4): 605; Yuan, Yuan & Xue, 2015, *Fauna Sin. Ins. Lep. Hesperiidae*, 55: 167, 168; Wu & Xu, 2017, *Butts. Chin*.: 1332.

Hallia Tutt, [1906], *Nat. Hist. Brit. Butts*, 1: 261 (preocc. *Hallia* Edwards & Haime, 1850). **Type species**: *Thanaos marloyi* Boisduval, [1834].

Erynnis (Pyrginae); Korb & Bolshakov, 2011, *Eversmannia Suppl*., 2: 8.

翅黑褐色至暗褐色。前翅前缘基部强度弯曲。后翅端缘有成列的黄色斑；Rs 脉处突出成角度。翅脉特征同珠弄蝶族 Erynnini。

雄性外生殖器：背兜大，隆起；钩突小；颚突发达，左右愈合；囊突短；抱器阔，端部多分为 2 瓣；阳茎短于抱器。

雌性外生殖器：囊导管长，膜质；交配囊梨形；无交配囊片。

寄主为壳斗科 Fagaceae 及豆科 Fabaceae 植物。

全世界记载 26 种，分布于古北区、东洋区、新北区及新热带区。中国已知 4 种，大秦岭分布 3 种。

种检索表

1. 后翅斑纹黄色 ……………………………………………… **深山珠弄蝶 *E. montanus***
   后翅斑纹白色 ……………………………………………… 2
2. 前翅正面中域斑带明暗相间明显 ……………………………… **珠弄蝶 *E. tages***
   前翅正面中域斑带较模糊 ………………………………… **波珠弄蝶 *E. popoviana***

深山珠弄蝶 *Erynnis montanus* (Bremer, 1861)（图版 30：92—93）

Hesperia montanus Bremer, 1861, *Bull. Acad. Imp. Sci. St. Petersb. 3 Mélanges biol. St.-Pétersb.*, 3(5-6): 556. **Type locality**: Bureinsky Mts., Amur region.

Thanaos rusticanus Butler, 1866, *J. Linn. Soc. zool. Lond.*, 9(34): 58. **Type locality**: Hakodate, Japan. Synonymized by Evans, 1949: 165.

Thanaos montanus; Leech, 1892, *Butt. Chin. Jap. Cor.*: 580.

Erynnis montanus; Evans, 1949, *Cat. Hesp. Eur. Asia Aus.*: 164; Lewis, 1974, *Butt. World*: pl. 208, f. 9; Bridges, 1994, *Cat. Hesp. World*, VIII: 148; Chou, 1994, *Mon. Rhop. Sin.*: 705; Korb & Bolshakov, 2011, *Eversmannia Suppl.*, 2: 8; Yuan, Yuan & Xue, 2015, *Fauna Sin. Ins. Lep. Hesperiidae*, 55: 170-172; Wu & Xu, 2017, *Butts. Chin.*: 1332, f. 1336: 11-14, 1337: 15-19.

形态 成虫：中小型弄蝶。两翅暗褐色，有紫色光泽；斑纹多黄色。前翅正面多覆有灰白色云状纹；亚顶区前缘斑白色；外缘斑列时有模糊；亚缘及外横斑列黄色，波状，时有模糊或覆有黄色斑驳纹。后翅中室端斑条形；外缘斑列排列较整齐；亚缘斑列端部斑纹错位排列。雌性前翅外中域有淡黄色或棕灰色宽带，斑驳，边缘不清。

卵：初产淡黄绿色，后变黄褐色，孵化前赤褐色；有 14 ~ 15 条纵脊。

幼虫：头黑色或赤褐色；体黄绿色或黄色。

蛹：赤褐色；外有细薄丝茧。

寄主 壳斗科 Fagaceae 柞栎 *Quercus dentata*、麻栎 *Q. acutissima*、枹栎 *Q. serrata*、蒙古栎 *Q. mongolica*、橡树 *Q. palustris*、栓皮栎 *Q. variabilis* 及水青冈属 *Fagus* spp.。

生物学 1年1代，以老熟幼虫越冬，成虫多见于3～7月。常在林缘活动，喜在水边潮湿处停息。卵单产于寄主植物上。幼虫有做巢并在其中栖息的习性。

分布 中国（黑龙江、吉林、辽宁、北京、山西、山东、河南、陕西、甘肃、青海、安徽、浙江、湖北、江西、湖南、广东、重庆、四川、贵州、云南、西藏），俄罗斯，朝鲜，日本。

大秦岭分布 河南（内乡、嵩县、栾川、汝阳）、陕西（蓝田、长安、鄠邑、周至、渭滨、陈仓、眉县、太白、凤县、华州、华阴、汉台、洋县、勉县、留坝、佛坪、宁陕、商州、丹凤、商南、山阳、镇安、洛南）、甘肃（麦积、秦州、武山、文县、徽县、两当、礼县、迭部、漳县）、湖北（神农架）、重庆（巫溪）、四川（都江堰、九寨沟）。

珠弄蝶 *Erynnis tages* (Linnaeus, 1758)

Papilio tages Linnaeus, 1758, *Syst. Nat.*, (10th ed.) 1: 485. **Type locality**: Europe.

Erynnis tages Evans, 1949, *Cat. Hesp. Eur. Asia Aus.*: 165; Lewis, 1974, *Butt. World*: pl. 11, f. 15; Bridges, 1994, *Cat. Hesp. World*, VIII: 219; Chou, 1994, *Mon. Rhop. Sin.*: 705; Devyatkin, 1996, *Atalanta*, 27(3/4): 605; Korb & Bolshakov, 2011, *Eversmannia Suppl.*, 2: 8; Yakovlev, 2012, *Nota lepid.*, 35(1): 60; Yuan, Yuan & Xue, 2015, *Fauna Sin. Ins. Lep. Hesperiidae*, 55: 168.

形态 成虫：中小型弄蝶。与深山珠弄蝶 *E. montanus* 近似，主要区别为：个体较小。两翅反面棕色至棕褐色；斑纹白色，较小，多为点斑状。前翅正面中域斑带明暗相间明显；外缘斑清晰。

幼虫：绿色；背部有深色的线纹；头黑色。

寄主 豆科 Fabaceae 百脉根 *Lotus corniculatus*、马蹄豆 *Hippocrepis comosa*、草木犀状黄芪 *Astragalus melilotoides*、直立黄芪 *A. adsurgens*。

生物学 成虫发生于4～5月。常在阔叶林活动。

分布 中国（黑龙江、河北、山西、山东、河南、陕西、宁夏、甘肃、新疆、重庆、四川），蒙古，朝鲜，欧洲。

大秦岭分布 河南（登封、西峡、嵩县、灵宝）、陕西（陈仓、眉县、勉县、宁强、汉台、宁陕、商州、山阳）、甘肃（麦积、武山、文县、徽县、两当、礼县、漳县）、重庆（巫溪）。

波珠弄蝶 *Erynnis popoviana* (Nordmann, 1851)（图版 30：94）

Hesperia popoviana Nordmann, 1851, *Bull. Soc. imp. Nat. Moscou*, 24(4): 443, pl. 12, f. 3-4. **Type**

locality: Kyakhta, Transbaikalia, Russia.

Nisoniades tages var. *sinica* Grum-Grshimailo, 1891, *Horae Soc. ent. Ross*., 25(3-4): 461. **Type locality**: Amdo.

Erynnis tages popoviana; Evans, 1949, *Cat. Hesp. Eur. Asia Aus*.: 166; Chou, 1994, *Mon. Rhop. Sin*.: 705.

Erynnis popoviana; Devyatkin, 1996, *Atalanta*, 27(3/4): 605; Korb & Bolshakov, 2011, *Eversmannia Suppl*., 2: 8; Yuan, Yuan & Xue, 2015, *Fauna Sin. Ins. Lep. Hesperiidae*, 55: 169, 170; Wu & Xu, 2017, *Butts. Chin*.: 1332, f. 1336: 7-10.

形态 成虫：中小型弄蝶。与珠弄蝶 *E. tages* 近似，主要区别为：前翅正面亚缘区黑色窄斑带略弯曲，不与翅外缘平行；中域斑带较模糊，反差不明显。

寄主 豆科 Fabaceae。

生物学 成虫多见于 5 ~ 7 月。喜访花，常在草丛中活动。

分布 中国（吉林、内蒙古、北京、河北、山西、山东、河南、陕西、宁夏、甘肃、青海、四川），俄罗斯。

大秦岭分布 陕西（眉县、太白、商州）。

裙弄蝶族 Tagiadini Mabille, 1878

Tagiadini Mabille, 1878b, *Annals Soc. Ent. Belg*., 21: 12. **Type genus**: *Tagiades* Hübner, 1819.

Tagiades group Evans, 1949, *Cat. Hesp. Eur. Asia Aus*.: 11.

Tagiadini; Chou, 1998, *Class. Ident. Chin. Butt*.: 272, 273; Warren *et al*., 2008, *Cladistics*, 24: 3; Warren *et al*., 2009, *Syst. Entom*., 34: 485; Yuan, Yuan & Xue, 2015, *Fauna Sin. Ins. Lep. Hesperiidae*, 55: 175-177.

须第 3 节粗长，末端钩状弯曲，钝或尖。后足胫节常有毛刷。腹部比后翅后缘短。翅多黑褐色；斑纹白色、黑色或黄色。前翅外缘弧形或斜截形；中室通常短（少数属例外）；M_2 脉分出点接近 M_1 脉；Cu_1 脉分出点接近中室端部。后翅在 Rs 脉及 M_3 脉处成角度或在 Cu_1 脉和 2A 脉处成角度；多数种类中室约等于后翅长的 1/2；M_2 脉直而斜，其基部接近 M_1 脉而端部接近 M_3 脉。

全世界记载 120 余种，分布于古北区、东洋区、非洲区及澳洲区。中国记录近 50 种，大秦岭分布 15 种。

属检索表

1. 前翅顶角斜截 ……………………………………………………………… **梳翅弄蝶属 *Ctenoptilum***
   前翅顶角非斜截 ……………………………………………………………………………………… 2
2. 前翅无中室端斑或很小 ……………………………………………………………… **捷弄蝶属 *Gerosis***
   前翅有较大的中室端斑 ……………………………………………………………………………… 3
3. 前翅中室端部呈圆弧形 ……………………………………………………………… **窗弄蝶属 *Coladenia***
   前翅中室端部非圆弧形 ……………………………………………………………………………… 4
4. 前翅中室基部有白斑 ……………………………………………………………… **白弄蝶属 *Abraximorpha***
   前翅中室基部无白斑 ………………………………………………………………………………… 5
5. 后翅反面中域无白色横带 ……………………………………………………… **襟弄蝶属 *Pseudocoladenia***
   后翅反面中域有白色横带 …………………………………………………………………………… 6
6. 后翅反面基部有数个黑色斑纹 ………………………………………………………… **黑弄蝶属 *Daimio***
   后翅反面基部不如上述 ……………………………………………………………… **飒弄蝶属 *Satarupa***

白弄蝶属 *Abraximorpha* Elwes & Edwards, 1897

Abraximorpha Elwes & Edwards, 1897, *Trans. Zool. Soc. Lond.*, 14(4): 123. **Type species**: *Pterygospidea davidii* Mabille, 1876.

Abraximorpha; Evans, 1949, *Cat. Hesp. Eur. Asia Aus.*: 15; Bridges, 1994, *Cat. Hesp. World*, IV: 1; Chou, 1998, *Class. Ident. Chin. Butt.*: 273, 274; Yuan, Yuan & Xue, 2015, *Fauna Sin. Ins. Lep. Hesperiidae*, 55: 177; Wu & Xu, 2017, *Butts. Chin.*: 1328.

前翅黑褐色或褐色；有大片的白色斑；M_2 脉起点位于 M_1 脉和 M_3 脉之间，或靠近 M_1 脉。后翅白色；密布黑色斑；后缘与前缘约等长；A 脉短于 $Sc+R_1$ 脉。

雄性外生殖器：背兜背面隆起；钩突有分叉；囊突端部尖，上弯；抱器方阔，斜截的端部有锯齿，背端缘有复杂的分叉；阳茎约与抱器等长，角状器锯齿状。

雌性外生殖器：囊导管粗长，膜质；交配囊稍粗于囊导管；无交配囊片。

寄主为蔷薇科 Rosaceae 悬钩子属 *Rubus* spp. 植物。

全世界记载 4 种，分布于古北区和东洋区。中国均有分布，大秦岭分布 1 种。

白弄蝶 *Abraximorpha davidii* (Mabille, 1876)（图版 31：95—96）

Pterygospidea davidii Mabille, 1876, *Bull. Soc. ent. Fr.*, (5): 6. liv. **Type locality**: Mou-pin, Sichuan.

Celaenorrhinus davidii; de Nicéville, 1889b, *J. Bombay nat. Hist. Soc.*, 5: 186; Leech, 1892, *Butt. Chin. Jap. Cor.*: 572.

Abraximorpha davidii; Evans, 1949, *Cat. Hesp. Eur. Asia Aus*.: 155; Lewis, 1974, *Butt. World*: pl. 207, f. 5; Bridges, 1994, *Cat. Hesp. World*, VIII: 62; Chou, 1994, *Mon. Rhop. Sin*.: 706; Lee *et al*., 1995, *Yunnan Butt*.: 134; Yuan, Yuan & Xue, 2015, *Fauna Sin. Ins. Lep. Hesperiidae*, 55: 178-180; Wu & Xu, 2017, *Butts. Chin*.: 1328, f. 1330: 1-8.

形态 成虫：中大型弄蝶。前翅正面黑褐色或褐色；斑纹白色；亚顶区 r_2-r_5 室各有 1 个长方形小斑，斜向排列；m_1-m_2 室斑上下相对，与 r_5 室斑分开；锯齿形亚外缘带模糊；中横斑列近 V 形；中室基部有棒状条斑。反面锯齿形亚外缘带清晰；其余斑纹同前翅正面。后翅白色；斑纹黑褐色；前缘细带未达顶角；外缘斑列斑纹大小、形状不一；中横斑列 m_1-m_2 室斑变小并外移；中室端斑大；基部有长短不一的数个斑纹。

卵：圆形；淡黄色，孵化时黑色；表面覆有来自雌性腹部的淡褐色毛簇。

幼虫：5 龄期。淡黄绿色，半透明；表面密被白色细毛和颗粒状点斑；头背面有 2 块黑褐色毛簇。

蛹：纺锤形；淡白绿色；表面覆盖薄的白色蜡质层和细毛；头顶部中央有 1 个黑色小指突；头胸部有横向排列的黑色斑纹；翅脉黑色；腹侧面有黑色圆斑列。

寄主 蔷薇科 Rosaceae 灰白毛悬钩子 *Rubus incanus*、粗叶悬钩子 *R. alceaefolius*、桤叶悬钩子 *R. alnifoliolatus*、高粱泡 *R. lambertianus*、山莓 *R. corchorifolius*、台湾悬钩子 *R. formosensis*、木莓 *R. swinhoei*。

生物学 1 年多代，以幼虫越冬，成虫多见于 4～9 月。飞行迅速，活动于林缘、山地和道路旁，喜访花、湿地吸水和吸食动物排泄物，常在树叶上停息，雄性有领域性，喜在树梢相互追逐飞舞。卵单产于寄主植物叶片反面。幼虫叶巢扁平，外侧有多个椭圆形透气孔。老熟幼虫化蛹于虫巢。

分布 中国（山西、河南、陕西、甘肃、江苏、安徽、浙江、湖北、江西、湖南、福建、台湾、广东、海南、香港、广西、重庆、四川、贵州、云南），缅甸，越南，老挝，印度尼西亚。

大秦岭分布 河南（内乡、栾川）、陕西（长安、周至、陈仓、眉县、太白、华州、汉台、南郑、洋县、西乡、镇巴、佛坪、宁陕、商州、商南、山阳、柞水）、甘肃（麦积、秦州、康县、徽县、两当）、湖北（神农架、武当山）、重庆（巫溪）、四川（青川、都江堰、安州、平武）。

黑弄蝶属 *Daimio* Murray, 1875

Daimio Murray, 1875a, *Ent. mon. Mag*., 11: 171. **Type species**: *Pyrgus tethys* Ménétnés, 1857.

Daimio; Watson, 1893, *Proc. zool. Soc. Lond*., (1): 47; Evans, 1949, *Cat. Hesp. Eur. Asia Aus*.: 128; Bridges, 1994, *Cat. Hesp. World*, IV: 9; Chou, 1998, *Class. Iden. Chin. Butt*.: 274; Yuan, Yuan & Xue, 2015, *Fauna Sin. Ins. Lep. Hesperiidae*, 55: 204, 205; Wu & Xu, 2017, *Butts. Chin*.: 1316.

Catodaulis Speyer, 1878, *Stett. Ent. Ztg*., 39: 179. **Type species**: *Pyrgus tethys* Ménétnés, 1857. Synonymized by Evans, 1949: 128.

Daimio (Pyrginae); Korb & Bolshakov, 2011, *Eversmannia Suppl*., 2: 8.

雄性后足胫节内侧有斜立的毛刷。翅黑色至黑褐色。前翅有白色窗斑。后翅中域白色横带宽；缘毛黑、白 2 色相间。前翅 Sc 脉在中室末端前到达前缘。后翅外缘波状；前缘长于后缘；2A 脉等于或长于 $Sc+R_1$ 脉。雌性腹部末端有整齐的肛毛簇。

雄性外生殖器：背兜端半部略隆起；钩突短阔，端部钝圆；颚突弯臂形，左右愈合；囊突细长；抱器方阔，抱器背有指状突；阳茎直，长于抱器，末端有刺。

雌性外生殖器：囊导管膜质，较粗；交配囊长圆形；无交配囊片。

寄主为薯蓣科 Dioscoreaceae、天南星科 Araceae 及壳斗科 Fagaceae 植物。

全世界记载 1 种，分布于古北区和东洋区。大秦岭有分布。

黑弄蝶 *Daimio tethys* (Ménétnés, 1857)（图版 28：89）

Pyrgus tethys Ménétnés, 1857, *Cat. lep. Petersb*., 2: 126, pl. 10, f. 8. **Type locality**: Itsu Peninsula, Honshu, Japan.

Saturapa lineata Mabille & Boullet, 1916, *Bull. Soc. ent. Fr*., (15): 244. **Type locality**: China. Synonymized by Evans, 1949: 128.

Daimio daiseni Riley, 1921, *Entomologist*, 54: 181. **Type locality**: Mt. Daisen, Japan. Synonymized by Evans, 1949: 128.

Daimio tethys var. *yamashiroensis* Kato, 1930, *Zephyrus*, 2(4): 208. **Type locality**: Mt. Atago, Japan.

Daimio tethys; Evans, 1949, *Cat. Hesp. Eur. Asia Aus*.: 128; Kudrna, 1974, *Atalanta*, 5: 116; Lewis, 1974, *Butt. World*: pl. 208, f. 6; Bridges, 1994, *Cat. Hesp. World*, VIII: 223; Chou, 1994, *Mon. Rhop. Sin*.: 710; Tuzov *et al*., 1997, *Guide Butt. Russia*, 1: 106; Huang, 2003, *Neue Ent. Nachr*., 55: 7, f. 5 (note); Korb & Bolshakov, 2011, *Eversmannia Suppl*., 2: 8; Yuan, Yuan & Xue, 2015, *Fauna Sin. Ins. Lep. Hesperiidae*, 55: 205-207; Wu & Xu, 2017, *Butts. Chin*.: 1316, f. 1318: 1-8.

形态　成虫：中型弄蝶。两翅黑色至黑褐色；斑纹白色或黑色。前翅亚顶区 r_3-r_5 室各有 1 个条状斑，被翅脉分开；m_1-m_2 室各有 1 个小圆斑，m_2 室斑内移；白色中横斑列斑纹大小、形状不一。后翅白色中横带宽，外侧镶有 1 列黑色斑纹，部分斑纹相连或愈合。反面基部灰色至淡灰黑色，近前缘镶有 3 个黑色斑纹；中横带较翅正面宽。

卵：半圆球形；淡褐色；表面覆有来自雌性腹部末端的淡褐色密集毛簇。

幼虫：5 龄期。低龄幼虫白色，透明；密布白色小点斑；头部黑色。末龄幼虫淡黄绿色；密布白色小点斑；头部红褐色，顶端中部略凹入。

蛹：纺锤形；乳白色；表面密布淡褐色麻点纹；节间有淡褐色线纹；头端中央有1个小突起；翅区及腹侧面有白色三角形大斑。

寄主 薯蓣科 Dioscoreaceae 薯蓣 *Dioscorea polystachya*、穿龙薯蓣 *D. nipponica*、日本薯蓣 *D. japonica*、褐苞薯蓣 *D. persimilis*；天南星科 Araceae 芋 *Colocasia esculenta*；壳斗科 Fagaceae 蒙古栎 *Quercus mongolica*。

生物学 1年多代，以幼虫越冬，成虫多见于3~10月。常在林缘、山地活动，飞行迅速，喜访花、湿地吸水和吸食动物的排泄物。卵单产于寄主植物叶片上。幼虫有做虫巢习性，傍晚和黎明取食，休息时爬入虫巢。老熟幼虫化蛹于虫巢内。

分布 中国（黑龙江、吉林、辽宁、北京、天津、河北、山西、山东、河南、陕西、甘肃、江苏、上海、安徽、浙江、湖北、江西、湖南、福建、台湾、广东、海南、香港、重庆、四川、贵州、云南、西藏），蒙古，朝鲜，韩国，日本，缅甸。

大秦岭分布 河南（荥阳、鲁山、镇平、内乡、西峡、嵩县、栾川、灵宝、陕州、卢氏）、陕西（蓝田、长安、周至、鄠邑、渭滨、陈仓、眉县、凤县、太白、华州、汉台、南郑、城固、洋县、镇巴、略阳、留坝、佛坪、西乡、平利、镇坪、岚皋、紫阳、汉阴、石泉、宁陕、商州、丹凤、商南、山阳、镇安、柞水、洛南）、甘肃（麦积、康县、文县、徽县、两当、碌曲、漳县）、湖北（兴山、神农架、武当山、郧阳、房县、竹溪、郧西）、重庆（巫溪、城口）、四川（青川、都江堰、江油、平武）。

捷弄蝶属 *Gerosis* Mabille, 1903

Gerosis Mabille, 1903, *In*: Wytsman, *Gen. Ins*., 17(A): 44, 49. **Type species**: *Coladenia hamiltoni* de Nicéville, 1889.

Gerosis; Evans, 1949, *Cat. Hesp. Eur. Asia Aus*.: 128 (as synonym of *Daimio* Murray, 1875); Shirôzu & Saigusa, 1962, *Nat. Life SE Asia*, 2: 28; Bridges, 1994, *Cat. Hesp. World*, IV: 13; Chou, 1998, *Class. Iden. Chin. Butt*.: 275; Yuan, Yuan & Xue, 2015, *Fauna Sin. Ins. Lep. Hesperiidae*, 55: 209; Wu & Xu, 2017, *Butts. Chin*.: 1316.

Gerosis (Pyrginae); Vane-Wright & de Jong, 2003, *Zool. Verh. Leiden*, 343: 62.

从黑弄蝶属 *Daimio* 分出，与其非常近似，主要区别为：前翅前缘中部无白色小点；中室端斑无或很小；M_2 脉接近 M_1 脉。后翅外缘波状；反面基部黑褐色。须的下面黄色。雄性后足胫节的毛刷比胫节长。雌性无肛毛簇。

雄性外生殖器：背兜小，前端略隆起；钩突短粗；颚突臂状，左右愈合；囊突很长；抱器方阔，端部二分裂，上端钩状，下弯；阳茎长，端部尖锐，部分种类有角状器。

雌性外生殖器：囊导管膜质，较长；交配囊近椭圆形；无交配囊片。

寄主为豆科 Fabaceae 及樟科 Lauraceae 植物。

全世界记载 7 种，分布于古北区和东洋区。中国记录 4 种，大秦岭分布 2 种。

种检索表

前翅亚顶区小斑 Z 形排列 ………………………………………… **中华捷弄蝶 *G. sinica***

前翅亚顶区小斑弧形排列 ………………………………………… **匪夷捷弄蝶 *G. phisara***

中华捷弄蝶 *Gerosis sinica* (C. & R. Felder, 1862)

Pterygospidea sinica C. & R. Felder, 1862a, *Wien. ent. Monats.*, 6(1): 30. **Type locality**: Ningpo.

Pterogospidea diversa Leech, 1890, *Entomologist*, 23: 46. **Type locality**: Changyang.

Daimio sinica; Evans, 1949, *Cat. Hesp. Eur. Asia Aus.*: 130; Lewis, 1974, *Butt. World*: pl. 188, f. 37 (text); Bridges, 1988b, *Cat. Hesp. World*, VIII: 209.

Gerosis sinica; Eliot, 1992, *Butt. Malay Pen.* (4th ed.): 343; Chou, 1994, *Mon. Rhop. Sin.*: 710; Huang, 2003, *Neue Ent. Nachr.*, 55: 7 (note), f. 4; Yuan, Yuan & Xue, 2015, *Fauna Sin. Ins. Lep. Hesperiidae*, 55: 209-211; Wu & Xu, 2017, *Butts. Chin.*: 1316, f. 1318: 15, 1319: 16-17.

Daimio diversa; Lewis, 1974, *Butt. World*: pl. 208, f. 4.

形态 成虫：中型弄蝶。两翅黑褐色或褐色；斑带白色。前翅亚顶区 r_3-m_2 室有 5 个小斑，Z 形排列；中横斑列从后缘达中室端部，端部 2 个斑纹相对排列，从上到下斑纹逐渐变大。后翅中横带宽，白色，外侧镶有 1 列黑色斑纹，并与端缘黑带紧密连接。雌性大小、斑纹似雄性，但后翅中域白带略宽；反面亚外缘区有 1 列明显的灰白色斑纹。

卵：半圆球形；初产白色，后变为橙黄色；表面有白色纵脊。

幼虫：长梭形；白绿色；头部黑色，密布颗粒状白色小点斑。

蛹：纺锤形；绿色，光滑，半透明；头顶端中央有小尖突；腹末端指状外突；气孔淡褐色。

寄主 豆科 Fabaceae 黄檀 *Dalbergia hupeana*、香港黄檀 *D. millettii*、藤黄檀 *D. hancei*；樟科 Lauraceae 樟 *Cinnamomum camphora*。

生物学 1 年多代，成虫多见于 3 ~ 10 月。雄性有很强的领地意识。

分布 中国（陕西、甘肃、江苏、浙江、湖北、江西、福建、广东、海南、广西、重庆、四川、贵州、云南、西藏），印度，缅甸，越南，老挝，泰国，马来西亚。

大秦岭分布 陕西（眉县、凤县、南郑、西乡、留坝、佛坪、商南）、甘肃（文县）、湖北（神农架）、四川（青川、平武）。

匪夷捷弄蝶 *Gerosis phisara* (Moore, 1884)

Satarupa phisara Moore, 1884a, *J. asiat. Soc. Bengal*, Pt. II 53(1): 50. **Type locality**: Khasi Hills, Assam.

Achlyodes cnidus Plötz, 1884, *Jb. nassau. Ver. Naturk*., 37(1884): 19.

Satarupa phisara; Elwes, 1888, *Tran. Ent. Soc. Lond*., 36(3): 457.

Coladenia hamiltoni de Nicéville, 1888, *J. asiat. Soc. Bengal*, 57(4): 29. **Type locality**: Sylhet. Synonymized by Evans, 1949: 131.

Saturapa expansa Mabille & Boullet, 1916, *Bull. Soc. ent. Fr*., (15): 244. **Type locality**: India. Synonymized by Bridges, 1994, IX: 27.

Daimio phisara; Evans, 1949, *Cat. Hesp. Eur. Asia Aus*.: 131; Eliot, 1959, *Bull. Br. Mus. nat. Hist.* (Ent.), 7(8): 383; Bridges, 1988b, *Cat. Hesp*.: II. 18; Lewis, 1974, *Butt. World*: pl. 208, f. 5.

Gerosis phisara; Eliot, 1992, *Butt. Malay Pen*. (4th ed.): 343; Bridges, 1994, *Cat. Hesp. World*, VIII: 177; Chou, 1994, *Mon. Rhop. Sin*.: 710; Huang, 2003, *Neue Ent. Nachr*., 55: 7 (note), f. 3; Yuan, Yuan & Xue, 2015, *Fauna Sin. Ins. Lep. Hesperiidae*, 55: 212, 213; Wu & Xu, 2017, *Butts. Chin*.: 1316, f. 1318: 9-14.

形态 成虫：中型弄蝶。与中华捷弄蝶 *G. sinica* 相似，主要区别为：前翅亚顶区小斑弧形排列。后翅正面有细的亚外缘线；中域深色阴影状斑带较明显。反面亚顶区 sc+r_1 室和 rs 室的黑色圆斑与其附近斑纹显著分离。雌性前翅 cu_2 室有 1 个长方形白斑。

卵：近圆形，底部平截；玫红色；表面有白色纵脊。

幼虫：长梭形；白绿色；头部枣红色，顶中部略凹入。

蛹：纺锤形；绿色，光滑，半透明；头顶端及腹末端有小尖突；气孔白色。

寄主 豆科 Fabaceae 两粤黄檀 *Dalbergia benthamii* 及黄檀 *D. hupeana*。

生物学 1 年多代，成虫多见于 3 ~ 10 月。多数生活在阴暗的阔叶林中，飞行速度极快，休息时躲于叶片反面。

分布 中国（陕西、浙江、湖北、江西、湖南、福建、广东、海南、香港、广西、重庆、四川、贵州、云南、西藏），印度，缅甸，越南，老挝，泰国，马来西亚。

大秦岭分布 陕西（南郑、佛坪、洋县）、湖北（神农架）、四川（青川、平武）。

飒弄蝶属 *Satarupa* Moore, 1865

Satarupa Moore, 1865, *Proc. zool. Soc. Lond*., (3): 780. **Type species**: *Satarupa gopala* Moore, [1866].

Satarupa; Distant, 1886, *Rhop. Malayana*: 384; Watson, 1893, *Proc. zool. Soc. Lond*., (1): 46; Evans, 1949, *Cat. Hesp. Eur. Asia Aus*.: 13; Pinratana, 1985, *Butt. Thailand*, 5: 36; Chiba, 1988, *J. Res, Lepid*., 27(2): 138; Bridges, 1994, *Cat. Hesp. World*, IV: 29; Chou, 1998, *Class. Ident. Chin. Butt.*: 277; Yuan, Yuan & Xue, 2015, *Fauna Sin. Ins. Lep. Hesperiidae*, 55: 222, 223; Wu & Xu, 2017, *Butts. Chin*.: 1323.

Satarupa (Pyrginae); Korb & Bolshakov, 2011, *Eversmannia Suppl*., 2: 8.

翅黑褐色。前翅有透明的白色斑。后翅有宽的白色中域带；后缘长于前缘；外缘有凹凸。前翅 Sc 脉伸过中室末端；中室上端角外延；Cu_1 脉分出点靠近中室下端角；Cu_2 脉分出点较靠近翅基部。雄性后足胫节内侧有长毛簇。

雄性外生殖器：背兜头盔状；钩突短粗，端部锥状；颚突发达，左右愈合，端部密生小刺；囊突细长；抱器基半部宽，端半部二分裂，背缘有长管状突起；阳茎长，角状器锯齿状。

雌性外生殖器：囊导管膜质，与交配囊分界不清；交配囊长袋状；无交配囊片。

寄主为芸香科 Rutaceae 植物。

全世界记载 8 种，分布于古北区和东洋区。中国均有记录，大秦岭分布 4 种。

种检索表

1. 前翅外横斑列斑纹分成前后 2 组 ······ 2
   前翅外横斑列斑纹均匀排列，不中断 ······ 3
2. 前翅中室端斑方阔 ······ **密纹飒弄蝶 *S. monbeigi***
   前翅中室端斑不如上述 ······ **四川飒弄蝶 *S. valentini***
3. 后翅反面 $sc+r_1$ 室有 1 个黑色斑 ······ **飒弄蝶 *S. gopala***
   后翅反面 $sc+r_1$ 室有 2 个黑色斑 ······ **蛱型飒弄蝶 *S. nymphalis***

飒弄蝶 *Satarupa gopala* Moore, 1866

Satarupa gopala Moore, 1866, *Proc. zool. Soc. Lond.*, (3): 780, pl. 42, f. 1. **Type locality**: Sikkim.

Satarupa tonkiniana Fruhstorfer, 1909, *Ent. Zeit.*, 23: 139. **Type locality**: Tonkin. Synonymized by Evans, 1949: 121.

Satarupa gopala; Evans, 1949, *Cat. Hesp. Eur. Asia Aus.*: 121; Lewis, 1974, *Butt. World*: pl. 188, f. 37; Bridges, 1994, *Cat. Hesp. World*, VIII: 92; Chou, 1994, *Mon. Rhop. Sin.*: 712; Wang *et al.*, 1998, *Ins. Faun. Henan Butt.*: 203; Yuan, Yuan & Xue, 2015, *Fauna Sin. Ins. Lep. Hesperiidae*, 55: 223, 224.

Satarupa hainana Evans, 1932b, *Ident. Indian Butt.* (2nd ed.): 331. **Type locality**: Hainan. Synonymized by Evans, 1949: 127.

形态 成虫：大型弄蝶。两翅黑褐色；斑纹正反面相同。前翅外横斑列白色透明，斑纹大小、形状不一，各自位于各翅室的中部，上半部斑纹小，弧形排列，下半部斑纹大，长条形，外侧有白色晕染；中室中上部斑纹近三角形，时有消失。后翅外缘弧形；端缘斑列宽，黑灰色；亚缘带白色；外横斑列宽，斑纹多楔形，但 rs 室斑纹圆形，斑纹间有白色线纹分隔；白色中横带宽，带内 $sc+r_1$ 室中部镶有黑褐色圆斑；反面基部灰色。

寄主 芸香科 Rutaceae 岭南花椒 *Zanthoxylum austrosinense*、椿叶花椒 *Z. ailanthoides*、

黄檗 *Phellodendron amurense*、川黄檗 *P. chinense*、吴茱萸 *Tetradium ruticarpum*、楝叶吴萸 *T. glabrifolium*。

生物学 1 年 1 代，成虫多见于 7 ~ 8 月。飞行迅速，栖息于林缘及溪谷环境，喜访花和地面吸水。

分布 中国（黑龙江、辽宁、天津、河南、陕西、甘肃、浙江、湖北、江西、湖南、福建、海南、广西、重庆、四川、贵州），印度，越南，马来西亚，印度尼西亚。

大秦岭分布 河南（内乡、西峡、嵩县、栾川、陕州、灵宝）、陕西（长安、周至、太白、华州、洋县、留坝、佛坪、商南）、甘肃（麦积、秦州、文县、徽县、两当）、湖北（神农架）、重庆（巫溪、城口）、四川（都江堰、安州、平武）。

蛱型飒弄蝶 *Satarupa nymphalis* (Speyer, 1879)（图版 33：99）

Tagiades nymphalis Speyer, 1879, *Stett. Ent. Ztg*., 40(7-9): 348. **Type locality**: Vladivostok, S. Ussuri.

Satarupa nymphalis; Staudinger, 1887, *In*: Romanoff, *Mém. Lép*., 3: 153; Leech, 1892, *Butt. Chin. Jap. Cor*.: 562; Evans, 1949, *Cat. Hesp. Eur. Asia Aus*.: 122; Lewis, 1974, *Butt. World*: pl. 208, f. 30; Bridges, 1994, *Cat. Hesp. World*, VIII: 152; Chou, 1994, *Mon. Rhop. Sin*.: 712; Tuzov *et al*., 1997, *Guide Butt. Russia*, 1: 106; Wang, 1999, *Mon. Butt. NE. China*: 273; Korb & Bolshakov, 2011, *Eversmannia Suppl*., 2: 8; Yuan, Yuan & Xue, 2015, *Fauna Sin. Ins. Lep. Hesperiidae*, 55: 225-227; Wu & Xu, 2017, *Butts. Chin*.: 1323, f. 1325: 9-12.

Satarupa sugitanii Matsumura, 1929a, *Ins. Matsum*., 3(2/3): 106, pl. 4, f. 16. **Type locality**: Korea.

形态 成虫：大型弄蝶。与飒弄蝶 *S. gopala* 近似，主要区别为：个体较大。前翅 m_1-m_2 室斑及中室斑较大；中室端斑大，接近 cu_1 室斑。后翅端部黑褐色斑愈合成带，未被白色条带分隔；中横带白色区域较窄。反面基部灰白色，与中横带色差小；$sc+r_1$ 室有 2 个黑色圆斑。

寄主 芸香科 Rutaceae 吴茱萸 *Tetradium ruticarpum* 及黄檗 *Phellodendron amurense*。

生物学 1 年 1 代，成虫多见于 5 ~ 8 月。飞行迅速，栖息于林缘及溪谷环境，有访花和地面吸水习性。

分布 中国（黑龙江、吉林、辽宁、河南、陕西、甘肃、安徽、浙江、江西、福建、广东、四川、贵州），俄罗斯，朝鲜。

大秦岭分布 河南（西峡、陕州）、陕西（长安、鄠邑、周至、太白、凤县、南郑、宁强、佛坪、宁陕）、甘肃（麦积、徽县、两当）、四川（青川）。

密纹飒弄蝶 *Satarupa monbeigi* Oberthür, 1921（图版 32：97—98）

Satarupa monbeigi Oberthür, 1921, *Étud. Lépid. Comp.*, 18(1): 76. **Type locality**: Sichuan.

Satarupa monbeigi; Evans, 1949, *Cat. Hesp. Eur. Asia Aus.*: 123; Chiba, 1988, *J. Res. Lepid.*, 27(2): 138; Bridges, 1994, *Cat. Hesp. World*, VIII: 145; Chou, 1994, *Mon. Rhop. Sin.*: 712; Yuan, Yuan & Xue, 2015, *Fauna Sin. Ins. Lep. Hesperiidae*, 55: 228-230; Wu & Xu, 2017, *Butts. Chin.*: 1323, f. 1324: 1-6.

Satarupa omeia M. Okano, 1982, *Art. Liber.*, 31: 91. **Type locality**: Mt. Omei, Sichuan. Synonymized by Chiba. Synonymized by Chiba & Tsukiyama, 1988: 138.

Satarupa lii Okano & Okano, 1984, *Tokurana*, (6/7): 125. **Type locality**: Omeishan, Sichuan. Synonymized by Chiba & Tsukiyama, 1988: 138.

形态 成虫：大型弄蝶。与飒弄蝶 *S. gopala* 近似，主要区别为：前翅外横斑列中部断开，分成上下 2 组；中室端斑大，近长方形，接近 m_3 室及 cu_1 室斑；cu_1 室斑近方形；cu_2 室斑纹小。后翅正面亚缘带消失；端部黑褐色斑愈合成带，未被白色条带分隔。反面基部灰白色，与中横带色差小；$sc+r_1$ 室有 2 个黑色圆斑。

卵：半圆球形；深红色；表面有淡黄色纵脊。

幼虫：低龄幼虫黄色，半透明。高龄幼虫淡黄褐色；体表有多条花边形黄色纵斑列；头部黑褐色，密布灰白色波状细线纹；气孔黑色。

蛹：纺锤形；体表覆有白色蜡质；腹背面具棕红色斑带，侧面有黑斑。

寄主 芸香科 Rutaceae 飞龙掌血 *Toddalia asiatica*、吴茱萸 *Tetradium ruticarpum*、岭南花椒 *Zanthoxylum austrosinense*、花椒 *Z. bungeanum*、青花椒 *Z. schinifolium*、椿叶花椒 *Z. ailanthoides*、黄檗 *Phellodendron amurense*。

生物学 1 年 1 代，成虫多见于 5 ~ 8 月。飞行迅速，路线不规则，常在林缘开阔地活动，喜停栖于叶下，有访花吸蜜习性。卵聚产于寄主植物叶片端部。

分布 中国（北京、天津、陕西、甘肃、江苏、上海、安徽、浙江、湖北、江西、湖南、广东、广西、重庆、四川、贵州），蒙古。

大秦岭分布 陕西（蓝田、周至、眉县、汉台、南郑、洋县、留坝、佛坪、山阳、商南）、甘肃（麦积、康县、徽县、两当）、湖北（神农架）、四川（青川、都江堰、安州、平武）。

四川飒弄蝶 *Satarupa valentini* Oberthür, 1921

Satarupa valentini Oberthür, 1921, *Étud. Lépid. Comp.*, 18(1): 75. **Type locality**: Ta Tsien Lou, Sichuan.

Satarupa valentini; Evans, 1949, *Cat. Hesp. Eur. Asia Aus.*: 121; Bridges, 1994, *Cat. Hesp. World*, VIII: 234; Wang, 2005, *Henan Sci.*, 23 (Suppl.): 100; Yuan, Yuan & Xue, 2015, *Fauna Sin. Ins. Lep. Hesperiidae*, 55: 230, 231; Wu & Xu, 2017, *Butts. Chin.*: 1326, f. 1327: 1-2.

形态 成虫：大型弄蝶。与密纹飒弄蝶 *S. monbeigi* 近似，主要区别为：前翅斑纹小，排列多错位；中室白斑极小或消失；亚顶区 5 个白斑近 S 形排列，r_3 室及 r_4 室斑内移；cu_2 室 2 个斑较小，上下分离；中域 cu_1 室斑最大，近方形；反面 2a 室中部灰白色。后翅端部 2 列黑褐色斑带均较窄；中域白带宽；正面臀角区灰白色。雄性腹部背面端半部白色。

分布 中国（四川）。

大秦岭分布 四川（都江堰）。

窗弄蝶属 *Coladenia* Moore, 1881

Coladenia Moore, 1881, *Lep. Ceylon*, 1(4): 180. **Type species**: *Plesioneura indrani* Moore, [1866].

Coladenia; Distant, 1886, *Rhop. Malayana*: 397; Watson, 1893, *Proc. zool. Soc. Lond.*, (1): 49; Evans, 1949, *Cat. Hesp. Eur. Asia Aus.*: 112; Pinratana, 1985, *Butt. Thailand*, 5: 35; Bridges, 1994, *Cat. Hesp. World*, IV: 8; Chou, 1998, *Class. Ident. Chin. Butt.*: 278; Fan & Wang, 2006, *J. Kansas Ent. Soc.*, 79(1): 79; Yuan, Yuan & Xue, 2015, *Fauna Sin. Ins. Lep. Hesperiidae*, 55: 186, 187; Wu & Xu, 2017, *Butts. Chin.*: 1306.

Coladenia (Pyrginae); Vane-Wright & de Jong, 2003, *Zool. Verh. Leiden*, 343: 62.

两翅褐色至深褐色；中室端部圆弧形；有白色透明的窗斑，有的后翅无窗斑，有黑色点斑。前翅外缘后方略凹入。后翅臀角较圆；后缘和前缘一样长；外缘略呈波状。

雄性外生殖器：背兜马鞍状；钩突和囊突小；颚突发达，臂状；抱器长阔，端部二分裂，有小锯齿；阳茎细长。

雌性外生殖器：囊导管膜质，与交配囊无明显界线；交配囊长带状，膜质；无交配囊片。

寄主为蔷薇科 Rosaceae 植物。

全世界记载 20 种，分布于古北区及东洋区。中国记录 11 种，大秦岭分布 4 种。

种检索表

1. 前翅正面 cu_2 室有 2 个亚基斑 ······ **黄窗弄蝶 *C. laxmi***
   前翅正面 cu_2 室无亚基斑 ······ 2
2. 前翅前缘中部有 2 个前缘斑 ······ **花窗弄蝶 *C. hoenei***
   前翅前缘中部有 1 个前缘斑 ······ 3
3. 后翅反面端缘灰白色 ······ **玻窗弄蝶 *C. vitrea***
   后翅反面端缘黑褐色 ······ **幽窗弄蝶 *C. sheila***

花窗弄蝶 *Coladenia hoenei* Evans, 1939（图版 34：102）

Coladenia hoenei Evans, 1939, *Proc. R. Ent. Soc. Lond*., (B) 8(8): 163. **Type locality**: Chekiang, China.

Coladenia hoenei; Evans, 1949, *Cat. Hesp. Eur. Asia Aus*.: 118; Bridges, 1994, *Cat. Hesp.World*, VIII: 101; Chou, 1994, *Mon. Rhop. Sin*.: 708; Fan & Wang, 2006, *J. Kans. Ent. Soc*., 79(1): 81; Huang, 2003, *Neue Ent. Nachr*., 55: 5 (note); Yuan, Yuan & Xue, 2015, *Fauna Sin. Ins. Lep. Hesperiidae*, 55: 190, 191; Wu & Xu, 2017, *Butts. Chin*.: 1306, f. 1308: 5-8.

形态 成虫：中型弄蝶。翅褐色；斑纹半透明，白色。前翅亚顶区 r_3-r_5 室斑条状，r_4 室斑略内移；m_1-m_2 室斑很小，时有消失；中横斑列斑纹大小不一，错位排列，其中中室斑前方 sc 室和 r_1 室各有 1 个小斑，m_3 室近基部有 1 个楔形斑，cu_2 室有上下分离的 2 个小斑，位于 cu_1 室斑下方。后翅 sc+r_1 室近基部和中部各有 1 个小白斑，中部斑有黑色晕圈；亚缘斑带棕黄色，时有模糊或消失；中室端斑近正方形，内侧多凹入；外横斑列排成弧形，其中 rs-m_1 室斑黑色，中央有时有模糊的小白点，其余各斑为白色，外侧有黑色晕染；cu_2 室中部有 1 个白色斑纹。雌性斑纹比雄性略大。

寄主 蔷薇科 Rosaceae 高粱泡 *Rubus lambertianus*。

生物学 1 年 1 代，成虫多见于 5 ~ 7 月。常在林缘、小溪附近活动，喜在溪边吸水。

分布 中国（河南、陕西、甘肃、安徽、浙江、江西、福建、广东、重庆、四川、贵州），老挝，越南。

大秦岭分布 河南（内乡）、陕西（长安、鄠邑、周至、渭滨、陈仓、眉县、太白、凤县、城固、略阳、留坝、佛坪、商州、镇安、柞水）、甘肃（麦积、徽县、两当）、四川（青川、九寨沟）。

幽窗弄蝶 *Coladenia sheila* Evans, 1939

Coladenia sheila Evans, 1939, *Proc. R. Ent. Soc. Lond*., (B) 8(8): 163. **Type locality**: Chekiang.

Coladenia sheila; Evans, 1949, *Cat. Hesp. Eur. Asia Aus*.: 118; Bridges, 1994, *Cat. Hesp. World*, VIII: 206; Chou, 1994, *Mon. Rhop. Sin*.: 708; Fan & Wang, 2006, *J. Kans. Ent. Soc*. 79(1): 81; Huang, 2003, *Neue Ent. Nachr*., 55:5(note); Yuan, Yuan & Xue, 2015, *Fauna Sin. Ins. Lep. Hesperiidae*, 55: 192; Wu & Xu, 2017, *Butts. Chin*.: 1306, f. 1308: 10, 1309: 11-13.

形态 成虫：中型弄蝶。翅褐色至黑褐色；斑纹半透明，白色。前翅正面亚顶区 r_3-r_5 室斑条状，r_4 室斑略内移；m_1-m_2 室斑很小，时有消失；中横斑列斑纹大小不一，错位排列，其中中室斑前方有 1 个小斑，m_3 室近基部有 1 个小斑，cu_2 室有上下分离的 2 个小斑，位于 cu_1 室斑下方，上斑靠外，下斑靠内。反面后缘区灰白色；其余斑纹同前翅正面。后翅亚缘带灰白色，时有模糊；sc+r_1 室近基部有 1 个小白斑，中央有 1 个白色大块斑，周缘呈不规则曲波状；中室端斑黑褐色，新月形或 V 形；反面臀角、外缘区及后缘区中下部多有白色晕染。

寄主 蔷薇科 Rosaceae 灰白毛莓 *Rubus tephrodes*。

生物学 1 年 1 代，成虫多见于 5 ~ 8 月。

分布 中国（河南、陕西、甘肃、安徽、浙江、江西、福建、广东、重庆、四川、贵州）。

大秦岭分布 河南（内乡、栾川）、陕西（太白、南郑、洋县、西乡、镇巴、留坝、山阳）、甘肃（徽县、两当）、重庆（城口）。

玻窗弄蝶 *Coladenia vitrea* Leech, 1893

Coladenia vitrea Leech, 1893, *Butt. Chin. Jap. Cor.*: 568. **Type locality**: Ta Tsien Lou, Sichuan.

Coladenia vitrea; Evans, 1949, *Cat. Hesp. Eur. Asia Aus.*: 118; Bridges, 1994, *Cat. Hesp. World*, VIII: 239; Huang, 2003, *Neue Ent. Nachr.*, 55:5(note); Fan & Wang, 2006, *J. Kansas Ent. Soc.*, 79(1): 81; Yuan, Yuan & Xue, 2015, *Fauna Sin. Ins. Lep. Hesperiidae*, 55: 193, 194; Wu & Xu, 2017, *Butts. Chin.*: 1306, f. 1309: 14-16.

形态 成虫：中型弄蝶。与幽窗弄蝶 *C. sheila* 近似，主要区别为：后翅正面外缘区中后部和后缘区被灰白色鳞片；中室大斑不与其外各室的斑愈合成大块斑。反面除顶角外，其余翅面均覆有灰白色鳞片；端缘及后缘灰白色。

分布 中国（陕西、四川）。

大秦岭分布 陕西（凤县、佛坪、宁陕）。

黄窗弄蝶 *Coladenia laxmi* (de Nicéville, 1889)

Plesioneura laxmi de Nicéville, 1889a, *J. asiat. Soc. Bengal*, 57(4): 290. **Type locality**: Karens, Burma.

Coladenia laxmi; Evans, 1949, *Cat. Hesp. Eur. Asia Aus.*: 117; Bridges, 1994. *Cat. Hesp. World*, VII: 121; Chou, 1994, *Mon. Rhop. Sin.*: 707; Fan *et* Wang, 2006, *J. Kansas Ent. Soc.*, 79(1): 81; Yuan, Yuan & Xue, 2015, *Fauna Sin. Ins. Lep. Hesperiidae*, 55: 187.

形态 成虫：中型弄蝶。两翅棕褐色；斑纹黄白色。前翅正面亚顶区 r_3-r_5 室有 3 个小斑，弧形排列；中横斑带显著，5 个大斑排列紧密，其中中室有 1 个斑纹；m_3 室斑外移；cu_1 室斑方形；cu_2 室有 2 个小斑纹。反面斑纹同前翅正面。后翅正面中域有 2 列隐约可见的黑色斑纹，边缘模糊，弧形排列。

生物学 成虫多见于 5 ~ 8 月。

分布 中国（陕西、甘肃、广东、海南、广西），印度，孟加拉国，缅甸，泰国，马来西亚，印度尼西亚。

大秦岭分布 陕西（太白、洋县、留坝、商南）、甘肃（康县）。

襟弄蝶属 *Pseudocoladenia* Shirôzu & Saigusa, 1962

Pseudocoladenia Shirôzu & Saigusa, 1962, *Nat. Life SE. Asia*, 2: 26. **Type species**: *Coladenia dan fabia* Evans, 1949.

Pseudocoladenia; Bridges, 1994, *Cat. Hesp. World*, IV: 27; Chou, 1998, *Class. Ident. Chin. Butt.*: 278, 279; Huang & Xue, 2004, *Neue Ent. Nachr.*, 57: 161; Yuan, Yuan & Xue, 2015, *Fauna Sin. Ins. Lep. Hesperiidae*, 55: 196; Wu & Xu, 2017, *Butts. Chin.*: 1310.

Pseudocoladenia (Pyrginae); Vane-Wright & de Jong, 2003, *Zool. Verh. Leiden*, 343: 61.

从窗弄蝶属 *Coladenia* 分出，与其非常近似。雌雄性后足胫节有缨毛。翅黄褐色至深褐色。前翅具白色或黄色的半透明斑。后翅反面有模糊的黄褐色斑。两翅中室末端平截。

雄性外生殖器：背兜头盔形；钩突端部钳状分裂；颚突细长而弯曲，末端愈合；囊突很小；抱器长方形，上端角锥状上突；阳茎短于抱器。

寄主为苋科 Amaranthaceae、豆科 Fabaceae 及唇形科 Lamiaceae 植物。

全世界记载 4 种，分布于东洋区。中国均有记录，大秦岭分布 2 种。

种检索表

前翅雄性窗斑淡黄色；后翅反面斑纹淡黄色 ………………………………………… **黄襟弄蝶 *P. dea***

前翅雄性窗斑白色；后翅反面斑纹棕黄色 ……………………………………………… **襟弄蝶 *P. dan***

襟弄蝶 *Pseudocoladenia dan* (Fabricius, 1787)

Papilio dan Fabricius,1787, *Mantissa Ins.*, 2: 88, no. 798. **Type locality**: Tranquebar, S. India.

Pseudocoladenia dan; Chou, 1994, *Mon. Rhop. Sin.*: 709; Vane-Wright & de Jong, 2003, *Zool. Verh. Leiden*, 343: 62; Huang & Xue, 2004, *Neue Ent. Nachr.*, 57: 163; Yuan, Yuan & Xue, 2015, *Fauna Sin.Ins. Lep. Hesperiidae*, 55: 196; Wu & Xu, 2017, *Butts. Chin.*: 1310, f. 1312: 1-7.

形态 成虫：中型弄蝶。两翅黄褐色或黑褐色；斑纹白色、淡黄色、棕黄色或黑灰色；翅面多有黄褐色晕染。前翅亚顶区 r_3-r_5 室各有 1 个点状斑，3 个斑倒品字形排列；中斜斑列白色，斑纹大小、形状不一，堆叠错位排列。后翅亚缘斑列弧形排列；中横斑列近 C 形；中室中部有 1 个斑纹；缘毛多为深褐色。

卵：半圆球形；粉白色；表面有明显的纵脊。

幼虫：5 龄期。黄绿色，透明；表面密布白色点斑；头黑褐色，密布白色短绒毛，中部略凹入；背中线深绿色；体侧有白色纵带纹；背面有白色横纹。

蛹：纺锤形；黄绿色；密被淡黄色细毛；气门黑色；前胸两侧各有 1 个黑色斑纹；腹背面淡乳绿色。

寄主 苋科 Amaranthaceae 土牛膝 *Achyranthes aspera*、牛膝 *A. bidentata*；豆科 Fabaceae 含羞草 *Mimosa pudica*；唇形科 Lamiaceae 野紫苏 *Perilla frutescens*。

生物学 1 年 2 至多代，以成虫越冬，成虫多见于 5 ~ 10 月。飞行迅速，喜访花及湿地吸水，栖息于林下、林缘及溪谷等环境，休息时停留在叶片反面，翅平展，雄性有强领域性。卵单产在林缘、路边及生长环境较荫蔽的寄主植物叶片反面。幼虫叶巢结构简单，折叶而成，多在傍晚取食，白天栖息在虫巢里。老熟幼虫化蛹于虫巢中。

分布 中国（陕西、甘肃、安徽、浙江、湖北、江西、福建、海南、广西、四川、贵州、云南），印度，尼泊尔，缅甸，越南，泰国，马来西亚，印度尼西亚。

大秦岭分布 陕西（周至、汉台、南郑、洋县、西乡、留坝、佛坪、岚皋、商州、山阳）、甘肃（康县、文县）、湖北（保康、谷城、神农架）、四川（青川、平武）。

黄襟弄蝶 *Pseudocoladenia dea* (Leech, 1894)

Coladenia dan var. *dea* Leech, 1894, *Butt. Chin. Jap. Cor.*: 568. **Type locality**: Pu Tsu Fang, Sichuan.

Pseudocoladenia dan dea; Evans, 1949, *Cat. Hesp. Eur. Asia Aus.*: 112; Chou, 1994, *Mon. Rhop. Sin.*: 709; Yuan, Yuan & Xue, 2015, *Fauna Sin. Ins. Lep. Hesperiidae*, 55: 198.

Pseudocoladenia dea dea; Huang & Xue, 2004, *Neue Ent. Nachr.*, 57: 163, pl. 13, f. 3, 9.

Pseudocoladenia dea; Wu & Xu, 2017, *Butts. Chin.*: 1310, f. 1312: 8-9.

形态 成虫：中型弄蝶。与襟弄蝶 *P. dan* 相似，主要区别为：个体通常稍大。前翅窗斑雄性多为淡黄色，雌性为白色。后翅反面斑纹淡黄色；缘毛黄色和黑色相间排列。

寄主 苋科 Amaranthaceae 牛膝属 *Achyranthes* spp.。

生物学 1 年多代，成虫多见于 5 ~ 9 月。

分布 中国（甘肃、安徽、浙江、湖北、江西、四川、贵州、云南）。

大秦岭分布 甘肃（康县）、湖北（神农架）。

梳翅弄蝶属 *Ctenoptilum* de Nicéville, 1890

Ctenoptilum de Nicéville, 1890b, *J. Bombay nat. Hist. Soc.*, 5(3): 220. **Type species**: *Achlyodes vasava* Moore, [1866].

Ctenoptilum; Evans, 1949, *Cat. Hesp. Eur. Asia Aus.*: 15; Bridges, 1994, *Cat. Hesp. World*, IV: 8; Chou, 1998, *Class. Ident. Chin. Butt.*: 280; Yuan, Yuan & Xue, 2015, *Fauna Sin. Ins. Lep. Hesperiidae*, 55: 202; Wu & Xu, 2017, *Butts. Chin.*: 1313.

雄性后足胫节内侧有斜立的毛刷。两翅呈多角形；褐色至黄褐色；翅面深色区密布白色半透明斑。前翅外缘 M_3 脉端外突；顶角到 M_3 脉斜截；Sc 脉在中室末端前到达前缘。后翅 Rs 脉及 M_3 脉端角状外突。

雄性外生殖器：背兜发达，中部缢缩，钩突与之愈合，端半部钩状外突；颚突发达；囊突细；抱器方阔，末端三分叉，上部 2 个分叉末端有齿；阳茎长，角状器三角形。

全世界记载 2 种，分布于古北区和东洋区。中国已知 1 种，大秦岭有分布。

梳翅弄蝶 *Ctenoptilum vasava* (Moore, 1865)（图版 34：103）

Achlyodes vasava Moore, 1865, *Proc. zool. Soc. Lond.*, (3): 786. **Type locality**: Darjiling, India.

Coladenia vasava; Lewis, 1974, *Butt. World*: pl. 208, f. 3.

Ctenoptilum vasava; Evans, 1949, *Cat. Hesp. Eur. Asia Aus.*: 157; Bridges, 1994, *Cat. Hesp. World*, VIII: 235; Chou, 1994, *Mon. Rhop. Sin.*: 709; Yuan, Yuan & Xue, 2015, *Fauna Sin. Ins. Lep. Hesperiidae*, 55: 202-204; Wu & Xu, 2017, *Butts. Chin.*: 1313, f. 1315: 1-2.

形态 成虫：中型弄蝶。两翅正面褐色至黄褐色。反面色稍淡；斑纹白色，半透明。前翅端缘有黄褐色宽边；外缘 M_3 脉端角状外突；其余翅面密被黑褐色鳞，但反面黑褐色鳞稀疏；亚顶区 r_2-r_5 室斑条状；m_1-m_2 室小斑点状；中横斑列斑纹大小、形状不一，堆叠错位排列；翅基部有 3 个点斑。后翅顶角斜截；Rs 脉及 M_3 脉端角状外突；端缘黄褐色带较前翅宽；前缘带黄褐色；其余翅面密布白色半透明斑纹和黑褐色鳞；中央斑纹排列紧密，其形状、大小不一，靠近臀角几个斑排列稀疏。

生物学 1 年 1 代，成虫多见于 3 ~ 6 月。常在林缘活动，喜访花、湿地吸水和吸食动物排泄物，休息时翅平展。

分布 中国（河北、河南、陕西、甘肃、江苏、安徽、浙江、江西、福建、广西、四川、贵州、云南），印度，老挝，缅甸，泰国。

大秦岭分布 河南（内乡、西峡、宜阳、栾川、渑池）、陕西（长安、鄠邑、周至、南郑、洋县、留坝、宁陕、平利、镇坪、商州、丹凤、山阳、镇安、柞水）、甘肃（徽县、两当）。

花弄蝶族 Pyrgini Burmeister, 1878

Pyrginae Burmeister, 1878, *Descr. Phys. Rèp. Argentine*, 5(1): 24. **Type genus**: *Pyrgus* Hübner, 1819.

Pyrgus group Evans, 1949, *Cat. Hesp. Eur. Asia Aus.*: 6.

Pyrgini; Chou, 1998, *Class. Ident. Chin. Butt.*: 281; Warren *et al.*, 2008, *Cladistics*, 24: 3; Warren *et al.*, 2009, *Syst. Entom.*, 34: 489; Yuan, Yuan & Xue, 2015, *Fauna Sin. Ins. Lep. Hesperiidae*, 55: 250, 251.

两翅均有白色斑纹；缘毛黑白相间。前翅前缘直；中室不弯曲，逐渐加宽。后翅顶角圆；外缘略呈波状；M_2 脉在 M_1 脉与 M_3 脉之间，基部弯向 M_3 脉。

全世界记载近 100 种，除澳洲区外均有分布。中国已知 20 种，大秦岭分布 6 种。

属检索表

雄性后足胫节内侧有长毛簇 ·· **花弄蝶属 *Pyrgus***

雄性后足胫节内侧无长毛簇 ·· **点弄蝶属 *Muschampia***

花弄蝶属 *Pyrgus* Hübner, [1819]

Pyrgus Hübner, [1819], *Verz. bek. Schmett.*, (7): 109. **Type species**: *Papilio alveolus* Hübner, 1803.

Pyrgus; Evans, 1949, *Cat. Hesp. Eur. Asia Aus.*: 187; de Jong, 1972, *Tijd. voor Ent.*, 115(1): 8; de Jong, 1975, *Zool. Med.*: 1; Bridges, 1994, *Cat. Hesp. World*, IV: 28; Chou, 1998, *Class. Ident. Chin. Butt.*: 281, 282; Tennent, 1996, *Butt. Mor. Alg. Tun.*: 91, 92; Tuzov *et al.*, 1997, *Guide Butt. Russia*, 1: 117; Chou, 1998, *Class. Ident. Chin. Butt.*: 281; Yuan, Yuan & Xue, 2015, *Fauna Sin. Ins. Lep. Hesperiidae*, 55: 251, 252; Wu & Xu, 2017, *Butts. Chin.*: 1333.

Syrichtus Boisduval, 1834, *Icon. Hist. Lépid. Europe*, 1(21/22): 230. **Type species**: *Papilio malvae* Linnaeus, 1758. Synonymized by Evans, 1949: 187.

Scelotrix Rambur, 1858, *Cat. syst. Lépid. Andalousie*, (1): 63. **Type species**: *Papilio carthami* Hübner, 1813. Synonymized by Evans, 1949: 187.

Bremeria Tutt, 1906, *Nat. Hist. Brit. Butts.*, 1: 296 (preocc. *Bremeria* Alphéraky, 1892). **Type species**: *Syrichtus bieti* Oberthür, 1886. Synonymized by Evans, 1949: 187.

Teleomorpha Warren, 1926, *Trans. Ent. Soc. Lond.*, 74(1): 18, 46. **Type species**: *Papilio carthami* Hübner, 1813. Synonymized by Evans, 1949: 187.

Hemiteleomorpha Warren, 1926, *Trans. Ent. Soc. Lond.*, 74(1): 19, 72. **Type species**: *Papilio malvae* Linnaeus, 1758. Synonymized by Evans, 1949: 187.

Ateleomorpha Warren, 1926, *Trans. Ent. Soc. Lond.*, 74(1): 19, 87. **Type species**: *Hesperia onopordi* Rembur, 1840. Synonymized by Evans, 1949: 187.

Pyrgus (Pyrginae); Korb & Bolshakov, 2011, *Eversmannia Suppl.*, 2: 10.

翅黑褐色至褐色；有白色小斑纹；缘毛黑白相间。前翅前缘直；m_1 室和 m_2 室的斑纹与 r_3-r_5 室的斑纹分离；无亚外缘斑列（少数种除外）；中室狭长，约为前翅长的 2/3。后翅中室开式。雄性有前缘褶；后足胫节有毛刷。

雄性外生殖器：背兜长，平坦；钩突钩状下弯；颚突弯臂状，端部左右愈合，边缘有锯齿；囊突粗短，上弯；抱器长阔，从背缘端部裂成 2 瓣；阳茎细，短于抱器。

雌性外生殖器：囊导管膜质，粗长，与交配囊无明显界线；交配囊细长袋状；无交配囊片。

寄主为蔷薇科 Rosaceae、虎耳草科 Saxifragaceae、三白草科 Saururaceae 及远志科 Polygalaceae 植物。

全世界记载 48 种，分布于古北区、东洋区、非洲区和新北区。中国记录 9 种，大秦岭分布 4 种。

种检索表

1. 后翅反面中横斑带细，近 V 形 …………………………………… **花弄蝶 *P. maculatus***
   后翅反面中横斑带不如上述 …………………………………………………………… 2
2. 后翅反面中横斑带直，连续不中断 ……………………………… **三纹花弄蝶 *P. dejeani***
   后翅反面中横斑带不如上述 …………………………………………………………… 3
3. 后翅反面赭绿色，斑纹大而较密集 ……………………………… **北方花弄蝶 *P. alveus***
   后翅反面黄褐色，斑纹较稀疏 …………………………………… **斯拜耳花弄蝶 *P. speyeri***

花弄蝶 *Pyrgus maculatus* (Bremer & Grey, 1853)（图版 33：100）

Syrichtus maculatus Bremer & Grey, 1853, *In*: Motschulsky, *Étud. d'Ent.*, 1: 61. **Type locality**: Beijing, China.

Scelothrix zona Mabille, 1875, *Bull. Soc. ent. Fr.*, 5(5): 214. **Type locality**: Pekin. Synonymized by Evans, 1949: 203.

Scelothrix albistriga Mabille, 1876, *Bull. Soc. ent. Fr.*, 6(5): 27. **Type locality**: E. Asia. Synonymized by Evans, 1949: 203.

Pyrgus sinicus Butler, 1877, *Ann. Mag. nat. Hist.*, (4) 19(109): 96. **Type locality**: Japan. Synonymized by Evans, 1949: 203.

Scelothrix amurensis Staudinger, 1892, *In*: Romanoff, *Mèm. Lèp.*, 6: 216. **Type locality**: Amur. Synonymized by Evans, 1949: 203.

Pyrgus maculatus; Evans, 1949, *Cat. Hesp. Eur. Asia Aus.*: 203; de Jong, 1972, *Tijd. voor Ent.*, 115(1): 31; de Jong, 1975, *Zool. Med.*: 7; Bridges, 1994, *Cat. Hesp. World*, VIII: 132; Chou, 1994, *Mon. Rhop. Sin.*: 716; Lee *et al.*, 1995, *Butt. Yunnan*: 138; Tuzuv *et al.*, 1997, *Guide Butt. Russia*, 1: 117; Korb & Bolshakov, 2011, *Eversmannia Suppl.*, 2: 10; Yuan, Yuan & Xue, 2015, *Fauna Sin. Ins. Lep.*

Hesperiidae, 55: 260-263; Wu & Xu, 2017, *Butts. Chin*.: 1333, f. 1337: 20-26.

Pyrgys maculata; Lewis, 1974, *Butt. World*: pl. 208, f. 29 (text).

Pyrgys maculatus; Kudrna, 1974, *Atalanta*, 5: 116.

形态 成虫：小型弄蝶。翅斑纹白色；缘毛黑白相间；正面黑褐色；反面基部灰褐色或灰白色。前翅正面亚顶区 r_3-r_5 室条斑排成 1 列；m_1-m_2 室斑位于亚外缘区；外横斑列 4 个斑纹错位排列，仅达 M_2 脉下方；中横斑列斑纹大小不一；中室端斑条形。反面黑褐色；顶角区红褐色；前缘棕灰色；斑纹较正面大，排列同前翅正面。后翅正面端半部有 2 列近 V 形斑列，未达前后缘，外侧 1 列时有模糊或消失；sc+r_1 室中部有 1 个白色斑纹。反面红褐色；V 形亚缘带有或无；中横带近 V 形。春型白斑宽阔；后翅亚缘斑列清晰。

卵：扁圆球形；淡黄色；表面密布纵横脊。

幼虫：末龄幼虫黄绿色；头部黑褐色；体表密布黄色颗粒状小点斑和细毛；背中线深绿色。

蛹：纺锤形；褐色；体表密布深褐色斑列和淡褐色点斑；覆有白色蜡粉层；翅区墨绿色。

寄主 蔷薇科 Rosaceae 龙牙草 *Agrimonia pilosa*、蛇莓 *Duchesnea indica*、茅莓 *Rubus parvifolius*、草莓 *Fragaria ananassa*、绣线菊 *Spiraea salicifolia*、茶绣线菊 *S. ulmaria*、石蚕叶绣线菊 *S. chamaedryfolia*、欧亚绣线菊 *S. media*、乌苏里绣线菊 *S. ussuriensis*、三叶委陵菜 *Potentilla freyniana*、蛇含委陵菜 *P. kleiniana*；虎耳草科 Saxifragaceae 醋栗 *Ribes nigrum*；三白草科 Saururaceae 三白草 *Saururus chinensis*。

生物学 1 年多代，以蛹越冬，成虫多见于 4 ~ 9 月。飞行迅速，常在林缘、山地活动，喜访花和湿地吸水。卵散产。初龄幼虫卷嫩叶做成小虫苞，或在老叶叶面吐白色粗丝做成半球形网罩，躲在其间取食叶肉，并不断转苞为害；幼虫行动迟缓，除取食和转苞外，很少活动。

分布 中国（黑龙江、吉林、辽宁、内蒙古、北京、山西、山东、河南、陕西、甘肃、上海、安徽、浙江、湖北、江西、湖南、福建、广东、广西、重庆、四川、贵州、云南、西藏），俄罗斯，蒙古，朝鲜，日本。

大秦岭分布 河南（荥阳、镇平、西峡、嵩县）、陕西（蓝田、周至、眉县、太白、凤县、华州、汉台、南郑、城固、洋县、留坝、佛坪、石泉、宁陕、商州、山阳、镇安）、甘肃（麦积、秦州、康县、文县、徽县、两当、迭部、碌曲）、湖北（兴山、神农架、武当山、茅箭、房县）、重庆（巫溪、城口）。

三纹花弄蝶 *Pyrgus dejeani* (Oberthür, 1912)

Syrichthus dejeani Oberthür, 1912, *Étud. Lép. Comp*., 6: 66. **Type locality**: Ta Tsien Lou, Sichuan.

Pyrgus dejeani; Evans, 1949, *Cat. Hesp. Eur. Asia Aus.*: 206; de Jong, 1972, *Tijd. voor Ent.*, 115(1): 35; Bridges, 1994, *Cat. Hesp. World*, VIII: 63; Yuan, Yuan & Xue, 2015, *Fauna Sin. Ins. Lep. Hesperiidae*, 55: 266, 267; Wu & Xu, 2017, *Butts. Chin.*: 1333, f. 1338: 36.

形态 成虫：小型弄蝶。两翅正面暗褐色；斑纹白色。前翅正面亚顶区 r_3-r_5 室斑条形，排成 1 列；亚缘斑列从 m_1 室至 cu_2 室；中室端脉半月形；仅中室、r_1 室、sc 室及 cu_1 室有斑，并构成中横斑列。反面棕褐色，有灰白色晕染；外缘带灰白色；斑纹同前翅正面。后翅正面暗褐色；亚缘斑列及外横斑列近平行排列。反面端缘斑列斑纹细条形；外横斑带直；前缘中部有 1 个三角形斑；基部长方形白斑从肩区伸达中室中部。

生物学 成虫多见于 5 ~ 8 月。分布于较高海拔地区，可达 3000 m 以上。卵散产于嫩叶及叶柄上。初龄幼虫卷嫩叶边做成小虫苞，或在老叶叶面吐白色粗丝做成半球形网罩，躲在其间取食叶肉，并不断转苞为害；高龄幼虫以白色粗丝缀合多个叶片组成疏松不规则大虫苞，将头伸出取食，幼虫行动迟缓，除取食和转苞外，很少活动。

分布 中国（甘肃、青海、四川、西藏），印度。

大秦岭分布 甘肃（武都）。

北方花弄蝶 *Pyrgus alveus* (Hübner, 1803)

Papilio alveus Hübner, 1803, *Samml. eur. Schmatt.*, 1: 70, pl. 92, figs. 461-463. **Type locality**: Germany.

Syrichthus major de Selys-Longchamps, 1857, *Ann. Soc. Ent. Belg.*, 1: 33. Synonymized by Bridges, 1988b, II: 48.

Syrichthus obseurior de Selys-Longchamps, 1857, *Ann. Soc. Ent. Belg.*, 1: 33. Synonymized by Bridges, 1988b, II: 48.

Pyrgus funginus Schildc, 1886, *Berl. Ent. Z.*, 30: 39. Synonymized by Evans, 1949: 193.

Pyrgus alveus; Elwes & Edwards, 1897, *Trans. zool. Soc. Lond.*, 14(4); Evans, 1949, *Cat. Hesp. Eur. Asia Aus.*: 192; de Jong, 1972, *Tijd. voor Ent.*, 115(1): 85; de Jong, 1975, *Zool. Med.*: 10; Bridges, 1994, *Cat. Hesp. World*, VIII: 11; Chou, 1994, *Mon. Rhop. Sin.*: 716; Tennent, 1996, *Butt. Mor. Alg. Tun.*: 91; Tuzov *et al.*, 1997, *Guide Butt. Russia*, 1: 122; Huang *et al.*, 2000, *Butt. Xinjiang*: 76; Lewis, 1974, *Butt. World*: pl. 11, f. 24; Korb & Bolshakov, 2011, *Eversmannia Suppl.*, 2: 11; Yuan, Yuan & Xue, 2015, *Fauna Sin. Ins. Lep. Hesperiidae*, 55: 254-256; Wu & Xu, 2017, *Butts. Chin.*: 1333, f. 1337: 28-31, 1338: 32-33.

Hesperia suffusa Strand, 1903, *Arch. Math. Naturv.*, 25(9): 6. Synonymized by Evans, 1949: 193.

Syrichthus ryffelensis Oberthür, 1910, *Étud. Lépid. Comp.*, 4: 405. Synonymized by Evans, 1949: 193.

Syrichthus ballotae Oberthür, 1910, *Étud. Lépid. Comp.*, 4: 406. **Type locality**: Norway. Synonymized by Evans, 1949: 193.

Hesperia jurassica Warren, 1926, *Trans. Ent. Soc. Lond.*, 74: 101. Synonymized by Evans, 1949: 193.

Hesperia trebevicensis Warren, 1926, *Trans. Ent. Soc. Lond.*, 74: 121. Synonymized by Evans, 1949: 193.

Hesperia insigniamiscens Verity, 1929, *Trab. Mus. Cienc. Nat. Barcelona*, 11(4): 14. Synonymized by Evans, 1949: 193.

Pyrgus thomanni Reverdin, 1927, *Bull. Soc. Lép. Geneve*, 5(4): 178. Synonymized by Evans, 1949: 193.

Hesperia montana Vorbrodt, 1930, *Mitt. Schweiz. Ent. Ges.*, 14(6): 254. Synonymized by Evans, 1949: 193.

Pyrgus caucasius Picard, 1949, *Revus fr. Lèp.*, 12: 49. Synonymized by Bridges, 1988b, II: 48.

形态 成虫：小型弄蝶。翅斑纹白色；长缘毛黑白相间；正面黑褐色；反面赭绿色。前翅正面亚顶区 r_3-r_5 室条斑排成 1 列；m_1-m_2 室斑位于亚外缘区；外横斑列 4 个斑纹错位排列，仅达 M_2 脉下方；中横斑列下半部斑纹多模糊或消失；中室端斑多模糊。反面前缘区、顶角区及外缘区白色；斑纹较正面大，排列同前翅正面。后翅正面亚外缘斑列时有模糊或消失；外横斑列宽，下半部多有消失；基部白斑多模糊；基部及后缘有黑色长毛。反面端部、中域及基部各有 1 条宽窄不一的横斑带。

寄主 蔷薇科 Rosaceae 龙牙草属 *Agrimonia* spp.、委陵菜属 *Potentilla* spp.；远志科 Polygalaceae 远志属 *Polygala* spp.。

分布 中国（黑龙江、山西、陕西、甘肃、青海、新疆、重庆、四川、西藏），俄罗斯，蒙古，哈萨克斯坦，亚洲北部及中部，非洲北部，欧洲。

大秦岭分布 陕西（汉台、留坝）、甘肃（文县、迭部、碌曲）。

斯拜耳花弄蝶 *Pyrgus speyeri* (Staudinger, 1887)

Syrichtus speyeri Staudinger, 1887, *In*: Romanoff, *Mém. Lép.*, 3: 153, pl. 8, f. 5a-b. **Type locality**: S. Amur and Ussuri.

Pyrgus speyeri; Lewis, 1974, *Butt. World*: pl. 11, f. 29 (text); Tuzuv *et al.*, 1997, *Guide Butt. Russia. Terr.*: 123; Korb & Bolshakov, 2011, *Eversmannia Suppl.*, 2: 11; Yuan, Yuan & Xue, 2015, *Fauna Sin. Ins. Lep. Hesperiidae*, 55: 256; Wu & Xu, 2017, *Butts. Chin.*: 1333, f. 1338: 34-35.

Pyrgus alveus speyeri; Evans, 1949, *Cat. Hesp. Eur. Asia Aus.*: 194; Bridges, 1994, *Cat. Hesp. World*, VIII: 211; Chou, 1994, *Mon. Rhop. Sin.*: 716.

形态 成虫：小型弄蝶。与北方花弄蝶 *P. alveus* 近似，主要区别为：两翅反面黄褐色。后翅正面多无斑；反面斑纹较稀疏，3 条斑带斑纹多有退化变小或消失。

分布 中国（黑龙江、吉林、内蒙古、甘肃）。

大秦岭分布 甘肃（武山、迭部、漳县）。

点弄蝶属 *Muschampia* Tutt, 1906

Muschampia Tutt, 1906, *Nat. Hist. Brit. Butts*., 1: 218. **Type species**: *Papilio proto* Esper, 1808.

Syrichtus Boisduval, [1834], *Icon. hist. Lépid. Europe*, 1(23-24): 230. **Type species**: *Papilio proto* Esper, 1808.

Sloperia Tutt, 1906, *Nat. Hist. Brit. Butts*., 1: 218. **Type species**: *Hesperia poggei* Lederer, 1858. Synonymized by Evans, 1949: 179.

Favria Tutt, 1906, *Nat. Hist. Brit. Butts*., 1: 218. **Type species**: *Hesperia crirellum* Eversmann, 1841. Synonymized by Evans, 1949: 179.

Reverdinia Warren, 1926, *Trans. Ent. Soc. Lond*., 74(1): 15. **Type species**: *Pyrgus staudingeri* Speyer, 1879. Synonymized by Evans, 1949: 179.

Tuttia Warren, 1926, *Trans. Ent. Soc. Lond*., 74(1): 15. **Type species**: *Papilio tessellum* Hübner, 1803. Synonymized by Evans, 1949: 179.

Warrenohesperia Strand, 1928, *Arch. Naturgesch*., (A) 92(8): 24. **Type species**: *Pyrgus antonia* Speyer, 1829. Synonymized by Evans, 1949: 179.

Muschampia; Evans, 1949, *Cat. Hesp. Eur. Asia Aus*.: 179; Bridges, 1994, *Cat. Hesp. World*, IV: 19; Chou, 1998, *Class. Ident. Chin. Butts*.: 282; Yuan, Yuan & Xue, 2015, *Fauna Sin. Ins. Lep. Hesperiidae*, 55: 267, 268; Wu & Xu, 2017, *Butts. Chin*.: 1334.

Syrichtus (Pyrginae); Korb & Bolshakov, 2011, *Eversmannia Suppl*., 2: 9.

近似花弄蝶属 *Pyrgus*。翅黑色或褐色；斑纹白色；缘毛黑白相间；端缘有白色点斑列。前翅前缘直；中室超过前翅长的 1/2。后翅中室闭式。雄性前翅多有前缘褶。

雄性外生殖器：背兜发达；钩突长，锥状；无颚突；囊突细长；抱器阔，卵圆形，端上缘角状上突；阳茎长。

雌性外生殖器：囊导管短或长，膜质，与交配囊无明显界线；交配囊袋状；无交配囊片。

寄主为唇形科 Lamiaceae 植物。

全世界记载 19 种，分布于古北区。中国记录 6 种，大秦岭分布 2 种。

种检索表

前翅正面无亚外缘斑列 ·· **稀点弄蝶 *M. staudingeri***

前翅正面有亚外缘斑列 ·· **星点弄蝶 *M. tessellum***

星点弄蝶 *Muschampia tessellum* (Hübner, 1803)

Papilio tessellum Hübner, 1803, *Samml. eur. Schmett.*, [1]: pl. 93, f. 469, 470. **Type locality**: Russia.

Pyrgus hibisci Böber, 1812, *Mèm. Soc. Imp. Nat. Moscou*, 3: 20, 21. **Type locality**: Russia. Synonymized by Evans, 1949: 181.

Muschampia tessellum; Evans, 1949, *Cat. Hesp. Eur. Asia Aus.*: 180; Lewis, 1974, *Butt. World*: pl. 11, f. 22 (text); Lee & Zhu, 1992, *Atl. Chin. Butt.*: 149; Bridges, 1994, *Cat. Hesp. World*, VIII: 223; Chou, 1994, *Mon. Rhop. Sin.*: 715; Tuzov, 1997, *Guide Butt. Russia*, 1: 112; Huang *et al.*, 2000, *Butt. Xijiang*: 75; Tshikolovets, 2003, *Butt. Eastern Eur. Urals Cauc.*: 16; Yuan, Yuan & Xue, 2015, *Fauna Sin. Ins. Lep. Hesperiidae*, 55: 268-270; Wu & Xu, 2017, *Butts. Chin.*: 1334, f. 1338: 41-42.

Pyrgus tessellum; Grum-Grshimailo, 1890, *In*: Romanoff, *Mém. Lép.*, 4: 500.

Syrichtus tessellum; Korb & Bolshakov, 2011, *Eversmannia Suppl.*, 2: 9.

形态 成虫：小型弄蝶。两翅斑纹白色；缘毛黑白相间。正面黑褐色；外缘斑列排列整齐；亚外缘斑列曲波形。反面黄绿色。前翅正面亚顶区 r_3-r_5 室斑长条形，排成 1 列；中室端斑灰白色，细线状；中央至后缘中部有 1 个 Y 形斑列。反面中域色较深；前缘及后缘有灰白色带纹；其余斑纹同前翅正面。后翅正面基部及后缘有蓝灰色长毛；中横斑列斑纹大小不一；中室基部有 1 个圆斑。反面前缘有白色细带纹；后缘基部至臀角有逐渐加宽的白色带纹；其余斑纹同后翅正面，但斑纹更发达。雄性前翅前缘有较小的前缘褶。

寄主 唇形科 Lamiaceae 块根糙苏 *Phlomis tuberosa*。

生物学 成虫多见于 5 ~ 7 月。

分布 中国（黑龙江、吉林、辽宁、内蒙古、北京、山西、陕西、甘肃、宁夏、青海、新疆），俄罗斯，欧洲南部至蒙古。

大秦岭分布 甘肃（武山、碌曲、漳县）。

稀点弄蝶 *Muschampia staudingeri* (Speyer, 1879)

Pyrgus staudingeri Speyer, 1879, *Stett. ent. Ztg.*, 40(7-9): 344. **Type locality**: Saisan Noor [Zaisan, Saur Mts., SE. Kazakhstan].

Hesperia albata Reverdin, 1912, *Bull. Soc. Lèp. Genève.*, 2(3): 157. **Type locality**: Ili River. Synonymized by Evans, 1949: 186.

Muschampia staudingeri; Evans, 1949, *Cat. Hesp. Eur. Asia Aus.*: 186; Lewis, 1974, *Butt. World*: pl. 11, f. 22 (text); Lee & Zhu, 1992, *Atl. Chin. Butt.*: 149; Bridges, 1994, *Cat. Hesp. World*, VIII: 212; Chou, 1994, *Mon. Rhop. Sin.*: 715; Tuzov, 1997, *Guide Butt. Russia*, 1: 110; Huang *et al.*, 2000, *Butt. Xijiang*: 76; Tshikolovets, 2003, *Butt. Tajik.*: 65; Tshikolovets, 2005, *Butt. Kyrg.*: 60; Yakovlev, 2012, *Nota lepid.*, 35(1): 61; Yuan, Yuan & Xue, 2015, *Fauna Sin. Ins. Lep. Hesperiidae*, 55: 275, 276.

Syrichtus staudingeri; Korb & Bolshakov, 2011, *Eversmannia Suppl.*, 2: 9.

形态 成虫：小型弄蝶。与星点弄蝶 *M. tessellum* 近似，主要区别为：两翅外缘斑列无或较退化；反面黄褐色。前翅中后域斑纹近 X 形排列。后翅中域斑分段，斑纹斜向排列。

寄主 唇形科 Lamiaceae 糙苏属 *Phlomis* spp.。

生物学 成虫多见于 5 ~ 7 月。

分布 中国（内蒙古、甘肃、新疆、西藏），哈萨克斯坦，伊朗，阿富汗。

大秦岭分布 甘肃（武都、碌曲）。

链弄蝶亚科 Heteropterinae Aurivillius, 1925

Heteropterini Aurivillius, 1925, *In*: Seitz, 1908-1925, *Gross-Schmett. Erde*, 13: 506, 546. **Type genus**: *Heteropterus* Duméril, 1806.

Carystini Mabille, 1878b, *Ann. Soc. Ent. Belg*.: 21. **Type genus**: *Carystus* Hübner, 1819.

Carterocephalini Orfila, 1949, *Acta zool. Iilloana*, 8: 583. **Type genus**: *Carterocephalus* Lederer, 1852.

Heteropterus group Evans, 1949, *Cat. Hesp. Eur. Asia Aus*.: 22. **Type genus**: *Heteropterus* Duméril, 1806.

Heteropterinae Scott & Wright, 1990, *In*: Kudrna (Ed.), *Butt. Eur*., 2: 158. **Type genus**: *Heteropterus* Duméril, 1806; Ackery *et al*., 1999, *In*: Kristensen (Ed.), *Lep. Moths and Butt*., 1: 263; Warren *et al*., 2008, *Cladistics*, 24: 3; Warren *et al*., 2009, *Syst. Entom*., 34: 490; Yuan, Yuan & Xue, 2015, *Fauna Sin. Ins. Lep. Hesperiidae*, 55: 283.

Heteropterini; Bridges, 1994, *Cat. Hesp. World*, II: 1; Chou, 1998, *Class. Ident. Chin. Butt*.: 293, 294.

成虫腹部长于后翅后缘。前翅 M_2 脉一般直，起点位于 M_1 脉和 M_3 脉之间。后翅前缘常比前翅后缘长；中室下缘通常不向上偏斜，等于或长于后翅长的 1/2。雄性无性标。

全世界记载190余种，分布于古北区、东洋区、非洲区、新北区和新热带区。中国记录22种，大秦岭分布 11 种。

族检索表

前翅前缘中部常凹入；正面有白色或黄色斑纹 .... **银弄蝶族 Carterocephalini**

前翅前缘中部弧形凸出；正面仅有黄色前缘斑 .... **链弄蝶族 Heteropterini**

链弄蝶族 Heteropterini Aurivillius, 1925

Heteropterini Aurivillius, 1925, *In*: Seitz, 1908-1925, *Gross-Schmett. Erde*, 13: 506-546. **Type genus**: *Heteropterus* Duméril, 1806.

Heteropterus group Evans, 1949, *Cat. Hesp. Eur. Asia Aus*.: 22.

Heteropterini; Bridges, 1994, *Cat. Hesp. World*, I: 1; Chou, 1998, *Class. Ident. Chin. Butt*.: 293, 294; Yuan, Yuan & Xue, 2015, *Fauna Sin. Ins. Lep. Hesperiidae*, 55: 284.

腹部长于后翅后缘。无第二性征。翅阔；前缘比后缘长。前翅中室短；M_2 脉直；Cu_2 脉分出点离中室末端较远。后翅臀角圆；中室宽长，超过后翅长的 1/2；M_2 脉在 M_1 脉与 M_3 脉的中间；Cu_2 脉比 Rs 脉先分出；2A 脉比 Cu_1 脉短。

全世界记载 4 种，大秦岭均有分布。

属检索表

1. 两翅无斑纹 ······ **窄翅弄蝶属 *Apostictopterus***
   两翅有斑纹 ······ 2
2. 两翅反面有黄色斜带 ······ **舟弄蝶属 *Barca***
   两翅无上述斜带 ······ 3
3. 后翅反面黄色；密布白色卵形斑纹 ······ **链弄蝶属 *Heteropterus***
   后翅反面斑纹不如上述 ······ **小弄蝶属 *Leptalina***

链弄蝶属 *Heteropterus* Duméril, 1806

Heteropterus Duméril, 1806, *Zool. Analytipue*: 271. **Type species**: *Papilio aracinthus* Fabricius, 1777.

Cyclopides Hübner, 1819, *Verz. Bekannt. Schmett*., (7): 111. **Type species**: *Papilio steropes* Denis & Schiffermüller, 1775. Synonymized by Evans, 1949: 232.

Heteropterus; Watson, 1893, *Proc. zool. Soc. Lond*., (1): 89; Evans, 1949, *Cat. Hesp. Eur. Asia Aus*.: 232; Bridges, 1994, *Cat. Hesp. World*, IV: 14; Chou, 1998, *Class. Ident. Chin. Butt*.: 294; Yuan, Yuan & Xue, 2015, *Fauna Sin. Ins. Lep. Hesperiidae*, 55: 284; Wu & Xu, 2017, *Butts. Chin*.: 1339.

Heteropterus (Hesperiinae); Korb & Bolshakov, 2011, *Eversmannia Suppl*., 2: 11.

触角锤部扁。翅正面黑褐色。后翅正面无斑；反面密布有黑色圈纹的卵形白斑。前翅 A 脉直；Cu_1 脉分出点在 R_2 脉分出点之后。

雄性外生殖器：背兜隆起；钩突长而尖；颚突弯臂状，左右愈合；囊突细长，稍短于抱器，端部略膨大；抱器大，长卵形，末端裂为 2 瓣，下瓣尖而向上弯曲，端缘有锯齿和小刺；阳茎细长，角状器很小。

雌性外生殖器：囊导管膜质，细长；交配囊袋状；有交配囊尾；无交配囊片。

寄主为禾本科 Gramineae 和莎草科 Cyperaceae 植物。

全世界记载 1 种，分布于古北区和东洋区。大秦岭有分布。

链弄蝶 *Heteropterus morpheus* (Pallas, 1771)（图版 34：104）

Papilio morpheus Pallas, 1771, *Reise Russ. Reichs*, 1: 471. **Type locality**: Samara, Volga region.

Papilio speculum Rottemburg, 1775, *Der Naturforscher*, 6: 31. **Type locality**: Europe. Synonymized by Evans, 1949: 232.

Papilio steropes Denis & Schiffermüller, 1775, *Ankündung syst. Werkes Schmett.*: 160. **Type locality**: Europe. Synonymized by Evans, 1949: 232.

Papilio aracinthus Fabricius, 1777, *Gen. Ins.*: 271. **Type locality**: Europe. Synonymized by Evans, 1949: 232.

Papilio speculifer Geoffroy, 1785, *In*: Fourcroy, *Ent. Paris.*, 2: 246. **Type locality**: Europe. Synonymized by Evans, 1949: 232.

Cyclopides Morpheus; Lang, 1884, *Butt. Eur.*: 355.

Heteropterus obscura Skala, 1912, *Verh. naturf. Ver. Brünn*, 50: 136. **Type locality**: Europe. Synonymized by Evans, 1949: 232.

Heteropterus atrolimbata Skala, 1912, *Verh. naturf. Ver. Brünn*, 50: 136. **Type locality**: Europe. Synonymized by Evans, 1949: 232.

Heteropterus coreana Matsumura, 1927b, *Ins. matsum.*, 1: 169. **Type locality**: Corea. Synonymized by Evans, 1949: 232.

Heteropterus minutus Lempke, 1936, *Tijdschr. Ent.*, 79: 310. **Type locality**: Europe. Synonymized by Evans, 1949: 232.

Heteropterus aquitainensis Pionneau, 1938, *Misc. Ent.*, 39: 50. **Type locality**: Europe. Synonymized by Evans, 1949: 232.

Heteropterus morpheus; Kirby, 1871, *Cat. Diurn. Lep.*: 623; Leech, 1892, *Butt. Chin. Jap. Cor.*, 9: 593; Evans, 1949, *Cat. Hesp. Eur. Asia Aus.*: 232; Lewis, 1974, *Butt. World*: pl. 11, f. 20; Bridges, 1994, *Cat. Hesp. World*, VIII: 148; Chou, 1994, *Mon. Rhop. Sin.*: 725; Tuzov *et al.*, 1997, *Guide Butt. Russia Adj. Terr.*, 1: 125; Wang *et al.*, 1999, *Mon. Butt. NW. China*: 279; Korb & Bolshakov, 2011, *Eversmannia Suppl.*, 2: 11; Yuan, Yuan & Xue, 2015, *Fauna Sin. Ins. Lep. Hesperiidae*, 55: 285-288; Wu & Xu, 2017, *Butts. Chin.*: 1339, f. 1341: 1-5.

形态 成虫：中小型弄蝶。两翅正面黑褐色；反面前翅暗褐色至黑褐色，后翅淡黄色。前翅亚顶区 r_3-r_5 室有条斑。反面前缘带仅达前缘中部；外缘斑列未达后缘，淡黄色；亚外缘带内侧锯齿形，仅达亚外缘区中下部。后翅正面无斑。反面白色卵形斑纹排成 3 列，圈纹黑色，外边 1 列斑纹长卵形，相连；基部有 2 个豆瓣形斑纹，黑褐色。

幼虫：灰白色。

寄主 禾本科 Gramineae 早熟禾 *Poa annua*、天蓝麦氏草 *Molinia caerulea*、灰白拂子茅 *Calamagrostis canescens*、短柄草属 *Brachypodium* spp.；莎草科 Cyperaceae 羊胡子草属 *Eriophorum* spp.。

生物学 1 年 1 代，成虫多见于 6 ~ 8 月。栖息于林缘、灌草丛及农田生境。

分布 中国（黑龙江、吉林、辽宁、内蒙古、山西、河南、陕西、甘肃、福建），俄罗斯（西伯利亚），朝鲜，土耳其，乌克兰，波兰，匈牙利，德国，法国。

大秦岭分布 河南（灵宝）、陕西（蓝田、鄠邑、渭滨、陈仓、太白、略阳、留坝、宁陕、柞水、洛南）、甘肃（麦积、秦州、武山、徽县、两当、礼县）。

小弄蝶属 *Leptalina* Mabille, 1904

Leptalina Mabille, 1904, *In*: Wytsman, *Gen. Ins.*, 17(B): 92, 110. **Type species**: *Steropes unicolor* Bremer & Grey, 1852.

Leptalina; Evans, 1949, *Cat. Hesp. Eur. Asia Aus.*: 225; Bridges, 1994, *Cat. Hesp. World*, IV: 16; Chou, 1998, *Class. Ident. Chin. Butt.*: 294; Yuan, Yuan & Xue, 2015, *Fauna Sin. Ins. Lep. Hesperiidae*, 55: 290, 291; Wu & Xu, 2017, *Butts. Chin.*: 1340.

Leptalina (Hesperiinae); Korb & Bolshakov, 2011, *Eversmannia Suppl.*, 2: 11.

两翅正面深褐色；无斑。反面前翅黑褐色，后翅棕黄色；从基部到外缘有 2 条银色纹。后翅前缘长于前翅后缘。前翅 A 脉直；Cu_1 脉分出点在 R_2 脉分出点之后；中室长于翅长的 1/2。

雄性外生殖器：背兜头盔形；钩突 U 形分叉；颚突发达，左右愈合；囊突长，稍短于抱器，前端略膨大；抱器端部分成 2 瓣，背瓣较宽，末端钝圆，腹瓣钩状上弯；阳茎细长，前端膨大成球形，角状器锯齿状。

寄主为禾本科 Gramineae 植物。

全世界记载 1 种，分布于古北区和东洋区。大秦岭有分布。

小弄蝶 *Leptalina unicolor* (Bremer & Grey, 1853)

Steropes unicolor Bremer & Grey, 1853, *In*: Motschulsky, *Étud. d'Ent.*, 1: 61. **Type locality**: Beijing, China.

Cyclopides ornatus Bremer, 1861, *Bull. Acad. Sci. St. Pétersb.*, 3: 473. **Type locality**: E. Siberia. Synonymized by Evans, 1949: 225.

Leptalina unicolor; Evans, 1949, *Cat. Hesp. Eur. Asia Aus.*: 225; Lewis, 1974, *Butt. World*: pl. 208, f. 14; Kudrna, 1974, *Atalanta*, 5: 117; Bridges, 1994, *Cat. Hesp. World*, VIII: 232; Chou, 1994, *Mon.*

Rhop. Sin.: 725; Tuzov *et al.*, 1997, *Guide Butt. Russia*, 1: 125; Wang *et al.*, 1999, *Mon. Butt. N. E. China*: 280; Korb & Bolshakov, 2011, *Eversmannia Suppl*., 2: 11; Yuan, Yuan & Xue, 2015, *Fauna Sin. Ins. Lep. Hesperiidae*, 55: 291, 292; Wu & Xu, 2017, *Butts. Chin*.: 1340, f. 1341: 10-11.

形态 成虫：小型弄蝶。两翅正面黑褐色；无斑纹。前翅窄长，翅端尖。反面黑褐色；前缘、顶角区及外缘棕黄色；后缘有淡黄色带纹，未达臀角。后翅反面棕黄色；脉纹淡黄色；银白色纵宽带从基部穿过中室至外缘中上部；cu_2 室有 1 条细的银白色纵带纹；后缘淡黄色。

卵：弹头形；初产浅褐色，后变成灰褐色，孵化前灰紫色。

幼虫：土黄色。老熟幼虫褐色；筒形；被有白色蜡粉。

蛹：粉褐色；细长；被有薄丝茧。

寄主 禾本科 Gramineae 芒 *Miscanthus sinensis*、荻 *M. sacchariflorus*、白茅 *Imperata cylindrica*、稻 *Oryza sativa*、芦苇 *Phragmites communis*、狗尾草属 *Setaria* spp.。

生物学 成虫多见于 4～8 月。幼虫有卷叶营巢习性。

分布 中国（黑龙江、吉林、辽宁、北京、河北、河南、陕西、甘肃、浙江、湖北、江西），俄罗斯，朝鲜，日本。

大秦岭分布 陕西（临潼、蓝田、渭滨、陈仓、华州、商州）、甘肃（文县）。

舟弄蝶属 *Barca* de Nicéville, 1902

Barca de Nicéville, 1902, *J. Bombay nat. Hist. Soc*., 14(2): 251 (repl *Dejeania* Oberthür, 1896). **Type species**: *Dejeania bicolor* Oberthür, 1896.

Dejeania Oberthür, 1896, *Étud. d'Ent*., 20: 40. **Type species**: *Dejeania bicolor* Oberthür, 1896.

Barca; Evans, 1949, *Cat. Hesp. Eur. Asia Aus*.: 233; Bridges, 1994, *Cat. Hesp. World*, IV: 5; Chou, 1998, *Class. Ident. Chin. Butt*.: 295; Yuan, Yuan & Xue, 2015, *Fauna Sin. Ins. Lep. Hesperiidae*, 55: 288; Wu & Xu, 2017, *Butts. Chin*.: 1339.

两翅黑褐色；均有黄色的斜带。前翅 R_1 脉与 R_2 脉靠近；A 脉弯曲；Cu_1 脉先于 R_2 脉分出。

雄性外生殖器：背兜与钩突愈合，背缘平坦；钩突长锥状；颚突退化；囊突小；抱器阔长，端部窄，背缘多齿突；阳茎粗短。

寄主为豆科 Fabaceae 及禾本科 Gramineae 植物。

全世界记载 1 种，分布于东洋区。大秦岭有分布。

双色舟弄蝶 *Barca bicolor* (Oberthür, 1896)（图版 35：105—106）

Dejeania bicolor Oberthür, 1896, *Étud. d'Ent*., 20: 40, pl. 9, f. 163. **Type locality**: W. China.

Barca bicolor; Evans, 1949, *Cat. Hesp. Eur. Asia Aus*.: 233; Lewis, 1974, *Butt. World*: pl. 207, f. 15; Bridges, 1994, *Cat. Hesp. World*, VIII: 29; Chou, 1994, *Mon. Rhop. Sin*.: 725; Yuan, Yuan & Xue, 2015, *Fauna Sin. Ins. Lep. Hesperiidae*, 55: 288-290; Wu & Xu, 2017, *Butts. Chin*.: 1339, f. 1341: 6-9.

形态 成虫：中型弄蝶。两翅黑褐色。前翅中斜带宽，黄色，从前缘中部伸至臀角，外侧弱弧形，内侧下部 V 形内凹；黑色中室端斑条形，位于黄色横带内；反面后缘带黄色。后翅正面无斑；反面黄色斜带从前缘外侧 1/3 处斜向外缘近臀角处。

寄主 豆科 Fabaceae 及禾本科 Gramineae。

生物学 1 年 1 代，成虫多见于 5 ~ 7 月。常在林缘、山地、溪边活动，有访花吸蜜和湿地吸水习性。幼虫常将叶子卷折结网，生活于其中。老熟幼虫化蛹于丝叶交织的薄茧内。

分布 中国（河南、陕西、湖北、江西、湖南、福建、广东、重庆、四川、云南），越南。

大秦岭分布 河南（嵩县）、陕西（长安、周至、鄠邑、太白、凤县、华州、汉台、南郑、洋县、留坝、佛坪、宁陕、商南、柞水、洛南）、湖北（神农架）、重庆（城口）。

窄翅弄蝶属 *Apostictopterus* Leech, [1893]

Apostictopterus Leech, [1893], *Butts. Chin. Jap. Cor*., (2): 630. **Type species**: *Apostictopterus fuliginosus* Leech, 1893.

Tecupa Swinhoe, 1917, *Ann. Mag. nat. Hist*., (8) 20(120): 410. **Type species**: *Tecupa curiosa* Swinhoe, 1917.

Apostictopterus; Evans, 1949, *Cat. Hesp. Eur. Asia Aus*.: 233; Bridges, 1994, *Cat. Hesp. World*, IV: 30; Chou, 1998, *Class. Ident. Chin. Butt*.: 288, 289; Yuan, Yuan & Xue, 2015, *Fauna Sin. Ins. Lep. Hesperiidae*, 55: 292; Wu & Xu, 2017, *Butts. Chin*.: 1342.

翅黑褐色或棕褐色；无斑纹。前翅前缘及外缘弧形；顶角圆；R_1 脉与 Sc 脉分离；Cu_1 脉比 R_1 脉先分出；2A 脉弯曲。后翅前缘长；中室开式。雄性无第二性征。

雄性外生殖器：背兜头盔形；钩突平伸；无颚突；囊突小；抱器长阔，端部分成 2 瓣，腹瓣向上弯曲，背瓣短粗；阳茎稍短于抱器。

全世界记载 1 种，分布于东洋区。大秦岭有分布。

窄翅弄蝶 *Apostictopterus fuliginosus* Leech, 1893

Apostictopterus fuliginosus Leech, 1893, *Butts. Chin. Jap. Cor.*, (2): 631, (1): pl. 28. **Type locality**: Sichuan.

Apostictopterus fuliginosus; Evans, 1949, *Cat. Hesp. Eur. Asia Aus.*: 233; Bridges, 1994, *Cat. Hesp. World*, V: 86; Chou, 1994, *Mon.Rhop. Sin. Butt.*: 721; Yuan, Yuan & Xue, 2015, *Fauna Sin. Ins. Lep. Hesperiidae*, 55: 292-294; Wu & Xu, 2017, *Butts. Chin.*: 1342, f. 1343: 1-5.

形态 成虫：大型弄蝶。两翅黑褐色至棕褐色；无斑纹。前翅狭长；前缘及外缘端部弧形外突。后翅顶角圆。

生物学 1 年 1 代，成虫多见于 7 ~ 8 月。成虫跳跃式飞行，喜栖息于林缘及林下生境，休息时翅直立。

分布 中国（湖北、江西、湖南、福建、广东、广西、四川、西藏），印度。

大秦岭分布 湖北（神农架）、四川（都江堰）。

银弄蝶族 Carterocephalini Orfila, 1949

Carterocephalini Orfila, 1949, *Acta zool. Iilloana*, 8: 583.

Carterocephalini; Bridges, 1994, *Cat. Hesp. World*, II: 1. **Type genus**: *Carterocephalus* Lederer, 1852; Chou, 1998, *Class. Ident. Chin. Butt.*: 292; Yuan, Yuan & Xue, 2015, *Fauna Sin. Ins. Lep. Hesperiidae*, 55: 294, 295.

翅黑褐色或黄褐色。前翅狭。正面有白色或黄色斑纹。反面有黄色或银色斑纹；前缘比后缘长，中部常凹入。后翅顶角多突出；外缘多平截。前翅 Cu_2 脉从近基部分出；中室短，末端不尖出；M_2 脉直。后翅中室长，超过后翅长的 1/2，端部平直；M_2 脉在 M_1 脉与 M_3 脉之间；Cu_2 脉先于 Rs 脉分出。

全世界记载 19 种，分布于古北区、东洋区和新北区。中国均有记录，大秦岭分布 7 种。

银弄蝶属 *Carterocephalus* Lederer, 1852

Carterocephalus Lederer, 1852, *Verth. Zool.-bot. Ges. Wein.*, 2: 26. **Type species**: *Papilio paniscus* Fabricius, 1775.

Carterocephalus; Evans, 1949, *Cat. Hesp. Eur. Asia Aus.*: 225; Bridges, 1994, *Cat. Hesp. World*, IV: 6; Chou, 1998, *Chass. Ident. Chin. Butt.*: 292, 293; Yuan, Yuan & Xue, 2015, *Fauna Sin. Ins. Lep.*

Hesperiidae, 55: 295-297; Wu & Xu, 2017, *Butts. Chin*.: 1344.

Aubertia Oberthür, 1896, *Étud. d'Ent*., 20: 40. **Type species**: *Aubertia dulcis* Oberthür, 1896. Synonymized by Evans, 1949: 225.

Pamphilida Lindsey, 1925, *Ann. Ent. Soc. Amer*., 18(1): 95. **Type species**: *Papilio palaemon* Pallas, 1771.

Carterocephalus (Hesperiinae); Korb & Bolshakov, 2011, *Eversmannia Suppl*., 2: 11.

翅黑褐色或黄褐色；正面有白色或黄色斑纹；反面斑纹为黄色或银色。前翅狭；前缘比后缘长，中部常凹入；顶角钝尖；外缘倾斜；Cu_2 脉从近翅基部分出；中室短，末端不突出；M_2 脉直。后翅前缘比前翅后缘长；顶角突出；外缘多平截；中室长，超过后翅长的 1/2；Cu_2 脉比 Rs 脉先分出；M_2 脉在 M_1 脉与 M_3 脉之间。

雄性外生殖器：背兜小，顶部隆起；钩突发达，末端分叉；颚突细长，左右愈合；抱器长阔，末端裂为 2 瓣，背瓣宽，腹瓣端尖；囊突长，短于或长于抱器；阳茎极细长，角状器锯齿状。

雌性外生殖器：囊导管半骨化，较短；交配囊近椭圆形；有囊尾；无交配囊片。

寄主为禾本科 Gramineae 植物。

全世界记载 19 种，分布于古北区、东洋区和新北区。中国均有分布，大秦岭分布 7 种。

种检索表

1. 前翅正面有 3 条浅黄色斜条斑或斑列 ………… **三斑银弄蝶 *C. urasimataro***
   前翅正面斑带不如上述 ………… 2
2. 后翅正面中室基半部无斑纹 ………… 3
   后翅正面中室基半部有斑纹 ………… 4
3. 前翅正面 cu_1 室斑与中室端斑远离 ………… **白斑银弄蝶 *C. dieckmanni***
   前翅正面 cu_1 室斑与中室端斑相连 ………… **克理银弄蝶 *C. christophi***
4. 前翅正面黄褐色；斑纹黑褐色至黑色 ………… **愈斑银弄蝶 *C. houangty***
   前翅正面黑褐色；斑纹黄色 ………… 5
5. 前翅正面顶角有 1 个黄色斑纹 ………… **基点银弄蝶 *C. argyrostigma***
   前翅正面顶角无黄色斑纹 ………… 6
6. 前翅正面亚顶区 r_5 室斑与 m_2 室斑相接 ………… **五斑银弄蝶 *C. stax***
   前翅正面亚顶区 r_5 室斑与 m_2 室斑分离 ………… **黄斑银弄蝶 *C. alcinoides***

三斑银弄蝶 *Carterocephalus urasimataro* Sugiyama, 1992（图版 36：109）

Carterocephalus urasimataro Sugiyama, 1992, *Pallage*, 1: 15. **Type locality**: Sichuan.

Carterocephalus urasimataro; Bridges, 1994, *Cat. Hesp. World*, VIII: 233; Yuan, Yuan & Xue, 2015, *Fauna Sin. Ins. Lep. Hesperiidae*, 55: 298, 299.

形态 成虫：小型弄蝶。两翅正面黑褐色。反面色稍淡；斑纹淡黄色或白色。前翅正面亚顶区及中域各有 1 个斜置的条斑；基部有 2 个相连的块斑。反面亚缘斑列从上到下逐渐变小或消失；其余斑纹同前翅正面。后翅正面中央有 1 个淡黄色块斑。反面外缘斑列时有模糊；亚外缘斑列有 4 个斑纹，中部和末端斑纹消失；中横斑列端部 2 个斑纹内移，末端未达后缘；肩区斑纹及中室中部小斑银白色。

卵：半圆球形；精孔区凹入。

蛹：头部角状尖出，略向上；眼突出。

寄主 禾本科 Gramineae 短柄草 *Brachypodium sylvaticum*、雀麦属 *Bromus* spp.。

生物学 1 年 1 代，成虫多见于 4 ~ 8 月。卵散产于寄主植物上。

分布 中国（河南、陕西、甘肃、青海、湖北、四川）。

大秦岭分布 河南（鲁山）、陕西（长安、周至、鄠邑、华阴、陈仓、太白、凤县、留坝、宁陕、镇安、商州、丹凤）、甘肃（文县）、湖北（神农架）。

五斑银弄蝶 *Carterocephalus stax* Sugiyama, 1992（图版 36：110）

Carterocephalus stax Sugiyama, 1992, *Pallarge*, 1: 16. **Type locality**: Sichuan.

Carterocephalus stax; Bridges, 1994, *Cat. Hesp. World*, VIII: 212; Yuan, Yuan & Xue, 2015, *Fauna Sin. Ins. Lep. Hesperiidae*, 55: 303; Wu & Xu, 2017, *Butts. Chin.*: 1345, f. 1347: 17-18.

形态 成虫：小型弄蝶。两翅黑褐色；斑纹橙黄色。前翅正面亚顶区有 2 个斜向排列的斑纹，以角相接；前缘带仅达前缘中部；中域方斑品字形排列，外侧 2 个斑纹多以角相接。反面顶角和外缘区有黄褐色鳞粉；中室基部有带纹；其余斑纹同前翅正面。后翅正面中室基部有水滴形斑纹；外横斑列斑纹紧密相连，未达前后缘，上宽下窄。反面端缘斑带边界模糊；中横斑列近 V 形；中室中部有斑纹；顶角、臀角、端缘及中室覆有密集黄色鳞粉。

生物学 1 年 1 代，成虫多见于 6 ~ 8 月。

分布 中国（陕西、四川）。

大秦岭分布 陕西（长安、佛坪）。

黄斑银弄蝶 *Carterocephalus alcinoides* Lee, 1962

Carterocephalus alcinoides Lee, 1962, *Acta Ent. Sin*., 11(2): 141, 146. **Type locality**: Kunming, Yunnan.

Carterocephalus alcinoides; Bridges, 1994, *Cat. Hesp. World*, VIII: 8; Chou, 1994, *Mon. Rhop. Sin*.: 724; Lee *et al*., 1995, *Yunnan Butt*.: 135; Wang *et al*., 1998, *Ins. Fauna Henan Lep. Butt*.: 188; Wang, 1999, *Mon. Butt. N. E. China*: 277; Yuan, Yuan & Xue, 2015, *Fauna Sin. Ins. Lep. Hesperiidae*, 55: 303, 304; Wu & Xu, 2017, *Butts. Chin*.: 1345, f. 1347: 19-21.

形态 成虫：小型弄蝶。与五斑银弄蝶 *C. stax* 近似，主要区别为：前翅及后翅斑纹均相互分离。后翅反面红褐色；斑纹较清晰，无晕染。

生物学 成虫多见于 5 ~ 7 月。喜访花。

分布 中国（辽宁、天津、河南、陕西、甘肃、贵州、云南）。

大秦岭分布 陕西（洋县、留坝、佛坪）、甘肃（麦积、武山、徽县）。

基点银弄蝶 *Carterocephalus argyrostigma* (Eversmann, 1851)

Steropes argyrostigma Eversmann, 1851, *Bull. Soc. imp. Nat. Moscou*, 24(2): 624. **Type locality**: Amur.

Hesperia argyrostigma; Nordmann, 1851, *Bull. Soc. imp. Nat. Moscou*, 24: 442, pl. 12, f. 1-2.

Cyctopides argenteogutta Butler, 1870a, *Trans. Ent. Soc. Lond*., 18(4): 512. **Type locality**: Nubia.

Pamphila argyrostigma; Leech, 1892, *Butt. Chin. Jap. Cor*.: 585.

Carterocephalus argyrostigma; Evans, 1949, *Cat. Hesp. Eur. Asia Aus*.: 229; Lewis, 1974, *Butt. World*: pl. 207, f. 23; Lee & Zhu, 1992, *Atl. Chin. Butt*.: 151, 152; Bridges, 1994, *Cat. Hesp. World*, VIII: 18; Tuzov *et al*., 1997, *Guide Butt. Russia*, 1: 124; Chou, 1998, *Class. Ident. Chin. Butt*.: 293; Wang, 1999, *Mon. Butt. N. E. China*: 277; Huang *et al*., 2000, *Butt. Xinjiang*: 74; Yakovlev, 2012, *Nota lepid*., 35(1): 61; Korb & Bolshakov, 2011, *Eversmannia Suppl*., 2: 12; Yuan, Yuan & Xue, 2015, *Fauna Sin. Ins. Lep. Hesperiidae*, 55: 304-306; Wu & Xu, 2017, *Butts. Chin*.: 1345, f. 1348: 22-25.

形态 成虫：小型弄蝶。两翅正面黑褐色；斑纹多黄色。前翅前缘中部略凹入。正面亚外缘斑列仅顶角附近斑大而清晰，其余斑纹点状或消失；亚顶区斜斑带及基斜斑带曲波形；中斜斑列斑纹分离或相连；基部有灰白色鳞粉。反面顶角和前缘基部斑带白色；亚顶斑带端部两侧各有 1 个黄褐色斑纹。后翅正面中室中部斑纹圆形；中斜斑列斑纹大小、形状不一，未达臀角；亚顶斑列 4 个斑纹 2 大 2 小。反面红褐色；斑纹银白色；基部弥散状带纹放射状排列；其余斑纹同后翅正面。

生物学 1 年 1 代，成虫多见于 5 ~ 7 月。喜访花和湿地吸水。

分布 中国（黑龙江、内蒙古、陕西、甘肃、青海、新疆、西藏），俄罗斯，蒙古。

大秦岭分布 甘肃（岷县）。

白斑银弄蝶 *Carterocephalus dieckmanni* Graeser, 1888

Carterocephalus dieckmanni Graeser, 1888, *Berl. Ent. Zool*., 32: 102. **Type locality**: Amur.

Carterocephalus dieckmanni; Evans, 1949, *Cat. Hesp. Eur. Asia Aus*.: 230; Lewis, 1974, *Butt. World*: pl. 207, f. 28 (text); Bridges, 1994, *Cat. Hesp. World*, VIII: 65; Chou, 1994, *Mon. Rhop. Sin*.: 724; Lee *et al*., 1995, *Yunnan Butt*.: 146; Tuzov *et al*., 1997, *Guide Butt. Russia*, 1: 125; Wang, 1999, *Mon. Butt. N. E. China*: 277; Yuan, Yuan & Xue, 2015, *Fauna Sin. Ins. Lep. Hesperiidae*, 55: 308, 309; Wu & Xu, 2017, *Butts. Chin*.: 1345, f. 1348: 27-33.

形态 成虫：小型弄蝶。两翅黑褐色；斑纹白色。前翅顶角有白色斑纹；亚顶区及基部各有 2 个斜向排列的斑纹；中斜斑列斑纹大小不一，错位外移；反面斑纹同前翅正面，但斑纹较大。后翅正面中央有 1 大 1 小 2 个白斑。反面黄褐色至黑褐色；亚顶斑列及中斜斑列银白色；中室近基部有 1 个小圆斑；顶角区有黄色鳞粉；cu_2 室及后缘基部有灰白色带纹。

生物学 1 年 1 代，成虫多见于 5 ~ 7 月。常在林缘、山地活动，喜湿地吸水。

分布 中国（黑龙江、辽宁、内蒙古、北京、河南、陕西、甘肃、青海、四川、贵州、云南、西藏），俄罗斯，缅甸。

大秦岭分布 河南（灵宝）、陕西（汉台、南郑、西乡、镇巴、留坝）、甘肃（秦州、麦积、迭部）、四川（九寨沟）。

克理银弄蝶 *Carterocephalus christophi* Grum-Grshimailo, 1891

Carterocephalus christophi Grum-Grshimailo, 1891, *Harae Soc. Ent. Ross*., 25: 460. **Type locality**: montibus Sinin-Schan.

Aubertia dulcis Oberthür, 1896, *Étud. d'Ent*., 20: 40, pl. 9, f. 16♂. **Type locality**: Ta Tsien Lou, Sichuan.

Carterocephalus canopnnctatus Nabokov, 1941, *J. New York Ent. Soc*., 49(3): 222. **Type locality**: Ta Tsien Lou, Sichuan.

Carterocephalus christophi; Evans, 1949, *Cat. Hesp. Eur. Asia Aus*.: 231; Lewis, 1974, *Butt. World*: pl. 207, 28 (text); Chou, 1994, *Mon. Rhop. Sin*.: 724; Lee *et al*., 1995, *Yunnan Butt*.: 134; Yuan, Yuan & Xue, 2015, *Fauna Sin. Ins. Lep. Hesperiidae*, 55: 311, 312; Huang, 2019, *Neue Ent. Nachr*., 78: 215; Wu & Xu, 2017, *Butts. Chin*.: 1346, f. 1348: 35-36.

形态 成虫：小型弄蝶。与白斑银弄蝶 *C. dieckmanni* 近似，主要区别为：前翅正面 cu_1 室斑与中室端斑相连；中斜斑列斑纹仅 2 ~ 4 个，相互靠近，排列较整齐。

生物学 1 年 1 代，成虫多见于 6 ~ 7 月。飞行力不强，喜访花。

分布 中国（陕西、甘肃、青海、四川、云南、西藏）。

大秦岭分布 甘肃（徽县、武山、迭部）。

愈斑银弄蝶 *Carterocephalus houangty* Oberthür, 1886

Carterocephalus houangty Oberthür, 1886b, *Étud. d'Ent*., 11: 27. **Type locality**: Ta Tsien Lou, Sichuan.

Carterocephalus houangty; Evans, 1949, *Cat. Hesp. Eur. Asia Aus*.: 227; Lewis, 1974, *Butt. World*: pl. 207, f. 25; Lee & Zhu, 1992, *Atl. Chin. Butt*.: 151; Bridges, 1994, *Cat. Hesp. World*, VIII: 102; Yuan, Yuan & Xue, 2015, *Fauna Sin. Ins. Lep. Hesperiidae*, 55: 316, 317; Wu & Xu, 2017, *Butts. Chin*.: 1344, f. 1347: 7-8.

Pamphila argyrostigma; Leech, 1892, *Butt. Chin. Jap. Cor*.: 586.

形态 成虫：小型弄蝶。前翅正面黄褐色；斑纹黑褐色至黑色；中室中部有 1 个块斑，基部有 1 个细条斑；中横斑列斑纹分成上下 2 段，下段斑纹内移；端缘有 1 列形状、大小不一的斑纹。反面色稍淡；斑纹与前翅正面相同。后翅正面黑褐色；斑纹橙色；亚外缘斑列与亚缘斑列相互靠近；中室长条斑外延进亚缘斑列，并与亚外缘斑列相接；前缘中部有 1 个条斑。反面赭黄色；密布黑褐色块斑；后缘黑褐色。

生物学 1 年 1 代，成虫多见于 7 月。喜访花。

分布 中国（甘肃、四川、云南、西藏），缅甸。

大秦岭分布 甘肃（武山、漳县）、四川（九寨沟）。

弄蝶亚科 Hesperiinae Latreille, 1809

Hesperiinae Latreille, 1809, *Gen. Crust. Ins*., 4: 187, 207. **Type genus**: *Hesperia* Fabricius, 1793.

Hesperiinae; Evans, 1949, *Cat. Hesp. Eur. Asia Aus*.: 5; Bridges, 1994, *Cat. Hesp. World*, II: 1; Eliot, 1992, *Butt. Malay Pen*. (4th ed.): 345; Chou, 1998, *Class. Ident. Chin. Butt*.: 282, 283; Warren *et al*., 2008, *Cladistics*, 24: 3; Warren *et al*., 2009, *Syst. Entom*., 34: 493; Yuan, Yuan & Xue, 2015, *Fauna Sin. Ins. Lep. Hesperiidae*, 55: 317, 318.

Pamphilinae Butler, 1870, *Proc. zool. Soc. Lond*., (3): 728. **Type genus**: *Pamphila* Fabricius, 1807.

Cyclopedini Speyer, 1879, *Stett. Ent. Ztg*., 40(10-12): 483. **Type genus**: *Cyclopides* Hübner, 1819.

Baorinae Doherty, 1886, *J. asiat. Soc. Bengal*, Pt. II 55(2): 109. **Type genus**: *Baoris* Moore, 1881.

Suasttinae Doherty, 1886, *J. asiat. Soc. Bengal*, Pt. II 55(2): 111. **Type genus**: *Suastus* Moore, 1881.

Aeromachinae Tutt, 1906, *Ent. Rec*., 18: 197. **Type genus**: *Aeromachus* de Nicéville, 1890.

Matapinae Swinhoe, 1912, *Lep. Ind*., 10: 167. **Type genus**: *Matapa* Moore, 1888.

Astictopterinae Swinhoe, 1912, *Lep. Ind*., 10: 129. **Type genus**: *Astictopterus* Felder & Felder, 1860.

Hesperiinae (Hesperiidae); Korb & Bolshakov, 2011, *Eversmannia Suppl*., 2: 11.

休息时翅竖立。腹部长，通常与后翅后缘等长。前翅 M_2 脉起点在 M_1 脉和 M_3 脉之间，或靠近 M_3 脉。具有性二型现象，雄性翅常有性标斑或烙印斑。后足胫节无毛刷。

全世界记载 2000 余种，世界性分布。中国已知 210 余种，大秦岭分布 97 种。

族检索表

1. 前翅 Cu_2 脉分出点与 R_1 脉分出点对应或在其之后……2
   前翅 Cu_2 脉分出点在 R_1 脉分出点之前……3
2. 前翅中室上端角呈锐角尖出……**酣弄蝶族 Halpini**
   前翅中室上端角不如上述……**黄斑弄蝶族 Ampittiini**
3. 后翅 M_2 脉发达……**豹弄蝶族 Thymelicini**
   后翅 M_2 脉多缺失或不发达……4
4. 前翅 M_3 脉基部直；后翅中室下端角不向上弯曲……**5**
   前翅 M_3 脉基部弯曲；后翅中室下端角向上弯曲……**6**
5. 触角端针细尖……**钩弄蝶族 Ancistroidini**
   触角端针短钝……**旖弄蝶族 Isoteinonini**
6. 大部分种类前翅 Cu_2 脉起点靠近中室端部……**刺胫弄蝶族 Baorini**
   前翅 Cu_2 脉起点通常位于中室下缘中部……7
7. 中足胫节无刺……**黄弄蝶族 Taractrocerini**
   中足胫节有刺……**弄蝶族 Hesperiini**

钩弄蝶族 Ancistroidini Evans, 1949

Ancistroides group Evans, 1949, *Cat. Hesp. Eur. Asia Aus.*: 29. **Type genus**: *Ancistroides* Butler, 1874.
Ancistroidini; Chou, 1998, *Class. Ident. Chin. Butt.*: 283, 284; Yuan, Yuan & Xue, 2015, *Fauna Sin. Ins. Lep. Hesperiidae*, 55: 407.

翅阔；黑褐色；外缘弧形。前翅 Cu_2 脉起点在 R_1 脉之前；M_2 脉基部向上弯曲；中室比前翅后缘短。后翅中室短于后翅长的 1/2，下端角不上弯；Cu_2 脉分出点与 Rs 脉分出点相对应或在其之前；前缘与后缘一样长。腹部等于或短于后翅后缘。

全世界记载 39 种，分布于东洋区、澳洲区和新热带区。中国记录 16 种，大秦岭分布 7 种。

属检索表

1. 前翅无宽斜斑带 ………… 2
   前翅有宽斜斑带 ………… 3
2. 两翅 M_2 脉接近 M_3 脉 ………… **腌翅弄蝶属 *Astictopterus***
   两翅 M_2 脉位于 M_1 脉与 M_3 脉中间 ………… **伊弄蝶属 *Idmon***
3. 前翅正面宽斜带红色 ………… **红标弄蝶属 *Koruthaialos***
   前翅正面斑带白色或淡黄色 ………… 4
4. 后翅中央有白色斑带 ………… **姜弄蝶属 *Udaspes***
   后翅无斑带 ………… **袖弄蝶属 *Notocrypta***

袖弄蝶属 *Notocrypta* de Nicéville, 1889

Notocrypta de Nicéville,1889b, *J. Bombay nat. Hist. Soc.*, 4(3): 188. **Type species**: *Plesioneura curvifascia* C. & R. Felder, 1862.

Plesioneura C. & R. Felder, 1862a, *Wien. ent. Monats*., 6(1): 29. **Type species**: *Plesioneura curvifascia* C. & R. Felder, 1862; Moore, [1881], *Lepid. Ceylon*, 1(4): 177.

Notocrypta; Watson, 1893, *Proc. zool. Soc. Lond.*: 112; Evans, 1949, *Cat. Hesp. Eur. Asia Aus.*: 282; Pinratana, 1985, *Butt. Thailand*, 5: 64; Eliot, 1992, *Butt. Malay Pen.*: 356; Bridges, 1994, *Cat. Hesp. World*, IV: 20; Chou, 1998, *Class. Ident. Chin. Butt.*: 284; Braby, 2000, *Butt. Aus*., 1: 192; Vane-Wright & de Jong, 2003, *Zool. Verh. Leiden*, 343: 66; Yuan, Yuan & Xue, 2015, *Fauna Sin. Ins. Lep. Hesperiidae*, 55: 413, 414; Wu & Xu, 2017, *Butts. Chin.*: 1375.

翅黑褐色。前翅有白色透明的斜斑带；中室上缘在 R_1 脉分出处呈角度外突；M_2 脉基部略弯曲，接近 M_3 脉而远离 M_1 脉。后翅无斑纹；中室不及后翅长的 1/2。

雄性外生殖器：背兜大；钩突短，端部 U 形外突；颚突宽，臂状弯曲；囊突较短；抱器近长方形，端部圆；阳茎长，末端截形。

雌性外生殖器：囊导管膜质，短粗；交配囊发达，中部缢缩明显；无交配囊片。

寄主为姜科 Zingiberaceae 植物。

全世界记载 13 种，分布于东洋区及澳洲区。中国记录 4 种，大秦岭分布 2 种。

种检索表

前翅中斜带止于中室上缘 ………… **曲纹袖弄蝶 *N. curvifascia***
前翅中斜带伸过中室上缘 ………… **宽纹袖弄蝶 *N. feisthamelii***

宽纹袖弄蝶 *Notocrypta feisthamelii* (Boisduval, 1832)

Thymele feisthamelii Boisduval, 1832, *In*: dUrille, *Voy. Astrolabe*, 1(Lep.): 159, pl. 2, f. 7. **Type locality**: Amboina, Indonesia.

Notocrypta feisthamelii; Piepers & Snellen, 1910, *Rhop. Java*, [2]: 51; Evans, 1949, *Cat. Hesp. Eur. Asia Aus.*: 278; Wynter-Blyth, 1957, *Butt. Ind.Reg.*: 489; Lewis, 1974, *Butt. World*: 187, f. 44; Hsu, 1989, *J. Taiwan Mus.*, 4(1): 9; Chou, 1994, *Mon. Rhop. Sin.*: 717; Bridges, 1994, *Cat. Hesp. World*, VII: 80; Hsu, 1999, *Butt. Taiwan,* 1: 70; Vane-Wright & de Jong, 2003, *Zool. Verh. Leiden*, 343: 66; Yuan, Yuan & Xue, 2015, *Fauna Sin. Ins. Lep. Hesperiidae*, 55: 417, 418; Wu & Xu, 2017, *Butts. Chin.*: 1375, f. 1377: 7-10, 1378: 11-12.

Notocrypta satra Fruhstorfer, 1911a, *Dt. ent. Z. Iris*, 25: 23. **Type locality**: Buru, Indonesia. Synonymized by Evans, 1949: 288.

Celaenorrhinus unipuncta Rothschild, 1915, *Novit. zool.*, 22(1): 142. **Type locality**: Kanike, North Ceram. Synonymized by Evans, 1949: 288.

形态 成虫：中型弄蝶。两翅正面黑褐色；反面色稍淡。前翅中斜斑带宽，从前缘中部斜向后缘端部，白色或淡黄色，较直；亚顶区白色小点斑无或有，如有，则 1 ~ 5 个不等。后翅无斑。雌性个体较大。

卵：淡红褐色；表面密布纵条纹。

幼虫：5 龄期。白绿色，半透明；头部有黄灰色大斑，其上有白色细条纹。

蛹：纺锤形；淡绿色，半透明；头顶中央有角状突起。

寄主 姜科 Zingiberaceae 艳山姜 *Alpinia zerumbet* 及山姜 *A. japonica*。

生物学 1 年 1 代，成虫多见于 5 ~ 7 月。喜访花和湿地吸水。卵单产于寄主植物叶片上。幼虫有将叶对折做成大型虫巢的习性。老熟幼虫化蛹于叶片背面。

分布 中国（安徽、浙江、江西、湖南、福建、台湾、广东、海南、广西、四川、贵州、云南、西藏），印度，缅甸，越南，泰国，菲律宾，马来西亚，印度尼西亚，新几内亚岛。

大秦岭分布 四川（彭州）。

曲纹袖弄蝶 *Notocrypta curvifascia* (C. & R. Felder, 1862)

Plesioneura curvifascia C. & R. Felder, 1862a, *Wien. ent. Monats.*, 6(1): 29. **Type locality**: Ningpo.

Notocrypta curvifascia; Kudrna, 1974, *Atalanta*, 5: 118; Lewis, 1974, *Butt. World*: pl. 187, f. 42; Chou, 1994, *Mon. Rhop. Sin.*: 717; Yuan, Yuan & Xue, 2015, *Fauna Sin. Ins. Lep. Hesperiidae*, 55: 414-417; Wu & Xu, 2017, *Butts. Chin.*: 1375, f. 1377: 1-6.

Notocrypta morishitai Liu & Gu, 1994, *In*: Chou, *Mon. Rhop. Sin.*: 718, 773, f. 85-86. **Type locality**: Hainan. Synonymized by Fan, 2006: 61.

Notocrypta eitschbergeri Huang, 2001, *Neue Ent. Nachr.*, 51: 66, f. 1-2, pl. 1, f. 2. **Type locality**: Longpo to Nidadan, Nujiang Valley, SE. Tibet.

形态 成虫：中型弄蝶。与宽纹袖弄蝶 *N. feisthamelii* 极相似，主要区别为：翅反面有黄褐色和暗蓝色的鳞片。前翅反面中斜带仅达中室上缘；亚顶区有 5 ~ 6 个白色小点斑，其中 r_1-r_3 室 3 个斑呈直线排列，其余 2 ~ 3 个斑位于亚顶区中部。

寄主 姜科 Zingiberaceae 艳山姜 *Alpinia zerumbet*、美山姜 *A. formosana*、山姜 *A. japonica*、姜黄 *Curcuma longa*、郁金 *C. aromatica*、山柰 *Kaempferia galanga*、海南三七 *K. rotunda*、姜 *Zingiber officinale*、红球姜 *Z. zerumber*。

生物学 1 年多代，成虫多见于 4 ~ 9 月。

分布 中国（甘肃、浙江、福建、台湾、广东、海南、香港、广西、四川、云南、西藏），日本，印度，缅甸，斯里兰卡，泰国，马来半岛，苏门答腊岛，爪哇，婆罗洲。

大秦岭分布 甘肃（文县）、四川（都江堰）。

红标弄蝶属 *Koruthaialos* Watson, 1893

Koruthaialos Watson, 1893, *Proc. zool. Soc. Lond.*, (1): 71, 76. **Type species**: *Koruthaialos hector* Watson, 1893.

Arunena Swinhoe, 1919, *Ann. Mag. nat. Hist.*, (9) 3(16): 317. **Type species**: *Arunena nigerrima* Swinhoe, 1919. Synonymized by Evans, 1949: 273.

Koruthaialos; Evans, 1949, *Cat. Hesp. Eur. Asia Aus.*: 273; Pinratana, 1985, *Butt. Thailand*, 5: 61; Eliot, 1992, *Butt. Malay Pen.*: 354; Bridges, 1994, *Cat. Hesp. World*, IV: 16; Chou, 1998, *Class. Ident. Chin. Butt.*: 286; Yuan, Yuan & Xue, 2015, *Fauna Sin. Ins. Lep. Hesperiidae*, 55: 433; Wu & Xu, 2017, *Butts. Chin.*: 1373.

翅黑褐色。前翅有红色宽斜带；Sc 脉与 R_1 脉接触；M_3 脉接近 Cu_2 脉而远离 M_2 脉；M_2 脉在 M_1 脉与 M_3 脉中间。雄性的性标特殊，为后翅前缘基部有细长的毛簇，前翅反面 R 脉基部有特殊的鳞沟。下唇须第 3 节短。

雄性外生殖器：背兜平直；钩突端缘中部凹入；颚突发达，弯臂状；囊突粗长；抱器近长方形，端部圆；阳茎粗壮，中部膨大。

雌性外生殖器：囊导管中等长；交配囊宽大，长椭圆形；无交配囊片。

全世界记载 4 种，分布于东洋区和澳洲区。中国记录 2 种，大秦岭分布 1 种。

红标弄蝶 *Koruthaialos rubecula* (Plötz, 1882)

Lychnuchus rubecula Plötz, 1882a, *Berl. ent. Zs*., 26(2): 264. **Type locality**: Borneo.

Koruthaialos rubecula; Evans, 1949, *Cat. Hesp. Eur. Asia Aus.*: 274; Pinratana, 1985, *Butt. Thailand*, 5: 61; Eliot, 1992, *Butt. Malay Pen.*: 354; Bridges, 1994, *Cat. Hesp. World*, VIII: 196; Chou, 1994, *Mon. Rhop. Sin*.: 719; Yuan, Yuan & Xue, 2015, *Fauna Sin. Ins. Lep. Hesperiidae*, 55: 433.

Koruthaialos rubecala[sic]; Lewis, 1974, *Butt. World*: pl. 187, f. 22 (text).

形态 成虫：中型弄蝶。两翅正面黑褐色；反面色稍淡。前翅中斜带宽，橙红色，从前缘中部斜向臀角。后翅无斑。

生物学 成虫多见于 4 ~ 9 月。

分布 中国（广西、四川、云南），印度，缅甸，越南，泰国，菲律宾，马来西亚，印度尼西亚。

大秦岭分布 四川（都江堰）。

腌翅弄蝶属 *Astictopterus* C. & R. Felder, 1860

Astictopterus C. & R. Felder, 1860, *Wien. ent. Monats*., 4(12): 401. **Type species**: *Astictopterus jama* C. & R. Felder, 1860.

Astictopterus (Hesperiinae); Moore, [1881], *Lepid. Ceylon*, 1(4): 162; Evans, 1949, *Cat. Hesp. Eur. Asia Aus.*: 233; Pinratana, 1985, *Butt. Thailand*, 5: 58; Bridges, 1994, *Cat. Hesp. World*, IV: 4; Chou, 1998, *Class. Ident. Chin. Butt.*: 288; Yuan, Yuan & Xue, 2015, *Fauna Sin. Ins. Lep. Hesperiidae*, 55: 410; Wu & Xu, 2017, *Butts. Chin*.: 1373.

Psolos Semper, 1892, *Reisen Philipp*., (7): 319. **Type species**: *Tagiades pulligo* Mabille, 1876; Watson, 1893, *Proc. zool. Soc. Lond*., (1): 87 (MS name).

翅黑褐色；雄性无斑纹，雌性亚顶区有白色小斑纹；M_2 脉基部弯曲。前翅 Sc 脉与 R_1 脉相接近；Cu_2 脉比 R_1 脉先分出，离 Cu_1 脉较远；Cu_1 脉在 M_3 脉与 Cu_2 脉之间。后翅前缘比前翅后缘长；中室闭式。

雄性外生殖器：背兜宽，背面平直；钩突小；囊突短；抱器长阔，端部角状尖出，上缘有细齿，后端斜截；阳茎棒状，稍长于抱器。

雌性外生殖器：囊导管细长；交配囊小；无交配囊片。

寄主为禾本科 Gramineae 植物。

全世界记载 8 种，分布于东洋区、澳洲区和非洲区。中国记录 1 种，大秦岭有分布。

腌翅弄蝶 *Astictopterus jama* C. & R. Felder, 1860

Astictopterus jama C. & R. Felder, 1860, *Wien. ent. Monats*., 4(12): 401. **Type locality**: Malacca.

Tagiades pulligo Mabille, 1876, *Bull. Soc. ent. Fr*., 6(5): 26, 272. **Type locality**: Java. Synonymized by Evans, 1949: 234; Mabille, 1876, *Ann. Soc. ent. Fr.*, (5) 6 (2): 272.

Saoteinon melania Plötz, 1885, *Berl. Ent. Zeit*., 29: 230. **Type locality**: Malacca. Synonymized by Evans, 1949: 234.

Astictopterus jama; Evans, 1949, *Cat. Hesp. Eur. Asia Aus*.: 233; Lewis, 1974, *Butt. World*: pl. 185, f. 9; Pinratana, 1985, *Butt. Thailand*, 5: 59; Bridges, 1994, *Cat. Hesp. World*, IV: 11; Chou, 1994, *Mon. Rhop. Sin*.: 721; Yuan, Yuan & Xue, 2015, *Fauna Sin. Ins. Lep. Hesperiidae*, 55: 410-412; Wu & Xu, 2017, *Butts. Chin*.: 1373, f. 1374: 11-15.

形态 成虫：中型弄蝶。两翅正面黑褐色；反面褐色。前翅外缘弧形。雄性两翅无斑；后翅反面有黑色晕染。雌性色更深；前翅顶角亚顶区 r_3-r_5 室斑白色，排成斜列。

卵：扁圆球形；白色；表面密布细刻纹；精孔区深蓝色，周围密布放射状排列的深蓝色点斑列。

幼虫：细长；黄绿色，半透明；头部黑褐色，有八字形淡黄色斑纹，缘线橙黄色；前胸背部有黑褐色横带纹；背部绿色，中部有 2 条白色纵带纹；腹末端背面有 2 个黑褐色块斑。

蛹：纺锤形；黄色，半透明；头端部褐色；前胸背面两侧有红褐色斑纹；翅区淡黄色；腹背面有红褐色横斑带。

寄主 禾本科 Gramineae 芒 *Miscanthus sinensis* 及十字马唐 *Digitaria cruciata*。

生物学 1 年 1 代，成虫多见于 5 ~ 9 月。飞行缓慢，常在山径旁的草丛停留。

分布 中国（陕西、甘肃、安徽、浙江、湖北、江西、福建、广东、海南、香港、广西、重庆、贵州、云南），印度，缅甸，越南，老挝，泰国，菲律宾，印度尼西亚。

大秦岭分布 陕西（留坝）、甘肃（麦积）。

伊弄蝶属 *Idmon* de Nicéville, 1895

Idmon de Nicéville, 1895b, *J. Bombuy nat. Hist. Soc.*, 9(4): 375. **Type species**: *Baoris unicolor* Distant, 1886.

Idmon; Pinratana, 1985, *Butt. Thailand*, 5: 60; Eliot, 1992, *Butt. Malay Pen*. (4th ed.): 353; Bridges, 1994, *Cat. Hesp. World*, IV: 15; Fan *et al*., 2007, *Zootaxa*, 1510: 57; Yuan, Yuan & Xue, 2015, *Fauna Sin. Ins. Lep. Hesperiidae*, 55: 429, 430; Wu & Xu, 2017, *Butts. Chin*.: 1380.

Yania Huang, 1997, *J. Res. Lep*., 34: 147. **Type species**: *Yania sinica* Huang, 1997. Homonymized by Huang, 1999: 516.

Yanoancistroides Huang, 1999, *Lambilionea*, 99(4): 516. **Type species**: *Yanoancistroides sinica* (Huang, 1997); Huang, 2003, *Neue Ent. Nachr*., 55: 137. Synonymized by Fan *et al*., 2007: 57.

下唇须第 3 节细长。两翅正面黑褐色；无明显的透明斑。后翅反面常有淡色斑纹。两翅 M_2 脉直，位于 M_1 脉与 M_3 脉中间。雄性性标斑有或无。

雄性外生殖器：钩突比背兜长，端部二分叉；颚突弯臂状；囊突细长；抱器长阔，端宽，分为 2 瓣；阳茎长于抱器，无角状器。

全世界记载 7 种，分布于东洋区和澳洲区。中国记录 4 种，大秦岭分布 1 种。

中华伊弄蝶 *Idmon sinica* (Huang, 1997)

Yania sinica Huang, 1997, *J. Res. Lep*., 34: 148. **Type locality**: Qingcheng Shan, Sichuan.
Idmon sinica; Fan *et al*., 2007, *Zootaxa*, 1510: 58; Wu & Xu, 2017, *Butts. Chin*.: 1380, f. 1381: 12-13.
Yanoancistroides sinica; Huang, 1999, *Lambillionea*, 99(4): 516; Huang, 2003, *Neue Ent. Nachr.*, 55: 137.
Idmon sinicum; Yuan, Yuan & Xue, 2015, *Fauna Sin. Ins. Lep. Hesperiidae*, 55: 430.

形态 成虫：中型弄蝶。两翅黑褐色；无斑纹；反面散布黄褐色鳞片。雄性无第二性征。

生物学 成虫多见于 7～8 月。成虫栖息于林缘、溪谷等环境。

分布 中国（四川、贵州）。

大秦岭分布 四川（都江堰）。

姜弄蝶属 *Udaspes* Moore, [1881]

Udaspes (Hesperiidae) Moore, [1881], *Lepid. Ceylon*, 1(4): 177. **Type species**: *Papilio folus* Cramer, 1775.

Udaspes; Evans, 1949, *Cat. Hesp. Eur. Asia Aus*.: 292; Wynter-Blyth, 1957, *Butt. Ind. Reg*.: 490; Pinratana, 1985, *Butt. Thailand*, 5: 66; Eliot, 1992, *Butt. Malay Pen*. (4th ed.): 358; Bridges, 1994, *Cat. Hesp. World*, IV: 34; Chou, 1998, *Class. Ident. Chin. Butt.*: 284, 285; Yuan, Yuan & Xue, 2015, *Fauna Sin. Ins. Lep. Hesperiidae*, 55: 421, 422; Wu & Xu, 2017, *Butts. Chin*.: 1376.

与袖弄蝶属 *Notocrypta* 近似，两翅黑色至黑褐色；翅面有大的白色透明斑。后翅中室不及后翅长的 1/2。触角不及前翅前缘的 1/2。

雄性外生殖器：背兜大；钩突较小，有 1 对长突起；颚突钩状；囊突细小；抱器近长方形，有角状抱器铗，抱器端瓣钩状上弯；阳茎基部弯曲，末端截形。

寄主为姜科 Zingiberaceae 植物。

全世界记载 2 种，分布于东洋区。大秦岭均有分布。

种检索表

中大型弄蝶；后翅中央有 1 个大块斑 ······ **姜弄蝶 *U. folus***
小型弄蝶；后翅仅 m_2 室有 1 个小斑 ······ **小星姜弄蝶 *U. stellata***

姜弄蝶 *Udaspes folus* (Cramer, [1775])

Papilio folus Cramer, [1775], *Uitl. Kapellen*, 1(1-7): 118, pl. 74, f. F. **Type locality**: Surinam.

Hesperia cicero Fabricius, 1793, *Ent. Syst.*, 3(1): 338, n. 284. **Type locality**: Indian Region. Synonymized by Evans, 1949: 292.

Udaspes folus; Moore, [1881], *Lepid. Ceylon*, 1(4): 178, pl. 68, f. 3, 3a; Piepers & Snellen, 1910, *Rhop. Java*, [2]: 53, pl. 10, f. 79a-c; Inoue & Kawazoe, 1967, *Tyô Ga*, 17(1-2): 4; Kudrna, 1974, *Atalanta*, 5: 119; Lewis, 1974, *Butt. World*: pl. 189, f. 24; Chou, 1994, *Mon. Rhop. Sin.*: 719; Yuan, Yuan & Xue, 2015, *Fauna Sin. Ins. Lep. Hesperiidae*, 55: 423-425; Wu & Xu, 2017, *Butts. Chin.*: 1376, f. 1378: 15-19.

形态 成虫：中大型弄蝶。两翅缘毛黑白相间；正面黑褐色；反面色稍淡；斑纹白色。前翅亚顶区有 3 组斑纹，呈倒品字形排列；中横斑列由 3 个大块斑组成。反面顶角区有灰白色晕染；亚外缘斑带边界弥散，未达后缘。后翅中央有 1 个大块斑，边缘凹凸不平。反面中室白色条斑与中央大块斑相连；中室下方、后缘及亚缘区有大片的灰白色晕染；$sc+r_1$ 室中部有 1 个灰白色斑纹。

寄主 姜科 Zingiberaceae 姜 *Zingiber officinale*、蘘荷 *Z. mioga*、艳山姜 *Alpinia zerumbet*、美山姜 *A. formosana* 及姜花 *Hedychium coronarium*。

生物学 1 年多代，成虫多见于 4 ~ 10 月。栖息于林缘、溪谷、农田等环境。

分布 中国（甘肃、江苏、浙江、福建、台湾、广东、香港、四川、云南），日本，印度，缅甸，越南，老挝，泰国，印度尼西亚。

大秦岭分布 甘肃（武都）。

小星姜弄蝶 *Udaspes stellata* (Oberthür, 1896)

Plesioneura stellata Oberthür, 1896, *Étud. d'Ent.*, 20: 41. **Type locality**: Maenia, Tibet.

Udaspes stellata; Evans, 1949, *Cat. Hesp. Eur. Asia Aus.*: 292; Lewis, 1974, *Butt. World*: pl. 208, f. 42; Bridges, 1994, *Cat. Hesp. World*, VII: 213.

Udaspes stellatus; Chou, 1994, *Mon. Rhop. Sin.*: 719; Yuan, Yuan & Xue, 2015, *Fauna Sin. Ins. Lep. Hesperiidae*, 55: 425, 426; Wu & Xu, 2017, *Butts. Chin.*: 1376, f. 1378: 20.

形态 成虫：小型弄蝶。两翅缘毛黑白相间；正面黑褐色；反面前翅色稍深，后翅色稍淡；斑纹白色。前翅亚顶区有 3 组斑纹，呈倒品字形排列；中横斑列由 3 个块斑组成；反面端缘上半部黄色区半圆形。后翅 m_2 室有 1 个白色小斑；反面翅面散布黄白色云状大块斑和密集的黑褐色至褐色麻点纹。

生物学 成虫多见于 5 ~ 6 月。喜栖息于林缘、溪谷、农田等环境。

分布 中国（甘肃、四川、云南、西藏）。

大秦岭分布 甘肃（武都）。

酣弄蝶族 Halpini Inoué et Kawazoé, 1996

Halpe group Inoué et Kawazoé, 1996, *Trans. Lep. Soc. Jop*., 16: 84. **Type genns**: *Halpe* Moore, 1878.

Halpe group; Eliot, 1994, *Butt. Malay Pen*. (4th ed.): 346.

Halpini Fan, 2006, *Tax. Hesp. Mol. Phyl. Gegenini*: 20; Yuan, Yuan & Xue, 2015, *Fauna Sin. Ins. Lep. Hesperiidae*, 55: 318, 319.

前翅中室长；M_2 脉基部直，接近 M_3 脉；Cu_2 脉起点位于中室下缘中部或接近中室端部。后翅中室长不及后翅长度的 1/2；中室下角不上翘。雄性有第二性征。

分布于东洋区、古北区、澳洲区及新热带区。中国记录近 70 种，大秦岭分布 24 种。

属检索表

1. 前翅亚顶区无对斑；反面中室无斑或有 1 个斑纹 ························ **锷弄蝶属 *Aeromachus***
   前翅不如上述 ··· 2
2. 前翅亚顶区有对斑 ·· **琵弄蝶属 *Pithauria***
   前翅亚顶区多有 3 个斑纹，如为对斑，则中室有 1 个斑纹 ···················· 3
3. 雄性前翅中室端斑钩状 ··· **讴弄蝶属 *Onryza***
   雄性前翅中室端斑非钩状 ··· 4
4. 前翅中室端斑多条形 ··· **索弄蝶属 *Sovia***
   前翅中室端斑多非条形 ··· 5
5. 须直立 ··· **酣弄蝶属 *Halpe***
   须前伸 ··· **陀弄蝶属 *Thoressa***

锷弄蝶属 *Aeromachus* de Nicéville, 1890

Aeromachus de Nicéville, 1890b, *J. Bambay nat. Hist. Soc*., 5(3) : 214. **Type species**: *Thanaos stigmata* Moore, 1878.

Aeromachus; Watson, 1893, *Proc. zool. Soc. Lond*., (1): 80; Evans, 1943, *Proc. R. Ent. Soc. Lond*., (B) 12(7/8): 97; Evans, 1949, *Cat. Hesp. Eur. Asia Aus*.: 241; Pinratana, 1985, *Butt. Thailand*, 5: 48; Eliot, 1992, *Butt. Malay Pen*. (4th ed.): 347; Bridges, 1994, *Cat. Hesp. World*, IV: 2; Chou, 1998, *Class. Ident. Chin. Butt*.: 287, 288; Huang, 2003, *Neue Ent. Nachr*., 55: 12; Korb & Bolshakov, 2011, *Eversmannia Suppl*., 2: 13; Yuan, Yuan & Xue, 2015, *Fauna Sin. Ins. Lep. Hesperiidae*, 55: 319, 320; Wu & Xu, 2017, *Butts. Chin*.: 1349.

Machachus Swinhoe, 1913, *In*: Moore, *Lep. Ind*., 117(10): 194. **Type species**: *Thanaos jhora* de Nicéville, 1885. Synonymized by Evans, 1949: 241.

翅暗褐色或黑褐色。前翅较阔；前缘略弯曲；Cu_2 脉分出处与 R_1 脉相对应。后翅反面脉纹色淡；中室长短于后翅长的 1/2。部分种类前翅正面有性标斑。

雄性外生殖器：背兜短，两侧有领片状侧突；钩突有缢缩，端部阔；颚突方阔或弯臂状，端缘有小刺；囊突细短；抱器长阔，背缘端部二分裂成背瓣和端瓣，端瓣前上角三角形尖出，末端斜圆形；阳茎略短于抱器。

雌性外生殖器：囊导管粗短；交配囊近椭圆形；囊尾细长袋形或近球形；无交配囊片。

寄主为禾本科 Gramineae 植物。

全世界记载 20 种，分布于古北区和东洋区。中国记录 14 种，大秦岭分布 5 种。

种检索表

1. 后翅反面有淡紫色斑点 …………………………………**紫斑锷弄蝶 *A. catocyanea***
   后翅反面无淡紫色斑点 ……………………………………………………………… 2
2. 前翅正面无白色斑 ………………………………………………………………… 3
   前翅正面有白色斑 ………………………………………………………………… 4
3. 雄性前翅有黑色性标斑 ……………………………………………**黑锷弄蝶 *A. piceus***
   雄性前翅无性标斑 ……………………………………………………**宽锷弄蝶 *A. jhora***
4. 前翅反面有 2 列弧形排列的白斑 ……………………………**河伯锷弄蝶 *A. inachus***
   前翅反面无上述斑纹 ……………………………………………**疑锷弄蝶 *A. dubius***

紫斑锷弄蝶 *Aeromachus catocyanea* (Mabille, 1876)

Pamphila catocyanea Mabille, 1876, *Bull. Soc. ent. Fr*., (5): 6. **Type locality**: Tibet.

Aeromachus catocyanea; Evans, 1949, *Cat. Hesp. Eur. Asia Aus.*: 241; Bridges, 1994, *Cat. Hesp. World*, VIII: 43; Huang, 2003, *Neue Ent. Nachr.*, 55: 9, 15; Yuan, Yuan & Xue, 2015, *Fauna Sin. Ins. Lep. Hesperiidae*, 55: 326, 327; Wu & Xu, 2017, *Butts. Chin.*: 1349, f. 1354: 2-4.

形态 成虫：中小型弄蝶。两翅正面黑褐色；无斑。反面色稍淡；斑纹淡紫色。性标位于前翅 cu_1-cu_2 室中部，中间有白色鳞片。前翅前缘中部有黄色鳞片；外缘斑列及外横斑列时有模糊，未达后缘。后翅反面密被黄褐色鳞片；外缘斑列斑纹小；中室端斑圆形；中域斑带宽。

分布 中国（陕西、重庆、四川、贵州、云南、西藏）。

大秦岭分布 陕西（秦岭）。

河伯锷弄蝶 *Aeromachus inachus* (Ménétnés, 1859)

Thanaos inachus Ménétnés, 1859, *Bull. Phys. Mat. Acad. Sci. st. Pétersb.*, 17(12-14): 217. **Type locality**: S. Amur, near delta of Songari River.

Aeromachus inachus; Evans, 1949, *Cat. Hesp. Eur. Asia Aus.*: 242; Lewis, 1974, *Butt. World*: pl. 207, f. 8; Kudrna, 1974, *Atalanta*, 5: 117; Tong *et al.*, 1993, *Butt. Faun. Zhejiang*: 69; Bridges, 1994, *Cat. Hesp. World*, VIII: 106; Chou, 1994, *Mon. Rhop. Sin.*: 720; Tuzov *et al.*, 1997, *Guide Butt. Russia*, 1: 125; Wang *et al.*, 1999, *Mon. Butt. N. E. China*: 276; Huang, 2003, *Neue Ent. Nachr.*, 55: 15 (note), f. 12; Korb & Bolshakov, 2011, *Eversmannia Suppl.*, 2: 13; Yuan, Yuan & Xue, 2015, *Fauna Sin. Ins. Lep. Hesperiidae*, 55: 322, 323; Wu & Xu, 2017, *Butts. Chin.*: 1350, f. 1354: 21, 1355: 22-24.

形态 成虫：小型弄蝶。两翅正面黑褐色；反面深褐色；脉纹及外缘线灰白色；斑纹白色或淡黄色。前翅正面外横斑列 V 形；中室端部点斑白色；性标斑位于 cu_2 室中部。反面亚外缘斑列未达后缘；其余斑纹同前翅正面。后翅正面无斑；反面翅脉与亚外缘斑列、外横斑列及基部斑纹一起交织构成网格状。

卵：初产乳白色；有纵脊。

幼虫：淡蓝色；头、尾部黑色；体有白色条纹。

蛹：绿色；有白色纵条纹。

寄主 禾本科 Gramineae 大油芒 *Spodiopogon sibiricus*、芒 *Miscanthus sinensis*、稻 *Oryza sativa*。

生物学 1 年 2 至多代，以幼虫越冬，成虫多见于 5 ~ 8 月。卵单产于寄主植物叶片反面。幼虫有卷叶营巢并生活其中的习性。老熟幼虫化蛹于叶巢中。

分布 中国（黑龙江、吉林、辽宁、北京、山西、山东、河南、陕西、甘肃、江苏、安徽、浙江、湖北、江西、湖南、福建、台湾、广东、四川、贵州、云南），俄罗斯，朝鲜，韩国，日本。

大秦岭分布 河南（镇平、内乡、淅川、西峡、嵩县）、陕西（丹凤、商南）、甘肃（文县、徽县）、湖北（武当山）。

黑锷弄蝶 *Aeromachus piceus* Leech, 1893

Aeromachus piceus Leech, 1893, *Butt. Chin. Jap. Cor.*: 618. **Type locality**: Mouping, Sichuan.

Aeromachus piceus; Evans, 1949, *Cat. Hesp. Eur. Asia Aus.*: 243; Lewis, 1974, *Butt. World*: pl. 184, f. 18 (text); Tong *et al.*, 1993, *Butt. Faun. Zhejiang*: 69; Bridges, 1994, *Cat. Hesp. World*, VIII: 178; Chou, 1994, *Mon. Rhop. Sin. Butt.*: 720; Huang, 2003, *Neue Ent. Nachr.*, 55: 12 (note), f. 17, pl. 1, f. 15; Yuan, Yuan & Xue, 2015, *Fauna Sin. Ins. Lep. Hesperiidae*, 55: 321; Wu & Xu, 2017, *Butts. Chin.*: 1349, f. 1354: 8-12.

形态 成虫：小型弄蝶。两翅正面黑褐色；雄性无斑，雌性有外横斑列。反面深褐色，散布黄色鳞片；斑纹灰白色；亚外缘及外中域各有 1 列点状斑纹，但后翅斑列较模糊，覆有密集的黄色鳞片。雄性性标斑位于前翅正面后缘中部。

生物学 1 年多代，成虫多见于 5 ~ 9 月。常在林缘、路边活动，喜访野菊花。

分布 中国（陕西、甘肃、浙江、湖北、福建、广东、海南、广西、重庆、四川、贵州、云南）。

大秦岭分布 陕西（凤县、洋县、镇巴、佛坪、商州）、甘肃（麦积、康县、徽县、两当）、湖北（神农架）、重庆（城口）、四川（青川、都江堰、安州、平武）。

疑锷弄蝶 *Aeromachus dubius* Elwes & Edwards, 1897

Aeromachus dubius Elwes & Edwards, 1897, *Trans. zool. Soc. Lond.*, 14(4): 190, pl. 19, 23. **Type locality**: Peermaa.

Aeromachus dubius; Evans, 1949, *Cat. Hesp. Eur. Asia Aus.*: 242; Lewis, 1974, *Butt. World*: pl. 184, f. 16; Eliot, 1992, *Butt. Malay Pen*. (4th ed.): 347; Tong *et al.*, 1993, *Butt. Faun. Zhejiang*: 70; Bridges, 1994, *Cat. Hesp. World*, VIII: 69; Chou, 1994, *Mon. Rhop. Sin. Butt.*: 720; Yuan, Yuan & Xue, 2015, *Fauna Sin. Ins. Lep. Hesperiidae*, 55: 332, 333.

形态 成虫：小型弄蝶。两翅正面黑褐色；反面暗褐色。前翅正面雄性多无斑纹，雌性有灰白色外横斑列。反面沿前缘散布黄色鳞片；中室有 1 个模糊斑纹；亚缘斑列和外横斑列平行排列，清晰。后翅正面无斑。反面密被浅黄色鳞片；灰白色亚缘斑列和外横斑列模糊。雄性无性标斑。

生物学 成虫多见于 5 ~ 8 月。

分布 中国（陕西、浙江、福建、海南、广西、重庆、贵州、云南），印度，缅甸，马来西亚，印度尼西亚。

大秦岭分布 陕西（渭滨）、重庆（城口）。

宽锷弄蝶 *Aeromachus jhora* (de Nicéville, 1885)

Thanaos jhora de Nicéville, 1885, *J. asiat. Soc. Bengal*, Pt. II 54(2): 22. **Type locality**: Sikkim.

Machachus jhora; Swinhoe, 1913, *In*: Moore, *Lep. Ind.*, 10(117): 194.

Aeromachus jhora; Evans 1949, *Cat. Hesp. Eur. Asia Aus.*: 243; Eliou, 1992, *Butt. Malay Pen.*: 347; Bridges, 1949, *Cat. Hesp. World*, VI: 12; Huang, 2003, *Neue Ent. Nachr.*, 55: 14; Yuan, Yuan & Xue, 2015, *Fauna Sin. Ins. Lep. Hesperiidae*, 55: 329; Wu & Xu, 2017, *Butts. Chin.*: 1350, f. 1354: 15-18.

Aeromachus pseudojhora Lee, 1962, *Act. Ent. Sin*, 1(2): 147. **Type locality**: Yunnan.

形态 成虫：小型弄蝶。两翅暗褐色；正面无斑；反面斑纹灰白色或淡黄色。前翅正面无性标斑；外横斑列斑纹点状；2A 脉中部上方有细长的白色条纹。反面前缘与顶部被黄褐色鳞片；亚外缘斑列较模糊；外横斑列未达后缘。后翅反面散布黄褐色鳞片；亚外缘斑列及外横斑列均较模糊。

生物学 1 年多代，成虫多见于 5 ~ 10 月。

分布 中国（甘肃、浙江、湖北、福建、广东、香港、广西、贵州、云南），印度，缅甸，马来西亚。

大秦岭分布 甘肃（文县、武都）、湖北（南漳）。

酣弄蝶属 *Halpe* Moore, 1878

Halpe Moore, 1878, *Proc. zool. Soc. Lond.*, (3): 689. **Type species**: *Hesperilla porus* Mabille, [1877].

Halpe; Moore, [1881], *Lepid. Ceylon*, 1(4): 173; Watson, 1893, *Proc. zool. Soc. Lond.*, (1): 108; Evans, 1914, *Jour. Bombay Nat. Hist. Soc.*, 23(2): 309; Evans, 1926, *Jour. Bombay Nat. Hist. Soc.*, 31(3): 618; Evans, 1949, *Cat. Hesp. Eur. Asia Aus.*: 257; Bridges, 1994, *Cat. Hesp. World*, IV: 13; Chou, 1998, *Class. Ident. Chin. Butt.*: 289; Vane-Wright & de Jong, 2003, *Zool. Verh. Leiden*, 343: 64; Yuan, Wang & Yuan, 2007, *Acta Zootax. Sin.*, 32(2): 308; Maruyama, 2009, *Butterflies*, 51: 8; Yuan, Yuan & Xue, 2015, *Fauna Sin. Ins. Lep. Hesperiidae*, 55: 383, 384; Wu & Xu, 2017, *Butts. Chin.*: 1366.

须前伸。翅黑褐色。前翅狭长；有白色或黄色的透明斑；前缘直；中室上端角突出；M_2 脉基部弯曲。雄性前翅正面有性标斑。

雄性外生殖器：背兜小或大，隆起；侧突发达；钩突端缘中部凹入；囊突短，上翘；颚突左右分开；抱器狭长，端部及背缘有角状突，边缘有锯齿；阳茎粗短或细长。

雌性外生殖器：囊导管粗长；交配囊球形；有交配囊尾；无交配囊片。

寄主为禾本科 Gramineae 植物。

全世界记载 52 种，分布于东洋区。中国记录 19 种，大秦岭分布 2 种。

种检索表

前翅中室有 1 个白色斑纹 ………………………………………………………… **独子酣弄蝶 *H. homolea***

前翅中室有 2 个白色斑纹 ………………………………………………………… **长斑酣弄蝶 *H. gamma***

长斑酣弄蝶 *Halpe gamma* Evans, 1937

Halpe gamma Evans, 1937a, *Entomologist*, 70(1): 17. **Type locality**: "Formosa" [Taiwan, China].

Halpe formosana Tanikawa, 1940, *Taiko Taih. Sch. Formosa*, (16): 46. **Type locality**: "Formosa" [Taiwan, China]. Synonymized by Bridges, 1994, VIII: 85.

Halpe gamma; Evans, 1949, *Cat. Hesp. Eur. Asia Aus.*: 261; Bridges, 1994, *Cat. Hesp. World*, VIII: 89; Chou, 1998, *Class. Ident. Chin. Butt.*: 289; Huang & Wu, 2003, *Neue Ent. Nachr.*, 55: 135, f. 35, pl. 11, f. 13; Yuan, Wang & Yuan, 2007, *Acta Zootax. Sin.*, 32(3): 310; Yuan, Yuan & Xue, 2015, *Fauna Sin. Ins. Lep. Hesperiidae*, 55: 396, 397; Wu & Xu, 2017, *Butts. Chin.*: 1366, f. 1367: 5-13.

形态 成虫：中型弄蝶。两翅正面黑褐色；基部有棕黄色毛。反面色稍淡。前翅正面亚顶区 r_3-r_5 室斑排成斜列；中室端部有 2 个白色水滴状对斑，分离；m_3 室及 cu_1 室基部各有 1 个白色楔形小斑纹，错位排列；黑色性标位于 cu_2 室基半部。反面尖半部密被黄褐色鳞；亚外缘斑列黄色，较模糊；其余斑纹同前翅正面。后翅正面无斑。反面密被黄褐色鳞；亚缘斑列、中横斑列及基部条斑黄色，斑纹大小、长短不一，模糊。

生物学 1 年多代，成虫多见于 6 ~ 9 月。喜访花、湿地吸水和吸食动物排泄物。

分布 中国（陕西、甘肃、江西、福建、台湾、广东、广西、四川）。

大秦岭分布 陕西（洋县、佛坪）、甘肃（康县）、四川（都江堰）。

独子酣弄蝶 *Halpe homolea* (Hewitson, 1868)

Hesperia homolea Hewitson, 1868, *Descr. One Hundred new Spec. Hesp.*, (2): 29. **Type locality**: Singapore.

Hesperia homolea; Hewitson, 1876, *Ill. exot. Butts.*, [5] (Hesperia VII): [112], pl. [56], f. 77-78.

Halpe homolea; Piepers & Snellen, 1910, *Rhop. Java*, [2]: 42, pl. 9, f. 61a-c; Lewis, 1974, *Butt. World*: pl. 186, f. 29; Chou, 1994, *Mon. Rhop. Sin. Butt.*: 722.

形态 成虫：中型弄蝶。与长斑酣弄蝶 *H. gamma* 近似，主要区别为：前翅中室端部仅有 1 个白色斑纹。

寄主 禾本科 Gramineae。

生物学 1 年多代，成虫多见于 5 ~ 10 月。

分布 中国（辽宁、安徽、浙江、江西、湖南、福建、广东、海南、广西、重庆、四川、贵州、西藏），新加坡。

大秦岭分布 四川（都江堰、平武）。

讴弄蝶属 *Onryza* Watson, 1893

Onryza Watson, 1893, *Proc. zool. Soc. Lond.*, (1): 92, 112. **Type species**: *Halpe meiktila* de Nicéville, 1891.

Onryza; Evans, 1926, *Jour. Bombay Nat. Hist. Soc.*, 31(3): 622; Evans, 1949, *Cat. Hesp. Eur. Asia Aus.*: 27, 250; Pinratana, 1985, *Butt. Thailand*, 5: 51; Bridges, 1994, *Cat. Hesp. World*, IV: 21; Chou, 1998, *Class. Ident. Chin. Butt.*: 290; Yuan, Yuan & Xue, 2015, *Fauna Sin. Ins. Lep. Hesperiidae*, 55: 365; Wu & Xu, 2017, *Butts. Chin.*: 1352.

翅正面黑褐色；反面黄色。前翅有不透明的黄斑；前缘直；中室有斑纹，上端角略突出。后翅肩脉基部弯曲；顶角与臀角圆。

雄性外生殖器：背兜头盔形，中后部有 1 个窄片状侧突；钩突阔，末端 U 形分叉；颚突发达；囊突细短；抱器狭长，背缘末端裂成 2 瓣，端缘锯齿状；阳茎细直，角状器发达，密生粗刺，末端斜截。

全世界记载 4 种，分布于东洋区。中国记录 1 种，大秦岭有分布。

讴弄蝶 *Onryza maga* (Leech, 1890)（图版 36：111—112）

Pamphila maga Leech, 1890, *Entomologist*, 23: 48. **Type locality**: Ichang; Ningpo.

Padraona maga; Leech, 1892, *Butt. Chin. Jap. Cor.*: 599.

Onryza maga; Evans, 1949, *Cat. Hesp. Eur. Asia Aus.*: 251; Bridges, 1994, *Cat. Hesp. World*, VIII: 132; Chou, 1994, *Mon. Rhop. Sin.*: 722; Lewis, 1974, *Butt. World*: pl. 208, f. 20; Yuan, Yuan & Xue, 2015, *Fauna Sin. Ins. Lep. Hesperiidae*, 55: 365, 366; Wu & Xu, 2017, *Butts. Chin.*: 1352, f. 1356: 49-54.

形态 成虫：小型弄蝶。两翅正面黑褐色；斑纹黄色或白色。反面黄色。前翅正面中室端斑钩状；亚顶区 r_3-r_5 室条斑排成斜列；m_3 室和 cu_1 室基部各有 1 个斑纹，部分重叠。反面近中后部黑褐色；斑纹同前翅正面。后翅正面 m_3 室和 cu_1 室各有 1 个黄色条斑。反面密被黄褐色鳞；外缘、亚缘、中横斑列及基横斑列黑色；cu_2 室黑褐色。雌性斑纹白色；前翅中室端斑方；其余斑纹同雄性。

生物学 1 年多代，成虫多见于 4 ~ 10 月。喜访花、湿地吸水及吸食动物排泄物。

分布 中国（陕西、甘肃、安徽、浙江、湖北、江西、湖南、福建、台湾、广东、海南、广西、四川、贵州），缅甸，越南，泰国，新加坡，印度尼西亚。

大秦岭分布 陕西（长安、太白、洋县、佛坪、镇坪、岚皋）、甘肃（武都、徽县）、四川（平武）。

索弄蝶属 *Sovia* Evans, 1949

Sovia Evans, 1949, *Cat. Hesp. Eur. Asia Aus. Brit. Mus*.: 27, 246. **Type species**: *Hesperilla lucasii* Mabille, 1876.

Sovia; Yuan, Yuan & Xue, 2015, *Fauna Sin. Ins. Lep. Hesperiidae*, 55: 350, 351; Wu & Xu, 2017, *Butts. Chin*.: 1357.

翅褐色至黑褐色。前翅有透明斑。后翅正面无斑纹。外形与酣弄蝶属 *Halpe* 及陀弄蝶属 *Thoressa* 近似，但雄性外生殖器的形状差异显著。

雄性外生殖器：背兜较小；钩突阔长，末端不分叉；侧突无或很小；囊突细短；抱器近长椭圆形，边缘有锯齿；阳茎短于抱器。

全世界记载 9 种，分布于东洋区。中国记录 8 种，大秦岭分布 2 种。

种检索表

前翅中室端斑与后缘垂直或端部外倾 ······························ **李氏索弄蝶 *S. lii***

前翅中室端斑不如上述 ······························ **索弄蝶 *S. lucasii***

索弄蝶 *Sovia lucasii* (Mabille, 1876)

Hesperilla lucasii Mabille, 1876, *Bull. Soc. ent. Fr*., (5)6: 153. **Type locality**: Mupin, Sichuan.

Sovia sona Evans, 1937a, *Entomologist*, 70(1): 16. Synonymized by Evans, 1949: 247.

Sovia lucasii; Evans, 1949, *Cat. Hesp. Eur. Asia Aus*.: 247; Bridges, 1994, *Cat. Hesp. World*, VIII: 128; Huang, 2003, *Neue Ent. Nachr*., 55: 22; Yuan, Yuan & Xue, 2015, *Fauna Sin. Ins. Lep. Hesperiidae*, 55: 351, 352; Wu & Xu, 2017, *Butts. Chin*.: 1357, f. 1358: 1-5.

形态 成虫：中型弄蝶。两翅正面褐色至黑褐色，反面黄褐色；中室、cu_1 室、m_3 室、

rs 室及亚顶区有透明斑；斑纹白色；缘毛黑白相间。前翅正面中室 2 个端斑融合在一起，端部向内倾斜；亚顶区 r_3-r_5 室条状斑排成斜列；m_3 室和 cu_1 室基部各有 1 个斑纹，错位排列。反面中域至 cu_2 室黑褐色；后缘灰白色；斑纹同前翅正面。后翅正面无斑；反面外横斑列黑褐色，近 V 形，未达后缘。

生物学 成虫多见于 6 ~ 8 月。常在林缘和溪谷活动，喜访花、湿地吸水。

分布 中国（陕西、湖北、广东、广西、四川、云南），印度，不丹，缅甸。

大秦岭分布 陕西（洋县、佛坪）。

李氏索弄蝶 *Sovia lii* Xue, 2015

Sovia lii Xue, 2015, *Zootaxa*, 3985(4): 583.

Sovia lii; Wu & Xu, 2017, *Butts. Chin.*: 1357, f. 1358: 6-7.

形态 成虫：中型弄蝶。与索弄蝶 *S. lucasii* 近似，主要区别为：两翅正面褐色；反面棕褐色。前翅中室端斑未融合，近相连，端部外倾。

生物学 成虫多见于 7 月。喜访花和湿地吸水。

分布 中国（陕西、甘肃）。

大秦岭分布 陕西（岚皋）。

琵弄蝶属 *Pithauria* Moore, 1878

Pithauria Moore, 1878, *Proc. zool. Soc. Lond.*, (3): 689. **Type species**: *Ismene murdava* Moore, [1866].

Pithauria; Evans, 1949, *Cat. Hesp. Eur. Asia Aus.*: 267; Pinratana, 1985, *Butt. Thailand*, 5: 57; Eliot, 1992, *Butt. Malay Pen.* (4th ed.): 350; Bridges, 1994, *Cat. Hesp. World*, IV: 25; Chou, 1998, *Class. Inent. Chin. Butt.*: 290, 291; Yuan, Yuan & Xue, 2015, *Fauna Sin. Ins. Lep. Hesperiidae*, 55: 402; Wu & Xu, 2017, *Butts. Chin.*: 1369.

Pithauriopsis Wood-Mason & de Nicéville, 1887, *J. asiat. Soc. Bengal*, Pt. II 55(4): 387. **Type species**: *Pithauriopsis aitichisoni* Wood-Mason & de Nicéville, 1887. Synonymized by Evans, 1949: 267.

本属和讴弄蝶属 *Onryza* 近似，但触角尖端极细长，长为锤部宽度的 3 倍。须第 2 节极扁。前翅狭尖，有黄色（雄性）或白色（雌性）斑。后翅无斑。部分种类前翅正面有性标。

雄性外生殖器：背兜小，头盔形，两侧有三角形侧突；钩突发达，端部 U 形；颚突发达，左右愈合，弯臂形，端半部密生小刺；囊突很小，上翘；抱器二分裂，腹瓣端部上缘有 1 对叉突，伸过背瓣；阳茎略长于抱器，末端有小刺突。

全世界记载 4 种，分布于东洋区。大秦岭均有分布。

种检索表

1. 雄性前翅有性标斑 ……………………………………………… **黄标琵弄蝶 *P. marsena***
   雄性前翅无性标斑 ……………………………………………………………… 2
2. 雄性两翅正面基部被赭绿色长毛 …………………………………… **琵弄蝶 *P. murdava***
   雄性两翅正面基部长毛非赭绿色 ………………………………………………… 3
3. 前翅正面中室斑明显 ……………………………………… **槁翅琵弄蝶 *P. stramineipennis***
   前翅正面中室斑退化，仅留痕迹 …………………………………… **宽突琵弄蝶 *P. linus***

琵弄蝶 *Pithauria murdava* (Moore, [1866])

Ismene murdava Moore, [1866], *Proc. zool. Soc. Lond*., 1865(3): 784. **Type locality**: Darjiling.

Hesperia weimeri Plötz, 1883a, *Stett. ent. Ztg*., 44: 47. **Type locality**: Calcutta. Synonymized by Evans, 1949: 268.

Pithauria murdava; Moore, 1878, *Proc. zool. Soc. Lond*., (3): 689, pl. 45, f. 13; Evans, 1949, *Cat. Eur. Asia Aus*.: 268; Pinratana, 1985, *Butt. Thailand*, 5: 57; Eliot, 1992, *Butt. Malay Pen*. (4th ed.): 350; Bridges, 1994, *Cat. Hesp. World*, VIII: 150; Chou, 1994, *Mon. Rhop. Sin*.: 722; Jiang *et al*., 2001, *In*: Huang (Ed.), *Fauna Ins. Fujian*, 4: 150; Yuan, Yuan & Xue, 2015, *Fauna Sin. Ins. Lep. Hesperiidae*, 55: 403; Wu & Xu, 2017, *Butts. Chin*.: 1369, f. 1370: 10-11.

形态 成虫：中型弄蝶。两翅正面褐色至黑褐色；反面棕褐色；斑纹淡黄色。前翅正面中室 2 个端斑上下并列；亚顶区 r_4-r_5 室条斑排成斜列；m_3 室和 cu_1 室基部各有 1 个斑纹，部分重叠；基部密被赭绿色长毛。反面从基部经中室至亚缘区有黑褐色宽纵带；其余斑纹同前翅正面。后翅正面无斑；大部分翅面密被赭绿色长毛。反面中域有黑褐色纵带；cu_2 室至后缘棕色。雄性前翅正面无性标斑。雌性不被赭绿色长毛；斑纹白色，较大。

生物学 1 年多代，成虫多见于 4 ~ 10 月。喜访花和湿地吸水，常在林地活动。

分布 中国（陕西、浙江、福建、广东、海南、广西、四川、贵州、云南、西藏），印度，缅甸，越南，老挝，泰国。

大秦岭分布 陕西（汉台、佛坪）、四川（平武）。

宽突琵弄蝶 *Pithauria linus* Evans, 1937

Pithauria linus Evans, 1937, *Entomologist*, 70: 18. **Type locality**: Emeishan, China.

Pithauria stramineipennis linus Evans, 1949, *Cat. Hesp. Eur. Asia Aus*.: 268; Bridges, 1994, *Cat. Hesp. World*, IX: 50; Chou, 1994, *Mon. Rhop. Sin*.: 723.

Pithauria linus; Devyatkin & Monastyrskii, 2002, *Atalana*, 33(1/2): 148, pl. Va, f. 7; Fan, 2006, *Tax.*

Hesp. Mol. Phyl. Genenini: 59; Yuan, Yuan & Xue, 2015, *Fauna Sin. Ins. Lep. Hesperiidae*, 55: 405-407; Wu & Xu, 2017, *Butts. Chin.*: 1369, f. 1370: 12-16.

形态 成虫：中型弄蝶。与琵弄蝶 *P. murdava* 相似，主要区别为：正面前翅基部及后翅大部分覆有灰白色长毛。雄性前翅正面中室斑几乎消失；反面 cu_2 室至后缘灰白色。后翅反面有从 $sc+r_1$ 室基部经顶角附近至臀角区的 C 形斑列，斑纹断续，时有消失。

生物学 1 年多代，成虫多见于 5 ~ 9 月。喜访花和湿地吸水。

分布 中国（甘肃、浙江、江西、福建、广东、广西、四川、贵州），越南。

大秦岭分布 甘肃（康县）。

黄标琵弄蝶 *Pithauria marsena* (Hewitson, [1866])

Hesperia marsena Hewitson, [1866]b, *Trans. Ent. Soc. Lond.*, (3) 2(6): 498. **Type locality**: Sumatra.

Hesperia ornata C. & R. Felder, [1867], *Re. Freg. Nov.*, Bd 2 (Abth. 2)(3): 515, pl. 72, f. 6. **Type locality**: Java. Synonymized by Evans, 1949: 269.

Hesperia marsena; Hewitson, 1873, *Ill. exot. Butts.*, [5] (Hesperia V*-VI): [108], pl. [54], f. 51-52.

Hesperia subornata Plötz, 1883a, *Stett. ent. Ztg.*, 44(1-3): 32. **Type locality**: Java. Synonymized by Evans, 1949: 269.

Pithauriopsis aitchisoni Wood-Mason & de Nicéville, [1887], *J. asiat. Soc. Bengal*, Pt. II 55(4): 387, pl. 15, f. 4. **Type locality**: Cachar. Synonymized by Evans, 1949: 269.

Parnara uma de Nicéville, [1889]a, *J. asiat. Soc. Bengal*, (II) 57(4): 292, pl. 13, f. 9. **Type locality**: Karen Hills, Burma. Synonymized by Evans, 1949: 269.

Halpe marsena; Piepers & Snellen, 1910, *Rhop. Java*, [2]: 42, pl. 9, f. 62a-b.

Pithauria marsena; Evans, 1949, *Cat. Eur. Asia Aus.*: 269; Pinratana, 1985, *Butt. Thailand*, 5: 57; Eliot, 1992, *Butt. Malay Pen.* (4th ed.): 350; Tong *et al.*, 1993, *Butt. Faun. Zhejiang*: 75; Bridges, 1994, *Cat. Hesp. World*, VIII: 137; Chou, 1994, *Mon. Rhop. Sin.*: 723; Jiang *et al.*, 2001, *In*: Huang (Ed.), *Fauna Ins. Fujian*, 4: 139; Lewis, 1974, *Butt. World*: pl. 188, f. 15; Yuan, Yuan & Xue, 2015, *Fauna Sin. Ins. Lep. Hesperiidae*, 55: 402, 403.

形态 成虫：中型弄蝶。与琵弄蝶 *P. murdava* 相似，主要区别为：雄性前翅基部有黄色性标斑；中室 2 个斑纹上下相连，上部斑纹较下部斑纹小。后翅 Rs 脉与 M 脉上有针状毛；反面散布稀疏小圆斑。

生物学 1 年多代，成虫多见于 5 ~ 8 月。跳跃式飞行，速度快，多在林缘、路边活动，喜访花和湿地吸水。

分布 中国（陕西、甘肃、浙江、湖北、湖南、福建、广东、广西、重庆），印度，越南，缅甸，泰国，马来西亚。

大秦岭分布 陕西（太白、凤县、南郑、留坝、佛坪）、甘肃（两当）、湖北（神农架）。

槁翅琵弄蝶 *Pithauria stramineipennis* Wood-Mason & de Nicéville, [1887]

Pithauria stramineipennis Wood-Mason & de Nicéville, [1887], *J. asiat. Soc. Bengal*, Pt. II 55(4): 388, pl. 15, f. 5. **Type locality**: Cachar, Assam.

Pithauria stramineipennis; Evans, 1949, *Cat. Eur. Asia Aus.*: 268; Lewis, 1974, *Butt. World*: pl. 188, f. 16; Pinratana, 1985, *Butt. Thailand*, 5: 57; Eliot, 1992, *Butt. Malay Pen*. (4th ed.): 350; Tong *et al*., 1993, *Butt. Faun. Zhejiang*: 75; Bridges, 1994, *Cat. Hesp.World*, VIII: 213; Chou, 1994, *Mon.Rhop. Sin*.: 723; Yuan, Yuan & Xue, 2015, *Fauna Sin. Ins. Lep. Hesperiidae*, 55: 403-405.

形态 成虫：中型弄蝶。与琵弄蝶 *P. murdava* 相似，主要区别为：两翅反面黄褐色；正面前翅基部及后翅大部分有淡黄色长毛。雄性前翅正面中室有 2 个斑纹。后翅反面外横斑列清晰、模糊或消失。

生物学 1 年多代，成虫多见于 5 ~ 9 月。喜访花和湿地吸水。

分布 中国（甘肃、福建、江西、广东、海南、广西、四川、云南），印度，缅甸，越南，泰国，马来西亚。

大秦岭分布 甘肃（徽县）。

陀弄蝶属 *Thoressa* Swinhoe, [1913]

Thoressa Swinhoe, [1913], *In*: Moore, *Lep. Ind*., 10(120): 284. **Type species**: *Pamphila masoni* Moore, 1878.

Pedestes Watson, 1893, *Proc. zool. Soc. Lond*., (1): 71, 81 (preocc. *Pedestes* Gray, 1842). **Type species**: *Isoteinon masuriensis* Moore, 1878.

Pedesta Hemming, 1934b, *Entomologist*, 67: 38 (repl. *Pedestes* Watson, 1893). **Type species**: *Isoteinon masuriensis* Moore, 1878.

Thoressa; Evans, 1949, *Cat. Hesp. Eur. Asia Aus*.: 252; Pinratana, 1985, *Butt. Thailand*, 5: 52; Bridges, 1994, *Cat. Hesp. World*, IV: 33; Chou, 1998, *Class. Ident. Chin. Butt.*: 291, 292; Wang & Yuan, 2003, *Entomotaxonomia*, 25(1): 61; Huang & Zhan, 2004, *Neue Ent. Nachr*., 57: 179; Korb & Bolshakov, 2011, *Eversmannia Suppl*., 2: 13; Yuan, Yuan & Xue, 2015, *Fauna Sin. Ins. Lep. Hesperiidae*, 55: 367, 368; Wu & Xu, 2017, *Butts. Chin*.: 1359.

本属种类和酣弄蝶属 *Halpe* 非常近似。翅正面褐色至黑褐色；斑纹白色；脉纹色深。反面黄褐色、棕褐色、褐色或赭黄色。前翅狭；顶角尖；前缘与后缘长度之比为 4∶3；中室上端角外突；cu_2 室有性标，其外端有 2 个淡色鳞区，似 2 个白斑。后翅臀角突出。

雄性外生殖器：背兜小，背面观近方形；钩突阔，端部U形凹入；侧突长刺状；颚突钩状，左右愈合；囊突细短；抱器长阔，内突发达，端部有小齿；阳茎短于抱器，末端斜截。

寄主为禾本科 Gramineae 植物。

全世界记载38种，分布于古北区和东洋区。中国记录21种，大秦岭分布10种。

种检索表

1. 后翅正面外中域有2～3个斑纹……2
   后翅正面外中域无斑或仅有1个斑纹……3
2. 后翅正面外中域有3个白色短条斑……**花裙陀弄蝶 *T. submacula***
   后翅正面外中域有2个淡黄色条斑……**栾川陀弄蝶 *T. luanchuanensis***
3. 触角棒状部在端突前有浅黄色环纹……**三点陀弄蝶 *T. kuata***
   触角棒状部在端突前无浅黄色环纹……4
4. 前翅性标线状，位于 Cu_2 脉至2A脉间……**长标陀弄蝶 *T. blanchardii***
   前翅性标位于 cu_2 室基半部，其外侧有暗褐色补丁斑……5
5. 前翅 cu_1 室斑与中室端部斑纹相接……**马苏陀弄蝶 *T. masuriensis***
   前翅 cu_1 室斑与中室端部斑纹远离……6
6. 前翅中室多无斑或仅有1个模糊斑纹……**灰陀弄蝶 *T. gupta***
   前翅中室有2个斑纹……7
7. 前翅中室端部2个斑纹上小下大……8
   前翅中室端部2个斑纹大小相差不大……9
8. 前翅 cu_1 室斑位于中室端斑与 m_3 室斑中间……**赭陀弄蝶 *T. fusca***
   前翅 cu_1 室斑靠近 m_3 室斑，远离中室端斑……**短突陀弄蝶 *T. breviprojecta***
9. 中型；后翅反面棕褐色……**徕陀弄蝶 *T. latris***
   小型；后翅反面赭黄色……**秦岭陀弄蝶 *T. yingqii***

花裙陀弄蝶 *Thoressa submacula* (Leech, 1890)（图版36：108）

Halpe submacula Leech, 1890, *Entomologist*, 23: 48. **Type locality**: Changyang, China.

Thoressa submacula; Evans, 1949, *Cat. Hesp. Eur. Asia Aus.*: 254; Bridges, 1994, *Cat. Hesp. World*, VIII: 215; Chou, 1994, *Mon. Rhop. Sin.*: 723; Devyatkin, 2002, *Atalanta*, 33(1/2): 127 (note), pl. IV, f. 3-4; Wang & Yuan, 2003, *Entomotaxonomia*, 25(1): 62; Yoshino, 2003, *Futao*, 43: 10(note), f. 31-32; Yuan, Yuan & Xue, 2015, *Fauna Sin. Ins. Lep. Hesperiidae*, 55: 368, 369; Wu & Xu, 2017, *Butts. Chin.*: 1360, f. 1362: 25-28.

形态 成虫：中型弄蝶。两翅正面黑褐色；反面褐色；斑纹翅正面白色，反面黄色。前翅正面中室 2 个端斑上下并列相连；亚顶区 r_3-r_5 室条状斑排成斜列；m_3 室和 cu_1 室基部各有 1 个楔形斑纹，部分重叠；基部密被暗黄色长毛。反面亚外缘斑列黄色，未达后缘；前缘带黄色，仅达亚顶区；其余斑纹同前翅正面。后翅正面基部长毛黄褐色；外中域 sc+r_1 室、m_3 室、cu_1 室各有 1 个条斑。反面端缘无斑，其余翅面密布长短不一的黄色条斑，从翅前缘近基部至臀角有 1 个斑纹断裂带。雄性前翅黑色性标位于 cu_2 室近基部。雌性前翅 r_3 室条斑消失；后缘中部多有 1 个白色斑纹。

幼虫：初龄幼虫淡绿色，透明；头部黑色；腹末端乳白色。末龄幼虫灰绿色；头部黑色；前胸背部有 1 对黑色条斑；腹末端有 2 个黑色椭圆斑，八字形排列。

蛹：纺锤形；淡黄褐色；中胸前缘两侧各有 1 个黑褐色斑纹；胸腹部背面密布褐色细毛；腹部节间淡褐色。

寄主 禾本科 Gramineae 阔叶箬竹 *Indocalamus latifolius*。

生物学 成虫多见于 5 ~ 8 月。常在林地活动，喜湿地吸水。

分布 中国（河南、陕西、甘肃、江苏、安徽、浙江、湖北、江西、湖南、福建、广东、海南、重庆、贵州）。

大秦岭分布 陕西（长安、周至、太白、凤县、南郑、洋县、宁强、镇巴、留坝、佛坪、平利、宁陕、商州、丹凤、山阳）、甘肃（康县、徽县、两当、礼县）、湖北（兴山、神农架、房县）。

栾川陀弄蝶 *Thoressa luanchuanensis* (Wang & Niu, 2002)

Ampittia luanchuanensis Wang & Niu, 2002, *Entomotaxonomia*, 24(4): 278, f. 13-14, 34-38. **Type locality**: Luan-chuan, Henan.

Thoressa nakai Yoshino, 2003, *Futao*, 43: 9, f. 29-30, 39, 44. **Type locality**: Shennonia, Hubei. Synonymized by Fan, 2006: 43.

Ampittia luanchuanensis; Huang, 2003, *Neue Ent. Nachr.*, 55: 24.

Thoressa luanchuanensis; Huang & Zhan, 2004, *Neue Ent. Nachr.*, 57: 182; Yuan, Yuan & Xue, 2015, *Fauna Sin. Ins. Lep. Hesperiidae*, 55: 371, 372; Wu & Xu, 2017, *Butts. Chin.*: 1363, f. 1365: 8-9.

形态 成虫：中型弄蝶。与花裙陀弄蝶 *T. submacula* 相似，主要区别为：前翅 cu_2 室性标很弱。反面端部横斑列宽，从外缘区至亚缘区；中部斑纹延伸至中室端脉处；其余斑纹同前翅正面。后翅正面外中域 sc+r_1 室无斑；cu_1 室条斑退化。反面黄色条斑密布整个翅面。

生物学 成虫多见于 5 月。喜湿地吸水。

分布 中国（河南、陕西、甘肃、湖北、海南）。

大秦岭分布 河南（栾川）、陕西（凤县、宁陕、镇安）、甘肃（康县）、湖北（神农架）。

三点陀弄蝶 *Thoressa kuata* (Evans, 1940)

Halpe kuata Evans, 1940, *Entomologist*, 73(929): 230. **Type locality**: Kuatun, Fujian, China.

Thoressa kuata; Evans, 1949, *Cat. Hesp. Eur. Asia Aus.*: 253; Bridges, 1994, *Cat. Hesp. World*, VIII: 117; Wang & Yuan, 2003, *Entomotaxonomia*, 25(1): 63; Yuan, Yuan & Xue, 2015, *Fauna Sin. Ins. Lep. Hesperiidae*, 55: 372-374; Wu & Xu, 2017, *Butts. Chin.*: 1360, f. 1362: 31-32.

形态 成虫：中型弄蝶。两翅正面黑褐色；反面色稍淡；斑纹白色。前翅正面中室 2 个端斑上下并列相连；亚顶区 r_3-r_5 室条斑排成斜列；m_3 室和 cu_1 室基部各有 1 个近方形斑纹，部分重叠；基部密被暗黄色长毛；黑色性标位于 cu_2 室基半部。反面前缘、顶角区及外缘密被黄色鳞；其余斑纹同前翅正面。后翅正面基部至中央密被黄褐色长毛；m_3 室中部白色小斑有或无。反面密被黄色鳞；sc+r_1 室基半部有 1 ~ 2 个白色小斑；外中域 rs 室、m_3 室、cu_1 室各有 1 个白色小斑纹。

生物学 成虫多见于 6 ~ 7 月。喜湿地吸水。

分布 中国（陕西、浙江、福建、海南）。

大秦岭分布 陕西（凤县、南郑、洋县）。

短突陀弄蝶 *Thoressa breviprojecta* Yuan & Wang, 2003

Thoressa breviprojecta Yuan & Wang, 2003, *In*: Wang & Yuan, *Entomotaxonomia*, 25(1): 64. **Type locality**: Lushan, Sichuan.

Thoressa breviprojecta; Yuan, Yuan & Xue, 2015, *Fauna Sin. Ins. Lep. Hesperiidae*, 55: 378, 379.

形态 成虫：中型弄蝶。两翅正面黑褐色；反面黄褐绿色；斑纹乳白色。前翅正面亚顶区 r_3-r_5 室斑排成斜列；中室端部斑纹 2 个，上方斑纹点状，下方斑纹长条形；m_3 和 cu_1 室斑近圆形；性标斑位于 cu_2 室基半部，其外侧有 1 对暗褐色补丁斑。反面后半部黑褐色；cu_2 室中部条纹窄；其余斑纹同前翅正面。后翅正面基半部密被黄褐色长毛；无斑。反面中域小斑灰白色，模糊或消失。

生物学 成虫多见于 6 ~ 7 月。

分布 中国（陕西、甘肃、四川）。

大秦岭分布 陕西（凤县、南郑）、甘肃（两当）。

灰陀弄蝶 *Thoressa gupta* (de Nicéville, 1886)

Halpe gupta de Nicéville, 1886, *J. asiat. Soc. Bengal*, Pt. II 55(3): 254, pl. 11, f. 1. **Type locality**: Sikkim.

Halpe gupta; Elwes, 1888, *Tran. Ent. Soc. Lond*., 36(3): 454.

Thoressa gupta; Evans, 1949, *Cat. Hesp. Eur. Asia Aus*.: 255; Bridges, 1994, *Cat. Hesp. World*, VIII: 94; Wang & Yuan, 2003, *Entowctax*., 25(1): 63; Huang, 2003, *Neue Ent. Nachr*., 55: 28; Huang & Zhan, 2004, *Neue Ent. Nachr*., 57: 182; Yuan, Yuan & Xue, 2015, *Fauna Sin. Ins. Lep. Hesperiidae*, 55: 379, 380; Wu & Xu, 2017, *Butts. Chin*.: 1360, f. 1362: 20-22.

形态 成虫：中型弄蝶。翅正面黑褐色；斑纹白色，半透明。反面褐色。前翅正面亚顶区 r_3-r_5 室斑小，排成斜列；中室多无斑或仅有 1 个模糊斑纹；m_3 室及 cu_1 室斑错位排列；性标斑位于 cu_2 室基半部，其外侧有暗褐色补丁斑。反面前半部被黄褐色鳞；其余斑纹同前翅正面。后翅正面无斑。反面密被黄棕色鳞；中域小斑灰白色，模糊，有暗色阴影。

生物学 成虫多见于 6 ~ 8 月。

分布 中国（陕西、甘肃、湖北、江西、广东、四川、云南），印度。

大秦岭分布 陕西（周至、陈仓）、甘肃（康县、徽县）、湖北（神农架）、四川（南江、都江堰）。

马苏陀弄蝶 *Thoressa masuriensis* (Moore, 1878)

Isoteinon masuriensis Moore, 1878, *Proc. zool. Soc. Lond*., (3): 693, pl. 45, f. 3. **Type locality**: Masuri, NW. Hiamalaya, India.

Isoteinon masuriensis; Elwes, 1888, *Tran. Ent. Soc. Lond*., 36(3): 455.

Pedestes masuriensis tali Swinhoe, 1912, *In*: Moore, *Lep. Ind*., 10: 149. **Type locality**: Tali, Yunnan.

Pedesta masuriensis; Evans, 1949, *Cat. Hesp. Eur. Asia Aus*.: 249; Bridges, 1994, *Cat. Hesp. World*, VIII: 137; Yuan, Yuan & Xue, 2015, *Fauna Sin. Ins. Lep. Hesperiidae*, 55: 357, 358.

Pedesta masunerisis [sic]; Lewis, 1974, *Butt. World*: pl. 208, f. 23.

Pedesta masuriensis cuneomaculata; Murayama, 1995, *Ins. Nat*., 30(14): 33. **Type locality**: Yunnan.

Pedesa masuriensis; Huang, 2003, *Neue Ent. Nachr*., 55: 25 (note).

Thoressa masuriensis; Huang & Zhan, 2004, *Neue Ent. Nachr*., 57: 179; Wu & Xu, 2017, *Butts. Chin*.: 1359, f. 1361: 6.

形态 成虫：小型弄蝶。两翅正面黑褐色；反面黄褐色；斑纹白色至淡黄色。前翅正面亚顶区 r_3-r_5 室斑长方形，排成斜列，被翅脉分开；中室端斑大，2 个斑多合并成 1 个长方形大斑；m_3、cu_1 室楔形斑发达，与中室端斑相接；cu_2 室中部有模糊的斑纹。反面中后半部黑褐色；斑纹同前翅正面。后翅正面无斑。反面外中域有非常模糊的灰白色斑；后缘灰白色。

生物学 成虫多见于 5 月。喜在溪边和岩壁上吸水。

分布 中国（甘肃、四川、云南），印度。

大秦岭分布 甘肃（武都、文县）。

长标陀弄蝶 *Thoressa blanchardii* (Mabille, 1876)

Hesperia blanchardii Mabille, 1876, *Bull. Soc. ent. Fr.*, 6(5): 153. **Type locality**: Mupin, Sichuan.

Pedesta blanchardii; Evans, 1949, *Cat. Hesp. Eur. Asia Aus.*: 249; Bridges, 1994, *Cat. Hesp. World*, VIII: 34; Huang, 2003, *Neue Ent. Nachr.*, 55: 27 (note), f. 32, pl. 3, f. 2; Yuan, Yuan & Xue, 2015, *Fauna Sin. Ins. Lep. Hesperiidae*, 55: 359, 360.

Thoressa abprojecta Wang & Yuan, 2003, *Entomotaxonomia*, 25(1): 63, 64. **Type locality**: Qinling, Shaanxi. Synonymized by Huang & Zhan, 2004: 182.

Thoressa blanchardii; Huang & Zhan, 2004, *Neue Ent. Nachr.*, 57: 182; Wu & Xu, 2017, *Butts. Chin.*: 1359, f. 1361: 10-14.

形态 成虫：小型弄蝶。翅正面黑褐色；反面深黄褐色；斑纹淡黄色。前翅亚顶区 r_3-r_5 室小斑排成斜列，r_3 室斑最小；中室 2 个端斑上小下大，相连；m_3 室及 cu_1 室斑部分重叠；斜向性标黑色，线状，位于 Cu_2 脉至 2A 脉间；反面中室下缘至后缘黑褐色。后翅正面无斑。反面密被黄褐色鳞；中域灰白色小斑模糊。

生物学 成虫多见于 5 ~ 6 月。

分布 中国（陕西、甘肃、四川）。

大秦岭分布 陕西（鄠邑、陈仓、太白、凤县、洋县、佛坪、宁陕）、甘肃（麦积）。

徕陀弄蝶 *Thoressa latris* (Leech, 1894)

Halpe latris Leech, 1894, *Butts. China Japan Corea*, (2): 623. **Type locality**: Ta Tsien Lou, Sichuan.

Thoressa latris; Evans, 1949, *Cat. Hesp. Eur. Asia Aus.*: 255; Bridges, 1994, *Cat. Hesp. World*, VIII: 121; Chou, 1994, *Mon. Rhop. Sin.*: 723; Wang & Yuan, 2003, *Entomotaxonomia*, 25(1): 62; Yuan, Yuan & Xue, 2015, *Fauna Sin. Ins. Lep. Hesperiidae*, 55: 381, 382; Wu & Xu, 2017, *Butts. Chin.*: 1364, f. 1365: 13-14.

形态 成虫：中型弄蝶。与长标陀弄蝶 *T. blanchardii* 相似，主要区别为：个体较大。前翅黑褐色性标斑近圆形。后翅反面棕褐色；白色斑纹较清晰。

生物学 1 年 1 代，成虫多见于 5 ~ 6 月。

分布 中国（甘肃、福建、广东、四川、贵州、云南）。

大秦岭分布 甘肃（徽县）。

秦岭陀弄蝶 *Thoressa yingqii* Huang, 2010（图版 36：107）

Thoressa yingqii Huang, 2010, *Syst. Tax. Stud. Trib. Aeromachini Chin.*: 94.

Thoressa yingqii; Wu & Xu, 2017, *Butts. Chin.*: 1363, f. 1365: 4-5.

形态 成虫：小型弄蝶。与徕陀弄蝶 *T. latris* 相似，主要区别为：个体较小。前翅正面黑褐色性标斑近椭圆形。后翅反面赭黄色。

生物学 1 年 1 代，成虫多见于 5 ~ 6 月。喜在湿地吸水。

分布 中国（陕西、甘肃）。

大秦岭分布 陕西（周至、陈仓、太白）。

赭陀弄蝶 *Thoressa fusca* (Elwes, [1893])

Halpe fusca Elwes, [1893], *Proc. zool. Soc. Lond.*, 1892(4): 653, pl. 43, f. 1. **Type locality**: Bernardmyo, N. Burma.

Thoressa fusca; Evans, 1949, *Cat. Hesp. Eur. Asia Aus.*: 256; Bridges, 1994, *Cat. Hesp. World*, VIII: 88; Huang, 2003, *Neue Ent. Nachr.*, 55: 28 (note); Wang & Yuan, 2003, *Entomotaxonomia*, 25(1): 63; Yuan, Yuan & Xue, 2015, *Fauna Sin. Ins. Lep. Hesperiidae*, 55: 376-378; Wu & Xu, 2017, *Butts. Chin.*: 1360, f. 1361: 16-18, 1362: 19.

形态 成虫：中型弄蝶。两翅正面黑褐色；反面棕褐色；斑纹半透明，白色或稍泛黄。前翅亚顶区近前缘有 3 个小斑，排列稍错位；中室端斑上小下大，接触或分离；m_3 室及 cu_1 室基部斑纹错位排列；雄性正面中室下方有性标斑。后翅无斑。

生物学 成虫多见于 6 月。喜聚集于潮湿地表吸水。

分布 中国（陕西、福建、广东、广西、四川、云南），印度，缅甸。

大秦岭分布 陕西（佛坪）。

刺胫弄蝶族 Baorini Doherty, 1886

Baorinae Doherty, 1886, *J. asiat. Soc. Bengal*, Pt. II 55(2): 109. **Type genus**: *Baoris* Moore, 1881.

Gegenes group Evans, 1949, *Cat. Hesp. Eur. Asia Aus.*: 6. **Type genus**: *Gegenes* Hübner, 1819.

Pelopidas group Eliot, 1992, *Butt. Malay Pen.* (4th ed.): 384.

Gegenini; Chou, 1998, *Class. Ident. Chin. Butt.*: 295.

Baorini Warren *et al.*, 2008, *Cladistics*, 24: 4; Warren *et al.*, 2009, *Syst. Entom.*, 34: 495; Yuan, Yuan & Xue, 2015, *Fauna Sin. Ins. Lep. Hesperiidae*, 55: 438, 439.

下唇须第 3 节长约为宽的 3 倍。少数种类中足及后足胫节有刺。腹部和后翅后缘约等长。前翅顶角及后翅臀角突出。前翅多有白色透明斑；中室上端角尖出；M_2 脉基部略弯曲；Cu_2 脉从近中室中上部分出。后翅反面有白色小斑；前缘基部有毛簇；后缘略有瓣；中室下角在 Cu_2 脉处向内弯曲；Rs 脉比 Cu_2 脉先分出。雄性多有第二性征，部分种类前翅正面有性标斑。

全世界记载 95 种，分布于东洋区、古北区、非洲区、澳洲区及新热带区。中国记录 42 种，大秦岭分布 28 种。

属检索表

1. 中足胫节有刺 ·· 2
   中足胫节无刺 ·· 3
2. 雄性前翅反面后缘区无烙印斑；后翅反面有白色斑纹 ······················ **谷弄蝶属 *Pelopidas***
   雄性前翅反面后缘区有烙印斑；后翅反面无白色斑纹 ······················ **刺胫弄蝶属 *Baoris***
3. 前翅中室短于后缘 ·· 4
   前翅中室不短于后缘 ··· 5
4. 前翅外横斑列斑纹连续 ·· **稻弄蝶属 *Parnara***
   前翅外横斑列斑纹不连续，中间断开 ·· **拟籼弄蝶属 *Pseudoborbo***
5. 后翅反面通常无斑 ·· **珂弄蝶属 *Caltoris***
   后翅反面有斑 ··· 6
6. 触角短于前翅前缘长的 1/2 ··· **籼弄蝶属 *Borbo***
   触角等于或长于前翅前缘长的 1/2 ··· **孔弄蝶属 *Polytremis***

刺胫弄蝶属 *Baoris* Moore, 1881

Baoris Moore, 1881, *Lep. Ceylon*, 1(4): 165. **Type species**: *Hesperia oceia* Hewitson, 1868.

Baoris; Evans, 1949, *Cat. Hesp. Eur. Asia Aus.*: 448; Eliot, 1992, *Butt. Malay Pen*. (4th ed.): 389; Bridges, 1994, *Cat. Hesp. World*, IV: 4; Chou, 1998, *Class. Ident. Chin. Butt.*: 295, 296; Yuan, Yuan & Xue, 2015, *Fauna Sin. Ins. Lep. Hesperiidae*, 55: 487; Wu & Xu, 2017, *Butts. Chin.*: 1419.

中足胫节有强刺。翅黑褐色。前翅白色斑纹透明；顶角尖出；中室与后缘等长；Cu_2 脉起点靠近中室端部。后翅臀角突出；无斑。绝大部分种类有性标：后翅正面中室为斜立的黑色毛刷，前翅反面后缘对应有卵形烙印斑。

雄性外生殖器：背兜小，平坦或凹陷；钩突、颚突不发达；囊突长；抱器阔，中部缢缩，腹缘端部角状尖出；阳茎粗长，略弯曲，有角状器。

寄主为禾本科 Gramineae 竹亚科 Bambusoideae 植物。

全世界记载 11 种，分布于东洋区。中国记录 4 种，大秦岭分布 2 种。

种检索表

前翅正面及后翅反面有淡绿色鳞 ··**黎氏刺胫弄蝶 *B. leechii***

前翅正面及后翅反面无淡绿色鳞 ···**刺胫弄蝶 *B. farri***

黎氏刺胫弄蝶 *Baoris leechii* (Elwes & Edwards, 1897)

Parnara leechii Elwes & Edwards, 1897, *Trans. zool. Soc. Lond.*, 14(4): 274. **Type locality**: Kiu Kiang.

Baoris leechii; Evans, 1949, *Cat. Hesp. Eur. Asia Aus.*: 448; Lewis, 1974, *Butt. World*: pl. 207, f. 14; Bridges, 1994, *Cat. Hesp. World*, VIII: 121; Yuan, Yuan & Xue, 2015, *Fauna Sin. Ins. Lep. Hesperiidae*, 55: 487-489; Wu & Xu, 2017, *Butts. Chin.*: 1419, f. 1422: 1-7.

形态 成虫：中型弄蝶。两翅正面黑褐色；反面黄褐色；斑纹白色。前翅正面有稀疏淡绿色鳞；亚顶区 r_3-r_5 室斑排成弧形；中室端部 2 个斑纹分离；m_2-cu_1 室斑渐次变大，排成斜列；后缘白色小点斑有或无。反面 Cu_2 脉至后缘灰色。后翅无斑；反面密被浅绿色鳞。性标为前翅反面 2A 脉中部褐色的椭圆形烙印斑，以及后翅正面中室内的黑色毛刷。

卵：半圆球形；白色至黄白色；表面光洁；精孔粉红色。

幼虫：初龄幼虫黄色；头部黑色。末龄幼虫黄绿色；头部黑色，有 2 个乳白色环形纹和 1 个 V 形纹。

蛹：纺锤形；淡绿色，半透明；头部顶端有 1 个细锥突。

寄主 禾本科 Gramineae 阔叶箬竹 *Indocalamus latifolius*、刚竹属 *Phyllostachys* spp.。

生物学 1 年多代，成虫多见于 5～10 月。卵散产于寄主植物叶面。

分布 中国（河南、陕西、上海、安徽、浙江、湖北、江西、湖南、福建、广东、四川）。

大秦岭分布 陕西（秦岭）、湖北（神农架）。

刺胫弄蝶 *Baoris farri* (Moore, 1878)（图版 37：113）

Hesperia farri Moore, 1878, *Proc. zool. Soc. Lond.*, (3): 688. **Type locality**: Calcutta, Cherra Punji, India.

Baoris scopulifera Moore, [1884], *Proc. zool. Soc. Lond.*, (4): 532. **Type locality**: Andamans.

Baoris sikkima Swinhoe, 1890, *Ann. Mag. nat. Hist.*, (6) 5(29): 362. **Type locality**: Sikkim. Synonymized by Evans, 1949: 449.

Baoris farri; Evans, 1949, *Cat. Hesp. Eur. Asia Aus*.: 448; Eliot, 1992, *Butt. Malay Pen*. (4th ed.): 389; Bridges, 1994, *Cat. Hesp. World*, VIII: 207; Chou, 1994, *Mon. Rhop. Sin. Butt*.: 726; Yuan, Yuan & Xue, 2015, *Fauna Sin. Ins. Lep. Hesperiidae*, 55: 489-491; Wu & Xu, 2017, *Butts. Chin*.: 1419, f. 1422: 8-9.

Baoris longistigmata Huang, 1999, *Lambillionea*, 99: 661. **Type locality**: Hekou, South Yunnan.

形态 成虫：中型弄蝶。与黎氏刺胫弄蝶 *B. leechii* 相似，主要区别为：两翅反面色较暗；前翅正面及后翅反面无淡绿色鳞。后翅反面后缘灰白色区域较宽，近椭圆形。前翅反面 2A 脉中部烙印斑较大，棕褐色至黄褐色。

卵：头盔形；白色；表面密布细刻纹；精孔粉红色。

幼虫：细长；淡黄色；头部乳白色，周缘有黑色带纹，中部有黑色 Y 形纹、V 形纹及月牙形斑纹；体背有淡黄色横线纹组成的宽带纹。

蛹：纺锤形；墨绿色，半透明；头部顶端有 1 个淡黄色锥突；背中线白色；腹部末端棱锥形外突。

寄主 禾本科 Gramineae 簕竹 *Bambusa blumeana*。

生物学 1 年多代，成虫多见于 4 ~ 10 月。常在林缘活动。

分布 中国（河南、陕西、安徽、江西、福建、广东、海南、香港、广西、重庆、贵州、云南），印度，缅甸，越南，老挝，泰国，马来西亚，印度尼西亚。

大秦岭分布 陕西（南郑、岚皋）。

珂弄蝶属 *Caltoris* Swinhoe, 1893

Caltoris Swinhoe, 1893, *Trans. Ent. Soc. Lond*., 41(3): 323. **Type species**: *Hesperia kumara* Moore, 1878.

Milena Evans, 1912, *J. Bombay nat. Hist. Soc*., 21(2): 1005. **Type species**: *Pamara plebeia* de Nicéville, 1887. Synonymized by Evans, 1949: 450.

Caltoris; Evans, 1949, *Cat. Hesp. Eur. Asia Aus*.: 450; Eliot, 1992, *Butt. Malay Pen*. (4th ed.): 390; Bridges, 1994, *Cat. Hesp. World*, IV: 6; Chou, 1998, *Class. Ident. Chin. Butt*.: 296, 297; Vane-Wright & de Jong, 2003, *Zool. Verh. Leiden*, 343: 78; Yuan, Yuan & Xue, 2015, *Fauna Sin. Ins. Lep. Hesperiidae*, 55: 492, 493; Wu & Xu, 2017, *Butts. Chin*.: 1432.

和刺胫弄蝶属 *Baoris* 非常近似。中足胫节无刺。雄性第二性征有或无，少数种类前翅正面有性标。前翅有斑纹；Cu_2 脉起点靠近中室端部。后翅多无斑。

雄性外生殖器：背兜宽阔，略平坦；钩突小，末端分叉，基部有耳状突；颚突阔；囊突长；抱器长阔，端部二分裂，有小锯齿；阳茎粗长，末端膨大，多刺，部分种类有角状器。

雌性外生殖器：囊导管粗，骨化；交配囊长圆形；无交配囊片。

寄主为禾本科 Gramineae 植物。

全世界记载 19 种，分布于东洋区及澳洲区。中国记录 8 种，大秦岭分布 4 种。

种检索表

1. 翅脉间有黑色长条纹 ………………………… **黑纹珂弄蝶 *C. septentrionalis***
   翅脉间无黑色长条纹 ………………………………………… 2
2. 前翅正面中室有 1 个斑纹 ………………………… **方斑珂弄蝶 *C. cormasa***
   前翅正面中室有 2 个斑纹 ………………………………………… 3
3. 后翅反面深褐色至黑褐色 ………………………… **珂弄蝶 *C. cahira***
   后翅反面棕色至棕褐色 ………………………… **斑珂弄蝶 *C. bromus***

斑珂弄蝶 *Caltoris bromus* (Leech, 1894)

Parnara bromus Leech, 1894, *Butt. Chin. Jap. Cor.*, (2): 614, pl. 42, f. 10. **Type locality**: Chia Kou Ho, Sichuan.

Caltoris bromus; Evans, 1949, *Cat. Hesp. Eur. Asia Aus.*: 453; Lewis, 1974, *Butt. World*: pl. 185, f. 25; Tong *et al*., 1993, *Butt. Fauna Zhejiang*: 71 (Misidentification of *Caltoris septentrionalis*); Koiwaya, 1996, *Stud. Chin. Butt*.: 275; Chou, 1994, *Mon. Rhop. Sin*.: 727 (Misidentification of *Caltoris septentrionalis*); Vane-Wright & de Jong, 2003, *Zool. Verh. Leiden*, 343: 78; Yuan, Yuan & Xue, 2015, *Fauna Sin. Ins. Lep. Hesperiidae*, 55: 495-497; Wu & Xu, 2017, *Butts. Chin*.: 1432, f. 1434: 21-26, 1435: 27-30.

形态 成虫：中型弄蝶。两翅正面深褐色；反面棕色至棕褐色；斑纹白色或淡黄色。前翅正面亚顶区 r_3-r_5 室各有 1 个小斑；m_2-cu_1 室斑排成斜列，斑纹依次变大；cu_2 室中部斑纹有或无；中室端部 2 个斑纹分离。反面中央至基部黑褐色；其余斑纹同前翅正面。后翅正面无斑；大部分翅面密被黄褐色长毛。反面 m_2-cu_1 室中部白斑有或无；密被黄褐色鳞。雌性前翅 cu_2 室中部有 1 个淡黄色小斑。

寄主 禾本科 Gramineae 蓬莱竹 *Bambusa multiplex*。

生物学 1 年多代，成虫多见于 5 ~ 8 月。常在农林间作区、溪谷及针阔叶混交林活动，有访花习性。

分布 中国（陕西、甘肃、浙江、江西、福建、台湾、广东、海南、香港、广西、重庆、四川、云南），印度，缅甸，越南，泰国，马来西亚，印度尼西亚。

大秦岭分布 陕西（凤县、留坝、宁陕）、甘肃（麦积、徽县）。

珂弄蝶 *Caltoris cahira* (Moore, 1877)

Hesperia cahira Moore, 1877c, *Proc. zool. Soc. Lond.*, (3): 593, pl. 58, f. 8. **Type locality**: Andamans.

Hesperia cahira; Wood-Mason & de Nicéville, 1881, *J. asiat. Soc. Bengal*, Pt.II 49(4): 242.

Caltoris cahira; Evans, 1949, *Cat. Hesp. Eur. Asia Aus.*: 452; Lewis, 1974, *Butt. World*: pl. 185, f. 26; Eliot, 1992, *Butt. Malay Pen.* (4th ed.): 390; Bridges, 1994, *Cat. Hesp. World*, IV: 38; Chou, 1994, *Mon. Rhop. Sin.*: 727; Yuan, Yuan & Xue, 2015, *Fauna Sin. Ins. Lep. Hesperiidae*, 55: 493-495; Wu & Xu, 2017, *Butts. Chin.*: 1432, f. 1433: 13-14, 1434:15-18.

形态 成虫：中小型弄蝶。与斑珂弄蝶 *C. bromus* 相似，主要区别为：个体较小。翅斑纹白色；反面深褐色。后翅无斑纹。

寄主 禾本科 Gramineae 玉山箭竹 *Yushania niitakayamensis*、佛竹 *Bambusa ventricosa*、唐竹 *Sinobambusa tootsik* 等。

生物学 1 年多代，成虫多见于 4 ~ 10 月。

分布 中国（甘肃、浙江、福建、台湾、江西、广东、海南、香港、广西、四川、贵州、云南），印度，缅甸，越南，老挝，泰国，马来西亚。

大秦岭分布 甘肃（武都）。

方斑珂弄蝶 *Caltoris cormasa* (Hewitson, 1876)

Hesperia cormasa Hewitson, 1876, *Ann. Mag. nat. Hist.*, (4) 18(108): 457. **Type locality**: Borneo.

Hesperia moolata Moore, 1878, *Proc. zool. Soc. Lond.*, (4): 843. **Type locality**: Ahsown, 2000 ft. Synonymized by Evans, 1949: 454.

Pamphila dravida Mabille, 1878a, *Petites Nouv. ent.*, 10(199): 242. Synonymized by Evans, 1949: 454.

Parnara moolata; Piepers & Snellen, 1910, *Rhop. Java*, [2]: 37, pl. 9, f. 52a-b.

Caltoris cormasa; Evans, 1949, *Cat. Hesp. Eur. Asia Aus.*: 454; Lewis, 1974, *Butt. World*: pl. 185, f. 27; Eliot, 1992, *Butt. Malay Pen.* (4th ed.): 391; Bridges, 1994, *Cat. Hesp. World*, VIII: 55; Chou, 1994, *Mon. Rhop. Sin.*: 727; Yuan, Yuan & Xue, 2015, *Fauna Sin. Ins. Lep. Hesperiidae*, 55: 497, 498.

形态 成虫：中型弄蝶。与斑珂弄蝶 *C. bromus* 相似，主要区别为：前翅 cu_1 室斑方形；后缘中部无斑。后翅反面密被赭褐色鳞，有紫色光泽。

分布 中国（陕西、甘肃、安徽、浙江、海南、江西、广东、广西、重庆、贵州），印度，缅甸，越南，泰国，菲律宾，马来西亚。

大秦岭分布 陕西（宁陕）、甘肃（麦积、徽县）。

黑纹珂弄蝶 *Caltoris septentrionalis* Koiwaya, 1996（图版 33：101）

Caltoris septentrionalis Koiwaya, 1996, *Stud. Chin. Butt*., 3: 275. **Type locality**: Ningshan, Shaanxi.

Caltoris septentrionalis; Yuan, Yuan & Xue, 2015, *Fauna Sin. Ins. Lep. Hesperiidae*, 55: 500; Wu & Xu, 2017, *Butts. Chin*.: 1432, f. 1434: 19-20.

形态 成虫：中型弄蝶。两翅翅脉间有黑色纵条纹；正面黑褐色；反面黑灰色至棕灰色。

生物学 1 年 1 代，成虫多见于 5 ~ 7 月。

分布 中国（陕西、甘肃、浙江）。

大秦岭分布 陕西（周至、洋县、留坝、宁陕）、甘肃（康县）。

籼弄蝶属 *Borbo* Evans, 1949

Borbo Evans, 1949, *Cat. Hesp. Eur. Asia Aus. Brit. Mus*.: 44, 436, no. M.3. **Type species**: *Hesperia borbonica* Boisduval, 1833.

Borbo; Eliot, 1992, *Butt. Malay Pen*. (4th ed.): 386; Bridges, 1994, *Cat. Hesp. World*, IV: 5; Tenenent, 1996, *Butt. Mor. Alg. Tun*.: 99; Chou, 1998, *Class. Ident. Chin. Butt*.: 297; Braby, 2000, *Butt. Aus*., 1: 245; Vane-Wright & de Jong, 2003, *Zool. Verh. Leiden*, 343: 76; Yuan, Yuan & Xue, 2015, *Fauna Sin. Ins. Lep. Hesperiidae*, 55: 448, 449; Wu & Xu, 2017, *Butts. Chin*.: 1417.

须第 3 节较短粗。中足胫节无刺。翅黑色至暗褐色；顶角尖出。前翅有白色透明斑。雄性前翅正面无性标；Cu_2 脉起点靠近中室端部。

雄性外生殖器：背兜小，略隆起，端部中央有 1 个长刺突，伸至钩突二分叉间；钩突细长；囊突极细长；抱器近长圆形，基部宽，端部略窄，背缘端部二分裂；阳茎粗长。

雌性外生殖器：囊导管膜质，粗长，与交配囊无明显界线；交配囊长袋状；无交配囊片。

寄主为禾本科 Gramineae 植物。

全世界记载 22 种，分布于东洋区和澳洲区。中国记录 1 种，大秦岭有分布。

籼弄蝶 *Borbo cinnara* (Wallace, 1866)

Hesperia cinnara Wallace, 1866, *Proc. zool. Soc. Lond*., (2): 361. **Type locality**: "Formosa" [Taiwan, China].

Hesperia colaca Moore, 1877c, *Proc. zool. Soc. Lond*., (3): 594, pl. 58, f. 7. **Type locality**: Ceylon. Synonymized by Evans, 1949: 437; Wood-Mason & de Nicéville, 1881, *J. asiat. Soc. Bengal*, Pt.II 49(4): 241.

Parnara cingala Moore, [1881], *Lep. Ceylon*, 1(4): 167, pl. 70, f. 3a-b. **Type locality**: Andamans, India. Synonymized by Evans, 1949: 437.

Hesperia saturata Wood-Mason & de Nicéville, 1882, *J. asiat. Soc. Bengal*, 51(1): 19. **Type locality**: Nicobars. Synonymized by Evans, 1949: 437.

Hesperia saruna Plötz, 1885, *Berl. Ent. Zeit*., 29: 227. **Type locality**: Amboina. Synonymized by Evans, 1949: 437.

Hesperia urejus Plötz, 1885, *Berl. Ent. Zeit*., 29: 226. **Type locality**: Aru. Synonymized by Evans, 1949: 437.

Borbo cinnara; Evans, 1949, *Cat. Hesp. Eur. Asia Aus*.: 437; Lewis, 1974, *Butt. World*: pl. 185, f. 21 (text); Holloway & Peters, 1976, *J. Nat. Hist*., 10: 283; Eliot, 1992, *Butt. Malay Pen*. (4th ed.): 386, pl. 60, f. 6; Bridges, 1994, *Cat. Hesp. World*, VIII: 49; Chou, 1998, *Class. Ident. Chin. Butt*.: 297; Braby, 2000, *Butt. Aus*., 1: 246; Vane-Wright & de Jong, 2003, *Zool. Verh. Leiden*, 343: 76; Yuan, Yuan & Xue, 2015, *Fauna Sin. Ins. Lep. Hesperiidae*, 55: 449-451; Wu & Xu, 2017, *Butts. Chin*.: 1417, f. 1418: 3-7.

形态　成虫：中小型弄蝶。两翅正面暗褐色；反面黄褐绿色；斑纹白色。前翅亚顶区 r_3-r_5 室斑倒品字形排列；m_2-cu_2 室斑上下错位内移，排成斜列；中室端部斑小而模糊。反面前缘、顶角及亚顶区黄绿色，其余翅面黑褐色；斑纹同前翅正面。后翅正面黑褐色，被黄绿色毛；外横斑列斑纹时有消失。反面密被黄绿色鳞；外横斑列未达后缘。

卵：半圆球形；浅黄色。

幼虫：5 龄期。初龄幼虫乳白色；头部黑色。2 龄后幼虫头部浅黄褐色，有白色八字形带纹；体圆筒状；背中线绿色，两侧伴有白色带纹；亚背线白色。

蛹：纺锤形；淡绿色；头顶有 1 个圆锥状突起；腹背部有白色纵线纹；腹末端锥形外突。

寄主　禾本科 Gramineae 芒 *Miscanthus sinensis*、五节芒 *M. floridulus*、柳叶箬 *Isachne globosa*、巴拉草 *Brachiaria mutica*、地毯草 *Axonopus compressus*、水蔗草 *Apluda mutica*、铺地黍 *Panicum repens*、大黍 *P. maximum*、象草 *Pennisetum purpureum*、牧地狼尾草 *P. setosum*、刺蒺藜草 *Cenchrus echinatus*、稻 *Oryza sativa*、红尾翎 *Digitaria radicosa*、蟋蟀草 *Eleusine indica*、两耳草 *Paspalum conjugatum*、棕叶狗尾草 *Setaria palmifolia*。

生物学　1 年多代，成虫多见于 5 ~ 10 月。常在林缘、草地、农田和荒地活动。卵产于寄主植物叶片上。幼虫做圆筒状巢。化蛹时不做巢，吐丝缀蛹于叶片背面。

分布　中国（陕西、安徽、浙江、湖北、江西、福建、台湾、广东、海南、香港、广西、四川、贵州、云南），印度，孟加拉国，缅甸，越南，泰国，斯里兰卡，菲律宾，马来西亚，印度尼西亚，伊朗，所罗门群岛，巴布亚新几内亚，澳大利亚。

大秦岭分布　陕西（洋县）。

拟籼弄蝶属 *Pseudoborbo* Lee, 1966

Pseudoborbo Lee, 1966, *Acta. Zool. Sin*., 18(2): 226, 228. **Type species**: *Hesperia bevani* Moore, 1878.

Pseudoborbo; Bridges, 1994, *Cat. Hesp. World*, IV: 27; Chou, 1998, *Class. Ident. Chin. Butt*.: 297, 298; Braby, 2000, *Butt. Aus*., 1: 248; Yuan, Yuan & Xue, 2015, *Fauna Sin. Ins. Lep. Hesperiidae*, 55: 473; Wu & Xu, 2017, *Butts. Chin*.: 1286, f. 1417.

从籼弄蝶属 *Borbo* 分出，与该属很相似。下唇须第 3 节细长。前翅外缘较圆；Cu_2 脉比 R_1 脉更接近翅的基部；M_2 脉靠近 M_3 脉。雄性无性标。

雄性外生殖器：背兜中等大小；钩突小，基部有耳状突，末端钝圆；颚突直；囊突细长；抱器卵形，二分裂，端瓣半圆形，上缘有小锯齿；阳茎极粗长，端部有角状器。

雌性外生殖器：囊导管粗长，骨化；交配囊近球形；无交配囊片。

寄主为禾本科 Gramineae 植物。

全世界记载 1 种，分布于东洋区和澳洲区。大秦岭有分布。

拟籼弄蝶 *Pseudoborbo bevani* (Moore, 1878)（图版 37：114）

Hesperia bevani Moore, 1878, *Proc. zool. Soc. Lond*., (3): 688. **Type locality**: Salween, Moulmein, Burma.

Isoteinon modesta Moore, [1884], *Proc. zool. Soc. Lond*.: 534. **Type locality**: Coonoor, Nilgiris. Synonymized by Evans, 1949: 43.

Hesperia vaika Plötz, 1886, *Stett. Ent. Ztg*., 47: 96. **Type locality**: India. Synonymized by Evans, 1949: 43.

Pamphila sarus Mabille, 1891, *Bull. Soc. ent. Belg*., 35(18): 181. **Type locality**: Chaata. Synonymized by Evans, 1949: 43.

Parnara thyone Leech, [1893], *Butt. Chin. Jap. Cor*., (2): 610. **Type locality**: Kiukiang. Synonymized by Evans, 1949: 43.

Parnara bevani; Piepers & Snellen, 1910, *Rhop. Java*, [2]: 40, pl. 9, f. 58a-d.

Borbo bevani; Evans, 1949, *Cat. Hesp. Eur. Asia Aus*.: 437; Lewis, 1974, *Butt. World*: pl. 185, f. 21; Eliot, 1992, *Butt. Malay Pen*. (4th ed.): 386; Vane-Wright & de Jong, 2003, *Zool. Verh. Leiden*, 343: 76.

Pseudoborbo bevani; Lee, 1966, *Acta Zool. Sin*., 18 (2): 223; Bridges, 1994, *Cat. Hesp. World*, VIII: 29; Chou, 1994, *Mon. Rhop. Sin. Butt*.: 726; Braby, 2000, *Butt. Aus*., 1: 248; Yuan, Yuan & Xue, 2015, *Fauna Sin. Ins. Lep. Hesperiidae*, 55: 473-475; Wu & Xu, 2017, *Butts. Chin*.: 1417, f. 1418: 8-14.

形态　成虫：中小型弄蝶。两翅正面黑褐色；反面黄绿褐色；斑纹白色。前翅亚顶区 r_3-r_5 室有 1 列小斑；m_2 室斑小，时有模糊；m_3 及 cu_1 室斑错位排列；cu_2 室中部斑纹多有模糊；中室端斑点状。后翅正面无斑。反面黄绿褐色；外中域 rs-cu_1 室点斑模糊。

寄主 禾本科 Gramineae 稻 *Oryza sativa*。

生物学 1 年多代，成虫多见于 3 ~ 10 月。常在开阔的林地、草地和废弃耕地等处活动。

分布 中国（河南、陕西、甘肃、安徽、浙江、湖北、江西、福建、台湾、广东、海南、香港、重庆、四川、贵州、云南），广泛分布于印度至澳大利亚区域。

大秦岭分布 河南（嵩县、栾川、灵宝）、陕西（长安、周至、太白、镇巴、留坝、佛坪、柞水）、甘肃（麦积、两当）、湖北（神农架）、四川（都江堰、江油）。

稻弄蝶属 *Parnara* Moore, 1881

Parnara Moore, 1881, *Lep. Ceylon*, 1(4): 166. **Type species**: *Eudamus guttatus* Bremer & Grey, [1852].

Parnara; 1949, *Cat. Hesp. Eur. Asia Aus*.: 432; Lee, 1965, *Acta Zool. Sin*., 17(2): 189; Eliot, 1992, *Butt. Malay Pen*. (4th ed.): 385; Bridges, 1994, *Cat. Hesp. World*, IV: 23; Chou, 1998, *Class. Ident. Chin. Butt.*: 298; Braby, 2000, *Butt. Aus*., 1: 242; Vane-Wright & de Jong, 2003, *Zool. Verh. Leiden*, 343: 75; Yuan *et al*., 2005, *Entomotaxonomia*, 27(4): 292; Korb & Bolshakov, 2011, *Eversmannia Suppl*., 2: 13; Yuan, Yuan & Xue, 2015, *Fauna Sin. Ins. Lep. Hesperiidae*, 55: 439, 440; Wu & Xu, 2017, *Butts. Chin*.: 1414.

Baorynnis Waterhouse, 1932, *Aust. Zool*., 7(3): 201. **Type species**: *Pamphila amalia* Semper, [1879].

中足胫节光滑。翅黑褐色。前翅有透明的白色斑；M_2 脉基部向下弯曲；Cu_2 脉与中室端部接近；cu_2 室无白色斑。雄性无第二性征。

雄性外生殖器：背兜侧面观近方形，顶突前端指状伸出；钩突及颚突小，钩突基部有 1 对耳状突，端部平截；囊突细长；抱器近长方形，背缘平直，端部分为 2 瓣，腹瓣向上弯曲，伸过背瓣上缘，顶部和外缘有小锯齿；阳茎直而长。

雌性外生殖器：囊导管粗，骨化；交配囊长袋状；无交配囊片。

寄主为禾本科 Gramineae、十字花科 Brassicaceae、天南星科 Araceae 植物。

全世界记载 11 种，分布于古北区、东洋区、非洲区及澳洲区。中国已知 5 种，大秦岭分布 4 种。

种检索表

1. 前翅中室有斑 ·· 2
   前翅中室多无斑 ·· 3
2. 后翅正面外中域斑列呈直线，斑纹大 ·· **直纹稻弄蝶 *P. guttata***
   后翅正面外中域斑列斑纹小，稍错位 ·· **挂墩稻弄蝶 *P. batta***

3. 后翅正面中域斑退化或消失 ………………………………………………………… **幺纹稻弄蝶 *P. bada***

后翅正面中域有 3 ~ 4 个斑纹…………………………………………………………… **曲纹稻弄蝶 *P. ganga***

直纹稻弄蝶 *Parnara guttata* (Bremer & Grey, [1852])（图版 38：119）

Eudamus guttatus Bremer & Grey, [1852], *In*: Motschulsky, *Étud. d'Ent*., 1: 60. **Type locality**: Beijing, China.

Eudamus guttatus Bremer & Grey, 1853, *Schmett. N. China*: 10, pl. 3, f. 2.

Parnara guttatus; Elwes, 1888, *Tran. Ent. Soc. Lond*., 36(3): 445; Evans, 1949, *Cat. Hesp. Eur. Asia Aus*.: 433; Lewis, 1974, *Butt. World*: pl. 188, f. 6; Bridges, 1994, *Cat. Hesp. World*, VIII: 95; Chou, 1994, *Mon. Rhop. Sin*.: 727; Yuan, Yuan & Xue, 2015, *Fauna Sin. Ins. Lep. Hesperiidae*, 55: 440-444.

Parnara guttata; Leech, 1892, *Butt. Chin. Jap. Cor*.: 609; Lee, 1965, *Acta Zool. Sin*., 17(2): 190; Kudrna, 1974, *Atalanta*, 5: 118; Chiba & Eliot, 1991, *Tyô Ga*, 42(3): 181, f. 13; Yuan *et al*., 2005, *Entomotaxonomia*, 27 (4): 292; Korb & Bolshakov, 2011, *Eversmannia Suppl*., 2: 13; Wu & Xu, 2017, *Butts. Chin*.: 1414, f. 1415: 4-12.

形态 成虫：中型弄蝶。两翅正面黑褐色；反面黄褐色至棕褐色；斑纹白色。前翅正面亚顶区 r_3-r_5 室斑排成斜列，r_3 室斑多退化或消失；m_2-cu_1 室各有 1 个斑纹，依次变大，排成斜列；中室端部斑纹上下排列，细条形，时有退化或消失。反面前缘区和顶角区有黄褐色鳞；其余斑纹同前翅正面。后翅正面中域 m_1-cu_1 室斑纹水平排成 1 列，渐次变大。反面黄褐色；中室端部圆形小点斑模糊。雌性体型较大；前翅中室端部的 2 个斑上大下小或消失。

卵：弹头形；初产浅黄褐色，后变赤灰褐色，孵化前灰紫色；表面有网状刻纹；顶部有瓣饰。

幼虫：5 龄期。末龄幼虫黄绿色；表面密布暗绿色点斑和淡黄色横环纹；头部淡褐色，有褐、白 2 色带纹和褐色 W 形斑纹；背中线墨绿色；体侧有淡黄色纵线纹。

蛹：近纺锤形；淡黄褐色；头顶平，有黑褐色斑纹；腹末端锥状尖出。

寄主 禾本科 Gramineae 稻 *Oryza sativa*、高粱 *Sorghum bicolor*、玉米 *Zea mays*、茭白 *Zizania latifolia*、甘蔗 *Saccharum officinarum*、芦苇 *Phragmites communis*、稗 *Echinochloa crus-galli*、雀稗 *Paspalum thunbergii*、狼尾草 *Pennisetum alopecuroides*、水蔗草 *Apluda mutica*、细柄草 *Capillipedium parviflorum*、白茅 *Imperata cylindrica*、芒 *Miscanthus sinensis*、李氏禾 *Leersia hexandra*、刚莠竹 *Microstegium ciliatum*；十字花科 Brassicaceae 芸薹 *Brassica campestris*；天南星科 Araceae 半夏 *Pinellia ternata*。

生物学 1 年 2 至多代，以蛹或幼虫越冬，成虫多见于 5 ~ 10 月。飞行力极强，常在浅山、丘陵杂草和水稻上活动，需补充营养，嗜食花蜜，喜在葫芦科植物及五色梅上访花吸蜜。雌性有趋绿产卵的习性，喜在生长旺盛、叶色浓绿的稻叶上产卵，卵散产，多产于寄主叶片的背面。幼虫取食水稻，有结苞习性，是水稻等作物的害虫，白天多在苞内，清晨前、傍晚或阴雨天气时常爬到苞外取食，咬食叶片，不留表皮，大龄幼虫可咬断稻穗小枝梗。老熟幼虫可分泌出白色绵状蜡质物，遍布苞内壁和身体表面。化蛹时，一般先吐丝结薄茧，将腹两侧的白色蜡质物堵塞于茧的两端，再蜕皮化蛹，有的在叶上化蛹，有的下移至稻丛基部化蛹，蛹苞缀叶 3 ~ 13 片不等，苞略呈纺锤形。

分布 中国（黑龙江、吉林、辽宁、北京、内蒙古、天津、河北、山东、河南、陕西、宁夏、甘肃、江苏、安徽、浙江、湖北、江西、湖南、福建、台湾、广东、海南、广西、重庆、四川、贵州、云南），俄罗斯，朝鲜，日本，印度，缅甸，越南，老挝，马来西亚，巴西。

大秦岭分布 河南（宝丰、西峡、嵩县、灵宝、卢氏）、陕西（临潼、蓝田、长安、鄠邑、周至、陈仓、眉县、太白、凤县、临渭、华州、潼关、汉台、南郑、城固、洋县、西乡、勉县、留坝、佛坪、平利、岚皋、宁陕、商州、丹凤、商南、山阳、柞水、镇安、洛南）、甘肃（麦积、秦州、康县、文县、徽县、两当、礼县、迭部）、重庆（巫溪、城口）、四川（宣汉、青川、都江堰、什邡、江油、平武、茂县、汶川）。

挂墩稻弄蝶 *Parnara batta* Evans, 1949

Parnara guttatus batta Evans, 1949, *Cat. Hesp. Eur. Asi. Aust. Brit. Mus*.: 433. **Type locality**: Fukien.

Parnara guttata guttata; Chiba & Eliot, 1991, *Tyô Ga*, 42(3): 181.

Parnara batta; Devyatkin & Monastyrskii, 2002, *Atalanta*, 33(1/2): 150, pl. Va, f. 9-10; Wu & Xu, 2017, *Butts. Chin*.: 1414, f. 1415: 13-14, 1416: 15-19.

形态 成虫：中小型弄蝶。与直纹稻弄蝶 *P. guttata* 近似，主要区别为：个体较小。翅面的斑点细小，呈白色至淡黄白色。后翅外中域斑列斑纹较小，斑纹间上下稍有错位，有时退化消失。

生物学 1 年多代，成虫多见于 4 ~ 10 月。

分布 中国（陕西、浙江、福建、江西、湖南、广东、广西、四川、贵州、云南、西藏），越南。

大秦岭分布 陕西（佛坪）。

曲纹稻弄蝶 *Parnara ganga* Evans, 1937

Parnara ganga Evans, 1937a, *Entomologist*, 70(4): 83. **Type locality**: Manipur.

Parnara ganga; Evans, 1949, *Cat. Hesp. Eur. Asia Aus*.: 434; Lee, 1965, *Acta Zool. Sin*., 17(2): 191;

Chiba, 1991, *Tyô Ga*, 42(3): 186, f. 21; Bridges, 1994, *Cat. Hesp. World*, VIII: 89; Chou, 1994, *Mon. Rhop. Sin.*: 728; Yuan *et al.*, 2005, *Entomotaxonomia*, 27(4): 293; Yuan, Yuan & Xue, 2015, *Fauna Sin. Ins. Lep. Hesperiidae*, 55: 444, 445; Wu & Xu, 2017, *Butts. Chin.*: 1414, f. 1416: 24-28.

形态 成虫：中小型弄蝶。与直纹稻弄蝶 *P. guttata* 相似，主要区别为：个体稍小。两翅正面色稍淡，深褐色；反面褐色。前翅中室多无斑。后翅外中域 m_1-cu_1 室白斑排列不整齐。雌性后翅外中域斑较小而模糊，多有缺失。

卵：半圆球形；初产灰色至草绿色，后变为红褐色；密布白色小突起；顶部有瓣饰。

幼虫：5 龄期。黄绿色；密布深绿色点斑；头部黑褐色，有 W 形斑纹和红褐色带纹；背中线绿色，两侧有白色带纹相伴；背部有黄色横线纹。

蛹：狭长，纺锤形；黄色；头顶平；腹部有白色宽的横带纹。

寄主 禾本科 Gramineae 稻 *Oryza sativa*、紫竹 *Phyllostachys nigra*、莜竹 *Thamnocalamus spathiflorus*、芦苇 *Phragmites communis*、芒 *Miscanthus sinensis*、稗 *Echinochloa crus-galli*、高粱 *Sorghum bicolor*、玉米 *Zea mays*。

生物学 1 年 2 至多代，以幼虫在田边、沟边、塘边等处的芦苇、游草、茭白、稻桩和再生稻上结苞越冬或以蛹越冬，成虫多见于 3 ~ 10 月。水稻及竹子的害虫，飞翔力很强，喜食花蜜。卵散产于稻叶背面或竹叶叶尖上。幼虫 1 ~ 2 龄时多将叶尖或叶边卷成单叶苞，3 龄后能缀叶成多叶苞，藏身其内取食，傍晚或阴雨天多外出为害。老熟幼虫在苞内化蛹。

分布 中国（内蒙古、山东、河南、陕西、甘肃、安徽、浙江、湖北、江西、广东、海南、香港、广西、重庆、四川、贵州、云南），印度，缅甸，越南，泰国，马来西亚。

大秦岭分布 河南（栾川）、陕西（蓝田、长安、鄠邑、周至、太白、凤县、南郑、洋县、勉县、留坝、佛坪、宁陕、商州、山阳、丹凤）、甘肃（徽县、两当）、湖北（武当山、神农架、郧阳）、重庆（巫溪、城口）、四川（宣汉、青川、都江堰、什邡、平武、汶川）。

幺纹稻弄蝶 *Parnara bada* (Moore, 1878)

Hesperia bada Moore, 1878, *Proc. zool. Soc. Lond.*, (3): 688. **Type locality**: Ceylon.

Hesperia quinigera Moore, 1878, *Proc. zool. Soc. Lond.*, (3): 703. **Type locality**: Hainan. Synonymized by Evans, 1949: 435.

Gegenes hainanus Moore, 1878, *Proc. zool. Soc. Lond.*, (3): 703. **Type locality**: Hainan. Synonymized by Evans, 1949: 435.

Hesperia intermedia Plötz, 1883a, *Stett. Ent. Ztg.*, 44: 44. **Type locality**: Java. Synonymized by Evans, 1949: 435.

Hesperia daendali Plötz, 1885, *Berl. Ent. Z.*, 29: 226. **Type locality**: Java. Synonymized by Evans, 1949: 435.

Hesperia rondoa Plötz, 1886, *Stett. Ent. Ztg*., 44: 97. **Type locality**: Manila. Synonymized by Evans, 1949: 435.

Baoris distictus Holland, 1887, *Trans. Amer. Ent. Soc*., 14: 123. **Type locality**: Hainan. Synonymized by Evans, 1949: 435.

Baoris philotas de Nicéville, 1895b, *J. Bombay nat. Hist. Soc*.: 402. **Type locality**: Travancore. Synonymized by Evans, 1949: 435.

Parnara naso bada; Evans, 1949, *Cat. Hesp. Eur. Asia Aus*.: 434; Lee, 1965, *Acta Zool. Sin*., 17(2): 191; Bridges, 1994, *Cat. Hesp. World*, II: 41.

Parnara bada; Moore, [1881], *Lepid. Ceylon*, 1(4): 167, pl. 70, f. 2, 2a; Chiba & Eliot, 1991, *Tyô Ga*, 42(3); Chou, 1994, *Mon. Rhop. Sin*.: 728; Braby, 2000, *Butt. Aus*., 1: 243; Yuan *et al*., 2005, *Entomotaxonomia*, 27(4): 294; Vane-Wright & de Jong, 2003, *Zool. Verh. Leiden*, 343: 76; Yuan, Yuan & Xue, 2015, *Fauna Sin. Ins. Lep. Hesperiidae*, 55: 445-447; Wu & Xu, 2017, *Butts. Chin*.: 1414, f. 1416: 20-23.

形态 成虫：中小型弄蝶。与曲纹稻弄蝶 *P. ganga* 相似，主要区别为：个体较小。前翅中室端部斑纹有 1 个或无。后翅外中域斑列通常仅有 1 ~ 2 个斑，m_2 室斑明显内移。

卵：半圆球形；初产灰色至草绿色，后变成黄绿色；顶部有瓣饰。

幼虫：5 龄期。黄绿色；密布绿色点斑；背中线绿色，两侧有白色纵带纹；头部有黑色 W 形斑纹和白色带纹。

蛹：狭长，近纺锤形；淡褐色；胸背部两侧有红褐色梭形斑；背部有乳白色横带纹。

寄主 禾本科 Gramineae 稻 *Oryza sativa*、芒 *Miscanthus sinensis*、玉米 *Zea mays*、高粱 *Sorghum bicolor*、大麦 *Hordeum vulgare*、竹亚科 Bambusoideae、芦苇 *Phragmites communis*、谷子 *Setaria italica*、狗尾草 *S. viridis*、稗 *Echinochloa crus-galli*、白茅 *Imperata cylindrica*、茭白 *Zizania latifolia*、李氏禾 *Leersia hexandra*。

生物学 1 年 2 至多代，以中低龄幼虫在田埂、渠边、沟边等处的茭白、小竹丛等禾本科植物上结苞越冬，成虫多见于 4 ~ 10 月。常与直纹稻弄蝶 *P. guttata* 混合发生，喜在杂草和农田水稻上活动。卵散产。初孵幼虫先咬食卵壳，爬至叶尖或叶缘，吐丝缀叶结苞取食，清晨或傍晚爬至苞外，第 1 代幼虫多发生在茭白上，以后各代多在水稻上。老熟幼虫多缀叶结苞化蛹。

分布 中国（陕西、甘肃、安徽、浙江、江西、福建、台湾、广东、海南、重庆、四川、贵州、云南），菲律宾，马来西亚，印度尼西亚，马达加斯加，毛里求斯，澳大利亚。

大秦岭分布 陕西（长安、鄠邑、凤县、汉台、佛坪、汉滨、商州、丹凤、商南）、甘肃（徽县）、四川（安州）。

谷弄蝶属 *Pelopidas* Walker, 1870

Pelopidas Walker, 1870, *Entomologist*, 5(4): 56. **Type species**: *Pelopidas midea* Walker, 1870.

Chapra Moore, [1881], *Lep. Ceylon*, 1(4): 169. **Type species**: *Hesperia mathias* Fabricius, 1798. Synonymized by Evans, 1949: 438.

Pelopidas; Evans, 1949, *Cat. Hesp. Eur. Asia Aus.*: 438; Lee, 1966, *Acta Zool. Sin.*, 18(1): 32; Chou, 1998, *Class. Ident. Chin. Butt.*: 298, 299; Braby, 2000, *Butt. Aus.*, 1: 239; Vane-Wright & de Jong, 2003, *Zool. Verh. Leiden*, 343: 77; Korb & Bolshakov, 2011, *Eversmannia Suppl.*, 2: 13; Yuan, Yuan & Xue, 2015, *Fauna Sin. Ins. Lep. Hesperiidae*, 55: 475, 476; Wu & Xu, 2017, *Butts. Chin.*: 1420.

和稻弄蝶属 *Parnara*、籼弄蝶属 *Borbo* 近似。中足胫节有强刺。翅正面黑褐色、暗褐色、褐色、黄褐色或灰褐色。前翅有白色斑；中室与前翅后缘等长，上端角尖出；Cu_2 脉起点靠近中室端部。后翅反面中室有 1 个小白斑。部分种类雄性前翅正面有性标。

雄性外生殖器：背兜小；钩突端部二分裂；颚突窄，耳状突有或无；囊突长；抱器长阔，上下缘略平行，背缘端部二分裂；阳茎特别长，有角状器。

雌性外生殖器：囊导管粗长，骨化；交配囊形状不规则。

寄主为禾本科 Gramineae 植物。

全世界记载 12 种，分布于古北区、东洋区、澳洲区、非洲区和新热带区。中国已知 8 种，大秦岭分布 6 种。

种检索表

1. 雄性前翅正面无性标斑 ························ 2
   雄性前翅正面有性标斑 ························ 3
2. 前翅 cu_2 室中部有 1 个白色斑纹 ························ **古铜谷弄蝶 *P. conjuncta***
   前翅 cu_2 室中部无斑纹 ························ **山地谷弄蝶 *P. jansonis***
3. 后翅正面无斑 ························ 4
   后翅正面有斑 ························ 5
4. 性标斑较长，下端位于中室斑连线内侧 ························ **隐纹谷弄蝶 *P. mathias***
   性标斑较短，下端位于中室斑连线上或外侧 ························ **南亚谷弄蝶 *P. agna***
5. 翅反面黄褐色；后翅臀角瓣状外突明显 ························ **近赭谷弄蝶 *P. subochracea***
   翅反面褐色；后翅臀角外突不明显 ························ **中华谷弄蝶 *P. sinensis***

中华谷弄蝶 *Pelopidas sinensis* (Mabille, 1877)（图版 37：116）

Gegenes sinensis Mabille, 1877, *Bull. Soc. zool. Fr.*, 2(3): 232. **Type locality**: Shanghai, China.

Chapra prominens Moore, 1882, *Proc. zool. Soc. Lond.*, (1): 261. **Type locality**: Garhwal. Synonymized by Evans, 1949: 438.

Pamphila similis Leech, 1890, *Entomologist*, 23: 48. **Type locality**: Changyang, Hubei.

Pelopidas sinensis; Evans, 1949, *Cat. Hesp. Eur. Asia Aus.*: 438; Lewis, 1974, *Butt. World*: pl. 188, f. 12; Bridges, 1994, *Cat. Hesp. World*, VIII: 208; Chou, 1994, *Mon. Rhop. Sin. Butt.*: 728; Yuan, Yuan & Xue, 2015, *Fauna Sin. Ins. Lep. Hesperiidae*, 55: 476-478; Wu & Xu, 2017, *Butts. Chin.*: 1420, f. 1424: 28-32.

形态 成虫：中型弄蝶。两翅正面暗褐色；反面褐色；斑纹白色。前翅亚顶区 r_3-r_5 室斑排成斜列；中室端部 2 个斑纹相对排列；m_2-cu_1 室斑斜向排列，斑纹渐次变大；cu_2 室中部性标灰褐色，斜线状，上端指向 cu_1 室斑，末端不与中室斑的延长线相交。后翅正面外中域 m_1-cu_1 室白色点斑排成不整齐的 1 列。反面 rs 室斑清晰；中室中部斑圆点状。雌性斑纹较大；前翅 cu_2 室中部有 2 个白色斑纹。

卵：半圆球形；白色至黄色；表面密布纵脊。

幼虫：5 龄期。细长；黄绿色；头部白色，周缘有黑色带纹，两侧各有 1 个黑色斑纹；背中线绿色；背部有黄色线纹组成的宽带纹。

蛹：纺锤形；翠绿色；背中线黄色；头顶锥状突起乳黄色；腹末端锥状。

寄主 禾本科 Gramineae 稻 *Oryza sativa*、芒 *Miscanthus sinensis*、象草 *Pennisetum purpureum*、狗尾草 *Setaria viridis*、芦苇 *Phragmites communis*、稗 *Echinochloa crus-galli*、茭白 *Zizania latifolia*。

生物学 1 年多代，成虫多见于 4~10 月。常在林缘、山地活动。卵单产于寄主植物叶片上。幼虫有结圆筒形巢的习性。化蛹于寄主植物叶片反面。

分布 中国（辽宁、天津、山西、河南、陕西、甘肃、上海、安徽、浙江、湖北、江西、湖南、福建、台湾、广东、海南、重庆、四川、贵州、云南、西藏），朝鲜，日本，印度。

大秦岭分布 河南（内乡、栾川）、陕西（长安、蓝田、周至、渭滨、陈仓、太白、华州、汉台、洋县、西乡、留坝、佛坪、平利、宁陕、商州、丹凤、商南、山阳、镇安）、甘肃（文县、两当、徽县）、湖北（谷城、神农架、郧阳、郧西）、重庆（巫溪、城口）、四川（安州、平武）。

南亚谷弄蝶 *Pelopidas agna* (Moore, [1866])（图版 37：115）

Hesperia agna Moore, [1866], *Proc. zool. Soc. Lond.*, (3): 791. **Type locality**: Bengal.

Pamphila similis Moore, [1881], *Lepid. Ceylon*, 1(4): 169 (nom. nud., Mabille MS).

Chapra agna; Moore, [1881], *Lepid. Ceylon*, 1(4): 169.

Hesperia balarama Plötz, 1883a, *Stett. Ent. Zeit*., 44: 46. **Type locality**: Philippines. Synonymized by Evans, 1949: 439.

Chapra mathias niasica Fruhstorfer, 1911a, *Deut. ent. Zeit. Z. Iris*, 25(4): 50. **Type locality**: Nias. Synonymized by Evans, 1949: 439.

Pelopidas agna; Evans, 1949, *Cat. Hesp. Eur. Asia Aus*.: 439; Eliot, 1992, *Butt. Malay Pen*. (4th ed.): 387; Bridges, 1994, *Cat. Hesp. World*, VIII: 5; Chou, 1994, *Mon. Rhop. Sin. Butt*.: 727; Vane-Wright & de Jong, 2003, *Zool. Verh. Leiden*, 343: 77; Yuan, Yuan & Xue, 2015, *Fauna Sin. Ins. Lep. Hesperiidae*, 55: 479-481; Wu & Xu, 2017, *Butts. Chin*.: 1420, f. 1423: 22-26, 1424: 27.

Pelopidas agna dingo; Couchman, 1962, *Pap. Proc. R. Soc. Tasmania*, 96: 73.

Pelopidas grisemarginata Yuan, Zhang & Yuan, 2010, *Entomotaxonomia*, 32(3): 205.

形态 成虫：中型弄蝶。与中华谷弄蝶 *P. sinensis* 相似，主要区别为：前翅斑点较小；性标末端位于前翅中室端部 2 个白斑连线上或外侧，止于 2A 脉上。后翅正面多数无斑纹或仅有极小斑点痕迹。反面赭绿色至黄褐色；有小的外中域斑及 1 个中室斑。雌性前翅斑纹大；m_1 室有 1 个白色小斑；cu_2 室中部有上下分离的 2 个斑。

卵：白色；半圆球形；表面密布细的纵棱脊。

幼虫：5 龄期。初孵乳白色，后呈淡黄绿色；密布绿色点斑；头部有褐、白 2 色八字形带纹；背中线深绿色；体两侧有淡色纵线纹。

蛹：纺锤形；黄绿色；头顶部有 1 个圆锥状突起；腹背面淡黄色，侧面有绿色纵线纹。

寄主 禾本科 Gramineae 稻 *Oryza sativa*、高粱 *Sorghum bicolor*、玉米 *Zea mays*、两耳草 *Paspalum conjugatum*、开穗雀稗 *P. paniculatum*、大黍 *Panicum maximum*、细毛鸭嘴草 *Ischaemum ciliare*、牛筋草 *Eleusine indica*、巴拉草 *Brachiaria mutica*、细柄草 *Capillipedium parviflorum*、刚莠竹 *Microstegium ciliatum*。

生物学 1 年多代，以幼虫越冬，成虫多见于 3 ~ 11 月。常在林缘、山地活动，喜访花，有领域行为。卵单产于叶片表面。幼虫取食时，横截叶片不留叶脉，幼虫巢呈圆筒状。老熟幼虫化蛹于叶片背面。

分布 中国（天津、河南、陕西、甘肃、安徽、浙江、江西、湖南、福建、台湾、广东、海南、香港、广西、重庆、四川、贵州、云南、西藏），印度，缅甸，泰国，斯里兰卡，菲律宾，马来西亚，印度尼西亚，巴布亚新几内亚，澳大利亚。

大秦岭分布 河南（西峡、嵩县、灵宝）、陕西（长安、周至、鄠邑、太白、潼关、洋县、宁强、佛坪、宁陕、商州、丹凤、商南、山阳、镇安、洛南）、甘肃（麦积、徽县）、重庆（城口）、四川（青川、平武）。

隐纹谷弄蝶 *Pelopidas mathias* (Fabricius, 1798)（图版 38：117）

Hesperia mathias Fabricius, 1798, *Ent. Syst*. (Suppl.): 433, no. 289, 290. **Type locality**: Tranquebar, S. India.

Hesperia julianus Latreille, [1824], *Encycl. Méth*., 9(2): 763.

Hesperia chaya Moore, 1865, *Proc. zool. Soc. Lond*., (3): 791. **Type locality**: Bengal. Synonymized by Evans, 1949: 441; Wood-Mason & de Nicéville, 1881, *J. asiat. Soc. Bengal*, Pt.II 49 (4): 242.

Gegenes elegans Mabille, 1877, *Bull. Soc. zool. Fr*., 2: 232. Synonymized by Bridges, 1994, VIII: 72.

Pamphila mathias; Moore, 1878, *Proc. zool. Soc. Lond*., (4): 843.

Pamphila umbrata Butler, 1879, *Ann. Mag. nat. Hist*., (5) 3(15): 191. **Type locality**: Johanna I. Synonymized by Bridges, 1994, VIII: 231.

Chapra mathias; Moore, [1881], *Lepid. Ceylon*, 1(4): 169, pl. 70, f. 1, 1a; Butler, 1883a, *Proc. zool. Soc. Lond*., 2: 154; de Nicéville, 1889b, *J. Bombay nat. Hist. Soc*., 4(3): 176, pl. B, f. 7.

Hesperia ella Plötz, 1883a, *Stett. Ent. Zeit*., 44: 46. **Type locality**: Java. Synonymized by Evans, 1949: 441.

Hesperia octofenestrata Saalmüller, 1884, *Lepid. Madagascar*, 1: 108. **Type locality**: Madagascar. Synonymized by Bridges, 1994, VIII: 161.

Isoteinon flexilis Swinhoe, 1885, *Proc. zool. Soc. Lond*., (1): 147. **Type locality**: Poona. Synonymized by Evans, 1949: 441.

Baoris mathias; Distant, 1886, *Rhop. Malayana*: 380.

Parnara mathias; Leech, 1892, *Butt. Chin. Jap. Cor*.: 606.

Parnara matthias[sic, recte *mathias*]; Piepers & Snellen, 1910, *Rhop. Java*, [2]: 35, pl. 8, f. 50.

Pelopidas mathias; Evans, 1949, *Cat. Hesp. Eur. Asia Aus*.: 441; Lewis, 1974, *Butt. World*: pl. 188, f. 11; Lee, 1966, *Acta Zool. Sin*., 18(1): 33; Eliot, 1992, *Butt. Malay Pen*. (4th ed.): 387; Bridges, 1994, *Cat. Hesp. World*, VIII: 42; Chou, 1994, *Mon. Rhop. Sin. Butt*.: 729; Vane-Wright & de Jong, 2003, *Zool. Verh. Leiden*, 343: 77; Yuan, Yuan & Xue, 2015, *Fauna Sin. Ins. Lep. Hesperiidae*, 55: 478, 479; Wu & Xu, 2017, *Butts. Chin*.: 1420, f. 1423: 11-21.

形态　成虫：中型弄蝶。与南亚谷弄蝶 *P. agna* 相似，主要区别为：个体稍小。翅斑纹较小；性标较长，上端指向 cu_1 室斑外侧，下端位于中室端斑连线内侧。后翅正面无斑纹；反面外中域 rs-cu_1 室及中室有模糊的小白点。雌性斑纹大而清晰。

卵：半圆球形；初产淡白绿色，孵化前变成黑褐色。

幼虫：初龄幼虫淡黄色；头部黑色；前胸背面有 1 条黑色细带。末龄幼虫黄绿色；背部有黄色横带纹；背中线绿色；头部淡黄色，两侧有紫褐色及白色 2 色宽带纹。

蛹：淡绿色；纺锤形；头部顶端有锥状突起；腹背面有 4 条淡色纵线纹。

寄主　禾本科 Gramineae 莠竹属 *Micromtegium* spp.、芒 *Miscanthus sinensis*、五节芒 *M. floridulus*、巴拉草 *Brachiaria mutica*、白茅 *Imperata cylindrica*、两耳草 *Paspalum conjugatum*、水蔗草 *Apluda mutica*、牛筋草 *Eleusine indica*、稗 *Echinochloa crus-galli*、稻 *Oryza sativa*、高粱

Sorghum bicolor、苏丹草 *S. sudanense*、谷子 *Setaria italica*、狗尾草 *S. viridis*、玉米 *Zea mays*、甘蔗 *Saccharum officinarum*、藤竹 *Dinochloa andamanica*。

生物学 1年多代，以幼虫在叶片上结苞越冬，成虫多见于3～10月。常在林缘、山地活动，有采食花蜜的习性。卵散产于寄主植物叶面上。幼虫喜营巢生活，在叶缘拉丝缀巢。

分布 中国（辽宁、内蒙古、北京、天津、山西、山东、河南、陕西、甘肃、安徽、上海、浙江、湖北、江西、湖南、福建、台湾、广东、海南、香港、广西、重庆、四川、贵州、云南），朝鲜，日本，印度，斯里兰卡，印度尼西亚。

大秦岭分布 河南（内乡、嵩县、栾川、卢氏）、陕西（长安、蓝田、周至、太白、凤县、潼关、汉台、城固、洋县、西乡、佛坪、留坝、宁陕、丹凤、商南、山阳、镇安、洛南）、甘肃（麦积、文县、徽县）、湖北（神农架、武当山）、四川（都江堰、什邡）。

古铜谷弄蝶 *Pelopidas conjuncta* (Herrich-Schäffer, 1869)

Goniloba conjuncta Herrich-Schäffer, 1869, *Corresp. Bl. Zool.-min. Ver. Rer. Regensb.*, 23(12): 195, no. 45.

Gegenes javana Mabille, 1877, *Bull. Soc. zool. Fr.*, 2(3): 232. **Type locality**: Java. Synonymized by Evans, 1949: 443.

Hesperia pelora Plötz, 1882b, *Stett. ent. Ztg.*, 43: 344. **Type locality**: Brazil. Synonymized by Bridges, 1994, VIII: 173.

Parnara conjuncta; Piepers & Snellen, 1910, *Rhop. Java*, [2]: 37, pl. 9, f. 53a-c.

Pelopidas conjuncta; Evans, 1949, *Cat. Hesp. Eur. Asia Aus.*: 443; Lewis, 1974, *Butt. World*: pl. 188, f. 10; Eliot, 1992, *Butt. Malay Pen*. (4th ed.): 387; Bridges, 1994, *Cat. Hesp. World*, VIII: 54; Chou, 1994, *Mon. Rhop. Sin. Butt.*: 729; Hsu, 1999, *Butt. Taiwan*, 1: 94; Yuan *et al*., 2010, *Entomotaxonomia*, 32(3): 205; Yuan, Yuan & Xue, 2015, *Fauna Sin. Ins. Lep. Hesperiidae*, 55: 485-487; Wu & Xu, 2017, *Butts. Chin.*: 1425, f. 1428: 1-4.

形态 成虫：中大型弄蝶。与隐纹谷弄蝶 *P. mathias* 相似，主要区别为：个体及翅斑纹较大；雄性无性标。前翅亚顶区 r_3-r_5 室斑排成弧形；cu_2 室中部有1个白色斑纹。

卵：半圆球形；白色；表面有细纵脊。

幼虫：乳白色；筒形；体表密布黑色点斑和淡黄色横线纹；头部白色，有多个椭圆形黑色大斑；背中带黑色。

蛹：纺锤形；黄绿色；头顶部及腹末端有锥形尖突；腹部背中线白色。

寄主 禾本科 Gramineae 稻 *Oryza sativa*、玉米 *Zea mays*、甘蔗 *Saccharum officinarum*、芒 *Miscanthus sinensis*、五节芒 *M. floridulus*、象草 *Pennisetum purpureum*、须芒草属 *Andropogon* spp.、簕竹属 *Bambusa* spp.。

生物学 1年多代，成虫多见于3～10月。卵单产于寄主植物叶面上。幼虫筑圆筒状巢。老熟幼虫化蛹于寄主植物叶片背面。

分布 中国（陕西、甘肃、安徽、浙江、湖北、江西、湖南、福建、台湾、广东、海南、香港、广西），印度，缅甸，越南，老挝，泰国，斯里兰卡，菲律宾，马来西亚，印度尼西亚，东帝汶，巴西。

大秦岭分布 陕西（留坝）、甘肃（武都）、湖北（神农架）。

近赭谷弄蝶 *Pelopidas subochracea* (Moore, 1878)

Pamphila subochracea Moore, 1878, *Proc. zool. Soc. Lond.*, (3): 691, pl. 45, f. 8. **Type locality**: Calcutta, India.

Pelopidas subochracea; Evans, 1949, *Cat. Hesp. Eur. Asia Aus.*: 441; Bridges, 1994, *Cat. Hesp. World*, VIII: 215; Chou, 1994, *Mon. Rhop. Sin. Butt.*: 729; Yuan, Yuan & Xue, 2015, *Fauna Sin. Ins. Lep. Hesperiidae*, 55: 482, 483; Wu & Xu, 2017, *Butts. Chin.*: 1421, f. 1424: 33-34.

形态 成虫：中型弄蝶。与中华谷弄蝶 *P. sinensis* 相似，主要区别为：前翅斑点较小；线状性标长，末端位于前翅中室端部2个白斑连线内侧，止于2A脉上。后翅臀角瓣状突出明显；外横斑列斑纹大而清晰；反面赭绿色。

生物学 1年多代，成虫多见于4～10月。

分布 中国（安徽、浙江、广东、海南、香港、重庆、四川、云南），印度，缅甸，泰国，斯里兰卡。

大秦岭分布 重庆（巫溪）。

山地谷弄蝶 *Pelopidas jansonis* (Butler, 1878)

Pamphila jansonis Butler, 1878, *Cistula Entom.*, 2(19): 284. **Type locality**: Japan.

Pelopidas jansonis; Evans, 1949, *Cat. Hesp. Eur. Asia Aus.*: 443; Lewis, 1974, *Butt. World*: pl. 208, f. 24; Kudrna, 1974, *Atalanta*, 5: 118; Bridges, 1994, *Cat. Hesp. World*, VIII: 111; Chou, 1994, *Mon. Rhop. Sin. Butt.*: 729. Yuan *et al.*, 2010, *Entomotaxonomia*, 32(3): 203; Korb & Bolshakov, 2011, *Eversmannia Suppl.*, 2: 13; Yuan, Yuan & Xue, 2015, *Fauna Sin. Ins. Lep. Hesperiidae*, 55: 483, 484; Wu & Xu, 2017, *Butts. Chin.*: 1425, f. 1428: 4.

形态 成虫：中小型弄蝶。两翅褐色；斑纹白色。前翅亚顶区 r_3-r_5 室斑排成斜列；中室端部2个斑纹相对排列；m_2-cu_1 室斑斜向排列，斑纹渐次变大；cu_2 室中部无斑纹。后翅正面外中域 m_1-m_2 室有2个白色小斑，有时退化或消失。反面外中域中部有1列斑纹，其中 m_1 及

m_2 室斑相连成大斑；中室中部斑纹较大，条形。雄性无性标。

寄主 禾本科 Gramineae。

生物学 1 年多代，成虫多见于 4 ~ 9 月。喜访花，常在林地、草丛中活动。

分布 中国（黑龙江、吉林、辽宁、北京、湖北、海南），俄罗斯，朝鲜，日本。

大秦岭分布 湖北（神农架）。

孔弄蝶属 *Polytremis* Mabille, 1904

Polytremis Mabille, 1904, *In*: Wytsmen, *Gen. Ins*., 17(B): 136. **Type species**: *Gegenes contigua* Mabille, 1877.

Zinaida Evans, 1939, *Entomalogist*, 70: 64. **Type species**: *Parnara nascens* Leech, 1893. Synonymized by Evans, 1949: 444.

Polytremis; Evans, 1949, *Cat. Hesp. Eur. Asia Aus*.: 444; Pinratana, 1985, *Butt. Thailand*, 5: 109; Eliot, 1992, *Butt. Malay Pen*. (4th ed.): 388; Bridges, 1994, *Cat. Hesp. World*, IV: 26; Chou, 1998, *Class. Ident. Chin. Butt*.: 300, 301; Vane-Wright & de Jong, 2003, *Zool. Verh. Leiden*, 343: 77; Korb & Bolshakov, 2011, *Eversmannia Suppl*., 2: 13; Yuan, Yuan & Xue, 2015, *Fauna Sin. Ins. Lep. Hesperiidae*, 55: 451, 452; Wu & Xu, 2017, *Butts. Chin*.: 1426.

中足胫节无刺。翅黑褐色、深褐色、黄褐色或灰褐色；斑纹白色。后翅反面无中室斑。前翅 Cu_2 脉起点靠近中室端部。部分种类雄性前翅正面有性标斑。

雄性外生殖器：背兜大，隆起；钩突细，背缘端部二分叉，基部有耳状突；颚突小；囊突较长；抱器方阔；阳茎长，前部细，向端部渐粗，末端二分叉。

雌性外生殖器：囊导管短粗，骨化；交配囊长袋状；无交配囊片。

寄主为禾本科 Gramineae 植物。

全世界记载 19 种，分布于古北区和东洋区。中国记录 16 种，大秦岭分布 10 种。

种检索表

1. 雄性前翅无性标斑 ······ 2
   雄性前翅有性标斑 ······ 8
2. 雄性前翅中室端部下方斑长刺状 ······ **刺纹孔弄蝶 *P. zina***
   雄性前翅中室端部下方斑非长刺状 ······ 3
3. 前翅中室 2 个斑融合相连 ······ 4
   前翅中室 2 个斑分离 ······ 5

4. 后翅臀角缘毛白色 ……………………………………………………………… **融纹孔弄蝶 *P. discreta***
后翅臀角缘毛淡黄色 ……………………………………………………………… **台湾孔弄蝶 *P. eltola***
5. 前翅透明斑黄白色 ……………………………………………………………… **黄纹孔弄蝶 *P. lubricans***
前翅透明斑白色 ……………………………………………………………………………………… 6
6. 前翅 m_2-cu_1 室的白色斑相距超过斑纹宽度 ……………………………… **盒纹孔弄蝶 *P. theca***
前翅 m_2-cu_1 室的斑相距近，未超过斑纹宽度 ………………………………………………… 7
7. 后翅外横斑列斑纹方形 ……………………………………………………… **透纹孔弄蝶 *P. pellucida***
后翅外横斑列斑纹长条形 ……………………………………………………… **硕孔弄蝶 *P. gigantea***
8. 前翅中室有 1 个斑 ……………………………………………………………… **华西孔弄蝶 *P. nascens***
前翅中室有 2 个斑 …………………………………………………………………………………… 9
9. 雄性前翅中室下斑大并向基部延伸 …………………………………………… **都江堰孔弄蝶 *P. matsuii***
雄性前翅 2 个中室斑大小相似 ………………………………………………… **黑标孔弄蝶 *P. mencia***

华西孔弄蝶 *Polytremis nascens* (Leech, 1892)

Parnara nascens Leech, 1892, *Butt. Chin. Jap. Cor.*, (2): 614, pl. 42, f. 8. **Type locality**: Chia-kou-ho; Omei-Shan.

Polytremis nascens; Evans, 1949, *Cat. Hesp. Eur. Asia Aus.*: 444; Bridge, 1994, *Cat. Hesp. World*, VIII: 152; Huang & Xue, 2004, *Neue Ent. Nachr.*, 57: 176, pl. 14, f. 12; Yuan, Yuan & Xue, 2015, *Fauna Sin. Ins. Lep. Hesperiidae*, 55: 456, 457; Wu & Xu, 2017, *Butts. Chin.*: 1431, f. 1433: 1-5.

Zinaida nascens Evans, 1973, *Entomologist*, 70: 64.

形态 成虫：中型弄蝶。两翅正面深褐色；反面褐色至黄褐色；斑纹小，白色。前翅正面亚顶区 r_3-r_5 室小斑排成斜列；中室端部斑纹近点状，位于上端角；m_2-cu_1 室斑纹斜向中室端部下方，斑纹逐渐变大；性标斑灰白色，位于 cu_2 室，分成 2 段，与 m_2-cu_1 室斑排成 1 列。反面中后部黑褐色；斑纹同前翅正面。后翅外中域 m_1-cu_1 室点斑错位排列。

生物学 1 年 1 代，成虫多见于 7 ~ 9 月。

分布 中国（陕西、甘肃、浙江、湖北、江西、香港、广西、四川、贵州、云南）。

大秦岭分布 陕西（周至、凤县、洋县、佛坪、汉阴、宁陕）、湖北（神农架）、四川（汶川）。

融纹孔弄蝶 *Polytremis discreta* (Elwes & Edwards, 1897)

Parnara discreta Elwes & Edwards, 1897, *Trans. zool. Soc. Lond.*, 14(4): 282, pls. 21, 26. **Type locality**: Khasi Hills.

Baoris himalaya Evans, 1926, *J. Bombay nat. Hist. Soc.*, 31(3): 635. **Type locality**: Simla, India. Synonymized by Evans, 1949: 447.

Polytremis discreta; Evans, 1949, *Cat. Hesp. Eur. Asia Aus.*: 447; Lewis, 1974, *Butt. World*: pl. 188, f. 26 (text); Pinratana, 1985, *Butt. Thaoland*, 5: 116; Eliot, 1992, *Butt. Malay Pen*. (4th ed.): 38; Bridges, 1994, *Cat. Hesp. World*, VIII: 66; Chou, 1994, *Mon. Rhop. Sin.*: 731; Huang, 2002, *Atalanta*, 33(1/2): 116; Huang, 2003, *Neue Ent. Nachr.*, 55: 42; Yuan, Yuan & Xue, 2015, *Fauna Sin. Ins. Lep. Hesperiidae*, 55: 463-465; Wu & Xu, 2017, *Butts. Chin.*: 1426, f. 1429: 16-17.

形态 成虫：中型弄蝶。两翅正面深褐色至黑褐色；反面褐色至深黄褐色；斑纹白色。前翅正面亚顶区 r_3-r_5 室斑排成斜列，r_3 室斑较小；上、下中室斑愈合成 1 个方形斑纹；m_2-cu_1 室斑斜向排列，m_2 室斑点状，m_3 室斑近方形，cu_1 室斑最大，近长方形，与中室方斑排在一起；cu_2 室中部斑纹浅黄白色，近三角形。反面中后部黑褐色；cu_2 室斑大，外侧有拖尾；其余斑纹同前翅正面。后翅正面中后部有棕褐色长毛；中域 m_2-cu_1 室有白色至浅黄色斑，m_2 室斑很大。反面斑纹同后翅正面。雄性翅面无性标。

寄主 禾本科 Gramineae。

生物学 1 年多代，成虫多见于 5 ~ 9 月。

分布 中国（甘肃、广东、香港、四川、云南、西藏），印度，尼泊尔，缅甸，越南，泰国，马来西亚。

大秦岭分布 甘肃（康县）。

台湾孔弄蝶 *Polytremis eltola* (Hewitson, 1869)

Hesperia eltola Hewitson, 1869, *Ill. exot. Butts.*, [5] (Hesperia IV): [104], pl. [52], f. 40. **Type locality**: Darjeeling, India.

Polytrema eltola; Wynter-Blyth, 1957, *Butt. Ind. Reg.* (1982 Reprint): 485.

Baoris eltola; Wynter-Blyth, 1957, *Butt. Ind. Reg.* (1982 Reprint): 485.

Polytremis eltola; Evans, 1949, *Cat. Hesp. Eur. Asia Aus.*: 447; Lewis, 1974, *Butt. World*: pl. 188, f. 26; Pinratana, 1985, *Butt. Thaoland*, 5: 110; Eliot, 1992, *Butt. Malay Pen*. (4th ed.): 388; Bridges, 1994, *Cat. Hesp. World*, VIII: 73; Chou, 1994, *Mon. Rhop. Sin.*: 731; Jiang *et al.*, *In*: Huang (Ed.), *Fauna Ins. Fujian*, 4: 143; Hsu, 2002, *Butt. Taiwan*, 2: 72; Yuan, Yuan & Xue, 2015, *Fauna Sin. Ins. Lep. Hesperiidae*, 55: 465-467; Wu & Xu, 2017, *Butts. Chin.*: 1426, f. 1428: 12-14, 1429: 15.

形态 成虫：中型弄蝶。与融纹孔弄蝶 *P. discreta* 近似，主要区别为：后翅臀角缘毛淡黄色。其余外部形态上差别极小，但雄性外生殖器的差异较大。

寄主 禾本科 Gramineae 粽叶芦 *Thysanolaena maxima*、竹叶草 *Oplismenus compositus*、求米草 *O. undulatifolius*、芦竹 *Arundo donax*。

生物学 1 年多代，成虫多见于 3 ~ 10 月。

分布 中国（湖北、福建、台湾、广东、海南、广西、四川、云南、西藏），印度，缅甸，越南，老挝，泰国，马来半岛。

大秦岭分布 湖北（神农架）。

盒纹孔弄蝶 *Polytremis theca* (Evans, 1937)（图版 38：118）

Zinaida theca Evans, 1937a, *Entomologist*, 70: 65. **Type locality**: Sichuan.

Polytremis theca; Evans, 1949, *Cat. Hesp. Eur. Asia Aus*.: 445; Bridges, 1994, *Cat. Hesp. World*, VIII: 224; Chou, 1994, *Mon. Rhop. Sin*.: 730; Huang, 2003, *Neue Ent. Nachr*., 55: 42; Yuan, Yuan & Xue, 2015, *Fauna Sin. Ins. Lep. Hesperiidae*, 55: 467-469; Wu & Xu, 2017, *Butts. Chin*.: 1427, f. 1430: 35-39.

形态 成虫：中型弄蝶。两翅正面黑褐色；反面褐色，覆有赭绿色鳞片；斑纹白色。前翅亚顶区 r_3-r_5 室斑排成弧形，r_5 室斑外移；中室端部 2 个斑纹上小下大；m_2-cu_1 室斑斜向排列，渐次变大；cu_2 室斑纹有或无。反面中后部黑褐色；后缘中部有 1 ~ 2 个斑纹。后翅正面外中域 m_1-cu_1 室斑纹排列错位。反面被灰白色鳞片；斑纹同后翅正面。雄性无性标。

寄主 禾本科 Gramineae 竹亚科 Bambusoideae。

生物学 1 年多代，成虫多见于 4 ~ 9 月。常在阔叶林活动，有访花吸蜜习性。

分布 中国（陕西、甘肃、安徽、浙江、湖北、江西、福建、广东、广西、重庆、四川、贵州、云南）。

大秦岭分布 陕西（凤县、南郑、镇巴、佛坪、镇安）、甘肃（麦积、文县、两当）、湖北（神农架）、重庆（巫溪）、四川（平武）。

刺纹孔弄蝶 *Polytremis zina* (Evans, 1932)

Baoris zina Evans, 1932b, *Ind. Butt.* (Edn 2): 416. **Type locality**: Omeishan, China.

Polytremis zinoides Evans, 1937a, *Entomolgist*, 70: 64. **Type locality**: Amur. Synonymized by Evans, 1949: 446.

Polytremis zina; Evans, 1949, *Cat. Hesp. Eur. Asia Aus*.: 446; Bridges, 1994, *Cat. Hesp. World*, VIII: 245; Chou, 1994, *Mon. Rhop. Sin*.: 731; Tuzov *et al*., 1997, *Guide Butt. Russia*, 1: 133; Jiang, 2001, *In*: Huang (Ed.), *Fauna Ins. Fujian*, 4: 144; Huang, 2002, *Atalanta*, 33 (1/2): 112(note), f. 13-14 (gen.), pl. II, f. 7, 15, pl. IIIa, f. 6; Huang, 2003, *Neue Ent. Nachr*., 55: 42; Korb & Bolshakov, 2011, *Eversmannia Suppl*., 2: 13; Yuan, Yuan & Xue, 2015, *Fauna Sin. Ins. Lep. Hesperiidae*, 55: 470, 471; Wu & Xu, 2017, *Butts. Chin*.: 1426, f. 1429: 18-24.

形态 成虫：中型弄蝶。与盒纹孔弄蝶 *P. theca* 相似，主要区别为：前翅亚顶区 r_3-r_5 室斑近 V 形排列；中室上下 2 个斑分离，下斑长刺状；m_2-cu_1 室斑彼此靠近。后翅外中域 m_1-cu_1 室白斑较大。

幼虫：末龄幼虫淡绿色；表面密被绿色颗粒状点斑；体两侧有 2 对暗绿色纵线纹；头部淡黄褐色，周缘深褐色，中部有褐色 Y 形纹、V 形纹及 2 个条形斑；背中线暗绿色。

蛹：纺锤形；绿色，半透明；头部顶端有 1 个尖锥状突起；腹部淡黄绿色，背面有 4 条白色纵线纹。

寄主 禾本科 Gramineae 稻 *Oryza sativa*、芦苇 *Phragmites communis*、芒 *Miscanthus sinensis*、狗尾草 *Setaria viridis*、箭竹属 *Fargesia* spp.。

生物学 1 年 1 代，成虫多见于 5~8 月。常在林缘、山地和浅山农田活动，有吸食花蜜习性。

分布 中国（黑龙江、吉林、辽宁、陕西、甘肃、安徽、浙江、江西、湖南、福建、台湾、广东、广西、重庆、四川、贵州），俄罗斯。

大秦岭分布 陕西（南郑、洋县、西乡、镇巴、留坝、佛坪）、甘肃（麦积、武都、徽县、两当）、重庆（巫溪）。

黑标孔弄蝶 *Polytremis mencia* (Moore, 1877)

Pamphila mencia Moore, 1877a, *Ann. Mag. nat. Hist*., (4) 20(115): 52. **Type locality**: Shanghai.

Polytremis mencia; Evans, 1994, *Cat. Hesp. World*, VIII: 140; Chou, 1994, *Mon. Rhop. Sin*.: 730; Huang, 2002, *Atalanta*, 33(1/2): 116 (note), f. 19-20 (gen), pl. IIIa, f. 1; Huang, 2003, *Neue Ent. Nachr*., 55: 41(note); Yuan, Yuan & Xue, 2015, *Fauna Sin. Ins. Lep. Hesperiidae*, 55: 458, 459; Wu & Xu, 2017, *Butts. Chin*.: 1427, f. 1430: 33-34.

形态 成虫：中型弄蝶。与盒纹孔弄蝶 *P. theca* 相似，主要区别为：前翅 cu_2 室有线状性标；中室对斑近等大。后翅正面长毛黄绿色。

卵：半圆球形；乳白色；上部有橙色模糊环状纹。

幼虫：末龄幼虫淡黄绿色；背部绿色；背中线白色；头部乳白色，周缘有深褐色带纹，额区绿色。

蛹：纺锤形；绿色；头部顶端有 1 个尖锥状突起；腹背部有 2 条白色纵线纹。

寄主 禾本科 Gramineae 稻 *Oryza sativa*、芦苇 *Phragmites communis*、芒 *Miscanthus sinensis*、稗 *Echinochloa crus-galli*、狗尾草 *Setaria viridis*、阔叶箬竹 *Indocalamus latifolius*、刚竹属 *Phyllostachys* spp. 等。

生物学 1 年多代，成虫多见于 5 ~ 10 月。

分布 中国（陕西、甘肃、上海、安徽、浙江、湖南、江西、台湾、广东、四川、贵州）。

大秦岭分布 陕西（汉台、商南）、甘肃（麦积、徽县）。

透纹孔弄蝶 *Polytremis pellucida* (Murray, 1875)

Pamphila pellucida Murray, 1875a, *Ent. mon. Mag*., 11: 172. **Type locality**: Japan.

Pamphila quinquepuncta Mabille, 1883, *C. R. Soc. Ent. Belg*., 27: 64. **Type locality**: Japan. Synonymized by Evans, 1949: 445.

Panrara[sic] *pellucida sachalinensis* Matsumura, 1925, *J. Coll. Aqric. Hokkaido imp. Univ*., 15: 106, pl. 8, f. 4 ♂. **Type locality**: Saghalien. Synonymized by Evans, 1949: 445.

Polytremis pellucida; Evans, 1949, *Cat. Hesp. Eur. Asia Aus*.: 445; Kudrna, 1974, *Atalanta*, 5: 118; Bridges, 1994, *Cat. Hesp. World*, VIII: 173; Chou, 1994, *Mon. Rhop. Sin*.: 730; Tuzov *et al*., 1997, *Guide Butt. Russia*, 1: 133; Wang, 1999, *Mon. Butt. N.E. China*: 282; Huang, 2002, *Atalanta*, 33(1/2): 113; Huang, 2003, *Neue Ent. Nachr*., 55: 42; Korb & Bolshakov, 2011, *Eversmannia Suppl*., 2: 13; Yuan, Yuan & Xue, 2015, *Fauna Sin. Ins. Lep. Hesperiidae*, 55: 472, 473; Wu & Xu, 2017, *Butts. Chin*.: 1427, f. 1430: 31-32.

形态 成虫：中型弄蝶。与黑标孔弄蝶 *P. mencia* 相似，主要区别为：前翅 cu_1 室斑较大，外侧下角角状外突；cu_2 室无线状性标。后翅外中域 m_1-cu_1 室斑排列较整齐。

卵：半圆球形；初产赤橙色，后变白色，被露状白粉，孵化前橙色。

幼虫：绿色；有淡色细纵纹；头褐色。

蛹：淡绿色；体表有淡色细纵纹；头、尾尖。

寄主 禾本科 Gramineae 稻 *Oryza sativa*、芒 *Miscanthus sinensis*、五节芒 *M. floridulus*、竹亚科 Bambusoideae。

生物学 1 年 2 至多代，以幼虫越冬，成虫多见于 5 ~ 9 月。幼虫喜缀叶营巢生活。

分布 中国（黑龙江、吉林、辽宁、山西、河南、陕西、甘肃、江苏、上海、安徽、浙江、湖北、江西、福建、广东、广西、重庆、贵州），朝鲜，日本。

大秦岭分布 陕西（眉县、凤县、商南）、甘肃（麦积、武都）、重庆（巫溪）。

硕孔弄蝶 *Polytremis gigantea* Tsukiyama, Chiba & Fujioka, 1997

Polytremis gigantea Tsukiyama, Chiba & Fujioka, 1997, *Jap. Butt. Relatives*: 292. **Type locality**: Qingchengshan, Sichuan.

Polytremis feifei Huang, 2002, *Atalanta*, 33(1/2): 111. **Type locality**: Qingchengshan, Sichuan. Synonymized by Huang, 2003: 42.

Polytremis gigantea; Yuan, Yuan & Xue, 2015, *Fauna Sin. Ins. Lep. Hesperiidae*, 55: 469, 470; Wu & Xu, 2017, *Butts. Chin*.: 1427, f. 1430: 30.

形态 成虫：中型弄蝶。与刺纹孔弄蝶 *P. zina* 相似，主要区别为：个体较大。两翅反面色较深，褐色。前翅中室端下斑椭圆形；cu_2 室中部斑纹淡黄色。

生物学 1 年 1 代，成虫多见于 6 ~ 9 月。

分布 中国（浙江、福建、广东、四川、贵州、云南）。

大秦岭分布 四川（都江堰）。

黄纹孔弄蝶 *Polytremis lubricans* (Herrich-Schäffer, 1869)

Goniloba lubricans Herrich-Schäffer, 1869, *Corresp Bl. zool.-min. Ver. Regensb.*, 23(12): 195, no. 34. **Type locality**: Java.

Gegenes contigua Mabille, 1877, *Bull. Soc. zool. Fr.*, 2(3): 232 n. (1). **Type locality**: Java. Synonymized by Evans, 1949: 446.

Hesperia toona Moore, 1878, *Proc. zool. Soc. Lond.*, (3): 689. **Type locality**: NE. Bengal. Synonymized by Evans, 1949: 446.

Pamphila scortea Mabille, 1893, *Ann. Soc. ent. Belg.*, 37: 53. **Type locality**: Java. Synonymized by Evans, 1949: 446.

Parnara toona; Piepers & Snellen, 1910, *Rhop. Java*, [2]: 35, pl. 8, f. 49.

Polytremis lubricans; Evans, 1949, *Cat. Hesp. Eur. Asia Aus.*: 446; Pinratana, 1985, *Butt. Thaoland*, 5: 110; Eliot, 1992, *Butt. Malay Pen.* (4th ed.): 388; Bridges, 1994, *Cat. Hesp. World*, VIII: 127; Chou, 1994, *Mon. Rhop. Sin.*: 731; Huang, 2002, *Atalanta*, 33(1/2): 116; Huang, 2003, *Neue Ent. Nachr.*, 55: 42; Vane-Wright & de Jong, 2003, *Zool. Verh. Leiden*, 343: 78; Yuan, Yuan & Xue, 2015, *Fauna Sin. Ins. Lep. Hesperiidae*, 55: 453-455; Wu & Xu, 2017, *Butts. Chin.*: 1426, f. 1428: 7-11.

形态 成虫：中型弄蝶。与刺纹孔弄蝶 *P. zina* 相似，主要区别为：前翅 cu_1 室斑宽大，楔形；中室 2 个斑分离，下斑非长刺状。后翅外中域 m_1-cu_1 室斑较大。

卵：半圆球形；初产赤橙色，后变白色，被雾状白粉，孵化前橙色。

幼虫：细长；黄绿色；头乳黄色，周缘黑褐色至红褐色，中部有红褐色 Y 形纹、V 形纹及条形斑；背部有淡黄色纵带纹和横线纹。

蛹：绿色；腹部黄绿色；头部及腹部末端锥状尖出。

寄主 禾本科 Gramineae 莠竹属 *Microstegium* spp.、白茅属 *Imperata* spp.、芒 *Miscanthus sinensis*、五节芒 *M. floridulus*。

生物学 1 年 2 至多代，以幼虫越冬，成虫多见于 5 ~ 9 月。幼虫有缀叶营巢习性。

分布 中国（浙江、安徽、湖北、江西、湖南、福建、台湾、广东、海南、香港、重庆、四川、贵州、云南、西藏），日本，印度，缅甸，越南，老挝，泰国，马来西亚，印度尼西亚。

大秦岭分布 重庆（巫溪）。

都江堰孔弄蝶 *Polytremis matsuii* Sugiyama, 1999

Polytremis matsuii Sugiyama, 1999, *Pallarge*, 7: 11. **Type locality**: Dujiangyan, Sichuan.

Polytremis matsuii; Huang, 2002, *Atalanta*, 33(1/2): 116; Yuan, Yuan & Xue, 2015, *Fauna Sin. Ins. Lep. Hesperiidae*, 55: 460, 461; Wu & Xu, 2017, *Butts. Chin.*: 1427, f. 1429: 25-27.

形态　成虫：中型弄蝶。与刺纹孔弄蝶 *P. zina* 相似，主要区别为：前翅 cu_2 室有线状性标；雄性 cu_2 室中部无斑纹，端部灰白色。

分布　中国（浙江、四川）。

大秦岭分布　四川（都江堰）。

弄蝶族 Hesperiini Laterille, 1809

Hesperides Laterille, 1809, *Gen. Crust. Ins*., 4: 2007. **Type genus**: *Hesperia* Fabricius, 1873.

Hesperia group Evans, 1949, *Cat. Hesp. Eur. Asia Aus*.: 37.

Hesperiini; Chou, 1998, *Class. Ident. Chin. Butt*.: 301; Warren *et al*., 2008, *Cladistics*, 24: 4; Warren *et al*., 2009, *Syst. Entom*., 34: 499; Yuan, Yuan & Xue, 2015, *Fauna Sin. Ins. Lep. Hesperiidae*, 55: 502.

须第 2 节竖立；第 3 节锥状。腹部和后缘一样长。翅斑纹橙色和白色。前翅顶角尖出；中室短于前翅后缘，上端角突出；M_2 脉基部弯曲；M_3 脉与 Cu_1 脉接近；Cu_2 脉靠近中室端部。后翅前缘基部有毛簇；后缘比前缘长；中室短，约为后翅长的 2/5，下端角略上翘；M_2 脉退化；臀区有瓣，臀角略突出；A 脉比 $Sc+R_1$ 脉长。大部分种类雄性前翅正面有阔的性标斑。

全世界记载 40 余种，分布于古北区、东洋区、非洲区及新北区。中国记录 17 种，大秦岭分布 15 种。

属检索表

前翅外缘下部斜截；后翅顶角有角度；阳茎无喙突 ……………………………… **弄蝶属 *Hesperia***

前翅外缘下部非斜截；后翅顶角圆；阳茎有喙突 ……………………………… **赭弄蝶属 *Ochlodes***

赭弄蝶属 *Ochlodes* Scudder, 1872

Ochlodes Scudder, 1872, *Ann. Rep. Peabody Acad. Sci*., 4th: 78. **Type species**: *Hesperia nemorum* Boisduval, 1852.

Ochlodes; Watson, 1893, *Proc. zool. Soc. Lond.*, (1): 99; Evans, 1949, *Cat. Hesp. Eur. Asia Aus.*: 350; Bridges, 1994, *Cat. Hesp. World*, IV: 21; Chou, 1998, *Class. Ident. Chin. Butt.*: 301, 302; Chiba & Tsukiyama, 1996, *Butterflies*, 14(1): (3-13); Yuan, Yuan & Xue, 2015, *Fauna Sin. Ins. Lep. Hesperiidae*, 55: 506-509; Wu & Xu, 2017, *Butts. Chin.*: 1396.

翅赭黄色至黑褐色；斑纹橙色或白色，有的透明。前翅外缘弱弧形；Sc 脉端部弯曲，靠近 R_1 脉；Cu_2 脉靠近翅基部；中室短于后缘，上端角尖出长。雄性前翅正面有性标。

雄性外生殖器：背兜弓形；钩突基部与背兜愈合，端部二分叉；颚突和钩突相似；囊突中等长，上弯；抱器近菱形，端部二分瓣；阳茎粗长，端部结构复杂，有喙突。

雌性外生殖器：囊导管粗短，多骨化；交配囊长圆形；无交配囊片。

寄主为禾本科 Gramineae、莎草科 Cyperaceae 及豆科 Fabaceae 等植物。

全世界记载 22 种，分布于古北区、东洋区和新北区。中国已知 15 种，大秦岭分布 13 种。

种检索表

1. 前翅中横带到达 cu_2 室 …… 2
   前翅中横带不达 cu_2 室 …… 6
2. 后翅正面 m_1 及 m_2 室有浅黄白色小斑 …… 3
   后翅正面 m_1 及 m_2 室斑缺失或仅 m_1 室缺失 …… 5
3. 雄性前翅正面赭黄色；黄色斑与底色反差不明显 …… **小赭弄蝶 *O. venata***
   雄性前翅正面黑褐色；黄色斑与底色反差很明显 …… 4
4. 中室下方性标细长，梭形，中间有灰白色线纹 …… **似小赭弄蝶 *O. similis***
   中室下方性标粗短，中间有淡褐色线纹 …… **肖小赭弄蝶 *O. sagitta***
5. 前翅正面斑不透明；m_2 室多有斑 …… **宽边赭弄蝶 *O. ochracea***
   前翅正面斑略透明；m_2 室斑点状或缺失 …… **透斑赭弄蝶 *O. linga***
6. 后翅正面无斑 …… **净裙赭弄蝶 *O. lanta***
   后翅正面通常有斑 …… 7
7. 后翅正面中域斑不透明 …… 8
   两翅正面中域斑透明 …… 12
8. 后翅反面中域斑黄色 …… 9
   后翅反面中域斑白色 …… 11
9. 前翅亚顶区 r_3-r_5 室斑纹白色 …… **白斑赭弄蝶 *O. subhyalina***
   前翅亚顶区 r_3-r_5 室斑纹黄色 …… 10
10. 后翅外横斑列有 3 个斑 …… **黄斑赭弄蝶 *O. flavomaculata***
    后翅外横斑列有 5 个斑 …… **西藏赭弄蝶 *O. thibetana***

11. 雄性前翅正面中域的性标斑中间有灰白色线纹……………………………**黄赭弄蝶 *O. crataeis***
雄性前翅正面中域的性标斑中间无灰白色线纹……………………………**雪山赭弄蝶 *O. siva***
12. 雄性前翅中室下斑长针状……………………………………………**针纹赭弄蝶 *O. klapperichii***
雄性前翅中室下斑非长针状……………………………………………**菩提赭弄蝶 *O. bouddha***

小赭弄蝶 *Ochlodes venata* (Bremer & Grey, 1853)（图版 39：120）

Hesperia venata Bremer & Grey, 1853, *In*: Motschulsky, *Étud. d'Ent*., 1: 61. **Type locality**: Beijing, China.

Pamphila selas Mabille, 1878a, *Petites Nouv. ent*., 197(2): 233. **Type locality**: E. Tibet. Synonymized by Evans, 1949: 352.

Pamphia herculea Butler, 1881, *Ann. Mag. nat. Hist*., 7(5): 140. **Type locality**: Japan. Synonymized by Evans, 1949: 352.

Ochlodes tochrana Heyne, 1895, *In*: Palae, *Grossschment*: 643. **Type locality**: Japan. Synonymized by Evans, 1949: 352.

Ochlodes amurensis Mabille, 1909, *In*: Seitz, *Gross-Schmett. Erde*, 1: 347. Synonymized by Evans, 1949: 352.

Augiades chosensis Matsnmura, 1929, *Ins. Matsumur*., 3(4): 156. **Type locality**: Korea. Synonymized by Evans, 1949: 352.

Ochlodes venata; Evans, 1949, *Cat. Hesp. Eur. Asia Aus*.: 350; Bridges, 1994, *Cat. Hesp. World*, VIII: 235; Chou, 1994, *Mon. Rhop. Sin*.: 732; Chiba & Tsukiyama, 1996, *Butterflies*, 14: 4; Tuzov *et al*., 1997, *Guide Butt. Russia*, 1: 129; Wang, 1999, *Mon. Butt. N.E. China*: 286; Huang *et al*., 2000, *Butt. Xinjiang*: 73; Yuan, Yuan & Xue, 2015, *Fauna Sin. Ins. Lep. Hesperiidae*, 55: 509-511; Wu & Xu, 2017, *Butts. Chin*.: 1396, f. 1397: 5-7.

Augiades amurensis parvus Kurentzov, 1970, *Butt. Far East. USSR*: 151. Synonymized by Bridges, 1994, VIII: 171.

形态 成虫：中型弄蝶。雄性：两翅赭黄色，翅脉黑色；外缘带黑褐色；性标斑位于前翅中室下方，黑色。前翅正面亚顶区黑褐色斑纹有或无；外中域有模糊的淡黄色斜斑列。反面后缘黑灰色。后翅周缘黑褐色。雌性：两翅正面黑褐色；反面赭黄色；斑纹淡黄色。前翅正面外横斑列上窄下宽，m_1 及 m_2 室斑缩小外移，上下相对；中室端斑倒钩形。反面顶角有赭绿色晕染；其余斑纹同前翅正面。后翅正面亚缘斑列近 V 形，仅达亚缘区中部；中后部有黄褐色长毛。反面有时密布赭绿色鳞片；斑纹同后翅正面。有些个体翅两面均为亮黄色，翅脉和外缘黑色。

卵：白色；弹头形。

幼虫：最高可达 7 龄期。绿色；筒形；头褐色；体背部有 1 条深色纵纹。

蛹：草绿色；细长；无突起；头、尾部可见白色蜡质粉状物。

寄主 莎草科 Cyperaceae 莎草 *Cyperus rotundus*、薹草属 *Carex* spp.；禾本科 Gramineae 芒 *Miscanthus sinensis*、求米草 *Oplismenus undulatifolius*；豆科 Fabaceae 等。

生物学 1年1代，以幼虫越冬，成虫多见于4~8月。常在林缘、山地活动，喜访花。卵单产。幼虫有营巢生活的习性。

分布 中国（黑龙江、吉林、辽宁、北京、天津、山西、山东、河南、陕西、甘肃、新疆、上海、安徽、浙江、湖北、江西、福建、重庆、四川、贵州、西藏），俄罗斯，蒙古，朝鲜，日本。

大秦岭分布 河南（鲁山、嵩县、栾川）、陕西（蓝田、长安、鄠邑、周至、渭滨、眉县、太白、凤县、华州、华阴、汉台、城固、洋县、西乡、留坝、佛坪、汉滨、宁陕、商州、丹凤、商南、山阳、镇安、柞水）、甘肃（麦积、秦州、文县、徽县、两当、宕昌、迭部、碌曲）、重庆（巫溪、城口）、四川（青川、都江堰、平武、汶川、九寨沟）。

似小赭弄蝶 *Ochlodes similis* (Leech, 1893)（图版 39：122）

Augiades similis Leech, 1893, *Butt. Chin. Jap. Cor.*: 605. **Type locality**: Mupin, Sichuan.

Ochlodes venata similis; Evans, 1949, *Cat. Hesp. Eur. Asia Aus.*: 351; Bridges, 1994, *Cat. Hesp. World*, VIII: 207; Chou, 1994, *Mon. Rhop. Sin.*: 732.

Ochlodes similis; Chiba & Tsukiyama, 1996, *Butterflies*, 14: 4; Yuan, Yuan & Xue, 2015, *Fauna Sin. Ins. Lep. Hesperiidae*, 55: 512; Wu & Xu, 2017, *Butts. Chin.*: 1396, f. 1397: 8-13.

形态 成虫：中小型弄蝶。与小赭弄蝶 *O. venata* 相似，主要区别为：个体较小。翅正面黑褐色。前翅外横斑带窄；中室下方黑褐色性标斑中间有模糊的灰白色线纹。

分布 中国（黑龙江、山东、陕西、甘肃、湖北、福建、四川），俄罗斯，韩国。

大秦岭分布 陕西（凤县）、湖北（神农架）、四川（青川）。

肖小赭弄蝶 *Ochlodes sagitta* Hemming, 1934

Ochlodes sagitta Hemming, 1934a, *Stylopes*, 3: 199. **Type locality**: Ta Tsian Lou.

Augiades sylvanoides Leech, 1892, *Butt. Chin. Jap. Cor.*: 604. **Type locality**: Ta Tsian Lou. Homonymized by Hemming, 1934: 199.

Ochlodes venata sagitta; Evans, 1949, *Cat. Hesp. Eur. Asia Aus.*: 352; Bridges, 1994, *Cat. Hesp. World*, VIII: 198; Chou, 1994, *Mon. Rhop. Sin.*: 732; Jiang *et al.*, 2001, *In*: Huang (Ed.), *Fauna Ins. Fujian*, 4: 145; Wang, 2005, *Henan Sci.*, 23 (Suppl.): 107.

Ochlodes sagitta; Chiba & Tsukiyama, 1996, *Butterflies*, 14: 4; Yuan, Yuan & Xue, 2015, *Fauna Sin. Ins. Lep. Hesperiidae*, 55: 512, 513; Wu & Xu, 2017, *Butts. Chin.*: 1396, f. 1397: 14.

形态　成虫：中小型弄蝶。与似小赭弄蝶 *O. similis* 相似，主要区别为：前翅端缘中后部黑褐色区域宽；中室下方性标粗短，中间有淡褐色线纹，翅脉不明显。后翅中室有1个圆形斑纹。

生物学　1年1代，成虫多见于6～7月。喜访花。

分布　中国（甘肃、湖北、江西、福建、四川、云南、西藏）。

大秦岭分布　甘肃（徽县）、四川（青川）。

宽边赭弄蝶 *Ochlodes ochracea* (Bremer, 1861)（图版39：121）

Pamphila ochracea Bremer, 1861, *Bull. Acad. Imp. Sci. St. Petersb.*, 3: 473. **Type locality**: Amur.

Pamphila rikuchina Butler, 1878, *Cistula Entomol.*, 2(19): 285. **Type locality**: Japan. Synonymized by Evans, 1949: 353.

Angiades ochracea; Leech, 1892, *Butt. Chin. Jap. Cor.*: 605.

Angiades ampittiformis Matsumara, 1919, *Thous. Ins. Japan Addit.*, 3: 737. **Type locality**: Japan. Synonymized by Evans, 1949: 353.

Ochlodes ochracea; Evans, 1949, *Cat. Hesp. Eur. Asia Aus.*: 353; Bridges, 1994, *Cat. Hesp. World*, VIII: 160; Chou, 1994, *Mon. Rhop. Sin.*: 733; Chiba & Tsukiyama, 1996, *Butterflies*, 14: 16; Tuzov *et al.*, 1997, *Guide Butt. Russia*, 1: 129; Wang *et al.*, 1998, *Ins. Faun. Henan Lep. Butt.*: 196; Wang, 1999, *Mon. Butt. N.E. China*: 286; Yuan, Yuan & Xue, 2015, *Fauna Sin. Ins. Lep. Hesperiidae*, 55: 513-515; Wu & Xu, 2017, *Butts. Chin.*: 1396, f. 1397: 15-16.

Ochlodes ochracea rikuchina; Kudrna, 1974, *Atalanta*, 5: 117.

Hesperia (*Ochlodes*) *ochracea*; Korb & Bolshakov, 2011, *Eversmannia Suppl.*, 2: 13.

形态　成虫：中型弄蝶。两翅正面黑褐色；反面赭黄色。前翅正面亚顶区有边界模糊的黑褐色斑纹；中室下方有黑色性标斑。反面基部及后缘黑褐色。后翅正面中域有橙黄色大块斑。雌性前翅外横斑带窄，m_1、m_2 室斑小，外移；中室端斑黄色，倒钩形。后翅亚缘斑列橙黄色；中室圆斑淡黄色。

卵：初产乳白色；半圆球形。

幼虫：老熟幼虫头黑色；有褐色斑纹；体暗绿色；背线细。

蛹：淡绿色；体表有蜡质。

寄主　禾本科 Gramineae 拂子茅属 *Calamagrostis* spp.、短柄草属 *Brachypodium* spp.；莎草科 Cyperaceae 薹草属 *Carex* spp.。

生物学　1年1代，以幼虫越冬，成虫多见于5～8月。喜访花和湿地吸水。幼虫有营巢生活的习性。

分布 中国（黑龙江、吉林、辽宁、北京、河南、陕西、甘肃、浙江、湖北、四川、贵州），俄罗斯，朝鲜，日本。

大秦岭分布 河南（登封、内乡、西峡、嵩县）、陕西（鄠邑、周至、眉县、太白、凤县、汉台、洋县、西乡、镇巴、留坝、佛坪、柞水、商南）、甘肃（麦积、康县、徽县、两当）、湖北（神农架）、四川（青川、都江堰、九寨沟）。

透斑赭弄蝶 *Ochlodes linga* Evans, 1939（图版 39：123）

Ochlodes linga Evans, 1939, *Proc. R. Ent. Soc. Lond.*, (B) 8(8): 166. **Type locality**: C. China.

Ochlodes linga; Evans, 1949, *Cat. Hesp. Eur. Asia Aus.*: 353; Bridges, 1994, *Cat. Hesp. World*, VIII: 126; Chou, 1998, *Class. Ident. Chin. Butt.*: 302; Chiba & Tsukiyama, 1996, *Butterflies*, 14: 16; Yuan, Yuan & Xue, 2015, *Fauna Sin. Ins. Lep. Hesperiidae*, 55: 515-517; Wu & Xu, 2017, *Butts. Chin.*: 1398, f. 1399: 1-7.

形态 成虫：中型弄蝶。与宽边赭弄蝶 *O. ochracea* 近似，主要区别为：前翅有半透明斑纹，乳白色至黄白色；正面 m_1 室多无斑，m_2 室斑常为小点状或缺失。后翅正面中室黄褐色。反面密布赭绿色鳞片；亚缘斑列多模糊。

生物学 1 年 1 代，成虫多见于 4 ~ 7 月。喜访花和湿地吸水。

分布 中国（北京、山西、河南、陕西、甘肃、浙江、四川）。

大秦岭分布 陕西（蓝田、长安、鄠邑、周至、渭滨、陈仓、眉县、太白、凤县、华州、石泉、宁陕、商州、丹凤、山阳、镇安）、甘肃（麦积、秦州、武山、两当、漳县）、四川（青川、平武）。

白斑赭弄蝶 *Ochlodes subhyalina* (Bremer & Grey, 1853)（图版 40：124）

Hesperia subhyalina Bremer & Grey, 1853, *In*: Motschulsky, *Étud. d'Ent.*, 1: 61. **Type locality**: Beijing, China.

Augiades subhyalina; Leech, 1892, *Butt. Chin. Jap. Cor.*: 602. Synonymized by Evans, 1949.

Ochlodes subhyalina; Evans, 1949, *Cat. Hesp. Eur. Asia Aus.*: 354; Lewis, 1974, *Butt. World*: pl. 208, f. 18; Bridges, 1994, *Cat. Hesp. World*, VIII: 215; Chou, 1994, *Mon. Rhop. Sin.*: 733; Lee *et al.*, 1995, *Yunnan Butt.*: 138; Chiba & Tsukiyama, 1996, *Butterflies*, 14: 16; Tuzov *et al.*, 1997, *Guide Butt. Russia*, 1: 129; Wang, 1999, *Mon. Butt. N.E. China*: 285; Jiang *et al.*, 2001, *In*: Huang (Ed.), *Fauna Ins. Fujian*, 4: 144; Yuan, Yuan & Xue, 2015, *Fauna Sin. Ins. Lep. Hesperiidae*, 55: 517-519; Wu & Xu, 2017, *Butts. Chin.*: 1400, f. 1401: 8-10.

形态 成虫：中型弄蝶。与透斑赭弄蝶 *O. linga* 近似，主要区别为：前翅斑纹间分离；中室 2 个端斑约等大，分离；cu_1 室、cu_2 室及 2a 室斑较小，2a 室斑淡黄色；性标粗，黑色，梭形，中间有灰黑色曲波纹。后翅 rs-cu_1 室斑清晰；中室内有 1 个小斑。

寄主 禾本科 Gramineae 竹亚科 Bambusoideae、川上短柄草 *Brachypodium kawakamii*、膝曲莠竹 *Microstegium geniculatum*、求米草 *Oplismenus undulatifolius*；莎草科 Cyperaceae 莎草属 *Cyperus* spp.。

生物学 1 年 1 代，成虫多见于 5 ~ 8 月。常在林缘、山地活动，喜访野花。

分布 中国（黑龙江、吉林、辽宁、内蒙古、北京、天津、山东、河南、陕西、甘肃、江苏、安徽、浙江、湖北、江西、湖南、福建、广东、广西、重庆、四川、贵州、云南），俄罗斯，蒙古，朝鲜，日本，印度，缅甸。

大秦岭分布 河南（内乡、嵩县、栾川、灵宝、卢氏）、陕西（蓝田、长安、鄠邑、周至、眉县、太白、凤县、华州、华阴、南郑、洋县、城固、西乡、镇巴、留坝、佛坪、紫阳、宁陕、商州、丹凤、商南、山阳）、甘肃（麦积、秦州、文县、徽县、两当、礼县）、湖北（神农架、武当山）、重庆（城口）、四川（青川、都江堰、平武、九寨沟）。

西藏赭弄蝶 *Ochlodes thibetana* (Oberthür, 1886)

Pamphila thibetana Oberthür, 1886b, *Étud. d'Ent*., 11: 28.

Pamphila subhyalina var. *thibetana* Oberthür, 1886b, *Étud. d'Ent*., 11: 28. **Type locality**: Ta Tsien Lou.

Augiades subhyalina thibetana; Watkins, 1927, *Ann. Mag. nat. Hist*., 19(9): 344.

Augiades gautamae Bryk, 1946, *Ark. Zool*., 38 A(3): 64. **Type locality**: Korea. Synonymized by Evans, 1949: 355.

Ochlodes thibetana; Evans, 1949, *Cat. Hesp. Eur. Asia Aus*.: 355; Bridges, 1994, *Cat. Hesp. World*, VIII: 224; Chiba & Tsukiyama, 1996, *Butterflies*, 14: 16; Huang, 2001, *Neue Ent. Nachr*., 51: 67 (note); Yuan, Yuan & Xue, 2015, *Fauna Sin. Ins. Lep. Hesperiidae*, 55: 520-522; Wu & Xu, 2017, *Butts. Chin*.: 1400, f. 1401: 11-15.

Hesperia (*Ochlodes*) *thibetana*; Korb & Bolshakov, 2011, *Eversmannia Suppl*., 2: 13.

形态 成虫：中型弄蝶。与白斑赭弄蝶 *O. subhyalina* 近似，主要区别为：两翅斑纹多淡黄色。后翅反面多绿色。

生物学 1 年 1 代，成虫多见于 6 ~ 8 月。喜访花。

分布 中国（陕西、甘肃、湖北、江西、四川、贵州、云南、西藏），朝鲜，缅甸。

大秦岭分布 陕西（太白、西乡）、甘肃（麦积、徽县、两当）、四川（青川、平武）。

菩提赭弄蝶 *Ochlodes bouddha* (Mabille, 1876)（图版 40：125）

Pamphila bouddha Mabille, 1876, *Bull. Soc. ent. Fr.*, (5)6: 56. **Type locality**: Moupin, Sichuan.

Augiades bouddha; Leech, 1892, *Butt. Chin. Jap. Cor.*: 604.

Ochlodes bouddha; Evans, 1949, *Cat. Hesp. Eur. Asia Aus.*: 356; Lewis, 1974, *Butt. World*: pl. 208, f. 17; Bridges, 1994, *Cat. Hesp. World*, VIII: 33; Chou, 1994, *Mon. Rhop. Sin.*: 734; Lee *et al.*, 1995, *Yunnan Butt.*: 147; Chiba & Tsukiyama, 1996, *Butterflies*, 14: 16; Wang, 2005, *Henan Sci.*, 23 (Suppl.): 107; Yuan, Yuan & Xue, 2015, *Fauna Sin. Ins. Lep. Hesperiidae*, 55: 525; Wu & Xu, 2017, *Butts. Chin.*: 1400, f. 1401: 1-5.

形态 成虫：中型弄蝶。与白斑赭弄蝶 *O. subhyalina* 近似，主要区别为：前翅 m_1 及 m_2 室无斑；中室端部 2 个斑相连。后翅外中域仅有 3 个黑色圆斑，分别位于 rs 室、m_3 室和 cu_1 室；中室无斑。

生物学 1 年 1 代，成虫多见于 7 月。喜访花。

分布 中国（辽宁、陕西、甘肃、江苏、福建、台湾、重庆、四川、贵州、云南），缅甸。

大秦岭分布 陕西（眉县、凤县）、甘肃（合作）、重庆（巫溪、城口）、四川（青川）。

黄赭弄蝶 *Ochlodes crataeis* (Leech, 1892)

Augiades crataeis Leech, 1892, *Butt. Chin. Jap. Cor.*: 603. **Type locality**: Omeishan, China.

Ochlodes crataeis; Evans, 1949, *Cat. Hesp. Eur. Asia Aus.*: 355; Bridges, 1994, *Cat. Hesp. World*, VIII: 57; Chou, 1994, *Mon. Rhop. Sin.*: 734; Wang *et al.*, 1998, *Ins. Faun. Henan Lep. Butt.*: 196; Yuan, Yuan & Xue, 2015, *Fauna Sin. Ins. Lep. Hesperiidae*, 55: 522, 523; Wu & Xu, 2017, *Butts. Chin.*: 1398, f. 1399: 8-12.

形态 成虫：中型弄蝶。两翅黑褐色；斑纹白色或淡黄色。前翅正面基部有黄褐色晕染；亚顶区 r_3-r_5 室条斑排成斜列；中室端部 2 个斑相连或分离；m_3-cu_2 室斑排成斜列，cu_1 室斑大，雌性近方形，cu_2 室斑近三角形；灰白色线状性标斑从中室下端角伸向后缘中基部，并在 Cu_2 脉处断开，性标斑周缘黑褐色。反面前缘、顶角及亚顶区密布黄褐色鳞粉；中后部黑褐色；cu_2 室斑长条形，外侧有拖尾。后翅正面周缘黑褐色；其余翅面密布黄褐色鳞粉；外中域斑纹 3 个，分别位于 rs 室、m_3 室和 cu_1 室。反面密布黄褐色鳞粉。

寄主 莎草科 Cyperaceae 莎草属 *Cyperus* spp.。

生物学 1 年 1 代，成虫多见于 7 ~ 8 月。常在阔叶林缘、山地活动，喜访花。

分布 中国（黑龙江、河南、陕西、甘肃、安徽、浙江、湖北、江西、重庆、四川、贵州、云南）。

大秦岭分布 河南（鲁山、内乡、嵩县、栾川、灵宝、卢氏）、陕西（洋县、南郑、西乡、镇巴）、甘肃（麦积、文县、徽县）、湖北（神农架）、重庆（巫溪、城口）、四川（青川、平武）。

黄斑赭弄蝶 *Ochlodes flavomaculata* Draeseke & Reuss, 1905

Ochlodes flavomaculata Draeseke & Reuss, 1905, *Deut. Ent. Zeit*., [Iris] 39(4): 228. **Type locality**: Szechwan.

Ochlodes flavomaculata; Evans, 1949, *Cat. Hesp. Eur. Asia Aus*.: 354; Bridges, 1994, *Cat. Hesp. World*, VII: 83; Chiba & Tsukiyama, 1996, *Buttberflies*, 14: 16; Chou, 1998, *Class. Ident. Chin. Butt*.: 302; Yuan, Yuan & Xue, 2015, *Fauna Sin. Ins. Lep. Hesperiidae*, 55: 523, 524; Wu & Xu, 2017, *Butts. Chin*.: 1398, f. 1399: 15.

形态 成虫：中型弄蝶。与黄赭弄蝶 *O. crataeis* 近似，主要区别为：两翅正面暗褐色；斑纹黄色。前翅正面性标斑不明显；cu_1 室斑与 m_3 室斑相连；中室端斑 2 个斑融合成 1 个斑。后翅中室有模糊圆斑。

生物学 1 年 1 代，成虫多见于 6 ~ 8 月。

分布 中国（辽宁、河南、陕西、甘肃、江西、四川）。

大秦岭分布 甘肃（徽县、两当）、四川（青川、都江堰、平武）。

净裙赭弄蝶 *Ochlodes lanta* Evans, 1939

Ochlodes lanta Evans, 1939, *Proc. R. Ent. Soc. Lond*., B 8(8): 166. **Type locality**: Lou Tse Kiang.

Ochlodes lanta; Evans, 1949, *Cat. Hesp. Eur. Asia Aus*.: 353; Bridges, 1994, *Cat. Hesp. World*, VIII: 119; Chiba & Tsukiyama, 1996, *Butterflies*, 14: 16; Chou, 1998, *Class. Ident. Chin. Butt*.: 302; Huang, 2003, *Neue Ent. Nachr*., 55: 74 (note) ; Yuan, Yuan & Xue, 2015, *Fauna Sin. Ins. Lep. Hesperiidae*, 55: 528, 529; Wu & Xu, 2017, *Butts. Chin*.: 1398, f. 1399: 13.

形态 成虫：中型弄蝶。两翅黄褐色；斑纹多淡黄色。前翅正面亚顶区 r_3-r_5 室条斑排成斜列；中室端部 2 个斑条形；m_2-cu_2 室斑排成斜列，m_2 室斑退化或消失，cu_1 室斑大；性标斑黑色，中间镶有灰白色线纹，从中室下端角伸向后缘中基部，并在 Cu_2 脉处呈角度。反面亮黄色；中后部黑褐色；cu_1 室斑大。后翅正面前缘及外缘黑褐色。反面赭黄色；臀角亮黄色；外中域有 3 个黑色圆斑，分别位于 rs 室、m_3 室和 cu_1 室；肩区有白色鳞粉。

生物学 1 年 1 代，成虫多见于 5 ~ 7 月。

分布 中国（陕西、云南）。

大秦岭分布 陕西（南郑、洋县）。

针纹赭弄蝶 *Ochlodes klapperichii* Evans, 1940

Ochlodes klapperichii Evans, 1940, *Entomologist*, 73: 230. **Type locality**: Kuatun, Fujian.

Ochlodes klapperichii; Evans, 1949, *Cat. Hesp. Eur. Asia Aus.*: 357; Tong, 1993, *Butt. Faun. Zhejiang*: 73; Bridges, 1994, *Cat. Hesp. World*, VIII: 116; Chou, 1994, *Mon. Rhop. Sin.*: 734; Chiba & Tsukiyama, 1996, *Butterflies*, 14: 16; Jiang *et al.*, 2001, *In*: Huang (Ed.), *Fauna Ins. Fujian*, 4: 145; Wang, 2005, *Henan Sci.*, 23 (Suppl.): 107; Fan, 2006, *Tax. Hesp. Mol. Phyl. Gegenini*: 112; Yuan, Yuan & Xue, 2015, *Fauna Sin. Ins. Lep. Hesperiidae*, 55: 528; Wu & Xu, 2017, *Butts. Chin.*: 1402, f. 1405: 1-3.

Polytremis choui Huang, 1994, *Mon. Rhop. Sin.*: 732; Jiang *et al.*, 2001, *In*: Huang (Ed.), *Fauna Ins. Fujian*, 4: 143. Synonymized by Fan, 2006: 112.

形态 成虫：中型弄蝶。两翅正面深褐色；斑纹银白色。前翅正面亚顶区 r_3-r_5 室斑排成斜列，由前向后依次变大；中室端部有 2 个白斑，下方 1 个向内延伸，呈长针状；m_3 室与 cu_1 室斑八字形排列；cu_2 室有 1 个楔形小斑；性标斑黑褐色，中间镶有灰白色线纹，从中室下端角伸向后缘中基部，并在 Cu_2 脉处断开。反面黄褐色；中后部黑褐色；斑纹同前翅正面。后翅正面外中域中部 4 ~ 5 个斑纹大小不一；中室有 1 个白色斑纹。反面深黄褐色或赭绿色；斑纹同后翅正面。

生物学 1 年 1 代，成虫多见于 6 月。喜访花。

分布 中国（甘肃、浙江、湖北、福建、广东、广西、四川、贵州）。

大秦岭分布 甘肃（康县）、湖北（神农架）、四川（江油）。

雪山赭弄蝶 *Ochlodes siva* (Moore, 1878)

Pamphila siva Moore, 1878, *Proc. zool. Soc. Lond.*, (3): 692. **Type locality**: Khasia Hills.

Ochlodes siva; Evans, 1949, *Cat. Hesp. Eur. Asia Aus.*: 355; Bridges, 1994, *Cat. Hesp. World*, VIII: 209; Lee *et al.*, 1995, *Yunnan Butt.*: 147; Chiba & Tsukiyama, 1996, *Butterflies*, 14: 16; Wang, 2005, *Henan Sci.*, 23 (Suppl.): 107; Yuan, Yuan & Xue, 2015, *Fauna Sin. Ins. Lep. Hesperiidae*, 55: 524, 525.

形态 成虫：中型弄蝶。两翅正面赭黄色；斑纹白色。前翅正面亚顶区 r_3-r_5 室斑排成斜列，依次变大；m_1 室及 m_2 室无斑；cu_2 室斑长方形；中室端斑 2 个相连；性标斑黑褐色，长梭形。反面黄褐色；斑纹同前翅正面。后翅正面外横斑列有 3 个斑纹；近基部有 1 个白色小斑，模糊。反面黄色；斑纹同后翅正面。雌性前翅正面基半部赭色，端部黑褐色。后翅周缘黑褐色。

分布 中国（台湾、重庆、四川、贵州、云南、西藏），印度，缅甸。

大秦岭分布 重庆（巫溪）。

弄蝶属 *Hesperia* Fabricius, 1793

Hesperia Fabricius, 1793, *Ent. Syst*., 3(1): 258. **Type species**: *Papilio comma* Linnaeus, 1758.

Pamphila Fabricius, 1807, *Mag. f. Insektenk*., 6: 287. **Type species**: *Papilio comma* Linnaeus, 1758. Synonymized by Evans, 1949: 348.

Diorthosus Rafinesque, 1815, *Analyse Nat*.: 128. **Type species**: *Papilio comma* Linnaeus, 1758.

Phidias Rafinesque, 1815, *Analyse Nat*.: 128 (repl. name). **Type species**: *Papilio comma* Linnaeus, 1758.

Symmachia Sodoffsky, 1837, *Bull. Soc. imp. Nat. Moscou*, (6): 82 (repl. *Hesperia* Fabricius, preocc. Hübner, [1819]). **Type species**: *Papilio comma* Linnaeus, 1758. Synonymized by Evans, 1949: 348.

Ocytes Scudder, 1872, *Ann. Rep. Peabody Acad. Sci*., (1871) 4th: 76. **Type species**: *Hesperia metea* Scudder, 1863. Synonymized by Evans, 1949: 348.

Anthomaster Scudder, 1872, *Ann. Rep. Peabody Acad. Sci*., (1871) 4th: 78. **Type species**: *Hesperia leonardus* Harris, 1862. Synonymized by Evans, 1949: 348.

Urbicola Tutt, 1905, *Nat. Hist. Br. Lepid*., 8: 84. **Type species**: *Papilio comma* Linnaeus, 1758.

Hesperia; Godman & Salvin, [1899], *Biol. centr.-amer., Lep. Rhop*., 2: 449; Evans, 1949, *Cat. Hesp. Eur. Asia Aus*.: 348; Bridges, 1994, *Cat. Hesp. World*, IV: 14; Chou, 1998, *Class. Ident. Chin. Butt*.: 301; Yuan, Yuan & Xue, 2015, *Fauna Sin. Ins. Lep. Hesperiidae*, 55: 503; Wu & Xu, 2017, *Butts. Chin*.: 1395.

Hesperia (Hesperiini); Pelham, 2008, *J. Res. Lepid*., 40: 68.

本属为弄蝶科 Hesperiidae 中建立最早的属，原先包括很多种，现已陆续分出。触角端突微小。翅茶褐色。前翅顶角突出；外缘直，下方略凹入。后翅反面有白斑。雄性前翅正面中室下方有长楔形性标斑。

雄性外生殖器：背兜小，前端裂为 2 瓣，呈 V 形；钩突末端浅裂；颚突末端与钩突平齐；囊突中等长；抱器近长方形，端部二分裂，尖角状上突；阳茎略长于抱器，无喙突。

寄主为莎草科 Cyperaceae、禾本科 Gramineae 及豆科 Fabaceae 植物。

全世界记载 21 种，分布于古北区、东洋区、新北区及非洲区。中国记录 2 种，大秦岭均有分布。

种检索表

后翅反面有 V 形中横斑列 ·· **弄蝶 *H. comma***

后翅反面无 V 形中横斑列 ··· **红弄蝶 *H. florinda***

弄蝶 *Hesperia comma* (Linnaeus, 1758)

Papilio comma Linnaeus, 1758, *Syst. Nat*. (Edn 10), 1: 484. **Type locality**: Sweden.

Hesperia comma; Fabricius, 1873, *Ent. Syst*., 3(1): 258; Evans, 1949, *Cat. Hesp. Eur. Asia Aus*.: 348; Bridges, 1994, *Cat. Hesp. World*, VIII: 52; Chou, 1994, *Mon. Rhop. Sin*.: 732; Tennent, 1996. *Butt. Mor. Ag. Tun*.: 97; Tuzov *et al*., 1977, *Guide Butt. Russia*, 1: 313; Wang, 1999, *Mon. Butt. N.E. China*: 282; Huang *et al*., 2000, *Butt. Xinjiang*: 73; Yazaki, 2004, *Butt. Mongolia*, 4: 176-179; Fan, 2006, *Tax. Hesp. Mol. Phyl. Gegenini*: 103.

Hesperia catena Staudinger, 1861, *Stett. Ent. Ztg*., 22: 357. **Type locality**: Lapland. Synonymized by Evans, 1949: 349.

Hesperia pallida Staudinger, 1875, *Horae Soc. ent. Ross*., 14: 275. **Type locality** : Syria. Synonymized by Evans, 1949: 349.

Hesperia mixta Alphéraky, 1881, *Horae Soc. ent. Ross*., 16: 430. Synonymized by Evans, 1949: 349.

Pamphila comma; Grum-Grshimailo, 1890, *In*: Romanoff, *Mém. Lép*., 4: 507.

Hesperia lato Grum-Grshimailo, 1891, *Horae Soc. ent. Ross*., 25: 459. Synonymized by Evans, 1949: 349.

Erynnis comma; Leech, 1892, *Butt. Chin. Jap. Cor*.: 593.

Hesperia alpina Both, 1896, *Entomologist*, 29: 21. Synonymized by Evans, 1949: 349.

Hesperia flava Tutt, 1896, *Brit. Butt*.: 129. **Type locality**: Syria. Synonymized by Evans, 1949: 349.

Erynnis comma; Godman & Salvin, [1900], *Biol. centr.-amer., Lep. Rhop*., 2: 477; Dyar, 1903, *Bull. U.S. nat. Mus*., 52: 49.

Augiades dupuyi Oberthür, 1910, *Étud. Lep. Comp*., 4: 361. Synonymized by Evans, 1949: 349.

Augiades faunula Oberthür, 1910, *Étud. Lep. Comp*., 4: 361. Synonymized by Evans, 1949: 349.

Augiades albescens Oberthür, 1910, *Étud. Lep. Comp*., 4: 361. Syonymired by Evans, 1949: 349.

Augiades apennina Rotstagno, 1911, *Bull. Soc. Zool. Ital*., 12(2): 10. Synonymized by Evans, 1949: 349.

Hesperia comma; Lewis, 1974, *Butt. World*: pl. 11, f. 18-19; Chou, 1994, *Mon. Rhop. Sin*.: 732; Pelham, 2008, *J. Res. Lepid*., 40: 69; Yakovlev, 2012, *Nota lepid*., 35(1): 62; Yuan, Yuan & Xue, 2015, *Fauna Sin. Ins. Lep. Hesperiidae*, 55: 503-506; Wu & Xu, 2017, *Butts. Chin*.: 1395, f. 1397: 1.

Hesperia (*Hesperia*) *comma*; Korb & Bolshakov, 2011, *Eversmannia Suppl*., 2: 12.

形态 成虫：中型弄蝶。两翅正面茶褐色；翅脉黑色。前翅前缘直；正面前缘区基部至前缘斑间及中室深橙黄色；亚顶区 r_3-r_5 室斑淡黄色，排成斜列；亚外缘 m_1 室及 m_2 室各有 1 个淡黄色斑纹，与 r_3-r_5 室斑相距较远；m_3-cu_2 室斑排成斜列；长楔形性标斑黑色，从中室下端角伸向后缘基部，中间镶有灰白色线纹。反面赭绿色；斑纹白色；基部黑色；中室橙黄色；后缘淡黄色；斑纹同前翅正面。后翅正面周缘黑褐色；斑纹黄色；外横斑列未达前后缘；中室有 1 个圆形斑纹。反面赭绿色；臀角亮黄色；斑纹白色；中横斑列 V 形；基横斑列 C 形。雌性前翅正面中室端部有 2 个白色斑纹。

卵：乳白色；弹头形。

幼虫：老熟幼虫头黑色；体浅黑色。

蛹：灰色至淡褐色；有黑色小点斑；外被1层薄茧。

寄主 禾本科 Gramineae 早熟禾属 *Poa* spp.、羊茅属 *Festuca* spp.；豆科 Fabaceae 绣球小冠花 *Coronilla varia*。

生物学 1年1代，成虫多见于6~9月。卵单产。幼虫夜间取食。

分布 中国（黑龙江、吉林、山西、山东、甘肃、青海、新疆、四川、西藏），蒙古，欧洲，非洲。

大秦岭分布 甘肃（麦积、康县、文县、临潭、碌曲）。

红弄蝶 *Hesperia florinda* (Butler, 1878)

Pamphila florinda Butler, 1878, *Cist. Ent.*, 2(19): 285. **Type locality**: Japan.

Pamphila repugnans Staudinger, 1892, *In*: Romanoff, *Mem. Lep.*, 6: 211. **Type locality**: Sutschan, Amur. Synonymized by Evans, 1949: 350.

Erynnis sachalinensis Matsumura, 1934, *Ins. Matsumur.*, 8: 105. **Type locality**: Saghalien. Synonymized by Evans, 1949: 350.

Hesperia comma florinda; Evans, 1949, *Cat. Hesp. Eur. Asia Aus.*: 350; Bridges, 1994, *Cat. Hesp. World*, VIII: 84; Chou, 1994, *Mon. Rhop. Sin.*: 732.

Hesperia florinda; Kudrna, 1974, *Atalanta*, 5: 118; Tuzov *et al.*, 1997, *Guide Butt. Russia*, 1: 132; Wang, 1999, *Mon. Butt. N.E. China*: 283; Wang, 1999, *Mon. Butt. N.E. China*: 283; Yuan, Yuan & Xue, 2015, *Fauna Sin. Ins. Lep. Hesperiidae*, 55: 506; Wu & Xu, 2017, *Butts. Chin.*: 1395, f. 1397: 2-4.

Hesperia (*Hesperia*) *florinda*; Korb & Bolshakov, 2011, *Eversmannia Suppl.*, 2: 12.

形态 成虫：中型弄蝶。与弄蝶 *H. comma* 近似，主要区别为：两翅反面赭黄色。后翅反面仅有4个白色斑纹，分别位于外中域和中室；臀角橙黄色。

寄主 莎草科 Cyperaceae 薹草属 *Carex* spp.。

生物学 1年1代，成虫多见于6~9月。

分布 中国（黑龙江、辽宁、内蒙古、北京、山西、山东、陕西、甘肃），日本。

大秦岭分布 甘肃（麦积、漳县）。

豹弄蝶族 Thymelicini

Thymelicini; Chou, 1998, *Class. Ident. Chin. Butt.*: 302.

本族从弄蝶族 Hesperiini 分出。触角短，锤部钝，或弯曲，无端针。须第 3 节和第 2 节一样细长。翅黄褐色或黑褐色；前后翅多无反差明显的斑纹，如有，斑纹排成线状。后翅前缘比后缘长。雄性前翅有细的性标斑或无性标斑。

全世界记载 11 种，分布于古北区、东洋区、非洲区及新北区。中国已知 4 种，大秦岭分布 3 种。

豹弄蝶属 *Thymelicus* Hübner, 1819

Thymelicus Hübner, 1819, *Verz. bek. Schmett.*, (8): 113. **Type species**: *Papilio acteon* Rottemburg, 1775.

Adopoea Billberg, 1820, *Enum. Ins. Mus. Billb.*: 81. **Type species**: *Papilio linea* Müller, 1776; Leech, 1892, *Butt. Chin. Jap. Cor.*: 590. Synonymized by Evans, 1949: 341.

Pelion Kirby, 1858, *List. Brit. Rhop.*: 3. **Type species**: *Papilio linea* Müller, 1776. Synonymized by Evans, 1949: 341.

Thymelicus; Watson, 1893, *Proc. zool. Soc. Lond.*, (1): 100; Evans, 1926, *Jour. Bombay Nat. Hist. Soc.*, 31(3): 630; Evans, 1949, *Cat. Hesp. Eur. Asia Aus.*: 341; Bridges, 1994, *Cat. Hesp. World*, VI: 33; Tennent, 1996, *Butt. Mor. Alg. Tun.*: 96, 97; Chou, 1998, *Class. Ident. Chin. Butt.*: 303; Yuan, Yuan & Xue, 2015, *Fauna Sin. Ins. Lep. Hesperiidae*, 55: 530, 531; Wu & Xu, 2017, *Butts. Chin.*: 1402.

触角棒部粗或弯曲，无端突。两翅黄褐色或黑褐色。雄性前翅细的性标斑无或有。前翅中室与前翅后缘长度相接近，末端斜尖；Cu_2 脉比 R_1 脉先分出。后翅前缘比后缘长；$Sc+R_1$ 脉与 2A 脉一样长；中室端脉平直，M_2 脉从其中间分出。

雄性外生殖器：背兜长，隆起，前端二分裂；钩突长锥状；颚突长，左右愈合；囊突极细长；抱器近长方形；阳茎细长。

雌性外生殖器：囊导管细长，膜质；交配囊椭圆形；无交配囊片。

寄主为禾本科 Gramineae 及莎草科 Cyperaceae 植物。

全世界记载 11 种，分布于古北区、东洋区、非洲区及新北区。中国已知 4 种，大秦岭分布 3 种。

种检索表

1. 翅脉非黑色 ……………………………………………………………线豹弄蝶 *T. lineola*

   翅脉明显黑色 ……………………………………………………………………2

2. 雄性前翅正面有性标斑 ………………………………………………豹弄蝶 *T. leoninus*

   雄性前翅正面无性标斑 ………………………………………………黑豹弄蝶 *T. sylvaticus*

豹弄蝶 *Thymelicus leoninus* (Butler, 1878)

Pamphila leonina Butler, 1878, *Cist. Ent.*, 2(19): 286. **Type locality**: Japan.

Thymelicus leonine; Stuaudinger, 1887, *In*: Romanoff, *Mem. Lep.*, 3: 151; Evans, 1949, *Cat. Hesp. Eur. Asia Aus.*: 346; Bridges, 1994, *Cat. Hesp. World*, VIII: 122; Tuzov *et al.*, 1997, *Guide Butt. Russia*, 1: 129.

Adopaea leonine; Leech, 1892, *Butt. Chin. Jap. Cor.*: 592.

Thymelicus leoninus; Kudrna, 1974, *Atalanta*, 5: 117; Tong, 1993, *Butt. Faun. Zhejiang*: 74; Chou, 1994, *Mon. Rhop. Sin.*: 735; Wang, 1999, *Mon. Butt. N.E. China*: 288; Fan, 2006, *Tax. Hesp. Mol. Phyl. Geg.*: 114; Korb & Bolshakov, 2011, *Eversmannia Suppl.*, 2: 12; Yuan, Yuan & Xue, 2015, *Fauna Sin. Ins. Lep. Hesperiidae*, 55: 531-534; Wu & Xu, 2017, *Butts. Chin.*: 1402, f. 1405: 4-9.

Thymelicus leonina; Lewis, 1974, *Butt. World*: pl. 208, f. 41 (text).

形态 成虫：中小型弄蝶。雌雄异型。雄性：翅黄褐色。正面前翅外缘区、后翅周缘及翅脉黑色；黑色线状性标斑位于前翅 Cu_1 脉基部至 2A 脉基部之间。反面色稍淡；后缘黑褐色。雌性：两翅正面及翅脉黑褐色。反面黄色；外横带淡黄色。前翅外横斑列、中室端斑及中室前缘外侧条带黄色。后翅正面外横斑带宽，未达前后缘。

卵：淡青色至白色；扁圆球形。

幼虫：5 龄期。老熟幼虫淡绿色；背线细，色暗；亚背线白色；头部褐色。

蛹：淡绿色，半透明状；头部有显著的角状突起。

寄主 禾本科 Gramineae 鹅观草 *Roegneria kamoji*、草芦 *Phalaris arundinacea*、拂子茅 *Calamagrostis epigeios*、冰草 *Agropyron cristatum*、羊茅属 *Festuca* spp.、雀麦属 *Bromus* spp.、短柄草属 *Brachypodium* spp.。

生物学 1 年 1 代，以 1 龄幼虫做茧越冬，成虫多见于 5 ~ 8 月。常在林缘、山地活动。卵产于枯叶上。

分布 中国（黑龙江、吉林、辽宁、内蒙古、北京、河北、山西、陕西、甘肃、安徽、浙江、湖北、江西、福建、广东、广西、重庆、四川、贵州、云南），俄罗斯，朝鲜，日本。

大秦岭分布 陕西（蓝田、长安、周至、陈仓、太白、凤县、华州、华阴、汉台、南郑、洋县、西乡、略阳、留坝、佛坪、宁陕、商州、商南、山阳、柞水、镇安）、甘肃（麦积、秦州、武山、康县、文县、徽县、两当、礼县、碌曲）、湖北（神农架、郧西）、重庆（巫溪、城口）、四川（青川、都江堰、安州、平武）。

黑豹弄蝶 *Thymelicus sylvaticus* (Bremer, 1861)（图版 40：127）

Pamphila sylvatica Bremer, 1861, *Bull. Acad. Sci. St. Petersb.*, 3: 474. **Type locality**: Amur.

Adopaea sylvatica; Leech, 1892, *Butt. Chin. Jap. Cor.*: 591.

Thymelicus sylvatica; Evans, 1949, *Cat. Hesp. Eur. Asia Aus.*: 347; Lewis, 1974, *Butt. World*: pl. 208, f. 41; Bridges, 1994, *Cat. Hesp. World*, VIII: 218; Tennent, 1996, *Butt. Mor. Alg. Tun.*: 97; Tuzov *et al.*, 1997, *Guide Butt. Russia*, 1: 128.

Thymelicus sylvaticus; Kudrna, 1974, *Atalanta*, 5: 117; Chou, 1994, *Mon. Rhop. Sin.*: 735; Wang, 1999, *Mon. Butt. N.E. China*: 289; Jiang *et al.*, 2001, *In*: Huang (Ed.), *Fauna Ins. Fujian*, 4: 145; Fan, 2006, *Tax. Hesp. Mol. Phyl. Geg.*: 114; Korb & Bolshakov, 2011, *Eversmannia Suppl.*, 2: 12; Yuan, Yuan & Xue, 2015, *Fauna Sin. Ins. Lep. Hesperiidae*, 55: 534-536; Wu & Xu, 2017, *Butts. Chin.*: 1402, f. 1405: 13-14, 1406: 15-19.

形态 成虫：中小型弄蝶。与豹弄蝶 *T. leoninus* 相似，主要区别为：两翅正面黑色外缘带很宽；反面黄褐色。前翅中室端部外侧有近三角形的黑褐色斑纹。反面黄褐色；黑色脉纹清晰。雄性无性标斑。

卵：淡青色。

幼虫：淡白绿色；背线细，色暗；亚背线白色。

蛹：淡绿色；头顶有细长突起。

寄主 禾本科 Gramineae 鹅观草 *Roegneria kamoji*、草芦 *Phalaris arundinacea*、拂子茅 *Calamagrostis epigeios*、羊茅属 *Festuca* spp.、雀麦属 *Bromus* spp.、冰草属 *Agropyron* spp.、短柄草属 *Brachypodium* spp.；莎草科 Cyperaceae 薹草属 *Carex* spp.。

生物学 1年1代，以幼虫做茧越冬，成虫多见于4～9月。常在林缘、山地活动。卵产于枯叶上。

分布 中国（黑龙江、吉林、辽宁、内蒙古、北京、天津、河北、河南、陕西、宁夏、甘肃、安徽、浙江、湖北、江西、湖南、福建、广东、重庆、四川、贵州、西藏），俄罗斯，朝鲜，日本。

大秦岭分布 河南（荥阳、巩义、禹州、宝丰、鲁山、镇平、内乡、西峡、宜阳、嵩县、栾川、陕州、灵宝、卢氏）、陕西（长安、周至、太白、凤县、华州、汉台、南郑、洋县、西乡、留坝、佛坪、宁陕、商州、丹凤、柞水、镇安）、甘肃（麦积、秦州、武山、文县、徽县、两当、礼县、碌曲）、湖北（神农架、武当山）、重庆（巫溪、城口）、四川（江油）。

线豹弄蝶 *Thymelicus lineola* (Ochsenheimer, 1808)

Papilio lineola Ochsenheimer, 1808, *Schmett. Europa*, 1(2): 230. **Type locality**: Germany.

Papilio virgula Hübner, 1813, *Samml. eur. Schmett.*: 130. **Type locality**: Europe. Synonymized by Evans, 1949: 342.

Pamphila lodoviciae Mabille, 1883, *C. R. Soc. Ent. Belg.*, 27: 48. Synonymized by Evans, 1949: 342.

Thymelicus diluta Graves, 1925, *Trans. Ent. Soc. Lond.*, 73(1/2): 43. **Type locality**: Auvergne. Synonymized by Evans, 1949: 342.

Adopaea pseudothaumas Zemy, 1927, *Eos.*, 3: 324. Synonymized by Evans, 1949: 342.

Adopaea hemmingi Romei, 1927, *Ent. Rec.*, 39: 127. Synonymized by Evans, 1949: 342.

Thymelicus antizrdens Lempke, 1939, *Ent. Ber.*, 10: 121. Synonymized by Evans, 1949: 342.

Adopaea italamixta Verity, 1940, *Farfalle Diume Ital.*, 1: 96. Synonymized by Evans, 1949: 342.

Thymelicus lineola; Evans, 1949, *Cat. Hesp. Eur. Asia Aus.*: 341; Lewis, 1974, *Butt. World*: pl. 11, f. 34 (text); Bridges, 1994, *Cat. Hesp. World*, VIII: 125; Tennent, 1996, *Butt. Mor. Alg. Tun.*: 97; Wang, 1999, *Mon. Butt. N.E. China*: 288; Huang, 2001, *Butt. Xinjiang*: 73; Korb & Bolshakov, 2011, *Eversmannia Suppl.*, 2: 12; Yakovlev, 2012, *Nota lepid.*, 35(1): 62; Yuan, Yuan & Xue, 2015, *Fauna Sin. Ins. Lep. Hesperiidae*, 55: 536-538; Wu & Xu, 2017, *Butts. Chin.*: 1402, f. 1405: 10-12.

形态 成虫：中小型弄蝶。两翅无斑；正面黄褐色；反面色稍淡；脉纹不清晰；黑色外缘带窄。前翅灰黑色线状性标斑位于中室下缘脉上；反面后缘基部黑灰色。后翅正面周缘黑灰色。

寄主 禾本科 Gramineae 偃麦草 *Elytrigia repens*、梯牧草 *Phleum pratense*、匍匐冰草 *Agropyron repens*、拂子茅 *Calamagrostis epigeios*、发草 *Deschampsia cespitosa*、鸭茅属 *Dactylis* spp.、燕麦草属 *Arrhenatherum* spp.。

生物学 1年1~2代，成虫多见于6~8月。

分布 中国（黑龙江、内蒙古、陕西、甘肃、新疆），俄罗斯，中亚，欧洲，非洲，北美洲。

大秦岭分布 陕西（周至、凤县）、甘肃（麦积、武山、礼县、迭部）。

旖弄蝶族 Isoteinonini Evans, 1949

Isoteinon group Evans, 1949, *Cat. Hesp. Eur. Asia Aus.*: 28. **Type genus**: *Isoteinon* C. & R. Felder, 1862.

Plastingia group Evans, 1949, *Cat. Hesp. Eur. Asia Aus.*: 28. **Type genus**: *Plastingia* Butler, 1870a.

Isoteinonini; Chou, 1998, *Class. Ident. Chin. Butt.*: 303; Yuan, Yuan & Xue, 2015, *Fauna Sin. Ins. Lep. Hesperiidae*, 55: 539, 540.

触角长等于前翅前缘长的1/2，端针短而钝。后足胫节无中距。腹部和后翅后缘等长。前翅正面黑褐色至暗褐色；有白色或黄色斑纹；顶角多突出；中室比前翅后缘短；M_2脉直或微微向下弯曲，在M_1脉与M_3脉中间。后翅正面多无斑，仅少数有斑或仅雌性有斑；前缘与后缘等长；中室约为后翅长的1/2，下端角不上翘；M_3脉与Rs脉相对应；Cu_2脉从中室端部分出；2A脉与$Sc+R_1$脉等长；M_2脉位于M_1脉与M_3脉之间，但经常消失。雄性第二性征有或无，如有，多为前翅正面有斑痣，有的为退化的烙印疤。

分布于东洋区及非洲区。中国记录35种，大秦岭分布6种。

属检索表

1. 触角端突短于触角棒部宽度的2倍 ………………………………………………………… 2
   触角端突长于触角棒部宽度的2倍 ………………………………………………………… 4
2. 后翅反面无白斑 ……………………………………………………………… **须弄蝶属 *Scobura***
   后翅反面有白斑 ……………………………………………………………………………… 3
3. 前翅 cu_2 室中部有1个白色斑纹 …………………………………………… **旖弄蝶属 *Isoteinon***
   前翅 cu_2 室中部无白色斑纹 ……………………………………………… **突须弄蝶属 *Arnetta***
4. 前翅有淡色透明斑 ………………………………………………………… **蕉弄蝶属 *Erionota***
   前翅无斑 ……………………………………………………………………… **玛弄蝶属 *Matapa***

旖弄蝶属 *Isoteinon* C. & R. Felder, 1862

Isoteinon C. & R. Felder, 1862a, *Wien. ent. Monats*., 6(1): 30. **Type species**: *Isoteinon lamprospilus* C. & R. Felder, 1862.

Isoteinon; Watson, 1893, *Proc. zool. Soc. Lond.*, (1): 83; Evans, 1949, *Cat. Hesp. Eur. Asia Aus.*: 269; Bridges, 1994, *Cat. Hesp. World*, IV: 15; Chou, 1998, *Class. Ident. Chin. Butt.*: 304; Yuan, Yuan & Xue, 2015, *Fauna Sin. Ins. Lep. Hesperiidae*, 55: 540, 541; Wu & Xu, 2017, *Butts. Chin.*: 1371.

腹部细长，约和后翅后缘一样长。两翅正面茶褐色或黑褐色。前翅有白色斑纹。后翅反面有5~9个白色斑纹，圈纹黑色。前翅中室上端角略尖出。后翅M_2脉消失。无第二性征。

雄性外生殖器：背兜小，略隆起；钩突小，端部二分叉；颚突发达，左右愈合成筒状；囊突细；抱器长方形，末端裂为2瓣；阳茎中等长。

寄主为禾本科Gramineae植物。

全世界记载1种，分布于东洋区。大秦岭有分布。

旖弄蝶 *Isoteinon lamprospilus* C. & R. Felder, 1862

Isoteinon lamprospilus C. & R. Felder, 1862a, *Wien. ent. Monats*., 6(1): 30. **Type locality**: Ningpo.

Pamphila vitrea Murray, 1875a, *Ent. mon. Mag*., 11: 117. **Type locality**: Japan. Synonymized by Evans, 1949: 269.

Pamphila lamprospilus; Pryer, 1889, *Rhop. Nihon*.: 33; Lee, 1892, *Butt. Chin. Jap. Cor*.: 582.

Isoteinon lamprospilus; Evans, 1949, *Cat. Hesp. Eur. Asia Aus*.: 269; Lewis, 1974, *Butt. World*: 208; Kudrna, 1974, *Atalanta*, 5: 117; Bridges, 1994, *Cat. Hesp. World*, VII: 119; Chou, 1994, *Mon. Rhop. Sin*.: 736; Hsu, 1999, *Butt. Taiwan*, 1: 62; Yuan, Yuan & Xue, 2015, *Fauna Sin. Ins. Lep. Hesperiidae*, 55: 541-544; Wu & Xu, 2017, *Butts. Chin*.: 1371, f. 1374: 1-5.

形态 成虫：中型弄蝶。两翅正面黑褐色；反面赭绿色；斑纹白色。前翅正面亚顶区 r_3-r_5 室斑排成斜列；中室端部 2 个斑纹紧密相连；m_3-cu_2 室斑排成斜列，其中 cu_1 室基部斑最大，方形。反面中后部黑褐色；斑纹同前翅正面。后翅正面无斑。反面白色斑纹均有黑色圈纹环绕；中室端斑近圆形；C 形圆斑列从前缘基部经外中域到达后缘基部。

卵：半圆球形；白色至淡黄色。

幼虫：5 龄期。末龄幼虫细长；黄绿色；头部黑褐色，头顶两侧有黄褐色宽带纹；前胸背面有黑色横斑带；腹末端黄色。

蛹：细长，纺锤形；深褐色；眼部有褐色斑纹；胸部及翅区黄色至淡褐色。

寄主 禾本科 Gramineae 五节芒 *Miscanthus floridulus*、芒 *M. sinensis*、台湾芦竹 *Arundo formosana*、求米草 *Oplismenus undulatifolius*、白茅 *Imperata cylindrica*。

生物学 1 年多代，以蛹越冬，成虫多见于 4 ~ 10 月。飞行迅速，喜访花。卵多单产于寄主植物叶片端部。幼虫有取食卵壳和做巢习性。老熟幼虫化蛹于虫巢中。

分布 中国（陕西、安徽、浙江、湖北、江西、湖南、福建、台湾、广东、海南、香港、广西、重庆、四川、贵州），朝鲜，日本，越南。

大秦岭分布 陕西（紫阳、商南）、湖北（神农架）。

须弄蝶属 *Scobura* Elwes & Edwards, 1897

Scobura Elwes & Edwards, 1897, *Trans. zool. Soc. Lond*., 14(4): 204. **Type species**: *Hesperia cephala* Hewitson, 1876.

Mimambrix Riley, 1923, *Entomologist*, 56(2): 37. **Type species**: *Mimambrix woolletti* Riley, 1923. Synonymized by Evans, 1949: 292.

Scobura; Evans, 1949, *Cat. Hesp. Eur. Asia Aus*.: 292; Pinratana, 1985, *Butt. Thaoland*, 5: 68; Eliot, 1992, *Butt. Malay Pen*. (4th ed.): 360; Bridges, 1994, *Cat. Hesp. World*, IV: 29; Chou, 1998, *Class.*

Ident. Chin. Butt.: 306; Yuan, Yuan & Xue, 2015, *Fauna Sin. Ins. Lep. Hesperiidae*, 55: 551, 552; Wu & Xu, 2017, *Butts. Chin.*: 1384.

翅黑褐色。前翅有黄色或白色透明斑。后翅正面无斑或有 1 ~ 2 个透明斑；反面脉纹多黄色。前翅 Sc 脉与 R_1 脉靠近；M_2 脉直；M_3 脉离 Cu_1 脉近，离 M_2 脉远。后翅后缘不长于前缘；M_2 脉从中室端脉中间分出。下唇须第 3 节细长。

雄性外生殖器：背兜头盔形；钩突细长，顶端不分叉；无颚突；囊突短；抱器长阔，端部发达；阳茎短于抱器。

寄主为禾本科 Gramineae 植物。

全世界记载 12 种，分布于东洋区。中国记录 10 种，大秦岭分布 1 种。

都江堰须弄蝶 *Scobura masutarai* Sugiyama, 1996

Scobura masutarai Sugiyama, 1996, *Pallarge*, 5: 9. **Type locality**: Dujiangyan, Sichuan.

Scobura masutarai; Yuan, Yuan & Xue, 2015, *Fauna Sin. Ins. Lep. Hesperiidae*, 55: 557, 558; Wu & Xu, 2017, *Butts. Chin.*: 1386, f. 1389: 4-5.

形态 成虫：中型弄蝶。两翅黑褐色；斑纹白色或淡黄色至黄色。前翅斑纹除 cu_2 室斑不透明，其余斑纹为透明斑。正面基部被黄色或白色鳞片带；亚顶区 r_3-r_5 室斑排成斜列；中室端部有 1 个块斑；m_1-cu_2 室斑排成斜列，其中 cu_1 室斑最大，cu_2 室斑黄色。反面脉纹多黄色；前缘带黄色；亚外缘带和翅脉相连，黄色；其余斑纹同前翅正面。后翅正面外中域中部有 2 个淡黄色斑纹；反面翅脉黄色，多加粗，并与亚外缘黄色波纹和中室黄色纵线纹相连呈网状。雌性前翅正面 m_3 室无斑。

生物学 成虫多见于 7 ~ 8 月。

分布 中国（陕西、甘肃、四川）。

大秦岭分布 陕西（佛坪）、甘肃（康县）、四川（都江堰）。

突须弄蝶属 *Arnetta* Watson, 1893

Arnetta Watson, 1893, *Proc. zool. Soc. Lond.*, (1): 72. **Type species**: *Isoteinon alkinsoni* Moore, 1867.

Arnetta; Evans, 1949, *Cat. Hesp. Eur. Asia Aus.*: 234; Pinatana, 1985, *Butt. Thailand*, 5: 66; Eliot, 1992, *Butt. Malay Pen.*: 360; Bridges, 1994, *Cat. Hesp. World*, IV: 3; Wang, 2005, *Henan Sci.*, 23(Suppl.): 105; Yuan, Yuan & Xue, 2015, *Fauna Sin. Ins. Lep. Hesperiidae*, 55: 544; Wu & Xu, 2017, *Butts. Chin.*: 1371.

触角端钝。下唇须第 3 节前伸。翅较狭窄。前翅前缘直；有白色斑纹；R_1 脉接近 Sc 脉；中室上端角略尖出。后翅反面有环绕黑色圈纹的白斑；M_2 脉消失。有第二性征。

雄性外生殖器：背兜头盔形；钩突发达，顶端二分叉；颚突发达，侧观三角形；囊突短；抱器长阔，背缘端部分成 2 瓣；阳茎略长于抱器。

全世界记载 7 种，分布于东洋区及非洲区。中国记录 1 种，大秦岭有分布。

突须弄蝶 *Arnetta atkinsoni* (Moore, 1878)

Isoteinon atkinsoni Moore, 1878, *Proc. zool. Soc. Lond.*, (3): 693, pl. 45, f. 10. **Type locality**: Darjiling.

Isoteinon khasianus Moore, 1878, *Proc. zool. Soc. Lond.*, (3): 693. **Type locality**: Khasia Hills, Assam. Synonymized by Evans, 1949: 236.

Isoteinon subtestaceus Moore, 1878, *Proc. zool. Soc. Lond.*, (4): 844. **Type locality**: Ahsown, Tenasserim, Burma. Synonymized by Evans, 1949: 236.

Arnetta atkinsoni; Watson, 1893, *Proc. zool. Soc. Lond.*, (1): 72; Evans, 1949, *Cat. Hesp. Eur. Asia Aus.*: 236; Inoue & Kawazoe, 1966, *Tyô Ga*, 16(3/4): 86, f. 73, 74; Lewis, 1974, *Butt. World*: pl. 184, f. 20; Pinratana, 1985, *Butt. Thailand*, 5: 66; Huang & Xue, 2004, *Neue Ent. Nachr.*, 57: 145; Yuan, Yuan & Xue, 2015, *Fauna Sin. Ins. Lep. Hesperiidae*, 55: 544, 545; Wu & Xu, 2017, *Butts. Chin.*: 1371, f. 1374: 6-8.

Pedestes parnaca Fruhstorfer, 1910b, *Dt. ent. Z. Iris*, 24(5): 99. **Type locality**: Tonkin, Chiem-Hoa. Synonymized by Evans, 1949: 236.

Arnetta atkinsoni sinensis Lee, 1962, *Acta Ent. Sin.*, 11(2): 142. **Type locality**: Hekou, Yunnan. Synonymized by Huang & Xue, 2004: 145.

形态 成虫：小型弄蝶。两翅正面黑褐色；斑纹白色。前翅正面亚顶区 r_3-r_5 室斑排成弧形；中室端斑白色；m_3 室及 cu_1 室斑上下紧密排列，m_3 室斑纹稍外移。反面前缘、顶角区、亚顶区、外缘及臀角被深黄褐色鳞片；斑纹同前翅正面。后翅正面无斑。反面深黄褐色；中室端部斑纹近圆形；中室外环绕的白色斑纹 C 形排列，每个斑纹均有黑色圈纹。有 2 个季节型：湿季型后翅反面色暗，白色小斑多；旱季型后翅反面红黄褐色，斑纹白色或暗黑色。雄性前翅反面后缘有黑色毛簇；2A 脉扭曲；有模糊的烙印疤斑痣。

生物学 1 年多代，成虫多见于 4 ~ 9 月。有访花习性，喜栖息于林缘和溪谷环境。

分布 中国（广东、广西、四川、云南），印度，缅甸，越南，老挝，泰国。

大秦岭分布 四川（青川、都江堰）。

蕉弄蝶属 *Erionota* Mabille, 1878

Erionota Mabille, 1878b, *Ann. Soc. Ent. Belg.*, 21: 34. **Type species**: *Papilio thrax* Linnaeus, 1767.

Erionota; Distant, 1886, *Rhop. Malayana*: 393; Watson, 1893, *Proc. zool. Soc. Lond.*, (1): 86; Evans, 1941, *Entomologist*, 74(7): 158; Evans, 1949, *Cat. Hesp. Eur. Asia Aus.*: 326; Pinratana, 1985, *Butt. Thailand*, 5: 88; Eliot, 1992, *Butt. Malay Pen*. (4th ed.): 374; Bridges, 1994, *Cat. Hesp. World*, IV: 11; Chou, 1998, *Class. Ident. Chin. Butt.*: 304, 305; Vane-Wright & de Jong, 2003, *Zool. Verh. Leiden*, 343: 69; Yuan, Yuan & Xue, 2015, *Fauna Sin. Ins. Lep. Hesperiidae*, 55: 573, 574; Wu & Xu, 2017, *Butts. Chin.*: 1390.

翅黑褐色至棕褐色。前翅中域有白色或淡黄色大型透明斑；中室有大斑；Cu_2 脉起点靠近翅基部而远离中室端部；中室端部不突出；M_3 脉与 R_4 脉或 R_5 脉对应。后翅无斑；中室长约为后翅长的 1/2。雄性无第二性征。

雄性外生殖器：背兜中等大，背面平坦；钩突、颚突及囊突小；抱器长阔，端部钩状上弯，前缘有锯齿；阳茎基部细，端部膨大，末端斜截。

雌性外生殖器：交配囊长袋状；中部缢缩有或无。

寄主为芭蕉科 Musaceae、美人蕉科 Cannaceae 及棕榈科 Palmae 植物。

全世界记载 10 种，分布于东洋区及古北区。中国记录 3 种，大秦岭分布 2 种。

种检索表

翅斑纹黄色 ………………………………………………………… **黄斑蕉弄蝶 *E. torus***

翅斑纹白色 ………………………………………………………… **白斑蕉弄蝶 *E. grandis***

白斑蕉弄蝶 *Erionota grandis* (Leech, 1890)

Plesioneura grandis Leech, 1890, *Entomologist*, 23(2): 47. **Type locality**: Washan, Sichuan.

Erionota grandis; Evans, 1949, *Cat. Hesp. Eur. Asia Aus.*: 328; Lewis, 1974, *Butt. World*: pl. 208, f. 8; Bridges, 1994, *Cat. Hesp. World*, VIII: 93; Chou, 1994, *Mon. Rhop. Sin.*: 736; Yuan, Yuan & Xue, 2015, *Fauna Sin. Ins. Lep. Hesperiidae*, 55: 575, 576; Wu & Xu, 2017, *Butts. Chin.*: 1390, f. 1392: 9.

形态 成虫：大型弄蝶。两翅正面黑褐色或棕黑色；前翅基部及后翅大部分被深褐色长毛；斑纹白色。反面深褐色，端部色淡。前翅正面中央有 3 个斑纹，分别位于 m_3 室、cu_1 室及中室端部，m_3 室斑纹近圆形，cu_1 室斑纹近长方形，中室端斑近方形。反面前缘至中央区域黑褐色；后缘灰白色；斑纹同前翅正面。后翅无斑。

卵：半圆球形；白色；纵脊不明显；精孔区暗红色。

幼虫：初龄幼虫黄色；头部黑色；群聚于叶巢中。末龄幼虫细长；头深褐色，密被白色蜡粉层；体表覆有厚的白色蜡粉层。

蛹：长椭圆形；淡黄褐色；体表覆有白色蜡粉层。

寄主 棕榈科 Palmae 铺葵 *Livistona chinensis*、棕榈 *Trachycarpus fortunei*；芭蕉科 Musaceae 芭蕉 *Musa basjoo*；美人蕉科 Cannaceae 美人蕉 *Canna indica*、蕉藕 *C. edulis*。

生物学 1 年多代，成虫多见于 5 ~ 9 月。卵聚产于寄主植物叶片上。

分布 中国（陕西、甘肃、江西、广东、广西、重庆、四川、贵州、云南）。

大秦岭分布 陕西（南郑、洋县、西乡、宁强、佛坪）、甘肃（文县）、重庆（城口）、四川（宣汉、青川、安州、平武）。

黄斑蕉弄蝶 *Erionota torus* Evans, 1941

Erionota torus Evans, 1941, *Entomologist*, 74(7): 158. **Type locality**: Sikkim.

Erionota torus; Evans, 1949, *Cat. Hesp. Eur. Asia Aus.*: 326; Inoue & Kawazoe, 1970, *Tyô Ga*, 21(1/2): 5, f. 141-144; Lewis, 1974, *Butt. World*: pl. 186, f. 23 (text); Pinratana, 1985, *Butt. Thailand*, 5: 88; Eliot, 1992, *Butt. Malay Pen*. (4th ed.): 373; Bridges, 1994, *Cat. Hesp. World*, VIII: 227; Chou, 1994, *Mon. Rhop. Sin*.: 736; Lee *et al*., 1995, *Yunnan Butt*.: 136; Yuan, Yuan & Xue, 2015, *Fauna Sin. Ins. Lep. Hesperiidae*, 55: 574, 575; Wu & Xu, 2017, *Butts. Chin*.: 1390, f. 1391: 2-6, 1392: 7-8.

形态 成虫：大型弄蝶。与白斑蕉弄蝶 *E. grandis* 相似，主要区别为：两翅正面深褐色或棕褐色；前翅基部及后翅大部分被棕褐色长毛；斑纹黄色。反面棕褐色至红褐色。前翅斑纹较大，正方形或长方形；反面中央至基部有近三角形黑褐色区域。后翅阔；外缘 Cu_2 脉端部附近凹入明显。

卵：半圆球形；表面密布纵棱脊；初产淡黄色，后变为暗红色。

幼虫：5 ~ 6 龄期。初龄幼虫黄色。老熟幼虫头黑色；体粗壮，深绿色，透明，密被厚的白色蜡粉层。

蛹：粗长；淡褐色；覆有白色蜡质层；喙极长，末端露于蛹体外。

寄主 芭蕉科 Musaceae 指天蕉 *Musa coccina*、大蕉 *M. paradisiaca*、芭蕉 *M. basjoo*、台湾芭蕉 *M. formosana*、香蕉 *M. nana*、红蕉 *M. uranoscopos*。

生物学 1 年多代，以幼虫在虫巢里越冬，成虫多见于 4 ~ 10 月。常在林地活动，白天在寄主植物上栖息，傍晚飞行，夜间及阳光强烈的晴天则停栖于阴凉处，喜吸食寄主植物花蜜。卵多聚产于叶片反面。幼虫孵化后，先取食卵壳，再分散到寄主植物叶缘取食，咬出深沟并将叶片卷成筒状虫巢，傍晚、黎明或阴天的时候取食寄主植物叶片，取食时只将头部或前半身伸出虫巢。老熟幼虫在虫巢内化蛹。

分布 中国（陕西、安徽、浙江、江西、湖南、福建、台湾、广东、海南、香港、广西、重庆、四川、贵州、云南），印度，缅甸，越南，泰国，马来西亚。

大秦岭分布 陕西（南郑、岚皋）、四川（都江堰）。

玛弄蝶属 *Matapa* Moore, 1881

Matapa Moore, 1881, *Lepid. Ceylon*, 1(4): 163. **Type species**: *Ismene aria* Moore, 1886.

Matapa; Evans, 1949, *Cat. Hesp. Eur. Asia Aus*.: 330; Pinratana, 1985, *Butt. Thailand*, 5: 89; Eliot, 1992, *Butt. Malay Pen*. (4th ed.): 375; Bridges, 1994, *Cat. Hesp. World*, IV: 17; Chou, 1998, *Class. Ident. Chin. Butt*.: 306; Vane-Wright & de Jong, 2003, *Zool. Verh. Leiden*, 343: 70; Yuan, Yuan & Xue, 2015, *Fauna Sin. Ins. Lep. Hesperiidae*, 55: 576; Wu & Xu, 2017, *Butts. Chin*.: 1393.

翅黑褐色或深褐色；无斑纹。前翅中室上顶角尖出。后翅中室下顶角倾斜尖出，达到 M_3 脉起点；M_3 脉靠近 Cu_1 脉；M_2 脉消失。触角端突弯曲，与棒部长度相等。复眼红色。雄性前翅正面多数种类有性标斑。雌性腹端有毛簇。

雄性外生殖器：背兜发达，背面有顶突；钩突结构复杂，基部有突起，中部隆起，端部凹入；颚突窄，端部尖；囊突短；抱器近三角形；阳茎稍长于抱器。

雌性外生殖器：囊导管粗短；交配囊长袋形；无交配囊片。

寄主为禾本科 Gramineae 竹亚科 Bambusoideae 植物。

全世界记载 8 种，分布于东洋区。中国记录 3 种，大秦岭分布 1 种。

玛弄蝶 *Matapa aria* (Moore, 1866)

Ismene aria Moore, 1866, *Proc. zool. Soc. Lond*., (3): 784. **Type locality**: Bengal, India.

Hesperia aria; Hewitson, 1868, *Ill. exot. Butts*., [5](Hesperia III): [101], pl. [51], f. 24-25.

Hesperia neglecta Mabille, 1876, *Ann. Soc. ent. Fr*., (5) 6(2): 268. **Type locality**: Manila, Luzon. Synonymized by Evans, 1949: 330.

Ismene aria; Wood-Mason & de Nicéville, 1881, *J. asiat. Soc. Bengal*, Pt.II 49 (4): 241.

Matapa aria; Moore, [1881], *Lepid. Ceylon*, 1(4): 164, pl. 66, f. 1, 1a; Piepers & Snellen, 1910, *Rhop. Java*, [2]: 26, pl. 7, f. 36a-b; Inoue & Kawazoe, 1970, *Tyô Ga*, 21(1/2): 7, f. 145; Lewis, 1974, *Butt. World*: pl. 187, f. 30; Chou, 1994, *Mon. Rhop. Sin*.: 737; Yuan, Yuan & Xue, 2015, *Fauna Sin. Ins. Lep. Hesperiidae*, 55: 576-579; Wu & Xu, 2017, *Butts. Chin*.: 1393, f. 1394: 1-5.

形态 成虫：中大型弄蝶。两翅正面深褐色；反面红褐色；无斑纹。前翅基半部及后翅大部分被褐色长毛。前翅正面从 Cu_1 脉基部至 2A 脉中部有灰褐色线状性标斑；反面 Cu_1 脉至后缘灰褐色。

卵：半圆球形；初产淡灰褐色，后变为草绿色；顶部有玫红色斑点；表面密布小棘刺和六角形刻纹。

幼虫：初孵幼虫淡红色；头部黑色。老熟幼虫淡绿色；无斑纹；头部褐色。

蛹：初期鲜黄色，后变为黄白色。

寄主 禾本科 Gramineae 毛竹 *Phyllostachys pubescens*、刚竹 *P. viridis*、观音竹 *Bambusa multiplex*、大佛肚竹 *B. vulgaris*、小佛肚竹 *B. ventricosa*。

生物学 1 年多代，以低龄幼虫在竹叶卷成的虫苞中越冬，成虫多见于 5 ~ 10 月。白天活动，飞行敏捷，喜访花及吸食树木伤流汁液和林下腐败菌类汁液。卵多散产于嫩竹叶背面。

分布 中国（陕西、甘肃、浙江、江西、福建、广东、海南、香港、广西、四川），印度，缅甸，老挝，泰国，斯里兰卡，菲律宾，马来西亚，印度尼西亚。

大秦岭分布 陕西（佛坪）、甘肃（麦积、两当）。

黄弄蝶族 Taractrocerini Voss, 1952

Taractrocera group Evans, 1949, *Cat. Hesp. Eur. Asia Aus.*: 38. **Type genus**: *Taractrocera* Butler, 1870a.

Taractrocerini Voss, 1952, *Ann. Entomol. Soc. Amer.*, 45: 246; Chou, 1988, *Class. Ident. Chin. Butt.*: 309; Warren *et al.*, 2008, *Cladistics*, 24: 4; Warren *et al.*, 2009, *Syst. Entom.*, 34: 496; Yuan, Yuan & Xue, 2015, *Fauna Sin. Ins. Lep. Hesperiidae*, 55: 582, 583.

下唇须第 2 节竖立。腹部长等于或稍短于后翅后缘。翅黑色或黑褐色；斑纹黄色或橙色。前翅中室略延伸或延伸较长；M_2 脉基部多弯曲，接近 M_3 脉；Cu_2 脉起点位于中室下缘中部；中室通常短于后缘。后翅前缘基部有毛簇；后缘比前缘长；中室约为后翅长的 1/2，端斜，下角向上翘；M_2 脉常不清晰；A 脉常比 $Sc+R_1$ 脉长。多数种类雄性前翅正面有性标斑。

全世界记载 95 种，分布于东洋区和澳洲区。中国已知 36 种，大秦岭分布 8 种。

属检索表

下唇须第 3 节细长，和触角杆部一样细 ······ **黄室弄蝶属 *Potanthus***

下唇须第 3 节粗短，比触角杆部粗 ······ **长标弄蝶属 *Telicota***

长标弄蝶属 *Telicota* Moore, 1881

Telicota Moore, 1881, *Lep. Ceylon*, 1(4): 169. **Type species**: *Papilio colon* Fabricius, 1775.

Telicota; Evans, 1949, *Cat. Hesp. Eur. Asia Aus.*: 391; Pinratana, 1985, *Butt. Thailand*, 5: 103; Eliot, 1992, *Butt. Malay Pen*. (4th ed.): 382; Bridges, 1994, *Cat. Hesp. World*, IV: 32; Chou, 1998, *Class. Ident. Chin. Butt*.: 310, 311; Fan, 2006, *Tax. Hesp. Mol. Phyl. Gegenini*: 161; Braby, 2000, *Butt. Aus.*, 1:216; Yuan, Yuan & Xue, 2015, *Fauna Sin. Ins. Lep. Hesperiidae*, 55: 612-614; Wu & Xu, 2017, *Butts. Chin*.: 1409.

翅黑色至黑褐色。前翅正面各室有黄色斑纹；顶角较尖；中室上角尖而突出；Cu_2 脉起点在中室中部；雄性前翅正面从 M_3 脉到 2A 脉有性标斑。后翅后缘比前缘长；中室长等于后翅长的 1/2，末端斜，下角上翘；2A 脉比 $Sc+R_1$ 脉长。下唇须第 3 节短粗。触角棒状部端突钩状。

雄性外生殖器：背兜阔；钩突平伸，端部二分裂；颚突退化；囊突细长；抱器阔，端部窄。

寄主为禾本科 Gramineae、莎草科 Cyperaceae、棕榈科 Palmae 及须叶藤科 Flagellariaceae 植物。

全世界记载 34 种，分布于东洋区和澳洲区。中国已知 10 种，大秦岭分布 1 种。

黄纹长标弄蝶 *Telicota ohara* (Plötz, 1883)

Hesperia ohara Plötz, 1883a, *Stett. ent. Ztg.*, 44(4-6): 226.

Telicota ohara; Chou, 1994, *Mon. Rhop. Sin*.: 743; Vane-Wright & de Jong, 2003, *Zool. Verh. Leiden*, 343: 74; Wu & Xu, 2017, *Butts. Chin*.: 1409, f. 1411: 30-34, 1412: 35-37.

形态 成虫：中型弄蝶。两翅正面黑色至黑褐色；反面亮黄色；斑纹黄色。前翅正面基半部黄色带纹放射状排列，长短不一；外横斑带倒 L 形；中室中上部有黄色大斑。反面中后部黑色或黑褐色；外中域及中室斑纹同前翅正面。后翅正面中域斜带从顶角附近伸向后缘中部，但未达后缘；中室中部有 1 个黄色圆斑。反面中域斜带两侧各有 1 列黑色点斑列；中室圆斑有黑色圈纹。雄性前翅正面性标斑窄，淡褐色，位于中域黑带的中央，端部不达 m_3 室，基部伸向 2A 脉中部。

卵：半圆球形；白色；表面有细刻纹。

幼虫：末龄幼虫黄绿色，半透明；体表有细毛；头部黑色，顶部有红褐色椭圆形斑纹；背面有浅绿色横纹。

蛹：纺锤形；淡褐色；腹部淡黄褐色；体表覆有白色蜡质层。

寄主 禾本科 Gramineae 棕叶狗尾草 *Setaria palmifolia*。

生物学 1 年多代，成虫多见于 4 ~ 10 月。栖息于农田、溪谷及林缘环境，喜访花。

分布 中国（湖北、江西、湖南、福建、台湾、广东、海南、香港、广西、四川、贵州、云南），印度，缅甸，越南，老挝，泰国，菲律宾，马来西亚，巴布亚新几内亚，澳大利亚。

大秦岭分布 四川（江油）。

黄室弄蝶属 *Potanthus* Scudder, 1872

Potanthus Scudder, 1872, *Ann. Rep. Peabody Acad. Sci*., (1871) 4th: 75. **Type species**: *Hesperia omaha* Edwards, 1863.

Padraona Moore, 1881, *Lep. Ceylon*, 1(4): 170. **Type species**: *Pamphila maesa* Moore, 1865. Synonymized by Evans, 1949: 374.

Inessa de Nicéville, 1897, *J. asiat. Soc. Bengal*, Pt. II 66(3): 570. **Type species**: *Inessa ilion* de Nicéville, 1897. Synonymized by Evans, 1949: 374.

Padraona; Godman & Salvin, [1900], *Biol. centr.-amer., Lep. Rhop*., 2: 581.

Potanthus; Evans, 1949, *Cat. Hesp. Eur. Asia Aus*.: 374; Hsu, Li & Li, 1990, *J. Taiwan Mus*., 43(1): 2; Eliot, 1992, *Butt. Malay Pen*. (4th ed.): 380; Bridges, 1994, *Cat. Hesp. World*, IV: 26; Chou, 1998, *Class. Ident. Chin. Butt*.: 309, 310; Vane-Wright & de Jong, 2003, *Zool. Verh. Leiden*, 343: 72; Fan, 2006, *Tax. Hesp. Mol. Phyl. Geg*.: 150; Korb & Bolshakov, 2011, *Eversmannia Suppl*., 2: 11; Yuan, Yuan & Xue, 2015, *Fauna Sin. Ins. Lep. Hesperiidae,* 55: 589-591; Wu & Xu, 2017, *Butts. Chin*.: 1404.

翅黑色至黑褐色；有黄色斑。前翅中室长，约为前翅长的 2/3，上角钩状尖出；Cu_1 脉分出点接近中室末端；M_2 脉弯曲，接近 M_3 脉。后翅后缘长于前缘；中室等于后翅长的 1/2；M_2 脉不明显；A 脉比 $Sc+R_1$ 脉长。雄性前翅正面有性标，接近 2A 脉。翅面斑纹在种间极其相似，多需依靠雄性外生殖器特征进行鉴定。

雄性外生殖器：背兜发达，有 1 条横脊线；钩突与背兜愈合；囊突细长；抱器近长阔，端部钩状外凸；阳茎中等长。

寄主为禾本科 Gramineae 植物。

全世界记载 36 种，分布于东洋区及古北区。中国记录 21 种，大秦岭分布 7 种。

种检索表

1. 前翅 m_1 及 m_2 室斑小，与 r_5 及 m_3 室斑分离明显 ······ 2
   前翅 m_1 及 m_2 室斑不如上述 ······ 3

2. 雄性前翅正面性标斑延伸至外中域斑带外缘 ……………………………**淡色黄室弄蝶 *P. pallidus***

雄性前翅正面性标斑未达外中域斑带外缘 ……………………………**断纹黄室弄蝶 *P. trachalus***

3. 后翅反面鲜黄色 ……………………………………………………………………………………………… 4

后翅反面仅有鲜黄色晕染 ……………………………………………………………………………………… 6

4. 两翅外横带宽；后翅正面外横斑带上延至 rs 室 ……………………………**宽纹黄室弄蝶 *P. pava***

两翅外横带窄；后翅正面外横斑带不上延 ……………………………………………………………… 5

5. 后翅反面中室有黄色圆斑 ……………………………………………………**孔子黄室弄蝶 *P. confucius***

后翅反面中室无黄色圆斑 ………………………………………………………**锯纹黄室弄蝶 *P. lydius***

6. 后翅正面 rs 室有 2 个黄色斑 ……………………………………………………**曲纹黄室弄蝶 *P. flavus***

后翅正面 rs 室有 1 个黄色斑 ……………………………………………………**尖翅黄室弄蝶 *P. palnia***

断纹黄室弄蝶 *Potanthus trachalus* (Mabille, 1878)

Pamphila trachala Mabille, 1878a, *Petites Nouv. ent*., 10(198): 237. **Type locality**: Java.

Hesperia zatilla Plötz, 1886, *Stett. Ent. Ztg*., 47: 103. Synonymized by Evans, 1949: 376.

Potanthus trachala; Evans, 1949, *Cat. Hesp. Eur. Asia Aus*.: 376; Pinratana, 1985, *Butt. Thailand*, 5: 99; Eliot, 1992, *Butt. Malay Pen*. (4th ed.): 381; Bridges, 1994, *Cat. Hesp. World*, VIII: 227; Lee *et al*., 1995, *Yunnan Butt*.: 147; Huang, 2003, *Neue Ent. Nachr*., 55: 40.

Potanthus trachalus; Lewis, 1974, *Butt. World*: pl. 188, f. 30; Chou, 1994, *Mon. Rhop. Sin*.: 742; Yuan, Yuan & Xue, 2015, *Fauna Sin. Ins. Lep. Hesperiidae*, 55: 594-596; Wu & Xu, 2017, *Butts. Chin*.: 1407, f. 1410: 12-15.

形态 成虫：中小型弄蝶。两翅正面黑褐色；反面色稍淡，有黄色晕染；斑纹黄色。前翅正面外横斑带在 m_1、m_2 室断开，m_1、m_2 室斑外移，与 r_5 及 m_3 室斑多分离；前缘及后缘基半部有黄色细带纹；中室端部 2 个条斑相连，下角斑向翅基部延伸；线状性标位于 cu_2 室中部，紧靠 Cu_2 脉处，模糊。反面前缘、顶角及外缘区有黄色晕染；其余斑纹同前翅正面。后翅正面 $sc+r_1$ 室和中室中部各有 1 个圆形斑纹；外横带从 m_1 室达 cu_2 室，边缘不整齐。反面黄色外缘带未达臀角；翅基部经顶角至外中域有黄色 C 形斑列，外侧镶有黑褐色小圆斑。

卵：半圆球形；乳白色；表面有细刻纹；精孔淡绿色。

幼虫：末龄幼虫淡黄绿色；有淡黄色横环纹；头部深褐色；背部两侧有乳白色宽带纹，带纹间有 1 个乳白色 V 形斑纹；腹末端淡褐色。

蛹：近纺锤形；淡黄色；头、尾部褐色；胸背部有淡褐色细毛。

寄主 禾本科 Gramineae 芒 *Miscanthus sinensis* 、五节芒 *M. floridulus*。

生物学 成虫多见于 5 ~ 9 月。喜访花。幼虫有做筒形叶巢习性。

分布 中国（陕西、甘肃、安徽、湖北、江西、湖南、福建、广东、海南、重庆、四川、贵州、云南），印度，缅甸，泰国，马来西亚，印度尼西亚。

大秦岭分布 陕西（洋县、商州）、甘肃（文县）。

锯纹黄室弄蝶 *Potanthus lydius* (Evans, 1934)

Padraona lydia Evans, 1934, *Entomologist*, 67(8): 184. **Type locality**: Assam.

Potanthus lydia; Evans, 1949, *Cat. Hesp. Eur. Asia Aus.*: 385; Pinratana, 1985, *Butt. Thailand*, 5: 100; Eliot, 1992, *Butt. Malay Pen*. (4th ed.): 381; Bridges, 1994, *Cat. Hesp. World*, VIII: 130; Huang, 2003, *Neue Ent. Nachr*., 55: 38 (note).

Potanthus lydius; Chou, 1994, *Mon. Rhop. Sin*.: 742; Wang, 2005, *Henan Sci.*, 23(Suppl.): 109; Yuan, Yuan & Xue, 2015, *Fauna Sin. Ins. Lep. Hesperiidae*, 55: 608, 609.

形态 成虫：中小型弄蝶。与断纹黄室弄蝶 *P. trachalus* 相似，主要区别为：前翅正面 m_2 室斑与 m_3 室斑相连。

分布 中国（陕西、江西、广西、四川、贵州、云南），印度，缅甸，泰国，马来西亚。

大秦岭分布 陕西（丹凤）、四川（平武）。

曲纹黄室弄蝶 *Potanthus flavus* (Murray, 1875)（图版 40：128）

Pamphila flava Murray, 1875b, *Ent. mon. Mag*., 12: 4. **Type locality**: Japan.

Pamphila japonica Mabille, 1883, *C. R. Soc. Ent. Belg*., 27: 78. **Type locality**: Japan. Synonymized by Evans, 1949: 381.

Padraona dara flava Watkins, 1927, *Ann. Mag. nat. Hist*., 19(9): 344.

Potanthus flava; Evans, 1949, *Cat. Hesp. Eur. Asia Aus.*: 381; Lewis, 1974, *Butt. World*: pl. 208, f. 27; Korb & Bolshakov, 2011, *Eversmannia Suppl*., 2: 11.

Potanthus flavus; Kudrna, 1974, *Atalanta*, 5: 118; Pinratana, 1985, *Butt. Thailand*, 5: 101; Eliot, 1992, *Butt. Malay Pen*. (4th ed.): 381; Bridges, 1994, *Cat. Hesp. World*, VIII: 381; Chou, 1994, *Mon. Rhop. Sin*.: 741; Tuzov *et al*., 1997, *Guide Butt. Russia*, 1: 131; Wang, 1999, *Mon. Butt. N.E. China*: 289; Huang, 2003, *Neue Ent. Nachr*., 55: 40 (note), f. 57-58, pl. 4, f. 2-3; Yuan, Yuan & Xue, 2015, *Fauna Sin. Ins. Lep. Hesperiidae*, 55: 598, 599; Wu & Xu, 2017, *Butts. Chin*.: 1407, f. 1410: 1-2.

形态 成虫：中小型弄蝶。与断纹黄室弄蝶 *P. trachalus* 相似，主要区别为：前翅 m_1、m_2 室斑与 r_5 和 m_3 室斑相连。后翅反面 C 形斑带斑纹间连接较紧密。

卵：半圆球形；单产；初产白色；有淡绿色带。

幼虫：暗绿色；筒形。

蛹：黄绿色。

寄主 禾本科 Gramineae 竹亚科 Bambusoideae、芒 *Miscanthus sinensis*、野青茅 *Deyeuxia pyramidalis*。

生物学 1 年 1～2 代，以幼虫越冬，成虫多见于 4～9 月。常在林缘、山地活动。卵单产。幼虫有营巢生活习性。

分布 中国（黑龙江、吉林、辽宁、天津、河北、山东、陕西、甘肃、安徽、浙江、湖北、江西、湖南、福建、重庆、四川、贵州、云南），俄罗斯，朝鲜，日本，印度，缅甸，泰国，马来西亚。

大秦岭分布 陕西（蓝田、周至、汉台、洋县、西乡、镇巴、宁强、略阳、留坝、佛坪、商州、丹凤、商南、山阳、镇安）、甘肃（麦积、徽县、两当、碌曲）、湖北（武当山、神农架、郧西）、四川（剑阁、青川）。

孔子黄室弄蝶 *Potanthus confucius* (C. & R. Felder, 1862)

Pamphila confucius C. & R. Felder, 1862a, *Wien. ent. Monats*., 6(1): 29. **Type locality**: Ningpo, China.

Padraona dara var. *confucius*; Leech, 1892, *Butt. Chin. Jap. Cor*.: 596.

Padraona freda Evans, 1934, *Entomologist*, 67: 183. **Type locality**: Kiu Kiang. Synonymized by Evans, 1949: 382.

Potanthus confucius; Evans, 1949, *Cat. Hesp. Eur. Asia Aus*.: 183; Eliot, 1992, *Butt. Malay Pen*. (4th ed.): 381; Tong, 1993, *Butt. Faun. Zhejiang*: 75; Bridges, 1994, *Cat. Hesp. World*, VIII: 53; Chou, 1994, *Mon. Rhop. Sin*.: 741; Lee *et al*., 1995, *Yunnan Butt*.: 147; Huang, 2002, *Atalanta*, 33(1/2): 117 (note), pl. II, f. 4, 12; Huang, 2003, *Neue Ent. Nachr*., 55: 40; Hsu *et al*., 2005, *Ins. Syst. Evol*., 32(2): 180; Yuan, Yuan & Xue, 2015, *Fauna Sin. Ins. Lep. Hesperiidae*, 55: 600-602; Wu & Xu, 2017, *Butts. Chin*.: 1404, f. 1406: 27-30.

形态 成虫：中小型弄蝶。与曲纹黄室弄蝶 *P. flavus* 相似，主要区别为：个体较小。后翅正面 rs 室有 1 个黄色小斑。反面暗黄色；后缘黑色。

卵：半圆球形；初产乳黄色，透明，渐变为灰黑色。

幼虫：细长；淡黄色；头乳白色，有黑褐色斑带；前胸有 2 个黑色横条斑；背中线深绿色；背面密布淡色横线纹。

蛹：长椭圆形；橙黄色；头部及腹末端红褐色；前胸两侧有枣红色肾形斑。

寄主 禾本科 Gramineae 簕竹属 *Bambusa* spp.、五节芒 *Miscanthus floridulus*、芒 *M. sinensis*、红尾翎 *Digitaria radicosa*、白茅 *Imperata cylindrica*。

生物学 1 年多代，成虫多见于 5～9 月。

分布 中国（河南、陕西、甘肃、安徽、浙江、湖北、江西、湖南、福建、台湾、广东、海南、广西、重庆、四川、贵州、云南），日本，印度，尼泊尔，缅甸，越南，老挝，泰国，斯里兰卡，马来西亚，印度尼西亚。

大秦岭分布 河南（内乡、栾川、卢氏）、陕西（太白、佛坪、商南）、甘肃（麦积、徽县、迭部）、四川（平武）。

宽纹黄室弄蝶 *Potanthus pava* (Fruhstorfer, 1911)

Telicota yojana pava Fruhstorfer, 1911a, *Dt. ent. Z. Iris*, 25(3): 40. **Type locality**: "Formosa" [Taiwan, China].

Potanthus pava; Evans, 1949, *Cat. Hesp. Eur. Asia Aus*.: 384; Shirôzu, 1960, *Butt. Formosa Col*.: 394; Eliot, 1992, *Butt. Malay Pen*. (4th ed.): 381; Bridges, 1994, *Cat. Hesp. World*, VIII: 172; Huang, 2003, *Neue Ent. Nachr*., 55: 40; Hsu *et al*., 2005, *Ins. Syst. Evol*., 36(2): 180; Vane-Wright & de Jong, 2003, *Zool. Verh. Leiden*, 343: 73; Wu & Xu, 2017, *Butts. Chin*.: 1407, f. 1410: 8-11.

Potanthus pavus; Pinratana, 1985, *Butt. Thailand*, 5: 102; Chou, 1994, *Mon. Rhop. Sin*.: 742; Wang, 2005, *Henan Sci*., 23 (Suppl.): 110; Yuan, Yuan & Xue, 2015, *Fauna Sin. Ins. Lep. Hesperiidae*, 55: 607, 608.

形态 成虫：中小型弄蝶。与孔子黄室弄蝶 *P. confucius* 相似，主要区别为：两翅外横带宽。前翅中室斑较长，几乎占据整个中室。后翅正面 $sc+r_1$ 室有 2 个斑纹；外横带与 $sc+r_1$ 室的 2 个斑纹组合成 C 形斑带。

卵：半圆球形；乳白色，半透明；表面有细纵脊。

幼虫：细长；淡绿色；头乳白色，周缘有黄、褐 2 色带纹，中部有黄、褐 2 色八字形带纹；前胸有 2 个黑灰色横条斑；背中线深绿色；背面有淡黄色横带纹。

蛹：长椭圆形；黄褐色；头部及腹末端红褐色；前胸两侧有枣红色肾形斑；翅区乳白色。

寄主 禾本科 Gramineae 白茅 *Imperata cylindrica*、五节芒 *Miscanthus floridulus*。

生物学 1 年多代，成虫多见于 4 ~ 10 月。

分布 中国（陕西、湖北、福建、台湾、广东、海南、香港、广西、重庆、四川、贵州、云南），印度，缅甸，泰国，菲律宾，马来西亚，印度尼西亚。

大秦岭分布 陕西（洋县）、四川（朝天、青川）。

淡色黄室弄蝶 *Potanthus pallidus* (Evans, 1932)

Padraona pallida Evans, 1932b, *Ident. Indian Butt*., (2nd ed.): 402. **Type locality**: Sikkim.

Potanthus pallida; Evans, 1949, *Cat. Hesp. Eur. Asia Aus*.: 375; Pinratana, 1985, *Butt. Thailand*, 5: 99; Bridges, 1994, *Cat. Hesp. World*, VI: 168.

Potanthus pallidus; Chou, 1994, *Mon. Rhop. Sin*.: 741; Gu & Chen, 1997, *Butt. Hainan Is*.: 330; Yuan, Yuan & Xue, 2015, *Fauna Sin. Ins. Lep. Hesperiidae*, 55: 593, 594.

形态 成虫：中小型弄蝶。与断纹黄室弄蝶 *P. trachalus* 相似，主要区别为：翅色较深。雄性前翅正面黑色性标烙印斑细长，达外中域斑带外缘。

寄主 禾本科 Gramineae。

生物学 成虫多见于 6 ~ 8 月。飞行迅速，常活动于林缘。

分布 中国（甘肃、江西、湖北、海南、云南），印度，不丹，缅甸，泰国，斯里兰卡。

大秦岭分布 甘肃（武都）、湖北（神农架）。

尖翅黄室弄蝶 *Potanthus palnia* (Evans, 1914)

Telicota palnia Evans, 1914, *J. Bombay nat. Hist. Soc*., 23(2): 309. **Type locality**: Palni Hills.

Potanthus palnia; Evans, 1949, *Cat. Hesp. Eur. Asia Aus*.: 386; Wynter-Blyth, 1957, *Butt. Indian Reg*. (1982 Reprint):480; Pinratana, 1985, *Butt. Thailand*, 5: 101; Eliot, 1992, *Butt. Malay Pen*. (4th ed.): 381; Bridges, 1994, *Cat. Hesp. World*, VI: 168; Chou, 1994, *Mon. Rhop. Sin*.: 741; Chiba, 2008, *Rep. Ins. Inv. Proj. Trop. Asia*: 344; Yuan, Yuan & Xue, 2015, *Fauna Sin. Ins. Lep. Hesperiidae*, 55: 610-612; Wu & Xu, 2017, *Butts. Chin*.: 1407, f. 1410: 6-7.

形态 成虫：中小型弄蝶。与锯纹黄室弄蝶 *P. lydius* 近似，主要区别为：前翅顶角较尖；前缘无黄色纵带纹。两翅外横带边缘齿突不明显。

生物学 1 年多代，成虫多见于 6 ~ 9 月。

分布 中国（陕西、福建、湖北、海南、广西、四川、贵州、云南、西藏），印度，缅甸，泰国，印度尼西亚。

大秦岭分布 陕西（汉阴）。

黄斑弄蝶族 Ampittiini Moore, [1882]

Ampittiini Moore, [1882], Chou, 1998, *Class. Ident. Chin. Butt*.: 313.

翅面有黄色斑纹。前翅 m_1 室与 m_2 室多无斑；M_1 脉从中室上端角分出；M_3 脉基部直；Cu_2 脉分出点与 R_1 脉分出点相对应或在其之后分出，离 Cu_1 脉分出点较近。后翅中室下端角不向上弯曲；M_3 脉直；反面多有网格纹。

全世界记载 10 种，分布于古北区、东洋区和澳洲区。中国记录 6 种，大秦岭均有分布。

黄斑弄蝶属 *Ampittia* Moore, 1881

Ampittia Moore, 1881, *Lep. Ceylon*, 1(4): 171. **Type species**: *Hesperia maro* Fabricius, 1798.

Ampittia; Watson, 1893, *Proc. zool. Soc. Lond.*, (1): 95; Evans, 1949, *Cat. Hesp. Eur. Asia Aus.*: 238; Pinratana, 1985, *Butt. Thailand*, 5: 49; Eliot, 1992, *Butt. Malay Pen*. (4th ed.): 347; Bridges, 1994, *Cat. Hesp. World*, IV: 2; Chou, 1998, *Class. Ident. Chin. Butt.*: 313; Yuan, Yuan & Xue, 2015, *Fauna Sin. Ins. Lep. Hesperiidae*, 55: 334, 335; Wu & Xu, 2017, *Butts. Chin.*: 1351.

外形近似黄室弄蝶属 *Potanthus*，但特征及斑纹不同。触角端针短或无。两翅斑纹黄色或橙色；中室端脉直；M_2 脉从中室端脉中间分出。前翅中室长于前翅长的 1/2；Cu_2 脉先于 R_2 脉分出，靠近中室端部。后翅中室短于后翅长的 1/2。雄性前翅正面多有性标斑。后翅 Rs 脉与 M_1 脉上有毛刷。

雄性外生殖器：背兜阔，扁平；钩突阔短，似背兜的边缘；颚突不发达；囊突细，中等长；抱器近长方形，端部分为 2 瓣，腹瓣钩状上弯；阳茎约与抱器等长，有角状器。

雌性外生殖器：囊导管粗，膜质；交配囊长椭圆形；无交配囊片；交配囊尾有或无。

寄主为禾本科 Gramineae 植物。

全世界记载 10 种，分布于古北区、东洋区和澳洲区。中国记录 6 种，大秦岭均有分布。

种检索表

1. 雄性前翅正面有 3 个黄色大斑 ………………………………………… **三黄斑弄蝶 *A. trimacula***
   雄性前翅正面斑纹不如上述 ………………………………………………………………………… 2
2. 雄性后翅正面无斑 ……………………………………………………………… **小黄斑弄蝶 *A. nana***
   雄性后翅正面有黄色或白色斑纹 ………………………………………………………………… 3
3. 雄性前翅中室斑钩形 ……………………………………………………… **钩形黄斑弄蝶 *A. virgata***
   雄性前翅中室斑非钩形 …………………………………………………………………………… 4
4. 雄性前翅中室黄色斑与前缘条纹相连 ……………………………………… **黄斑弄蝶 *A. dioscorides***
   雄性前翅中室黄色斑与前缘条纹分离 …………………………………………………………… 5
5. 雄性前翅 m_2 室无斑 ……………………………………………………… **橙黄斑弄蝶 *A. dalailama***
   雄性前翅 m_2 室有斑 ……………………………………………………… **四川黄斑弄蝶 *A. sichuanensis***

三黄斑弄蝶 *Ampittia trimacula* (Leech, 1891)

Taractrocera trimacula Leech, 1891, *Entomologist*, 24 (Suppl.): 60. **Type locality**: Wa-ssu-kou, W. China.

Padraona trimacula; Leech, 1892, *Butt. Chin. Jap. Cor.*: 599.

Ampittia reducta Draeseke & Reuss, 1925, *Deut. Ent. Zeit.*, 39(4): 228. **Type locality**: Sichuan. Synonymized by Evans, 1949: 240.

Ampittia trimacula; Evans, 1949, *Cat. Hesp. Eur. Asia Aus.*: 240; Lewis, 1974, *Butt. World*: pl. 207, f. 10; Bridges, 1994, *Cat. Hesp. World*, VIII: 228; Yuan, Yuan & Xue, 2015, *Fauna Sin. Ins. Lep. Hesperiidae*, 55: 340, 341; Wu & Xu, 2017, *Butts. Chin.*: 1351, f. 1355: 43-44, 1356: 45-46.

形态 成虫：中小型弄蝶。两翅黑褐色；斑纹黄色。前翅正面前缘基半部条斑细长；2个中室端斑相连；外中域 r_3-r_5 室有 1 个近方形的大斑；m_3-cu_1 室斑近四边形；cu_2 室斑小。反面外缘从顶角到 m_2 室有模糊的黄色斑带；其余斑纹同前翅正面。后翅正面中央黄色块斑近长方形。反面被淡黄色鳞；翅面密布大小不一的黄色和暗黄色斑纹，并与黄色脉纹连接成网状。

生物学 成虫多见于 5 ~ 7 月。常在林地活动，喜访野菊花。

分布 中国（陕西 、甘肃、四川 ）。

大秦岭分布 陕西（洋县、镇巴、佛坪、宁陕）、甘肃（康县、文县）、四川（青川、都江堰）。

小黄斑弄蝶 *Ampittia nana* (Leech, 1890)

Cydopides nanus Leech, 1890, *Entomologist*, 23: 49. **Type locality**: Ningpo, China.

Aeromachus nanus; Leech, 1892, *Butt. Chin. Jap. Cor.*: 620.

Ampittia nanus; Evans, 1949, *Cat. Hesp. Eur. Asia Aus.*: 241; Bridges, 1994, *Cat. Hesp. World*, VIII: 151.

Ampittia nana; Tong *et al*., 1993, *Butt. Faun. Zhejiang*: 76; Chou, 1994, *Mon. Rhop. Sin.*: 745; Wang *et al*., 1998, *Ins. Faun. Henan Lep. Butt.*: 186; Jiang *et al*., 2001, *In*: Huang (Ed.), *Fauna Ins. Fujian*, 4: 149; Yuan, Yuan & Xue, 2015, *Fauna Sin. Ins. Lep. Hesperiidae*, 55: 344, 345.

形态 成虫：小型弄蝶。两翅黑褐色。雄性前翅正面亚顶区 r_3-r_5 室和中室端部有白色小斑。反面前缘有黄色鳞斑带；亚顶区 r_3-r_5 室、中室端部及 m_3 室基部各有 1 个白色小斑。后翅正面无斑。反面密布淡黄色或白色斑纹；后缘区密被灰白色鳞片。

寄主 禾本科 Gramineae 李氏禾 *Leersia hexandra*。

生物学 成虫多见于 5 ~ 8 月。常在溪边的湿地及草丛活动。

分布 中国（河南、陕西、甘肃、江苏、安徽、浙江、湖北、江西、湖南、福建、广东、海南、广西、重庆、四川、贵州）。

大秦岭分布 河南（内乡、西峡、栾川）、陕西（鄠邑、太白、洋县、西乡、佛坪、汉滨、汉阴、丹凤、商南、山阳、镇安）、甘肃（文县）。

钩形黄斑弄蝶 *Ampittia virgata* (Leech, 1890)（图版 40：126）

Pamphila virgata Leech, 1890, *Entomologist*, 23: 47. **Type locality**: Changyang, Ichang.

Padraona virgata; Leech, 1892, *Butt. Chin. Jap. Cor.*: 598.

Ampittia virgata; Evans, 1949, *Cat. Hesp. Eur. Asia Aus.*: 239; Lewis, 1974, *Butt. World*: pl. 207, f. 11; Tong *et al.*, 1993, *Butt. Faun. Zhejiang*: 76; Bridges, 1994, *Cat. Hesp. World*, VIII: 238; Chou, 1994, *Mon. Rhop. Sin.*: 745; Yuan, Yuan & Xue, 2015, *Fauna Sin. Ins. Lep. Hesperiidae*, 55: 338-340; Wu & Xu, 2017, *Butts. Chin.*: 1351, f. 1355: 36-42.

形态 成虫：中型弄蝶。两翅正面黑褐色；反面色稍淡；斑纹黄色。前翅正面前缘基半部黄色带纹细；外横斑列于 m_1-m_2 室处断开；中室端斑钩状；cu_2 室中部斑多模糊，其内侧有 1 个黑色性标斑。反面前缘区、顶角区及亚顶区脉纹黄色；亚外缘区黄色斑带从顶角至 m_3 室；其余斑纹同前翅正面。后翅正面外中域中部斑带宽短；反面密被黄色鳞和黄色交织网状纹。雌性中室端斑小。后翅正面外中域斑小，较模糊。

卵：半圆球形；黄白色；表面密布纵脊。

幼虫：淡黄绿色；体细长；头部乳黄色，有 1 对黑色圆斑和褐色 V 形纹；前胸背面有黑色斑纹；背中线墨绿色；气孔黑色。

蛹：纺锤形，细长；乳黄色；头顶有 1 对耳状突起；胸背部有褐色斑纹。

寄主 禾本科 Gramineae 稻 *Oryza sativa*、甘蔗 *Saccharum officinarum*、芒 *Miscanthus sinensis*、五节芒 *M. floridulus*、竹亚科 Bambusoideae 等。

生物学 1 年 2 至多代，成虫多见于 4 ~ 9 月。常在林缘、山地、森林溪流附近活动，喜访花，休息时翅常向两侧张开，后翅摊平。卵单产于叶表。初龄幼虫先将叶片咬出槽状开口后，将叶片反卷成圆筒状虫巢。老熟幼虫化蛹于巢中。

分布 中国（河南、陕西、甘肃、安徽、浙江、湖北、江西、湖南、福建、台湾、广东、海南、广西、重庆、四川、贵州）。

大秦岭分布 河南（内乡、灵宝）、陕西（蓝田、鄠邑、周至、渭滨、陈仓、眉县、太白、凤县、华州、汉台、城固、洋县、留坝、岚皋、石泉、商州、商南、山阳、镇安）、甘肃（徽县、礼县）、湖北（神农架）、重庆（巫溪、城口）。

黄斑弄蝶 *Ampittia dioscorides* (Fabricius, 1793)

Hesperia dioscorides Fabricius, 1793, *Ent. Syst.*, 3(1): 329, no. 250. **Type locality**: Tranquebar, S. India.

Ampittia dioscorides; Evans, 1949, *Cat. Hesp. Eur. Asia Aus.*: 238; Lewis, 1974, *Butt. World*: pl. 184, f. 22; Pinratana, 1985, *Butt. Thailand*, 5: 49; Eliot, 1992, *Butt. Malay Pen*. (4th ed.): 347; Bridges, 1994, *Cat. Hesp. World*, VI: 66; Chou, 1994, *Mon. Rhop. Sin*.: 744; Lee *et al.*, 1995, *Yunnan Butt.*: 146; Wang, 2005, *Henan Sci.*, 23 (Suppl.): 111; Yuan, Yuan & Xue, 2015, *Fauna Sin. Ins. Lep. Hesperiidae*, 55: 335-338; Wu & Xu, 2017, *Butts. Chin*.: 1351, f. 1355: 30-35.

形态 成虫：小型弄蝶。雌雄异型。雄性：两翅正面黑褐色；斑纹黄色。前翅正面前缘基半部有黄色带纹；外缘 m_1-m_2 室小斑时有模糊或消失；外横斑列宽，于 m_1-m_2 室处断开；中室端斑雄性较雌性大，长楔形；cu_2 室中部斑纹较小。反面黑色至黑褐色；前缘区、顶角区及亚顶区脉纹黄色；亚外缘区黄色斑带从顶角至 m_3 室；其余斑纹同前翅正面。后翅正面端缘中部有 1 个近方形大斑，其后部小斑有或无。反面黄色；斑纹黑色；外缘斑列弧形；中域 C 形斑列斑纹较大；中室及其下方有环纹；肩区有 1 个黑色圆斑。雌性：前翅外横斑列较窄；中室端斑小。后翅正面外中域中部有 2 ~ 3 个小条斑，较模糊；其余斑纹同雄性。

卵：半圆球形；白色至黄白色；表面有纵脊。

幼虫：低龄幼虫黄绿色；头部黑褐色，有淡褐色纵纹；体背部密布宽窄不一的白色纵带纹。末龄幼虫黄绿色；头部淡褐色；有红褐色和乳白色斑纹；背部有宽窄不一的淡黄色纵带纹。

蛹：纺锤形；黄色；头部有 1 对耳状突起；胸背部及翅区淡绿色；背中带较宽，乳白色。

寄主 禾本科 Gramineae 稻 *Oryza sativa*、玉米 *Zea mays*、李氏禾 *Leersia hexandra*。

生物学 1 年多代，成虫多见于 5 ~ 10 月。飞行迅速，喜在阳光下活动。

分布 中国（甘肃、江苏、安徽、浙江、湖北、江西、福建、台湾、广东、海南、香港、广西、重庆、贵州、云南），印度，缅甸，越南，老挝，泰国，菲律宾，马来西亚，新加坡，印度尼西亚。

大秦岭分布 甘肃（武都）、湖北（神农架）、重庆（城口）。

橙黄斑弄蝶 *Ampittia dalailama* (Mabille, 1876)

Cyclopides dalailama Mabille, 1876, *Bull. Soc. ent. Fr.*, 6(5): 56. **Type locality**: Tibet.

Taractrocera lyde Leech, 1891, *Entomologist*, 24 (Suppl.): 60. **Type locality**: W. China.

Aeromachus dalailama; Leech, 1892, *Butt. Chin. Jap. Cor.*: 620.

Ampittia dalailama; Evans, 1949, *Cat. Hesp. Eur. Asia Aus.*: 240; Bridges, 1994, *Cat. Hesp. World*, VI: 61; Wang, 2005, *Henan Sci.*, 23 (Suppl.): 111; Yuan, Yuan & Xue, 2015, *Fauna Sin. Ins. Lep. Hesperiidae*, 55: 342, 343.

形态 成虫：小型弄蝶。两翅黑褐色；斑纹黄色。前翅正面前缘基半部有黄色带纹；中室端斑近三角形；外横斑带近 V 形，止于 Cu_2 脉，m_1 及 m_2 室斑纹消失。反面亚外缘斑列较模糊，未达后缘；外横斑列 m_1 及 m_2 室有斑纹；其余斑纹同前翅正面。后翅正面外中域有 3 个小黄斑。反面亚外缘斑列斑纹近圆形；外横斑列未达前缘；基部有数个小斑纹。

分布 中国（浙江、四川、西藏）。

大秦岭分布 四川（都江堰、汶川）。

四川黄斑弄蝶 *Ampittia sichuanensis* Wang & Niu, 2002

Ampittia sichuanensis Wang & Niu, 2002, *Entomotaxonomia*, 24(4): 278. **Type locality**: Emeishan, Sichuan.

Ampittia sichuanensis; Yuan, Yuan & Xue, 2015, *Fauna Sin. Ins. Lep. Hesperiidae*, 55: 345.

形态 成虫：小型弄蝶。两翅黑褐色；斑纹黄色。前翅正面中室有 1 个端斑；外横斑带中 m_1 室及 m_2 室斑小，外移，cu_2 室斑很小。反面黄褐色；外横斑带的斑较大；黑色宽纵纹从基部经中室伸达外缘；其余斑纹同前翅正面。后翅正面中域有 4 个黄色斑纹。反面散布黄色鳞片；亚外缘有弧形斑列。

分布 中国（四川）。

大秦岭分布 四川（都江堰）。

参考文献

白水隆 . 1985. 白水隆著作集 . 大阪 : 光荣堂印刷株式会社 .

白水隆 . 1997. 中国地方的蝶分布与特异性 . 日本鳞翅学会第 44 回大会讲演要旨集 .

蔡继增 . 2011. 甘肃省小陇山蝶类志 . 兰州 : 甘肃科学技术出版社 .

蔡继增 , 杨庆森 , 李琼 , 等 . 2011. 小陇山林区的蝶类资源 (五). 甘肃农业科技 , (5): 23–26.

蔡继增 , 杨庆森 , 刘玉荣 , 等 . 2011. 甘肃小陇山林区的蝶类资源 (四). 甘肃农业科技 , (4): 13–16.

陈明晗 . 2016. 中国梳灰蝶属 (鳞翅目 : 灰蝶科) 及其近缘属的形态分类与分子系统发育研究 (硕士论文). 上海师范大学 .

陈玉君 , 李贻耀 , 窦铁生 , 等 . 2006. 湖南省东安县舜皇山国家森林公园蝶类资源调查 . 湖南农业大学学报 (自然科学版), 32(4): 398–401.

陈振宁 , 曾阳 , 鲍敏 , 等 . 2006. 青海互助北山国家森林公园不同生境的蝶类多样性研究 . 生物多样性 , 14(6): 517–524.

陈正军 . 2016. 贵州蝴蝶 . 贵阳 : 贵州科技出版社 .

村山修一 . 1994. 关于中国蝶类的几点修正与回顾 : (鳞翅目 : 锤角亚目). 昆虫分类学报 , 16(4): 306–312.

旦智措 , 鲍敏 , 马存新 , 等 . 2018. 青海玉树高原不同生境类型蝶类群落结构与多样性 . 生态学报 , 38(21): 7557–7564.

窦亮 , 曹书婷 , 程香 , 等 . 2018. 四川龙溪–虹口国家级自然保护区蝶类调查 . 四川动物 , 37(6): 703–707.

樊程 , 曹紫娟 , 李家练 , 等 . 2020. 四川老河沟自然保护区蝴蝶多样性研究 . 北京大学学报 (自然科学版), 56(4): 587–599.

方正尧 . 1986. 常见水稻弄蝶 . 北京 : 农业出版社 .

房丽君 . 2018. 秦岭昆虫志 9 鳞翅目 蝶类 . 西安 : 世界图书出版公司 .

付建华 , 黄福军 , 杨小艳 , 等 . 2010. 曲纹紫灰蝶在柳州的生活史研究 . 广西植保 , 23(1): 11–13.

高凯 , 常春燕 , 秦伟春 , 等 . 2017. 柠条重要害虫白斑新灰蝶的生物学特性 . 应用昆虫学报 , 54(5): 845–850.

高可 , 周利平 , 袁向群 . 2015. 扫灰蝶生活史及其生物学特性观察 . 西北农业学报 , 24(6): 143–146.

戈昕宇 , 滕悦 , 洪雪萌 , 等 . 2017. 赛罕乌拉国家自然保护区蝶类调查及区系分析 . 内蒙古大学学报 (自然科学版), 48(5): 557–569.

顾茂彬 , 陈锡昌 , 周光益 , 等 . 2018. 南岭蝶类生态图鉴 (国家级自然保护区生物多样性保护丛书). 广州 : 广东科技出版社 .

郭文艺 , 党坤良 , 赵彦斌 . 2007. 陕西摩天岭自然保护区综合科学考察与研究 . 西安 : 陕西科学技术出版社 : 380–384.

黄人鑫 , 周红 , 李新平 . 2000. 新疆蝴蝶 . 乌鲁木齐 : 新疆科技卫生出版社 : 73–76.

贾彦霞 , 胡天华 , 杨贵军 , 等 . 2008. 宁夏贺兰山国家级自然保护区蝴蝶多样性研究 . 安徽农业科学 , 36(30): 13197–13199, 13233.

江凡 . 2009. 福建省蝴蝶新记录 . 华东昆虫学报 , 18(1): 21–23.

蒋宇婕 , 陈斌 , 闫振天 . 2019. 重庆市城口县蝴蝶种类调查及区系分析 . 重庆师范大学学报 (自然科学版), 36(6): 47–52.

康永祥，高学斌，张宣平 . 2006. 陕西屋梁山自然保护区综合科学考察 . 西安：陕西科学技术出版社：323-326.

黎天山 . 2004. 广西蝴蝶种类新记录 . 广西植保，17(2): 13-15.

李传隆 . 1958. 蝴蝶 . 北京：科学出版社 .

李传隆 . 1962. 中国蝶类新种小志Ⅱ . 昆虫学报，11(2): 141, 142, 146, 147.

李传隆 . 1965. 中国稻弄蝶属的种类及其地理分布 (第一部分·成虫). 动物学报，17(2): 189-194.

李传隆 . 1966a. 中国“谷弄蝶属”两个亲缘种 (成虫和幼期) 的鉴别及其地理分布 . 动物学报，18(1): 32-36.

李传隆 . 1966b. 中国产“籼弄蝶属”种类的订正 . 动物学报，18(2): 221-228.

李传隆，朱宝云 . 1992. 中国蝶类图谱 . 上海：上海远东出版社 .

李芳，青山润三，路易斯 . 2015. 梅里雪山蝴蝶考察笔记 . 人与自然，(5): 6-23.

李后魂，胡冰冰，梁之聘，等 . 2009. 八仙山蝴蝶 . 北京：科学出版社 .

李辉，白永兴，刘建军，等 . 2016. 甘肃省蝶类新纪录：斜带缺尾蚬蝶 . 甘肃林业科技，41(1): 12-13.

李树恒 . 2003. 重庆市大巴山自然保护区蝶类垂直分布及多样性的初步研究 . 昆虫知识，40(1): 63-67.

李晓东，昝艳燕，王裕文 . 1992. 神农架自然保护区蝶类资源调查 . 河南科学，10(4): 376-383.

李欣芸，杨益春，贺泽帅，等 . 2020. 宁夏贺兰山自然保护区蝴蝶群落多样性及其环境影响因子 . 环境昆虫学报，42(3): 660-673.

李艳萍，李金钢 . 2006. 秦岭太白山区蝶类多样性的研究 . 现代生物医学进展，6(12): 56-57.

李英武，赵辉 . 2004. 六盘山蝶类资源分布现状 . 宁夏农林科技，(5): 12-13.

李宇飞，张雅林，周尧 . 2000. 秦岭北坡的蝶类区系及其季节变化 (鳞翅目). 见：张雅林 . 昆虫分类区系研究 . 北京：中国农业出版社：200-207.

刘良源，熊起明，舒畅，等 . 2009. 江西生态蝶类志 . 南昌：江西科学技术出版社 .

刘文萍 . 2002. 重庆市蝶类调查报告 (Ⅱ) 珍蝶科、喙蝶科、蚬蝶科、灰蝶科、弄蝶科 . 西南农业大学学报，24(4): 293-295, 298.

刘文萍，邓合黎 . 2001. 大巴山自然保护区蝶类调查 . 西南农业大学学报，23(2): 149-152.

刘文萍，邓合黎，李树恒 . 2000. 大巴山南坡蝶类调查 . 西南农业大学学报，22(2): 140-145.

卢东升，胡继承 . 1999. 河南蝶类 3 新记录种 . 信阳师范学院学报 (自然科学版), 12(2): 246-247.

罗春梅 . 2017. 神农架地区蝴蝶资源 . 北京：中国林业出版社 .

罗庆怀，黎家文，赵宏，等 . 2003. 贵阳地区豆野螟和亮灰蝶的生物学特性 . 昆虫知识，40(4): 329-334.

马长林 . 1982. 平凉地区蝶类名录 . 甘肃省平凉地区昆虫区系研究初报，(1): 1-26.

马雄，马怀义，马正学，等 . 2017. 甘肃尕海-则岔自然保护区蝶类群落及其区系 . 草业科学，34(2): 389-395.

毛王选 . 2015. 迭部蝴蝶图志 . 兰州：甘肃科学技术出版社 .

茅晓渊，常向前，喻大昭，等 . 2016. 湖北省昆虫图录 . 北京：中国农业科学技术出版社：304-323.

裴海英，王丽君，张丽坤 . 1999. 黑龙江省重点地区灰蝶科 (Lycaenidae, Lepidoptera) 名录 . 东北农业大学学报，30(2): 144-147.

彭徐，雷电 . 2007. 四川石棉县蝴蝶资源调查报告 . 四川动物，26(4): 903-905.

乔国庆 . 1943. 甘肃蝶类初步报告 . 甘肃省科学教育馆专刊 , (3): 21–28.
屈国胜 . 1996. 佛坪自然保护区蝶类调查初报 . 安康师专学报 , (2): 69–72.
任毅 , 刘明时 , 田联会 , 等 . 2006. 太白山自然保护区生物多样性研究与管理 . 北京 : 中国林业出版社 : 309–312.
任毅 , 温战强 , 李刚 , 等 . 2008. 陕西米仓山自然保护区综合科学考察报告 . 北京 : 科学出版社 : 161–171.
申效诚 , 任应党 , 牛瑶 , 等 . 2014. 河南昆虫志 (区系及分布). 北京 : 科学出版社 : 905–933.
寿建新 , 周尧 , 李宇飞 . 2006. 世界蝴蝶分类名录 . 西安 : 陕西科学技术出版社 .
宋憬愚 . 2017. 别具一格的黑弄蝶 . 大自然 , (6): 56–59.
宋珊珊 , 王章训 , 王新谱 , 等 . 2017. 白斑新灰蝶触角感器的扫描电镜观察 . 甘肃农业大学学报 , 52(5): 92–96.
苏绍科 , 刘文萍 , 李明军 . 1998. 四川省宣汉县百里峡蝶类 . 西南农业大学学报 , 20(4): 337–344.
孙雪梅 , 张治 , 张谷丰 , 等 . 2004. 姜弄蝶在蘘荷上的发生规律及防治 . 昆虫知识 , 41(3): 261–262.
田恬 , 胡平 , 张晖宏 , 等 . 2020. 四川省蝶类物种组成及名录 . 四川动物 , 39(2): 229–240.
童雪松 . 1993. 浙江蝶类志 . 杭州 : 浙江科学技术出版社 .
王翠莲 . 2007. 皖南山区蝴蝶资源调查研究 . 安徽农业大学学报 , 34(3): 446–450.
王国红 , 章士美 . 1997. 鳞翅目蝶亚目幼虫期食性分析 . 江西农业大学学报 , 19(1): 76–78.
王洪建 , 高岚 . 1994. 甘肃白水江自然保护区的蝶类 . 兰州大学学报 (自然科学版), 30(1): 87–95.
王开锋 , 温战强 , 冯祁君 , 等 . 2014. 陕西太白牛尾河自然保护区综合科学考察报告 . 北京 : 科学出版社 : 164–167.
王魁源 , 解琦 , 王一桐 , 等 . 2017. 大亮子河国家森林公园原始林濒危蝶种多样性调查与分析 . 北方农业学报 , 45(4): 73–78.
王梅松 , 何学友 , 江凡 , 等 . 2001. 福州国家森林公园蝶类名录 (Ⅰ). 华东昆虫学报 , 10(2): 29–34.
王敏 , 范骁凌 . 2002. 中国灰蝶志 . 郑州 : 河南科学技术出版社 .
王旭娜 , 钱宏革 , 白晓拴 . 2018. 包头市九峰山蝴蝶群落多样性 . 生态学杂志 , 37(7): 2040–2044.
王直诚 . 1999. 东北蝶类志 . 长春 : 吉林科学技术出版社 .
王治国 . 1995. 中国婀灰蝶属 *Albulina* 一新亚种记述 (鳞翅目 : 灰蝶科). 河南科学 , 13(1): 63–64.
王治国 . 2005. 中国蝴蝶名录 (鳞翅目 : 蝶类). 河南科学 , 23(增刊): 1–113.
王治国 , 陈棣华 , 王正用 . 1990. 河南蝶类志 . 郑州 : 河南科学技术出版社 .
王治国 , 李贻耀 , 牛瑶 . 2002. 中国蝴蝶新种记述 (Ⅰ) (鳞翅目). 昆虫分类学报 , 24(3): 199–202.
王治国 , 李贻耀 , 牛瑶 . 2004. 中国蝴蝶新种记述 (Ⅲ) (鳞翅目). 河南科学 , 22(1): 54–56.
王治国 , 牛瑶 . 2002. 中国蝴蝶新种记述 (Ⅱ) (鳞翅目). 昆虫分类学报 , 24(4): 276–284, f. 13–14, 34–38.
王治国 , 牛瑶 , 陈棣华 . 1998. 河南昆虫志·鳞翅目 : 蝶类 . 郑州 : 河南科学技术出版社 .
王宗庆 , 袁锋 . 2003. 陀弄蝶属 *Thoressa* 二新种记述 (鳞翅目 : 弄蝶科). 昆虫分类学报 , 25(1): 61–66.
吴平辉 , 杨萍 , 刘琼 . 2006. 波蚬蝶 *Zemeros flegyas* (Cramer) 生物学特性观察 . 重庆林业科技 , (4): 11, 13.
吴世君 , 马秀英 . 2016. 安徽蝶类志 . 合肥 : 安徽科学技术出版社 .
吴卫明 . 2008. 湖南省东安县舜皇山国家森林公园盛产蝴蝶之探讨 . 现代农业科学 , 15(4): 40–41.
吴雨恒 , 谷志容 , 肖伟 , 等 . 2018. 湖南八大公山国家级自然保护区蝶类分布新记录 . 华中昆虫研究 , 14 (1): 276–281.

武春生，徐堉峰．2017. 中国蝴蝶图鉴（1–4 册）. 福州：海峡书局．
西北农学院植物保护系．1978. 陕西省经济昆虫图志 鳞翅目： 蝶类．西安：陕西人民出版社．
小岩屋敏．1989. 中国蝶类研究Ⅰ．东京．
小岩屋敏．1993. 中国蝶类研究Ⅱ．东京．
小岩屋敏．1996. 中国蝶类研究Ⅲ．东京．
熊洪林，林春，陈嶙．2011. 茂兰自然保护区的斑蝶和弄蝶资源及区系分析．贵州农业科学，39(1): 24–27.
徐新宇，邹思成，吴淑玉，等．2019. 江西省蝴蝶一新记录属五新记录种．南方林业科学，47(4): 55–59.
徐中志，王化新，余自荣，等．2000. 玉龙雪山云南蝴蝶新记录．云南农业大学学报（自然科学），15(4): 305–307.
许家珠，魏焕志，赖平芳．2010. 秦岭巴山蝴蝶图记．西安：陕西科学技术出版社．
薛大勇，朗嵩云，韩红香．2008. 鳞翅目高级阶元的系统发育及分类系统．见：尹文英，宋大祥，杨星科，等．六足动物（昆虫）系统发生的研究．北京：科学出版社：168–194.
颜修刚，张鹏．2016. 贵州蝶类新纪录 3 种．贵州林业科技，44(1): 47–50.
杨大荣．1998. 西双版纳片断热带雨林蝶类群落结构与多样性研究．昆虫学报，41(1): 48–55.
杨宏，王春浩，禹平．1994. 北京蝶类原色图鉴．北京：科学技术文献出版社．
杨丽红，涂朝勇，石红艳，等．2009. 四川省安县蝶类资源及区系分析．江苏农业科学，(5): 297–299.
杨庆森，蔡继增，汤春梅．2014. 甘肃小陇山蝴蝶的保护种、珍稀种及世界名蝶．资源保护与开发，(10): 32–35.
杨兴中，刘华，许涛清．2012. 陕西新开岭自然保护区生物多样性研究与管理．西安：陕西科学技术出版社：261–264.
杨星科．2005. 秦岭西段及甘南地区昆虫．北京：科学出版社：681–709.
杨一帆．2009. 河南蝶类三新记录种．河南科学，27(10): 1224–1225.
雍继伟，柴长宏．2016. 甘肃头二三滩自然保护区蝶类区系研究．安徽农业科学，44(1): 46–49, 167.
余逊玲，黄丽珣，荣秀兰，等．1983. 武当山蝶类调查初报．华中农学院学报，2(4): 27–31.
余逊玲，黄丽珣，荣秀兰，等．1984. 武当山蝶类续报．华中农学院学报，3(2): 94–95.
袁锋．1996. 昆虫分类学．北京：中国农业出版社．
袁锋，王宗庆，袁向群．2005. 中国稻弄蝶属 *Parnara* 分类与一新记录种（鳞翅目：弄蝶总科：弄蝶科）. 昆虫分类学报，27(4): 292–296.
袁锋，袁向群，薛国喜．2015. 中国动物志 昆虫纲 第五十五卷 鳞翅目 弄蝶科．北京：科学出版社．
张辉，杨思成，米淑红，等．2005. 3 种辽宁蝶类新记录种．沈阳农业大学学报，36(2): 236–237.
张劲松．2005. 河南蝶类二新记录种．河南科学，23(2): 209–210.
周利平．2012. 金银花上的梳灰蝶．大自然，(2): 28–30.
周利平．2015. 寻觅陕西的黑缘何华灰蝶．大自然，(1): 56–59.
周利平．2017. 我与巴山金灰蝶的不解之缘．大自然，(5): 29–31.
周利平，李宇飞．2013. 揭秘扫灰蝶．大自然，(5): 58–61.
周欣，孙路，潘文石，等．2001. 秦岭南坡蝶类区系研究．北京大学学报（自然科学版），37(4): 454–469.
周尧．1963. 有关昆虫分类学的一些观点．昆虫学报，12(5): 586–596.

周尧 . 1994. 中国蝶类志 (上下册). 郑州 : 河南科学技术出版社 .

周尧 . 1998. 中国蝴蝶分类与鉴定 . 郑州 : 河南科学技术出版社 .

周尧 , 刘思孔 , 谢卫平 , 译 . 1993. [Edited by Tuxen S L *et al*. 1969]. 昆虫外生殖器在分类上的应用 . 香港 : 天则出版社 .

周尧 , 邱琼华 . 1962. 太白山的蝶类及其垂直分布 . 昆虫学报 , 11(增刊): 90−102.

周繇 . 2003. 长白山蝴蝶种类、分布及数量的调查 . 东北林业大学学报 , 31(1): 64−68.

周繇 , 朱俊义 . 2003. 中国长白山蝶类彩色图志 . 长春 : 吉林教育出版社 .

诸立新 . 2005. 安徽天堂寨国家级自然保护区蝶类名录 . 四川动物 , 24(1): 47−49.

诸立新 , 吴孝兵 , 欧永跃 . 2006. 天目山北坡蝶类资源和区系 . 安徽师范大学学报 (自然科学版), 29(3): 266−271.

诸立新 , 叶要清 , 杨邦和 , 等 . 2007. 安徽省蝶类新纪录 . 野生动物学报 , 28(1): 51−52.

祝梦怡 , 魏淑婷 , 冉江洪 , 等 . 2019. 四川黑竹沟国家级自然保护区昆虫调查初报 . 四川动物 , 38(6): 703−713.

庄海玲 , 虞蔚岩 , 周泉澄 , 等 . 2011. 酢浆灰蝶生物学特性研究 . 应用昆虫学报 , 48(5): 1442−1447.

左传莘 , 王井泉 , 郭文娟 , 等 . 2008. 江西井冈山国家级自然保护区蝶类资源研究 . 华东昆虫学报 , 17(3): 220−225.

Ackery P R, de Jong R & Vane-Wright R I. 1999. The butterflies: Hedyloidea, Hesperoidea and Papilionoidea. *In*: Kristensen N. P, (Ed.). Lepidoptera, moths and butterflies. 1. Evolution, systematics and biogeography. *Handbook zoology*. Lepidoptera. Berlin: Walter de Gruyter. 4(35): 263−300.

Alphéraky S N. 1889. Lépidoptères rapportés de ia Chine et de la Mongolie par G. N. Potanine in Romanoff. *Mém. Lép*., 5: 104, no. 28, pl. 5, f. 4.

Alphéraky S N. 1897. Lépidoptéres des provinces chinoises Sé-Tchouen et Kam recueillis, en 1893, par M-r G. N. Potaine in Romanoff, in Romanoff. *Mém. Lép*., 9: 113.

Atkinson W S. 1871. Descriptions of three new species of diurnal Lepidoptera from Western Yunnan collected by Dr. Anderson in 1868. *Proc. zool. Soc. Lond.*: 215−216, pl. 12, f. 2.

Aurivillus C. 1925. The African Rhopalocera. Die Afrikanischen Tagfalter. *In*: Seitz 1908−1925. *Gross-Schmett. Erde*, 13: 506, 546.

Bálint Z. 1992. Faunistic data of Lycaenid butterflies from the Himalayan region I (Lepidoptera, Lycaenidae). *Linn. Belg*., 13(8): 400, 401, 410.

Bálint Z, Guppy C S, Kondla N G, *et al*. 2001. *Plebejus* Kluk, 1780 or *Plebejus* Kluk, 1802 (Lepidoptera: Lycaenidae). *Folia Ent. Hung*., 62: 177−184.

Bálint Z & Johnson K. 1997. Reformation of the *Polyommatus* section with a taxonomic and biogeographic overview (Lepidoptera, Lycaenidae, Polyommatini). *Neue Ent. Nachr*., 40: 11, 17.

Bates H W. [1868]. A catalogue of Erycinidae, a family of diurnal Lepidoptera. *J. Linn. Soc. Lond. Zool*., 9(38): 367−459.

Bergsträsser J A B. 1780. Nomenclatur und Beschreibung der Insecten in der Graftschaft Hanau-Münzenburg wie auch der Wetterau und der angränzenden Nachbarschaft dies und jenseits des Mains mit erleuchteten.

Kupfertafeln herausegeben. –Hanau, Verlag der Verfassrs; Druck J. Stürner, 2: 15, 71–72, 76, pl. 4, 42–44, 46, 58, f. 1–6, 3: 4, 8, pl. 49, 52, 58, f. 5–6.

Bethune-Baker G T. 1903. A revision of the Amblypodia group of butterflies of the family Lycaenidae. *Trans. zool. Soc. Lond.*, 17(1): 20, 22, 25, 118, 144, 146, pl. 3–5, f. 1, 4, 4a, 19, 19a, 23, 23a, 24, 24a.

Bethune-Baker G T. 1914a. H. Sauter's "Formosa" [Taiwan, China]-Ausbeute: Ruralidae (Lep.). *Ent. Mitt.*, 3(4): 126.

Bethune-Baker G T. 1914b. Synonymic Notes on the Ruralidae. *Ent. Rec.*, 26(5): 135.

Bethune-Baker G T. [1923]. Monograph of the genus *Catochrysops* Boisd. *Trans. Ent. Soc. Lond.*, 1922(3–4): 344, 346.

Betti G. 1977. Nouvelles espèces de Lycaenidae paléarctiques. *Alexanor*, 10(2): 87–94.

Beuret H. 1955. *Zizeeria karsandra* Moore in Europa und die systematische Stellung der Zizeerinae (Lepidoptera, Lycaenidae). *Mitt. Ent. Ges. Basel.* (n. f.), 5(9): 125.

Beuret H. 1958. Zur systematischen Stellung einiger wenig bekannten Glaucopsychidi (Lep., Lycaenidae). *Mitt. Ent. Ges. Basel.* (n. f.), 8(5): 61–79, (6): 100.

Beuret H. 1959. Zur Taxonomie einiger paläarktischer Bläulinge (Lep., Lycaenidae). *Mitt. Ent. Ges. Basel.* (n. f.), 9(4): 77, 79, 83–84.

Billberg G J. 1820. Enumeratio Insectorum. *Enum. Ins. Mus. Billb.*: 80, 81.

Blanchard E. 1871. Remarques sur la faune de la principauté thibétane du Moupin. *C. R. Hebd. Seanc. Acad. Sci.*, 72: 810, 811.

Boisduval J B A. 1832. Voyage de découvertes de l'Astrolabe exécuté par ordre du Roi, pendant les années 1826–1827–1828–1829, sous le commandément de M. J. Dumont d'Urville. Faune entomologique de l'Océan Pacifique, avec l'illustration des insectes nouveaux recueillis pendant le voyage. Lépidoptères. *In*: dUrille. *Voy. Astrolabe*, 1(Lep.): 49, 72, 75.

Boisduval J B A. [1834]. Icones historique des Lépidoptères nouveaux ou peu connus. Collection, avec Figures coloritées, des Papillons d'Europe nouvellement découverts; ouvrage formant le complément de tous les auteurs iconographes. Paris: A la Librairie Encyclopédique de Roret, 1(23–24): 230, 240 .

Boisduval J B A. [1836]. Histoire Naturelle des Insectes. Species Général des Lépidoptéres. Paris: A La Librairie Encyclopédique de Roret. 1: pl. 21, 23, f. 2, 5.

Bozano G C. 2014. A new hairstreak from China: *Satyrium tshikolovetsi* sp. n. (Lepidoptera, Lycaenidae). *Nachr. Ent. Ver. Apollo NF*, 35(3): 141–142.

Braby M F. 2000. Butterflies of Australia: Their identification. Canberra: CSIRO publishing, *Bio. Distrib.*, 1: 79, 192, 216, 239, 242–245.

Bremer O. 1861. Neue Lepidopteren aus Ost-Sibirien und dem Amur-Lande gesammelt von Radde und Maack, bescrieben von Otto Bremer. *Bull. Acad. Imp. Sci. St. Petersb.*, 3: 461–496, *Mélanges Biol. St.-Pétersb.* 3(5–6): 469, 470, 472, 473, 474.

Bremer O. 1864. Lepidopteren Ost-Sibiriens, insbesondere der Amur-Landes, gesammelt von den Herren G. Radde, R. Maack und P. Wulffius. *Mém. Acad. Sci. St. Pétersb.*, (7) 8(1): 25, 26, 28, 95, pl. 3, n. 128, f. 7–8.

Bremer O & Grey W. [1851]. Diagnoses de Lépidopterères nouveaux, trouvés par MM. Tatarinoff et

Gaschkewitch aux environs de Pekin in Motschulsky. *Étud. d'Ent.*, 1: 60−61 (1852−1853).

Bremer O & Grey W. 1853. Beiträge zur Schmetterlings-Fauna des nördlichen. *Schmett. N. China*: 9, 10, pl. 2–3, f. 2, 5.

Bridges C A. 1988a. Catalogue of Lycaenidae & Riodinidae (Lepidoptera: Rhopalocera). Charles A. Bridges, Urbana, Illinois. Part I: 11, 138, 281, 2:4, 15–30, 41–77, 93–113.

Bridges C A. 1988b. Catalogue of Hesperiidae (Lepidoptera: Rhopalocera). Charles A. Bridges, Urbana, Illinois. Part I: 14, 77, 121, 178, Part II: 18, 48, Part IV: 92, Part VIII: 209.

Bridges C A. 1994. Catalogue of the family-group, genus-group and species-group names of the Hesperioidea (Lepidoptera) of the World. Illinois: Charles A. Bridges. Part II: 1, 7, Part IV: 4–9, 11–14, 16, 20–23, 26–29, Part VIII: 11, 16, 29, 33, 57, 66, 69, 83–84, 89, 92, 95, 106, 116, 119, 125–127, 132, 137, 145, 152, 160, 163, 166, 173, 177, 198, 207, 214, 224, 235, 239, 245.

Brown J. 1977. Subspecifiation in the butterflies (Lepidoptera) of the Peloponnesos with notes on adjacent parts of Greece. *Ent. Gaz.*, 28(3): 166.

Bryk F. 1946. Type *Lycaena* ferra for Satsuma Murray nec. Adams (trans.). *Ark. Zool.*, 38: 50, A(3): 64.

Butler A G. 1866. A list of the diurnal Lepidoptera recently collected by Mr. Whitely in Hakodadi (North Japan). *J. Linn. Soc.*, 9(34): 27, 57–58.

Butler A G. 1870a. Descriptions of some new diurnal Lepidoptera, chiefly Hesperiidae. *Trans. Ent. Soc. Lond.*, 18(4): 512.

Butler A G. [1870]b. Catalogue of diurnal Lepidoptera described by Fabricius in the Collection of the British Museum. *Cat. Eiurn. Lep. Fabricius*: 161.

Butler A G. 1876. Descriptions of Lepidoptera from the collection of Lieut. Howland Roberts. *Proc. zool. Soc. Lond.*, (2): 308, 309, pl. 22, f. 1.

Butler A G. 1877a. On a collection of Lepidoptera from Cape York and the south-east coast of New Guinea. *Proc. zool. Soc. Lond.*, (3): 469.

Butler A G. 1877b. On Rhopalocera from Japan and Shanghai, with descriptions of new species. *Ann. Mag. nat. Hist.*, (4)19(109): 96.

Butler A G. 1878. On some butterflies recently sent home from Japan by Mr. Montagne Fenton. *Cistula Entom.*, 2(19): 284–286.

Butler A G. 1879. On a collection of Lepidoptera from the Island of Johanna. *Ann. Mag. nat. Hist.*, (5)3(15): 191.

Butler A G. 1880. On a collection of Lepidoptera from Candahar. *Proc. zool. Soc. Lond.*, (3): 407, pl. 39, f. 4.

Butler A G. 1881. On a collection of butterflies from Nikko, Central Japan. *Ann. Mag. nat. Hist.*, 7(5): 140.

Butler A G. [1882]. In Butler & Fenton, On butterflies from Japan, with which are incorporated notes and descriptions of new species by Montague Fenton. *Proc. zool. Soc. Lond.*, 1881(4): 852, 854.

Butler A G. 1883a. On a collection of Indian Lepidoptera received from Lieut.-Colonel Charles Swinhoe; with numerous notes by the collector. *Proc. zool. Soc. Lond.*, (2): 148, 154, pl. 24, f. 2–3.

Butler A G. 1883b. Descriptions of new species of Lepidoptera, chiefly from Duke of York Island and New Britain. *Ann. Mag. nat. Hist.*, 5(11): 114.

Butler A G. 1884. The Lepidoptera collected during the recent expedition of H. M. S. "Challenger", Part II. *Ann. Mag. nat. Hist.*, (5)13(75): 194.

Butler A G. 1899. The genus *Cigaritis* and its application. *Entomologist*, 32: 77.

Butler A G. 1900a. A revision of the butterflies of the genus *Zizera* represented in the Collection of the British Museum. *Proc. zool. Soc. Lond.*: 106–110, 111, pl. 17, 11, f. 1–2, 5–8.

Butler A G. 1900b. On a new genus of Lycaenidae hitherto confounded with *Catochrysops. Entomologist*, 33: 1–2.

Callaghan C J. 2003. A revision of the African species of the genus *Abisara* Felder & Felder (Lepidoptera: Riodinidae). *Metamorphosis*, 14(4): 122 (list).

Cassulo L, Mensi P & Balletto E. 1989. Taxonomy and evolution in *Lycaena* (subgenus *Heodes*) (Lycaenidae). *Nota Lepid. Suppl.*, 1: 25.

Chapman T A. 1908. Two new genera (and a new species) of Indian Lycaenids. *Proc. zool. Soc. Lond.*: 677 (preocc. Bothria Rondani, 1856).

Chapman T A. 1909. A review of the species of the lepidopterous genus *Lycaenopsis* Feld. (*Cyaniris* auct. nec Dalm.) on examination of the male ancilliary appendages. *Proc. zool. Soc. Lond.*, (2): 434, 443, 447, 453, 471, 473.

Chapman T A. 1910. On *Zizeeria* Chapman, *Zizera* Moore. A group of lycaenid butterflies. *Trans. Ent. Soc. Lond.*, (4): 480, 482.

Chapman T A. 1915. An analysis of the species of the genus *Curetis*, chiefly based on an examination of the specimens in the Zoological Museum. *Novit. zool.*, 22(1): 98.

Chapman T A. 1917. A new European Lycaena *Plebeius Argus* (*Argyrognomon*) *Aegus* sp. nov. *Étud. Lép. Comp.*, 14: 42, pl. 7, 8, 13, f. 19–20, 22–24, 39.

Chiba H. 1988. Revisional notes on the genus *Satarupa* Moore (Lepidoptera: Hesperiidae). I. New synonyms of *Satarupa monbeigi* Oberthür. *J. Res. Lepid.*, 27(2): 138.

Chiba H. 2008. Skippers of Hainan (Lepidoptera: Hesperiidae). *Rep. Ins. Inv. Proj. Trop. Asia*: 344.

Chiba H. 2009. A revision of the subfamily Coeliadinae (Lepidoptera: Hesperiidae). *Bull. Kitakyushu Mus. Nat. Hist. Hum. Hist., Ser. A*, 7: 1, 11, 13–14, 18, 22, 38–39, 41–42.

Chiba H & Eliot J N. 1991. A revision of the genus *Parnara* Moore (Lepidoptera, Hesperiidae) with special reference to the Asian species. *Tyô Ga*, 42(3): 181, 186, f. 13, 21.

Chiba H & Tsukiyama H. 1996. A revision of the genus *Ochlodes* Scudder, 1872, with special reference to Eurasian species. *Butterflies*, 14(1): 3–13, 16.

Clench H K. 1955. Revised classification of the butterfly family Lycaenidae and its allies. *Ann. Carnegie Mus.*, 33: (261–274).

Clench H K. 1965. The butterflies of Liberia. *Mem. Amer. Ent. Soc.*, 19: 131, 320, 324, 325, 331, 332 357, 359, 364, 383, 388, 395, 397–401.

Clench H K. 1978. The names of certain holarctic hairstreak genera (Lycaenidae). *J. Lep. Soc.*, 32(4): 278–279.

Cockerell D A T. 1889. On the variation of insects. *Entomologist*, 22: 99, 176.

Couchman L E. 1962. Notes on some Tasmanian and Australian Lepidoptera-Rhopalocera. *Pap. Proc. R. Soc. Tasmania*, 96: 73.

Courvoisier L. 1903. Ueber Aberrationen der Lycaeniden. *Mitt. Schweiz. Ent. Ges.*, 11: 23.

Courvoisier L. 1907. Üeber Zeichnungs-Aberrationen bei Lycaeniden. *Zs. Wiss. Insektenbiol.*, 3 (2): 36.

Courvoisier L. 1910. Entdeckungsreisen und kritische Spaziergänge ins Gebiet der Lycaeniden. *Ent. Zs.*, 24(26): 141.

Courvoisier L. 1911. Entdeckungsreisen und kritische Spaziergänge ins Gebiet der Lycaeniden. *Ent. Zs.*, 24(42): 233, 236, 25(9): 105, pl. 2, f. 7.

Courvoisier L. 1913. Einige neue oder wenig bekannte Lycaeniden-Formen. *Ent. Mitt.*, 2 (10): 291.

Coutsis J G & Ghavalas D. 1995. Notes on *Polyommatus icarus* (Rottemburg, 1775) in Greece and the description of a new *Polyommatus* Latreille, 1804 from northern Greece (Lepidoptera: Lycaenidae). *Phegea*, 23(3): 147.

Cramer P. 1775. De uitlandsche kapellen, voorkomende in de drie waereld-deelen Asia, Africa en America [Papillons exotique des trois parties de Monde I'Asie, I'Afrique et I'Amerique]. Amsteldam: Chez S. J. Baalde, Chez Barthelmy Wild. *Uitl. Kapellen*, 1(1–7): 118, pl. 74, f. F.

Cramer P. [1777]. De uitlandsche kapellen, voorkomende in de drie waereld-deelen Asia, Africa en America. *Uitl. Kapellen*, 2(9–16): 129, pl. 181, f. C.

Cramer P. 1780. De uitlandsche kapellen, voorkomende in de drie waereld-deelen Asia, Africa en America [Papillons exotique des trois parties de Monde I'Asie, I'Afrique et I'Amerique]. Amsteldam: Chez S. J. Baalde, Chez Barthelmy Wild. *Uitl. Kapellen*, 2(23–24): 158, pl. 280, f. E, F.

Crowley P. 1900. On the butterflies collected by the late Mr. John Whitehead in the interior of the Island of Hainan. *Proc. zool. Soc. Lond.*, (3): 510.

D'Abrera B. 1986. Butterflies of the Oriental Region Lycaenidae and Riodinidae. London: Hill House Publishers. Part III: 432, 550, 629, 646, pl. 551, fig'd.

D'Abrera B. 1993. Butterflies of the Holarctic Region. London: Hill House Publishers. Part III: 403–406, 410, 429, 436, 438–441, 461, 469, 472, 482, 495, fig'd.

Dalman J W. 1816. Försök till systematiks Uppställing af Sveriges Fjärilar. *K. VetenskAcad. Handl.*, (1): 62–63, 90.

Dannehl F. 1927. Neue Formen und geographische Rassen aus meinen Rhopalocecer-Ausbeuten der letzten Jahre. *Mitt. Münch. Ent. Ges.*, 17(1–6): 6.

Dannehl F. 1933. Neues aus meiner Sammlung (Macrolepidoptera). *Ent. Zs.*, 46(23): 246.

de Jong R. 1972. Systematics and geographic history of the genus *Pyrgus* in the Palaearctic region (Lepidoptera, Hesperiidae). *Tijd. voor Ent.*, 115(1): 8, 31, 35, 85.

de Jong R. 1975. Notes on the genus *Pyrgus* (Lepidoptera, Hesperiidae). *Zool. Meded. Leiden*, 49(1): 1, 7, 10.

de Jong R & Treadaway C G. 2007. Hesperiidae of the Philippine Islands. *Butt. World* (Suppl.), 15: 6–8, 13, 15–16.

de Nicéville L. 1882. Second list of butterflies taken in Sikkim in October, 1882, with nots on habits. *J. asiat. Soc. Bengal*, Pt. II 51(2–3): 63.

de Nicéville L. [1884]. On new and little known Rhopalocera from the Indian region. *J. asiat. Soc. Bengal*, Pt. II 52(2/4): 69–70, 72, 76, 78, 80, 83, pl.1, 9–10.

de Nicéville L. 1885. Descriptions of some new Indian Rhopalocera. *J. asiat. Soc. Bengal*, Pt. II 54(2): 22, 47.

de Nicéville L. 1886. On some new Indian butterflies. *J. asiat. Soc. Bengal*, Pt.II 55(3): 254, pl. 11, f. 1.

de Nicéville L. [1889]a. On new or little-known butterflies from the Indian region. *J. asiat. Soc. Bengal*, 57(4): 29, 290, 292, pl. 13, f. 9.

de Nicéville L. 1889b. On new and little-known butterflies from the Indian region, with revision of the genus *Plesioneura* of Felder and of Authors. *J. Bombay nat. Hist. Soc.*, 4(3): 167, 170, 176, 180, 183, 188, pl. A–B, f. 1, 3, 5, 7, 12, 5: 186, 6(3):378.

de Nicéville L. 1890a. *In*: Marshall & de Nicéville. The butterflies of India, Burmah and Ceylon, a descriptive Handbook of all the known species of rhopalocerous Lepidoptera inhabiting that region, with notices of allied species occurring in the neighbouring countries along the border, with numerous illustrations. Vol. 3. *Butts. India Burmah Ceylon*, 3: 15, 57, 64, 69, 125.

de Nicéville L. 1890b. On new and little-known butterflies from the Indian region, with descriptions of three new genera of Hesperidae. *J. Bambay Nat. Hist. Soc.*, 5(3): 214, 220.

de Nicéville L. 1891. On new and little-known butterflies from the Indo-Malayan region. *J. Bombay nat. Hist. Soc.*, 6(3): 374–375.

de Nicéville L. [1893]. On new and little-known butterflies from the Indo-Malayan region. *J. Bombay nat. Hist. Soc.*, 7(3): 350.

de Nicéville L. 1894. On new and little-known butterflies from the Indo-Malayan region. *J. asiat. Soc. Bengal*, (II)63(1): 48, 353.

de Nicéville L. 1895a. On new and little-known butterflies from the Indo-Malayan region. *J. Bombay nat. Hist. Soc.*, 9(3): 266, 296, pl. N, f. 9.

de Nicéville L. 1895b. On new and little-known butterflies from the Indo-Malayan region. *J. Bombay nat. Hist. Soc.*, 9(4): 375, 402.

de Nicéville L. [1896]. On new and little-known butterflies from the Indo-Malayan region. *J. Bombay nat. Hist. Soc.*, 10(2): 176.

de Nicéville L. 1897. On new or little-known butterflies from the Indo-and Austro-Malayan regions. *J. asiat. Soc. Bengal*, Pt. II 66(3): 570.

de Nicéville L. 1902. On new and little-known butteflies, mostly from the Oriental region. I–II. *J. Bombay nat. Hist. Soc.*, 14(2): 251.

de Nicéville L & Martin. [1896]. A list of the butterflies of Sumatra with special reference to the species occurring in the north-east of the Island. *J. asiat. Soc. Bengal*, Pt. II 64(3): 357–555, 570.

Denis J N C & Schiffermüller I. 1775. Ankündung eines systematischen Werkes von den Schmetterlingen der Wienergegend. Wien: Augustin Bernardi: 160, 181, 184–186.

de Prunner. 1798. Lepidoptera Pedemontana illustrata. Turin. 1. *Lepid. Pedemont.*: 75, 77.

de Sagarra I. 1924. Noves formes de Lepidòpters ibèrics. *Butll. Inst. Catal. Hist. Nat.*, (2)4(9): 200.

de Sagarra I. 1925. Anotacions a la Lepidopterologica ibèrica. *Butll. Inst. Catal. Hist. Nat.*, (2)5(9): 271.

de Sagarra I. 1930. Anotacions a la lepidopterologia Ibérica V (2). Formes noves de lepidòpters ibèrics. *Butll. Inst. Catal. Hist. Nat.*, (2)10(7): 116, 117.

Devyatkin A L. 1996. Taxonomic notes on the genus *Erynnis* Schrank, 1801 (Lepidoptera, Hesperiidae). *Atalanta*, 27(3/4): 605.

Devyatkin A L. 2000. Hesperiidae of Vietnam 8: Three new species of *Celaenorrhinus* Hübner, 1819, with notes on *C. maculosa* (C. & R. Felder, [1867]) *-oscula*, Evans, 1949 group. *Atalanta*, 31(1/2): pl. XVb, f. 3–4, 9–10.

Devyatkin A L & Monastyrskii A L. 2002. Hesperiidae of Vietnam 12: A further contribution to the Hesperiidae fauna of north and central Vietnam. *Atalana*, 33(1/2): 127, 148, 150, pl. IV, Va, f. 3–4, 7, 9–10.

Distant W L. 1884. Rhopalocera Malayana: a description of the butterflies of the Malay Peninsula. *Rhop. Malayana*: 196–197, 209, 224, 246.

Distant W L. 1886. Contributions to a knowledge of Malayan entymology. 5. *Ann. Mag. nat. Hist.*, (5)17(102): 531–532.

Doherty Y V. 1886. A list of butterflies taken in Kumaon. *J. asiat. Soc. Bengal*, (2)55(2): 109–110.

Doherty Y V. 1889a. Notes on Assam butterflies. *J. asiat. Soc. Bengal*, (2)58(1): 131.

Doherty Y V. 1889b. On certain Lycaenidae from lower Tenasserim. *J. asiat. Soc. Bengal*, Pt. II 58(4): 411–414.

Doherty Y V. 1891. New and rare Indian Lycaenidae. *J. asiat. Soc. Bengal*, (2)61(1): 36, 48.

Doi H. 1931. A list of Rhopalocera from Mt. Shouyou, Keidirdo, Korea. *J. Chosen Nat. Hist.*, 12: 46, 48.

Doi H & Cho. 1931. A new subspecies of *Zephyrus betulae* from Korea. *J. Chosen Nat. Hist. Soc.*, 12: 48, 50.

Donzel H F. 1847. Description de Lépidoptéres nouveaux. *Ann. Soc. ent. Fr.*, (2)5: 528.

dos Passos C F. 1970. A revised synonymic catalogue with taxonomic notes on some Nearctic Lycaenidae. *J. Lep. Soc.*, 24: 28.

Doubleday E. 1847. List of the specimens of Lepidopterous insects in The Collection of the British Museum. *List. Spec. Lep. Brit. Mus.*, 2: 20, 25.

Druce H H C J. 1875. Descriptions of new species of diurnal Lepidoptera. *Cist. Ent.*, 1(12): 361.

Druce H H C J. 1895. A monograph of the Bornean Lycaenidae. *Proc. zool. Soc. Lond.*, (3): 570–571, 576–580, 585, 587, 598–599, 620.

Druce H H C J. 1896. Further contributions to our knowledge of the Bornean Lycaenidae. *Proc. zool. Soc. Lond.*, (3): 655.

Dubatolov V V & Korshunov Yu P. 1984. New data on the systematics of USSR butterflies (Lepidoptera, Rhopalocera). *In*: *Ins. Helmints*, 17: 53 (repl. Argus Gerhard, 1850).

Dubatolov V V & Sergeev G M. 1982. [New hairstreaks of the tribe Theclini (Lepidoptera, Lycaenidae) of the USSR fauna], [in Russian]. *Ent. Obozr*. (Revue Entom.), 61(2): 375–381 (Russian).

Dunning J W & Pickard O. 1858. An Accentuated List of the British Lepidoptera with hints on the derivation of the names. London: The Entomological Society of Oxford. 5: 6.

Dyar H G. 1903. A list of north American Lepidoptera and key to the literature of this order of insects. *Bull. U. S. nat. Mus.*, 52: 45, 49.

Eliot J N. 1959. New or little known butterflies from Malaya. *Bull. Br. Mus. nat. Hist.* (Ent.), 7(8): 383.

Eliot J N. 1961. An analysis of the genus *Miletus* Hübner (Lepidoptera, Lycaenidae). *Bull. Raffles Mus.*, 26: 154–177.

Eliot J N. 1973. The higher classification of the Lycaenidae (Lepidoptera): a tentative Arrangemen. *Bull. Br. Mus. nat. Hist.* (Ent.), 28(6): 381–382, 425–431, 435–437, 439–450.

Eliot J N. 1986. A review of the Miletini (Lepidoptera: Lycaenidae). *Bull. Br. Mus. nat. Hist.* (Ent.), 53(1): 4, 75.

Eliot J N. 1990. Notes on the genus *Curetis* Hübner (Lepidoptera, Lycaenidae). *Tyô Ga*, 41(4): 224.

Eliot J N. 1992. The butterflies of the Malay Peninsula. Fourth edition revised by J. N. Eliot with plates by Bernard D'Abrera. *Butt. Malay Pen*. (4th ed.): 331, 333, 336, 337, 343–347, 353–356, 360, 373–375, 380–382, 385–391, pl. 60, f. 6.

Eliot J N & Kawazoé A. 1983. Blue butterflies of the Lycaenopsis-group. British Museum (Natural History). *Bull. Entomol. Soc. Am.*: 126, 138, 152, 198.

Elwes H J. 1881. On the butterflies of Amurland, north China and Japan. *Proc. zool. Soc. Lond.*: 865, 885, 887, 890.

Elwes H J. 1887. Description of some new Lepidoptera from Sikkim. *Proc. zool. Soc. Lond.*: 444–446.

Elwes H J. 1888. A catalogue of the Lepidoptera of Sikkim. *Tran. Ent. Soc. Lond.*, 36(3): 439, 443–445, 454–457.

Elwes H J. [1893]. On butterflies collected by Mr. W. Doherty in the Naga and Karen Hills and in Perak. (1) and (2). *Proc. zool. Soc. Lond.*, 1892(4): 653, 664, pl. 43, f. 1.

Elwes H J & Edwards J. 1897. A revision of the oriental Hesperiidae. *Trans. zool. Soc. Lond.*, 14(4): 123, 190, 204, 274, 282, pl. 19, 21, 23, 26.

Erschoff N G. 1874. Travels in Turkestan. Volume 2. Zoogeographical Investigations. Lepidoptera [in Russian], in Fedschenko. *Trav. Turkestan*., 2(5): 8, 11, pl. 1, f. 7–8.

Esper E J C. 1777–1779. Die Schmetterlinge in Abbildungen nach der Natur mit Beschreibungen. Theil I. Die Tagschmetterlinge. Band 1. Erlangen: Wolfgang Walthers. 1(6): pl. 32, 34, f. 2, 3, (1777), (7): pl. 38, 39, f. 1a–b, 3 (preocc.) (1778), (9): 332, 337, 338, 350, 356, 387, pl. 50 , f. 5 (1779).

Esper E J C. 1780. Die Schmetterlinge in Abbildungen nach der Natur mit Beschreibungen. Theil I. Die Tagschmetterlinge. Erlangen: Wolfgang Walthers. 2(1): 16, pl. 52, f. 2–3.

Esper E J C. 1789. Die Schmetterlinge in Abbildungen nach der Natur mit Beschreibungen. Theil I. Die Tagschmetterlinge. Supplement Theil 1. Abschnitt 1. Erlangen: Wolfgang Walthers. 1(3–4): 35, 46, pl. 99, 101, f. 3–4.

Esper E J C. 1794. Die Schmetterlinge in Abbildungen nach der Natur mit Beschreibungen. Theil I. Die Tagschmetterlinge. Supplement Theil 1. Abschnitt 1. *Die Schmett., Suppl. Th.*, 1(3–4): 46, pl. 101, f. 3–4.

Evans B W H. 1912. A list of Indian butterflies. *J. Bombay nat. Hist. Soc.*, 21(2): 559, (3): 984, 1005.

Evans B W H. 1914. Notes on Indian butterflies (continued). *J. Bombay nat. Hist. Soc.*, 23(2): 309.

Evans B W H. [1925]. The identification of Indian butterflies (5–8). *J. Bombay nat. Hist. Soc.*, 30(2): 340, 351.

Evans B W H. 1926. The identification of Indian butterflies (9–11). *J. Bombay nat. Hist. Soc.*, 31(3): 617, 618, 622, 630, 631, 635, 637.

Evans B W H. 1927. Identification of Indian butteflies (ed. 1). *Ind. Butts*. (ed. 1): 160, 197, 211, 296.

Evans B W H. 1932a. The identification of Indian butterflies. *J. Bombay nat. Hist. Soc.*: 320–321, 331, 402, 416.

Evans B W H. 1932b. The identification of Indian butterflies (Edn 2). *Indian Butterflies* (Edn 2): 246, 320, 321, 331, 402, 416.

Evans B W H. 1934. Indo-Australian Hesperiidae: Description of new genera, species and subspecies. *Entomologist*, 67(2): 33 (part 1), (8): 183–184 (part 4).

Evans B W H. 1937a. Indo-Australian Hesperiidae: Description of new genera, species and subspecies. *Entomologist*, 70(1): 16–18 (part 9), (3): 64–65, (4): 83(part 12).

Evans B W H. 1937b. A cattalogue of the African Hesperiidae. The British Museum, London: 212.

Evans B W H. 1939. New species and subspecies of Hesperiidae (Lepidoptera) obtained By Herr H. Höne in China in 1930–1936. *Proc. R. Ent. Soc. Lond.*, (B) 8(8): 163–166.

Evans B W H. 1940. Description of three new Hesperiidae (Lepidoptera) from China. *Entomologist*, 73(929): 230.

Evans B W H. 1941. A revision of the genus *Erionota* Mabille (LEP: HES.). *Entomologist*, 74(7): 158.

Evans B W H. 1943. A revision of the genus *Aeromachus* de N. (Lepidoptera: Hesperiidae). *Proc. R. Ent. Soc. Lond.*, (B)12(7/8): 97.

Evans B W H. 1949. A catalogue of the Hesperiidae from Europe, Asia and Australia in the British Museum (Natural History). London: 5–7, 11, 13, 15, 22, 27–29, 37, 44, 45, 49–51, 55, 57, 58, 73–76, 84, 86, 88–95, 112, 117, 118, 121–123, 128, 130–131, 155, 157, 164–166, 179, 180, 183, 187, 192, 203, 206, 225, 229–234, 238–243, 246, 247, 249, 252–255, 257, 267–269, 273, 278, 282, 292, 326, 328, 330, 341, 346–348, 350–357, 374–376, 381, 384–386, 391, 432–434, 436, 437, 441, 443–448, 450, 453, 455.

Evans B W H. 1957. A revision of the *Arhopala* group of the oriental Lycaenidae. *Bull. Br. Mus. nat. Hist.* (Ent.) , 5(3): 88, 126–130, 132.

Eversmann E. 1843. Quaedam lepidopterorum species novae in montibus Uralensibus et Altaicus habitantes nunc descriptae et depictae. *Bull. Soc. imp. Nat. Moscou*, 16(3): 537.

Eversmann E. 1848. Beschreibung einigen neuen falter Russlands. *Bull. Soc. imp. Nat. Moscou*, 21(3): 207.

Eversmann E. 1851. Description de quelques nouvelles espéce de Lépidoptéres de la Russie. *Bull. Soc. imp. Nat. Moscou*, 24(2): 620, 624.

Fabricius J C. 1775. Systema entomologiae, sistens insectorum classes, ordines, genera, species, adiectis synonymis, locis, descriptionibus, observationibus. Lipzig: Korte: 526, 533.

Fabricius J C. 1777. Genera insectorum eorumque characteres naturales secundum, numerum, figuram, situm et proportionem omnium partium oris adjecta mantissa specierum nuper detectarum: 271.

Fabricius J C. 1787. Mantissa insectorum sistens species nuper detectas adiectis synonymis, observationibus, descriptionibus, emendationibus. Vol. 3. Hafniae: Christian Gottlieb Proft. 2: 68, 73, 76, 273, 276.

Fabricius J C. 1793. Entomologia Systematica emendata et aucta. Secundum classes, ordines, genera, species adjectis synonimis, locis, observationibus, descriptionibus, Vol. 3. Hafniae: Christian Gottlieb Proft. 3(1): 258, 280, 296, 301, 329, 338.

Fabricius J C. 1798. Supplementum entomologiae systematicae (Supplementum). Hafniae: Proft et Storc. (Suppl.): 430, 433.

Fabricius J C. 1807. Systema Glossatorum. *In*: Illiger. Die neueste Gattungs-Eintheilung der Schmetterlinge aus den Linnéischen Gattungen Papilio und Sphinx. *Mag. f. Insektenk.*, 6: 285–287.

Fan X L & Wang M. 2004a. Notes on the genus *Capila* from China with a new species and a new record (Lepidoptera, Hesperiidae). *Act. Zootax. Sin.*, 29(1): 153–156, 524, 526.

Fan X L & Wang M. 2004b. Notes on the genus *Lobocla* Moore with description of a new species (Lepidoptera, Hesperiidae). *Act. Zootax. Sin.*, 29(3): 523–526.

Fan X L & Wang M. 2006. A new species of the genus *Coladenia* Moore from China (Lepidoptera: Hesperiidae). *J. Kansas Ent.* Soc., 79(1): 78–82.

Fan X L, Wang M & Zeng L. 2007. The genus *Idmon* de Nicéville (Lepidoptera: Hesperiidae) from China, with description of two new species. *Zootaxa*, 1510: 57–62.

Felder C. 1862a. Verzeichniss der von den Naturforschern der Novara gesammelten Macropepidoteren. *Verh. zool.-bot. Ges. Wien.*, 12(1/2): 488.

Felder C. 1862b. Verzeichniss der von den Naturforschern der k. k. Fregatte Novara gesammelten Macropepidoteren. *Verh. zool.-bot. Ges. Wien.*, 12(1/2): 488, no. 146.

Felder C & Felder R. 1860. Lepidoptera nova in paeninsula Malayica collecta diagnosibus instructa. *Wien. ent. Monats.*, 4(12): 397, 401.

Felder C & Felder R. 1862a. Observationes de Lepidoteris nonullis Chinae centralis et Japoniae. *Wien. ent. Monats.*, 6(1): 24, 29, 30.

Felder C & Felder R. 1862b. Specimen faunae lepidopterologicae riparum fluminis Negro superioris in Brasilia septentrionali. *Wien. ent. Monats.*, 6(6): 183.

Felder C & Felder R. [1867]. Reise der österreichischen Fregatte Novara um die Erde in den Jahren 1857, 1858, 1859 unter den Behilfen des Commodore B. von Wüllerstorf-Urbair. Zoologischer Theil. Band 2. Abtheilung 2. Lepidoptera. Rhopalocera. Wien: Carl Gerold's Sohn. (2): 231, pl. 29, f. 10 , (3): 515, 525, 528, pl. 72, 73, f. 3, 6, 7.

Fixsen C. 1887. Lepidoptera aus Korea, in Romanoff. *Mém. Lép.*, 3: 271, 279, 286, 287, pl. 13, f. 2, 5a–b.

Forster W. 1936. Beiträge zur Systematik der Tribus Lycaenini unter besonderer Berücksichtigung der *argyrognomon* under der *argus* Gruppe. *Mitt. Münch. Ent. Ges.*, 26(2): 64, 82, 107, 109.

Forster W. 1938. Das System der paläarktischen Polyommatini. *Mitt. Münch. Ent. Ges.*, 28(2): 108, 113.

Forster W. 1940. Neue Lycaeniden-Formen aus China. I. *Mitt. Münch. Ent. Ges.*, 30: 871, 872, 878, pl. 22–24, f. 4–3, 8–11.

Forster W. 1941. Neue Lycaeniden-Formen aus China. II. *Mitt. Münch. Ent. Ges.*, 31(2): 594, 596, 599, 606, 608, 613, 623, 624, 626, 627.

Fourcroy A F. 1785. Entomologia parisiensis, sive catalogus Insectorum, quae in agro Parisiensi reperiuntur secundum methodum Geoffroeanam in sectiones, genera et species distributus, cui addita sunt nomina trivalia et feretrecentae novae species, pars prima ([Reprod.]). *Ent. Paris.*, 2: 242, 245, 246.

Fruhstorfer H. 1908. Lepidopterologisches Pêle-Mêle. I. Neue ostasiatische Rhopaloceren. *Ent. Zs.*, 22(12): 49 (20 June).

Fruhstorfer H. 1909. Neue Hesperiden. *Ent. Zs.*, 23(31): 139.

Fruhstorfer H. 1910a. Neue *Cyaniris*-Rassen und Übersicht der bekannten Arten. *Stett. ent. Ztg.*, 71(2): 283, 289, 303, 304 (15 March).

Fruhstorfer H. 1910b. Neue Hesperiden des Indo-Malayischen Faunengebietes und Besprechung verwandter Formen. *Dt. ent. Z. Iris*, 24(5): 99 (1 May).

Fruhstorfer H. 1911a. Neue Hesperiden des Indo-Malayischen Faunengebietes und Besprechung verwandter Formen. *Dt. ent. Z. Iris*, 25(2): 23 (1 February), (3): 40 (1 March), (4): 50 (1 April), (5): 72 (1 May), (6): 73, pl. 1 (1 June).

Fruhstorfer H. 1911b. Neue palaearktische Rhopaloceren. *Soc. Ent.*, 25(24): 96 (25 February, 1911).

Fruhstorfer H. 1912a. Uebersicht der Lycaeniden des Indo-Australischen Gebiets. Begründet auf die Ausbeute und die Sammlung des Autors. *Berl. ent. Zs.*, 56(3/4): 211, 216–218, 228, 252, 257, 258, 265, f. 1–4 (early April).

Fruhstorfer H. 1912b. Neue Nemeobiiden meiner Sammlung. *Ent. Rundschau*, 29(3): 24 (10 February).

Fruhstorfer H. 1915a. Neue palaearktische Lycaeniden. *Soc. Ent.*, 30(12): 68 (12 November).

Fruhstorfer H. 1915b. II. Subfamilie: Gerydinae in Seitz. *Gross-Schmett. Erde*, 9: 816.

Fruhstorfer H. 1916a. Revision der Gattung Lampides auf Grund anatomischer Untersuchungen. *Archiv Naturg.*, 81A(6): 36.

Fruhstorfer H. 1916b. Neue Lokalrassen indischer Tagfalte. *Ent. Rundschau*, 33(4): 19, (5): 25 (12 May).

Fruhstorfer H. 1917a. Revision der Lycaenidengattung Lycaenopsis auf Grund morphologischer Vergleiche der Klammerorgane. *Archiv Naturg.*, 82 A(1): 27, 29, 33, 36, 40 (January).

Fruhstorfer H. 1917b. Neue palaearktische Lycaeniden. *Dt. ent. Z. Iris*, 31(1/2): 30, 31 (1 July).

Fruhstorfer H. 1918. Revision der Gattung *Castalius* auf Grund der Morphologie der Generationsorgane. *Tijdschr. Ent.*, 61(1/2): 23, 48, 50, 51, 55, 56, pl. 4–6, f. 2, 3, 7, 16 (15 July).

Fruhstorfer H. 1919. Revision der Artengruppe Pithecops auf Grund der Morphologie der Klammerorgane. *Archiv Naturg.*, 83 A(1): 1, 83(February).

Fruhstorfer H. 1922. Gattungen (8–19): Parelodina-Niphanda in Seitz. *Gross-Schmett. Erde*, 9: 880 (15 April 1922).

Fujioka T. 1970. Butterflies collected by the Lepidopterological Research Expedition to Nepal Himalaya, 1963. Part 1. Papilionoidea. *Spec. Bull. Lepid. Soc. Jap.*, (4): 16.

Fujioka T. 1975. Butterflies of Japan legends [bound separately]. *Tokyo*, 1: 282.

Fujioka T. 1992. *Zephyrus* (Theclini butterflies) in the world (2). Genus *Ussuriana* and *Laeosopis*. *Butterflies*, 2: 13–14, 16, 18, pl. 5, figs. 9–10, 17–20.

Fujioka T. 1993. *Zephyrus* (Theclini butterflies) in the world (3). *Butterflies*, 4: 13, 20.

Fujioka T. 1994a. *Zephyrus* (Theclini butterflies) in the world (5). *Butterflies*, 7: 3–17.

Fujioka T. 1994b. *Zephyrus* (Theclini butterflies) in the world (6). *Butterflies*, 8: 51, 54, 55, pl. 47, fig. 25.

Fujioka T. 1994c. *Zephyrus* (Theclini butterflies) in the world (7). *Butterflies*, 9: 9, 11, 14, 17, pl. 6, figs. 14–15, 17–19, 21–22.

Fujioka T, Tsukiyama H & Chiba H. 1997. Japanese butterflies and their relatives in the world I Hesperiidae/ Papilionidae. Publisher: Shuppan Geijyutsu Sha: 292.

Gerhard B. 1850, 1853. Versuch einer Monographie der europäischen Schmetteringsarten: *Thecla*, *Polyomattus*[sic], *Lycaena*, *Nemeobius*. Als Beitrag zur Schmetterlingskunde. *Versuch Mon. europ. Schmett.*, (1): 1–4, pl. 1–4, f. 1a–c, 2a–c (1850), (10): 21, pl. 37–39 (1853).

Gerhard B. 1882. Lepidopterologisches. *Berl. Ent. Z.*, 26: 125–126.

Gillham N W. 1956. *Incisalia* Scudder, a Holarctic genus (Lepidoptera: Lycaenidae). *Psyche*, 62: 145–150, 159.

Godart G B. 1824. Encyclopédie Méthodique. Histoire naturelle Entomologie, ou histoire naturelle des crustacés, des arachnides et des insects. *Encycl. Méthodique*, 9(2): 604, 608, 646, 660, 695.

Godman F D & Salvin O. [1887], [1894], [1899], [1900]. Biologia Centrali-Americana. Lepidopter-Rhopalocera (1887–1901). London. 2: 8, 101, 102, 381, 345, 449, 455, 477, 581, 3: pl. 1–112.

Gómez B. 1973. Nuevas subespecies y formas de Lepidópteros-Ropalóceros del centro de España. *Revta Lep.*, 1(1–2): 30.

Graeser A L. 1888. Beiträge zur Kenntnis der Lepidopteren-Fauna des Amurlandes. *Berl. ent. Zs.*, 32(1): 102.

Grum-Grshimailo G E. 1890. Le Pamir et sa faune lépidoptérologique in Romanoff. *In*: Romanoff, *Mém. Lép.*, 4: 358, 365, 366, 367, 372, 376, 387, 393, 402, 414, 500, 507, pl. 8, f. 3a–b.

Grum-Grshimailo G E. 1891. Lepidoptera nova in Asia centrali novissime lecta et descripta. *Horae Soc. ent. Ross.*, 25(3–4): 450, 453, 454, 461.

Guenée A. 1862. In Maillard, Notes sur l'Ile de la Rcunion (Bourbon). Dentu, Paris. 2(Lép.): 18.

Guenée & Villiers. 1835. Tableaus Synoptiques des Lépidoptères d'Europe contenant la description de tous le Lépidotères. *Tabl. Synop.*, 1: 36.

Guérin-Méneville. 1843. In Souvenirs d'un voyage dans l'Inde execute de 1834 a 1839, Animaux Articulés. *In*: Delessert, *Souvenirs Voy. Inde.*, (2): 79, pl. 22, f. 2.

Hall P W J. 2003. Phylogenetic reassessment of the five forewing radial-veined tribes of the Riodininae (Lepidoptera, Riodinidae). *Syst. Ent.*, 28(1): 37.

Heath A. 1997. A review of African genera of the tribe Aphnaeini (Lepidoptera: Lycaenidae). *Metamorphosis Occ. Suppl.*, 2: 9, 22, 29.

Hemming A F. 1931. Revision of the genus *Iolana* Bethune-Baker (Lepidoptera, Lycaenidae). *Trans. Ent. Soc. Lond.*, 79(2): 323.

Hemming A F. 1933. Additional notes on the types of certain butterfly genera. *Entomologist*, 66: 222–225, 277.

Hemming A F. 1934a. Some notes in the nomenclature of Palaearctic and African Rhopalocera. *Stylopes*, 3: 199.

Hemming A F. 1934b. Notes on nine genera of butterflies. *Entomologist*, 67: 38.

Hemming A F. 1967. Generic names of the butterflies and their type-species (Lepidoptera: Rhopalocera). *Bull. Br. Mus. nat. Hist.* (Ent.) Suppl., 9: 47, 200.

Herrich-Schäffer G A W. [1844]. Systematische Bearbeitung der Schmetterlinge von Europa, zugleich als Text, Revision und Supplement zu J. Hübner's Sammlung europäischer Schmetterlinge, 1843–(1855), Die Tagfalter. *Syst. Bearb. Schmett. Europ.*, 1(7): f. 246.

Herrich-Schäffer G A W. 1869a. Versuch einer systematischen Anordnung der Schmetterlinge. *Corresp. Bl. Zool.-Min. Ver. Rer. Regensb.*, 23(12): 195, no. 45.

Herrich-Schäffer G A W. 1869b. Neue Schmetterlinge aus dem "Museum Godeffroy" in Hamburg. *Stett. ent. Ztg.*, 30(1–3): 73, pl. 4, f. 18.

Hewitson W C. [1861]. Illustrations of new species of exotic butterflies selected chiefly from the collections of W. Wilson Saunders and William C. Hewitson. *Ill. exot. Butts.*, [4] (Sospita): [75–76] .

Hewitson W C. 1862. Specimen of a catalogue of Lycaenidae in the British Museum. *Spec. Cat. Lep. Lyc. B. M.*: 13–14, pl. 7, 8, f. 72, 85–86.

Hewitson W C. 1863, 1865, 1867, 1869, 1877, 1878. Illustrations of diurnal Lepidoptera. Lycaenidae. *Ill. diurn. Lep. Lycaenidae*, (1): 10–11, 16, 20, 23, pl. 7, 10 , f. 16–18, 42–44 (1863), (2): 44, 57, 58, 61, 66–67, pl. 18, 25–26, f. 6–8, 9–11(1865), (3): 77–114, pl. 31–46 (1867), (4): (Suppl.) 15–16, (5): pl. 6, f. 15–17 (1869), (7): 186 (1877), (8): (Suppl.) 23, pl. 8, f. 72–73 (1878).

Hewitson W C. 1866a. *In*: Hewitson W C., [1862–1866]. Illustrations of new species of exotic butterflies. London. *Exot. Butts*., 4(2): [79], [80], pl. 41, f. 4–6.

Hewitson W C. [1866]b. Descriptions of new Hesperidae. *Trans. Ent. Soc. Lond*., (3)2(6): 498.

Hewitson W C. 1866–1869, 1873, 1876. Illustrations of new species of exotic butterflies selected chiefly from the collections of W. Wilson Saunders and William C. Hewitson. *Ill. exot. Butts.*, [4] (Dodona Sospita): [79–80], pl. [41], f. 3–6 (1866), 4: 102, pl. 54, f. 6–7 (1867), [5](Hesperia III): [101], pl. [51], f. 24–25 (1868), [5] (Hesperia IV): [104], pl. [52], f. 40 (1869), [5]: (Systematic Index) V, (Hesperia V*–VI): [108], pl. [54] , f. 51–52 (1873), [5] (Hesperia VII): [112], pl. [56], f. 77–78 (1876).

Hewitson W C. 1868. Descriptions of one hundred new species of Hesperidae. (2) *Descr. One Hundred new Spec. Hesp*., (2): 29.

Hewitson W C. 1876. Descriptions of twenty-five new species of Hesperidae from his own collection. *Ann. Mag. Nat. Hist*., (4)18(108): 457.

Hewitson W C. 1877. Descriptions of new species of Rhopalocera. *Ent. mon. Mag*., 14: 108.

Higgins L G. 1969. A new genus of European butterflies (Lycaenidae). *Entomologist*, 102: 67.

Higgins L G & Riley N D. 1970. A Field Guide to the Butterflies of Britain and Europe. London: Collins: 47, pl. 14, fig. 6.

Hirowatari T. 1992. A generic classification of the tribe Polyommatini of the Oriental and Australian regions (Lepidoptera, Lycaenidae, Polyommatinae). *Bull. Univ. Osaka Prefect*., (B)44: 14, 15, 43, 44, 52, 53.

Holland W J. 1887. Notes upon small collection of Rhopalocera made by Rev. B. C. Henry in the Island of Hainan, together with descriptions of some apparently new species. *Trans. Amer. Ent. Soc*., 14: 123.

Holloway J D & Peters J V. 1976. The butterflies of New Caledonia and the Loyalty Islands. *J. Nat. Hist*., 10: 283, 308, 311, 312.

Horsfield T. 1828–1829. Descriptive catalogue of the Lepidopterous insects contained in the Museum of the Hororable East-India Company, illustrated by coloured figures of new species. London. (1): pl. [2], (2): 84, 106–107, 123.

Howarth T G. 1957. A revision of the genus *Neozephyrus* Sibatani & Ito (Lepidoptera: Lycaenidae). *Bull. Br. Mus. nat. Hist*.(Ent.), 5(6): 241–242, 245, 247–248, 252, 254, 259, 261, 263–265, f. 1, 3, 6–8, 10–11, 17–18, 21, 23, 26, 28, 32–33, 35, 72, 73, 82, 83.

Huang. 1943. *Notes drEnt. Chin*., 10(3): 84, 87, 113, 123–124, 126–127,154, 157–158, 164, 169–173, 183.

Huang H. 1997. *Yania* gen. nov. and *Yania sinica* sp. nov. from Sichuan, China (Lepidoptera: Hesperiidae). *J. Res. Lep*., 34: 147–148.

Huang H. 1998. Research on the butterflies of the Namjagbarwa region, S. E. Tibet (Lepidoptera: Rhopalocera) . *Neue Ent. Nachr.*, 41: 218–219, 266, f. 4, 4g–h, 6b–c.

Huang H. 1999. Some new butterflies from China I. *Lambillionea*, 99(4): 516.

Huang H. 2001. Report of H. Huang's 2000 expedition to S.E. Tibet for Rhopalocera. *Neue Ent. Nachr.*, 51: 66, 67, 70, 76(note), 77, 78, 81, pl. 1, 9, f. 1–2, 27, 34–35, 37, 53, 57, 74.

Huang H. 2002. Some new butterflies from China-2. *Atalanta*, 33(1/2): 111–113, 116–117, pl. II, IIIa, f. 4, 6, 7, 12–13, 14(gen.), 15.

Huang H. 2003. A list of butterflies collected from Nujiang (Lou Tse Kiang) and Dulongiang, China with descriptions of new species, and revisional notes. *Neue Ent. Nachr.*, 55: 5, 7, 9, 12, 15, 22, 24, 28, 38, 40–42, 62–63, 67, 74, 102–103, 137, pl. 1, 3, 4, 8, f. 2–5,10, 12, 15, 17, 32, 57–58, 162, 165.

Huang H & Bozano L. 2019. New or little known butterflies from China-3. *Neue Ent. Nachr.*, 78: 210, 215.

Huang H & Chen Y C. 2005. A new species of *Ahlbergia* Bryk, 1946 from SE China. *Atalanta*, 36: 162.

Huang H & Chen Y C. 2006. A new species of *Tongeia* Tutt, [1908] from northeast Yunnan, China. *Atalanta*, 37(1/2): 184–190.

Huang H, Chen Y C & Li M. 2006. *Ahlbergia confusa* spec. nov. from SE China. *Atalanta*, 37: 163, 175, 177, 179, 180.

Huang H & Song K. 2006. New or little known elfin lycaenids from Shaanxi, China. *Atalanta*, 37: 161, 163, 164.

Huang H & Wu C S. 2003. New and little known Chinese butterflies in the collection of the Institute of Zoology, Academia Sinica, Beijing (Lepidoptera, Rhopalocera). *Neue Ent. Nachr.*, 55: 135, f. 35, pl. 11, f. 13.

Huang H & Xue Y P. 2004. On the female genitalia of some lycaenids of the tribe Arhopalini and the genus *Amblopala*, with a modification on their higher classification. *Neue Ent. Nachr.*, 57: 40, 144–145, 161, 163, 176, 194, pl. 8, 12a, 14, f. 1 (m. gen), 5–6, 7e, 12(f. gen), 14 (f. gen).

Huang H & Zhan C H. 2004. Notes on the genera *Thoressa* and *Pedesta*, with description of a new species from south China. *Neue Ent. Nachr.*, 57: 179.

Hübner J. [1800–1804], [1813]. Sammlung europäischer Schmetterlinge. I. Papiliones-Falter ("Erste Band") Augsburg: Verfasser. [1]: 70, pl. 54, f. 257–259(1800), pl. 92–93, 108, f. 461–463, 469–470, 555–556 (1800–1804), pl. 130 (1813).

Hübner J. 1818. Zuträge zur Sammlung exotischer Schmettlinge, Vol. 1 [1808]–1818. *Zuträge Samml. Exot. Schmett.*, 1: 24.

Hübner J. [1819]. Verzeichniss bekannter Schmettlinge, 1816–[1826]. Augsburg. (5): 67–71, (7): 102, 106, 109, 111, (8): 113.

Hübner J. 1822. Systematisch-alphabetisches Verzeichniss aller bisher bey den Fürbildungen zur Sammlung europäischer Schmetterlinge angegebenen attungsbenennungen, mit Vormerkung auch augsburgischer Gattungen, von Jacob Hübner. *Syst. Alph. Verz.*: 1–10.

Hübner J. [1823–1824]. Sammlung europäischer Schmetterlinge. I. Papiliones-Falter ("Erste Band"). *Samml. Eur. Schmett.*, [1]: pl. 165, f. 820–821.

Inoué T & Kawazoé A. 1966. Hesperiid butterflies from south Vietnam (3). *Tyô Ga*, 16(3/4): 86, f. 73–74.

Inoué T & Kawazoé A. 1967. Hesperiid butterflies from south Vietnam (4). *Tyô Ga*, 17(1−2): 4.

Inoué T & Kawazoé A. 1970. Hesperiid butterflies from south Vietnam (5). *Tyô Ga*, 21(1/2): 5, 7, f. 141−145.

Janson O E. 1877. Notes on Japanese Rhopalocera with the description of new species. *Cistula ent*., 2: 157.

Johnson K. 2000. A new elfin butterfly (Lycaenidae: Eumaeini) from northern China with comments on the nonemclature of Palaearctic elfins. *Taxon. Rep*., 2(1): 1−4.

Johnson K E. 1992. The Palaearctic "Elfin" butterflies (Lycaenidae, Theclinae). *Neue Ent. Nachr*., 29: 18, 25, 39, 48−49, 53−54, 58, 61−62, 69−71, figs. 28−29, 39, 72, 80.

Kanda & Kato. 1931. Daibosatsurei fukin saishu no Lycaena-Zoku no 2 Shin-chô. *Ins. World*, 35: 372−375.

Kardakoff N I. 1928. Zur Kenntnis der Lepidopteren des Ussuri-Gebietes. *Ent. Mitt*., 17(4): 272.

Kato. 1930. Two new butterflies from Japan and "Formosa" [Taiwan, China]. *Zephyrus*, 2(4): 208.

Kawazoe A & Wakabayashi M. 1976. Coloured illustrations of the butterflies of Japan. [In Japanese.] *Colour. Iil. Butts. Jap*.: 76, pl. 21, figs. 4a−i.

Kheil N M. 1884. Zur Fauna des Indo-Malayischen Archipels. Die Rhoplalocera der Insel Nias. Berlin: 29, pl. 5, f. 36.

Kirby W F. 1871. A synonymic catalogue of the diurnal Lepidoptera. London: 376, 398, 623, 653.

Kluk K. 1780. Historyja naturalna zwierzat domowych i dzikich, osobliwie kraiowych, historyi naturalney poczatki, i gospodarstwo: potrzebnych i pozytecznych donowych chowanie, rozmnozenie, chorob leczenie, dzikich lowienie, oswaienie: za·zycie; szkodliwych zas wygubienie. Warsaw. 4: 89.

Knoch A W. 1872. Beiträge zur Insektengeschichte. Leipzig: Schwickert. *Beitr. Insektengesch*., 2: 85, pl. 6, f. 1−2.

Koçak A Ö. 1977. Studies on the family Lycaenidae. *Atalanta*, 8(1): 52.

Koiwaya S. 1989. Report on the second entomological expedition to China. *Stu. Chin. Butts*., l: 208−210, figs. 270−271, 284−285.

Koiwaya S. 1993. Descriptions of three new genera, eleven new species and seven new subspecies of butterflies from China. *Stu. Chin. Butts*., 2: 9−27, 44−47, 51−52, 57, 62, 65−69, pls. 1−13, f. 54−55, 57, 62−63, 70, 72, 77, 79, 98−102, 106, 108−110, 227, fig'd.

Koiwaya S. 1996. Ten new species and twenty-four new subspecies of butterflis from China, with notes on systematic positions of five taxa. *Stu. Chin. Butts*., 3: 24, 28, 39, 49, 57, 65, 68, 85, 87, 93, 99, 118, 138, 142, 148, 151, 162, 165, 260, 269−270, figs. 39, 121−122, 138−139, 200−201, 265−266, 268−269, 312−315, 363−364, 388, 470−471, 483−484, 527−528, 557−559, 670−671, 803−806, 844−845, 887−888, 908−910, 969−972, 990−991, 1195−1196, 1207−1208, 1242−1243, 1249−1250, 1275−1277, 1290−1292, 1393−1394.

Koiwaya S. 2004. Description of a new species of the genus *Antigius* and discovery of *Howarthia kimurai*. *Gekkan-Mushi*, 405: 2−5.

Kollar V. [1844]. Aufzählung und Beschreibung der von Freiherr C. V. Hügel auf seiner Reise durch Kaschmir und das Himaleygebirge gesammelten Insekten, in Hügel. 4: 12, 418, 419, 422, 441, 453 , pl. 4, 13, f. 3−4.

Korb S & Bolshakov L V. 2011. [A catalogue of butterflies (Lepidoptera: Papilioformes) of the former USSR. Second edition, reformatted and updated] (in Russian). *Eversmannia Suppl*., 2: 8−13, 67−76, 78−84, 89−91, 137.

Korschunov Yu P. 1972. Annotated list of Rhopalocera of the U. S. S. R. *Review Ent. U. S. S. R.*, 51: 359.

Kudrna O. 1974. An annotated list of Japanese butterflies. *Atalanta*, 5: 11, 109–119.

Kudrna O & Belicek J. 2005. The 'Wiener Verzeichnis', its authorship, publication date and some names proposed for butterflies therein. *Oedippus*, 23: 28.

Lamas G. 2004. Checklist: Part 4A, Hesperioidea-Papilionoidea. *Atlas Neotrop. Lepid.*: 144.

Latreille P A. 1804. Tableaux méthodiques des Insectes. In Tableaux methodiques d'histoire naturele. *Nouv. Dict. Hist. Nat.*, Paris. 24(6): 185, 200.

Latreille P A. 1809. Genera Crustaceorum et Insectorum: secundum ordinem naturalem in familias disposita, iconibus, exemplisque plumiris explicata. Parisiis & Argentorati. 4: 187, 207.

Latreille P A. [1824]. Encyclopédie Méthodique. Histoire naturelle Entomologie, ou histoire naturelle des crustacés, des arachnides et des insectes. *Encycl. Méthodique*, 9(2): 763.

Lederer J. 1852. Versuch die europäischen Lepidopteren (einschlissig der ihrem Habitus nach noch zure europäischen Fauna gehörigen Arten Labradors, der asiatischen Türkei un des asiatischen Russlands) in möglichst natürliche Reihenfolge zu stellen, nebst Bemerkungen zu eineg Familien und Arten. Rhopaloceren & Heteroceren. *Verh. Zool.-Bot. Ver. Wien.*, 2 (Abh.): 26.

Lederer J. 1855. Weiterer beitrag zur Schmetterlinge-fauna de Altaigerbirges in Sibirien. *Verh. zool.-bot. Ges. Wien.*, 5: 100, pl. 1, f. 1.

Leech J H. 1887. On the Lepidoptera of Japan and Corea. Part I. Rhopalocera. *Proc. zool. Soc. Lond.*, (3): 428.

Leech J H. 1889. On a collection of Lepidoptera from Kiukiang. *Trans. Ent. Soc. Lond.*, 37(1): 109–110, pl. 7, f. 3–4.

Leech J H. 1890. New species of Lepidoptera from China. *Entomologist*, 23: 38–44, 46–49.

Leech J H. 1891. New species of Rhopalocera from western China. *Entomologist*, 24 (Suppl.): 57–61, 66–68.

Leech J H. 1892–1894. Butterflies from China, Japan, and Corea. *Butts. Chin. Jap. Cor.*, (1): 273, 294, pl. 27–28, f. 1–2, 7–8, 10–11, 13, 15, (2): 304, 312–313, 315–316, 319, 321, 330–332, 340–341, 353–356, 358–367, 376, 379, 383, 385–386, 414, 560, 562, 568–569, 572, 580, 585, 590, 592–593, 596, 598–599, 602–606, 609–610, 614, 618, 620, 623, 630–631, 634, pl. 28–31, 42, f. 2–5, 7–17.

Lee S M. 1982. Butterflies of Korea. Editorial Committee of Insecta Koreanal, Seoul: 16, 18, 24, 27, pl. 15, 19, figs. 34A–D, 38A–B, 39A–C, 57A–B, 59A–D.

Lewis H L. 1974. Butterflies of the world. *Butt. World*: pl. 9–11, 175–189, 205–208, f. 1–37, 39–44, 47–48, 52–53.

Linnaeus C. 1758. Systema Naturae per Regna Tria Naturae, Secundum Clases, Ordines, Genera, Species, cum Characteribus, Differentiis, Symonymis, Locis. Tomis I. 10th Edition. *Syst. Nat.* (Edn 10), 1: 482–485.

Linnaeus C. 1761. Fauna Suecica Sistens Animalia Sueciae Regni: Mamalia, Aves, Amphibia, Pisces, Insecta, Vermes. Distributa per Classes, Ordines, Genera, Species, cum differentiis Specierum, Synonymis Auctorum, Nominibus Incolarrum, Locis Natalium, Descriptionibus Insectorum. *Faun. Suecica* (Edn 2): 274, 285.

Linnaeus C. 1767. Systema Naturae per Regna tria Naturae, secundum Classes, Ordines, ... Editio Duocecima Reformata. Tom. 1. Part II. *Syst. Nat.*(Edn 12), 1(2): 789.

Lorkovic Z. 1943. Modifikationen und Rassen von Everes argiades Pall. und ihre Beziehungen zu den klimatischen Faktoren Verbreitungs gebiete. *Mitt. Münch. Ent. Ges.*, 33(2): 443, pl. 24, f. 10.

Lucas H. 1849. Exploration Scientifique de l'Algerie pendant les Annees 1840, 1841, 1842. Histoire Naturelle des Animaux Articules (3) Insectes. *Explor. Scient. d'Algérie Zool.*, 3: pl. Lép. 1.

Lucas H. 1900. New species of Queensland Lepidoptera. *Proc. R. Soc. Qd.*, 15: 138.

Lukhtanov V A. 1993. *Athamantia eitschbergeri* spec. nov., eine neue Art aus Kirghisien (Lepidoptera, Lycaenidae, Lycaeninae). *Atalanta*, 24(1/2): 62–63.

Lukhtanov V A. 1999. Neue Taxa und Synonymen der zentralasiatischen Tagfalter (Lepidoptera, Papilionoidea). *Atalanta*, 30(1/4): 130.

Mabille P. 1876. Diagnoses de nouvelles especes d'Hesperides. *Bull. Soc. ent. Fr.*, 6(5): 6, 26–27, 54, 56, 153, 272.

Mabille P. 1877. Catalogue des Lépidoptères du Congo. [1]. *Bull. Soc. zool. Fr.*, 2(3): 232.

Mabille P. 1878a. Descriptions de Lépidoptères nouveaux de la famille des Hespérides. *Petites Nouv. ent.*, 10(198): 233, 237, (199): 242.

Mabille P. 1878b. Catalogue des Hespérides du Musée Royal d'Histoire Naturelle de Bruxelles. *Ann. Soc. ent. Belg.*, 21: 12, 21, 34.

Mabille P. 1891. Description d'Hespérides nouvelles (1–3). *Bull. C. R. Soc. ent. Belg.*, 35(16): lxx, (18): clxxxi.

Mabille P. 1903–1904. *In*: Wytsman, genera insectorum. Lepidoptera. Rhopalocera. Fam. Hesperidae. *Gen. Ins.*, 17(A): 44, 49, (B): 86, 92, 110, 136 (1904).

Mabille P. 1909. Hesperidae. *In*: Seitz, A. Die Groß-Schmetterlinge der Erde. Die Großschmetterlinge des Palaearktischen Faunengebietes. Die palaearktischen Tagfalter. Stuttgart, Lehmann Vrlg. 1: 331–332, 347.

Mabille P & Boullet E. 1916. Description d'Hesperides nouveaux (Lepidoptera Hesperiinae). *Bull. Soc. ent. Fr.*, (15): 244.

Marott. 1882. Lepidotteri nuovi e rari di Sicilia esistenti nella collezione. *Giorn. Sci. Palermo*, 14: 54, pl. 3, f. 14–15.

Matsuda S & Bae Y S. 1998. Systematic study on the "Elfin" butterflies, *Callophrys frivaldszkyi* and *C. ferrea* (Lepidoptera, Lycaenidae), from the Far East [in Japanese]. *Trans. lepid. Soc. Jap.*, 49(1): 54.

Matsumura S. 1915. Some new species and varieties of butterflies from Japan. *Ent. Mag. Kyoto*, 1(2): 58.

Matsumura S. 1919a. Two new butterflies. *Zool. Mag. Tokyo*, 31: 173.

Matsumura S. 1919b. Thousand insects of Japan. Additamenta 3 [Shin Nihon senchu zukai]. *Thous. Ins. Japan Addit.*, 3: 656, 735–736.

Matsumura S. 1925. An enumeration of the butterflies and moths from Saghalien, with descriptions of new species and subspecies. *J. Coll. Aqric. Hokkaido imp. Univ.*, 15: 106, pl. 8, f. 4 ♂.

Matsumura S. 1927a. Some new butterflies. *Ins. Matsum.*, 2(2): 117, pl. 3, f. 3.

Matsumura S. 1927b. A list of the butterflies of Corea, with description of new species, subspecies and aberrations. *Ins. Matsum.*, 1(4): 168–169.

Matsumura S. 1929a. New butterflies from Japan, Korea and "Formosa" [Taiwan, China]. *Ins. Matsum.*, 3(2/3): 96, 102–103, 105–106, pl. 4, f. 16.

Matsumura S. 1929b. Some new butterflies from Korea received from Mr. T. Takamuku. *Ins. Matsum*., 3(4): 141.

Matsumura S. 1929c. Butterflies. *Ill. Comm. Ins. Japan*, 1: 23 (in part).

Matsumura S. 1931. 6000 Illustrated insects of the Japanese Empire: 558, 573, fig. 338, 400.

Matsumura S. 1938. A new species of *Zephyrus* from "Formosa" [Taiwan, China]. *Ins. Matsum*., 13(1): 44.

Melvill. 1873. Description of *Lycaena arthurus*, a new European butterfly. *Ent. mon. Mag*., 9: 263.

Ménétnés E. 1855, 1857. Enumeratio corporum animalium Musei Imperialis Academiae Scientiarum Petropilitanae. Classis Insectorum, Ordo Lepidopterorum. *Cat. Lep. Petersb*., 1: 55, pl. 4, f. 3(1855), 2: 125–126, pl. 10, f. 7–8 (1857).

Ménétnés E. 1859. Lépidoptères de la Sibérie orientale et en particulier des rives de l'Amour. *Bull. Phys. Mat. Acad. Sci. St. Pétersb*., 17(12–14): 217.

Metzner. 1926. Der Eichberg bei Podersam und was er für den Entomologen alles in sich birgt. *Ent. Anz*., 6: 19.

Meyer-Dür.1852. Verzeichniss der Schmetterlinge der Schweiz. I. Abtheilung. Tagfalter. *Verz. Schmett. Schweiz*, 1: 67.

Monastyrskii A L & Devyatkin A L. 2000. New taxa and new records of butterflies from Vietnam. *Atalanta*, 31(3/4): 488, pl. XXIa, f. 3–4.

Moore F. 1857–1858. A catalogue of the Lepidopterous insects in the Museum of the Hon. East-India Company in Horsfield & Moore. London: M. H. Allen and Co. (1): 29, 44, 245, pl. 1a, 7, f. 3, 3a, 4, 9.

Moore F. 1865. List of diurnal Lepidoptera collected by Capt. A. M. Lang in the N. W. Himalayas. *Proc. zool. Soc. Lond*., (2): 504–505, pl. 31, f. 5, 7.

Moore F. 1865–1866. On the lepidopterous insects of Bengal. *Proc. zool. Soc. Lond*., (3): 772, 780, 783–786, 791, pl. 41–42, f. 1, 6.

Moore F. 1874. List of diurnal Lepidoptera collected in Cashmere Territory by Capt. R. B. Reed, 12th Regt., with descriptions of new species. *Proc. zool. Soc. Lond*., 1: 272.

Moore F. [1875]. Descriptions of new Asiatic Lepidoptera. *Proc. zool. Soc. Lond*., (4): 572.

Moore F. 1877a. Descriptions of Asiatic diurnal Lepidoptera. *Ann. Mag. nat. Hist*., (4)20(115): 50, 52.

Moore F. 1877b. Descriptions of Ceylon Lepidoptera. *Ann. Mag. nat. Hist*., (4)20(118): 341.

Moore F. 1877c. The Lepidopterous fauna of the Andaman and Nicobar Islands. *Proc. zool. Soc. Lond*., (3): 588, 593–594, pl. 58, f. 7–8.

Moore F. [1878]. Descriptions of new Asiatic Hesperidae. *Proc. zool. Soc. Lond*., (3): 686, 688–689, 691–693, pl. 45, f. 3, 8, 10, 13.

Moore F. 1878–1879. A list of the lepidopterous insects collected by Mr. Ossian Limborg in Upper Tenasserim, with descriptions of new species. *Proc. zool. Soc. Lond*., (3): 688, 702–703, (4): 832, 835, 841, 843–844.

Moore F. 1879. Descriptions of new Asiatic diurnal Lepidoptera. *Proc. zool. Soc. Lond*., (1): 139.

Moore F. [1881]. The Lepidoptera of Ceylon. London: L. Reeve & Co. 1(2): 68, 72–76, 78, pl. 34–36, f. 6, 6a, 7, 8, 8a, (3): 85–86, 92, 94, 102–105, 108, 114, pl. 37, 39, f. 1, 1a–b, 4, 4a, (4): 157–172, 177–180, pl. 63–65, 68, 70, f. 1, 1a, 1a–b, 2, 2a, 2a–b, 3, 3a, 3a–b, 4a–b, 8, 8a.

Moore F. 1882. List of the Lepidoptera collected by the Rev. J. H. Hocking, chiefly in the Kangra Discrict, N. W Hiamalaya; with descriptions of new genera and species. *Proc. zool. Soc. Lond*., (1): 249–251, 261, pl. 11, f. 2, 2a.

Moore F. 1884a. Descriptions of some new Asiatic diurnal Lepidoptera; chiefly from specimens contained in the Indian Museum, Calcutta. *J. asiat. Soc. Bengal*, Pt. II 53(1): 20, 33, 35–38, 40–42, 50–51.

Moore F. [1884]b. Descriptions of new Asiatic diurnal Lepidoptera. *Proc. zool. Soc. Lond.*, (4): 528, 530, 532, 534.

Moore F. 1902. Lepidoptera Indica. Rhopalocera. Family Nymphalidae. Sub-family Nymphalinae (continued), Groups Melitaeina and Eurytelina. Sub-families Acraeinae, Pseudergolinae, Calinaginae, and Libytheinae. Family Riodinidae. Sub-family Nemeobiinae. Family Papilionidae. Sub-famlies Parnassiinae, Thaidinae, Leptocircinae, and Papilionae. London: L. Reeve & Co. 5: 81.

Murayama K. 2009. Revision of the genus *Halpe* (Hesperiidae) in Philippines except for Palawan. *Butterflies*, 51: 8.

Murayama S. 1943. On some Lycaenids and Hepeeriids of "Formosa" [Taiwan, China]. *Zephyrus,* 9(3): 171, fig. 2.

Murayama S. 1955. New or little known Rhopalocera from China and Korea (with 10 text figures). *Tyô Ga*, 6(1): 2, f. 7–8.

Murayama S. 1976. The so-called green *Zephyrus* in the world. *Ins. Nat.*, 11(1): 5–6.

Murayama S. 1983. Some new Rhopalocera from southwest and northwest China (Lepidoptera: Rhopalocera). *Entomotaxonomia*, 5(4): 281–288.

Murayama S. 1992. Some new Lycaenid species of Chinese Rhopalocera. *Nat. Ins*., 27(5): 37, 39–41, fig. 1–2, 6.

Murayama S. 1994. Some amendments and memories of the Chinese butterflies (Lepidoptera: Rhopalocera). *Entomotaxonomia*, 5(4): 307.

Murayama S. 1995. Description of 3 new speices 5 new races of Chinese butteflies from Yunnan Province. *Ins. Nat*., 30(14): 32–35.

Murray R P. 1873. Description of a new Japanese species of *Lycaena*, and change of name of *L. cassioides* Murray. *Ent. mon. Mag*., 10: 126.

Murray R P. 1874a. Notes on Japanese butterflies, with descriptions of new genera and species. *Ent. mon. Mag*., 11: 167–168.

Murray R P. 1874b. Descriptions of some new species belonging to the genus *Lycaena. Trans. Ent. Soc. Lond*., 22(4): 523.

Murray R P. 1875a. Notes on Japanese butterflies, with descriptions of new genera and species. *Ent. mon. Mag*., 11: 117, 169, 171, 172.

Murray R P. 1875b. Notes on Japanese Rhopalocera, with description a new species. *Ent. mon. Mag*., 12: 4.

Nabokov V. 1941. Obras completas. *J. New York Ent. Soc*., 49(3): 222.

Nabokov V. 1944. Notes on the morphology of the genus *Lycaeides* (Lycaenidae, Lepidoptera). *Psyche*, 51: 104.

Nakahara W. 1922. Two new species of far eastern Rhopalocera. *Entomologist*, 55: 124.

Nekrutenko Y P. 1984. The blue butterflies of the USSR fauna, assigned to the genus *Chilades* (Lepidoptera, Lycaenidae). *Vestnik Zool*., (3): 30.

Nicholl M D L B. 1901. Butterflies of the Lebanon, with a preface and notes by Henry John Elwes. *Trans. Ent. Soc. Lond*., (1): 92.

Nire. 1920. On new species and subspecies of butterflies native to this country [in Japanese]. *Zool. Mag. Tokyo*, 32: 375.

Nordmann A. 1851. Neue Schmetterlinge Russlands. *Bull. Soc. imp. Nat. Moscou*, 24(4): 442–443, pl. 12, f. 1–4.

Nordström F. 1935. Schwedischchinesische wissenschaftliche Expedition nach den noedwestlichen Provinzen Chinas. *Ark. Zool.*, 27A(7): 30, pl. 2, figs. 9, 19.

Noriyuki S, Yago M, Uehara J. 2009. A congener-like larval form of *Choaspes subcaudatus* (Lepidoptera: Hesperiidae) from northern Laos, with a description of its immature stages and male genital morphology. *Butterflies*, 51: 18.

Oberthür C. 1876. Espèces nouvelles de Lépidopterès recueillis en Chine par M. l'abbé A. David/Lépidoptères nouveaux de la Chine. *Étud. d'Ent.*, 2: 21, pl. 1, f. 3a–b, 4a–b.

Oberthür C. 1880. Faune des Lépidoptères de l'ile Askold. Premiere Partie. *Étud. d'Ent.*, 5: 19, 23, pl. 5, f. 2.

Oberthür C. 1886a. [Lépidoptères de la Chine et du Thibet]. *Bull. Soc. ent. Fr.*, (6)6: 12.

Oberthür C. 1886b. Espèces Nouvelles de Lépidoptères du Thibet/Nouveaux Lépidoptères du Thibet. *Étud. d'Ent.*, 11: 19–22, 27–28, pl. 4, 7, f. 23, 52, 57.

Oberthür C. 1891. Nouveaux Lépidoptères d'Asie. *Étud. d'Ent.*, 15: 18.

Oberthür C. 1896. Nymphalidae. *Étud. d'Ent.*, 20: 40–41, pl. 5–6, 9, f. 16♂, 70–71, 163.

Oberthür C. 1903. Description d'une nouvelle espèce de Polycaena (Lépidopt. Rhopal.). *Bull. Soc. ent. Fr.*, 1903: 268–269.

Oberthür C. 1908. De lépidoptères de la Chine occidentale. *Ann. Soc. ent. Fr.*, 77: 312–313, pl. 5.

Oberthür C. 1910. Notes pour servir à établir la Faune Française et Algérienne des Lépidoptères. *Étud. Lépid. Comp.*, 4: 135, 186, 232, 238, 240, 405–406, 667, 670, pl. 37–38, 43, f. 244, 252–253, 322–323.

Oberthür C. 1912. Observations sur les Hesperiidae du genre *Syrichthus*. *Étud. Lépid. Comp.*, 6: 66.

Oberthür C. 1914. Lépidoptères de la sino-thibétaine. *Étud. Lépid. Comp.*, 9(2): 48–49, 54–55, pl. 254–255, f. 2140–2141, 2154–2156.

Oberthür C. 1916. Considérations sur plusiuers Espèces de Lycaena. *Étud. Lépid. Comp.*, 12(1): 486.

Oberthür C. 1921. Explication des Planches Photographiques. *Étud. Lépid. Comp.*, 18(1): 75–76.

Oberthür C. 1923. Explication des planches. *Étud. Lépid. Comp.*, 21: 73.

Ochsenheimer F. 1808. Die Schmetterlinge von Europa. Erster Theil, Zweyte Abtheilung. Falter, oder Tagschmetterlinge. *Schmett. Europa*, 1(2): 42, 230.

Okano M. 1941. [Description of genus *Ginzia*]. *Tky. Igaku Seihutugako*, 11: 239.

Okano M. 1982. New or little known butterflies from China (II). *Art. Liberal.*, 31: 91.

Okano M & Okano T. 1984. A new specis of *Satarupa* from west China. *Tokurana* (*Acta Rhopalocero.*) *Nos.*, 6(7): 125.

Oken L. 1815. Okens Lehrbuch der Zoologie. Fleischthiere, Leipzig. *Lehrb. Naturgesch.*, 3(*Zool.*) (1): 757–758.

Pallas V I. 1771. Reise durch verschiedene Provinzen des Russischen Reichs in den Jahren 1768–1774. St. Peterburg: Kayserl. Akademie der Wissenschaften. 1: 471–472.

Pelham J P. 2008. A catalogue of the butterflies of the United States and Canada. *J. Res. Lepid.*, 40: 68–69, 188, 202, 236, 239, 241, 244, 252, 257, 268.

Piepers M C & Snellen P C T. 1910. The Rhopalocera of Java. Hesperidae. Martinus Nijhoff, The Hague. [2]: 12, 14–15, 20, 26, 35, 37, 40, 42, 51, 53, pl. 6–10, f. 15a–c, 18a–c, 19, 26a–d, 36a–b, 49–50, 52a–b, 53a–c, 58a–d, 62a–c, 79a–c.

Pinratana B A. 1985. Butterflies in Thailand. Thailand: The Viratham press, Bangkok. 5: 26, 35–36, 48–49, 51–52, 57–61, 64, 66, 68, 88–89, 99–100, 101–103, 109–110, 116.

Plötz C. 1882a. Einige Hesperiinen-Gattungen und deren Arten. *Berl. ent. Zs*., 26(2): 264.

Plötz C. 1882b. Die Hesperiinen-Gattung Hesperia Aut. und ihre Arten. *Stett. ent. Ztg*., 43(7/8/9): 344.

Plötz C. 1883a. Die Hesperiinen-Gattung Hesperia Aut. und ihre Arten. (3) & (4). *Stett. ent. Ztg*., 44 (1–3): 26, 32, 44, 46–47, (4–6): 226.

Plötz C. 1883b. Die Hesperiinen-Gattung Ismene und ihre Arten. *Stett. ent. Ztg*., 45(1–3): 56 (Nov. 1883).

Plötz C. 1884. Die Hesperiinen-Gruppe der Achlyoden. *Jb. nassau. Ver. Naturk*., 37(1884): 19.

Plötz C. 1885. Neue Hesperiden des indischen Archipels und Ost-Africa's aus der Collection des Herrn H. Ribbe in Blasewitz-Dresden, gesammelt von den Herren: C. Ribbe auf Celebes, Java un den Aru-Inseln, Künstler auf Malacca (Perak); Kühn auf West-Guinea (Jekar); Menger auf Ceylon. *Berl. Ent. Zeit.*, 29(2): 226–227, 230.

Plötz C. 1886. Nachtrag und Berichtigungen zu den Hesperiinen. *Stett. ent. Ztg*., 47(1–3): 96–97, 103.

Poujade G A. 1884–1885. Note sur les attitudes des Insectes pendant le. *Bull. Soc. ent. Fr*., (6)4: 135(1884), 5: 143, 151(1885).

Pratt A E. 1892. To the snows of Tibet through China. London: Longmans, Green and Co.: 254.

Pryer W B. 1877. Description of new species of Lepidoptera from north China. *Cistula ent*., 2: 231.

Pryer W B. 1888. Rhopalocera Nihonica: a description of the butterflies of Japan. *Rhop. Nihon*., 2: 19, pl. 5, fig. 5.

Rambur J P. 1858. Catalogue systematique des lépidoptères de l'Andalousie. *Cat. syst. Lépid. Andalousie*, (1): 35, 63.

Reakirt T. 1866. Descriptions of some new species of diurnal Lepidoptera. *Proc. Acad. nat. Sci. Philad*., 18(3): 244.

Retzius A J. 1783. Genera et species insectorum. *Gen. Spec. Ins*.: 30.

Riley N D. 1923. New Rhopalocera from Borneo. *Entomologist*, 56(2): 37.

Riley N D. 1925. The species usually referred to the genus *Cigaritis* Boisd (Lycaenidae). *Novit. zool*., 32: 70, 78.

Riley N D. 1929. Revisional notes on the genus *Heliophorus* with descriptions of new forms. *J. Bombay nat. Hist. Soc*., 33(2): 387, 390, 393, 395, 400.

Riley N D. 1939. Notes on oriental Theclinae (Lepidopera, Lycaenidae) with description of new species. *Novit. zool*., 41(4): 355–356, 358, 360.

Riley N D. 1945. Spolia Mentawiensia: Rhopalocera, Lycaenidae and Riodinidae. *Trans. R. ent. Soc. Lond*., 94(2): 257.

Röber J. 1886. Neue Tagschmetterlinge der Indo-Australischen Fauna. *Corr.-Bl. Ent. Ver. Iris*, 1(3): 59, pl. 4, f. 7.

Röber J. 1891. Beitrag zur Kenntniss der Indo-Australischen Lepidopterenfauna. *Tijdschr. Ent*., 34: 316.

Röber J. 1892. II. Theil. Die Familien und Gattungen der Tagfalter systematisch und analytisch bearbeitet Theil. II. *In*: Staudinger & Schatz, Fürth: Löwensohn. *Exot. Schmett*., 2(6): 273.

Röber J. 1903. Lepidopterologisches. *Stett. ent. Ztg.*, 64(2): 357.

Rose K & Schurian K. 1977. Beitrage zur Kenntnis der Rhopaloceren Irans. 8. Beitrag: Ein neues Lycaeniden-Genus (Lepidoptera, Lycaenidae). *J. Ent. Soc. Iran*, 4(1/2): 68.

Rothschild W. 1915. On Lepidoptera from the islands of Ceram (Seran), Buru, Bali, and Misol. *Novit. zool*., 22(1): 137–138, 142, 22(3): 387, 391.

Rothschild W & Jordan K. 1903. Some new or unfigured Lepidoptera. *Novit. zool.*, 10(3): 482.

Rottemburg S A. von. 1775. Unmertungen zu den Hufnagelifchen Tabellen der Schmetterlinge. *Der. Naturforscher*, 6: 20–21, 23, 26–27, 31.

Sañudo-Restrepo C P, Dinca V, Talavera G, *et al*. 2013. Biogeography and systematics of *Aricia* butterflies (Lepidoptera, Lycaenidae). *Molec. Phyl. Evol.*, 66: 369, 377.

Schneider. 1792. Lappländische Schmetterlinge. *Neuest. Mag. Lieb. Ent.*, 1(4): 428.

Schrank F D P. 1801. Fauna Boica. Durchgedachte Geschichte der in Baiern einheimischen und zahmen Thiere. *Ingolstadt*, 2(1): 152–153, 157, 206, 215.

Schrder S, Rawlins A, Müller C J, *et al*. 2014. An illustrated and annotated checklist of Jamides Hübner, 1819, taxa occurring in the Indonesian provinces of north Maluku and Maluku (Lepidoptera: Lycaenidae). *Nachr. Ent. Ver. Apollo NF*, 35(1/2): 8.

Schröder S. 2006. Some little known lycaenids from the Phang District of northern Thailand (Lepidoptera: Lycaenidae). *Nachr. Ent. Ver. Apollo NF*, 27(3): 97–99.

Schurian A & Hofmann A. 1982. Die Thersamonia-Gruppe (Lepidoptera, Lycaenidae) . *Nachr. Ent. Ver. Apollo Suppl.*, 2: 38.

Scopoli J A. 1763. Entomologica Carniolica exhibens insecta carnioliae indigena et distributa in ordines, genera, species varietates methodo Linnaeana. *Ent. Carniolica*: 179–180.

Scott J A & Wright D M. 1990. *In*: Kudrna (Ed.), Butterfly phylogeny and fossils. *Butt. Eur.*, 2: 158–208.

Scudder S H. 1872. A systematic revision of some of the American butterflies; with brief notes on those known to occur in Essex County, Mass. *Ann. Rep. Peabody Acad. Sci.*, 4th: 54, 75–76, 78 (1871).

Scudder S H. 1876. Synonymic list of the butterflies of north America, north of Mexico. (2) Rurales. *Bull. Buffalo Soc. Nat. Sci.*, 3: 106, 115, 125–127.

Seitz A. 1906. The Macrolepidoptera of the World, I. Palaearctic Butterflies. Stuttgart: Alfred Kerner. 1: 259, 262–268, 273–274, 298, 309, 320, 322, pl. 72a, 72e, 72f, 72h, 72i, 73a, 73d, 73e, 74e, 78b, 78c, 83e.

Seitz A. 1921. The Macrolepidoptera of the World, X. Indo-Australian Butlerflies. Stuttgart: Alfred Kerner: 263–264, pl. 72, fig. F.

Seitz A. [1923]. Die Gross-schmetterlinge des Indo-australischen Faunengebietes in Seitz. *Gross-Schmett. Erde*, 9: 923–924, pl. 153i.

Seitz A. 1929. The Macrolepidoptera of the World, Suppl. I. Stuttgart: Alfred Kerner. 9: 900–901, 924, 969, pl. 153h.

Seitz A. 1932. The Macrolepidoptera of the World, Suppl. I. Stuttgart: Alfred Kerner: 240, 242.

Semper G. 1892. Die Schmetterlinge der Philippinischen inseln. *Reisen Philipp.*, (7): 319.

Seok D M & Takacuka. 1932. Concerning Satsuma ferrea at Kyuzyo. *Zephyrus*, 4: 316.

Shirôzu T. 1959. Some new Formosan butterflies. *Kontyû*, 27(1): 91, pl. 8, f. 9–10♀.

Shirôzu T. 1960. Butterflies of "Formosa" [Taiwan, China] in colour. Osaka Hoikusha: 302–303, 394, pl. 65–66, f. 679–682, 697–700.

Shirôzu T. 1962. Evolution of the food-habits of larvae of the Thecline butterflies (Fifteenth Anniversary (1960) Commemorative Publication) [in Japanese]. *Tyô Ga*, 12(4): 145–147.

Shirôzu T & Murayama S. 1951. *Leucantigius*, a new genus for Formosan Lycaenidae. *Tyô Ga*, 2(3): 18.

Shirôzu T & Saigusa T. 1962. Butterflies collected by the Osaka City University Biological Expedition to South-east Asia 1957–58 (1). *Nat. Life S. E. Asia,* 2: 26, 28.

Shirôzu T & Yamamoto H. 1956. A generic revision and the phylogeny of tribe Theclini (Lepidoptera: Lycaenidae). *Sieboldia*, 1(4): 339, 348–349, 360, 371, 376, 381.

Sibatani A. 1974. A new genus for two new species of Lycaenidae (s. Str.) (Lepidoptera: Lycaenidae) from Papua New Guinea. *Aust. Ent. Soc*., (13): 95, 109–110.

Sibatani A & Ito. 1942. Beitrag zur Systematik der Theclinae im Kaiserreich Japan unter besonderer Berücksichtigung der sogenannten Gattung. *Tenthredo*, 3(4): 318–319, 322, 324, 327–328.

Sibatani A, Saigusa T & Hirowatari T. 1994. The genus *Maculinea* van Eecke, 1915 (Lepidoptera, Lycaenidae) from the East Palaearctic Region. *Tyô Ga*, 44(4): 179, 192, 202, 206.

Skala H O V. 1912. Die Lepidopterenfauna Mährens. I Teil. *Verh. naturf. Ver. Brünn*, 50: 136.

Sodoffsky W. 1837. Entomologische untersuchungen ueber die Gattungsnamen der Schmetterlinge. *Bull. Soc. imp. Nat. Moscou*, 10(6): 81–82.

Sonan J. 1936. Notes on some butterflies from "Formosa" [Taiwan, China]. *Zephyrus*, 6(3/4): 209.

Sonan J. 1940. On the genus *Zephyrus* of "Formosa" [Taiwan, China] (Lepidopera, Lycaenidae). *Trans. nat. Hist. Soc. Formosa*, 30: 81.

Sonan J. 1941. Introduction of the replacement name *Zephyrus teisoi* for *Zephyrus esakii* Umeno. *Trans. nat. Hist. Soc. Formosa*, 31: 481.

South R. 1902. Catalogue of the collection of palaearctic butterflies formed by the late John Henry Leech, and presented to the trustees of the British Museum by his mother Mrs. Elisa Leech. London: 140.

Spangberg. 1876. Ueber drei im hohen Norden vorkommende Arten der Schmetterlingsgattung *Cupido* (Schrank). *Stett. ent. Ztg*., 37(1–3): 91.

Speyer A. 1879. Neue Hesperiden der palaearktischen Faunengebietes. *Stett. ent. Ztg*., 40(7–9): 344, 346, 348, 40(10–12): 483.

Staudinger O. 1874. Einige neue Lepidopteren de europäischen Faunengebiets. *Stett. ent. Ztg.*, 35(1–3): 87.

Staudinger O. 1886. Centralasiatische Lepidopteren. *Stett. ent. Ztg*., 47(4–6): 211, (7–9): 227.

Staudinger O. 1887. Neue Arten und Varietäten von Lepidopteren aus dem Amur-Gebiete, in Romanoff. *Mém. Lép*., 3: 127, 129–130, 141, 153, 155, pl. 6–8, 16, f. 1a–c, 3a–c,4–6, 5a–b.

Staudinger O. 1892. Die Macrolepidopteren des Amurgebiets. I. Theil. Rhopalocera, Sphinges, Bombyces, Noctuae, in Romanoff. *Mém. Lép*., 6: 148, 152, 216.

Stempffer H. 1967. The genera of the African Lycaenidae (Lepidoptera: Rhopalocera). *Bull. Br. Mus. nat. Hist.* (Ent.) Suppl., 10: 98, 107, 157, 217, 233, 256, 258, 263.

Stichel H. 1928. Revison of Nemeobiinae of the World. *Tierreich*, 51: xxxi+329pp. 197f.

Stoll C. [1780], [1782]. *In*: Cramer, Uitlandsche Kapellen (Papillons exotiques). *Uitl. Kapellen*, 4(26b–28): 62, pl. 319, f. D, E(1780), 4(32–33): 210, pl. 391, f. C, D(1782).

Stradomsky B V. 2016. A molecular phylogeny of the subfamily Polyommatinae (Lepidoptera: Lycaenidae). *Caucasian Ent. Bull*., 12(1): 148, 151–152.

Stradomsky B V & Arzanov Y G. 1999. [*Polyommatus elena* sp. n. and *Polyommatus neglectus* sp. n.-new blues taxa (Lepidoptera, Lycaenidae)] (in Russian). *Kharkov Ent. Soc. Gaz*., 7(2): 17–21.

Strand E. 1910. Fünf neue gattungsnamen in Lepidoptera. *Ent. Rundsch*., 27(22): 162.

Strand E. 1911. Apallaga separata Strand, n. g. n. sp. Hesperiidarum. *Ent. Rundsch*., 28: 143.

Strand E. 1922. H. Sauter's "Formosa" [Taiwan, China]-Ausbeute. Nachträge zu den Lepidoptera. *Ent. Zs*., 36(5): 19.

Strand E. 1925. Neubenennungen palaearktischer Lepidoptera und Apidae. *Archiv Naturg*., 91A (12): 282.

Sugitani I. 1919. On some aberrant forms of Japanese butterflies (Supplement). *Ent. Mag. Kyoto*, 3(3–4): 150.

Sugiyama H. 1992. New butterflies from west-China, including Hainan (1). *Pallarge*, 1: 2, 5–7, 15–16.

Sugiyama H. 1994. New butterflies from western China (2). *Pallarge*, 3: 10, f. 25–28.

Sugiyama H. 1996. New butterflies from western China (4). *Pallarge*, 5: 9.

Sugiyama H. 1999. New butterflies from western China (Ⅵ) . *Pallarge*, 7: 11.

Sulzer J H. 1776. Dr. Sulzers Abgekürzte Geschichte der Insecten nach dem Linaeischen System. *Gesch. Ins. nach linn. Syst*., (2): pl. 18, f. 13–14.

Swainson W. 1820. Zoological illustrations, or original figures and descriptions of new, rare, or interesting animals, selected chiefly from the classes of ornithology, entomology, and conchology, and arranged on the principles of Cuvier and other modern zoologists. *Zool. Illustr*., (1)1: pl. 16.

Swainson W. 1827. XXXVIII. A sketch of the natural affinities of the Lepidoptera Diurna of Latreille. *Phil. Mag*., (2)1(3): 187.

Swainson W. 1831. Zoological illustrations, or original figures and descriptions of new, rare or interesting animals, selected chiefly from the classes of ornithology, entomology, and conchology, and arranged according to t heir apparent affinities. Second series. London: Baldwin & Cradock. (2): 85.

Swinhoe C. 1885. On the Lepidoptera of Bombay and the Deccan. Part I–IV. *Proc. zool. Soc. Lond*., 1885: 131–132, 147, f. 8 (I. Rhopalocera).

Swinhoe C. 1890. New species of Indian butterflies. *Ann. Mag. nat. Hist*., (6)5(29): 362.

Swinhoe C. 1893. A list of the Lepidoptera of the Khasi Hills. Part I. *Trans. Ent. Soc. Lond*., 41(3): 323, 329.

Swinhoe C. [1910], 1912–1913. *In*: Moore, Lepidoptera Indica. 8(86): 37(1910), 9(106): 153, 229–230, 233, 10: 1, 129, 149, 167(1912), 10(117): 194, 239, (120): 284(1913).

Swinhoe C. 1917. New Indo-Malayan Lepidoptera. *Ann. Mag. nat. Hist*., (8)20(120): 410.

Swinhoe C. 1919. New lycaenids and hesperids and two new species of the noctuid family Acontiidae. *Ann. Mag. nat. Hist*., (9)3(16): 317.

Talavera G, Lukhtanov V A, Pierce N E, *et al*. 2013. Establishing criteria for higher-level classification using molecular data: the systematics of *Polyommatus* blue butterflies (Lepidoptera, Lycaenidae). *Cladistics*, 29: 185–188.

Tamai S & Guo. 2001. A new species of the genus *Taraka* (Lycaenidae) from China. *Futao*, (39): 12, pl. 2, f. 13–16.

Tennent J. 1996. The butterflies of Morocco, Algeria and Tunisia. *Butt. Mor. Alg. Tun*.: 91–92, 96–97.

Toxopeus L J. 1927–1928. Eine Revision der javanischen, zu Lycaenopsis Felder und verwandten Genera gehörigen Arten. Lycaenidae Australasiae II. *Tijdschr. Ent*., 70(3/4): 268 (1927), 71: 181, 194, 219 (1928).

Tshikolovets V. 2017. New taxa and new records of butterflies (Lepidoptera: Pieridae, Lycaenidae, Nymphalidae) from Afghanistan. *Zootaxa*, 4358(1): 113, 115.

Tshikolovets V V. 2003. Butterflies of Eastern Europe, Urals and Caucasus. Czech: Konvoj Ltd.: 16.

Turati F. 1923. Cinque anni di ricerche nell'Appenino Modenese. *Atti Soc. ital. sci. nat*., 62: 42.

Tutt J W. 1905–1909. A natural history of the British Lepidoptera. A text-book for students and collectors. *Nat. Hist. Brit. Lepid*., 8: 84, 218, 261, 296, 314 (1905–1906), 9: 142–143, 276–277, 335–337, 483 (1907), 10: 41, 43, 108, 154, 178 (1908–1909).

Tutt J W. 1906. A study of the generic names of the British Lycaenides and their close allies. *Ent. Rec. J. Var*., 18(5): 130–131.

Tutt J W. [1908]. Preoccupied generic names. *Ent. Rec. J. Var*., 20(6): 143.

Tutt J W. 1909. The generic subdivision of the Lycaenid tribe Plebeiidi. *Ent. Rec. J. Var*., 21(5): 107–108.

Tuzov V K, Bogdanov P V, Devyatkin A L, *et al*. 1997. Guide to the butterflies of Russia and adjacent territories: Hesperiidae, Papilionidae, Pieridae, Satyridae. Sofia-Moscow: Pensoft Publishers. 1: 105–106, 112, 117, 124–125, 128–129, 131, 133.

Tytler H C. 1915. Notes on some new and interesting butterflies from Manipur and the Naga Hills. Part 1–3, *J. Bombay nat. Hist. Soc*., 24(1): 139.

Uchida. 1932. Concerning Satsuma ferrea in Korea. *Icon. Ins. Jap*.: 975, 997, fig. 1921, 1965.

Ugelvig L V, Vila R, Pierce N E,*et al*. 2011. A phylogenetic revision of the *Glaucopsyche* section (Lepidoptera: Lycaenidae), with special focus on the Phengaris-Maculinea clade. *Molec. Phyl. Evol*., 61: 238.

van Eecke R. 1915. Bijdrage tot de kennis der Nederlandsche Lycaena-soorten. *Zool. Meded. Leiden*, 1(3): 28–29.

van Nieukerken E J, Kaila L, Kitching I J, *et al*. 2011. *In*: Zhang (Ed.), Animal biodiversity: An outline of higher-level classification and survey of taxonomic richness. Order Lepidoptera Linnaeus, 1758. *Zootaxa*, 3148: 216.

Vane-Wright R I & de Jong R. 2003. The butterflies of Sulawesi: annotated checklist for a critical island faunda. *Zool. Verh. Leiden*, 343: 54–57, 59–62, 64, 66, 69–70, 72–78, 113–114, 116, 119–122, 130–131, 135, 137–138, 140, 148–149, 153, 155–158, 160, 162–166.

Verity R. 1919. Seasonal polymorphism and races of some European Grypocera and Rhopalocera. *Ent. Rec. J. Var*., 31: 28, 45.

Verity R. 1921. Seasonal polymorphism and races of some European Grypocera and Rhopalocera. *Ent. Rec. J. Var*., 33: 190.

Verity R. 1924. Additions and Corrections to "List of Grypocera and Rhopalocera of Peninsular Italy". *Ent. Rec. J. Var*., 36: 109.

Verity R. 1926. Zygaenae, Grypocera and Rhopalocera of the Cottian Alps compared with other races. *Ent. Rec. J. Var*., 38: 106.

Verity R. 1929a. Essai sur les origines des Rhopalocères Européens et Méditerranéens et particulièrement des Anthocharidi et des Lycaenidi du groupe d'Aagestis Schiff. *Ann. Soc. ent. Fr*., 98(3): 355.

Verity R. 1929b. Considérations sur les races françaises de l'Heodes virgaureae L. [Lep. Lycaenidae]. *Bull. Soc. ent. Fr*., 34(7): 129, 131.

Verity R. 1931. On the geographical variations and the evolution of *Lycaeides argus* L. *Dt. ent. Z. Iris*, 45: 48, 59.

Verity R. 1934. The Lowland races of Butterflies of the Upper Rhone Valley. *Ent. Rec. J. Var.* (Suppl.), 46: 13.

Verity R. 1943. Le Farfalle diurn. d'Italia. Marzocco, Firenze. 2: 20–21, 23, 48, 58, 64, 278, 343.

Vodolazhsky D I & Stradomsky B V. 2010. Molecular Phylogeny of the Subgenus *Polyommatus* (s. str.) (Lepidoptera: Lycaenidae) Based on the Sequence of the COI Mitochondrial Gene. *Vetnik Mok. Univ. Biol.*, (4): 33–35, *Mosc. Univ. Biol. Sci. Bull.*, 65(4): 158, 160.

Vodolazhsky D I, Stradomsky B V & Yakovlev R V. 2012. Study of mitochondrial COI and nuclear ITS2 sequences of Mongolian specimens of the Polyommatus eros-group (Lepidoptera: Lycaenidae). *Caucasian Ent. Bull.*, 8(2): 264.

Vodolazhsky D I, Wiemers M & Stradomsky B V. 2009. A comparative analysis of mitochondrial and nuclear DNA sequences in blue butterflies of subgenus *Polyommatus* (s. str.) Latreille, 1804 (Lepidoptera: Lycaenidae: *Polyommatus*). *Caucasian Ent. Bull.*, 5(1): 117.

Vorbrodt K & Müller-Rutz J. 1911. Die Schmetterlinge der Schweiz. I. Band. *Die Schmett. Schweiz*, 1: 111, 155.

Voss E G. 1952. On the classification of the Hesperiidae. *Ann. Entomol. Soc. Amer.*, 45: 246.

Walker J J. 1870. A list of the Butterflies collected by J. K. Lord Esq. in Egypt, along the African shore of the Red Sea, and in Arabia; with descriptions of the Species new to Science. *Entomologist*, 5(4): 56, 5(76): 54.

Wallace A R & Moore F. 1866. List of Lepidopterous insects collected at Takow, "Formosa" [Taiwan, China], by Mr. Robert Swinhoe. *Proc. zool. Soc. Lond.*, (2): 361.

Wallengren H D J. 1857. Kafferlandets Dag-fjärilar, insamlade åren 1838–1845/af J. A. Wahlberg / Lepidoptera Rhopalocera in Terra Caffrorum annis 1838–1845 collecta a J. A. Wahlberg K. *K. svenska VetenskAkad. Handl.*, 2(4): 45.

Wallengren H D J. 1858. Nya Fjärilslägten-Nova Genera Lepidopterorum. *Öfvers. Vet. Akad. Förh.*, 15: 81.

Wang M & Chou I. 1998. A revision of the genus *Gonerilia* Shirôzu et Yamamoto (lepidoptera: lycaenidae). *Entomotaxonomia*, 20(1): 53–54, fig. 1.

Wang M & Settele J. 2010. Notes on and key to the genus *Phengaris* (s. str.) (Lepidoptera: Lycaenidae) from mainland China with description of a new species. *ZooKeys*, 48: 25.

Wang Z Q & Yuan F. 2003. Two new species of the genus *Thoressa* from China. *Entomotaxonomia*, 25(1): 61–63.

Warren A D, Ogawa J R, Brower A V Z. 2008. Phylogenetic relationships of subfamilies and circumscription of tribes in the family Hesperiidae (Lepidoptera: Hesperioidea). *Cladistics*, 24: 3–4.

Warren A D, Ogawa J R, Brower A V Z. 2009. Revised classification of the family Hesperiidae (Lepidoptera: Hesperioidea) based on combined molecular and morphological data. *Syst. Ent.*, 34: 467, 481, 484–486, 488–490, 493, 495–496, 499.

Warren B C S. 1926. Monograph of the tribe Hesperiidi (European species) with revise classification of the subfamily Hesperiinae (Palaearctic species) based on the genital armature of the males. *Trans. Ent. Soc. Lond.*, 74(1): 15, 18–19, 46, 72, 87, 101, 121.

Watari. 1933. On two new forms of *Zephyrus butleri* Fenton. *Zephyrus*, 4: 236–237.

Waterhouse G A. 1932. New genera of Australian Hesperiidae and a new subspecies. *Aust. Zool.*, 7(3): 201.

Watkins H T G. 1927. Butterflies from N. W. Yunnan. *Ann. Mag. nat. Hist.*, 19(9): 343–344.

Watson E Y. 1893. A proposed classification of the Hesperiidae, with a revision of the genera. *Proc. zool. Soc. Lond.*, (1): 18, 29–30, 46–47, 49, 71–72, 76, 80–81, 83, 86–87, 89, 95, 99–100, 105–106, 108, 112, 119, 127–128.

Watson E Y. 1895. A key to the asiatic genera of the Hesperiidae. *J. Bombay nat. Hist. Soc.*, 9(4): 419, 422.

Westwood J O. 1851. The genera of diurnal Lepidoptera, comprising their generic characters, a notice of their habitats and transformations, and a catalogue of the species of each genus; illustrated with 86 plates by W. C. Hewitson. London, Longman, Brown, Green & Longmans. (2): 487, pl. 69, 74–75, f. 2, 3, 7, text: 422.

Wiemers M, Stradomsky B V & Vodolazhsky D I. 2010. A molecular phylogeny of *Polyommatus* (s. str.) and *Plebicula* based on mitochondrial COI and nuclear ITS2 sequences (Lepidoptera: Lycaenidae). *Eur. J. Ent.*, 107(3): 334–335.

Wileman A E. 1909. New and Unrecorded Species of Rhopalocera from "Formosa" [Taiwan, China]. *Annot. Zool. Japon.*, 7(2): 91–93.

Wileman A E. 1910. Some new butterflies from "Formosa" [Taiwan, China] and Japan. *Entomologist*, 43(562): 93.

Wood-Mason J & de Nicéville L. 1881. List of Diurnal Lepidoptera from Port Blair, Andaman Islands. *J. asiat. Soc. Bengal*, Pt. II 49(4): 230, 234, 240–242.

Wood-Mason J & de Nicéville L. [1887]. List of the Lepidopterous Insects collected in Cachar by Mr. J. Wood-Mason, part ii. *J. asiat. Soc. Bengal*, Pt. II 55(4): 387–388, pl. 15, f. 4343–4393, pl. 15, f. 5.

Wu C F. 1938. Catalogus Insectorum Sinensium. 4: 910–911, 915, 918–919, 932–934, 936–937.

Wynter-Blyth M A. 1957. Butterflies of the Indian Region (1982 Reprint). Bombay: Bombay Natural History Society (1982 Reprint): 322, 480, 485, 489–490.

Xue G X, Li M, Nan W H, *et al*. 2015. A new species of the genus *Sovia* (Lepidoptera: Hesperiidae) from Qinling-Daba Mountains of China. *Zootaxa*, 3985(4): 583.

Yago M. 2002. Comparative morphology and identification of the subgenus *Kulua*, with description of a new species from Vietnam (Lepidoptera, Lycaenidae, *Heliophorus*) . *Tijdschr. Ent.*, 145(2): 147–148, 156, 158, 167.

Yago M, Hirai N, Kondo M, *et al*. 2008. Molecular systematics and biogeography of the genus *Zizina* (Lepidoptera: Lycaenidae). *Zootaxa*, 1746: 31.

Yago M, Saigusa T & Nakanishi A. 2000. Rediscovery of *Heliophorus yunnani* D'Abrera and Its Systematic Position with Intrageneric Relationship in the Genus *Heliophorus* (Lepidoptera: Lycaenidae). *Ent. Sci.*, 3(1): 99.

Yakovlev R V. 2012. Checklist of Butterflies (Papilionoidea) of the Mongolian Altai Mountains, including descriptions of new taxa. *Nota lepid.*, 35(1): 60–62, 68–69, 71, 74, 76–77.

Yoshino K. 2001. Notes on *Chrysozephyrus marginatus* Howarth (Lepidoptera, Lycaenidae) and related species from China. *Futao*, 38: 2–4, 11, pl. 1–2, f. 1–9, 11, 12, 17–19, 23–25, 32, 36.

Yoshino K. 2003. New butterflies from China 8. *Futao*, 43: 8–10, f. 29–32, 39, 44.

Yoshino K. 2016. Description of a New Species of Elfin Butterfly (Lycaenidae, Theclinae) from Nagaland, Northeastern India. *Butt. Sci.*, 4: 18.

Yoshino K. 2018. Description of a new subspecies of *Orthomiella fukienensis* (Lycaenidae, Lepidoptera) from China and update of south limit of the genus *Orthomiella* from central Vietnam. *Butterflies*, (77): 34.

Yoshino K. 2019. Description of a New Subspecies of *Ussuriana michaelis* (Lepidoptera, Lycaenidae) from West Yunna, China. *Butt. Sci*., 15: 58.

Yuan F, Wang Z Q & Yuan X Q. 2007. Checklist of the genus *Halpe* (Lepidoptera, Hesperiidae) from China with description of a new species. *Acta Zootax. Sin*., 32(2): 308.

Zeller P C. 1847. Bemerkungen über die auf einer Reise Nach Italien und Sicilien Beobachteten Schmetterlingsarten. *Isis von Oken* 1847, (2): 158.

Zhdanko A B. 1983. A key to the Lycaenid Genera of the USSR, based on the characters of the male genitalia [in Russian]. *Ent. Obozr*., 62(1): 139.

Zhdanko A B. 1994. New genera and species of Lycaenidae (Lepidoptera). *Selevinia*, 2(2): 95.

Zhdanko A B. 1995. On the systematics of the genera *Lycaena* F. and *Heliophorus* Geyer (Lepidoptera: Lycaenidae). *Ent. Obozr*., 74(3): 654, 657.

Zhdanko A B. 1996. A new genus of *Atara* (lepidoptera, lycaenidae) from Eastern Asia. *Zool. zhurn*., 75: 783.

Ziegler B J B. 1960. Preliminary contribution to a redefinition of the genera of North America hairstreaks (Lycaenidae) north of Mexico. *J. Lep. Soc*., 14(1960): 21.

Zimmerman E C. 1958. Insects of Hawaii. Vol. 7-Macrolepidoptera. Honolulu, Hawaii, University of Hawaii Press. Zimmerman. 7: 491.

Hesperioidea https://www.nic.funet.fi/pub/sci/bio/life/insecta/lepidoptera/ditrysia/hesperioidea/

植物数据库 http://1.zhiwutong.com/index.asp

植物智 http://www.iplant.cn/

中文名索引

D

E

F

G

H

J

K

L

M

N

O

P

Q

R

S

T

W

X

Y

Z

学名索引

C

D

E

F

G

H

I

J

K

L

M

N

O

P

Q

R

S

T

Colour Plates

图版阅读说明

Takashia nana ---------- 学 名

♂ ---------- 雄 性

♀ ---------- 雌 性

1 ---------- 正面（标本背部朝上）

❶ ---------- 反面（标本腹部朝上）

1—2. 豹蚬蝶 *Takashia nana*

3—4. 露娅小蚬蝶 *Polycaena lua*

5

5

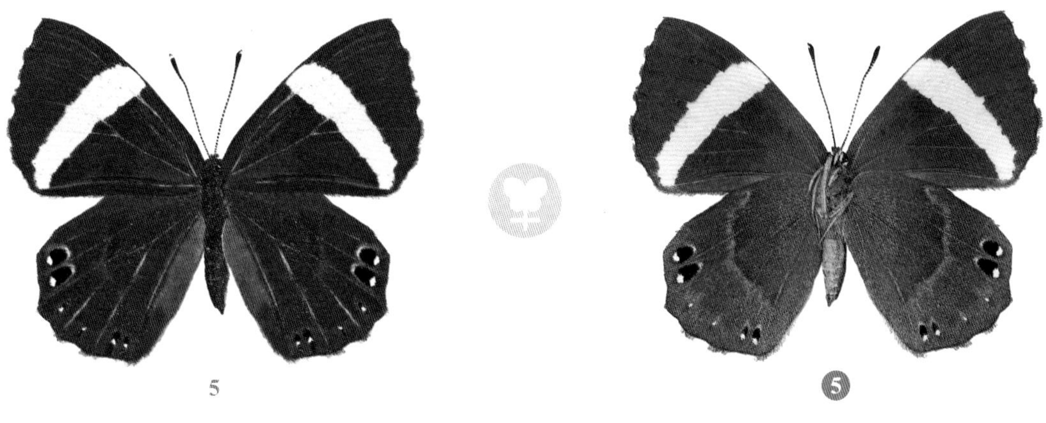

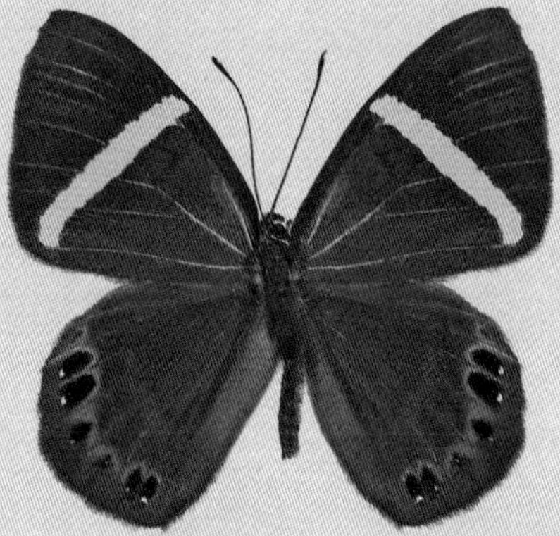
6

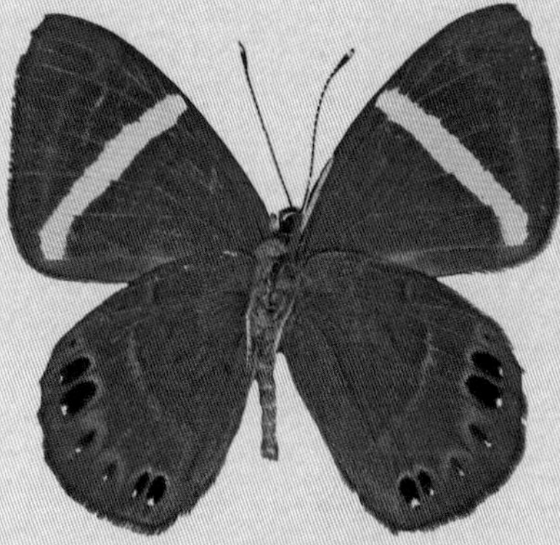
6

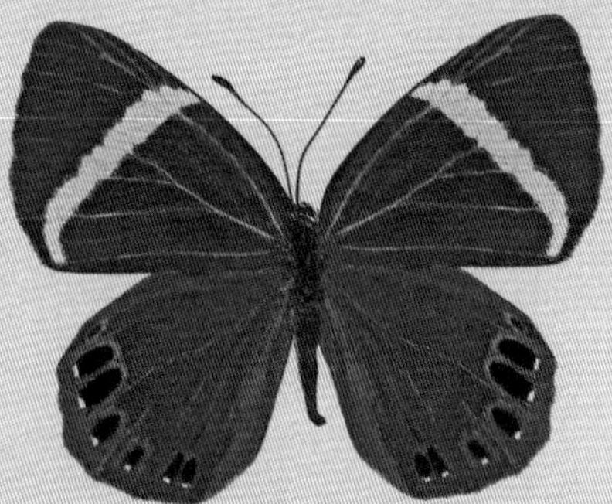
7

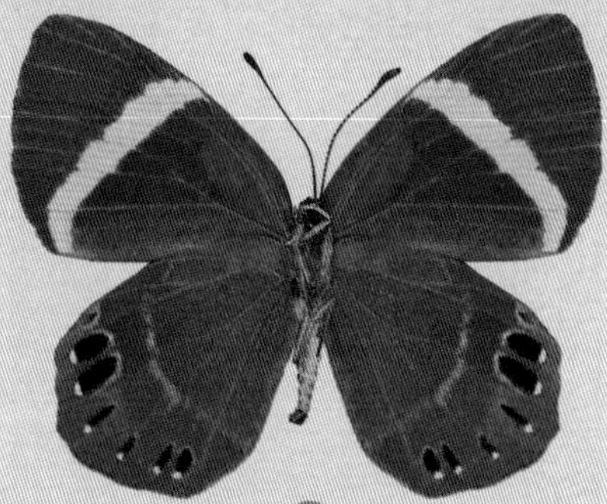
7

5—6. 黄带褐蚬蝶 *Abisara fylla*
7. 白带褐蚬蝶 *Abisara fylloides*

8—9. 彩斑尾蚬蝶 *Dodona maculosa*

10. 斜带缺尾蚬蝶 *Dodona ouida*

11

⑪

12

⑫

11—12. 尖翅银灰蝶 *Curetis acuta*

13—14. 桦小线灰蝶 *Thecla betulina*
15. 线灰蝶 *Thecla betulae*

16

16

17

17

16—17. 范赭灰蝶 *Ussuriana fani*

18

20

18

20

19

21

19

21

18—19. 蚜灰蝶 *Taraka hamada*
20. 宓妮珂灰蝶 *Cordelia minerva*
21. 北协珂灰蝶 *Cordelia kitawakii*

22—23. 陕灰蝶 *Shaanxiana takashimai*

24. 黄灰蝶 *Japonica lutea*

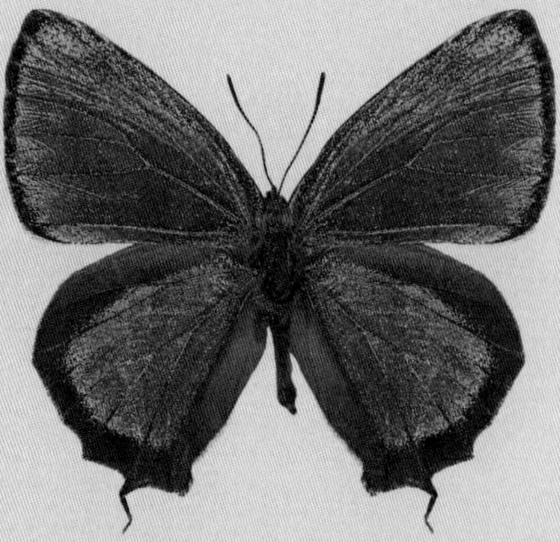
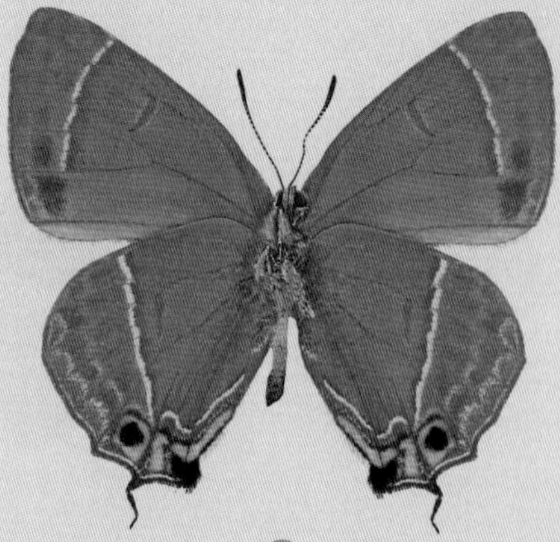

25 ㉕

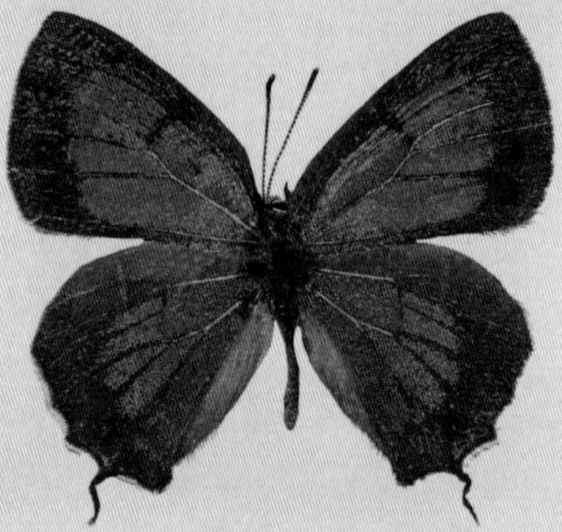
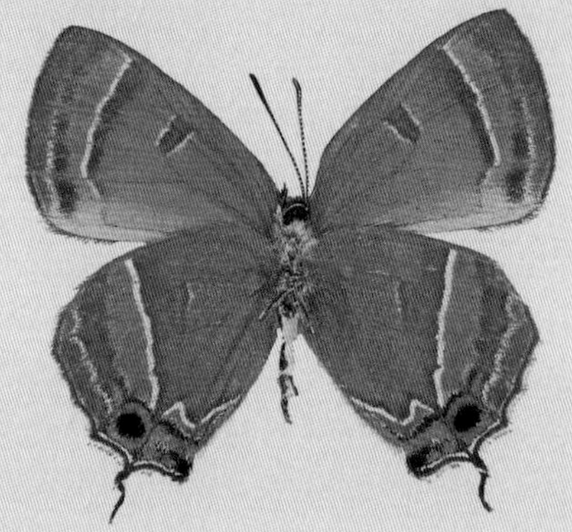

26 ㉖

27 ㉗

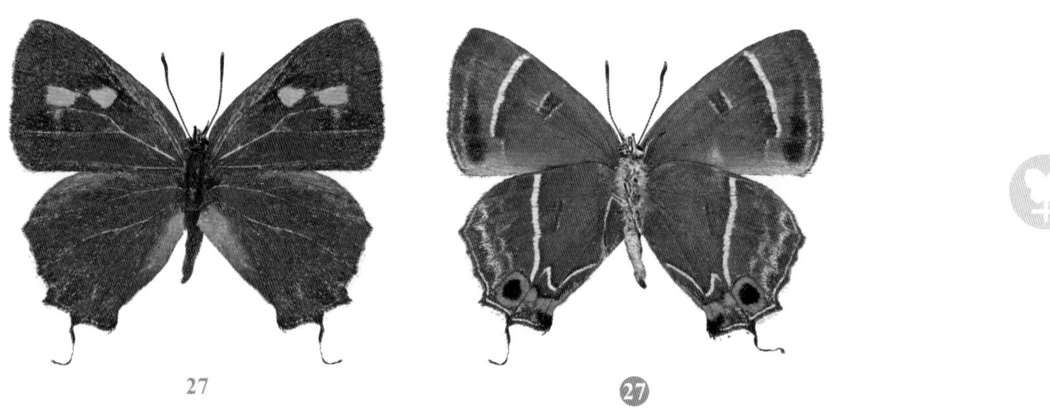

25. 耀金灰蝶 *Chrysozephyrus brillantinus*
26. 奈斯江琦灰蝶 *Esakiozephyrus neis*
27. 怒和铁灰蝶 *Teratozephyrus nuwai*

28. 黑带华灰蝶 *Wagimo signata*

29—30. 华灰蝶 *Wagimo sulgeri*

31—32. 丫灰蝶 *Amblopala avidiena*

33—34. 蓝燕灰蝶 *Rapala caerulea*
35. 霓纱燕灰蝶 *Rapala nissa*

36

36

37

37

38

38

36—37. 彩燕灰蝶 *Rapala selira*

38. 拉生灰蝶 *Sinthusa rayata*

39

39

40

40

39—40. 橙昙灰蝶 *Thersamonia dispar*

41—42. 东北梳灰蝶 *Ahlbergia frivaldszkyi*

43. 尼采梳灰蝶 *Ahlbergia nicevillei*

44. 巨齿轮灰蝶 *Novosatsuma collosa*

45. 齿轮灰蝶 *Novosatsuma pratti*

46. 璞齿轮灰蝶 *Novosatsuma plumbagina*

48

48

50

50

47—48. 幽洒灰蝶 *Satyrium iyonis*

49—50. 饰洒灰蝶 *Satyrium ornata*

51. 苹果洒灰蝶 *Satyrium pruni*；52—53. 礼洒灰蝶 *Satyrium percomis*
54. 塔洒灰蝶 *Satyrium thalia*；55—56. 红灰蝶 *Lycaena phlaeas*

57—58. 华山呃灰蝶 *Athamanthia svenhedini*
59—60. 莎菲彩灰蝶 *Heliophorus saphir*

61—62. 黑灰蝶 *Niphanda fusca*

63. 中华锯灰蝶 *Orthomiella sinensis*

64. 锯灰蝶 *Orthomiella pontis*

65—66. 酢浆灰蝶 *Pseudozizeeria maha*

67—68. 蓝灰蝶 *Everes argiades*

69. 枯灰蝶 *Cupido minimus*；70—71. 点玄灰蝶 *Tongeia filicaudis*
72. 波太玄灰蝶 *Tongeia potanini*；73. 玄灰蝶 *Tongeia fischeri*
74. 璃灰蝶 *Celastrina argiola*

75—77. 大紫璃灰蝶 *Celastrina oreas*

78

79

78—79. 靛灰蝶 *Caerulea coeligena*

80

80

81

81

82

82

83

83

80—81. 黎戈灰蝶 *Glaucopsyche lycormas*
82. 扫灰蝶 *Subsulanoides nagata*
83. 阿点灰蝶 *Agrodiaetus amandus*

84

86

84

86

85

87

85

87

84—85. 珞灰蝶 *Scolitantides orion*

86. 豆灰蝶 *Plebejus argus*

87. 红珠灰蝶 *Lycaeides argyrognomon*

88

88

89

89

88. 绿弄蝶 *Choaspes benjaminii*

89. 黑弄蝶 *Daimio tethys*

90

90

91

91

90—91. 双带弄蝶 *Lobocla bifasciatus*

92

92

93

93

94

94

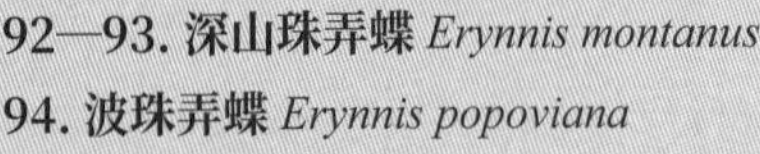

92—93. 深山珠弄蝶 *Erynnis montanus*

94. 波珠弄蝶 *Erynnis popoviana*

95

95

96

96

95—96. 白弄蝶 *Abraximorpha davidii*

97—98. 密纹飒弄蝶 *Satarupa monbeigi*

99

99

100

100

101

101

99. 蛱型飒弄蝶 *Satarupa nymphalis*

100. 花弄蝶 *Pyrgus maculatus*

101. 黑纹珂弄蝶 *Caltoris septentrionalis*

102

102

103

103

104

104

102. 花窗弄蝶 *Coladenia hoenei*

103. 梳翅弄蝶 *Ctenoptilum vasava*

104. 链弄蝶 *Heteropterus morpheus*

105

105

106

106

105—106. 双色舟弄蝶 *Barca bicolor*

107 107

108 108

109 110 111 112

110 111 112

109 111

107. 秦岭陀弄蝶 *Thoressa yingqii*；108. 花裙陀弄蝶 *Thoressa submacula*
109. 三斑银弄蝶 *Carterocephalus urasimataro*；110. 五斑银弄蝶 *Carterocephalus stax*
111—112. 讴弄蝶 *Onryza maga*

113. 刺胫弄蝶 *Baoris farri*；114. 拟籼弄蝶 *Pseudoborbo bevani*
115. 南亚谷弄蝶 *Pelopidas agna*；116. 中华谷弄蝶 *Pelopidas sinensis*

117

117

118

118

119

119

117. 隐纹谷弄蝶 *Pelopidas mathias*
118. 盒纹孔弄蝶 *Polytremis theca*
119. 直纹稻弄蝶 *Parnara guttata*

120. 小赭弄蝶 *Ochlodes venata*；121. 宽边赭弄蝶 *Ochlodes ochracea*
122. 似小赭弄蝶 *Ochlodes similis*；123. 透斑赭弄蝶 *Ochlodes linga*

124. 白斑赭弄蝶 *Ochlodes subhyalina*；125. 菩提赭弄蝶 *Ochlodes bouddha*
126. 钩形黄斑弄蝶 *Ampittia virgata*；127. 黑豹弄蝶 *Thymelicus sylvaticus*
128. 曲纹黄室弄蝶 *Potanthus flavus*